军队院校"2110"工程建设项目
海军院校重点建设教材
航空特色"工程力学"系列教材

理论力学

海军航空工程学院　田爱平　姜爱民　韩维　张慧
中国矿业大学　李　强
燕山大学　余　为

国防工业出版社
·北京·

内 容 简 介

本书是海军院校重点建设教材。本书以高等数学和大学物理中的力学部分为基础，重点讲授理论力学的经典内容，主要包括运动学和动力学部分，并将传统的静力学平衡问题作为动力学问题的退化情形处理。本书在每章教学内容中发掘一些与飞行专业相关的特色案例，并在后续内容中做出详细分析，力求体现出飞行学员专业针对性；每一章的主体教学内容之后还增添了拓展阅读，兼具专业针对性、趣味性和拓展性。

本书具有鲜明的航空特色，除适用于飞行学员的理论力学课程教学以外，也适用于其他专业的少学时理论力学课程；同样可以用作所有对理论力学、飞行原理感兴趣的读者的参考书。

图书在版编目(CIP)数据

理论力学/田爱平等编.—北京:国防工业出版社,2017.2
ISBN 978-7-118-11206-1

Ⅰ.①理… Ⅱ.①田… Ⅲ.①理论力学－高等学校－教材 Ⅳ.①O31

中国版本图书馆 CIP 数据核字(2017)第 013149 号

※

国防工業出版社出版发行
(北京市海淀区紫竹院南路 23 号 邮政编码 100048)
三河市德鑫印刷有限公司印刷
新华书店经售

*

开本 787×1092 1/16 **印张** 20½ **字数** 628 千字
2017 年 2 月第 1 版第 1 次印刷 **印数** 1—2500 册 **定价** 49.00 元

国防书店：(010)88540777 发行邮购：(010)88540776
发行传真：(010)88540755 发行业务：(010)88540717

Preface / 前言

近几年来,很多课程的课堂授课学时被不断压缩,理论力学课程也不例外,特别是非力学专业的基础力学课程教学更是如此。甚至,学生还没来得及思考授课内容与自己所学的专业到底有什么关系,这门课程就已经结束了。目前,国内理论力学教材适用于多学时的居多,且为多专业普适性教材;教学内容多而全,学习难度较大。这些教材虽然理论严谨、编写质量高,但教学内容的专业针对性并不突出,与相关专业课教学内容相对脱节。

飞行学员是我国一类特殊的学生群体。他们虽属航空类专业,但并不像飞行器设计等专业那样需要精确的计算;对于基础力学课程,他们更注重定性的理解。尽管很有用,但鉴于课程的难度,飞行学员学习理论力学课程的积极性并不高。此教学现状不仅影响了本课程的教学效果,还涉及了其他相关专业课程(如飞行原理、飞机构造等),制约了飞行学员整体科学素养的培养,影响了飞行学员的培养质量。

本教材以最直接的教学内容为突破口,充分发掘理论力学教学内容与飞行学员专业实实在在的联系,力求体现出飞行学员专业针对性,使学员愿学、爱学,有的放矢,整体提升理论力学课程的教学效果。同时,其也为其他专业课程的学习打好坚实基础,进而形成课程与课程之间的纵向良性循环,顺利过渡,轻松对接。这便是本教材的指导思想。

美国著名教育家 Philip W. Jackson 在 *WHAT IS EDUCATION*? 中写道:

“什么样的条件促进了思维的发展?教育如何促进这些条件的建立?我们都知道,教育主要是通过选定一套限定的认知对象,以课程内容的形式尽力使学生的注意力保持在内容上,保持注意力的时间要足够长,才能够达到预先确定的洞察和理解水平。”

……

“思维总是处于活动中的,它很少处于静止状态。这是它的本质。然而,每一位老师都知道(其他任何人也都知道),思维活动并不总是如我们和其他人所希望的那样。思维有时候会漂移,它会开小差,会从一个主题跳跃到另一个主题,就像一只蝴蝶从一朵鲜花飞到另一朵鲜花上,像一只小鸟在枝头跳上跳下。有时候,思维会迷失方向;有时候,思维会抗拒别人希望的活动方式,而且可能会以好斗的、愤怒的方式对待别人的指导企图。”

“教育的任务是为思维活动开辟渠道——保持它的焦点,确保它在正确的轨道上。每位老师都知道,这项任务是不容易完成的,它需要付出努力,有时是艰苦的努力,而且,即使付出了最大的努力也可能会徒劳无功。”(引自 Philip W. Jackson *WHAT IS EDUCA-*

TION?《什么是教育?》吴春雷、马林梅译)

理论力学的学习过程是艰苦的、枯燥的,学生的思维也是会开小差的,本教材试图在提升学生的学习兴趣、延长学生的注意力方面做出一些努力和尝试,哪怕是收效甚微;更重要的是我们坚信这种努力绝不是徒劳无功。

本教材的具体做法是在每章教学内容中发掘一些与飞行专业相关的特色案例,并在后续内容中做出详细分析。这样一来,对于学习理论力学有什么用的疑虑便不攻自破。每一章的主体教学内容之后还增添了拓展阅读,兼具专业针对性、趣味性和拓展性。

本书是集体的劳动成果,工作量的界限很难用章节限定,编写人员主要有:海军航空工程学院的田爱平、姜爱民、韩维、张慧,燕山大学的余为,中国矿业大学的李强。

教材编写过程中参考了一系列国内的优秀理论力学教材,对这些优秀教材的编著者致以崇高敬意。

本书得到“海军院校重点建设教材”项目资助。在本书编写过程中,得到了海军航空工程学院训练部门领导的大力支持和同事的关心、帮助,在此表示深深的敬意。

感谢苏伟、谭学者为本书的顺利出版做出的重要贡献。

感谢责任编辑张正梅女士及所有编辑在本书出版过程中付出的辛勤劳动。

限于编者水平,书中难免有疏误,敬请读者指正(联系方式:tianaiping98@126.com),我们一定及时更正。

编　者

2016 年 10 月

Contents / **目录**

第2篇 动 力 学

绪　论

0.1　理论力学的研究对象

“对自然加以说明意味着用定律来描述自然。定律的功用是描述自然而不是规定自然。它们讲的是实际发生的东西,而不是应当发生的东西。我们说自然律具有必然性只是意味着它们是普遍有效的,并不是说它们对自然实行约束。”——德国哲学家莫里茨·石里克在其论述自然哲学的笔记中这样写道。

力学是用自身的理论体系来描述自然界物质最基本的运动——机械运动规律的一脉自然科学分支。机械运动是指物质在空间和时间中的位置变化。笼统地说,力学是关于力、运动及其关系的科学。力学研究介质运动、变形、流动的宏微观行为,揭示力学过程及其与物理、化学、生物学等过程的相互作用规律。

力学在广义上可以大致分为**实验力学**和**理论力学**。**实验力学**在大量实验和观测基础上建立物质的性质、运动和改变运动的原因之间的关系。**理论力学**则是在某些公理(如牛顿定律等)的基础上用严格的数学推导得到的知识,具有演绎的性质。

本课程是狭义的理论力学,或者称广义理论力学基础。**理论力学**研究机械运动中最普遍、最基本的规律。这些规律仅限于**经典力学**范畴,即以牛顿万有引力定律和动力学基本定律为基础建立的力学体系,仅研究低速(远小于光速)的宏观物体的机械运动。理论力学是各力学分支学科的共同基础。理论力学以从实际问题抽象出来的力学模型为研究对象。力学模型是对自然中或实际工程中复杂的实际问题的合理简化,如质点、质点系以及刚体。**质点**是有质量、无尺寸的物体模型;**质点系**是质点的集合,任何有形的物体都可以看作是由许多质点组成的质点系;当所研究的物体变形量很小或变形对研究问题的影响很小时,则可以把物体简化为**刚体**模型,刚体即刚度无限大的物体,是一种特殊的质点系,此质点系中任意两质点之间的距离始终保持不变。对于实际物体应该抽象为何种力学模型,取决于问题的性质。如研究飞机或导弹的飞行轨迹时,可将飞机或导弹简化为质点;而当研究飞机或导弹的飞行姿态时,则必须把飞机或导弹抽象为有形的刚体;而当研究它们的气动弹性问题时,则必须将其抽象为变形体。

传统上,理论力学的内容主要由三部分组成,分别为静力学、运动学和动力学。**静力学**主要研究力系的简化,以及物体在力系作用下的平衡规律。**运动学**仅从几何的角度研究物体的运动规律,主要是运动的传递规律。**动力学**研究物体的运动与物体受力之间的关系。为节约学时,本教材将静力学部分压缩,作为动力学的特殊情况进行处理。当动力学方程中的主矢项和主矩项同时为零时,则可以认为是一种平衡状态,动力学微分方程则可以退化为静力学平衡方程的形式。

0.2　理论力学的研究方法

人类在生产、生活经验中逐步积累力学知识,形成了自身的知识体系和研究方法。

经典力学的研究方法主要分为**矢量力学方法**和**分析力学方法**。牛顿（Newton I，1642—1727）为矢量力学的代表人物，其在1687年出版了《自然哲学的数学原理》，书中系统总结前人重要成果，提出万有引力定律和动力学基本定律，奠定了牛顿力学的基础，后经多年发展，逐步完善并经受住了历史的检验。牛顿力学中主要运用欧氏几何语言来讨论力学问题，如力、力矩、速度、加速度、角速度、角加速度等都是以矢量形式出现并参与运算的，因此牛顿力学也称为**矢量力学**。拉格朗日（Lagrange J L，1736—1813）为分析力学的代表人物，其在1788年发表了一部不含几何推理、没有任何几何插图的力学著作《分析力学》。与牛顿不同，拉格朗日完全抛弃了矢量几何的方法，而是引进标量形式的广义坐标、能量和功，采用纯粹的分析方法使力学建立在统一的数学基础（非欧几何）之上。之后，哈密顿（Hamilton W R，1805—1865）发展了分析力学方法。

因矢量力学方法直观性强，与物理学中力学知识衔接较好，比较适合少学时理论力学教学，本书采用矢量力学方法讲述。

0.3 力学在科学体系中的地位

以自然界基础规律为主要研究内容的学科称为基础学科。

力学学科是一门传统的基础学科，是人类最早从生产实践中获取经验，并加以归纳、总结和利用的自然科学领域。牛顿力学是第一门精密科学。17世纪，牛顿力学体系的建立标志着自然科学的兴起，18世纪至19世纪，连续介质力学的诞生使力学发展成为一门内容丰富并且获得广泛应用的基础科学。力学具有独立的理论体系和认识自然规律的独特方法，是人类关于自然规律的科学知识宝库的重要组成部分。**近代科学**正是汲取和继承了经典力学的科学精神、研究方法和成果而发展起来的。力学对广泛的工程技术起到奠基作用，如航空、航天、机械、土木、水利、建筑、车辆等。

力学学科作为一门基础学科，具有完整的学科体系，其主要特点如下：

（1）力学学科是一门既经典又现代的基础学科，它以机制性、定量化地认识自然、生命与工程中的规律为目标；

（2）力学学科是工程科学的先导和基础，为开辟新的工程领域提供概念和理论，为工程设计提供有效的方法，是科学技术创新和发展的重要推动力；

（3）力学学科是一门交叉研究突出的学科，具有很强的开拓新研究领域的能力，不断涌现新的学科生长点。

传统上，力学学科分为动力学与控制（以前也称一般力学）、固体力学、流体力学三个二级学科以及若干力学交叉学科，如生物力学、环境力学、爆炸与冲击动力学等。

对各种不同形态的机械运动的研究产生了不同的力学分支学科。目前，我国已经形成以动力学与控制、固体力学、流体力学为主要分支学科，以生物力学、爆炸与冲击动力学等为重要交叉学科的力学学科体系。**动力学与控制**研究系统动态特性、动态行为与激励之间的关系及其调节；**固体力学**研究固体介质及其结构系统的受力、变形、破坏以及相关变化和效应；**流体力学**研究流体介质的特性、状态和在各种力的驱动下发生的流动以及质量、动量、能量输运规律；**生物力学**研究生命体的力学特性及其在力作用下的运动和变化；**爆炸与冲击动力学**研究爆炸与冲击的规律及其力学效应利用和防护等。

假如你正在观棋,要弄懂一盘比赛,仅知道棋子走动的规则是不够的。那只能使你辨认每一步符合这些规则,这种知识的确没有多少价值。如果读数学书的人仅仅是一位逻辑主义者,那么他也会这样做。要弄懂棋赛完全是另一回事;必须了解棋手为什么走这个棋子而不走那个棋子,他本可以在不违反下棋规则的情况下走那一步的。可以察觉出使这一系列相继的步子成为一种有机的整体的内在根据。也就是说,这一本领对于棋手本人更为必要,对发明家来说也是这样。

——亨利·庞加莱著,李醒民译. 科学的价值.(商务印书馆,2010)

第1篇 运 动 学

引言

运动是绝对的又是相对的。我们无法判断一个物体处于绝对静止的状态,在此意义上我们说运动是绝对的;要说物体运动或物体如何运动必须有相应的参照物,那么运动则是相对的。运动学的任务是描述物体的运动,主要研究描述运动的各种方法,并利用这些方法描述物体的运动过程或运动状态。具体的力学量有运动方程、运动轨迹、速度(角速度)、加速度(角加速度)等。在运动学中不考虑运动产生和变化的原因,仅从几何角度描述运动。

本书中我们仅仅在绝对的时空观下,探讨运动速度远远小于光速的宏观物体的机械运动。

研究对象是**质点**(或直接称为动点或几何点)和**刚体**。它们均是实际物体的理想化抽象的结果。研究实际问题时,为降低研究难度,减小工作量,往往需要我们抓住问题的主要矛盾,而忽略次要因素。质点是有质量、无尺寸的物体模型;刚体是刚度无限大的物体,是一种特殊的质点系,此质点系中任意两质点之间的距离始终保持不变。点的运动学研究一个几何点在参考空间中的运动特征,研究内容主要有运动方程、运动轨迹、速度、加速度。刚体运动学主要研究有形状的物体在参考空间中的运动特征,刚体与几何点的主要区别在于刚体是有形状和大小的物体,其运动学量除了几何点具有的那些量外还有与姿态(在参考空间中的方位)有关的运动学量。

如果我们要研究飞机或导弹的航迹问题时,就可把研究对象抽象为质点模型;而当我们研究它们的姿态时,在理论力学范畴内则必须将其抽象为有形状、有大小的刚体模型。

本书中有些基本概念是通用的,在此做一简要介绍。

1. 绝对时空

物体的位置和形状(简称位形)变化称为机械运动。这种机械运动必须在连续的时间和空间中存在。在理论力学的范畴内,我们认为这个连续的时间和空间是独立于物体运动而存在的,时间与空间也是相互独立的,时间具有均匀、连续的性质;空间具有均匀性、各向同性的性质。

2. 参考系

描述运动必须相对于某个确定的参考物。在三维空间中,我们将汇交于一点的三根不共面直线组成的标架称为参考系,参考系可以与具体参考物相固结,也可以是悬空的。参考物具有有限的尺寸,但参考系可以有无限大的外延。一般将固连于参考系的汇交于一点的三根标有刻度的有向直线形成的标架称为坐标系。汇交点称为坐标系的原点,三条有向直线称为坐标轴。描述物体的运动时,选择不同的参考系会得到不同的描述方式。

参考系有**惯性参考系**和**非惯性参考系**之分。绝对静止的或绝对匀速直线平动的参考系称为惯性参考系,其名称来源于牛顿第一定律——惯性定律。不满足惯性参考系条件的参考系均称为非惯性参考系,相应的坐标系称为惯性坐标系或非惯性坐标系。实际计算中,我们选择的惯性参考系均是近似的惯性参考系。选择的依据主要是对所研究的问题的精度要求。如:在研究飞机或战术导弹的短航程、短时段飞行问题时,可以以与地球固连的地球参考系或地面参考系为近似的惯性参考系,其精度能满足要求;当研究洲际弹道导弹或地球卫星的轨道运动时,则可选择精度更高的地心参考系为近似的惯性参考系,此参考系以地球中心为原点,各坐标轴指向遥远的恒星。

研究运动学时,参考系是可以任意选择的,但应以描述方法简单而有效为原则。动力学问题中,坐标系不可以任意选择,动力学规律有惯性系下和非惯性系下之分。两类坐标系下的表述形式是不同的,本书主要讨论惯性系下的动力学规律。

3. 自由度

自由度简言之就是自由的程度。描述质点、质点系的位形需要采用坐标的形式完成。能够完全确定质点、质点系位形的彼此独立的坐标称为**广义坐标**。**约束**是对物体的空间位形的限制。能够对质点的位置或对质点系的位形形成限制的约束称为**几何约束**。通常将仅受到几何约束的质点系称为**完整系统**,其广义坐标数定义为系统的**自由度**。空中飞行的飞机或导弹在空间直角坐标系中具有 6 个自由度,其空间运动可以分为两类,分别为三个沿坐标轴方向的质心运动(平动)以及三个绕质心坐标轴的角运动(转动)。

4. 矢量

我们约定用黑斜体字母表示矢量,例如 $\boldsymbol{r}$、$\boldsymbol{F}$ 等。

矢量 $\boldsymbol{r}$ 和 $\boldsymbol{F}$ 的数量积(也称标量积)用 $\boldsymbol{r}\cdot\boldsymbol{F}$ 表示,它是个标量。点乘运算可交换,即 $\boldsymbol{r}\cdot\boldsymbol{F}=\boldsymbol{F}\cdot\boldsymbol{r}$。如果 $\boldsymbol{e}$ 是单位矢量,则 $\boldsymbol{F}\cdot\boldsymbol{e}$ 就是矢量 $\boldsymbol{F}$ 在 $\boldsymbol{e}$ 方向的投影。如果已知矢量 $\boldsymbol{r}$ 和 $\boldsymbol{F}$ 都非零,则 $\boldsymbol{r}\cdot\boldsymbol{F}=0$ 等价于矢量 $\boldsymbol{r}$ 和 $\boldsymbol{F}$ 相互垂直。其实,在矢量力学里,若 $\boldsymbol{r}$ 表示位移、$\boldsymbol{F}$ 表示力,则 $\boldsymbol{r}\cdot\boldsymbol{F}$ 有力 $\boldsymbol{F}$ 在位移 $\boldsymbol{r}$ 上所做功的含义,当力与位移垂直时,力所做功为零,此时 $\boldsymbol{r}\cdot\boldsymbol{F}=0$。

矢量 $\boldsymbol{r}$ 和 $\boldsymbol{F}$ 的矢量积用 $\boldsymbol{r}\times\boldsymbol{F}$ 表示,它是个矢量,其方向垂直于矢量 $\boldsymbol{r}$ 和 $\boldsymbol{F}$ 所确定的平面。叉乘运算在交换顺序后符号要变更,如 $\boldsymbol{r}\times\boldsymbol{F}=-\boldsymbol{F}\times\boldsymbol{r}$。如果已知矢量 $\boldsymbol{r}$ 和 $\boldsymbol{F}$ 皆非零,则 $\boldsymbol{r}\times\boldsymbol{F}=\boldsymbol{0}$ 等价于矢量 $\boldsymbol{r}$ 和 $\boldsymbol{F}$ 平行或共线(此处用 $\boldsymbol{0}$ 表示零矢量,其可以是任意方向)。若 $\boldsymbol{F}$ 表示力、$\boldsymbol{r}$ 表示力作用点的位置矢量,则 $\boldsymbol{r}\times\boldsymbol{F}$ 有力 $\boldsymbol{F}$ 与相应力臂 $\boldsymbol{r}$ 形成的力矩(力矩中心为 $\boldsymbol{r}$ 的起始点)的含义,当力与力臂共线时,力矩为零,此时 $\boldsymbol{r}\times\boldsymbol{F}=\boldsymbol{0}$。

本课程中经常会用到相关的矢量运算,这些矢量运算的规则可以在已经学习过的高等数学的矢量代数中找到。

我们自信，我们在推理中不再诉诸**直觉**；哲学家告诉我们，这是假象。纯逻辑永远也不能使我们得到除同义反复之外的任何东西；它不能创造任何新东西；任何科学也不能仅仅从它产生出来。在这一意义上，这些哲学家是对的；要构成算术，像要构成几何学或构成任何科学一样，除了纯逻辑之外，还需要其他东西。为了称号这种东西，我们只好使用**直觉**这个词。

——亨利·庞加莱著，李醒民译．科学的价值．（商务印书馆，2010）

第1章　点的运动学

关键词

运动学（kinematics）；自由度（degree of freedom）；位形（configuration）；位置矢量（position vector）；基矢量（basis vector）；位移（displacement）；运动方程（equation of motion）；运动轨迹（path of motion）；速度（velocity）；法向加速度（normal acceleration）；切向加速度（tangential acceleration）；全加速度（total acceleration）；坐标系（coordinates system）；直角坐标（rectangular coordinates）；自然坐标（trihedral axes on a curve）；弧坐标（arc coordinate）；柱坐标（cylindrical coordinates）；球坐标（spherical coordinates）；极坐标（polar coordinates）

点的运动学是研究一般物体运动的基础，它研究点相对于某一参考系的几何位置随时间的变化规律，包括点的运动轨迹、运动方程、速度和加速度。描述点的运动的方法有矢量法、直角坐标法、自然坐标法（也称为弧坐标法）、柱坐标法、球坐标法以及极坐标法等。

引例：飞行器常用坐标系

随着“辽宁号”航空母舰的服役，我国海军迎来了大发展时期。航空母舰作战平台若要形成真正的战斗力却还有很长的一段路要走。现假想我海军舰载机要执行一次对敌陆上固定（运动）目标的打击任务，完成任务后返回航母平台（图1-1）。应怎样建立此任务的运动学模型、进行运动学规划呢？

很显然，要想完成此任务，首先必须给定出发点和目标在同一个参考系下的位置，依此制定飞行计划，引导战斗机飞向目标并实施打击。

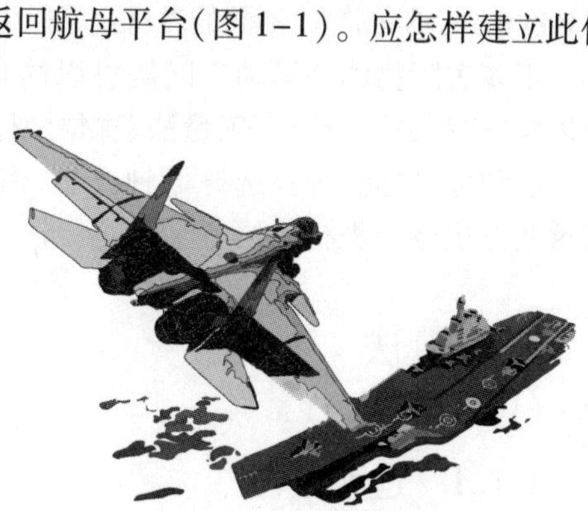

图1-1　航空母舰和舰载机

导航系统是可以确定飞行器的位置并引导飞行器按预定航线飞行的设备。飞行器（飞机或导弹）的位置、飞行速度、姿态角等参数的描述总是和具体的坐标系相联系的。研究飞行器运动学或动力学问题时，首先要建立飞行器的数学模型,那就必须设定相应的坐标系。研究地球表面附近的飞行器的导航定位问题时,常采用**地心惯性坐标系**(通常称为 I 系),虽然是近似的惯性坐标系,但其精度对所研究的问题来说已经足够。此坐标系的原点取在地心,z_I 轴沿地球自转轴方向,x_I 轴、y_I 轴在地球赤道平面内指向某恒星。地心惯性坐标系为右手正交坐标系,不随地球转动。在确定飞行器相对于地球的位置时,一般采用**地球坐标系**(通常称为 E 系),此坐标系与地球固结,随地球转动,原点取在地心,z_E 轴沿地球极轴方向,x_E 轴、y_E 轴在地球赤道平面内,x_E 轴指向零度子午线,y_E 轴指向东经 90°,三坐标轴符合右手法则。在导航定位中,飞行器相对于地球的位置通常不用地球坐标系中的直角坐标表示,而是用经度、纬度和高度表示。

在确定飞机或其他飞行器的位形、运动状态、运动轨迹时,常用到如下多种坐标系,各坐标系三轴向均满足右手法则。

地面坐标系:地面坐标系 $Ox_dy_dz_d$ 为正交坐标系,其固定在地面上,原点 O 取海平面或地面上某一点(比如飞机飞行的起点);y_d 轴铅垂向上;x_d 轴和 z_d 轴位于点 O 所在水平面内,具体指向根据需要确定,但 $x-y-z$ 满足右手法则。此坐标系常用来描述飞机的运动轨迹和姿态。

机体坐标系:任何固连在飞行器上,随飞行器一起运动的坐标系都称为随体坐标系。描述飞机的随体坐标系称为机体坐标系,描述导弹的可以称为弹体坐标系,在此统称为机体坐标系。为计算方便以及物理意义明确,坐标原点一般取在飞行器的质心;x 轴位于飞机纵向对称面内,沿机身纵轴,指向前方;y 轴在飞机纵向对称面内,垂直于 x 轴指向上方;横轴 z 垂直于纵向对称面,指向右侧。研究飞行器的姿态运动时,常使用机体坐标系。

气流坐标系:气流坐标系的坐标原点取在飞机质心上;以飞机相对于空气的速度方向为纵轴正向;立轴与纵轴垂直,且处于飞机纵向对称面内;横轴与纵轴和立轴的关系满足右手法则。

航迹坐标系:坐标原点取在飞机质心上;以飞机相对于地面的速度方向为纵轴正向;立轴与纵轴垂直,且处于包含纵轴的铅垂平面内,指向上;横轴与纵轴和立轴的关系满足右手法则。在无风的天气条件下,飞行器相对于空气的速度与相对于地面的速度相等,若飞机又是做竖直面内的二维运动的话,气流坐标系将与航迹坐标系重合。此类坐标系在导弹飞行力学里又称为弹道坐标系。

因研究对象、研究内容不同,坐标系的选择往往不同。另外,大家要特别注意,即使坐标系的名称相同,不同的人、不同的教材或著作中也可能给出不同的定义。

很多实际物体的运动学问题可以简化为点的运动学问题。描述点的运动的方法多种多样,这些方法主要有矢量法、直角坐标法、自然坐标法(也称弧坐标法)、极坐标法、柱坐标法和球坐标法等。选择何种方法,因问题而异,但以描述方法简单而有效为宜。现对这些方法逐一进行介绍。

1.1 矢量法

1.1.1 运动方程

研究动点 P 相对某参考系的运动,可在此参考系中选一确定点 O,绘制从点 O 至点

P 的矢量 $\boldsymbol{r}$,即

$$\boldsymbol{r}=\boldsymbol{r}(t) \tag{1-1}$$

式中:$\boldsymbol{r}$ 为 P 点相对 O 点的**位置矢径**,简称**位矢**。式(1-1)称为 P 点的**运动方程**。P 点的位置随时间连续变化,相应的$\boldsymbol{r}(t)$就是一个时间的连续矢量函数。对于确定的时刻 t,运动方程能给出 P 点在空间的确切位置。如 t_1 时刻,飞机在 P_1 位置,位置矢量为 $\boldsymbol{r}(t_1)$;其他时刻可以依此类推,如图 1-2 所示。实际上,一个点的运动方程包含了动点的全部运动信息。

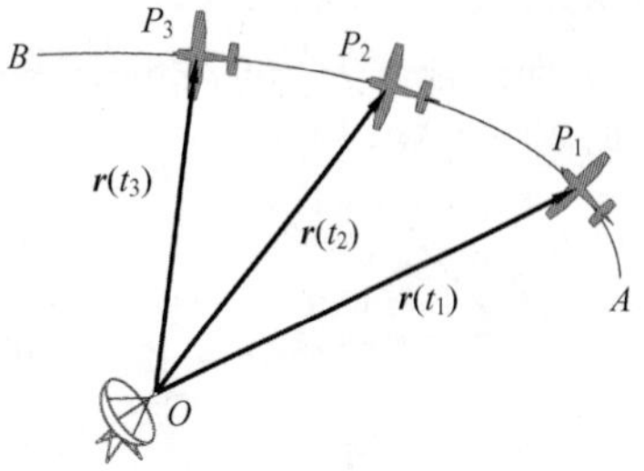

图 1-2　动点位置的矢量表示

1.1.2　速度

速度是空间位置对时间的变化率,表示动点位置变化的快慢。随着时间的变化,**位矢 $\boldsymbol{r}$ (t)**的末端在空间中划出一条空间曲线,称为**矢端曲线**,如图 1-2 所示。这条曲线正是 P 点的运动轨迹。假设由时刻 t 到时刻 $t+\Delta t$,点沿着运动轨迹从点 P 运动到点 P'(如图 1-3 所示),相应的矢径 $\boldsymbol{r}(t)$ 变到 $\boldsymbol{r}(t+\Delta t)$,那么矢量 $\Delta\boldsymbol{r}=\boldsymbol{r}(t+\Delta t)-\boldsymbol{r}(t)$ 就是该点在时间间隔 Δt 内的**位移**。在这段时间内点的平均速度可表示为

$$\boldsymbol{v}^*=\frac{\Delta\boldsymbol{r}}{\Delta t}$$

平均速度的大小和方向因时间间隔的大小不同而不同,用平均速度不能准确地描述动点在某时刻的运动状态。为了得到点的位置变化率的精确描述,令 $\Delta t\to 0$,动点平均速度的极限表示为

$$\boldsymbol{v}=\lim_{\Delta t\to 0}\frac{\Delta\boldsymbol{r}}{\Delta t}=\frac{\mathrm{d}\boldsymbol{r}}{\mathrm{d}t}=\dot{\boldsymbol{r}}\text{①} \tag{1-2}$$

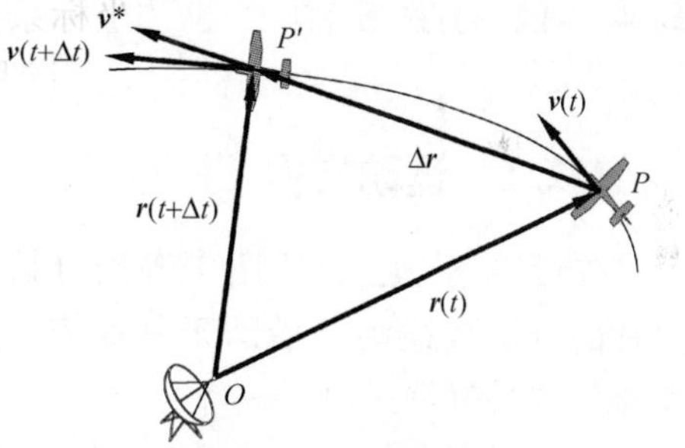

图 1-3　速度的矢量表示

此值称为点的**瞬时速度**,简称**速度**,它等于位矢对时间的一阶导数。速度是时间的矢量函数,其方向沿着运动轨迹的切线,指向运动的方向。在国际单位制中速度的单位为米每秒(m/s)。

1.1.3　加速度

加速度是速度对时间的变化率,表示速度变化的快慢。其定义式可依据速度的定义方法进行。点的平均加速度定义为在时间间隔 Δt 内速度的平均变化率。如果速度随时间连续变化,则点的**瞬时加速度**,简称**加速度**,定义为

$$\boldsymbol{a}=\lim_{\Delta t\to 0}\frac{\Delta\boldsymbol{v}}{\Delta t}=\frac{\mathrm{d}\boldsymbol{v}}{\mathrm{d}t}=\dot{\boldsymbol{v}}=\ddot{\boldsymbol{r}}\text{②} \tag{1-3}$$

式中:$\Delta\boldsymbol{v}$ 为时间间隔 Δt 内的速度增量,如图 1-4 所示。在国际单位制中,加速度的单位

① $\dot{\boldsymbol{r}}$ 为$\frac{\mathrm{d}\boldsymbol{r}}{\mathrm{d}t}$的简写形式,表示 $\boldsymbol{r}$ 对时间的一阶导数,此种简写形式仅在对时间求导数时使用。

② $\ddot{\boldsymbol{r}}$ 为$\frac{\mathrm{d}^2\boldsymbol{r}}{\mathrm{d}t^2}$的简写形式,表示 $\boldsymbol{r}$ 对时间的二阶导数。

为米每二次方秒(m/s^2)。

将各时刻的速度矢量平移到某一基准点,再将各速度矢量末端连成一光滑曲线,此曲线称为速度矢端曲线。从导数的物理意义来说,加速度可以看作速度矢量 $\boldsymbol{v}$ 的端点速度,方向沿速度矢端曲线的切线方向,如图 1-5 中的 $\boldsymbol{a}(t)$ 所示。图中 $\boldsymbol{a}(t)$ 为 t 时刻动点的加速度矢量。

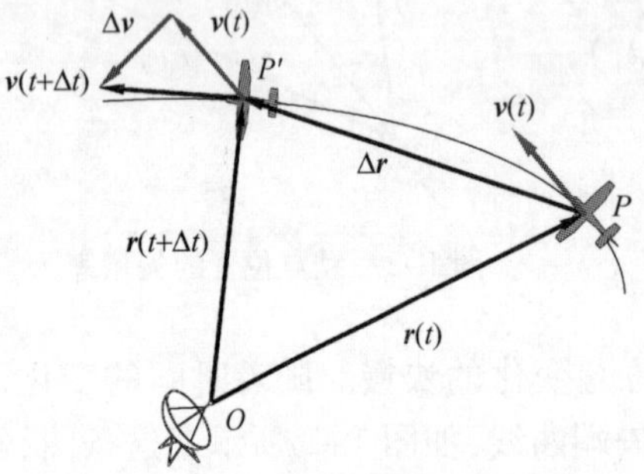

图 1-4　速度矢量增量

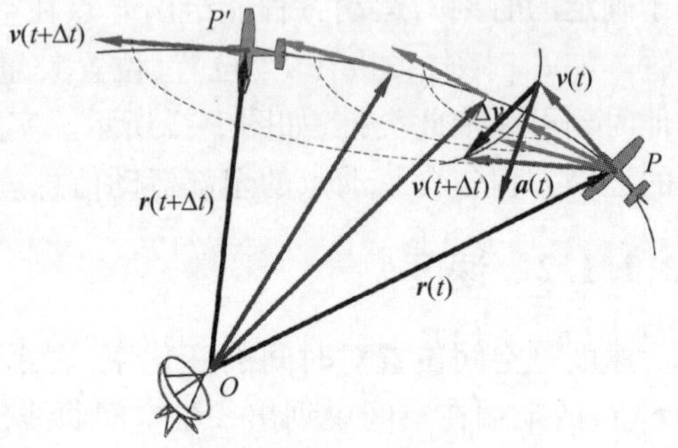

图 1-5　加速度的矢量表示

1.2　直角坐标法

1.2.1　运动方程

矢量描述方法只适用于理论分析或推演,具体的定量描述则要借助于其他描述方法,直角坐标方法就是其中之一。

设一固定直角坐标系 $Oxyz$,其沿 Ox、Oy、Oz 轴的单位矢量分别为 $\boldsymbol{i}$、$\boldsymbol{j}$、$\boldsymbol{k}$,如图 1-6 所示。对于固定坐标系来说,$\boldsymbol{i}$、$\boldsymbol{j}$、$\boldsymbol{k}$ 是常矢量,其大小和方向均不变。动点的位矢 $\boldsymbol{r}(t)$ 可以用 3 个标量函数表示,定义为

$$\boldsymbol{r}(t)=x(t)\boldsymbol{i}+y(t)\boldsymbol{j}+z(t)\boldsymbol{k} \tag{1-4}$$

式中:$x(t)$、$y(t)$、$z(t)$ 分别为点 P 的三个直角坐标。

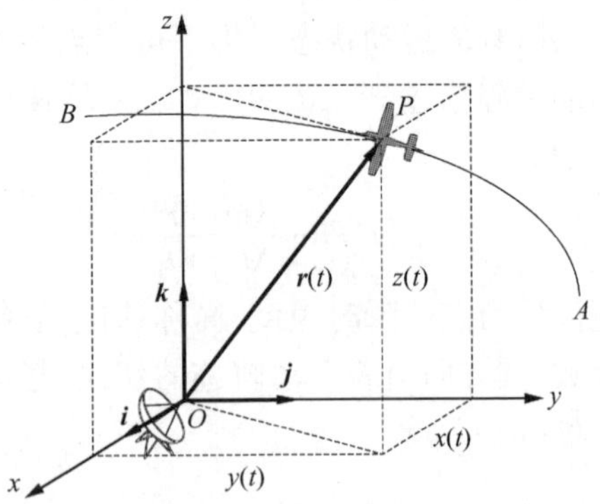

图 1-6　动点位置的直角坐标描述

1.2.2　速度

根据式(1-2),P 点的速度为

$$\begin{aligned}\boldsymbol{v}(t)&=\frac{\mathrm{d}\boldsymbol{r}}{\mathrm{d}t}=\frac{\mathrm{d}}{\mathrm{d}t}[x(t)\boldsymbol{i}+y(t)\boldsymbol{j}+z(t)\boldsymbol{k}]\\&=v_x\boldsymbol{i}+v_y\boldsymbol{j}+v_z\boldsymbol{k}\end{aligned} \tag{1-5}$$

式中:$v_x=\dot{x}$,$v_y=\dot{y}$,$v_z=\dot{z}$ 分别是速度 $\boldsymbol{v}(t)$ 在坐标轴 Ox、Oy、Oz 上的投影值。对于固定直角坐标系,$\boldsymbol{i}$、$\boldsymbol{j}$、$\boldsymbol{k}$ 是常矢量,$\dot{\boldsymbol{i}}$、$\dot{\boldsymbol{j}}$、$\dot{\boldsymbol{k}}$ 均为零矢量。

1.2.3　加速度

根据式(1–3),P 点的加速度为

$$\begin{aligned}\boldsymbol{a}(t)&=\frac{\mathrm{d}\boldsymbol{v}}{\mathrm{d}t}=\frac{\mathrm{d}^2\boldsymbol{r}}{\mathrm{d}t^2}=\frac{\mathrm{d}^2}{\mathrm{d}t^2}[x(t)\boldsymbol{i}+y(t)\boldsymbol{j}+z(t)\boldsymbol{k}]\\&=a_x\boldsymbol{i}+a_y\boldsymbol{j}+a_z\boldsymbol{k}\end{aligned}\tag{1-6}$$

式中:$a_x=\ddot{x}$、$a_y=\ddot{y}$、$a_z=\ddot{z}$ 分别为加速度 $\boldsymbol{a}(t)$ 在坐标轴 Ox、Oy、Oz 上的投影。

如果动点始终在同一个平面上运动,则一般的三维空间问题退化为二维的平面问题。取两个坐标描述动点即可,第三个坐标为定值,对应的速度及加速度均为零。

例题 1–1　雷达站探测飞机的方位,如图 1–7(a)所示。在某一时刻测得飞机离该站 $r_1=4000\mathrm{m}$,连线 r_1 与水平方向的夹角 $\theta_1=36.9°$;经过 0.8s 后,测得飞机离该站 $r_2=4200\mathrm{m}$,连线 r_2 与水平方向的夹角 $\theta_2=30°$。求:飞机在这段时间内的平均速度。

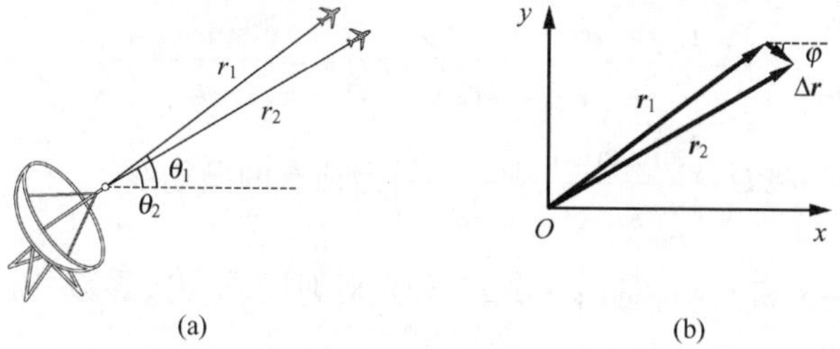

图 1–7　例题 1–1

解:取坐标系如图 1–7(b)所示,两次测得飞机的位矢分别为

$$\boldsymbol{r}_1=r_1\cos\theta_1\boldsymbol{i}+r_1\sin\theta_1\boldsymbol{j}=3199\boldsymbol{i}+2402\boldsymbol{j}$$

$$\boldsymbol{r}_2=r_2\cos\theta_2\boldsymbol{i}+r_2\sin\theta_2\boldsymbol{j}=3637\boldsymbol{i}+2100\boldsymbol{j}$$

根据平均速度的定义,在 0.8s 内飞机的平均速度为

$$\boldsymbol{v}^*=\frac{\Delta\boldsymbol{r}}{\Delta t}=\frac{\boldsymbol{r}_2-\boldsymbol{r}_1}{\Delta t}=\frac{3637-3199}{0.8}\boldsymbol{i}+\frac{2100-2402}{0.8}\boldsymbol{j}=548\boldsymbol{i}-378\boldsymbol{j}(\mathrm{m/s})$$

故平均速度的大小为

$$|\boldsymbol{v}^*|=\sqrt{(548)^2+(378)^2}=665(\mathrm{m/s})$$

平均速度的方向与 x 轴的夹角为

$$\varphi=\arctan\frac{-378}{548}=-34.6°$$

要点与讨论

用矢量法描述点的运动直观、简明,雷达的工作原理就是利用矢径 $\boldsymbol{r}$ 来确定空中目标的位置。学习本节知识点要学会使用矢量分析的数学工具。

例题 1–2　在均匀的重力场中,忽略空气阻力的影响,抛射体的运动方程可以写为如下形式:

$$x=v_0t\cos\alpha,\ y=v_0t\sin\alpha-\frac{1}{2}gt^2$$

式中:v_0 为抛射体初速度;α 为抛射体初速度与地面间夹角;g 为重力加速度。如图 1-8 所示。试求:①抛射体的运动轨迹;②抛射体的速度;③抛射体的加速度。

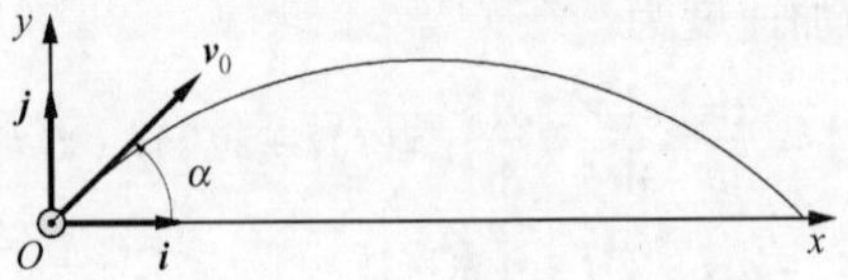

图 1-8 例题 1-2

解:①运动轨迹的意义为运动方程中坐标表达式遍历时间后形成的路径,因此运动轨迹的求法为在运动方程中消去时间项 t。依此,可得

$$y = x\tan\alpha - \frac{g}{2v_0^2\cos^2\alpha}x^2$$

此即轨迹方程。将此式进一步改写为

$$y - \frac{v_0^2\sin^2\alpha}{2g} = -\frac{g}{2v_0^2\cos^2\alpha}\left(x - \frac{v_0^2\sin\alpha\cos\alpha}{g}\right)^2$$

由此可知,轨迹为一条以$\left(\dfrac{v_0^2\sin\alpha\cos\alpha}{g},\dfrac{v_0^2\sin^2\alpha}{2g}\right)$为顶点的抛物线。

② 对 $x = v_0t\cos\alpha$ 和 $y = v_0t\sin\alpha - \frac{1}{2}gt^2$ 分别对时间求一次导数,得

$$\dot{x} = v_0\cos\alpha, \dot{y} = v_0\sin\alpha - gt$$

也可写为

$$\boldsymbol{v} = (v_0\cos\alpha)\boldsymbol{i} + (v_0\sin\alpha - gt)\boldsymbol{j}$$

当 $t = \dfrac{v_0\sin\alpha}{g}$时,$\dot{y} = 0$,此时刻抛射体到达抛物线顶点。当 $t = \dfrac{2v_0\sin\alpha}{g}$,$y = 0$,此时刻对应 $x = \dfrac{2v_0^2}{g}\sin\alpha\cos\alpha$,此即为抛射体的射程。

③ 对 $x = v_0t\cos\alpha$ 和 $y = v_0t\sin\alpha - \frac{1}{2}gt^2$ 分别对时间求二次导数,或对$\dot{x} = v_0\cos\alpha$,$\dot{y} = v_0\sin\alpha - gt$ 求一次导数,得抛射体加速度为

$$\ddot{x} = 0, \ddot{y} = -g$$

也可以写为

$$\boldsymbol{a} = 0\boldsymbol{i} - g\boldsymbol{j} = \boldsymbol{g}$$

式中:$\boldsymbol{g}$ 为重力加速度矢量。

要点与讨论

实际上,抛射体的运动方程是由牛顿动力学定律得来的,此例题为说明运动方程、运动轨迹、速度及加速度的关系,假定抛射体运动方程为已知。

例题 1-3 半径为 R 的车轮沿直线轨道做无滑动滚动(称为纯滚动),如图 1-9 所示。设车轮保持在同一竖直平面内运动,且轮心的速度大小为 u,加速度大小为 a。试分

析车轮边缘点 M 的运动。

解:取车轮所在平面为 Axy 平面,直线轨道为 x 轴,如图 1-9 所示。设 M 点为车轮边缘上的任意一点,在初始时刻 M 点与坐标原点 A 重合。又设任意时刻车轮边缘与地面接触点为 C,则当车轮转过一个角度 φ 后,轮心 O 的坐标为

$$x_O = AC = R\varphi, y_O = R$$

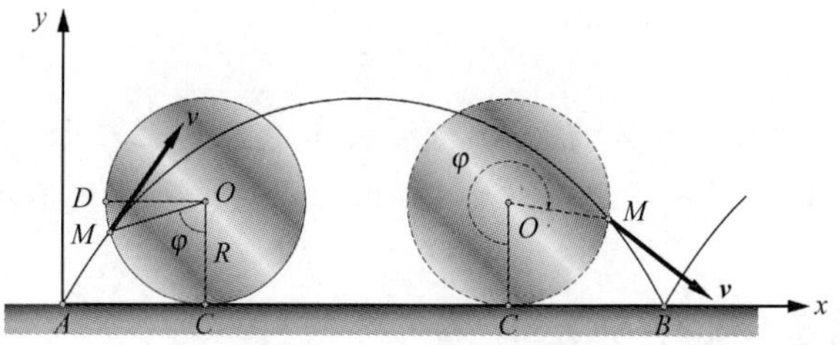

图 1-9　例题 1-3

轮心的运动轨迹是直线。因此轮心的速度和加速度方向都沿着 x 轴。于是,轮心速度和加速度分别为

$$\boldsymbol{v}_O = u\boldsymbol{i} = \dot{x}_O\boldsymbol{i} = R\dot{\varphi}\boldsymbol{i}$$

$$\boldsymbol{a}_O = a\boldsymbol{i} = \ddot{x}_O\boldsymbol{i} = R\ddot{\varphi}\boldsymbol{i}$$

由此可以求出$\dot{\varphi} = u/R$ 和$\ddot{\varphi} = a/R$。

M 点的坐标为

$$x = AC - OM\sin\varphi = R(\varphi - \sin\varphi)$$

$$y = OC - OM\cos\varphi = R(1 - \cos\varphi)$$

这是旋轮线的参数方程,因此 M 点的运动轨迹是旋轮线。M 点的矢径为

$$\boldsymbol{r}_{AM} = x\boldsymbol{i} + y\boldsymbol{j} = R(\varphi - \sin\varphi)\boldsymbol{i} + R(1 - \cos\varphi)\boldsymbol{j}$$

M 点的速度为

$$\begin{aligned}\boldsymbol{v} &= \dot{x}\boldsymbol{i} + \dot{y}\boldsymbol{j} = R\dot{\varphi}(1 - \cos\varphi)\boldsymbol{i} + (R\dot{\varphi}\sin\varphi)\boldsymbol{j}\\ &= u(1 - \cos\varphi)\boldsymbol{i} + (u\sin\varphi)\boldsymbol{j}\end{aligned}$$

可以看出,当 M 点与地面接触时,即 $\varphi = 2k\pi$ 时,M 点速度为零。这是纯滚动的一个重要性质。当 M 点位于轮子最高点时,即 $\varphi = (2k+1)\pi$ 时,M 点速度大小为 $2u$,方向与轮心速度方向一致。

由于

$$\boldsymbol{r}_{CM} = \boldsymbol{r}_{AM} - \boldsymbol{r}_{AC} = (-R\sin\varphi)\boldsymbol{i} + R(1 - \cos\varphi)\boldsymbol{j}$$

所以有 $\boldsymbol{v} \cdot \boldsymbol{r}_{CM} = 0$,即 M 点的速度始终垂直于 CM。M 点在任意时刻的速度大小为

$$v = \sqrt{\dot{x}^2 + \dot{y}^2} = \left|2R\dot{\varphi}\sin\frac{\varphi}{2}\right| = |r_{CM}\dot{\varphi}|$$

M 点的加速度为

$$\begin{aligned}\boldsymbol{a} &= \ddot{x}\boldsymbol{i} + \ddot{y}\boldsymbol{j} = R[\ddot{\varphi}(1 - \cos\varphi) + \dot{\varphi}^2\sin\varphi]\boldsymbol{i} + R(\ddot{\varphi}\sin\varphi + \dot{\varphi}^2\cos\varphi)\boldsymbol{j}\\ &= \left[a(1 - \cos\varphi) + \frac{u^2}{R}\sin\varphi\right]\boldsymbol{i} + \left(a\sin\varphi + \frac{u^2}{R}\cos\varphi\right)\boldsymbol{j}\end{aligned}$$

当 M 点与地面接触时,即 $\varphi = 2k\pi$ 时,M 点加速度不等于零,其大小为 u^2/R,方向指向

轮心(从图中可以看出,M 点与地面接触前后瞬时,其速度方向从竖直向下变为竖直向上,而速度大小没有变化。这表明 M 点与地面接触的瞬时,其加速度方向必然竖直向上)。如果轮心的速度为常数,即 $a=0$,则当 M 点位于轮子最高点时,即 $\varphi=(2k+1)\pi$ 时,M 点加速度大小也为 u^2/R,方向指向轮心。

要点与讨论

分析运动学问题要强调运动学方程与运动本身形象地结合。要借助数学方程描述和掌握点的运动,切忌得出了运动学方程,仍对点的运动性质不清楚。

1.3 自然坐标法(弧坐标法)

对于运动轨迹完全确定的非自由质点的运动描述,可以采用自然坐标方法,此方法也称为弧坐标方法。

1.3.1 运动方程

在运动轨迹已确定的情况下,我们来定义弧坐标和自然坐标。在轨迹上任选一点 O' 作为坐标原点,以动点运动的趋势定义轨迹的负(-)、正(+)方向,以起始端为负方向,以目标端为正方向。以动点 P 距离 O' 的弧长值来定位动点位置,以 s 表示,称为动点 P 的**弧坐标**。

$$s=s(t) \tag{1-7}$$

式中:$s(t)$ 为时间 t 的单值连续标量函数,此弧长沿着动点轨迹进行度量。

1.3.2 速度

某时刻,动点运动到轨迹上的 P 点,此位置即可以用位矢 $\boldsymbol{r}$ 表示,也可以用弧坐标 s 表示,$\boldsymbol{r}$ 和 s 之间存在一一对应关系。若将 $\boldsymbol{r}$ 看作 s 的函数,即 $\boldsymbol{r}=\boldsymbol{r}(s(t))$,则点 P 的速度为

$$\boldsymbol{v}=\frac{\mathrm{d}\boldsymbol{r}}{\mathrm{d}s}\cdot\frac{\mathrm{d}s}{\mathrm{d}t}=\frac{\mathrm{d}\boldsymbol{r}}{\mathrm{d}s}\cdot\dot{s},\ \frac{\mathrm{d}\boldsymbol{r}}{\mathrm{d}s}=\lim_{\Delta s\to 0}\frac{\Delta\boldsymbol{r}}{\Delta s},\ \left|\frac{\mathrm{d}\boldsymbol{r}}{\mathrm{d}s}\right|=\lim_{\Delta s\to 0}\left|\frac{\Delta\boldsymbol{r}}{\Delta s}\right|=1$$

式中:$\frac{\mathrm{d}\boldsymbol{r}}{\mathrm{d}s}$表示沿着 P 点运动轨迹切线方向的单位矢量,记为 $\boldsymbol{\tau}$,则上式改写为

$$\boldsymbol{v}=\dot{s}\boldsymbol{\tau}=v\boldsymbol{\tau} \tag{1-8}$$

式中:v 为代数量,但有正负之分。若动点向轨迹的正方向运动,则速度为正值;反之为负。

1.3.3 加速度

在动点 P 的无限小邻域内,原本为空间曲线的轨迹可以近似看作平面曲线,$\boldsymbol{\tau}$ 则是 P 点此近似平面曲线的切线方向;通过 P 点、垂直于 $\boldsymbol{\tau}$ 并指向近似平面曲线的曲率中心的单位矢量称为轨迹的主法线方向,记为 $\boldsymbol{n}$;副法线定义为$\boldsymbol{b}=\boldsymbol{\tau}\times\boldsymbol{n}$。以 P 点为原点,切线、主法线及副法线为坐标轴构成的坐标系称为**自然坐标系**(图 1-10)。$\boldsymbol{\tau}$、$\boldsymbol{n}$、$\boldsymbol{b}$ 为自然坐标

系的单位矢量,也称基矢量。自然坐标系是一种随动点位置变化而变化的坐标系,不同的位置对应不同的坐标系。

根据式(1-8),点 P 的加速度为

$$\boldsymbol{a}=\frac{\mathrm{d}\boldsymbol{v}}{\mathrm{d}t}=\frac{\mathrm{d}(v\boldsymbol{\tau})}{\mathrm{d}t}=\ddot{s}\,\boldsymbol{\tau}+\dot{s}\,\dot{\boldsymbol{\tau}} \tag{1-9}$$

由式(1-9)可知,加速度由两部分组成。式中右端第一项是由于速度大小变化而产生的加速度,其方向沿着轨迹切线,称为**切向加速度**,记作 $\boldsymbol{a}^{\tau}=\ddot{s}\,\boldsymbol{\tau}$。式中右端第二项是由于速度方向变化而产生的加速度,它可以写成

$$\dot{s}\,\dot{\boldsymbol{\tau}}=\dot{s}\,\frac{\mathrm{d}\boldsymbol{\tau}}{\mathrm{d}s}\,\frac{\mathrm{d}s}{\mathrm{d}t}=\dot{s}^{2}\,\frac{\mathrm{d}\boldsymbol{\tau}}{\mathrm{d}s} \tag{1-10}$$

下面讨论$\dfrac{\mathrm{d}\boldsymbol{\tau}}{\mathrm{d}s}$的方向和大小。设 P 和 P'处的切向单位向量分别是 $\boldsymbol{\tau}$ 和 $\boldsymbol{\tau}'$,它们之间的夹角为 $\Delta\theta$,P 和 P'之间弧长为 Δs,如图 1-11 所示。于是

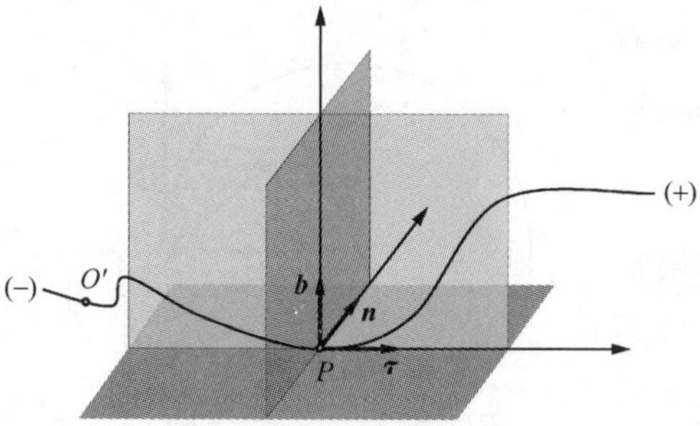

图 1-10　自然坐标系

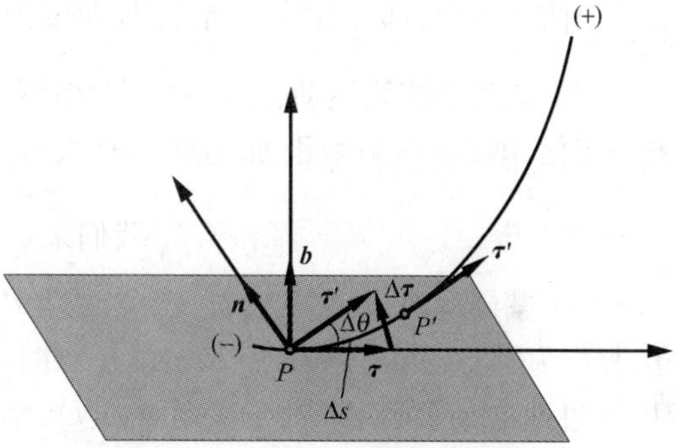

图 1-11　自然坐标系加速度表示

$$\Delta\boldsymbol{\tau}=\boldsymbol{\tau}'-\boldsymbol{\tau}$$

$$\frac{\mathrm{d}\boldsymbol{\tau}}{\mathrm{d}s}=\lim_{\Delta s\to 0}\frac{\Delta\boldsymbol{\tau}}{\Delta s} \tag{1-11}$$

图 1-11 中,以 P 为顶点,以 $\boldsymbol{\tau}$ 和 $\boldsymbol{\tau}'$为两边,以 $\Delta\boldsymbol{\tau}$ 为底的三角形为等腰三角形,当 Δs 趋于零时,$\Delta\boldsymbol{\tau}$ 的极限方向就是$\dfrac{\mathrm{d}\boldsymbol{\tau}}{\mathrm{d}s}$的方向,即主法线方向 $\boldsymbol{n}$。

$$|\Delta\boldsymbol{\tau}|=2|\boldsymbol{\tau}|\left|\sin\frac{\Delta\theta}{2}\right|=2\left|\sin\frac{\Delta\theta}{2}\right|$$

$$\begin{aligned}\left|\frac{\mathrm{d}\boldsymbol{\tau}}{\mathrm{d}s}\right|&=\lim_{\Delta s\to 0}\left|\frac{\Delta\tau}{\Delta s}\right|=\lim_{\Delta s\to 0}\left|\frac{2\sin\dfrac{\Delta\theta}{2}}{\Delta s}\right|=\lim_{\Delta s\to 0}\left|\frac{\Delta\theta}{\Delta s}\cdot\frac{\sin\dfrac{\Delta\theta}{2}}{\dfrac{\Delta\theta}{2}}\right|\\&=\lim_{\Delta s\to 0}\left|\frac{\Delta\theta}{\Delta s}\right|\lim_{\Delta s\to 0}\left|\frac{\sin\dfrac{\Delta\theta}{2}}{\dfrac{\Delta\theta}{2}}\right|=\lim_{\Delta s\to 0}\left|\frac{\Delta\theta}{\Delta s}\right|=\left|\frac{\mathrm{d}\theta}{\mathrm{d}s}\right|\end{aligned} \tag{1-12}$$

式中:$\left|\dfrac{\mathrm{d}\theta}{\mathrm{d}s}\right|$为曲线上 P 点的曲率,它的倒数为曲率半径,记为 ρ,即$\left|\dfrac{\mathrm{d}\theta}{\mathrm{d}s}\right|=\dfrac{1}{\rho}$。曲率是曲线弯曲程度的度量。直线的曲率为零,它的曲率半径无穷大;圆周上各点的曲率半径都

等于圆的半径。

因此,式(1-10)的右端第二项改写为

$$\boldsymbol{a}^n = \frac{\dot{s}^2}{\rho}\boldsymbol{n} \tag{1-13}$$

称为**法向加速度**。

式(1-9)改写为

$$\boldsymbol{a} = \frac{\mathrm{d}\boldsymbol{v}}{\mathrm{d}t} = \frac{\mathrm{d}(v\boldsymbol{\tau})}{\mathrm{d}t} = \ddot{s}\boldsymbol{\tau} + \dot{s}\dot{\boldsymbol{\tau}} = \boldsymbol{a}^\tau + \boldsymbol{a}^n = \ddot{s}\boldsymbol{\tau} + \frac{\dot{s}^2}{\rho}\boldsymbol{n} \tag{1-14}$$

全加速度的大小为

$$a = \sqrt{\ddot{s}^2 + \dot{s}^4/\rho^2}$$

对于几种运动特例的加速度情况简述如下:

(1) **直线运动**:点的速度大小可以变化,方向不变。依据式(1-14)可知$\dot{\boldsymbol{\tau}}$为零或者说直线的曲率为零,即$\frac{1}{\rho}$为零。所以,加速度为$\boldsymbol{a} = \boldsymbol{a}^\tau = \ddot{s}\boldsymbol{\tau}$。

(2) **匀速率曲线运动**:点的速度大小不变,只有方向变化,即$\ddot{s}=0$。因此,加速度只有法向分量,即$\boldsymbol{a} = \boldsymbol{a}^n = \frac{\dot{s}^2}{\rho}\boldsymbol{n}$。

(3) **圆周运动**:设点P沿着一个半径为R的圆周运动,O为圆心,如图1-12所示。设任意时刻,线段OP与过O点的某固定直线的夹角为$\varphi(t)$,则点P的弧坐标形式的运动方程为$s=R\varphi(t)$。点P的速度为$\boldsymbol{v} = \dot{s}\boldsymbol{\tau} = R\dot{\varphi}\boldsymbol{\tau}$,加速度为$\boldsymbol{a} = \ddot{s}\boldsymbol{\tau} + \frac{\dot{s}^2}{R}\boldsymbol{n} = R\ddot{\varphi}\boldsymbol{\tau} + R\dot{\varphi}^2\boldsymbol{n}$,其中法向加速度也就是向心加速度。当$P$点做等速率圆周运动时,切向加速度大小为零。

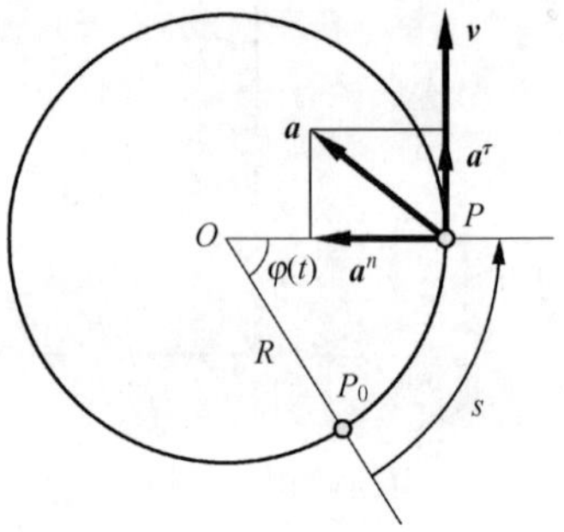

图1-12　点做圆周运动的速度和加速度

例题1-4　如图1-13(a)所示摇杆滑道机构,滑块M同时在固定的圆弧槽BC和摇杆OA的滑道中滑动。若弧BC的半径为R,摇杆OA的轴O在弧BC的圆周上。摇杆绕O轴以等角速度ω转动,当运动开始时,摇杆在水平位置。试给出滑块M的运动方程,并求其速度和加速度。

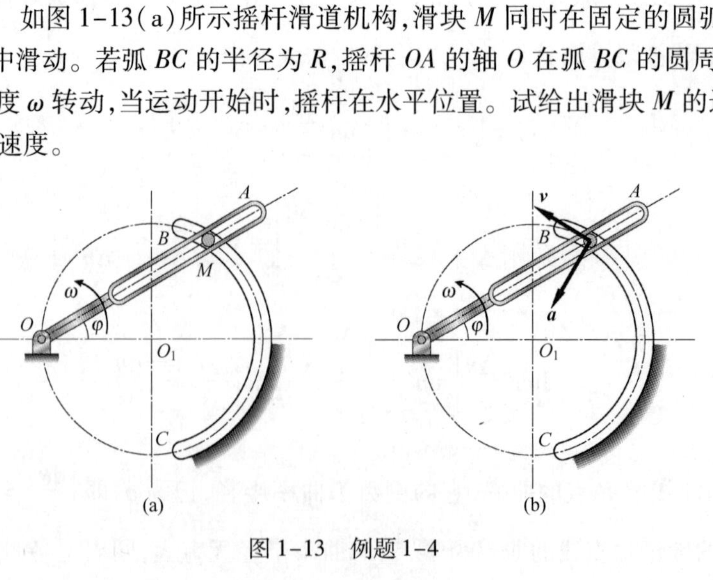

图1-13　例题1-4

解:滑块 M 始终在固定的圆弧槽内滑动,其轨迹是以 O_1 为圆心,以 R 为半径的圆弧 BC,故可用弧坐标法描述 M 的运动。以 $\varphi=0$,即 $x=2R,y=0$ 处为弧坐标原点,以逆时针转向的弧长为正,则 M 的运动方程为

$$s=R\cdot 2\varphi=2R\omega t$$

M 的速度为

$$\boldsymbol{v}=\dot{s}\boldsymbol{\tau}=2R\omega\boldsymbol{\tau}$$

其大小为常量。说明滑块 M 做匀速率圆周运动,正值说明 $\boldsymbol{v}$ 的方向沿轨迹切线,且指向转动方向。

M 的法向加速度和切向加速度分别为

$$\boldsymbol{a}^n=\frac{\dot{s}^2}{\rho}\boldsymbol{n}=\frac{(2R\omega)^2}{R}\boldsymbol{n}=4R\omega^2\boldsymbol{n},\boldsymbol{a}^\tau=\ddot{s}\boldsymbol{\tau}=0$$

M 的全加速度为

$$\boldsymbol{a}=\boldsymbol{a}^\tau+\boldsymbol{a}^n=\ddot{s}\boldsymbol{\tau}+\frac{\dot{s}^2}{\rho}\boldsymbol{n}=4R\omega^2\boldsymbol{n}$$

其方向指向圆心 O_1,如图 1-13(b)所示。

要点与讨论

用不同方法研究点的运动时,各种方法间既有区别又有联系。例如,在本例中得出了以弧坐标表示的运动方程后,也可求出以直角坐标表示的运动方程。读者可自行求解并分析两种方法的区别与联系。

1.4　柱坐标法

对于某些特殊的运动形式,采用特殊的坐标描述将会更方便。例如,动点沿着圆柱面运动,采用柱坐标描述将会更方便。

1.4.1　运动方程

如图 1-14 所示,P 为动点,$Oxyz$ 为一直角坐标系,$\boldsymbol{r}$ 为 P 的位置矢量,Q 为 P 在 Oxy 平面内的投影。为简便起见,此处只绘制出第一象限的部分柱面。OQ 为 $\boldsymbol{r}$ 在 Oxy 平面内的投影,记为 ρ;从 Ox 轴沿逆时针方向转到 OQ 方向的有向角度记为 φ;$\boldsymbol{r}$ 沿 Oz 轴的投影记为 z。我们称 ρ、φ、z 为动点 P 的**柱坐标**,三者皆为时间的连续函数。柱坐标表示的动点的运动方程为

$$\rho=\rho(t),\varphi=\varphi(t),z=z(t)\qquad(1-15)$$

ρ、φ、z 对应的单位矢量分别记为 $\boldsymbol{e}_\rho$、$\boldsymbol{e}_\varphi$、$\boldsymbol{k}$,三者相互正交,组成**柱坐标基矢量**,且满足 $\boldsymbol{e}_\rho\times\boldsymbol{e}_\varphi=\boldsymbol{k}$,此坐标基矢量随动点变化。

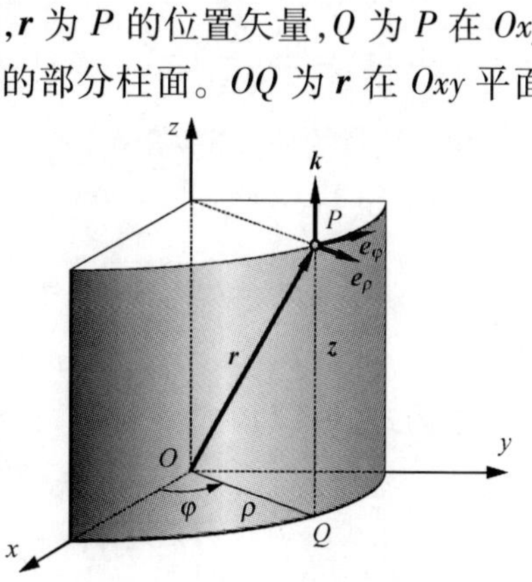

图 1-14　柱坐标系

位置矢量与直角坐标、柱坐标之间的关系为

$$
\begin{cases}
\boldsymbol{r}=x\boldsymbol{i}+y\boldsymbol{j}+z\boldsymbol{k}=\rho(\cos\varphi\boldsymbol{i}+\sin\varphi\boldsymbol{j})+z\boldsymbol{k}=\rho\boldsymbol{e}_\rho+z\boldsymbol{k}\\
x=\rho\cos\varphi, y=\rho\sin\varphi, z=z
\end{cases}
\tag{1-16}
$$

$$
\begin{cases}
\boldsymbol{e}_\rho=\cos\varphi\boldsymbol{i}+\sin\varphi\boldsymbol{j}\\
\boldsymbol{e}_\varphi=\cos\left(\varphi+\dfrac{\pi}{2}\right)\boldsymbol{i}+\sin\left(\varphi+\dfrac{\pi}{2}\right)\boldsymbol{j}=-\sin\varphi\boldsymbol{i}+\cos\varphi\boldsymbol{j}
\end{cases}
\tag{1-17}
$$

1.4.2 速度

$$
\begin{aligned}
\boldsymbol{v}&=\boldsymbol{v}_\rho+\boldsymbol{v}_\varphi+\boldsymbol{v}_z=v_\rho\boldsymbol{e}_\rho+v_\varphi\boldsymbol{e}_\varphi+v_z\boldsymbol{k}\\
&=\dot{\rho}\boldsymbol{e}_\rho+\rho\dot{\varphi}\boldsymbol{e}_\varphi+\dot{z}\boldsymbol{k}
\end{aligned}
\tag{1-18}
$$

根据式(1-17),直角坐标下与柱坐标下表示的速度关系为

$$
\begin{cases}
v_x=\dot{x}=\dot{\rho}\cos\varphi-\rho\dot{\varphi}\sin\varphi\\
v_y=\dot{y}=\dot{\rho}\sin\varphi+\rho\dot{\varphi}\cos\varphi\\
v_z=\dot{z}
\end{cases}
\tag{1-19}
$$

1.4.3 加速度

根据式(1-18),可知

$$
\begin{aligned}
\boldsymbol{a}&=\dot{\boldsymbol{v}}=\dot{\boldsymbol{v}}_\rho+\dot{\boldsymbol{v}}_\varphi+\dot{\boldsymbol{v}}_z\\
&=(\dot{v}_\rho\boldsymbol{e}_\rho+v_\rho\dot{\boldsymbol{e}}_\rho)+(\dot{v}_\varphi\boldsymbol{e}_\varphi+v_\varphi\dot{\boldsymbol{e}}_\varphi)+(\dot{v}_z\boldsymbol{k}+v_z\dot{\boldsymbol{k}})
\end{aligned}
\tag{1-20}
$$

式中:$\dot{\boldsymbol{k}}=0$,但$\dot{\boldsymbol{e}}_\rho$、$\dot{\boldsymbol{e}}_\varphi$都非零,下面来推证两者的含义。

设t时刻,动点处于P位置,$t+\Delta t$时刻处于P'位置,两时刻所对应的位矢、位矢与x轴间夹角、柱坐标基矢量分别为$\boldsymbol{r}$,φ,$\boldsymbol{e}_\rho$、$\boldsymbol{e}_\varphi$、$\boldsymbol{k}$及$\boldsymbol{r}'$,$\varphi+\Delta\varphi$,$\boldsymbol{e}'_\rho$、$\boldsymbol{e}'_\varphi$、$\boldsymbol{k}$。在时间间隔Δt内,$\boldsymbol{e}_\rho$的增量为$\Delta\boldsymbol{e}_\rho$、$\boldsymbol{e}_\varphi$的增量为$\Delta\boldsymbol{e}_\varphi$、$\boldsymbol{k}$没有变化,如图1-15所示。

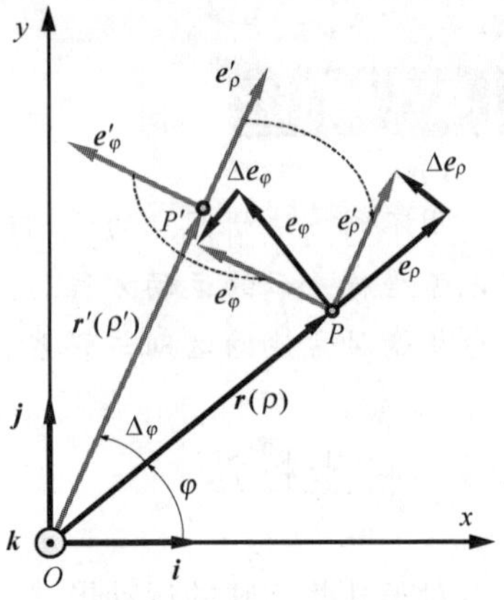

图1-15 柱坐标系

$$
\begin{cases}
\dot{\boldsymbol{e}}_\rho=\lim\limits_{\Delta t\to0}\dfrac{\Delta\boldsymbol{e}_\rho}{\Delta t}=\boldsymbol{e}_\varphi\lim\limits_{\Delta t\to0}\dfrac{e_\rho\Delta\varphi}{\Delta t}=\boldsymbol{e}_\varphi\lim\limits_{\Delta t\to0}\dfrac{1\times\Delta\varphi}{\Delta t}=\boldsymbol{e}_\varphi\lim\limits_{\Delta t\to0}\dfrac{\Delta\varphi}{\Delta t}=\dot{\varphi}\boldsymbol{e}_\varphi\\
\dot{\boldsymbol{e}}_\varphi=\lim\limits_{\Delta t\to0}\dfrac{\Delta\boldsymbol{e}_\varphi}{\Delta t}=(-\boldsymbol{e}_\rho)\lim\limits_{\Delta t\to0}\dfrac{e_\varphi\Delta\varphi}{\Delta t}=-\boldsymbol{e}_\rho\lim\limits_{\Delta t\to0}\dfrac{1\times\Delta\varphi}{\Delta t}=-\boldsymbol{e}_\rho\lim\limits_{\Delta t\to0}\dfrac{\Delta\varphi}{\Delta t}=-\dot{\varphi}\boldsymbol{e}_\rho
\end{cases}
\tag{1-21}
$$

值得注意的是:式(1-21)中$\dot{\boldsymbol{e}}_\rho$、$\dot{\boldsymbol{e}}_\varphi$的物理意义是柱坐标因转动而引起的基矢量末端速度。根据式(1-18)、式(1-20)、式(1-21)可得

$$
\begin{aligned}
\boldsymbol{a}&=a_\rho\boldsymbol{e}_\rho+a_\varphi\boldsymbol{e}_\varphi+a_z\boldsymbol{k}=(\dot{v}_\rho\boldsymbol{e}_\rho+v_\rho\dot{\boldsymbol{e}}_\rho)+(\dot{v}_\varphi\boldsymbol{e}_\varphi+v_\varphi\dot{\boldsymbol{e}}_\varphi)+(\dot{v}_z\boldsymbol{k}+v_z\dot{\boldsymbol{k}})\\
&=(\ddot{\rho}-\rho\dot{\varphi}^2)\boldsymbol{e}_\rho+(\rho\ddot{\varphi}+2\dot{\rho}\dot{\varphi})\boldsymbol{e}_\varphi+\ddot{z}\boldsymbol{k}
\end{aligned}
\tag{1-22}
$$

根据式(1-17)、式(1-19),直角坐标系下与柱坐标系下表示的加速度关系为

$$
\begin{cases}
a_x=\ddot{x}=(\ddot{\rho}-\rho\dot{\varphi}^2)\cos\varphi-(\rho\ddot{\varphi}+2\dot{\rho}\dot{\varphi})\sin\varphi\\
a_y=\ddot{y}=(\ddot{\rho}-\rho\dot{\varphi}^2)\sin\varphi+(\rho\ddot{\varphi}+2\dot{\rho}\dot{\varphi})\cos\varphi\\
a_z=\ddot{z}
\end{cases}
\tag{1-23}
$$

这些关系是进行坐标变换的依据。

例题 1–5　搅拌器沿 z 轴周期性上下运动,运动规律为 $z=z_0\sin2\pi ft$,并且搅拌器能够绕 z 轴转动,转角 $\varphi=\omega t$,ω 为常量,如图 1–16 所示。设搅拌轮半径为 r,求:轮缘上点 A 的最大加速度。

解:在图示柱坐标中,点 A 的运动方程为

$$\rho=r,\varphi=\omega t,z=z_0\sin2\pi ft$$

故点 A 的加速度为

$$a_\rho=\ddot{\rho}-\rho\dot{\varphi}^2,a_\varphi=2\dot{\rho}\dot{\varphi}+\rho\ddot{\varphi},a_z=\ddot{z}$$

因搅拌器绕 z 轴匀速转动,故

$$a_\rho=\ddot{\rho}-\rho\dot{\varphi}^2=-r\omega^2$$

$$a_\varphi=2\dot{\rho}\dot{\varphi}+\rho\ddot{\varphi}=0$$

$$a_z=\ddot{z}=-4\pi^2f^2z_0\sin2\pi ft$$

所以点 A 的加速度为

$$a=\sqrt{a_\rho^2+a_\varphi^2+a_z^2}=\sqrt{\omega^4r^2+16\pi^4f^4z_0^2\sin^22\pi ft}$$

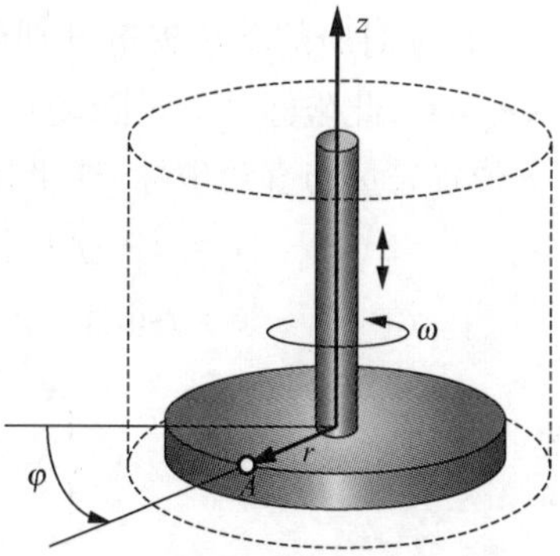

图 1–16　例题 1–5

当 $\sin^22\pi ft=1$ 时,点 A 的加速度有最大值,其值为

$$a_{\max}=\sqrt{\omega^4r^2+16\pi^4f^4z_0^2}$$

要点与讨论

在工程实践中,动点若沿着圆柱面运动,采用柱坐标描述会更方便,可由运动方程得到加速度的一般表达式,然后求最大值。

1.5　球坐标法

若动点沿着球面运动,或描述动点相对于球形物体的运动(如飞机相对于地球的运动)时,采用球坐标描述将会更方便。

1.5.1　运动方程

如图 1–17 所示,P 为动点,$Oxyz$ 为一直角坐标系,$\boldsymbol{r}$ 为 P 的位置矢量,Q 为 P 在 Oxy 平面内的投影。为简便起见,此处只绘制出第一象限的部分球面。OQ 为 $\boldsymbol{r}$ 在 Oxy 平面内的投影;r 为动点位矢 $\boldsymbol{r}$ 的模;θ 为从 Oz 轴转到位矢 $\boldsymbol{r}$ 的有向角度;φ 为从 Ox 轴沿逆时针方向转到 OQ 方向的有向角度。我们称 r、θ、φ 为动点 P 的**球坐标**,三者皆为时间的连续函数。球坐标表示的动点的运动方程为

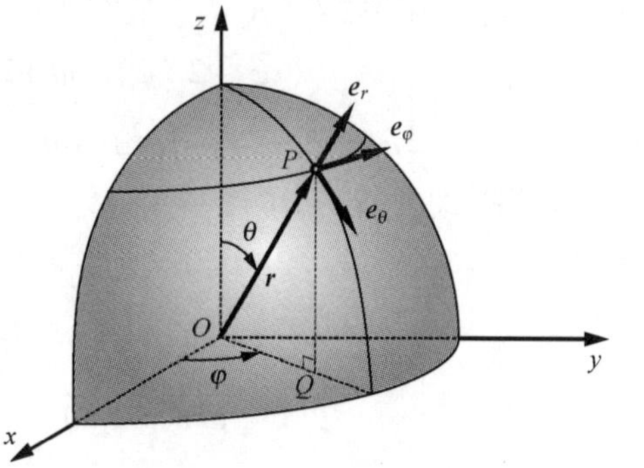

图 1–17　球坐标系

$$r=r(t),\theta=\theta(t),\varphi=\varphi(t) \tag{1-24}$$

例如,在海上行驶的舰船,其相对于地球的位置可用球坐标表示为

$$r=R,\theta=\theta(t),\varphi=\varphi(t)$$

式中:R 为地球半径;$\theta(t)$的余角为纬度;$\varphi(t)$为经度。

r、θ、φ 对应的单位矢量分别记为 $\boldsymbol{e}_r$、$\boldsymbol{e}_\theta$、$\boldsymbol{e}_\varphi$,三者相互正交,组成**球坐标基矢量**,且满足 $\boldsymbol{e}_\theta\times\boldsymbol{e}_\varphi=\boldsymbol{e}_r$,此坐标基矢量随动点变化。

位置矢量与直角坐标、球坐标之间的关系为

$$\begin{cases}\boldsymbol{r}=x\boldsymbol{i}+y\boldsymbol{j}+z\boldsymbol{k}=r\sin\theta\cos\varphi\boldsymbol{i}+r\sin\theta\sin\varphi\boldsymbol{j}+r\cos\theta\boldsymbol{k}=r\boldsymbol{e}_r\\ x=r\sin\theta\cos\varphi,y=r\sin\theta\sin\varphi,z=r\cos\theta\end{cases} \tag{1-25}$$

$$\begin{cases}\boldsymbol{e}_r=\sin\theta(\cos\varphi\boldsymbol{i}+\sin\varphi\boldsymbol{j})+\cos\theta\boldsymbol{k}\\ \boldsymbol{e}_\theta=\cos\theta(\cos\varphi\boldsymbol{i}+\sin\varphi\boldsymbol{j})-\sin\theta\boldsymbol{k}\\ \boldsymbol{e}_\varphi=-\sin\varphi\boldsymbol{i}+\cos\varphi\boldsymbol{j}\end{cases} \tag{1-26}$$

1.5.2 速度

$$\begin{aligned}\boldsymbol{v}&=\boldsymbol{v}_r+\boldsymbol{v}_\theta+\boldsymbol{v}_\varphi=v_r\boldsymbol{e}_r+v_\theta\boldsymbol{e}_\theta+v_\varphi\boldsymbol{e}_\varphi\\&=\dot{r}\boldsymbol{e}_r+r\dot{\theta}\boldsymbol{e}_\theta+r\sin\theta\dot{\varphi}\boldsymbol{e}_\varphi\end{aligned} \tag{1-27}$$

根据式(1-26),直角坐标系下与球坐标系下表示的速度关系为

$$\begin{cases}v_x=\dot{x}=\dot{r}\sin\theta\cos\varphi+r(\dot{\theta}\cos\theta\cos\varphi-\dot{\varphi}\sin\theta\sin\varphi)\\ v_y=\dot{y}=\dot{r}\sin\theta\sin\varphi+r(\dot{\theta}\cos\theta\sin\varphi+\dot{\varphi}\sin\theta\cos\varphi)\\ v_z=\dot{z}=\dot{r}\cos\theta-r\dot{\theta}\sin\theta\end{cases} \tag{1-28}$$

1.5.3 加速度

根据式(1-28),可知

$$\begin{cases}a_x=\ddot{x}=\{[\ddot{r}-r(\dot{\theta}^2+\dot{\varphi}^2)]\sin\theta+(r\ddot{\theta}+2\dot{r}\dot{\theta})\cos\theta\}\cos\varphi-\\ \qquad[(r\ddot{\varphi}+2\dot{r}\dot{\varphi})\sin\theta+2r\dot{\theta}\dot{\varphi}\cos\theta]\sin\varphi\\ a_y=\ddot{y}=\{[\ddot{r}-r(\dot{\theta}^2+\dot{\varphi}^2)]\sin\theta+(r\ddot{\theta}+2\dot{r}\dot{\theta})\cos\theta\}\sin\varphi+\\ \qquad[(r\ddot{\varphi}+2\dot{r}\dot{\varphi})\sin\theta+2r\dot{\theta}\dot{\varphi}\cos\theta]\cos\varphi\\ a_z=\ddot{z}=(\ddot{r}-r\dot{\theta}^2)\cos\theta-(r\ddot{\theta}+2\dot{r}\dot{\theta})\sin\theta\end{cases} \tag{1-29}$$

又根据式(1-26),可得

$$\begin{aligned}\boldsymbol{a}&=\dot{\boldsymbol{v}}=\dot{\boldsymbol{v}}_r+\dot{\boldsymbol{v}}_\theta+\dot{\boldsymbol{v}}_\varphi=a_r\boldsymbol{e}_r+a_\theta\boldsymbol{e}_\theta+a_\varphi\boldsymbol{e}_\varphi\\&=(\ddot{r}-r\dot{\theta}^2-r\dot{\varphi}^2\sin^2\theta)\boldsymbol{e}_r+\\&\quad(r\ddot{\theta}+2\dot{r}\dot{\theta}-r\dot{\varphi}^2\cos\theta\sin\theta)\boldsymbol{e}_\theta+\\&\quad(r\ddot{\varphi}\sin\theta+2\dot{r}\dot{\varphi}\sin\theta+2r\dot{\theta}\dot{\varphi}\cos\theta)\boldsymbol{e}_\varphi\end{aligned} \tag{1-30}$$

例题 1-6 飞机相对于地球的位置通常用经度、纬度和高度表示。如图 1-18 所示,一

飞机 P 在任一时刻 t 的经度、纬度、高度分别为 $\psi(t)$、$\lambda(t)$、$h(t)$，其在地心惯性坐标系中的球坐标运动方程可以表示为

$$r=R+h(t),\theta=\frac{\pi}{2}-\lambda(t),\varphi=\Omega t+\psi(t)$$

式中：R 为地球半径；Ω 为地球自转角速度。据地球表面方向约定，定义东北天坐标系如图 1-18 所示，设其基矢量分别为 $\boldsymbol{e}_{\mathrm{E}}$、$\boldsymbol{e}_{\mathrm{N}}$、$\boldsymbol{e}_{\mathrm{H}}$。

试：(1) 以 $\psi(t)$、$\lambda(t)$、$h(t)$ 表示飞机相对于地球的东向、北向、天向的速度分量；

(2) 若飞机以等高度飞行，相对于地球的航速为 $v(t)$，求下列两种情形下飞机相对于惯性坐标系的加速度分量：①飞机沿经线由南向北飞行；②飞机沿纬线由西向东飞行。

解：(1) 飞机相对于地球的东向速度可表示为 $v_{\mathrm{E}}=\dot{\psi}(R+h)\cos\lambda$，飞机相对于地心惯性坐标系的东向速度可表示为 $v_{\mathrm{E}}=\dot{\varphi}(R+h)\cos\lambda=(\Omega+\dot{\psi})(R+h)\cos\lambda$；北向速度可表示为 $v_{\mathrm{N}}=\dot{\lambda}(R+h)$；天向速度可表示为 $v_{\mathrm{H}}=\dot{h}$。

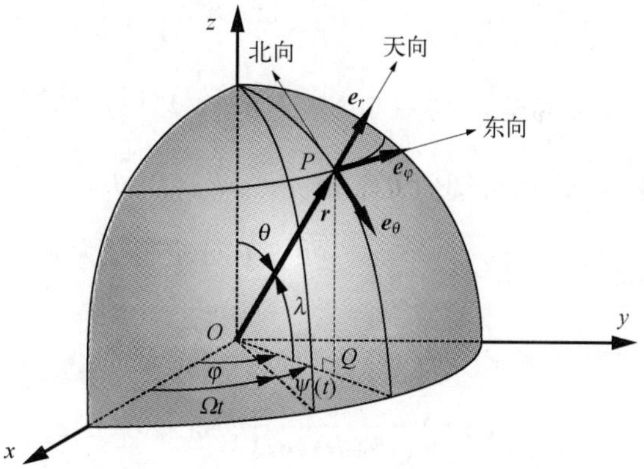

图 1-18 例题 1-6

(2) ① 由关系 $r=R+h(t),\theta=\frac{\pi}{2}-\lambda(t),\varphi=\Omega t+\psi(t)$，以及已知条件：飞机以等高度飞行，相对于地球的航速为 $v(t)$，可知 r 为常数，$\psi(t)$ 为常数。$\dot{r}=\ddot{r}=0,\dot{\theta}=-\dot{\lambda}$，$\ddot{\theta}=-\ddot{\lambda},\dot{\varphi}=\Omega,\ddot{\varphi}=0$；又

$$\begin{aligned}\boldsymbol{a}=\dot{\boldsymbol{v}}&=\dot{\boldsymbol{v}}_r+\dot{\boldsymbol{v}}_\theta+\dot{\boldsymbol{v}}_\varphi=a_r\boldsymbol{e}_r+a_\theta\boldsymbol{e}_\theta+a_\varphi\boldsymbol{e}_\varphi\\&=(\ddot{r}-r\dot{\theta}^2-r\dot{\varphi}\sin^2\theta)\boldsymbol{e}_r+\\&\quad(r\ddot{\theta}+2\dot{r}\dot{\theta}-r\dot{\varphi}\cos\theta\sin\theta)\boldsymbol{e}_\theta+\\&\quad(r\ddot{\varphi}\sin\theta+2\dot{r}\dot{\varphi}\sin\theta+2r\dot{\theta}\dot{\varphi}\cos\theta)\boldsymbol{e}_\varphi\end{aligned}$$

可得东向加速度为

$$\begin{aligned}\boldsymbol{a}_{\mathrm{E}}&=(r\ddot{\varphi}\sin\theta+2\dot{r}\dot{\varphi}\sin\theta+2r\dot{\theta}\dot{\varphi}\cos\theta)\boldsymbol{e}_\varphi\\&=(0+0-2v\Omega\sin\lambda)e_\varphi\\&=-2v\Omega\sin\lambda\boldsymbol{e}_\varphi\\&=-2v\Omega\sin\lambda\boldsymbol{e}_{\mathrm{E}}\end{aligned}$$

北向加速度为

$$\begin{aligned}\boldsymbol{a}_{\mathrm{N}} &= (r\ddot{\theta} + 2\dot{r}\dot{\theta} - r\dot{\varphi}^2\cos\theta\sin\theta)\boldsymbol{e}_\theta \\ &= [-(R+h)\ddot{\lambda} + 0 - (R+h)\Omega^2\sin\lambda\cos\lambda]\boldsymbol{e}_\theta \\ &= [-\dot{v} - (R+h)\Omega^2\sin\lambda\cos\lambda]\boldsymbol{e}_\theta \\ &= [-\dot{v} - (R+h)\Omega^2\sin\lambda\cos\lambda](-\boldsymbol{e}_{\mathrm{N}})\end{aligned}$$

天向加速度为

$$\begin{aligned}\boldsymbol{a}_{\mathrm{H}} &= (\ddot{r} - r\dot{\theta}^2 - r\dot{\varphi}^2\sin^2\theta)\boldsymbol{e}_r \\ &= [0 - (R+h)\dot{\lambda}^2 - (R+h)\Omega^2\cos^2\lambda]\boldsymbol{e}_r \\ &= \left[-\frac{v^2}{R+h} - (R+h)\Omega^2\cos^2\lambda\right]\boldsymbol{e}_r \\ &= \left[-\frac{v^2}{R+h} - (R+h)\Omega^2\cos^2\lambda\right]\boldsymbol{e}_{\mathrm{H}}\end{aligned}$$

② 由关系 $r = R + h(t)$，$\theta = \frac{\pi}{2} - \lambda(t)$，$\varphi = \Omega t + \psi(t)$，以及已知条件：飞机以等高度飞行，相对于地球的航速为 $v(t)$，可知 r 为常数。$\dot{r} = \ddot{r} = 0$，$\dot{\theta} = -\dot{\lambda} = 0$，$\ddot{\theta} = -\ddot{\lambda} = 0$，$\dot{\varphi} = \Omega + \dot{\psi} = \Omega + \frac{v}{(R+h)\cos\lambda}$，$\ddot{\varphi} = \frac{\dot{v}}{(R+h)\cos\lambda}$。可得东向加速度为

$$\begin{aligned}\boldsymbol{a}_{\mathrm{E}} &= (r\ddot{\varphi}\sin\theta + 2\dot{r}\dot{\varphi}\sin\theta + 2r\dot{\theta}\dot{\varphi}\cos\theta)\boldsymbol{e}_\varphi \\ &= \left[(R+h)\frac{\dot{v}}{(R+h)\cos\lambda}\cos\lambda + 0 + 0\right]e_\varphi \\ &= \dot{v}\boldsymbol{e}_\varphi = \dot{v}\boldsymbol{e}_{\mathrm{E}}\end{aligned}$$

北向加速度为

$$\begin{aligned}\boldsymbol{a}_{\mathrm{N}} &= (r\ddot{\theta} + 2\dot{r}\dot{\theta} - r\dot{\varphi}^2\cos\theta\sin\theta)\boldsymbol{e}_\theta \\ &= \left\{0 + 0 - (R+h)\left[\Omega + \frac{v}{(R+h)\cos\lambda}\right]^2\sin\lambda\cos\lambda\right\}\boldsymbol{e}_\theta \\ &= -(R+h)\left(\Omega\cos\lambda + \frac{v}{R+h}\right)^2\frac{\sin\lambda}{\cos\lambda}\boldsymbol{e}_\theta \\ &= -(R+h)\left(\Omega\cos\lambda + \frac{v}{R+h}\right)^2\frac{\sin\lambda}{\cos\lambda}(-\boldsymbol{e}_{\mathrm{N}})\end{aligned}$$

天向加速度为

$$\begin{aligned}\boldsymbol{a}_{\mathrm{H}} &= (\ddot{r} - r\dot{\theta}^2 - r\dot{\varphi}^2\sin^2\theta)\boldsymbol{e}_r \\ &= \left\{0 - 0 - (R+h)\left[\Omega + \frac{v}{(R+h)\cos\lambda}\right]^2\cos^2\lambda\right\}\boldsymbol{e}_r \\ &= -(R+h)\left(\Omega\cos\lambda + \frac{v}{R+h}\right)^2\boldsymbol{e}_r \\ &= -(R+h)\left(\Omega\cos\lambda + \frac{v}{R+h}\right)^2\boldsymbol{e}_{\mathrm{H}}\end{aligned}$$

要点与讨论

在工程实践中，球坐标是一种常用的曲线坐标。若已知飞机相对于地球的东向、北向及天向速度变化规律分别为 $v_E(t)$、$v_N(t)$ 及 $v_H(t)$，在计算飞机的经度、纬度及高度规律时采用的关系式 $\dot{\psi}=\dfrac{v_E}{(R+h)\cos\lambda}$，$\psi=\int\dot{\psi}\mathrm{d}t$，$\dot{\lambda}=\dfrac{v_N}{R+h}$，$\lambda=\int\dot{\lambda}\mathrm{d}t$，$\dot{h}=v_H$，$h=\int\dot{h}\mathrm{d}t$ 也是惯性导航的基本原理关系式，只不过在惯性导航中 $v_E(t)$、$v_N(t)$ 及 $v_H(t)$ 是通过对机载加速度计（传感器）测得的加速度进行积分得到的。

导航就是正确引导飞机沿着预定的航线在规定的时间内到达目标位置。用来完成导航任务的设备总称为导航系统，惯性导航系统是常用的导航系统之一。以飞机为例，惯性导航系统利用惯性敏感元件测量飞机相对于惯性空间的线运动和角运动（即转动）参数，在给定的运动初始条件下，由计算机解算出飞机的姿态、速度、位置等参数。惯性导航是一种自主式导航方法，其完全依赖机载设备自主完成导航任务，不受外界条件的限制。这种不向外辐射电磁波也不接收外界电磁波的特性具有重要的军事意义。

飞机飞行高度 $h(t)$ 可以通过惯性导航系统得到，也可以采用当地空气压力或空气密度与海拔的关系换算得到；而经度、纬度采用惯性导航系统得到。惯性导航系统中有一种测量加速度的惯性装置称为加速度计，它们能测量运动物体的加速度，根据布置方位的不同，能测量不同方向的加速度。

若现有一飞机以等高度 h 飞行，飞机的惯性导航系统通过某种方式能实时测定自身的东向加速度 a_E 和北向加速度 a_N（加速度计安装在某惯性平台上，此惯性平台能实时跟踪飞机所处位置的水平面方位且能始终保持东向、北向及天向加速度计的正确指向）。若从 t_0 时刻算起，且已知 t_0 时刻的东向速度为 $v_E(t_0)$，北向速度为 $v_N(t_0)$，那么 t 时刻的东向速度和北向速度分别为

$$v_E(t)=v_E(t_0)+\int_{t_0}^{t}a_E\mathrm{d}t$$

$$v_N(t)=v_N(t_0)+\int_{t_0}^{t}a_N\mathrm{d}t$$

若从零时刻算起，且两个方向的初速度均为零，对应飞机在跑道上开始滑跑的瞬时。则上面两式简化为

$$v_E(t)=\int_0^t a_E\mathrm{d}t$$

$$v_N(t)=\int_0^t a_N\mathrm{d}t$$

若 $h(t)$ 为常数 h；飞机相对于地球的东向速度为 $v_E=\dot{\psi}(R+h)\cos\lambda$；北向速度为 $v_N=\dot{\lambda}(R+h)$；天向速度可表示为 $v_H=\dot{h}=0$。那么，有

$$\dot{\psi}=\frac{v_E}{(R+h)\cos\lambda}=\frac{\int_0^t a_E\mathrm{d}t}{(R+h)\cos\lambda}$$

$$\dot{\lambda}=\frac{v_{\mathrm{N}}}{R+h}=\frac{\int_{0}^{t}a_{\mathrm{N}}\mathrm{d}t}{R+h}$$

对二式进行积分,可得飞机的经度、纬度分别为

$$\psi(t)=\psi(t_0)+\int_{t_0}^{t}\dot{\psi}\mathrm{d}t=\psi(t_0)+\int_{t_0}^{t}\frac{\int_{0}^{t}a_{\mathrm{E}}\mathrm{d}t}{(R+h)\cos\lambda}\mathrm{d}t$$

$$\lambda(t)=\lambda(t_0)+\int_{t_0}^{t}\dot{\lambda}\mathrm{d}t=\lambda(t_0)+\int_{t_0}^{t}\frac{\int_{0}^{t}a_{\mathrm{N}}\mathrm{d}t}{R+h}\mathrm{d}t$$

关于机载加速度传感器的内容我们留待动力学部分介绍。

1.6 极坐标法

在柱坐标表示方法中,当 z 为定值且 $z=0$ 时,柱坐标系则退化为平面极坐标系。

在球坐标表示方法中,当 θ 为定值且 $\theta=\frac{\pi}{2}$时,球坐标系则退化为平面极坐标系。下面给出球坐标系的退化形式,柱坐标系的退化形式可类推。将 $\theta=\frac{\pi}{2}$、$\dot{\theta}=\ddot{\theta}=0$ 代入球坐标描述方法中的各项公式中,可得极坐标描述方法的各运动学量。

1.6.1 运动方程

动点的运动方程为

$$r=r(t),\varphi=\varphi(t) \tag{1-31}$$

位置矢量与直角坐标、极坐标之间的关系为

$$\begin{cases}\boldsymbol{r}=x\boldsymbol{i}+y\boldsymbol{j}=r\cos\varphi\boldsymbol{i}+r\sin\varphi\boldsymbol{j}=r\boldsymbol{e}_r\\ x=r\cos\varphi,y=r\sin\varphi,z\equiv0\end{cases} \tag{1-32}$$

$$\begin{cases}\boldsymbol{e}_r=\cos\varphi\boldsymbol{i}+\sin\varphi\boldsymbol{j}\\ \boldsymbol{e}_\varphi=-\sin\varphi\boldsymbol{i}+\cos\varphi\boldsymbol{j}\end{cases} \tag{1-33}$$

1.6.2 速度

$$\begin{aligned}\boldsymbol{v}&=\boldsymbol{v}_r+\boldsymbol{v}_\varphi=v_r\boldsymbol{e}_r+v_\varphi\boldsymbol{e}_\varphi\\&=\dot{r}\boldsymbol{e}_r+r\dot{\varphi}\boldsymbol{e}_\varphi\end{aligned} \tag{1-34}$$

根据式(1-26),直角坐标系下与球坐标系下表示的速度关系为

$$\begin{cases}v_x=\dot{x}=\dot{r}\cos\varphi-r\dot{\varphi}\sin\varphi\\ v_y=\dot{y}=\dot{r}\sin\varphi+r\dot{\varphi}\cos\varphi\\ v_z\equiv0\end{cases} \tag{1-35}$$

1.6.3 加速度

根据式(1-28),可知

$$\begin{cases} a_x = \ddot{x} = (\ddot{r} - r\dot{\varphi}^2)\cos\varphi - (r\ddot{\varphi} + 2\dot{r}\dot{\varphi})\sin\varphi \\ a_y = \ddot{y} = (\ddot{r} - r\dot{\varphi}^2)\sin\varphi + (r\ddot{\varphi} + 2\dot{r}\dot{\varphi})\cos\varphi \\ a_z = \ddot{z} \equiv 0 \end{cases} \tag{1-36}$$

又根据式(1-26),可得

$$\boldsymbol{a} = \dot{\boldsymbol{v}} = \dot{\boldsymbol{v}}_r + \dot{\boldsymbol{v}}_\varphi = a_r\boldsymbol{e}_r + a_\varphi\boldsymbol{e}_\varphi = (\ddot{r} - r\dot{\varphi}^2)\boldsymbol{e}_r + (r\ddot{\varphi} + 2\dot{r}\dot{\varphi})\boldsymbol{e}_\varphi \tag{1-37}$$

例题 1-7　已知一动点沿椭圆轨道运动,椭圆的极坐标方程为 $r = \dfrac{p}{1 + e\cos\varphi}$,其中 $e = \dfrac{c}{a}$ 为离心率($0 \leqslant e < 1$),$p = \dfrac{a^2 - c^2}{a} = \dfrac{b^2}{a} > 0$ 为半通径;且在运动过程中保持有 $r^2\dot{\varphi} = C$,C 为常量。求证:点的加速度大小与 r^2 成反比,加速度矢量始终指向极坐标原点,如图 1-19 所示。

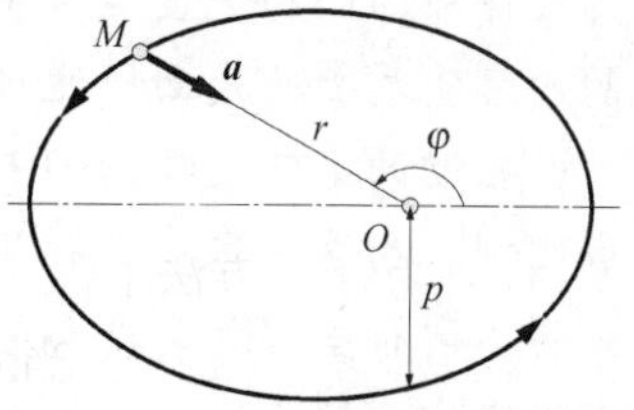

图 1-19　例题 1-7

解:加速度的横向分量的大小为

$$a_\varphi = r\ddot{\varphi} + 2\dot{r}\dot{\varphi} = \frac{1}{r}\frac{\mathrm{d}}{\mathrm{d}t}(r^2\dot{\varphi})$$

将条件 $r^2\dot{\varphi} = C$ 代入上式可得 $a_\varphi = 0$,于是 $\boldsymbol{a} = a_r\boldsymbol{e}_r$,即 $\boldsymbol{a}$ 总是沿矢径方向,其指向由 a_r 的正负号决定。

由轨道方程得

$$\frac{p}{r} = 1 + e\cos\varphi$$

将此式对时间 t 求一次导数,得

$$-\frac{p}{r^2}\dot{r} = -e\,\dot{\varphi}\sin\varphi$$

将 $r^2\dot{\varphi} = C$ 代入上式右端可得

$$\dot{r} = \frac{Ce}{p}\sin\varphi$$

再对时间 t 求一次导数,并再次利用条件 $r^2\dot{\varphi} = C$,得

$$\ddot{r} = \frac{Ce}{p}\dot{\varphi}\cos\varphi = \frac{C^2e}{p} \cdot \frac{1}{r^2}\cos\varphi$$

加速度径向分量的大小可写为

$$a_r = \ddot{r} - r\dot{\varphi}^2 = \ddot{r} - \frac{1}{r^3}(r^2\dot{\varphi})^2 = \ddot{r} - \frac{C^2}{r^3} \quad *$$

将 * 式代入上式,整理后可得

$$a_r = -\frac{C^2}{r^2}\left(\frac{1}{r} - \frac{e\cos\varphi}{p}\right) = -\frac{C^2}{p}\frac{1}{r^2}$$

于是有 $\boldsymbol{a} = a_r\boldsymbol{e}_r = \left(-\dfrac{C^2}{p}\dfrac{1}{r^2}\right)\boldsymbol{e}_r$,由此可见,加速度矢量指向原点,其大小与径向长度平方成反比。

要点与讨论

这个例子部分地说明了怎样由开普勒的行星运动定律导出牛顿万有引力定律。

开普勒的前两个定律(1609 年)是:①所有行星都是沿椭圆型轨道绕太阳运动,而太阳位于椭圆的一个焦点上;②由太阳到行星的矢径所扫过的面积与时间成正比。如果把坐标原点取在太阳上,那么 $r=p/(1+e\cos\varphi)$ 代表了行星的轨道。在时间间隔 Δt 内,矢径扫过的面积(图 1-20 中阴影部分的面积)为

$$\Delta A=\frac{1}{2}r(r+\Delta r)\sin\Delta\varphi\approx\frac{1}{2}r^2\Delta\varphi$$

这个面积随时间的变化率为

$$\frac{\mathrm{d}A}{\mathrm{d}t}=\lim_{\Delta t\to 0}\frac{\Delta A}{\Delta t}=\frac{1}{2}r^2\dot{\varphi}$$

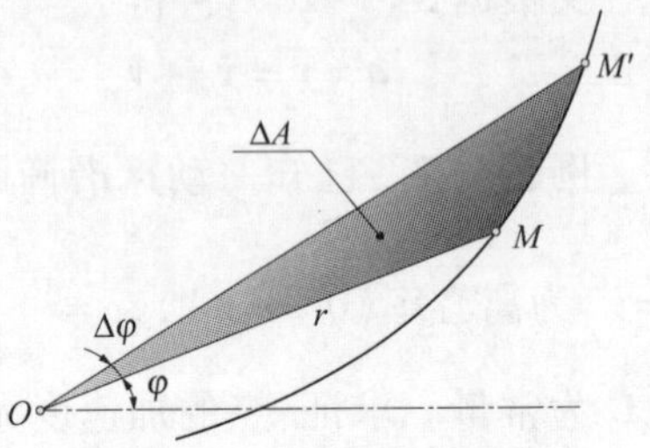

图 1-20　矢径扫过的面积

式中:$\mathrm{d}A/\mathrm{d}t$ 称为面积速度。可见例题 1-7 中的常量 C 就是两倍的面积速度。所以,例题 1-7 中所假定的条件即为面积速度是常量,而开普勒第二定律所说的内容实质上就是面积速度为常量。

开普勒的第三定律(1619 年)是:行星沿轨道运动的周期的平方与椭圆半长轴的立方成比例。由这一定律并利用例题 1-7 的结果(这结果是对同一行星的不同时刻说的)可证明不同行星的加速度与它到太阳的距离的平方成反比。如果再加上牛顿第二定律,就可以得出牛顿万有引力定律。

本章小结

点的运动学是研究一般物体运动的基础,主要通过点的运动方程、速度和加速度来研究点运动的几何性质。具体内容包括列写点的运动方程、求点的速度和加速度等。常用的描述方法有矢量描述法、直角坐标法、自然坐标法(也称为弧坐标法)、柱坐标法、球坐标法以及极坐标法等。各种描述方法的主要公式表达总结如表 1-1 所列。

表 1-1　描述点运动的方法

描述方法	运动方程	速　度	加速度或分量
矢量法	$\boldsymbol{r}=\boldsymbol{r}(t)$	$\boldsymbol{v}=\dot{\boldsymbol{r}}$	$\boldsymbol{a}=\dot{\boldsymbol{v}}=\ddot{\boldsymbol{r}}$
直角坐标法	$x=x(t)$ $y=y(t)$ $z=z(t)$	$v_x=\dot{x}$ $v_y=\dot{y}$ $v_z=\dot{z}$	$a_x=\ddot{x}$ $a_y=\ddot{y}$ $a_z=\ddot{z}$
自然坐标法	$s=s(t)$	$\boldsymbol{v}=\dot{s}\boldsymbol{\tau}$	$\boldsymbol{a}(t)=\ddot{s}\boldsymbol{\tau}+\dot{s}\dot{\boldsymbol{\tau}}=\ddot{s}\boldsymbol{\tau}+\frac{\dot{s}^2}{\rho}\boldsymbol{n}$
柱坐标法	$\rho=\rho(t)$ $\varphi=\varphi(t)$ $z=z(t)$	$\boldsymbol{v}=v_\rho\boldsymbol{e}_\rho+v_\varphi\boldsymbol{e}_\varphi+v_z\boldsymbol{k}$ $=\dot{\rho}\boldsymbol{e}_\rho+\rho\dot{\varphi}\boldsymbol{e}_\varphi+\dot{z}\boldsymbol{k}$	$\boldsymbol{a}=a_\rho\boldsymbol{e}_\rho+a_\varphi\boldsymbol{e}_\varphi+a_z\boldsymbol{k}$ $=(\ddot{\rho}-\rho\dot{\varphi}^2)\boldsymbol{e}_\rho+(\rho\ddot{\varphi}+2\dot{\rho}\dot{\varphi})\boldsymbol{e}_\varphi+\ddot{z}\boldsymbol{k}$
球坐标法	$r=r(t)$ $\theta=\theta(t)$ $\varphi=\varphi(t)$	$\boldsymbol{v}=v_r\boldsymbol{e}_r+v_\theta\boldsymbol{e}_\theta+v_\varphi\boldsymbol{e}_\varphi$ $=\dot{r}\boldsymbol{e}_r+r\dot{\theta}\boldsymbol{e}_\theta+r\sin\theta\dot{\varphi}\boldsymbol{e}_\varphi$	$\boldsymbol{a}=a_r\boldsymbol{e}_r+a_\theta\boldsymbol{e}_\theta+a_\varphi\boldsymbol{e}_\varphi$ $=(\ddot{r}-r\dot{\theta}^2-r\dot{\varphi}^2\sin^2\theta)\boldsymbol{e}_r+$ $(r\ddot{\theta}+2\dot{r}\dot{\theta}-r\dot{\varphi}^2\cos\theta\sin\theta)\boldsymbol{e}_\theta+$ $(r\ddot{\varphi}\sin\theta+2\dot{r}\dot{\varphi}\sin\theta+2r\dot{\theta}\dot{\varphi}\cos\theta)\boldsymbol{e}_\varphi$
极坐标法	$r=r(t)$ $\varphi=\varphi(t)$	$\boldsymbol{v}=\boldsymbol{v}_r+\boldsymbol{v}_\varphi=v_r\boldsymbol{e}_r+v_\varphi\boldsymbol{e}_\varphi$ $=\dot{r}\boldsymbol{e}_r+r\dot{\varphi}\boldsymbol{e}_\varphi$	$\boldsymbol{a}=a_r\boldsymbol{e}_r+a_\varphi\boldsymbol{e}_\varphi$ $=(\ddot{r}-r\dot{\varphi}^2)\boldsymbol{e}_r+(r\ddot{\varphi}+2\dot{r}\dot{\varphi})\boldsymbol{e}_\varphi$

思 考 题

1-1 在某瞬时，若点的法向加速度等于零，而其切向加速度不等于零，该点是做直线运动还是做曲线运动？

1-2 自然坐标法中描述点的运动方程 $s=s(t)$ 为已知，则任意瞬时点的速度、加速度即可确定，对否？

1-3 下面的说法是否正确？

（1）点的速度是该点相对参考系原点的矢径对时间的导数，而加速度是速度对时间的导数。

（2）若点的法向加速度为零，则该点轨迹的曲率必为零。

（3）圆轮沿直线轨道做纯滚动，只要轮心做匀速运动，则轮缘上任意一点的加速度的方向均指向轮心。

1-4 试指出点在做怎样的运动时出现下述情况？

（1）切向加速度 $a^{\tau}=0$；

（2）法向加速度 $a^{n}=0$；

（3）瞬时全加速度 $a=0$；

（4）切向加速度 $\boldsymbol{a}^{\tau}=$ 常矢量；

（5）法向加速度 $\boldsymbol{a}^{n}=$ 常矢量；

（6）全加速度 $\boldsymbol{a}=$ 常矢量。

1-5 点的运动方程和轨迹方程有何区别？一般情况下，能否根据点的运动方程求得轨迹方程？反之，能否由点的轨迹方程求得运动方程？

1-6 图中 AB、CD 为直线，BC 为一半径为 R 的圆弧，且 AB、CD 分别与圆弧相切于 B、C 两点。问：以此路线设计为火车的轨道是否合适？为什么？

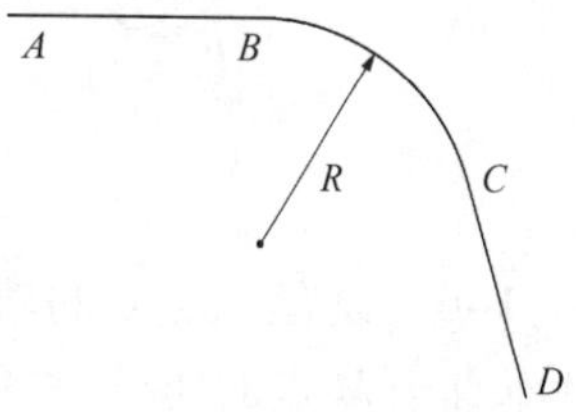

思考题1-6图

习 题

1-1 设梯子的两个端点 A 和 B 分别沿着墙和地面滑动，如图所示。梯子和地面之间的夹角 φ 是时间的已知函数，梯子上点 M 距点 A 的距离为 a，距点 B 的距离为 b，求 M 点的运动轨迹、速度和加速度。

1-2 绳的一端连在小车的 A 点上，另一端跨过 B 点的小滑轮绕在鼓轮 C 上，滑轮离地的高度为 h，如图所示。若小车以匀速度 $\boldsymbol{v}$ 沿着水平方向向右运动，求当 $\theta=45°$ 时 BC 之间绳上一点 P 的速度和加速度。

1-3 图示雷达在距离火箭发射台为 l 的 O 处观察铅直上升的火箭发射，测得角 θ 的规律为 $\theta=kt$（k 为常数）。试写出火箭的运动方程并计算当 $\theta=\dfrac{\pi}{6}$ 和 $\dfrac{\pi}{3}$ 时，火箭的速度和加速度。

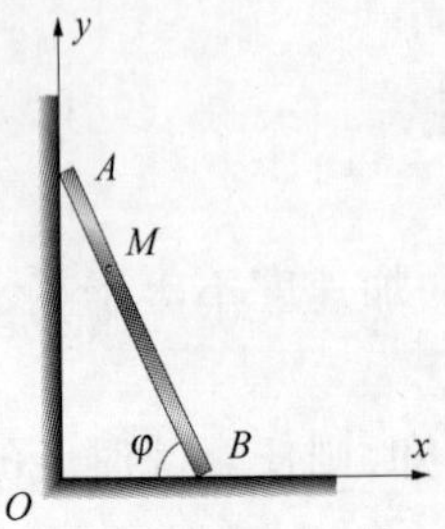

习题 1-1 图

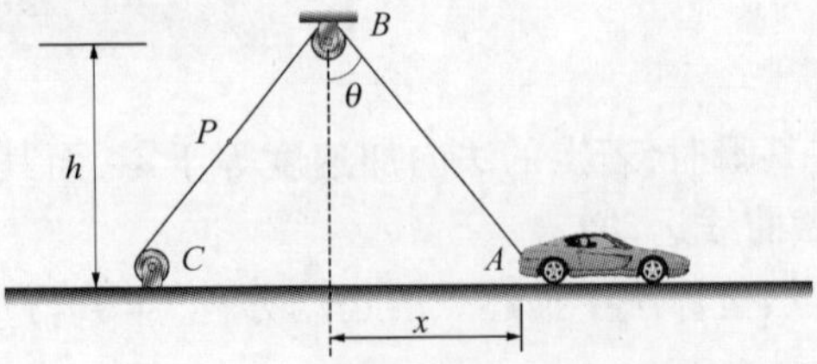

习题 1-2 图

1-4 潜水艇铅直下沉，当下沉力不大时，其速度表达式为 $v=c(1-\mathrm{e}^{bt})$，式中 c 和 b 均为常数。试求潜水艇下沉距离随时间变化的规律，以及它的加速度和速度间的关系。

1-5 单摆的运动规律为 $\varphi=\varphi_0\sin\omega t$，$\omega$ 为常数，$OA=l$，如图所示。求摆锤 A 的速度和加速度。

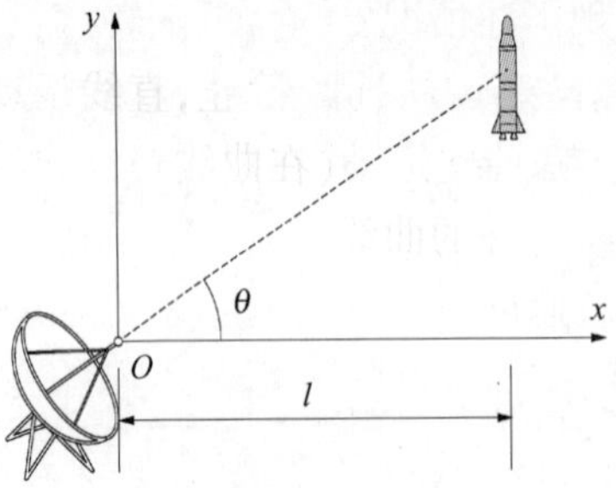

习题 1-3 图

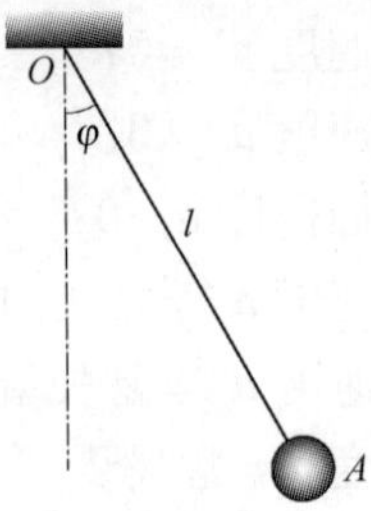

习题 1-5 图

1-6 设有一点 M 的轨迹是平面曲线，M 点的矢径为 $\boldsymbol{r}$，速度为 $\boldsymbol{v}$，如图所示。直线 OA 垂直于 M 点的切线，并且与切线交于 A 点。试证 A 点的速率为 $v_A=rv/\rho$，其中 ρ 为曲线在 M 点的曲率半径。

1-7 图示为一曲线规尺，当 OA 转动时，D 点即画出一曲线，已知杆长 $OA=AB=200\mathrm{mm}$，而 $CD=DE=AC=AE=50\mathrm{mm}$。如果 OA 绕 O 轴转动的规律是 $\varphi=\pi t/5$，初始时 $t=0$，求尺上 D 点的运动方程和轨迹。

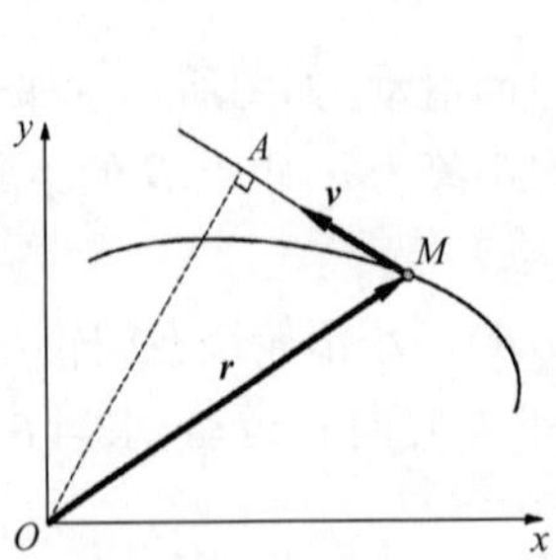

习题 1-6 图

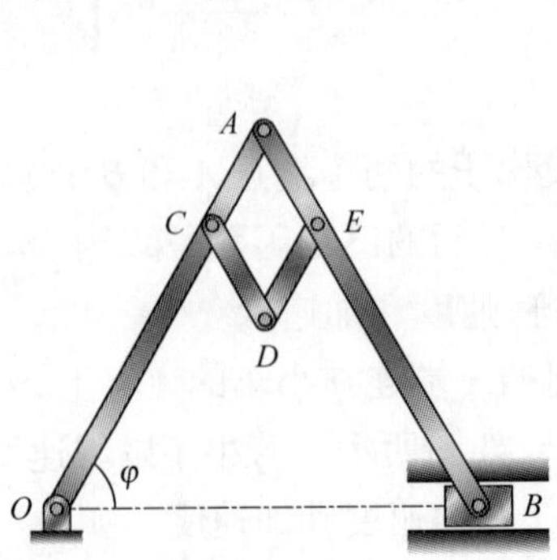

习题 1-7 图

1-8 在如图所示平面机构中，直杆 OA 以匀角速度 ω 绕过点 O 的固定轴逆时针转动，杆 O_1M 长为 l，绕过点 O_1 的固定轴转动，两杆的运动通过套在杆 OA 上的套筒 M 而联系起来，$OO_1 = l$。初始时杆 O_1M 与点 O 成一条直线，试求套筒 M 的运动方程以及它的速度和加速度。

1-9　在地球上观察，太阳从东方升起，西方落下。假设行星从东向西运动称为“顺行”，从西向东运动称为“逆行”。古人在长期的天文观察中发现，行星的运动有时“顺行”，有时“逆行”。试建立模型来解释此现象。参数自行假设。

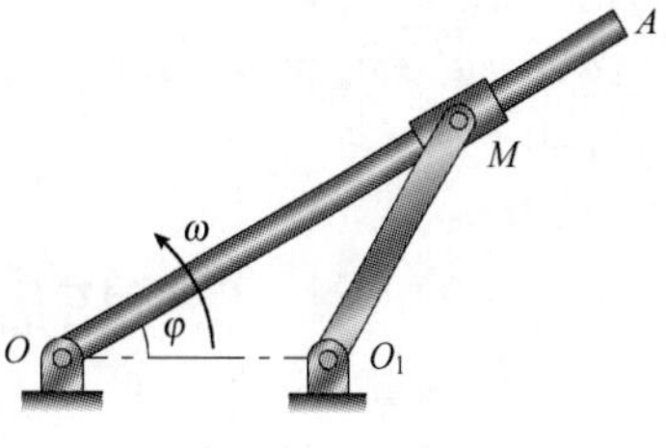

习题 1-8 图

参考答案

思考题

1-1　可能为直线运动或该瞬时速度为零的曲线运动。

1-2　错，因为 $\boldsymbol{v}$、$\boldsymbol{a}$ 方向及 $\boldsymbol{a}^n$ 还依赖于点的轨迹。

1-3　(1)错；(2)错；(3)对。

1-4　(1)静止，匀速直线运动或匀速曲线运动；(2)静止，直线运动或曲线运动(在曲线拐点处)；(3)静止，匀速直线运动或匀速曲线运动(在曲线拐点处)；(4)匀变速直线运动；(5)直线运动；(6)匀变速直线运动或特殊的曲线运动。

1-5　点的运动方程可确定点的轨迹、速度、加速度等，而点的轨迹方程只能确定点的轨迹。一般情况下，由点的运动方程可求得点的轨迹，但只由点的轨迹方程不能求得运动方程。

1-6　不合适。因为 B、C 两点加速度有突变，这相当于火车在 B、C 两点受到冲击。

习题

1-1　$\dfrac{x^2}{a^2}+\dfrac{y^2}{b^2}=1$，$x\geqslant 0$，$y\geqslant 0$，以 O 点为中心的四分之一椭圆；

$\boldsymbol{v}=\dot{x}\boldsymbol{i}+\dot{y}\boldsymbol{j}=(-a\dot{\varphi}\sin\varphi)\boldsymbol{i}+(b\dot{\varphi}\cos\varphi)\boldsymbol{j}$；

$\boldsymbol{a}=\ddot{x}\boldsymbol{i}+\ddot{y}\boldsymbol{j}=-a(\ddot{\varphi}\sin\varphi+\dot{\varphi}^2\cos\varphi)\boldsymbol{i}+(\ddot{\varphi}\cos\varphi-\dot{\varphi}^2\sin\varphi)\boldsymbol{j}$。

1-2　$v_P=v\sin\theta=\dfrac{\sqrt{2}}{2}$；$a_P=v\,\dot{\theta}\cos\theta=\dfrac{v^2\cos^3\theta}{h}=\dfrac{\sqrt{2}v^2}{4h}$。

1-3　$x=l$，$y=l\tan\theta=l\tan kt$；当 $\theta=\dfrac{\pi}{6}$ 时，$v=\dfrac{4}{3}lk$，$a=\dfrac{8\sqrt{3}}{9}lk^2$；当 $\theta=\dfrac{\pi}{3}$ 时，$v=4lk$，$a=8\sqrt{3}lk^2$。

1-4　$s=c\left(t+\dfrac{1}{b}(1-e^{bt})\right)$；$a=-b(c-v)$。

1-5　$v=\dot{s}\boldsymbol{\tau}=l\varphi_0\omega\cos\omega t\boldsymbol{\tau}$；$\boldsymbol{a}=\ddot{s}\boldsymbol{\tau}+\dfrac{\dot{s}^2}{l}\boldsymbol{n}=l\varphi_0\omega^2(-\sin\omega t\boldsymbol{\tau}+\varphi_0^2\cos^2\omega t\boldsymbol{n})$。

1-6　略。

1-7　$x=200\cos\dfrac{\pi}{5}t\,\mathrm{mm}$；$y=100\sin\dfrac{\pi}{5}t\,\mathrm{mm}$；$\dfrac{x^2}{40000}+\dfrac{y^2}{10000}=1$，轨迹为一椭圆。

1-8　$\rho=OM=2l\cos\varphi=2l\cos\omega t$，$\varphi=\omega t$；$v=\sqrt{v_r^2+v_\varphi^2}=2r\omega$，$\angle(\boldsymbol{v},\boldsymbol{\rho}_0)=90°+\varphi$；

$a=\sqrt{a_r^2+a_\varphi^2}=4r\omega^2$，$\angle(a,\rho_0)=180°+\varphi$。

1-9　略。

拓展阅读：周培源力学竞赛

1986年8月，在呼和浩特市召开的《力学与实践》编委会上，北京大学武际可建议举办一次大学程度的力学竞赛，获得一致赞同，并定名为"全国青年力学竞赛"。中国力学学会理事长郑哲敏听取了有关工作汇报并安排《力学与实践》编委会（竞赛组织委员会）筹办。组委会成立了两个命题小组，武际可任理论力学、流体力学课程组长，徐秉业任材料力学、弹性力学课程组长，同时向全国有关专家学者征题，共获得58份回函，提供了140余道题目。命题组精选整编了28道作为初赛题，在《力学与实践》1988年第1期刊出，要求参赛者在约一个半月的时间内寄回答案。组委会从62份答案中评选了31人进京复赛（一人因故缺席），通过严格的笔试和口试，评选出了一、二、三等奖共17名。颁奖会由武际可主持，著名力学家张维、郑哲敏、王仁、庄逢甘、黄克智、张涵信等及副主编易钟煜颁奖。这次竞赛还得到了有关高校、高等教育出版社和著名力学家钱令希的赞助。

在国内外享有盛誉的中国力学界的大师们参与这项赛事，极大地激励了青年学生的学习热情，也活跃了力学界学术气氛，对中国力学教学具有重要的促进作用。《中国青年报》于1988年10月13日报道了此次竞赛。此后，"全国青年力学竞赛"由《力学与实践》编辑部每4年举办一次。为了鼓励青年学生学习老一辈科学家为科学的献身精神，这次竞赛从1996年第三届起改名为"全国周培源大学生力学竞赛"。

根据首届竞赛的反馈意见，为了吸引更多的学生参赛，竞赛内容精简为只含理论力学和材料力学两门工科学生普遍学习的课程；为了保证公平竞争，采用了闭卷方式，在全国各考点同一时间用统一试卷竞赛。这一措施收到了很好的效果，从东海之滨到西部边疆，从东北地区到香港特别行政区，竞赛得到了全国高校领导、老师和学生的热烈响应。同学们珍惜这个机会，将竞赛看作21世纪科技大战场角逐预演的擂台，许多高校希望通过竞赛使教学更上一层楼，同时也将竞赛作为展示教学水平与教学改革成果的一个窗口。

竞赛规模呈阶跃式发展，第一届全国12单位62人参赛；第二届1389人报名参赛；第三届1711人报名参赛；第四届25个省市、81所高校2752名学生报名参赛；第五届30个省（市）、自治区，164所高校7617人报名参赛，这表明"全国周培源大学生力学竞赛"已经有广泛的代表性，在高校有了重要的影响。在北京赛区历届竞赛中，中国力学学会历届理事长郑哲敏、王仁、庄逢甘、白以龙、崔尔杰、李家春都带队看望参赛选手，给青年学生以极大鼓舞。"全国周培源大学生力学竞赛"受到广大高校师生的欢迎，也得到了教育部高教司的重视，于2006年6月被批准为教育部高教司委托主办的大学生科技竞赛。根据高教司的指示精神，竞赛的内容和组织形式都进行了重要改革。竞赛更密切配合高校素质教育，不再是理论力学和材料力学的分科考题，而是采用从科研、工程和我们身边的事物中提炼的具有启迪作用的综合、研究与开放性竞赛题。决赛形式改为团体赛，以培养大学生的动手能力和创新能力，培养团队合作精神，丰富校园文化。从2007年开始，竞赛由原来每4年一届改为每2年一届，以保证同学们的参赛机会。命题由上届团队冠军学校承办，命题学校不参赛，以保证竞赛的公正性，并促进力学教学创新。颁奖在两年一届的中国力学学会学术大会上进行，以促进大学生从本科阶段就开始了解与接触高水平的科研和重大工程课题。

20世纪80年代末，周培源先生和夫人将他们珍藏多年的古代书画真迹无偿捐献给中国无锡市博物馆，然后又将政府颁发的奖金全部捐给他们的家乡和他们工作、学习过的学校。周培源夫妇的爱国行动深深教育了全社会，使得一些朋友、学生、同事和单位纷纷捐款，设计了以周培源命名的各种奖金和基金，用以资助奖励科研、教育、文化以及和平事业。1993年成立了周培源基金会。1997年，周培源基金会为奖励中国力学工作者的学术成就、加速力学科学的发展，设立了“周培源力学奖”，并委托中国力学学会评选该奖。旨在奖励国内外力学研究工作中做出创造性成果或运用力学现有理论、方法解决重大关键问题等有贡献的中国力学工作者。基金会委托中国力学学会组成“周培源力学奖”评委会，制定奖励条例，每2年评选一次。现在，周培源力学奖已经成为国内力学界公认的最有影响的奖项。张涵信、白以龙、黄永念、崔尔杰、李家春分别凭借在“分离流、旋涡运动、计算空气动力学及航空航天应用”“剪切带和微损伤演化研究”“流体力学、湍流理论的科研和教学”“空气动力学”“复杂流动和环境流体力学”等研究领域所做的贡献获得“周培源力学奖”。

周培源(1902.8.28—1993.11.24)，生于江苏省宜兴县。著名流体力学家、理论物理学家、教育家和社会活动家。九三学社社员、中国共产党党员。中国科学院院士，中国近代力学奠基人和理论物理奠基人之一。他还是国际理论与应用力学联合会最早的委员之一，是亚洲流体力学大会的发起人之一，还是以反对核战争和核武器为目的的帕格沃什(PUGWASH)科学与世界事务会议的理事。

1919年，周培源考入清华学校(今清华大学前身)中等科。学习期间，他对数学产生了浓厚的兴趣，并发表了论文《三等分角法二则》，受到当时数学教授郑之蕃的赞许。

1924年，周培源于清华学校高等科毕业。同年秋天，由于成绩优秀，被清华学校派送去美国继续完成大学课程，入美国芝加哥大学数理系二年级学习。周培源于1926年春、夏两季分别获学士和硕士学位。

1927年，周培源入美国加利福尼亚理工学院继续攻读研究生。先从师贝德曼，后改从E.T. 贝尔做相对论方面的研究，次年获理学博士学位，并获得最高荣誉奖(Summa Cum Laude)。

1928年秋，周培源赴德国莱比锡大学，在W.K. 海森伯(Heisenberg)教授领导下从事量子力学的研究。

1929年，周培源又赴瑞士苏黎世高等工业学校，在S. 泡利(Pauli)教授领导下从事量子力学研究。同年回国，被聘为国立清华大学(以下简称清华大学)物理系教授，其时年仅27岁，而后又先后在西南联大、北京大学任教授。

1936 年至 1937 年,根据清华大学休假规定,周培源再赴美国,在普林斯顿高等学术研究院从事理论物理的研究。其间他参加了 A. 爱因斯坦(Einstein)教授亲自领导的广义相对论讨论班,并从事相对论引力论和宇宙论的研究。

第二次世界大战开始后,美国国内急需科技人员,周培源一家刚入境,就收到移民局的正式邀请,给予全家永久居留权,周培源对此一笑了之。

1943 年至 1946 年,周培源再次利用休假赴美国。他先在加利福尼亚理工学院从事湍流理论研究,随后参加美国国防委员会战时科学研究与发展局海军军工试验站从事鱼雷空投入水的战事科学研究。

1945 年末,第二次世界大战结束,鱼雷空投入水研究组的大部分人员被美国海军部留用,成立海军军工试验站,周培源也被应邀留下。由于该试验站是美国政府的研究机构,应聘人员要有美国国籍。当时,周培源明确提出:不做美国公民,只担任临时性职务;次年即离美代表中国学术团体去欧洲参加国际会议。在美国有关方面接受了上述这些条件后,他在美国继续工作不到一年,于 1946 年 7 月离职去欧洲参加牛顿诞生 300 周年纪念会和国际科学联合会理事会;他还参加了在法国召开的第六届国际应用力学大会,并被这次大会以及会后新成立的国际理论与应用力学联合会选为理事。

1946 年 10 月,周培源由欧洲重返美国,并于 1947 年 2 月,周培源毅然带着妻儿离开美国回到了自己祖国的怀抱。1947 年 4 月回到北平(今北京),继续在清华大学担任教授。

1952 年,他在北京大学领导创办了我国第一个力学专业,即北京大学数学力学系力学专业;此外,他还领导建造了北京大学第一个直径 2.25m 的三元低速风洞。

由于周培源在科学研究、教学和社会活动中取得的成就,他受到国内外科学界和教育界的尊敬。1980 年获美国普林斯顿大学名誉法学博士学位。1980 年和 1985 年两次获得美国加利福尼亚理工学院“具有卓越贡献的校友”奖。

周培源是一位杰出的科学家。他将自己精力的大部分献给了力学与理论物理中两个十分困难的领域:湍流理论和广义相对论。他先后发表了数十篇论文,在这两个领域中都取得了世人瞩目的成就。

在广义相对论的研究中,国际上的同行学者采用坐标变换的方法来减少引力函数的数目。沿着这条思路求解应力场方程的相对论研究者,在国际上称为“坐标无关论者”。他们主张坐标在引力论中无关紧要。

与此相反,周培源从一开始进行引力研究时,就认为坐标是有物理意义的,因此他是一位“坐标有关论者”。沿着这条思路,1979 年,周培源把严格的谐和条件作为一个物理条件添加进引力场方程中,和他在北京大学的同事以及他在高能物理所的学生一起,在 10 年中发表了多篇论文,求得一系列静态解、稳态解及宇宙解,其中包括无限平面、无限长杆、围绕无限长杆做匀速转动的稳态解和严格的平面波解。

面对已经存在的两个解,即坐标无关论者的史瓦西解和坐标有关论者的郎曲斯解,从 20 世纪 70 年代开始,周培源和他的学生李永贵开始从事测量与地面平行和与地面垂直的光速比较实验,以探求两种解中哪一个更符合客观实际。初步结果已显示出,郎曲斯解与实际相符。

在应用广义相对论于宇宙论方面,周培源于 1939 年证实了在均匀性或各向同性的条件下,可以将过去常用的宇宙度规(Friedman 度规)简化,并使求解问题大大简化。1987 年,周培源和他的研究生黄超光将谐和条件用于宇宙论,得到了新的结果。他们用引力场中的电磁理论来计算宇宙中后移星系辐射光的强度,由此导出新的红移关系与该星的质量有关。

周培源是我国湍流理论研究的领头人。在世界强手如林的湍流研究队伍中,他积数十年之成果,形成了自己独立的理论体系。

他从事湍流研究是从 1938 年开始的。周培源在国际上最早考虑脉动方程(即 N－S 方程与平均运动方程之差),并由这组方程导出二元和三元速度关联函数所满足的动力学方程,再引进必要的假设来建立湍流理论。1940 年根据这一模型,他对若干流动问题做了具体计算,其结果与当时的实验符合得很好。

1945 年,他在美国的《应用数学季刊》上发表了题为《关于速度关联和湍流涨落方程的解》的重要论文,提出了两种求解湍流运动的方法,立即在国际上引起广泛注意,进而在国际上形成了一个"湍流模式理论"流派,对推动流体力学尤其是湍流理论的研究产生了深远的影响。

20 世纪 50 年代,周培源利用一个比较简单的轴对称涡旋模型作为湍流流元的物理图像来说明均匀各向同性的湍流运动,利用湍流衰变后期雷诺数比较小的特点,他和他的学生蔡树棠得到了最简单的均匀各向同性湍流的后期衰变运动的二元速度关联函数,在这一思路的基础上,他的学生黄永念用同样的方法,得到了均匀各向同性湍流三元速度关联函数。10 年后,这个三元速度关联函数被佩纳特(Bennett)与柯尔辛(Corsin)的实验所验证。

与此同时,他还与是勋刚、李松年对高雷诺数下(即衰变初期)的均匀各向同性湍流运动进行了研究,得到了与实验符合的均匀各向同性湍流在早期衰变运动的二元和三元速度关联函数。

为了统一湍流在初期和后期衰变的模型,1975 年,周培源提出"准相似性"的概念及与之相适应的条件。他与黄永念将衰变初期和后期的相似条件统一为一个确定解的物理条件——准相似性条件,这个条件于 1986 年为北京大学湍流实验室魏中磊、诸乾康、钮珍南和俞达成的实验所证实,从而在国际上第一次由实验确定了从衰变初期到后期的湍流能量衰变规律和湍流微尺度扩散规律的理论结果。其后,周培源又与黄永念计算得到衰变各期的能谱函数、能量传递函数等等,这些结果都得到国际同行的赞许。

20 世纪 80 年代以来,周培源又将所取得的结果与准相似条件推广到具有剪切应力的普遍湍流运动中去,并引进新的逼近求解方法,以平面湍射流做例子,求得平均运动方程与脉动方程的联立解。经过半个世纪不懈努力,周培源的湍流模式理论体系已相当完整。

周培源以"**独立思考、实事求是、锲而不舍、以勤补拙**"这 16 个字总结了他所从事的科研活动。他坚持两个领域中的难题研究,跨越半个世纪之久,克服了重重困难,取得一个个新的进展,不能不说是锲而不舍的典范。

自周培源在清华学校高等科学习期间进行三分角的研究开始,在 60 多年他所研究的数十个科研课题中,大都是他自己独立思考选定的。周培源在美国准备博士论文时,曾有一位英国教授向他建议了一个题目,但周培源经过考虑后没有采纳英国教授的建议，而是自己选定了一个题目，并围绕这个题目做出了很有创见、水准甚高的博士论文而荣获该校的最高荣誉奖。

周培源对于任何问题，譬如在对待科研工作中的论据和论点的科学性方面，都十分注意实事求是。为此他提出，一个新的科学理论必须同时满足三个条件：一要能够说明旧的科学理论能够说明的科学现象；二要能够解释旧的科学理论所不能解释的科学现象；三要能够预见到新的科学现象并能够用科学实验证明它。

20 世纪 20 年代周培源提出的广义相对论引力论中的“坐标有关”论点，80 年代后期获得了科学实验的初步支持；1975 年他提出的研究湍流理论的“准相似性条件”，1986 年在北京大学湍流实验室中获得了证实；他在湍流理论研究中于 40 年代提出联立求解平均运动方程与脉动方程的创举性方法，直至高速电子计算机发明之后在 80 年代末才想到用逐级迭代法求解……这些都是周培源实事求是的科学例证，也是符合他关于新科学理论的三个条件的。

周培源堪称锲而不舍的楷模：早在 20 ~ 30 年代他即选定物理学基础理论中最难的两个方面作为科学研究的主攻方向，数十年来矢志不移；在引力理论研究中，20 世纪 20 年代他提出“坐标有关”论，直至 90 年代仍在进行科学实验以充分地证实它。周培源是一位科学头脑非常清晰、敏锐的科学家，他十分勤奋，顽强进取，忘我工作。在领导工作十分繁忙和高龄的情况下，至 90 年代仍坚持进行科学研究和亲自培养博士研究生等工作，勤劳不止，奉献不已。

周培源从事高等教育工作 60 多年，培养了几代知名的力学家和物理学家。早期学生中王竹溪、彭桓武、林家翘、胡甯等都成为著名的科学家。周培源在教育和科学研究中，一贯重视基础理论，同时关怀和支持新技术的研究，在组织领导我国的学术界活动、推进国内外交流合作方面做出了重要贡献。他在教学过程中积累了丰富的教学和办学经验，形成了自己的教书育人风格和办学思想、办学理念。其中最突出的是以他自己的学识、见解和治学、做人之道等人格魅力，被人们称为“桃李满园的一代宗师”。

——引自《中国力学学会史》中武际可先生对周培源先生的生平简介。

在物理实在中,并不是一种原因产生一种结果,而是许多截然不同的原因共同产生它。我们没有任何办法区分每一个原因的作用。

物理学家力图做出这一区分;但是他们只能近似地做出,无论他们如何进步,他们也不能精确地做出。摆的运动唯一取决于地球的引力,这是近似真实的;但是,严格地说来,每一种引力,甚至天狼星的引力也作用在摆上。

在这些条件下,十分清楚,产生一定结果的原因只能近似地复现。于是,我们应该修正我们的公设和我们的定义。我们不应说:"相同的原因在相同的时间产生相同的结果。"我们应该说:"几乎等同的原因在几乎相同的时间产生几乎相同的结果。"

——亨利·庞加莱著,李醒民译. 科学的价值.(商务印书馆,2010)

第2章　刚体的运动

关键词

刚体(rigid body);位形(configuration);一般运动(general motion);定点运动(rotation around a fixed point);平面运动(planar motion);定轴转动(fixed-axis rotation);平动(translation);坐标变换矩阵(coordinate transformation matrices);列阵(array);角速度(angular velocity);角加速度(angular acceleration);基点(base point);速度投影(projection velocities);瞬心(instantaneous center)

刚体是由无数质点组成的,研究刚体的运动就是在点的运动学基础上研究刚体的整体运动及其与刚体上各点运动之间的关系。

根据约束条件的不同,刚体的运动可以分为平动、定轴转动、平面运动、定点运动和一般运动。例如:沿平直道路行驶的车辆做平动;房间的门在开关的时候做定轴转动;在平整的冰面上滑动的冰壶做平面运动;触地点不变并旋转的玩具陀螺做定点运动;空中飞行的导弹做一般运动等。本章采用由一般到特殊的次序对各种刚体运动类型逐一介绍。

2.1　刚体的运动形式

现给出刚体各种运动形式的定义。大家可以在各运动形式的举例中仔细体会其含义。

一般运动:刚体在空间中的运动不受任何几何约束。其具有六个自由度,三个平动自由度及三个转动自由度。

定点运动:运动过程中,刚体上或其延拓部分上存在且只存在一点始终固定不动。其具有三个转动自由度。

平面运动:刚体上所有点始终在平行于某个固定参考平面的平面内运动。运动过程中,刚体上所有点的运动轨迹均为平面轨迹,且所有点轨迹所在平面相互平行。其具有三个自由度,两个平动自由度和一个转动自由度。

定轴转动:刚体或者其延拓部分上有两个点始终不动。定轴转动刚体在运动过程中,两个始终不动的点确定了一条始终固定不动的直线,该直线称为轴线或转轴。其仅有一个转动自由度。

平动:在运动过程中,刚体上任意一条直线始终与它的初始位置平行,此种运动称为平行移动,简称平动或平移。刚体平动时,其上各点的轨迹若为直线,则称为直线平动;若为曲线,则称为曲线平动。其具有三个平动自由度。

引例:航空工程中的一般运动实例

飞机不是莱特兄弟(维尔伯·莱特和奥维尔·莱特)发明的,但是他们发明了世界上第一架带动力并成功飞行的飞机。1903 年 12 月 17 日,在美国的北卡罗来纳州基蒂霍克海滩以南 4km 的斩魔山上被风吹扫的沙丘地带,莱特兄弟完成了历史上第一次带动力的成功飞行,此次试飞的飞行器称为“飞行者一号”,如图 2-1 所示。奥维尔·莱特总结道:“这是人类历史上载人飞机第一次在所有飞行阶段靠自己的动力进行空中飞行,第一次在飞行的过程中没有减速,并且是第一次降落在一个与起飞地点同样高度的地方。”从此,飞行的时代来临了。

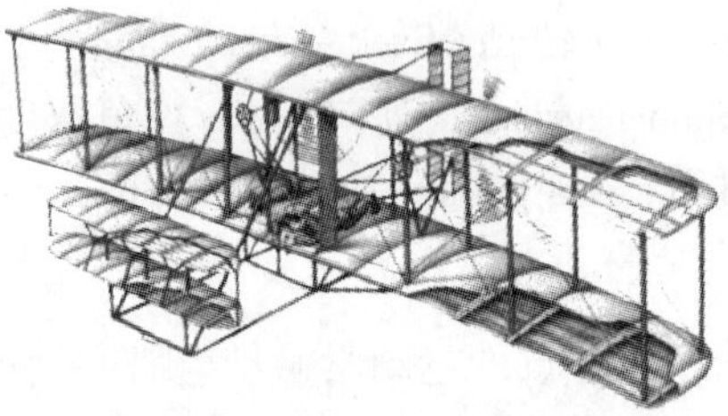

(a) 莱克兄弟的“飞行者一号”结构

(b) “飞行者一号”试飞

图 2-1　莱特兄弟的“飞行者一号”飞行器

整体上看,以地面为参照,飞机或导弹在空中的机动飞行就是一般运动,不光有沿三轴的质心位置变化,对应三个平动自由度;还有绕三轴的转动,对应三个转动自由度。图 2-2 是我国独立研制的歼 - 10 战斗机,其也是我军八一飞行表演队的座驾。

(a) 歼-10战斗机

(b) 八一飞行表演队飞行表演

图 2-2　我军的歼 - 10 战斗机

大家可以针对自己见到的飞行器或其他机械,找一找并简单分析其中运动部件的运动形式。下面我们来学习刚体运动的描述方法,采用矢量 - 矩阵描述方法,从最复杂的一般运动说起。我们把刚体的其他运动形式看作一般运动的退化形式。

2.2　刚体一般运动的矢量 - 矩阵描述

设刚体在参考系 $O_0X_0Y_0Z_0$ 中运动，如图 2-3 所示。为定量描述刚体运动，在刚体上任选一点 O，并以 O 为原点建立与刚体固定连接的直角坐标系 $Oxyz$，此坐标系称为固连坐标系或随体坐标系，O 称为基点。基点相对于点 O_0 的位矢记为 $\boldsymbol{R}_O$。固连坐标系 $Oxyz$ 的运动完全代表了刚体的运动，描述刚体运动的问题转化为描述固连坐标系运动的问题。

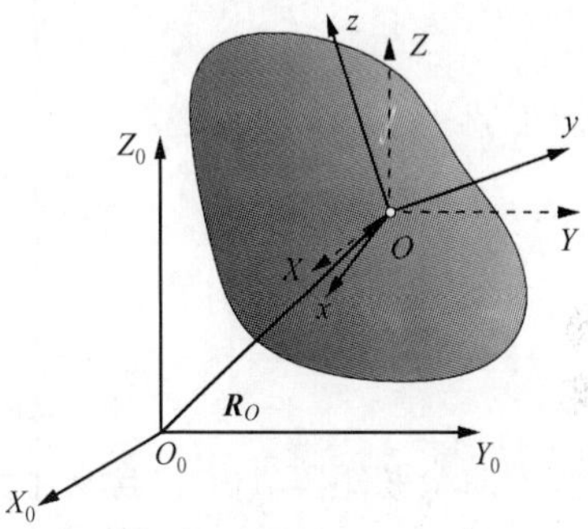

图 2-3　固连坐标系的建立

$Oxyz$ 的位形可以用基点 O 的位置以及 $Oxyz$ 相对于 $O_0X_0Y_0Z_0$ 的方位来描述。为方便描述 $Oxyz$ 相对于 $O_0X_0Y_0Z_0$ 的方位，以基点 O 为原点建立平动坐标系 $OXYZ$，且 X 轴、Y 轴、Z 轴分别与 X_0 轴、Y_0 轴、Z_0 轴平行。由坐标轴的平行关系可知，$Oxyz$ 相对于 $O_0X_0Y_0Z_0$ 的姿态（方向信息）可以用 $Oxyz$ 相对于 $OXYZ$ 的姿态来表示（这样在视觉上更容易为大家所接受），且可以用 $Oxyz$ 相对于 $OXYZ$ 的方向余弦矩阵（也称坐标转换矩阵或过渡矩阵）表示，此矩阵可记为 $\boldsymbol{A}$。

$Oxyz$ 相对于 $O_0X_0Y_0Z_0$ 的运动可以用基点 O 相对于点 O_0 的位矢 $\boldsymbol{R}_O$ 及 $Oxyz$ 相对于 $O_0X_0Y_0Z_0$ 的方向余弦矩阵 $\boldsymbol{A}$ 共同描述，$\boldsymbol{R}_O$ 及 $\boldsymbol{A}$ 均为时间 t 的函数。至此，刚体一般运动的运动方程可表示为

$$\boldsymbol{R}_O=\boldsymbol{R}_O(t),\quad \boldsymbol{A}=\boldsymbol{A}(t) \tag{2-1}$$

式(2-1)中两矢量式称为刚体的矢量 - 矩阵形式的运动方程。第一个矢量式对应刚体的平动自由度，第二个矢量式对应刚体的转动自由度。

方向余弦矩阵 $\boldsymbol{A}$ 可以表示为

$$\boldsymbol{A}=\begin{bmatrix} a_{11} & a_{12} & a_{13} \\ a_{21} & a_{22} & a_{23} \\ a_{31} & a_{32} & a_{33} \end{bmatrix}$$

式中：元素 $a_{ij}(i=1,2,3;j=1,2,3)$ 表示固连坐标系 $Oxyz$ 的 j 轴相对于 $OXYZ$ 的 i 轴的方向余弦，1、2、3 分别对应 x、y、z 轴。例如，$\boldsymbol{A}$ 的第一列的三个元素分别表示 Ox 轴相对于 OX 轴、OY 轴、OZ 轴的方向余弦，即有如下对应关系：

	x	y	z
X	a_{11}	a_{12}	a_{13}
Y	a_{21}	a_{22}	a_{23}
Z	a_{31}	a_{32}	a_{33}

因 $Oxyz$ 和 $OXYZ$ 均为正交坐标系，有

$$\boldsymbol{A}\boldsymbol{A}^{\mathrm{T}}=\boldsymbol{A}^{\mathrm{T}}\boldsymbol{A}=\boldsymbol{I}$$

即

$$
\boldsymbol{A}\boldsymbol{A}^{\mathrm{T}}=\begin{bmatrix} a_{11} & a_{12} & a_{13} \\ a_{21} & a_{22} & a_{23} \\ a_{31} & a_{32} & a_{33} \end{bmatrix}\begin{bmatrix} a_{11} & a_{21} & a_{31} \\ a_{12} & a_{22} & a_{32} \\ a_{13} & a_{23} & a_{33} \end{bmatrix}=\begin{bmatrix} 1 & 0 & 0 \\ 0 & 1 & 0 \\ 0 & 0 & 1 \end{bmatrix}=\boldsymbol{I}
$$

式中:$\boldsymbol{I}$ 为单位矩阵。因此,$\boldsymbol{A}\boldsymbol{A}^{\mathrm{T}}$ 为对称矩阵,且 $\boldsymbol{A}^{\mathrm{T}}=\boldsymbol{A}^{-1}$。

上式矩阵方程实际上对应着 9 个标量方程,其中只有 6 个是独立的,它们是

$$
\begin{cases} a_{11}^2+a_{12}^2+a_{13}^2=1 \\ a_{21}^2+a_{22}^2+a_{23}^2=1 \\ a_{31}^2+a_{32}^2+a_{33}^2=1 \\ a_{11}a_{21}+a_{12}a_{22}+a_{13}a_{23}=0 \\ a_{11}a_{31}+a_{12}a_{32}+a_{13}a_{33}=0 \\ a_{21}a_{31}+a_{22}a_{32}+a_{23}a_{33}=0 \end{cases}
$$

方向余弦矩阵 $\boldsymbol{A}$ 中包含 9 个元素,这些元素之间应满足上式中的 6 个独立的约束关系式,因此 9 个元素中只有 3 个是独立的,对应刚体的 3 个转动自由度。

因此,刚体的矢量-矩阵形式的运动方程式(2-1)中的两矢量式可以展开成 6 个标量式,对应刚体的 6 个自由度。

2.3 一般运动刚体上任意点的运动描述

2.3.1 运动方程

上节中给出的是对刚体的整体描述,刚体是由无穷多个质点组成的,刚体上某个点的运动情况又如何呢?下面我们研究刚体上的任意点 P 的运动。

如图 2-4 所示,设 P 点相对 O_0 点的位矢为 $\boldsymbol{R}$,O 点相对 O_0 点的位矢为 $\boldsymbol{R}_O$,P 点相对 O 点的位矢为 $\boldsymbol{r}$。那么,存在关系:

$$
\boldsymbol{R}=\boldsymbol{R}_O+\boldsymbol{r}
$$

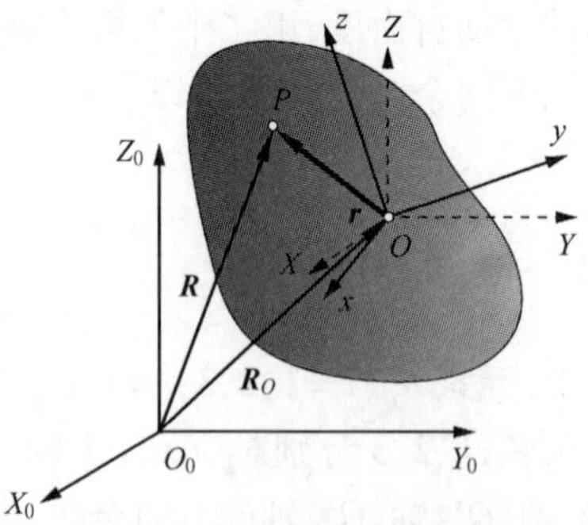

图 2-4 刚体的一般运动

不同的坐标系有不同的基矢量,例如,可以选用长度为 1、方向沿相应坐标轴正向的矢量 $\boldsymbol{i}$、$\boldsymbol{j}$、$\boldsymbol{k}$ 作为坐标系 $O_0X_0Y_0Z_0$ 的单位基矢量,那么 P 点相对 O_0 点的位矢 $\boldsymbol{R}$ 可以表示为

$$
\boldsymbol{R}=X_0\boldsymbol{i}+Y_0\boldsymbol{j}+Z_0\boldsymbol{k}=\underline{\boldsymbol{R}}^{\mathrm{T}}\ \underline{\boldsymbol{e}}
$$

式中:$\underline{\boldsymbol{R}}=[X_0\ Y_0\ Z_0]^{\mathrm{T}}$,称为 $\boldsymbol{R}$ 在 $O_0X_0Y_0Z_0$ 中的坐标列阵;$\underline{\boldsymbol{e}}=[\boldsymbol{i}\ \boldsymbol{j}\ \boldsymbol{k}]^{\mathrm{T}}$ 为 $O_0X_0Y_0Z_0$ 的单位基矢量列阵。

矢量不依赖于坐标系的选择,但同一矢量在不同坐标系中的坐标列阵是不同的;不同坐标系的单位基矢量也是不同的。

同上,以$\underline{\boldsymbol{R}_O}$表示 $\boldsymbol{R}_O$ 在坐标系 $O_0X_0Y_0Z_0$ 中的列阵;$\underline{\boldsymbol{r}}$和$\underline{\boldsymbol{\rho}}$分别表示矢量 $\boldsymbol{r}$ 在坐标系 $O_0X_0Y_0Z_0$ 和坐标系 $Oxyz$ 中的列阵,$\underline{\boldsymbol{r}}$和$\underline{\boldsymbol{\rho}}$的关系为

$$\underline{r} = A\underline{\rho} \tag{2-2}$$

式中：A 的含义与上一小节相同，是由坐标系 $Oxyz$ 到坐标系 $OXYZ$ 的变换矩阵，它将矢量在坐标系 $Oxyz$ 中的列阵转换成坐标系 $OXYZ$ 中的列阵。P 点在坐标系 $O_0X_0Y_0Z_0$ 中的位置由下式确定：

$$\underline{R} = \underline{R_O} + \underline{r} = \underline{R_O} + A\underline{\rho} \tag{2-3}$$

P 点选定后，其在固连坐标系（随体坐标系）中的坐标也就确定了。因此，$\underline{\boldsymbol{\rho}}$在刚体运动过程中保持不变。进而，$P$ 点在坐标系 $O_0X_0Y_0Z_0$ 中的位置完全由列阵$\underline{R_O}$和矩阵 A 确定。综上，式(2-3)称为刚体上 P 点的**运动方程**，式中$\underline{R_O}$和 A 均为时间 t 的函数。

2.3.2　速度

因$\underline{\boldsymbol{\rho}}$不随时间变化，有$\dot{\underline{\boldsymbol{\rho}}} = \mathbf{0}$；又有 $A^{\mathrm{T}} = A^{-1}$。根据式(2-2)、式(2-3)，P 点的速度在固定坐标系中的列阵为

$$\dot{\underline{R}} = \dot{\underline{R_O}} + \dot{\underline{r}} = \dot{\underline{R_O}} + \dot{A}\underline{\rho} = \dot{\underline{R_O}} + \dot{A}(A^{-1}\underline{r}) = \dot{\underline{R_O}} + \dot{A}A^{\mathrm{T}}\underline{r} \tag{2-4}$$

式中：$\dot{\underline{R}}$、$\dot{\underline{R_O}}$分别为刚体上 P 点速度$\dot{\boldsymbol{R}}$及基点 O 速度$\dot{\boldsymbol{R}}_O$ 在坐标系 $O_0X_0Y_0Z_0$ 中的坐标列阵；$\underline{r}$为矢量 $\boldsymbol{r}$ 在坐标系 $O_0X_0Y_0Z_0$ 中的坐标列阵。下面来探讨$\dot{A}A^{\mathrm{T}}$ 的含义。

因 $AA^{\mathrm{T}} = I$，因此

$$\frac{\mathrm{d}}{\mathrm{d}t}(AA^{\mathrm{T}}) = \dot{A}A^{\mathrm{T}} + A\dot{A}^{\mathrm{T}} = \dot{A}A^{\mathrm{T}} + (\dot{A}A^{\mathrm{T}})^{\mathrm{T}} = \mathbf{0} \tag{2-5}$$

即

$$\dot{A}A^{\mathrm{T}} = -(\dot{A}A^{\mathrm{T}})^{\mathrm{T}} \tag{2-6}$$

因此，$\dot{A}A^{\mathrm{T}}$ 是反对称方阵，对角线元素均为零。可以将$\dot{A}A^{\mathrm{T}}$ 写成下面的形式：

$$\dot{A}A^{\mathrm{T}} = \underline{\underline{\omega}} = \begin{bmatrix} 0 & -\omega_z & \omega_y \\ \omega_z & 0 & -\omega_x \\ -\omega_y & \omega_x & 0 \end{bmatrix} \tag{2-7}$$

若用 $\boldsymbol{\omega} = \omega_x\boldsymbol{i} + \omega_y\boldsymbol{j} + \omega_z\boldsymbol{k}$ 表示坐标系 $Oxyz$ 相对于坐标系 $OXYZ$ 转动的角速度矢量，则方阵$\dot{A}A^{\mathrm{T}}$ 称为 $\boldsymbol{\omega}$ 在坐标系 $O_0X_0Y_0Z_0$ 中的**坐标方阵**，用$\underline{\underline{\omega}}$表示，以区别于列阵。

将式(2-7)代入式(2-4)，得

$$\dot{\underline{R}} = \dot{\underline{R_O}} + \underline{\underline{\omega}}\,\underline{r} \tag{2-8}$$

式中：$\underline{\underline{\omega}}\,\underline{r}$的运算结果是一列阵：

$$\underline{\underline{\omega}}\,\underline{r} = \begin{bmatrix} 0 & -\omega_z & \omega_y \\ \omega_z & 0 & -\omega_x \\ -\omega_y & \omega_x & 0 \end{bmatrix}\begin{pmatrix} X_0 \\ Y_0 \\ Z_0 \end{pmatrix} = \begin{pmatrix} -\omega_zY_0 + \omega_yZ_0 \\ \omega_zX_0 - \omega_xZ_0 \\ -\omega_yX_0 + \omega_xY_0 \end{pmatrix}$$

根据矢量积定义，可知

$$\boldsymbol{i}\times\boldsymbol{i} = \boldsymbol{j}\times\boldsymbol{j} = \boldsymbol{k}\times\boldsymbol{k} = \mathbf{0}$$

$$\boldsymbol{i}\times\boldsymbol{j} = -\boldsymbol{j}\times\boldsymbol{i} = \boldsymbol{k},\quad \boldsymbol{j}\times\boldsymbol{k} = -\boldsymbol{k}\times\boldsymbol{j} = \boldsymbol{i},\quad \boldsymbol{k}\times\boldsymbol{i} = -\boldsymbol{i}\times\boldsymbol{k} = \boldsymbol{j}$$

$$\begin{aligned}\boldsymbol{\omega}\times\boldsymbol{r}&=(\omega_x\boldsymbol{i}+\omega_y\boldsymbol{j}+\omega_z\boldsymbol{k})\times(X_0\boldsymbol{i}+Y_0\boldsymbol{j}+Z_0\boldsymbol{k})\\&=(-\omega_zY_0+\omega_yZ_0)\boldsymbol{i}+(\omega_zX_0-\omega_xZ_0)\boldsymbol{j}+(-\omega_yX_0+\omega_xY_0)\boldsymbol{k}\\&=(\underline{\underline{\boldsymbol{\omega}}}\,\underline{\boldsymbol{r}})^{\mathrm{T}}\,\underline{\boldsymbol{e}}\end{aligned}$$

因此，$\underline{\underline{\boldsymbol{\omega}}}\,\underline{\boldsymbol{r}}$实际上是矢量积 $\boldsymbol{\omega}\times\boldsymbol{r}$ 在坐标系 $O_0X_0Y_0Z_0$ 中的坐标列阵。这也正是将$\underline{\underline{\boldsymbol{\omega}}}$称为 $\boldsymbol{\omega}$ 在坐标系 $O_0X_0Y_0Z_0$ 中的坐标方阵的原因。

坐标阵表达式$\underline{\dot{\boldsymbol{R}}}=\underline{\dot{\boldsymbol{R}}_O}+\underline{\underline{\boldsymbol{\omega}}}\,\underline{\boldsymbol{r}}$所对应的矢量表达式为

$$\dot{\boldsymbol{R}}=\dot{\boldsymbol{R}}_O+\boldsymbol{\omega}\times\boldsymbol{r}\tag{2-9}$$

根据第 1 章点的运动学中点运动的矢量描述方法可知，$\dot{\boldsymbol{R}}$、$\dot{\boldsymbol{R}}_O$ 分别是点 P 的速度 $\boldsymbol{v}$ 和基点 O 的速度 $\boldsymbol{v}_O$ 的定义，因此 P 点的速度等于

$$\boldsymbol{v}=\boldsymbol{v}_O+\boldsymbol{\omega}\times\boldsymbol{r}\tag{2-10}$$

式中：$\boldsymbol{\omega}$ 为刚体的角速度矢量。在国际单位制中角速度的单位为弧度每秒(rad/s)。

另外，因为有关系 $\boldsymbol{R}=\boldsymbol{R}_O+\boldsymbol{r}$，两边对时间求导，得

$$\dot{\boldsymbol{R}}=\dot{\boldsymbol{R}}_O+\dot{\boldsymbol{r}}\tag{2-11}$$

比较式(2-9)和式(2-11)，可得

$$\dot{\boldsymbol{r}}=\boldsymbol{\omega}\times\boldsymbol{r}\tag{2-12}$$

$\dot{\boldsymbol{r}}$表示的是点 P 相对于基点平动系 $OXYZ$ 的相对速度。

式(2-10)或式(2-11)表明：**刚体上任意点 P 的速度等于基点的速度与点 P 相对于基点平动坐标系的相对速度的矢量和。**

2.3.3 加速度

将式(2-10)对时间求导，并利用式(2-12)可得 P 点的加速度为

$$\boldsymbol{a}=\boldsymbol{a}_O+\boldsymbol{\varepsilon}\times\boldsymbol{r}+\boldsymbol{\omega}\times(\boldsymbol{\omega}\times\boldsymbol{r})\tag{2-13}$$

式中：$\boldsymbol{\varepsilon}=\dot{\boldsymbol{\omega}}$为刚体的角加速度矢量，简称角加速度。在国际单位制中角加速度的单位为弧度每二次方秒($\mathrm{rad/s^2}$)。

式(2-13)表明：**刚体上任意点 P 的加速度等于基点的加速度与点 P 相对于基点平动坐标系的相对加速度的矢量和。** $\boldsymbol{\varepsilon}\times\boldsymbol{r}$ 表示相对加速度的切向分量，记为 $\boldsymbol{a}_r^\tau$；$\boldsymbol{\omega}\times(\boldsymbol{\omega}\times\boldsymbol{r})$表示相对加速度的法向分量(向心加速度)，记为 $\boldsymbol{a}_r^n$。

2.4 刚体一般运动的退化形式

2.4.1 刚体的平动

引例：航空工程中的平动实例

固定翼缝(图 2-5)和固定的前缘缝翼(图 2-6)中缝隙的存在能有效改善机翼上表面气流状况，显著增大临界失速迎角，但是也会增加功耗，在巡航飞行过程中使阻力增加。

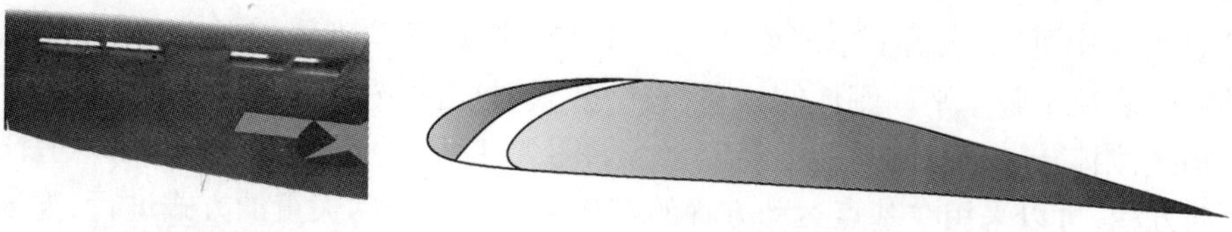

(a) 固定翼缝实例　　(b) 固定翼缝示意

图 2-5　固定翼缝

可以采用伸缩式前缘缝翼解决上述矛盾问题，在需要时（主要是低速、大迎角飞行时）缝翼伸出，在巡航飞行时缝翼回缩成无缝机翼的形态以降低阻力，如图 2-7 所示的缝翼称为汉德利－佩奇（Handley－Page）伸缩式前缘缝翼，其伸缩运动相对于主翼就是平动。

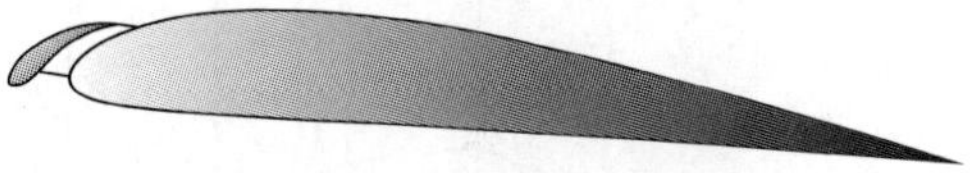

图 2-6　固定式前缘缝翼

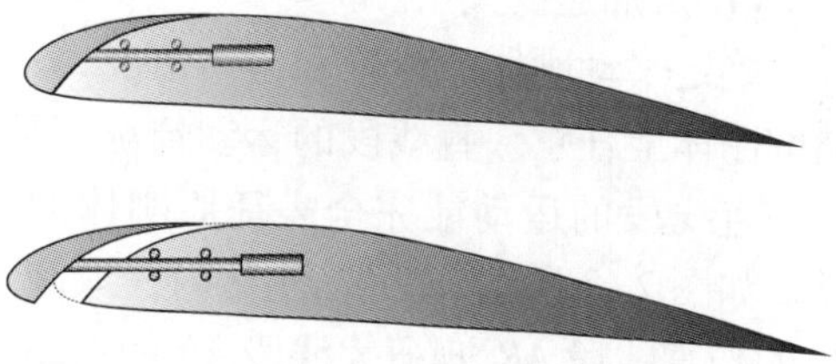

图 2-7　汉德利－佩奇伸缩式前缘缝翼

现在讨论刚体的平动。当刚体做平动时，刚体的姿态不再发生变化，方向余弦矩阵为

$$\boldsymbol{A}=\begin{bmatrix} a_{11} & a_{12} & a_{13} \\ a_{21} & a_{22} & a_{23} \\ a_{31} & a_{32} & a_{33} \end{bmatrix}=\begin{bmatrix} \cos 0 & \cos\dfrac{\pi}{2} & \cos\dfrac{\pi}{2} \\ \cos\dfrac{\pi}{2} & \cos 0 & \cos\dfrac{\pi}{2} \\ \cos\dfrac{\pi}{2} & \cos\dfrac{\pi}{2} & \cos 0 \end{bmatrix}=\begin{bmatrix} 1 & 0 & 0 \\ 0 & 1 & 0 \\ 0 & 0 & 1 \end{bmatrix}=\boldsymbol{I}$$

即 $\boldsymbol{A}$ 不随时间 t 变化。相应地，有

$$\dot{\boldsymbol{A}}\boldsymbol{A}^{\mathrm{T}}=\underline{\underline{\boldsymbol{\omega}}}=\begin{bmatrix} 0 & -\omega_z & \omega_y \\ \omega_z & 0 & -\omega_x \\ -\omega_y & \omega_x & 0 \end{bmatrix}=\begin{bmatrix} 0 & 0 & 0 \\ 0 & 0 & 0 \\ 0 & 0 & 0 \end{bmatrix},\quad \boldsymbol{\omega}=\boldsymbol{0}$$

进而，刚体的平动可以看作一般运动的退化形式。刚体的一般运动与平动的运动学量对比如表 2-1 所列。

表 2-1　刚体一般运动退化为平动

运动学量	一般运动	平　动
刚体的运动方程	$\boldsymbol{R}_O=\boldsymbol{R}_O(t),\boldsymbol{A}=\boldsymbol{A}(t)$	$\boldsymbol{R}_O=\boldsymbol{R}_O(t),\boldsymbol{A}=\boldsymbol{I}$
任意点的运动方程	$\underline{\boldsymbol{R}}=\underline{\boldsymbol{R}_O}+\underline{\boldsymbol{r}}=\underline{\boldsymbol{R}_O}+\boldsymbol{A}\,\underline{\boldsymbol{\rho}}$， 或 $\boldsymbol{R}=\boldsymbol{R}_O+\boldsymbol{r}$	$\underline{\boldsymbol{R}}=\underline{\boldsymbol{R}_O}+\underline{\boldsymbol{r}}=\underline{\boldsymbol{R}_O}+\boldsymbol{I}\,\underline{\boldsymbol{\rho}}$， 或 $\boldsymbol{R}=\boldsymbol{R}_O+\boldsymbol{r}$
任意点的速度	$\underline{\dot{\boldsymbol{R}}}=\underline{\dot{\boldsymbol{R}}_O}+\underline{\underline{\boldsymbol{\omega}}}\,\underline{\boldsymbol{r}}$， 或 $\dot{\boldsymbol{R}}=\dot{\boldsymbol{R}}_O+\boldsymbol{\omega}\times\boldsymbol{r}$， 或 $\boldsymbol{v}=\boldsymbol{v}_O+\boldsymbol{\omega}\times\boldsymbol{r}$	$\underline{\dot{\boldsymbol{R}}}=\underline{\dot{\boldsymbol{R}}_O}$， 或 $\dot{\boldsymbol{R}}=\dot{\boldsymbol{R}}_O$， 或 $\boldsymbol{v}=\boldsymbol{v}_O$
任意点的加速度	$\boldsymbol{a}=\boldsymbol{a}_O+\boldsymbol{\varepsilon}\times\boldsymbol{r}+\boldsymbol{\omega}\times(\boldsymbol{\omega}\times\boldsymbol{r})$	$\boldsymbol{a}=\boldsymbol{a}_O$

从表 2-1 中可知：只需要选择刚体上一个点来描述平动刚体的运动即可，被选择点的运动完全表征了整个平动刚体的运动，表中公式对应的被选择点是动系原点 O。$\boldsymbol{A}$ 所具有的描述刚体转动信息的功能已经退化。如图 2-4 所示，若要描述平动刚体上任意点 P 的运动方程，可以采用在基点运动方程的基础上加上一个常矢量的方式进行，如表 2-1 中的“任意点的运动方程”项中的 $\boldsymbol{R}=\boldsymbol{R}_O+\boldsymbol{r}$。也可以采用坐标阵的方式，如$\underline{\boldsymbol{R}}=\underline{\boldsymbol{R}_O}+\underline{\boldsymbol{r}}=\underline{\boldsymbol{R}_O}+\boldsymbol{I}\underline{\boldsymbol{\rho}}$，其中，$\underline{\boldsymbol{R}_O}$为基点在固定坐标系中的坐标列阵；$\boldsymbol{I}\underline{\boldsymbol{\rho}}$为动点相对于基点 O 的位置矢径 $\boldsymbol{r}$ 在固定坐标系的坐标列阵，对选定的动点来说，其为常量。

以上采用由一般到特殊的退化方式得到平动刚体或平动刚体上一点的运动学量，下面依据第 1 章介绍的描述点运动的矢量方法来简要推证平动刚体上两任意不同点的轨迹、速度及加速度关系。

确定平动刚体的位置和运动情况，只需研究刚体上任意一直线段的运动情况即可，这一直线段的运动能完全表征原刚体的运动。如图 2-8 所示，在平动刚体内任取两点 A、B，作直线段 AB，现研究线段 AB 的运动即可。设 A、B 两点相对于固定点 O 的位置矢径分别为 $\boldsymbol{r}_A$ 和 $\boldsymbol{r}_B$，则两条矢端曲线就是两点的轨迹。

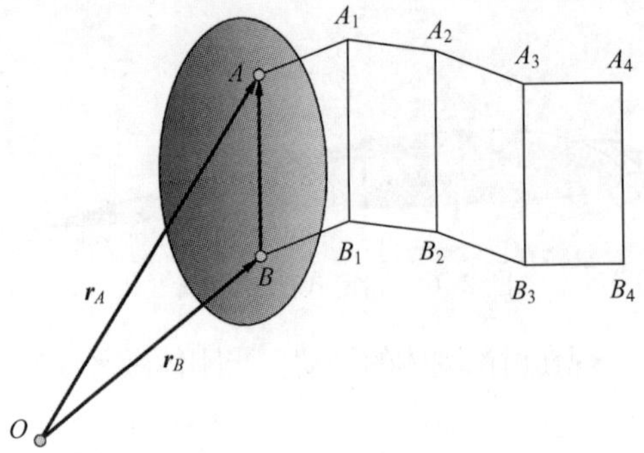

图 2-8　平动刚体上任意两点的运动轨迹

由图 2-8 可知，A、B 两点的矢径 $\boldsymbol{r}_A$、$\boldsymbol{r}_B$ 与有向线段 AB 之间的关系为

$$\boldsymbol{r}_A=\boldsymbol{r}_B+\overrightarrow{BA} \tag{2-14}$$

当刚体平动时，$\overrightarrow{BA}$为恒矢量，A、B 两点的轨迹只相差恒矢量$\overrightarrow{BA}$，即 A、B 两点的轨迹形状相同。

将式(2-14)两边对时间分别求一阶导数、二阶导数，可得

$$\dot{\boldsymbol{r}}_A=\dot{\boldsymbol{r}}_B,\ddot{\boldsymbol{r}}_A=\ddot{\boldsymbol{r}}_B$$

即

$$\boldsymbol{v}_A=\boldsymbol{v}_B,\quad \boldsymbol{a}_A=\boldsymbol{a}_B \tag{2-15}$$

因为 A、B 两点是任意选择的，因此可得结论：①平动刚体上各点的轨迹形状相同；②同一瞬时，平动刚体上各点的速度、加速度均相同。

因此，研究刚体的平动，可以归结为研究刚体上任一点的运动，可用点的运动学来描述。这种基于点的运动学的描述方法中，平动的特征信息体现在由任选的两点形成的恒矢量上；而矢量-矩阵描述方法中，平动的特征信息体现在方向余弦矩阵 $\boldsymbol{A}$ 不随时间 t 变化上。两种方法本质相同。

例题 2-1　如图 2-9 所示的平面机构中，OA 杆在 O 点与地面用铰链[①]连接，在 A 点

① 工程中常用圆柱销钉将两个钻有相同直径销孔的构件连接在一起。这种约束称为圆柱铰链约束，简称铰链。被连接的构件可绕销钉轴相对转动。详细内容见第 4 章中“约束和约束力”。

与嵌在 T 型杆滑槽内的滑块铰链连接，T 型杆可在水平方向滑移。M 为 T 型杆竖直部分的中点，O、M、C 三点共线。又有杆长 $OA=l$，OA 与竖直方向的夹角 $\varphi=\omega t$，ω 为常数。求 T 型杆的速度和加速度。

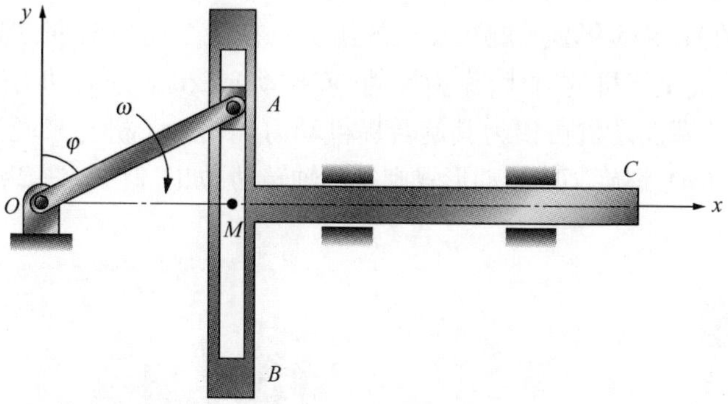

图 2-9　例题 2-1

解：由已知条件可知 T 型杆做平动，可建立图 2-9 所示坐标系。取 M 点为研究对象，以 M 点的运动表征平动刚体 T 型杆的运动。

在图示坐标系中，M 点的运动方程可以写为

$$x_M=l\sin\varphi=l\sin\omega t$$

M 点的速度为 $v_M=\dfrac{\mathrm{d}x_M}{\mathrm{d}t}=l\omega\cos\omega t$，此即 T 型杆的速度；

M 点的加速度为 $a_M=\dfrac{\mathrm{d}v_M}{\mathrm{d}t}=-l\omega^2\sin\omega t$，此即 T 型杆的加速度。

要点与讨论

此例中，M 点的运动轨迹为直线，可称 T 型杆做直线平动。有时，平动刚体上的各点做曲线运动。如图 2-10 所示，摆式输送机的料槽在运动过程中始终与它初始位置相平行，因此料槽做平动，料槽上的各点做曲线运动，那么称料槽做曲线平动。

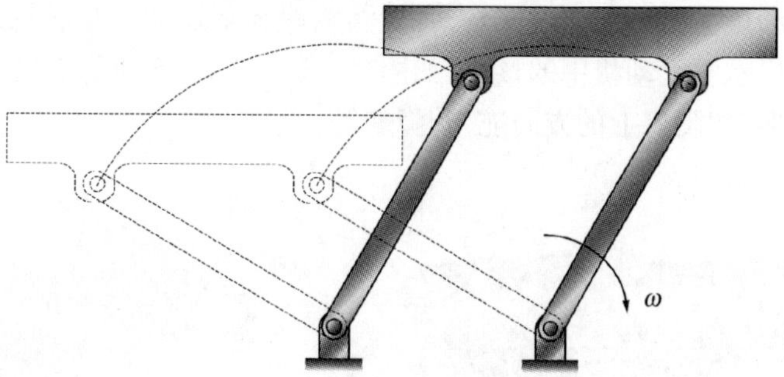

图 2-10　摆式输送机料槽的曲线平动

2.4.2 刚体的定轴转动

引例：航空工程中的定轴转动实例

飞机发展史的前约45年是螺旋桨飞机的历史。在这个历史时期，螺旋桨飞机创造了自己的辉煌。在螺旋桨飞机的时代，作为推动(或拉动)飞机前进的动力来源，螺旋桨的地位是显而易见的，活塞发动机可以为其旋转提供动力。相对于机身来说，活塞发动机中活塞的运动是平动，曲轴、螺旋桨的运动形式则是定轴转动，如图2-11、图2-12所示。

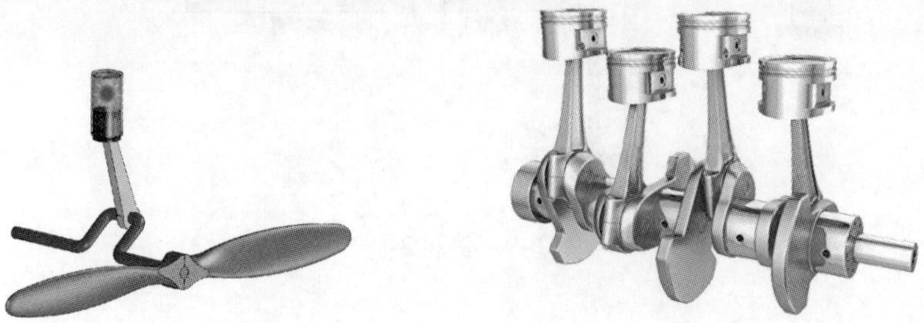

(a) 活塞发动机传动示意　　(b) 普通直列式活塞发动机的活塞、连杆、曲轴系统

图2-11　螺旋桨飞机活塞发动机原理

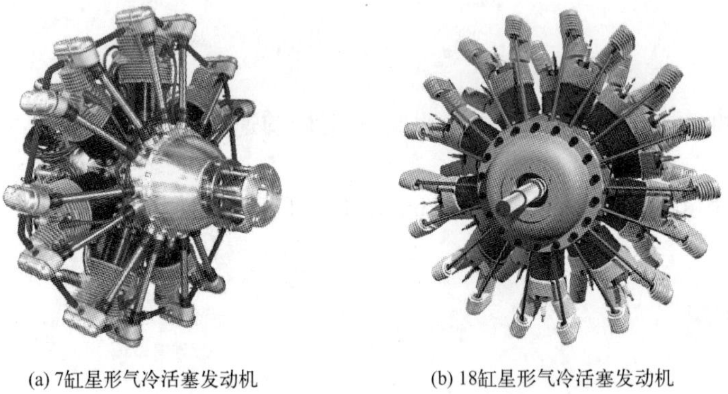

(a) 7缸星形气冷活塞发动机　　(b) 18缸星形气冷活塞发动机

图2-12　航空星形气冷活塞发动机

活塞发动机的全盛时期已成过去，现在已是燃气涡轮发动机的时代，但活塞发动机以低成本、能耗和生产上的优势仍然被广泛使用。

现代航空发动机主要有涡轮喷气发动机、涡轮螺旋桨发动机及涡轮风扇发动机。**定轴转动**部件是现代航空发动机中的核心，如图2-13~图2-15所示。航空工程中定轴转动的构件还有很多，如飞机上的方向舵、升降舵等。

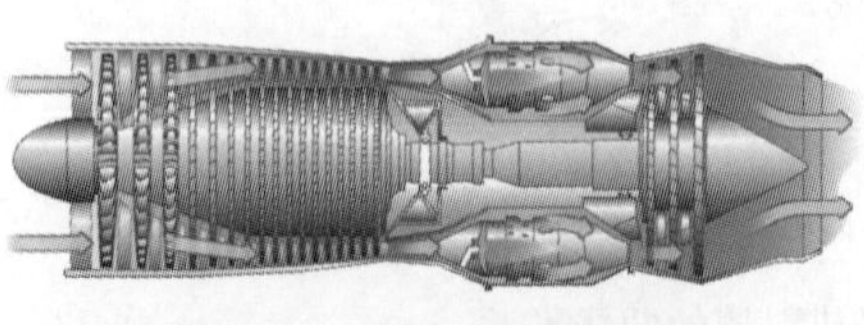

图2-13　涡轮喷气发动机

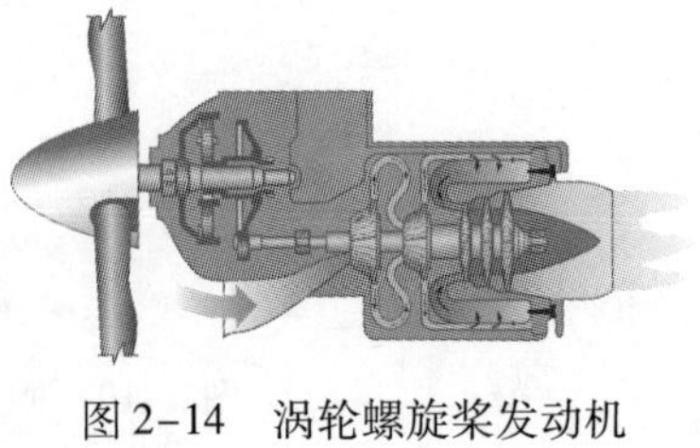

图2-14　涡轮螺旋桨发动机

副翼在飞机的操控中地位显赫，它们是调节飞机气动力的最重要部件之一。副翼调节机翼气动力的方式很简单，就是绕自身转轴做**定轴转动**。如图 2-16 所示，不同偏角会对气流产生重要影响。

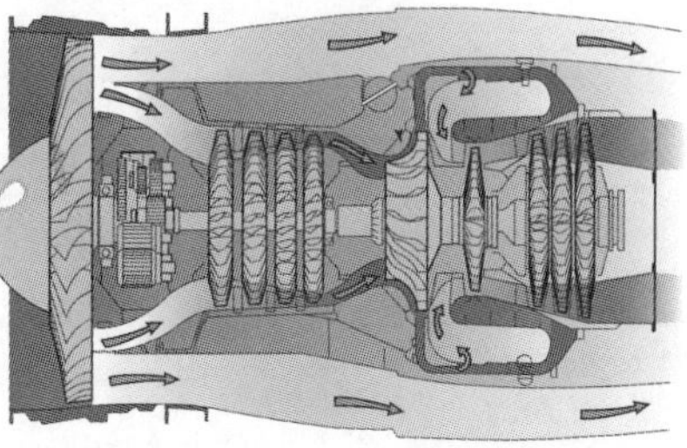

图 2-15　涡轮风扇发动机

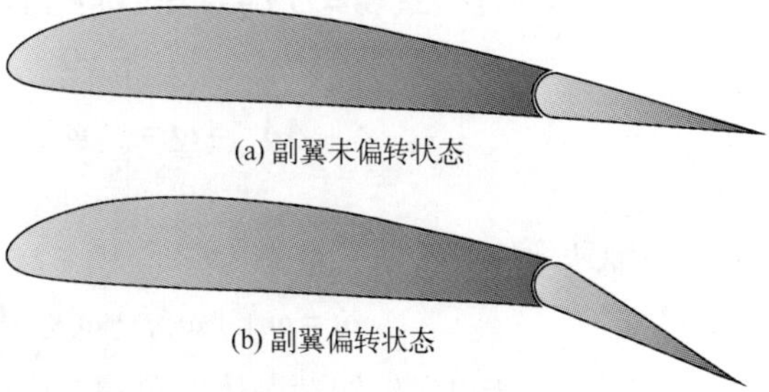

图 2-16　飞机副翼

现在讨论刚体的定轴转动。刚体做定轴转动时，可以取固定轴上的一点为基点，有 $\boldsymbol{R}_O=\boldsymbol{0}$，进而刚体的一般运动的方程退化为定轴转动的方程，如表 2-2 所列。

表 2-2　刚体一般运动退化为定轴转动

运动学量	一般运动	定轴转动
刚体的运动方程	$\boldsymbol{R}_O=\boldsymbol{R}_O(t)$，$\boldsymbol{A}=\boldsymbol{A}(t)$	$\boldsymbol{A}=\boldsymbol{A}(t)$
任意点的运动方程	$\underline{\boldsymbol{R}}=\underline{\boldsymbol{R}_O}+\underline{\boldsymbol{r}}=\underline{\boldsymbol{R}_O}+\boldsymbol{A}\underline{\boldsymbol{\rho}}$， 或 $\boldsymbol{R}=\boldsymbol{R}_O+\boldsymbol{r}$	$\underline{\boldsymbol{r}}=\boldsymbol{A}\underline{\boldsymbol{\rho}}$， 或 $\boldsymbol{r}=\boldsymbol{r}(t)$
任意点的速度	$\underline{\dot{\boldsymbol{R}}}=\underline{\dot{\boldsymbol{R}}_O}+\underline{\underline{\boldsymbol{\omega}}}\,\underline{\boldsymbol{r}}$， 或 $\dot{\boldsymbol{R}}=\dot{\boldsymbol{R}}_O+\boldsymbol{\omega}\times\boldsymbol{r}$， 或 $\boldsymbol{v}=\boldsymbol{v}_O+\boldsymbol{\omega}\times\boldsymbol{r}$	$\underline{\dot{\boldsymbol{r}}}=\underline{\underline{\boldsymbol{\omega}}}\,\underline{\boldsymbol{r}}$， 或 $\dot{\boldsymbol{r}}=\boldsymbol{\omega}\times\boldsymbol{r}$， 或 $\boldsymbol{v}=\boldsymbol{\omega}\times\boldsymbol{r}$
任意点的加速度	$\boldsymbol{a}=\boldsymbol{a}_O+\boldsymbol{\varepsilon}\times\boldsymbol{r}+\boldsymbol{\omega}\times(\boldsymbol{\omega}\times\boldsymbol{r})$	$\boldsymbol{a}=\boldsymbol{\varepsilon}\times\boldsymbol{r}+\boldsymbol{\omega}\times(\boldsymbol{\omega}\times\boldsymbol{r})$

若为研究问题的方便，可以将固连坐标系的 Oz 轴以及平动坐标系的 OZ 轴都取在刚体的固定轴上，如图 2-17 所示。此时的方向余弦矩阵为

$$\boldsymbol{A}=\begin{bmatrix}\cos\varphi & -\sin\varphi & 0\\ \sin\varphi & \cos\varphi & 0\\ 0 & 0 & 1\end{bmatrix} \tag{2-16}$$

式中：φ 为坐标轴 OX 与 Ox 之间的夹角，即刚体转动的角度。

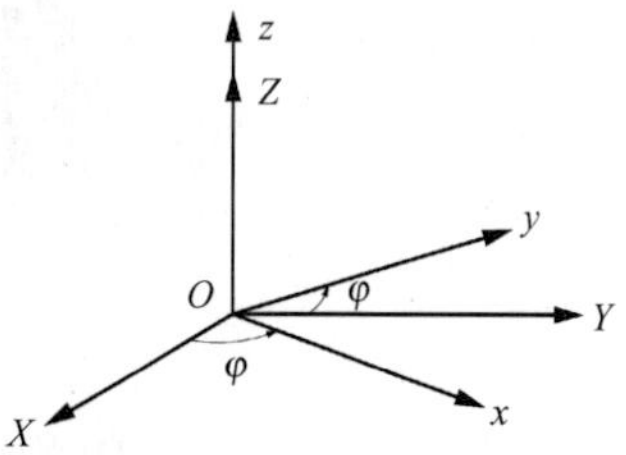

图 2-17　刚体的定轴转动

方向余弦矩阵 $\boldsymbol{A}$ 中的 9 个元素除了常数以外，均由变量 φ 决定，因此 9 个元素中只有 1 个是独立的，对应刚体仅有的 1 个绕定轴的转动自由度。因此，定轴转动刚体的运动方程也可以用标量角度方程表达为

$$\varphi=\varphi(t) \tag{2-17}$$

上述定轴转动刚体对应的角速度矩阵为

$$\dot{A}A^{\mathrm{T}}=\begin{bmatrix}-\sin\varphi\cdot\dot{\varphi} & -\cos\varphi\cdot\dot{\varphi} & 0\\ \cos\varphi\cdot\dot{\varphi} & -\sin\varphi\cdot\dot{\varphi} & 0\\ 0 & 0 & 0\end{bmatrix}\begin{bmatrix}\cos\varphi & \sin\varphi & 0\\ -\sin\varphi & \cos\varphi & 0\\ 0 & 0 & 1\end{bmatrix}=\begin{bmatrix}0 & -\dot{\varphi} & 0\\ \dot{\varphi} & 0 & 0\\ 0 & 0 & 0\end{bmatrix} \tag{2-18}$$

又因为角速度矢量 $\boldsymbol{\omega}=\omega_x\boldsymbol{i}+\omega_y\boldsymbol{j}+\omega_z\boldsymbol{k}$ 对应在坐标系 $O_0X_0Y_0Z_0$ 中的**坐标方阵**为

$$\dot{A}A^{\mathrm{T}}=\underline{\underline{\omega}}=\begin{bmatrix}0 & -\omega_z & \omega_y\\ \omega_z & 0 & -\omega_x\\ -\omega_y & \omega_x & 0\end{bmatrix}$$

因此,定轴转动的角速度矢量为

$$\boldsymbol{\omega}=\omega_x\boldsymbol{i}+\omega_y\boldsymbol{j}+\omega_z\boldsymbol{k}=0\boldsymbol{i}+0\boldsymbol{j}+\omega_z\boldsymbol{k}=\dot{\varphi}\boldsymbol{k}$$

又因 $\dot{\boldsymbol{k}}=\boldsymbol{0}$,所以定轴转动刚体的角加速度矢量为

$$\boldsymbol{\varepsilon}=\ddot{\varphi}\boldsymbol{k}$$

式中:$\boldsymbol{k}$ 为沿 OZ 轴(Oz 轴)的单位矢量。可见,定轴转动刚体的角速度矢量和角加速度矢量都与转轴共线,它们的大小就是刚体转动角度对时间的一阶和二阶导数。

由式(2-10)知刚体上任意点 P 的速度为

$$\boldsymbol{v}=\boldsymbol{\omega}\times\boldsymbol{r}=\dot{\varphi}\boldsymbol{k}\times\boldsymbol{r}=\dot{\varphi}\rho\boldsymbol{\tau} \tag{2-19}$$

式中:ρ 为 P 点到固定转轴的距离,也称作转动半径;$\boldsymbol{\tau}$ 为过 P 点沿圆周切线方向的单位矢量,指向由 $\dot{\varphi}$ 的正负号来确定,方向如图 2-18(a)所示。

由式(2-13)知刚体上任意点 P 的加速度为

$$\begin{aligned}\boldsymbol{a}&=\boldsymbol{\varepsilon}\times\boldsymbol{r}+\boldsymbol{\omega}\times(\boldsymbol{\omega}\times\boldsymbol{r})\\ &=\ddot{\varphi}\boldsymbol{k}\times\boldsymbol{r}+\boldsymbol{\omega}\times\boldsymbol{v}\\ &=\ddot{\varphi}\rho\boldsymbol{\tau}+\dot{\varphi}^2\rho\boldsymbol{n}\end{aligned} \tag{2-20}$$

加速度 $\boldsymbol{a}$ 方向如图 2-18(b)所示,其中 $\boldsymbol{\varepsilon}\times\boldsymbol{r}$ 是切向加速度,其大小为 $\ddot{\varphi}\rho$(或 $\varepsilon\rho$);$\boldsymbol{\omega}\times\boldsymbol{v}$ 是法向加速度(即向心加速度),$\boldsymbol{n}$ 为过动点并指向圆心的单位矢量,其大小等于 $\dot{\varphi}^2\rho$(或 $\omega^2\rho$)。

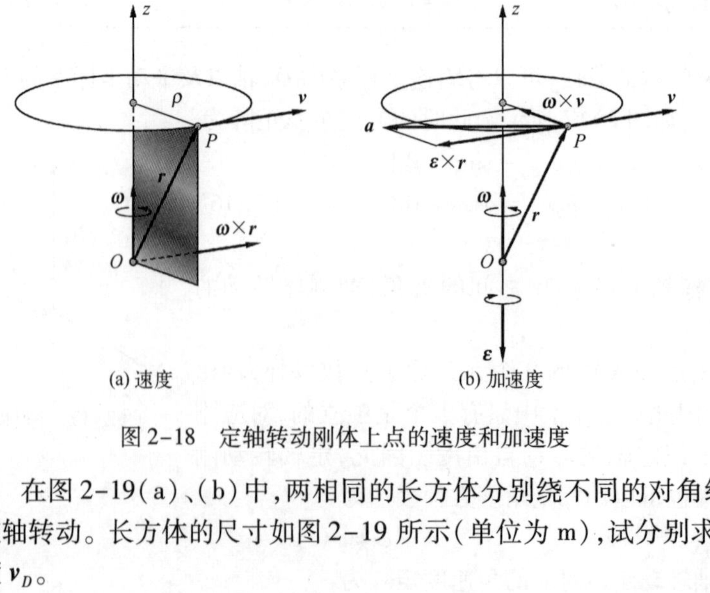

图 2-18　定轴转动刚体上点的速度和加速度

例题 2-2　在图 2-19(a)、(b)中,两相同的长方体分别绕不同的对角线,以相同的角速率 ω 做定轴转动。长方体的尺寸如图 2-19 所示(单位为 m),试分别求出两长方体上 D 点的速度 $\boldsymbol{v}_D$。

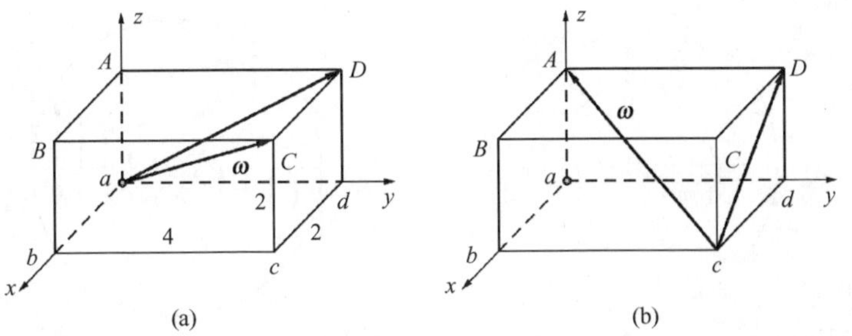

图2-19 例题2-2

解:(1) 由图2-19(a)所示坐标原点 a 向 D 点引矢径 $\boldsymbol{r}_{aD}$, $\boldsymbol{r}_{aD}=4\boldsymbol{j}+2\boldsymbol{k}$。

$$\boldsymbol{\omega}=\frac{2}{\sqrt{24}}\omega\boldsymbol{i}+\frac{4}{\sqrt{24}}\omega\boldsymbol{j}+\frac{2}{\sqrt{24}}\omega\boldsymbol{k}$$

故

$$\boldsymbol{v}_D=\boldsymbol{\omega}\times\boldsymbol{r}_{aD}=\begin{vmatrix}\boldsymbol{i} & \boldsymbol{j} & \boldsymbol{k}\\ \frac{2}{\sqrt{24}}\omega & \frac{4}{\sqrt{24}}\omega & \frac{2}{\sqrt{24}}\omega\\ 0 & 4 & 2\end{vmatrix}=4\omega\sqrt{\frac{1}{6}}\boldsymbol{k}\ \mathrm{m/s}$$

(2) 由图2-19(b)所示 c 点向 D 点引矢径 $\boldsymbol{r}_{cD}$, $\boldsymbol{r}_{cD}=-2\boldsymbol{i}+2\boldsymbol{k}$。

$$\boldsymbol{\omega}=-\frac{2}{\sqrt{24}}\omega\boldsymbol{i}-\frac{4}{\sqrt{24}}\omega\boldsymbol{j}+\frac{2}{\sqrt{24}}\omega\boldsymbol{k}$$

故

$$\boldsymbol{v}_D=\boldsymbol{\omega}\times\boldsymbol{r}_{cD}=\begin{vmatrix}\boldsymbol{i} & \boldsymbol{j} & \boldsymbol{k}\\ -\frac{2}{\sqrt{24}}\omega & -\frac{4}{\sqrt{24}}\omega & \frac{2}{\sqrt{24}}\omega\\ -2 & 0 & 2\end{vmatrix}=-4\omega\sqrt{\frac{1}{6}}\boldsymbol{i}-4\omega\sqrt{\frac{1}{6}}\boldsymbol{k}\ \mathrm{m/s}$$

要点与讨论

在图2-19(a)中是由坐标原点 a 向 D 点引矢径 $\boldsymbol{r}_{aD}$ 来计算 $\boldsymbol{v}_D$ 的。而在图2-19(b)中决不能用这样引出的矢径 $\boldsymbol{r}_{aD}$ 计算 $\boldsymbol{v}_D$,否则必得到错误的结果。这是因为公式 $\boldsymbol{v}=\boldsymbol{\omega}\times\boldsymbol{r}$ 要求 $\boldsymbol{r}$ 必须由 $\boldsymbol{\omega}$ 作用线上的点引出。当然由其上哪一点引出要视计算方便来定。

定轴转动刚体上各点的速度和加速度也可以从点的运动学角度推证,殊途同归。

图2-20为一个定轴转动的刚体,其中 z 轴为转轴,当刚体绕 z 轴转动时,刚体内任意一点 P 都做圆周运动,圆心在固定轴上,圆周所在平面与固定轴垂直。设 P 点到转轴的距离为 ρ,如图2-21(a)所示。

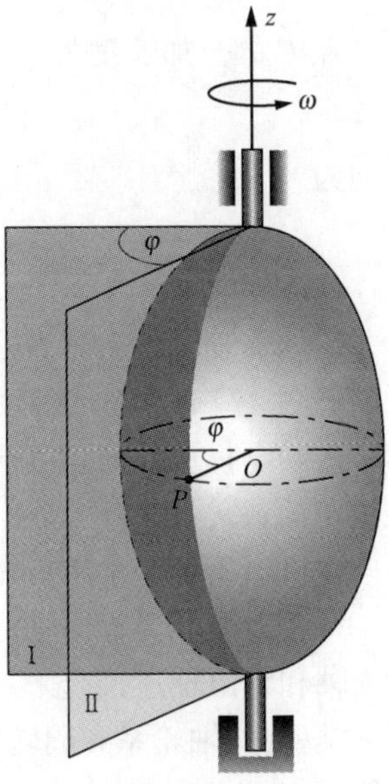

图2-20 定轴转动刚体点的运动

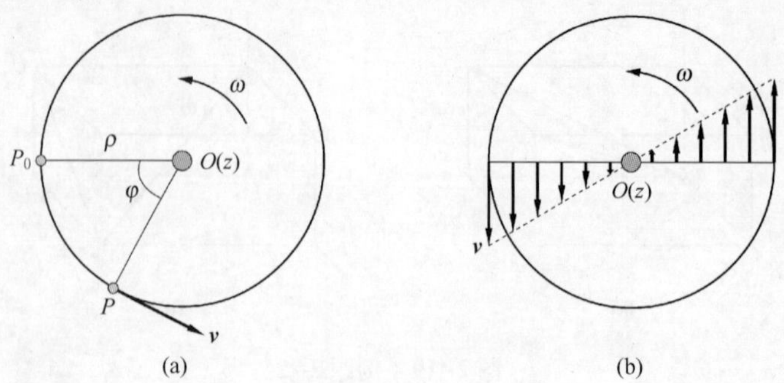

图 2-21 转动刚体上点的速度分布

设 P_0 为点 P 的起始位置，当刚体转过 φ 角时，点 P 的弧坐标为

$$s=\varphi\rho \tag{2-21}$$

式(2-21)对时间 t 求导，得点 P 的速度为

$$v=\dot{s}=\dot{\varphi}\rho=\omega\rho \tag{2-22}$$

即定轴转动刚体内任一点的速度大小等于刚体的角速度与该点到轴线的垂直距离的乘积，它的方向沿圆周的切线而指向转动趋势一侧。定轴转动刚体上垂直通过转轴的直线上的速度分布如图 2-21(b)所示。

现在求点 P 的加速度。因为点做圆周运动，可用弧坐标法求切向加速度和法向加速度。式(2-22)对时间 t 求导，得点 P 的切向加速度为

$$a_\tau=\ddot{s}=\ddot{\varphi}\rho=\varepsilon\rho \tag{2-23}$$

点 P 的法向加速度为

$$a_n=\frac{v^2}{\rho}=\frac{(\omega\rho)^2}{\rho}=\omega^2\rho=\dot{\varphi}^2\rho \tag{2-24}$$

点 P 的全加速度为

$$a=\sqrt{a_\tau^2+a_n^2}=\sqrt{(\rho\varepsilon)^2+(\rho\omega^2)^2}=\rho\sqrt{\varepsilon^2+\omega^4}$$

方向为

$$\tan\theta=\frac{|a_\tau|}{a_n}=\frac{|\varepsilon|}{\omega^2}$$

定轴转动刚体上垂直通过转轴的直线上的加速度分布如图 2-22 所示。

例题 2-3 轮系的传动。

运动学仅从几何角度研究物体的运动规律，主要是运动的传递规律。此部分内容对机械设计意义重大。

在机械系统中常用齿轮作为传动部件，为了获得较大的传动比，或者为了将输入轴的一种转速变换为输出轴的多种转速等原因，常采用一系列不同尺寸相互啮合的齿轮将输入轴和输出轴连接起来。这种由一系列齿轮组成的传动系统称为**轮系**。轮系可分为两种类型：定轴轮系和周转轮系。传动时，每个齿轮的几何轴线都是固定的轮系称为**定轴轮系**；至少有一齿轮的几何轴线绕另一齿轮的几何轴线转动的轮系，称为**周转轮系**。

现有一变速箱由四个齿轮构成，属于定轴轮系，如图 2-23 所示。齿轮Ⅱ和齿轮Ⅲ安

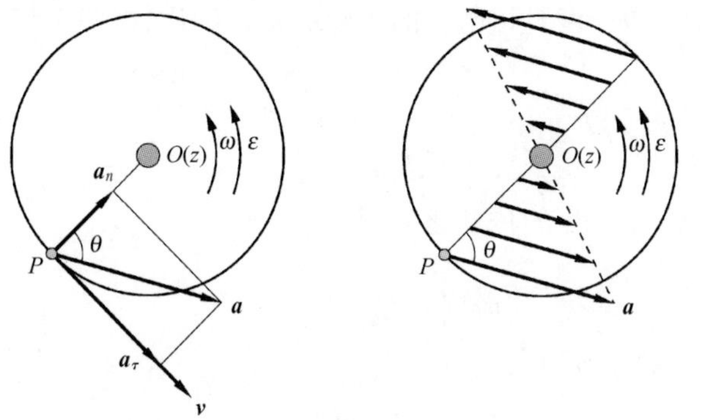

图 2-22　转动刚体上点的加速度分布

装在同一轴上，与轴一起运动，各齿轮的齿数分别为 $z_1=36$、$z_2=112$、$z_3=32$ 和 $z_4=128$，若主动轴Ⅰ的转速 $n_1=1450\text{r/min}$，试求从动轮Ⅳ的转速 n_4。

解：齿轮之间的啮合可看成节圆[1]之间的啮合。设 A、B 分别是主动轮Ⅰ和从动轮Ⅱ节圆上相切的点，如图 2-24 所示，因两圆之间没有相对的滑动，故接触点处具有相同的速度，即

$$\boldsymbol{v}_A=\boldsymbol{v}_B$$

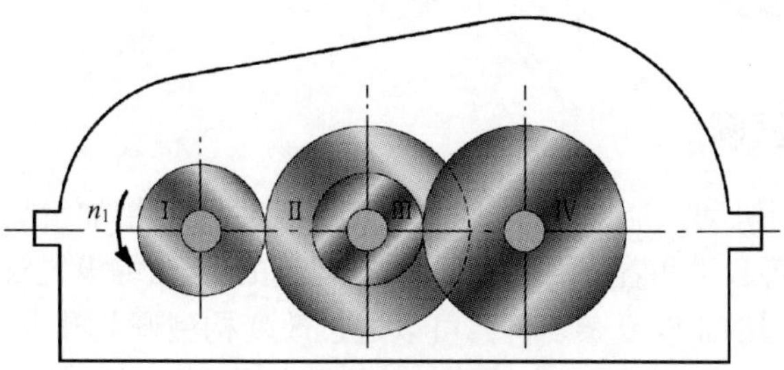

图 2-23　例题 2-3

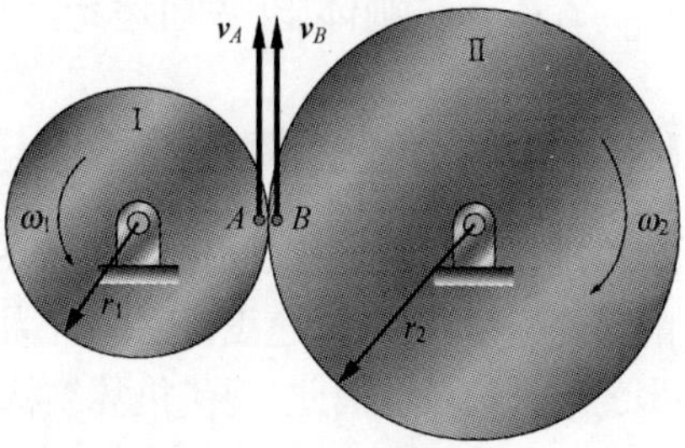

图 2-24　齿轮传动

设轮Ⅰ、轮Ⅱ的角速度分别为 ω_1、ω_2，齿轮的半径分别为 r_1 和 r_2，则

$$\omega_1 r_1=\omega_2 r_2$$

定义齿轮的传动比 i_{12} 等于主动轮的角速度与从动轮角速度的比，由上式有

$$i_{12}=\frac{\omega_1}{\omega_2}=\frac{r_2}{r_1}$$

由于齿轮啮合时齿距必须相等，而齿距等于齿轮节圆周长与齿轮齿数的比。若设两齿轮齿数分别为 z_1、z_2，则有

$$\frac{2\pi r_1}{z_1}=\frac{2\pi r_2}{z_2}$$

从而可得

$$i_{12}=\frac{\omega_1}{\omega_2}=\frac{r_2}{r_1}=\frac{z_2}{z_1}$$

① 齿轮啮合时，过两啮合齿廓接触点所作的两齿廓公法线与两齿轮连心线的交点称为齿轮的啮合节点，简称节点。若两齿轮的传动比为常数，则节点在连心线上的相对位置不变。当两齿轮转动时，节点相对于与两齿轮固结的平面均做圆周运动，这两个相对轨迹圆称为两齿轮的节圆。详细可参考机械原理相关内容。

即齿轮传动时,传动比等于两直接啮合的齿轮的角速度比,或两个齿轮节圆半径的反比,或两齿轮齿数的反比。

设4个轮的转速分别为n_1、n_2、n_3、n_4,且有

$$n_2 = n_3$$

Ⅰ-Ⅱ的传动比、Ⅲ-Ⅳ的传动比分别为

$$i_{12} = \frac{n_1}{n_2} = \frac{z_2}{z_1}, i_{34} = \frac{n_3}{n_4} = \frac{z_4}{z_3}$$

Ⅱ、Ⅲ同轴,其传动比可视为

$$i_{23} = \frac{n_2}{n_3} = 1$$

综合上述,可得

$$\frac{n_1}{n_4} = i_{14} = i_{12} \cdot i_{23} \cdot i_{34} = \frac{n_1}{n_2} \cdot \frac{n_2}{n_3} \cdot \frac{n_3}{n_4} = \frac{z_2 z_4}{z_1 z_3}$$

解得,从动轮Ⅳ的转速为

$$n_4 = n_1 \frac{z_1 z_3}{z_2 z_4} = 1450 \times \frac{36 \times 32}{112 \times 128} = 117(\text{r/min})$$

2.4.3 刚体的平面运动

引例:航空工程中的平面运动实例

现代飞机为了增加升力,提高飞机的机动性能,减小大迎角下的失速速度或增加机翼的失速迎角,提高低速飞行时的升力,改善起飞和着陆性能等,往往在机翼的前、后缘设置较多的增升装置。因此,现代机翼结构、机构都比较复杂。机翼可以通过改变构型调节升力、阻力,以适应飞机不同飞行阶段的特点。增升装置的工作原理是使机翼能将更多的气流转向下方且不会进入失速状态。在起飞和着陆阶段,飞机需要以尽可能低的速度实现高升力,这样能有效缩短跑道长度。因此,机翼设计的重要目标之一就是尽可能降低失速速度。设计一对面积和弯曲度都很大的机翼可以实现这一目标,但是这样的机翼在飞机巡航飞行时阻力会比较大,燃油经济性较差。采用可收放的增升装置可以利弊兼顾。增升装置在需要时放开,不需要时收起即可。增升装置主要包括襟翼、翼缝、前缘缝翼。

"襟"一般指的是上衣的前幅,也指上衣两幅的搭接重叠部分。"襟翼"的名称便来源于此。襟翼有多种类型,根据处于机翼上的相对位置可以分为前缘襟翼和后缘襟翼;根据结构形式又可以分为简单襟翼、开裂式襟翼、富勒襟翼、开缝式襟翼等;开缝式襟翼又有单开缝、双开缝及三开缝之分。

简单襟翼(图2-25)和开裂式襟翼(图2-26)是最简单的襟翼类型。

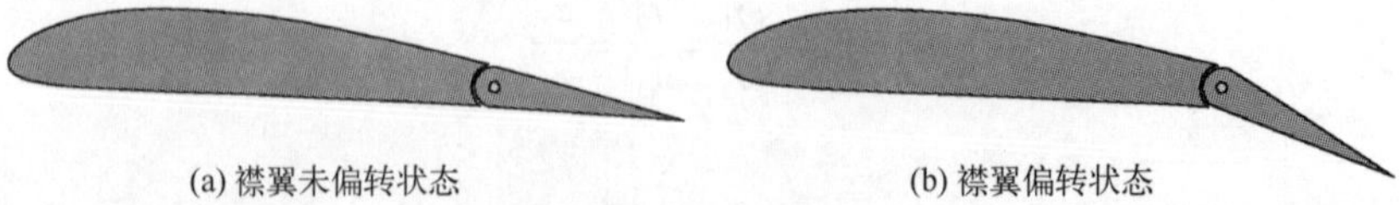

(a) 襟翼未偏转状态　　(b) 襟翼偏转状态

图2-25　简单襟翼

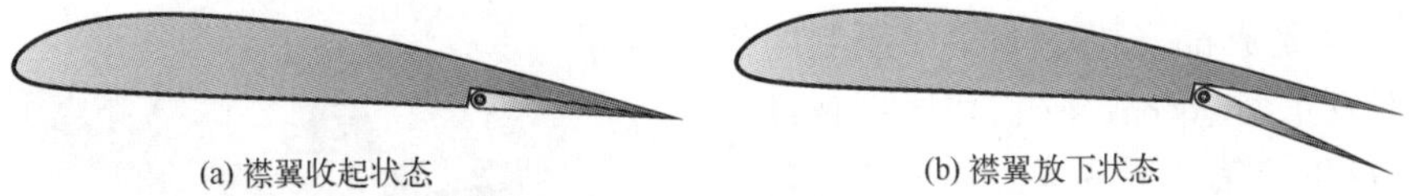

(a) 襟翼收起状态　　(b) 襟翼放下状态

图 2-26　开裂式襟翼

简单襟翼的工作原理与副翼类似，只不过在机翼上的安装位置与副翼不同，副翼一般远离机身，工作时产生的操纵力矩较大，操纵效率较高；襟翼靠近机身布置，飞机失速时，翼根先失速，机翼外侧的操纵面仍然可有效操纵，容易改出失速状态。开裂式襟翼不工作时贴在机翼后下方，与正常机翼无异，工作时绕其转轴向下摆动到需要角度。相对于机翼来说，简单襟翼及开裂式襟翼的运动形式均为定轴转动。这种襟翼曾用在著名的重型战略轰炸机 B17（图 2-27）以及运输机 DC－3（图 2-28）上。

(a) 美国B17:飞行堡垒　　(b) B17上安装的开裂式襟翼

图 2-27　B17 上的开裂式襟翼

DC－3 是第一架使客运也能赚钱的飞机。客运成本的降低，刺激了美国航空客运的发展。1939 年达到 300 万人次；1940 年达到 400 万人次。DC－3 的问世是民用航空史上的一个重要的里程碑。

一般的战斗机为了增强机动能力，提升空战生存概率，往往安装前缘襟翼。我国的歼－15、歼－20 战机均安装有前缘襟翼。歼－15 为我国重型舰载战斗机，如图 2-29 所示。其由沈阳飞机工业集团研制，融合了歼－11B 的技术，装配前翼、折叠式机翼，尾部机身下部装有着舰尾钩；前起落架强度很高，能承受滑跃起飞或弹射起飞载荷。该机具有航程较远、作战半径较大、武器挂载量大等优点，可以执行对空、反舰以及对地攻击等任务。缺点是其体型过大，影响了航空母舰的载机数量。2009 年 8 月，歼－15 进行了首次飞行测试。2011 年 4 月 25 日，第二架歼－15 原型机进行了飞行测试。2012 年 11 月 22 日，首架歼－15 原型机在“辽宁号”航空母舰上成功进行了着舰测试和起飞测试。

图 2-28　DC－3 飞机

图 2-29　歼－15 舰载机

歼－20是成都飞机工业集团研制的最新一代双发重型隐身战斗机，用于接替歼－10、歼－11B等第三代战机，如图2-30所示。歼－20战斗机将担负我军未来对空、对海的主权维护作战任务。首架原型机于2011年1月11日在成都实现首飞。歼－20战斗机采用单座、双发、全动双垂尾、DSI（Diverterless Supersonic Inlet）①鼓包式进气道、上反鸭翼带尖拱边条的鸭式气动布局。歼－20战斗机的前缘襟翼相对于主翼做定轴转动。

图2-30　歼－20战斗机

像简单襟翼和开裂式襟翼，舵面向下偏转虽然能增加升力，但这类机翼的临界迎角比较小。原因是在大迎角时，整体大弯度机翼的后缘更容易出现气流分离现象。空气动力学试验证明：若舵面在向下偏转的同时还能在主翼和襟翼之间形成一个特殊的“缝隙”，下翼面的“高压空气”经过缝隙加速后，正好沿着上翼面向后下方吹去，这样就能减缓上翼面气流的分离，改善机翼气动性能。因此，为了改善飞机的起飞着陆性能，普遍采用了既变弯度又有“缝隙”的襟翼，这便是开缝式襟翼，但是此类襟翼结构、机构均较复杂，成本高。

机翼下方安装有多个凸出的纺锤状构件是采用开缝式襟翼的典型特征。纺锤状的外壳称为整流罩，内部包裹的是襟翼收放机构，其由滑轨、作动器以及其他传动构件组成，如图2-31所示。

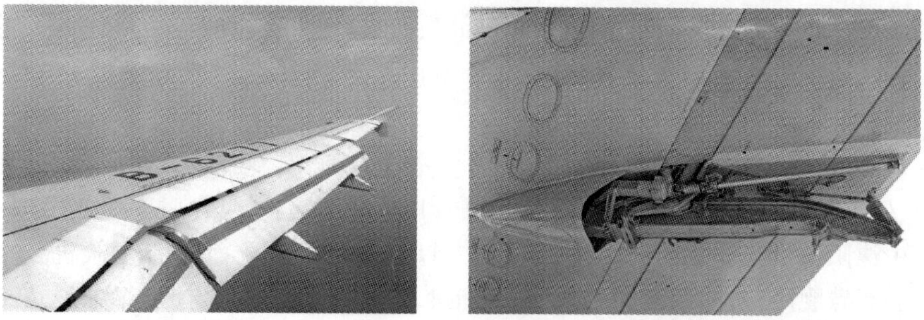

(a) 开缝式襟翼外观　　(b) 开缝式襟翼收放机构

图2-31　开缝式襟翼

开缝式襟翼不需要时处于收起状态，仅在需要时放下。襟翼放下时，整体向后下方移动的同时伴随着倾角的变化，其相对于主翼的运动属于**平面运动**形式。三开缝式襟翼的收起状态和放下状态示意图分别如图2-32、图2-33所示。

图2-32　三开缝式襟翼的收起状态

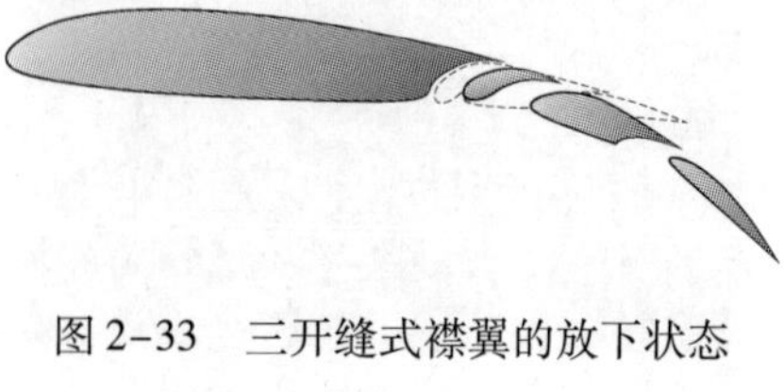

图2-33　三开缝式襟翼的放下状态

① 可译为“无隔道超声速进气道”。

图 2-34　运 - 20 运输机正在试飞

我国自主研制的大型军用运输机运 - 20 采用的就是三开缝式襟翼，如图 2-34 所示。运 - 20 是由我国西安飞机工业集团公司主研制，沈飞、成飞、陕飞、哈飞、上飞参研的重型军用运输机，是我国研制的最大型军用飞机。2013 年 1 月 26 日，运 - 20 成功进行首飞。运 - 20 的最大起飞重量达 220t，最大载重可达 60t。运 - 20 的成功研制使我国成为继美国、俄罗斯、乌克兰之后第四个可独立研制生产大型运输机的国家。运 - 20 于 2014 年 11 月 11 日在我国珠海国际航空航天博览会上正式对外亮相。

2.4.3.1　运动方程

平面运动是指刚体上所有点始终在平行于某个固定参考平面的平面内运动。运动过程中，刚体上任意点的运动轨迹均为平面轨迹，且任意两点的轨迹所在平面相互平行。定义中的"某个固定参考平面"往往是容易找到的，只要能找到一个这样的平面，那么与它平行的所有平面都是符合要求的平面，因此符合要求的固定平面有无穷多个。例如，体育项目冰壶运动就是平面运动，冰壶在水平的冰面上旋转着滑动，水平的冰面就是符合要求的"某个固定参考平面"。

刚体做平面运动时，各运动学量的矢量 - 矩阵描述形式没有发生变化，只不过其中的某些量退化为较简单的形式，如表 2-3 所列。若坐标系和基点选择适当，可以使基点的位置矢量 $\boldsymbol{R}_O$ 由三维空间矢量变为二维平面矢量，方向余弦矩阵 $\boldsymbol{A}$ 转变为像定轴转动形式一样的平面坐标系间的坐标转换矩阵。

表 2-3　刚体一般运动退化为平面运动

运动学量	一般运动	平面运动
刚体的运动方程	$\boldsymbol{R}_O=\boldsymbol{R}_O(t), \boldsymbol{A}=\boldsymbol{A}(t)$	$\boldsymbol{R}_O=\boldsymbol{R}_O(t), \boldsymbol{A}=\boldsymbol{A}(t)$
任意点的运动方程	$\underline{\boldsymbol{R}}=\underline{\boldsymbol{R}_O}+\underline{\boldsymbol{r}}=\underline{\boldsymbol{R}_O}+\boldsymbol{A}\,\underline{\boldsymbol{\rho}}$， 或 $\boldsymbol{R}=\boldsymbol{R}_O+\boldsymbol{r}$	$\underline{\boldsymbol{R}}=\underline{\boldsymbol{R}_O}+\underline{\boldsymbol{r}}=\underline{\boldsymbol{R}_O}+\boldsymbol{A}\,\underline{\boldsymbol{\rho}}$， 或 $\boldsymbol{R}=\boldsymbol{R}_O+\boldsymbol{r}$
任意点的速度	$\underline{\dot{\boldsymbol{R}}}=\underline{\dot{\boldsymbol{R}}_O}+\underline{\underline{\boldsymbol{\omega}}}\,\underline{\boldsymbol{r}}$， 或 $\dot{\boldsymbol{R}}=\dot{\boldsymbol{R}}_O+\boldsymbol{\omega}\times\boldsymbol{r}$， 或 $\boldsymbol{v}=\boldsymbol{v}_O+\boldsymbol{\omega}\times\boldsymbol{r}$	$\underline{\dot{\boldsymbol{R}}}=\underline{\dot{\boldsymbol{R}}_O}+\underline{\underline{\boldsymbol{\omega}}}\,\underline{\boldsymbol{r}}$， 或 $\dot{\boldsymbol{R}}=\dot{\boldsymbol{R}}_O+\boldsymbol{\omega}\times\boldsymbol{r}$， 或 $\boldsymbol{v}=\boldsymbol{v}_O+\boldsymbol{\omega}\times\boldsymbol{r}$
任意点的加速度	$\boldsymbol{a}=\boldsymbol{a}_O+\boldsymbol{\varepsilon}\times\boldsymbol{r}+\boldsymbol{\omega}\times(\boldsymbol{\omega}\times\boldsymbol{r})$	$\boldsymbol{a}=\boldsymbol{a}_O+\boldsymbol{\varepsilon}\times\boldsymbol{r}+\boldsymbol{\omega}\times(\boldsymbol{\omega}\times\boldsymbol{r})$
注：表中两种运动的描述形式相同，但两种运动中的 $\boldsymbol{R}_O$ 和 $\boldsymbol{A}$ 不同，平面运动中它们具有更简洁的形式。学习完下面的标量方程描述方法后，就会有更深刻的理解		

平面运动刚体的运动方程还可以方便地用标量方程表示。

如图 2-35(a)所示，设某一刚体做平面运动，符合要求的一个固定平面为 Ω，那么，必然能找到另一平面 Ω_0 与 Ω 平行且能切割到平面运动刚体，设切割面为 S，在刚体运动过程中 S 始终处在平面 Ω_0 上。至此，刚体的平面运动可以由切割面 S 在平面 Ω_0 上的运动来表征。若在切割面 S 上任选两点 A 和 B 并连接成线段 AB,那么切割面 S 的运动可以由线段 AB 在平面 Ω_0 上的运动来表征,此种情况就像冰壶的平面运动可以由固结在冰壶上的手柄的运动来描述一样。线段在固定平面中的位形可以由两端点的四个位置坐标值 X_A、X_B、Y_A、Y_B 来描述,但 4 个坐标值并不相互独立,它们之间存在一个表示线段长度的约束方程 $(X_B-X_A)^2+(Y_B-Y_A)^2=l^2$,$l$ 为已知线段 AB 的长度。为了描述简便,线段的位形可以选择一个端点的两个位置坐标和线段的倾角为广义坐标来描述。如图 2-35(b)中,设所有坐标系均为正交坐标系,且所有坐标平面与 S 所在平面重合;坐标系 $AX'Y'$ 相对于固定坐标系 OXY 平动,且两坐标系坐标轴同向;坐标系 Axy 与 S 固结,x 轴与 AB 重合。那么,经过这样一系列的简化后,A 点在 OXY 中的坐标 $X_A(t)$、$Y_A(t)$ 及线段 AB 相对于坐标轴 AX'(或坐标轴 OX)的倾角 φ,可以作为相互独立的三个广义坐标来描述平面运动刚体的运动。因此,可以说平面运动刚体具有三个自由度,两个平动自由度和一个转动自由度。

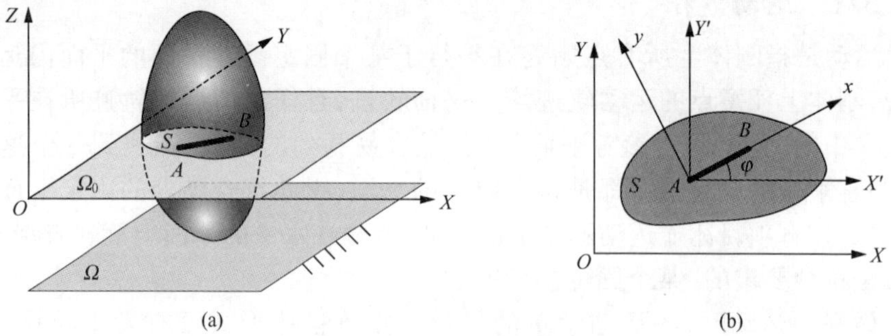

图 2-35　平面运动的简化

标量形式的刚体平面运动的运动方程可以写为

$$X_A=X_A(t),Y_A=Y_A(t),\varphi=\varphi(t)$$

前两式描述了 S 随基点的平动,第三式描述了 S 绕基点平动系的相对转动。S 做平面运动,S 上不同的点运动规律不同,因此选择不同基点将得到不同的随基点的平动方程。转动方程描述的是刚体的整体运动规律,以任何坐标轴指向相同的基点平动系为参照,转动规律都是相同的,因此,S 相对于基点平动坐标系的转动规律与基点选择无关。

2.4.3.2　解析法求平面运动刚体上点的速度和加速度

若已知刚体的平面运动方程,可以通过对时间求导数的方法求速度和加速度;反过来,若已知加速度项,则可以通过积分的办法来求得速度项和位移项。这种求解运动学要素的方法称为**解析法**。

与定轴转动刚体相似,平面运动刚体固连坐标系的方向余弦矩阵为

$$\boldsymbol{A}=\begin{bmatrix}\cos\varphi & -\sin\varphi & 0\\ \sin\varphi & \cos\varphi & 0\\ 0 & 0 & 1\end{bmatrix} \tag{2-25}$$

式中:φ 为坐标轴 Ox 相对于 OX 转过的角度,即刚体转动的角度。

刚体对应的角速度矩阵为

$$\dot{A}A^{\mathrm{T}}=\begin{bmatrix}0 & -\dot{\varphi} & 0\\ \dot{\varphi} & 0 & 0\\ 0 & 0 & 0\end{bmatrix}\tag{2-26}$$

因此,平面运动刚体的角速度矢量

$$\boldsymbol{\omega}=\dot{\varphi}\boldsymbol{k}$$

式中:$\boldsymbol{k}$ 为 AZ'轴(Az 轴)的单位矢量。又因$\dot{\boldsymbol{k}}=\boldsymbol{0}$,所以平面运动刚体的角加速度矢量为

$$\boldsymbol{\varepsilon}=\ddot{\varphi}\boldsymbol{k}$$

设平面图形 S 上任意点 P 相对于基点 A 的位矢为 $\boldsymbol{r}$,P 点的速度为

$$\boldsymbol{v}=\dot{\boldsymbol{R}}_A+\boldsymbol{\omega}\times\boldsymbol{r}=\boldsymbol{v}_A+\dot{\varphi}\boldsymbol{k}\times\boldsymbol{r}=\dot{X}_A\boldsymbol{i}+\dot{Y}_A\boldsymbol{j}+\dot{\varphi}\boldsymbol{k}\times\boldsymbol{r}\tag{2-27}$$

P 点的加速度为

$$\begin{aligned}\boldsymbol{a}&=\boldsymbol{a}_A+\boldsymbol{\varepsilon}\times\boldsymbol{r}+\boldsymbol{\omega}\times(\boldsymbol{\omega}\times\boldsymbol{r})\\&=\boldsymbol{a}_A+\ddot{\varphi}\boldsymbol{k}\times\boldsymbol{r}+\boldsymbol{\omega}\times\boldsymbol{v}\\&=\boldsymbol{a}_A+\ddot{\varphi}\boldsymbol{k}\times\boldsymbol{r}-\dot{\varphi}^2\boldsymbol{r}\\&=\ddot{X}_A\boldsymbol{i}+\ddot{Y}_A\boldsymbol{j}+\ddot{\varphi}\boldsymbol{k}\times\boldsymbol{r}-\dot{\varphi}^2\boldsymbol{r}\end{aligned}\tag{2-28}$$

式中:$\ddot{\varphi}\boldsymbol{k}\times\boldsymbol{r}$ 为转动运动的切向加速度项;$-\dot{\varphi}^2\boldsymbol{r}$ 为转动运动的法向加速度项,负号表示与 $\boldsymbol{r}$ 反向,即向心加速度。

2.4.3.3　几何法求平面运动刚体上点的速度和加速度

求解平面运动刚体上点的速度和加速度问题时可用图解法。利用刚体上各点速度或加速度分布关系图,通过几何关系来求得速度项和加速度项。这种求解运动学要素的方法称为**几何法**。

1. 求刚体上各点的速度

平面运动的速度分析有三种方法:**基点法**、**速度投影法**(**速度投影定理**)和**速度瞬心法**。

1）基点法

设已知平面运动刚体上点 O 的速度为 $\boldsymbol{v}_O$;刚体的角速度为 $\boldsymbol{\omega}$,其方向垂直于刚体所在运动平面并符合右手法则。研究刚体上任一点 P 的速度时,可选点 O 为基点,作平动坐标系 OXY(图 2-36),根据式(2-10),那么 P 点的速度可以表示为

$$\boldsymbol{v}_P=\boldsymbol{v}_O+\boldsymbol{v}_r,\quad v_r=\omega r\tag{2-29}$$

式中:$\boldsymbol{v}_O$ 为基点的速度;$\boldsymbol{\omega}$ 指向纸面外侧(图中给出标量值 ω,并给出绕向箭头);$\boldsymbol{v}_r$ 为点 P 相对于基点平动系 OXY 的速度,记为 $\boldsymbol{v}_{PO}$,$\boldsymbol{v}_{PO}$过 P 点垂直于线段 PO,指向具体由 ω 的转向决定,如图 2-36 所示。式(2-29)可表达为

$$\boldsymbol{v}_P=\boldsymbol{v}_O+\boldsymbol{v}_{PO},\quad v_{PO}=\omega\cdot PO\tag{2-30}$$

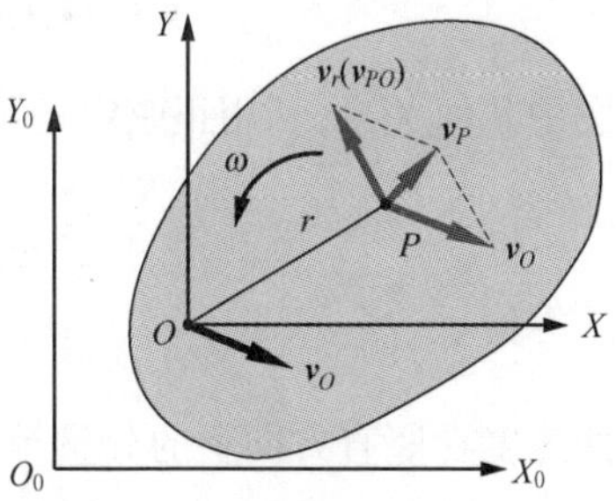

图 2-36　点的速度合成

综上可知,求平面运动刚体上任一点速度的基点法可以描述为:在任一瞬时,刚体内任一点的速度等于

基点的速度与该点随刚体绕基点转动速度的矢量和。

式(2-30)为一矢量式,含有3个矢量,每一矢量有大小和方向两个要素,共6个标量要素,若已知其中的4个,则可以求解其余的两个。要注意,在基点选定的情况下 $\boldsymbol{v}_{PO}$ 的方向要素必然是已知的。

例题2-4 曲柄连杆机构如图2-37所示,曲柄 OA 以匀角速率 ω 绕 O 轴转动,已知曲柄 OA 长为 R,连杆 AB 长为 l。试求当曲柄与水平线的夹角 $\varphi=\omega t$ 时,滑块 B 的速度和连杆 AB 的角速度。

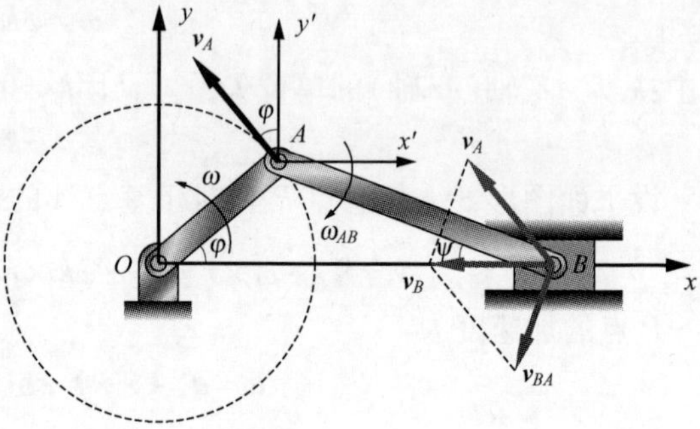

图2-37 例题2-4

解:连杆 AB 做平面运动,因点 A 的运动是已知的,故选点 A 为基点,由基点法得滑块 B 的速度为 $\boldsymbol{v}_B=\boldsymbol{v}_A+\boldsymbol{v}_{BA}$。

由于曲柄 OA 做定轴转动,则点 A 的速度大小为 $v_A=\omega R$,方向垂直于曲柄 OA 沿 ω 的旋转方向;滑块 B 的速度大小是未知的,方向是已知的,点 B 相对基点转动的速度 $\boldsymbol{v}_{BA}$ 的大小是未知的,$v_{BA}=\omega_{AB}\cdot AB$,方向是已知的,垂直于连杆 AB。故在点 B 处作速度的平行四边形,应使 $\boldsymbol{v}_B$ 位于平行四边形对角线的位置,如图2-37所示。由图中的几何关系,利用正弦定理可得

$$\frac{v_A}{\sin(90^\circ-\psi)}=\frac{v_B}{\sin(\varphi+\psi)}$$

解得滑块 B 的速度为

$$v_B=v_A\frac{\sin(\psi+\varphi)}{\cos\psi}=\omega R(\sin\varphi+\cos\varphi\tan\psi)$$

图中又有几何关系

$$l\sin\psi=R\sin\varphi,\quad \sin\psi=\frac{R}{l}\sin\varphi$$

因此

$$\cos\psi=\sqrt{1-\sin^2\psi}=\frac{1}{l}\sqrt{l^2-R^2\sin^2\varphi},\tan\psi=\frac{R\sin\varphi}{\sqrt{l^2-R^2\sin^2\varphi}}$$

考虑

$$\varphi=\omega t,v_B=\omega R\left(1+\frac{R\cos\omega t}{\sqrt{l^2-R^2\sin^2\omega t}}\right)\sin\omega t$$

由图中几何关系,利用正弦定理可得

$$\frac{v_A}{\sin(90^\circ-\psi)}=\frac{v_{BA}}{\sin(90^\circ-\varphi)}$$

上式等价于

$$v_A\cos\varphi=v_{BA}\cos\psi$$

即两速度在竖直方向上的分量等值、反向,它们相互抵消。由此可解得

$$v_{BA}=\frac{v_A\sin(90^\circ-\varphi)}{\sin(90^\circ-\psi)}=\omega R\frac{\cos\varphi}{\cos\psi}$$

则连杆 AB 的角速度为

$$\omega_{AB}=\frac{v_{BA}}{l}=\frac{\omega R}{l}\frac{\cos\varphi}{\cos\psi}=\frac{\omega R\cos\omega t}{\sqrt{l^2-R^2\sin^2\varphi}}$$

要点与讨论

在工程实践中正确判断物体的运动形式是重要的，它是对物体进行运动分析的重要内容。不能把物体的整体运动与物体上点的运动混淆，物体的整体运动是由其上各点的运动构成，但不能用一点的运动替代整体的运动。

2）速度投影法

设 A 和 B 分别为平面运动刚体上任意两点，且已知其速度的方向，如图 2-38 所示。若以 A 为基点，则 B 点的速度可以写为

$$\boldsymbol{v}_B=\boldsymbol{v}_A+\boldsymbol{v}_{BA} \tag{2-31}$$

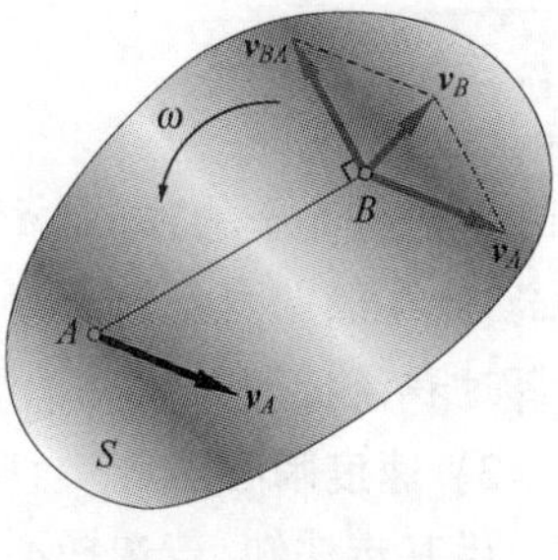

图 2-38　任意两点速度在连线上的投影

将式(2-31)向 AB 上投影，并分别用 $[\boldsymbol{v}_B]_{AB}$、$[\boldsymbol{v}_A]_{AB}$、$[\boldsymbol{v}_{BA}]_{AB}$ 表示 $\boldsymbol{v}_B$、$\boldsymbol{v}_A$、$\boldsymbol{v}_{BA}$ 在线段 AB 上的投影，则

$$[\boldsymbol{v}_B]_{AB}=[\boldsymbol{v}_A]_{AB}+[\boldsymbol{v}_{BA}]_{AB}$$

由于 $\boldsymbol{v}_{BA}$ 垂直于线段 AB，因此 $[\boldsymbol{v}_{BA}]_{AB}=0$，于是得到

$$[\boldsymbol{v}_A]_{AB}=[\boldsymbol{v}_B]_{AB} \tag{2-32}$$

式(2-32)表明，**平面运动刚体上任意两点的速度在这两点连线上的投影相等**，这就是刚体运动的**速度投影定理**。

速度投影定理只能给出刚体上任意两点速度之间的关系，由它无法求得刚体的角速度。

速度投影定理的式(2-32)直接来源于基点法的速度公式，但此定理的物理意义则直接来源于刚体的定义。刚体即刚度无限大的物体，在任何情况下都不发生变形，具体表现在刚体上任意两点之间的距离始终保持不变。对于运动的刚体来说，任意两点之间的距离不变具体表现在任意两点在两点连线方向的速度分量应相同，即“共同进退”；否则，两点之间距离将发生变化。

例题 2-5　如图 2-39 所示的平面机构中，曲柄 OA 长 100mm，以角速度 $\omega=2\mathrm{rad/s}$ 转动。连杆 AB 带动摇杆 CD，并拖动轮 E 沿水平面纯滚动。已知：$CD=3CB$，图示位置时 A、B、E 三点恰在一水平线上，且 $CD\perp ED$。求：此瞬时点 E 的速度。

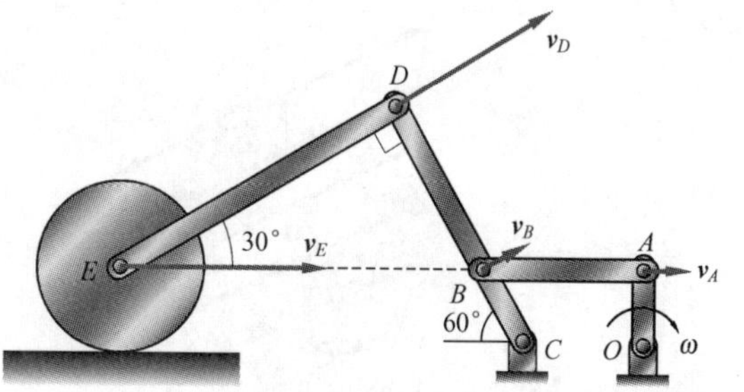

图 2-39　例题 2-5

解：取连杆 AB 作为研究对象，它做平面运动。根据速度投影定理可得

$$[\boldsymbol{v}_B]_{AB}=[\boldsymbol{v}_A]_{AB}$$

即 $v_B\cos30° = \omega \cdot OA$，故 $v_B = \dfrac{\omega \cdot OA}{\cos30°} = 0.2309\text{m/s}$。

取连杆 CD 作为研究对象，它做定轴运动，则 D 点的速度为

$$v_D = \frac{v_B}{CB} \cdot CD = 3v_B = 0.6928(\text{m/s})$$

取连杆 DE 作为研究对象，它做平面运动。根据速度投影定理，可得

$$[\boldsymbol{v}_E]_{DE} = [\boldsymbol{v}_D]_{DE}$$

即 $v_E\cos30° = v_D$，故 $v_E = \dfrac{v_D}{\cos30°} = 0.8\text{m/s}$。

要点与讨论

本题有5个构件，分析时一般从主动件逐步向各从动件推进，尤其要着重分析各构件的连接点，如本题的 A、B、D、E 点。采用了速度投影定理做速度分析，物理概念清楚，计算过程简捷。

3）速度瞬心法

由基点法知，若选择不同点作为基点，平面运动刚体上各点相对于基点的速度是不同的。若已知 A 点的速度 $\boldsymbol{v}_A$，刚体的角速度为 ω，如图2-40(a)所示，过 A 点作速度矢量 $\boldsymbol{v}_A$ 的垂线 AN，在直线 AN 上总可以找一点 C，使

$$\boldsymbol{v}_{CA} = -\boldsymbol{v}_A, \quad v_{CA} = v_A$$

则点 C 的速度大小为 $v_C = v_A - v_{CA} = v_A - AC \cdot \omega = 0$。

该瞬时，C 点的速度为零，称此点为刚体在该瞬时的**瞬时速度中心**，简称**速度瞬心**或**瞬心**。瞬心的位置可由下式确定：

$$AC = \frac{v_{CA}}{\omega} = \frac{v_A}{\omega}$$

若选取速度瞬心为基点，则平面运动刚体上任一点的速度等于该点随刚体绕速度瞬心转动的速度，如图2-40(b)所示，C 为速度瞬心，则 A、B、D 点的速度为

$$\boldsymbol{v}_A = \boldsymbol{v}_{AC}, \quad v_A = v_{AC} = \omega \cdot AC$$

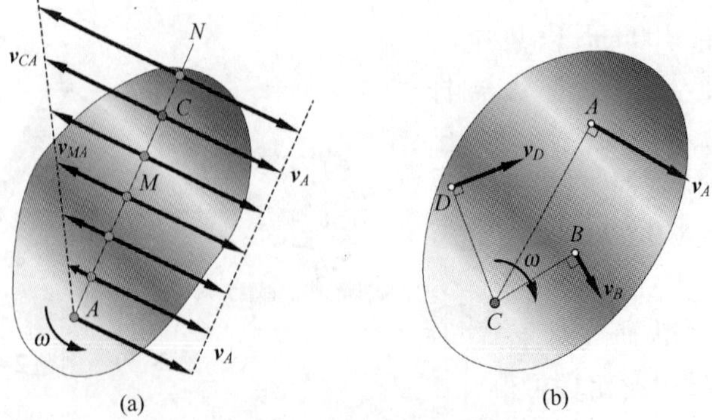

图2-40 平面图形的速度瞬心

$$\boldsymbol{v}_B = \boldsymbol{v}_{BC}, \quad v_B = v_{BC} = \omega \cdot BC$$

$$\boldsymbol{v}_D = \boldsymbol{v}_{DC}, \quad v_D = v_{DC} = \omega \cdot DC$$

由此可见,刚体内各点速度的大小与该点到速度瞬心的距离成正比。速度的方向垂直于该点到速度瞬心的连线,指向图形转动的一方。

利用瞬心求平面运动刚体上点的速度的方法实际上是一种特殊的基点法,其选择了一个速度为零的点作为基点,以简化计算。

刚体平面运动时,任一瞬时,若 $\omega \neq 0$,则速度瞬心总是存在且唯一的。但是,在不同瞬时,速度瞬心在刚体中的位置是不同的。如果已知刚体在某一瞬时的速度瞬心位置及角速度,则该瞬时刚体内任一点的速度可以完全确定。根据几何条件,确定速度瞬心位置的方法有以下几种。

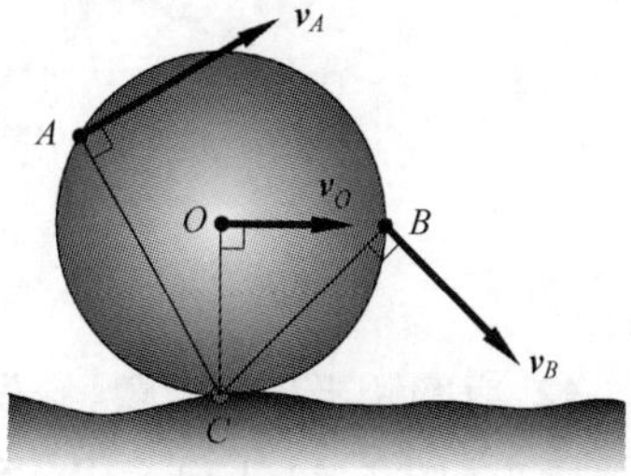

图2-41　纯滚动

第一种:刚体沿固定面做无滑动的滚动,如图2-41所示,刚体与固定面的接触点 C 即为速度瞬心。

第二种:刚体上 A、B 两点的速度方向已知,且不互相平行,通过 A、B 两点作两速度的垂线,其交点就是该瞬时的速度瞬心,如图2-42(a)所示。

第三种:若刚体上 A、B 两点的速度大小和方向均已知,两速度互相平行且垂直于 A、B 的连线,方向相同或相反,分别如图2-42(b)、(c)所示,则将两速度矢量的端点连接起来,与 AB 连线或其延长线的交点就是该瞬时的速度瞬心 C。

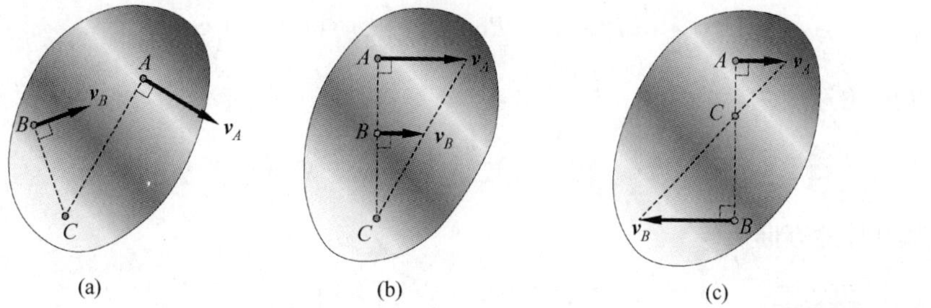

图2-42　确定速度瞬心的方法

第四种:作为第三种的一种特例,若 A、B 两点速度的方向相同且大小相等,或 A、B 两点速度方向相同但不与 A、B 的连线垂直,分别如图2-43(a)、(b)所示,瞬心不存在或认为在无穷远处,此时刚体的状态称为**瞬时平动**。

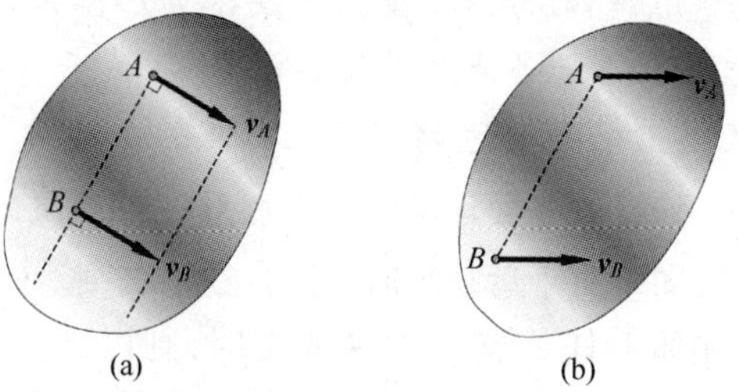

图2-43　刚体的瞬时平动

瞬时平动时刻,刚体的角速度为零,角加速度不为零;刚体上各点的速度相同,加速度不同。

例题2-6　图2-44(a)所示平面机构中,杆 O_1A 和 O_2B 可分别绕水平轴 O_1 和 O_2 转动。半径为 R 的圆轮相对于杆 O_2B 做纯滚动,其轮心与杆端 A 铰接。在图示瞬时,杆

O_1A 以角速度 ω_1 顺时针转动,它与水平线的夹角为 φ;杆 O_2B 水平,轮与杆 O_2B 的接触点为 C,且 $O_2C=l$。若 $O_1A=r$,求此瞬时圆轮的角速度 ω 和杆 O_2B 的角速度 ω_2。

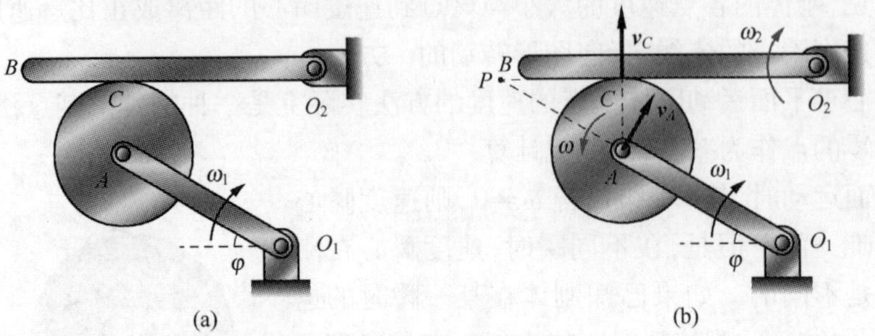

图 2-44 例题 2-6

解:取圆轮为研究对象,它做平面运动。轮心的速度 $v_A=r\omega_1$,方向垂直于 O_1A 而偏向右上方(图 2-44(b))。因为轮与杆 O_2B 之间无相对滑动,则轮与杆 O_2B 上的一对接触点 C 应具有相同的速度,即 $\boldsymbol{v}_C \perp O_2B$。过点 A 和 C 分别作 $\boldsymbol{v}_A$ 和 $\boldsymbol{v}_C$ 的垂线,其交点 P 即为图示瞬时圆轮的速度瞬心。

由几何关系可得 $PA=R/\sin\varphi, PC=R\cot\varphi$。故圆轮的角速度为

$$\omega=\frac{v_A}{PA}=\frac{r\omega_1}{R/\sin\varphi}=\frac{r}{R}\omega_1\sin\varphi$$

转向为逆时针方向。

$$v_C=PC\cdot\omega=R\cot\varphi\cdot\frac{r}{R}\omega_1\sin\varphi=r\omega_1\cos\varphi$$

杆 O_2B 的角速度为

$$\omega_2=\frac{v_C}{l}=\frac{r}{l}\omega_1\cos\varphi$$

转向为顺时针方向。

要点与讨论

用瞬心法解题,重点是要根据已知条件求出刚体的速度瞬心的位置和转动的角速度,最后求出各点的速度。

2. 求平面运动刚体上各点的加速度

设已知平面运动刚体上点 O 的加速度为 $\boldsymbol{a}_O$;刚体的角速度和角加速度分别为 $\boldsymbol{\omega}$、$\boldsymbol{\varepsilon}$,两者方向垂直于运动平面并符合右手法则。研究平面运动刚体上任一点 P 的加速度时,则可选点 O 为基点(图 2-45),作平动坐标系 OXY,根据式(2-13),P 点的加速度可以表示为

$$\boldsymbol{a}_P=\boldsymbol{a}_O+\boldsymbol{a}_r^\tau+\boldsymbol{a}_r^n, a_r^\tau=\varepsilon r, a_r^n=\omega^2 r \quad (2-33)$$

式中:$\boldsymbol{a}_O$ 为基点的加速度;$\boldsymbol{\omega}$ 和 $\boldsymbol{\varepsilon}$ 指向纸面外侧(图中给出标量值 ω 和 ε,并给出绕向箭头);$\boldsymbol{a}_r^\tau$ 为点 P

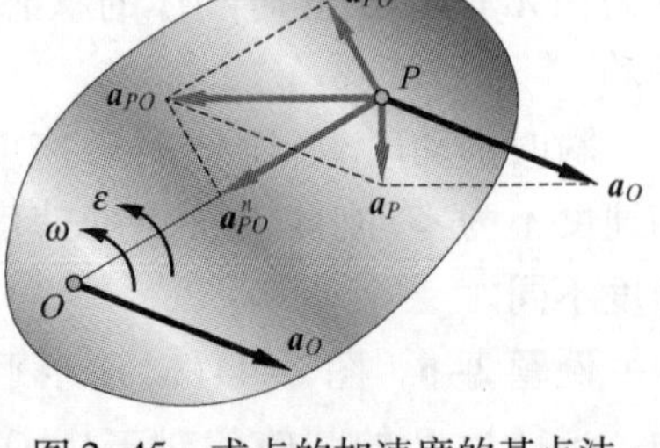

图 2-45 求点的加速度的基点法

相对于基点平动系 OXY 转动的切向加速度，记为 $\boldsymbol{a}_{PO}^{\tau}$，$\boldsymbol{a}_{PO}^{\tau}$ 过 P 点垂直于线段 PO，指向与 ε 的绕向对应；$\boldsymbol{a}_r^n$ 为点 P 相对于基点平动系 OXY 转动的法向加速度，记为 $\boldsymbol{a}_{PO}^n$，$\boldsymbol{a}_{PO}^n$ 过 P 点沿线段 PO 指向 O 点，如图 2-45 所示。式(2-33)可表达为

$$\boldsymbol{a}_P = \boldsymbol{a}_O + \boldsymbol{a}_{PO}^{\tau} + \boldsymbol{a}_{PO}^n, a_{PO}^{\tau} = \varepsilon \cdot PO, a_{PO}^n = \omega^2 \cdot PO \tag{2-34}$$

这就是**求平面运动刚体上各点的加速度的基点法**，即：在任一瞬时，刚体上任一点的加速度等于基点的加速度与该点绕基点转动的切向加速度和法向加速度的矢量和。

例题 2-7　图 2-46(a)所示平面机构中，曲柄 OA 长为 r，绕 O 轴以等角速度 ω_0 转动。杆 AB、BC 与滑块 B 铰接。杆 AB 长为 $6r$，杆 BC 长为 $3\sqrt{3}r$。求图示位置时滑块 C 的速度和加速度。

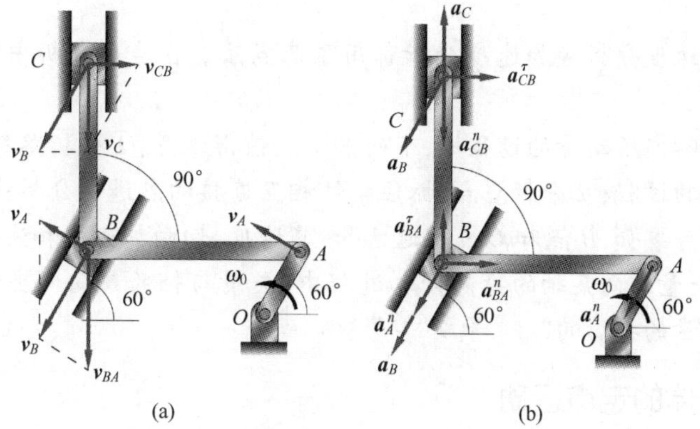

图 2-46　例题 2-7

解：曲柄 OA 做定轴转动，杆 AB、BC 做平面运动。取 A 点为基点求 B 点速度、取 B 点为基点求 C 点速度，如图 2-46(a)所示。

由

$$\boldsymbol{v}_B = \boldsymbol{v}_A + \boldsymbol{v}_{BA}, \quad v_A = \omega_0 \cdot OA = \omega_0 r$$

解得

$$v_B = v_A \tan 60°, \quad v_{BA} = \frac{v_A}{\sin 30°}, \quad \omega_1 = \frac{v_{BA}}{AB} = \frac{\omega_0}{3}$$

由

$$\boldsymbol{v}_C = \boldsymbol{v}_B + \boldsymbol{v}_{CB}$$

解得

$$v_C = v_B \cos 30° = \frac{3}{2}\omega_0 r, \quad v_{CB} = v_B \sin 30°, \quad \omega_2 = \frac{v_{CB}}{BC} = \frac{\omega_0}{6}$$

取 A 点为基点求 B 点加速度、取 B 点为基点求 C 点加速度，如图 2-46(b)所示。

$$\boldsymbol{a}_B = \boldsymbol{a}_A^n + \boldsymbol{a}_{BA}^n + \boldsymbol{a}_{BA}^{\tau}$$

其中：$a_A^n = \omega_0^2 r$，$a_{BA}^n = \omega_1^2 \cdot AB$。

向 AB 轴投影得

$$\frac{1}{2}a_B = \frac{1}{2}a_A^n - a_{BA}^n$$

解得 $a_B=-\frac{1}{3}\omega_0^2 r$。

$$\boldsymbol{a}_C=\boldsymbol{a}_B+\boldsymbol{a}_{CB}^n+\boldsymbol{a}_{CB}^\tau$$

其中：$a_B=-\frac{1}{3}\omega_0^2 r$，$a_{CB}^n=\omega_2^2\cdot BC$。

向 BC 轴投影得

$$a_C=-\frac{\sqrt{3}}{2}a_B-a_{CB}^n=\frac{\sqrt{3}}{12}\omega_0^2 r$$

要点与讨论

(1) 本题的速度分析和加速度分析都用了基点法。在速度分析中可采用其他可能更为简便的方法。

(2) 在求解瞬态运动量的过程中，下列若干点值得注意：①分析路径，是从主动件向从动件逐个推进的过程；②分析重点，抓住构件相互连接的点进行分析；③充分利用机构提供的已知条件。譬如，B 点和 C 点轨迹已知，其速度、切向加速度和法向加速度的方向均已确定；④将矢量式向某轴的投影计算过程中，矢量与轴的正向间夹角为锐角亦或为钝角决定了各矢量的投影的“+”号或“-”号。

2.4.4 刚体的定点运动

引例：航空工程中的定点运动实例

如图 2-47(a)所示，若保持指尖不动，在指尖上转动的陀螺就是定点运动。飞行器惯性导航所使用的经典的框架式陀螺仪的核心部件就是陀螺，如图 2-47(b)所示，转动的陀螺支撑在万向支架上，相对于飞行器本体，陀螺的运动就是定点运动。

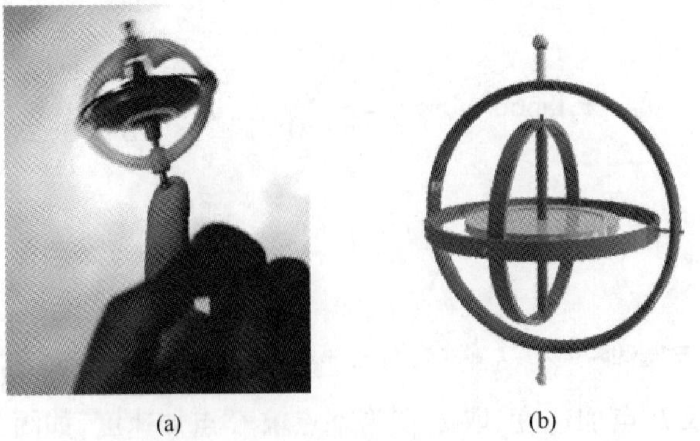

(a) (b)

图 2-47 指尖上做定点运动的陀螺

刚体做定点运动时，可以取定点为基点，有 $\boldsymbol{R}_O=\boldsymbol{0}$，进而刚体的一般运动的方程退化为定点运动的方程，如表 2-4 所列。

表 2-4　刚体一般运动退化为定点运动

运动学量	一般运动	定点运动
刚体的运动方程	$\boldsymbol{R}_O=\boldsymbol{R}_O(t),\boldsymbol{A}=\boldsymbol{A}(t)$	$\boldsymbol{A}=\boldsymbol{A}(t)$
任意点的运动方程	$\underline{\boldsymbol{R}}=\underline{\boldsymbol{R}_O}+\underline{\boldsymbol{r}}=\underline{\boldsymbol{R}_O}+\boldsymbol{A}\,\underline{\boldsymbol{\rho}}$, 或 $\boldsymbol{R}=\boldsymbol{R}_O+\boldsymbol{r}$	$\underline{\boldsymbol{r}}=\boldsymbol{A}\,\underline{\boldsymbol{\rho}}$, 或 $\boldsymbol{r}=\boldsymbol{r}(t)$
任意点的速度	$\dot{\underline{\boldsymbol{R}}}=\dot{\underline{\boldsymbol{R}_O}}+\underline{\underline{\boldsymbol{\omega}}}\,\underline{\boldsymbol{r}}$, 或 $\dot{\boldsymbol{R}}=\dot{\boldsymbol{R}}_O+\boldsymbol{\omega}\times\boldsymbol{r}$, 或 $\boldsymbol{v}=\boldsymbol{v}_O+\boldsymbol{\omega}\times\boldsymbol{r}$	$\dot{\underline{\boldsymbol{r}}}=\underline{\underline{\boldsymbol{\omega}}}\,\underline{\boldsymbol{r}}$, 或 $\dot{\boldsymbol{r}}=\boldsymbol{\omega}\times\boldsymbol{r}$, 或 $\boldsymbol{v}=\boldsymbol{\omega}\times\boldsymbol{r}$
任意点的加速度	$\boldsymbol{a}=\boldsymbol{a}_O+\boldsymbol{\varepsilon}\times\boldsymbol{r}+\boldsymbol{\omega}\times(\boldsymbol{\omega}\times\boldsymbol{r})$	$\boldsymbol{a}=\boldsymbol{\varepsilon}\times\boldsymbol{r}+\boldsymbol{\omega}\times(\boldsymbol{\omega}\times\boldsymbol{r})$

刚体定轴转动时,角速度矢和角加速度矢共线。但定点运动时,角速度和角加速度的大小和方向均是变化的,大小和方向都会不同。$\boldsymbol{\omega}\times\boldsymbol{r}$ 和 $\boldsymbol{\varepsilon}\times\boldsymbol{r}$ 的方向就不再一致,即 $\boldsymbol{\varepsilon}\times\boldsymbol{r}$ 的方向不沿动点轨迹的切线方向,$\boldsymbol{\varepsilon}\times\boldsymbol{r}$ 不再是切向加速度;$\boldsymbol{\omega}\times(\boldsymbol{\omega}\times\boldsymbol{r})$ 也不沿动点轨迹的主法线方向,不再是法向加速度。

本教材不对定点运动做详细阐述,具体内容可参考相关文献。

本章小结

本章采用矢量-矩阵方法讨论刚体的一般运动。在刚体上选定基点 O 后,刚体的一般运动可以分解为随基点的平动和相对于基点平动坐标系的定点运动,其中刚体随基点的平动可以用基点 O 相对于参考系原点 O_0 的矢径 $\boldsymbol{R}_0$ 描述,而刚体相对于基点平动坐标系的定点运动可以用固连系关于平动系的方向余弦矩阵描述。

刚体的平动、定轴转动、平面运动和定点运动都是刚体一般运动的特例。

刚体平动时,其上任意直线始终与初始的位置相平行,其上各点的轨迹形状相同,在同一瞬时,刚体上各点具有相同的速度和加速度。因此,刚体的平动问题可以归结为点的运动问题。

刚体定轴转动时,刚体上各点在垂直于转轴的平面内做圆周运动。刚体的转动方程、角速度、角加速度分别为

$$\varphi=f(t),\quad \omega=\frac{\mathrm{d}\varphi}{\mathrm{d}t},\quad \varepsilon=\frac{\mathrm{d}\omega}{\mathrm{d}t}=\frac{\mathrm{d}^2\varphi}{\mathrm{d}t^2}$$

转动刚体上各点的速度大小为 $v=R\omega$,沿圆周的切线,与 ω 的转向一致;切向加速度为 $a_\tau=R\varepsilon$, 沿圆周的切线,与 ε 的转向一致;法向加速度为 $a_n=R\omega^2$,其方向指向圆心。

刚体做平面运动时,刚体上任意点至某固定平面的距离始终保持不变,因此刚体的平面运动可归结为研究平面图形 S 在其自身平面内的运动。求平面图形内各点速度通常采用基点法、速度投影定理、速度瞬心法。

基点法:在任一瞬时,平面图形内任一点 B 的速度等于随基点 A 的速度 $\boldsymbol{v}_A$ 和绕基点转动速度 $\boldsymbol{v}_{BA}$的矢量和,即

$$\boldsymbol{v}_B=\boldsymbol{v}_A+\boldsymbol{v}_{BA}$$

速度投影定理:平面图形 S 内任意两点的速度在两点连线上的投影相等,即

$$[\boldsymbol{v}_A]_{AB}=[\boldsymbol{v}_B]_{AB}$$

此定理对做平面运动的刚体成立,对做任何运动的刚体也成立,表明刚体上任意两点间的距离保持不变。

速度瞬心法:做平面运动的刚体,每一瞬时存在速度为零的点,此时平面图形相对于该点做瞬时转动。因此,求平面图形内各点的速度可以用定轴转动的方法来求解。

平面运动刚体加速度分析常用基点法。在任一瞬时,平面图形内任一点 B 的加速度等于随基点 A 的加速度与该点绕基点转动的加速度的矢量和,即

$$\boldsymbol{a}_B=\boldsymbol{a}_A+\boldsymbol{a}_{BA}=\boldsymbol{a}_A+\boldsymbol{a}_{BA}^{\tau}+\boldsymbol{a}_{BA}^{n}$$

思 考 题

2-1 “刚体做平动时,各点的轨迹一定是直线或平面曲线;刚体绕定轴转动时,各点的轨迹一定是圆”。这种说法对吗?

2-2 各点都做圆周运动的刚体一定是做定轴转动吗?

2-3 刚体定轴转动时,角加速度 $\varepsilon>0$ 是否表明刚体在加速运动?

2-4 自行车直线行驶时,脚蹬板做什么运动?车辆在水平圆弧弯道上行驶时,车身做什么运动?

2-5 飞轮匀速转动,若半径增大一倍,轮缘上点的速度、加速度是否都增加一倍?若转速增大一倍呢?

2-6 刚体做平面运动时,绕基点转动的角速度和角加速度与基点的选取无关,对否?

2-7 下列各种运动可能是平面运动的有(　　)。

A. 在水平曲线轨道上运行的列车;

B. 在水平曲线轨道上运行的列车的车轮;

C. 黑板擦在黑板上的运动(擦黑板);

D. 房间的门在开、合过程中;

E. 在空中飞行的飞碟(设飞碟的轴线始终与地面垂直,而地面是水平的)。

2-8 平面运动的刚体绕速度瞬心的转动与刚体绕定轴转动有何异同?

2-9 关于平面运动,下列说法正确的是(　　)。

A. 若其上有三点的速度方向相同,则此平面图形在该瞬时一定做平动或瞬时平动;

B. 若其上有不共线的三点,其速度大小相同,则此平面图形在该瞬时一定做平动或瞬时平动;

C. 若其上有两点的速度大小及方向相同,则此平面图形在该瞬时一定做平动或瞬时平动;

D. 若其上有不共线的三点,其速度方向相同,则该瞬时此平面图形一定做平动或瞬时平动。

习　题

2-1　圆轮绕固定轴 O 转动，某瞬时轮缘上一点 M 的速度 $\boldsymbol{v}$ 和加速度 $\boldsymbol{a}$ 如图所示，试问哪些情况是不可能的？

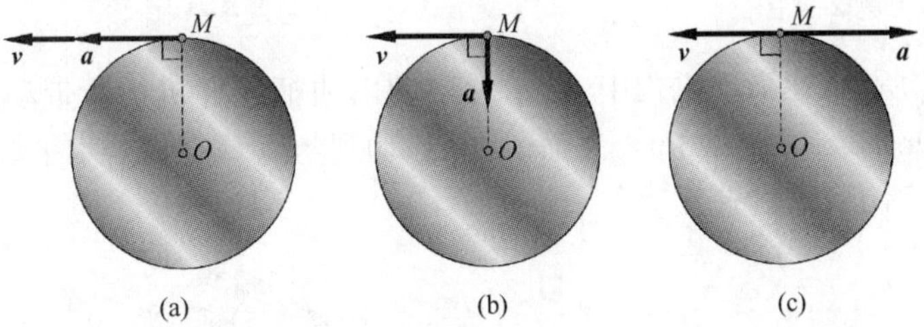

习题 2-1 图

2-2　图示曲柄滑杆机构中，滑杆上有一圆弧形滑道，其半径 $R=100\text{mm}$，圆心 O_1 在导杆 BC 上。曲柄长 $OA=100\text{mm}$，以等角速度 $\omega=4\text{rad/s}$ 绕 O 轴转动。求导杆 BC 的运动规律以及当曲柄与水平线间的夹角 $\varphi=30°$时，导杆 BC 的速度和加速度。

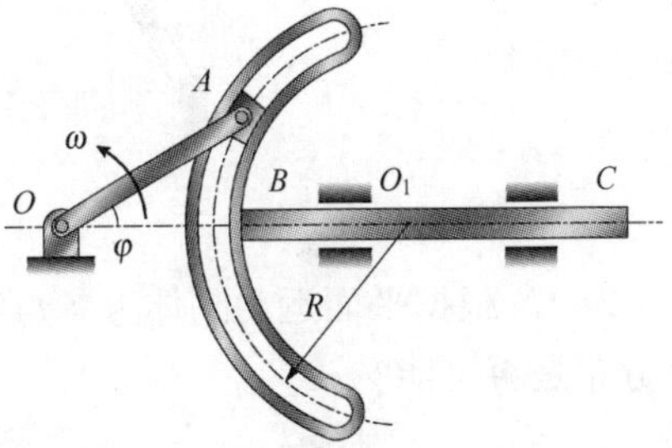

习题 2-2 图

2-3　升降机的鼓轮半径为 $R=0.5\text{m}$，其上绕以钢索，钢索端部系有重物，如(a)图所示。鼓轮的角加速度的变化图线如(b)图所示。系统从静止开始向上运动。求重物的最大速度和在 20s 内重物上升的高度。

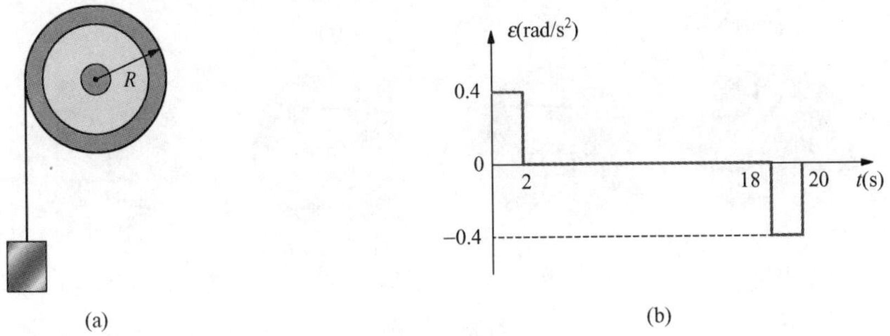

习题 2-3 图

2-4　图示一飞轮绕固定轴 O 转动，其轮缘上任一点的全加速度在某段运动过程中与轮半径的交角恒为 60°。当运动开始时，其转角 φ_0 等于零，角速度为 ω_0。求飞轮的转动方程以及角速度与转角的关系。

2-5　图示滚子传送带，已知滚子的直径 $d=0.2\text{m}$，转速为 $n=50\text{r/min}$。钢板与滚子无相对滑动。求：滚子上与钢板接触点的加速度；钢板的加速度。

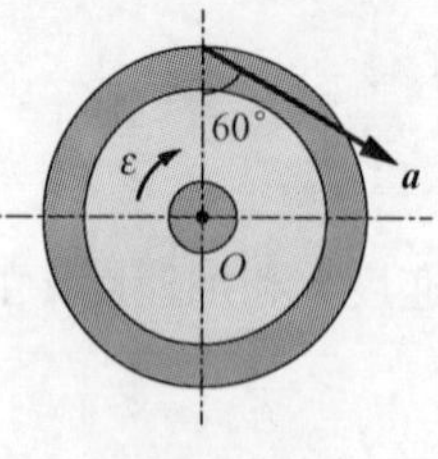

习题 2-4 图

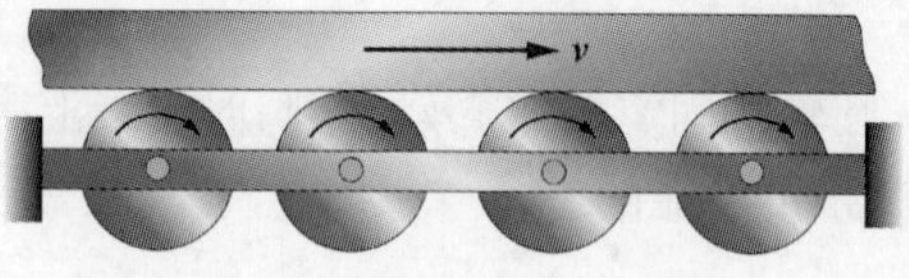

习题 2-5 图

2-6　如图所示，在筛动机构中，筛子的摆动由曲柄连杆机构所带动。已知曲柄 OA 的转速 $n_{OA}=40\text{r/min}$，$OA=0.3\text{m}$。当筛子 BC 运动到与点 O 在同一水平线上时，$\angle BAO=90°$。求此瞬时筛子 BC 的速度。

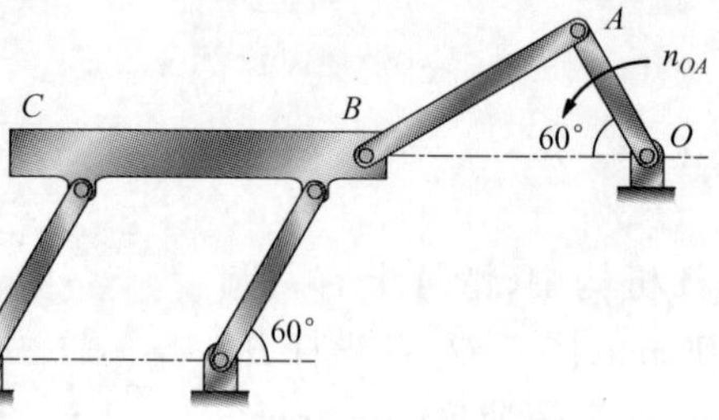

习题 2-6 图

2-7　根据平面运动刚体上各点速度的分布规律，判断下列平面图形上指定点的速度分布是否可能？

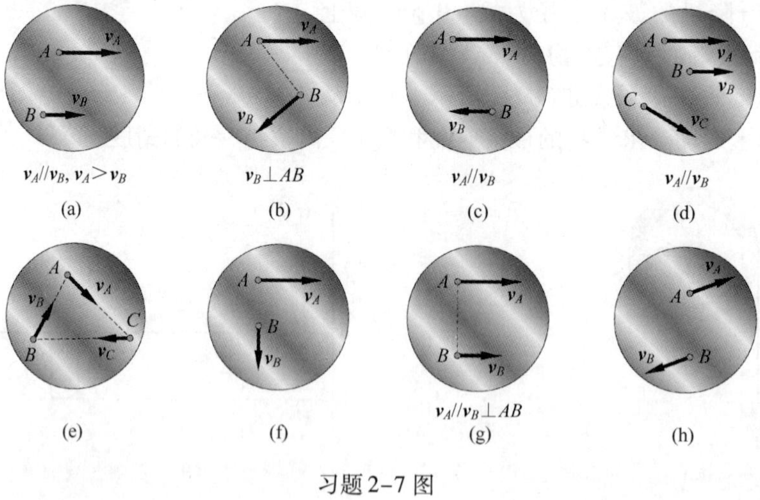

习题 2-7 图

2-8　四连杆机构中，连杆 AB 上固连一块三角板 ABD，如图所示。机构由曲柄 O_1A 带动。已知：曲柄的角速度 $\omega_{O_1A}=2\text{rad/s}$；曲柄 $O_1A=0.1\text{m}$，水平距离 $O_1O_2=0.05\text{m}$，$AD=0.05\text{m}$；当 O_1A 铅直时，AB 平行于 O_1O_2，且 AD 与 O_1A 在同一直线上，$\varphi=30°$。求图示瞬时三角板 ABD 的角速度和点 D 的速度。

2-9　图示机构中，已知 $OA=0.1\text{m}$，$DE=0.1\text{m}$，$EF=0.1\sqrt{3}\text{m}$，D 距 OB 线为 $h=0.1\text{m}$，$\omega_{OA}=4\text{rad/s}$。在图示位置时，曲柄 OA 与水平线 OB 垂直，且 B、D 和 F 在同一铅直

线上。又 DE 垂直于 EF。求杆 EF 的角速度和点 F 的速度。

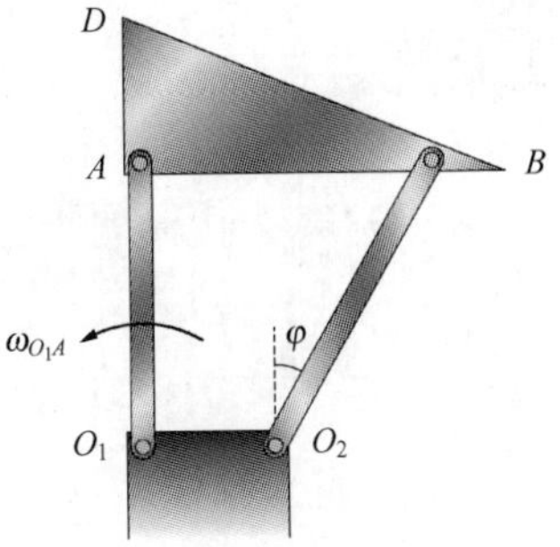

习题 2-8 图

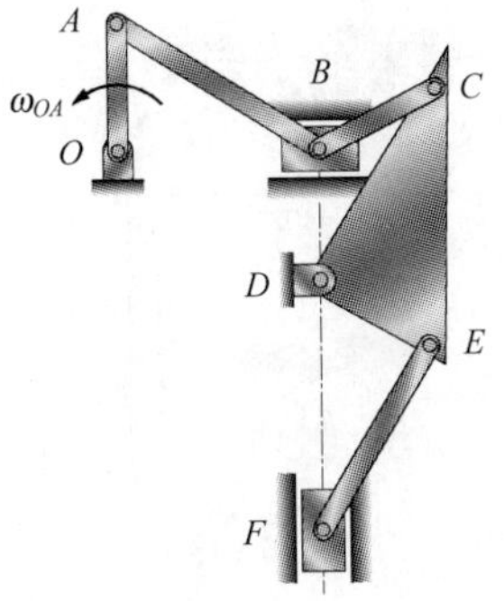

习题 2-9 图

2-10　图示双曲柄连杆机构的滑块 B 和 E 用杆 BE 连接。主动曲柄 OA 和从动曲柄 OD 都绕 O 轴转动。主动曲柄 OA 以等角速度 $\omega_0 = 12\text{rad/s}$ 转动。已知机构的尺寸为 $OA = 0.1\text{m}$, $OD = 0.12\text{m}$, $AB = 0.26\text{m}$, $BE = 0.12\text{m}$, $DE = 0.12\sqrt{3}\text{m}$。求当曲柄 OA 垂直于滑块的导轨方向时,从动曲柄 OD 和连杆 DE 的角速度。

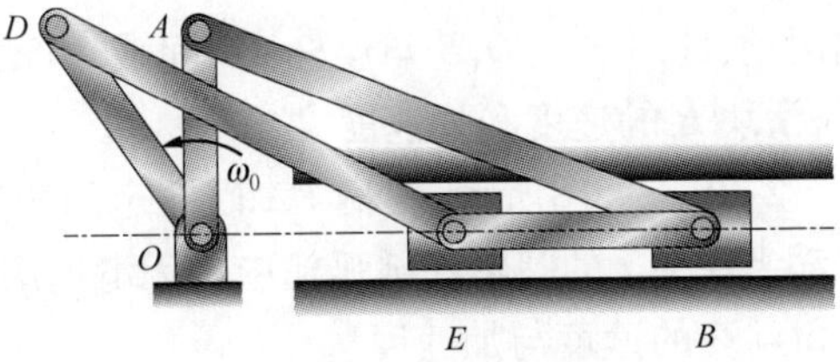

习题 2-10 图

2-11　半径为 R 的轮子沿水平面纯滚动,如图所示。在轮上有圆柱部分,其半径为 r。将线绕于圆柱上,线的 B 端以速度 $\boldsymbol{v}$ 和加速度 $\boldsymbol{a}$ 沿水平方向运动。求轮心 O 的速度和加速度。

2-12　如图所示,轮 O 在水平面上纯滚动,轮心以匀速 $v_O = 0.2\text{m/s}$ 运动。轮缘上固连一销钉 B,此销钉在摇杆 O_1A 的槽内滑动,并带动摇杆绕 O_1 轴转动。已知:轮的半径 $R = 0.5\text{m}$;在图示位置时,AO_1 是轮的切线,摇杆与水平面间的交角为 60°。求摇杆在该瞬时的角速度和角加速度。

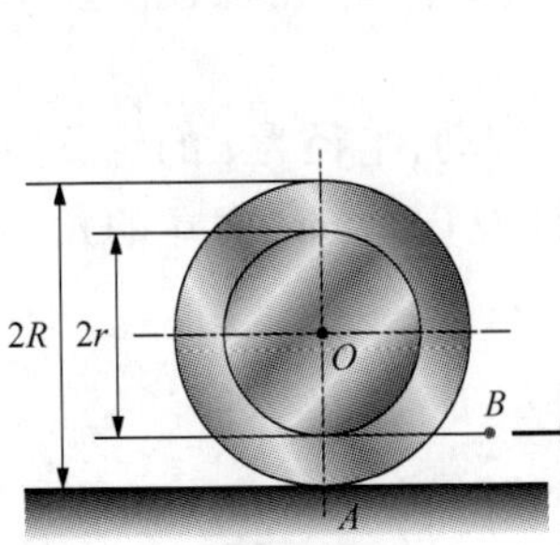

习题 2-11 图

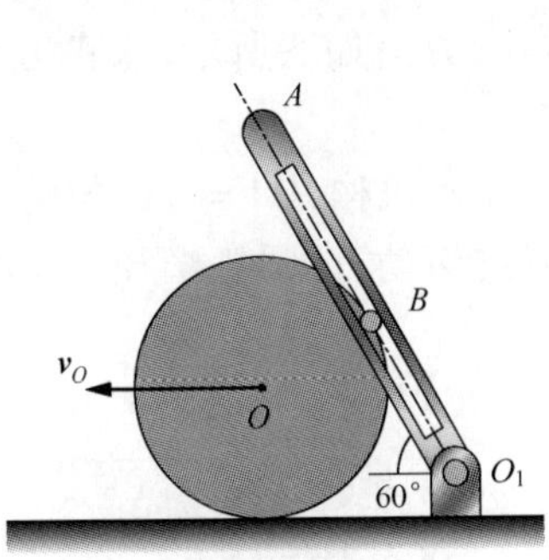

习题 2-12 图

2-13　图示直角刚性杆,$AC = CB = 0.5\text{m}$,设在图示瞬时,两端滑块沿水平与铅垂轴的加速度大小分别为 $a_A = 1\text{m/s}^2$, $a_B = 3\text{m/s}^2$。求图示瞬时直角杆的角速度和角加速度。

2-14　已知图示机构中滑块 A 的速度为常值,$v_A = 0.2\text{m/s}$, $AB = 0.4\text{m}$。图示位置时

$AC=BC,\theta=30°$。求该瞬时杆 CD 的速度和加速度。

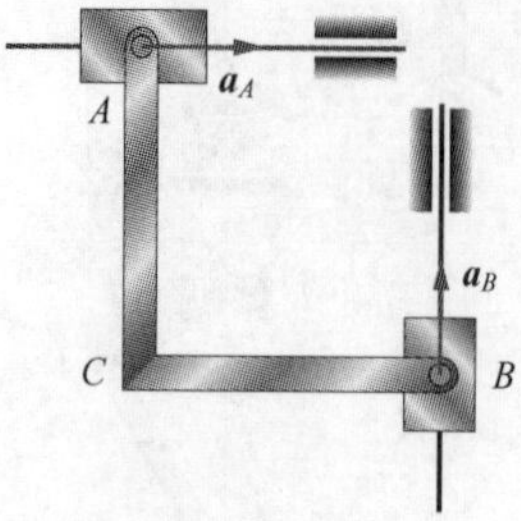

习题 2-13 图

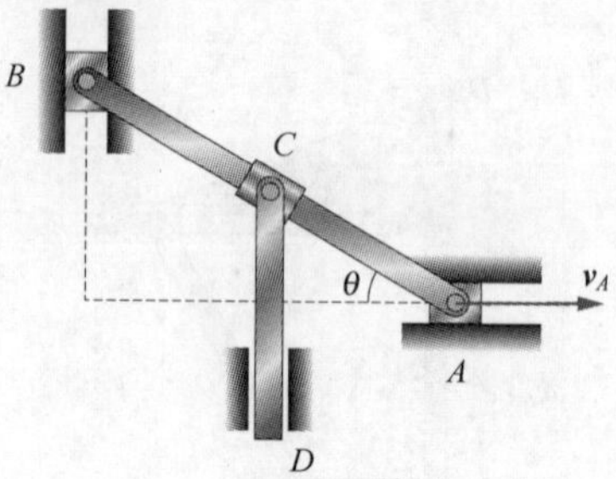

习题 2-14 图

2-15　在图示曲柄连杆机构中，曲柄 OA 绕 O 轴转动，其角速度为 ω_0，角加速度为 ε_0。在图示瞬时曲柄与水平线间成 $60°$角，而连杆 AB 与曲柄 OA 垂直。滑块 B 在圆形槽内滑动，此时半径 O_1B 与连杆 AB 间成 $30°$角。如 $OA=r,AB=2\sqrt{3}r,O_1B=2r$，求在该瞬时，滑块 B 的速度和加速度。

2-16　如图所示，曲柄 OA 以恒定的角速度 $\omega=2\text{rad/s}$ 绕轴 O 转动，并借助连杆 AB 驱动半径为 r 的圆轮在圆弧槽中做无滑的滚动。设 $OA=AB=R=2r=1m$，求图示瞬时点 B 和点 C 的速度与加速度。

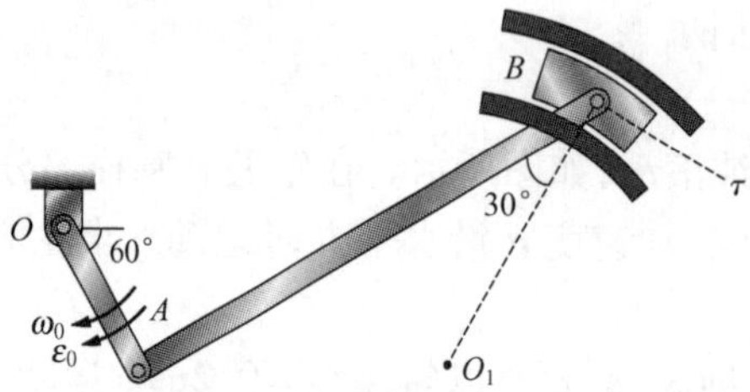

习题 2-15 图

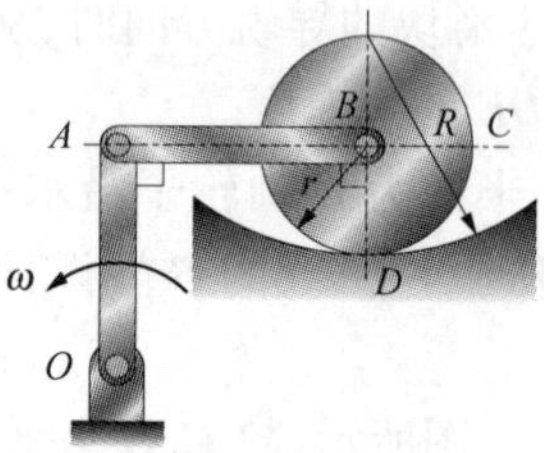

习题 2-16 图

2-17　边长为 L 的正方形板在其自身的平面内运动，已知某瞬时顶点 A 和 B 的加速度 $a_A=a_B=a$，方向如图所示，求正方形板在该瞬时的角速度、角加速度及形心 C 的加速度。

2-18　图示机构，$OA=r$，以匀角速度 ω_0 绕轴 O 转动，半径为 r 的轮 B 在固定大圆弧轨道上做纯滚动，大圆弧半径 $R=2r,\theta=30°$，求杆 OA 铅垂时轮 B 的角速度和角加速度。

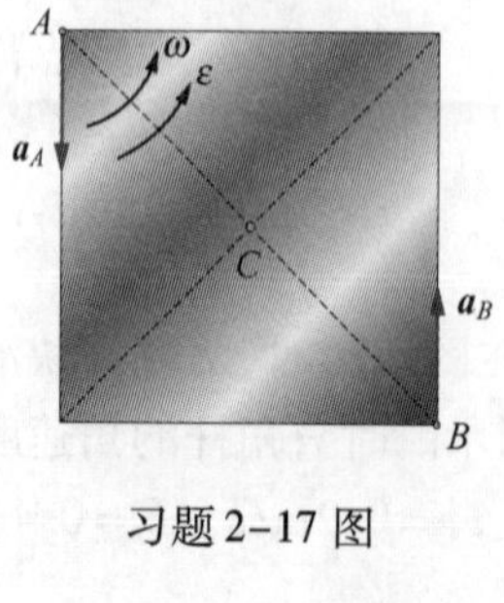

习题 2-17 图

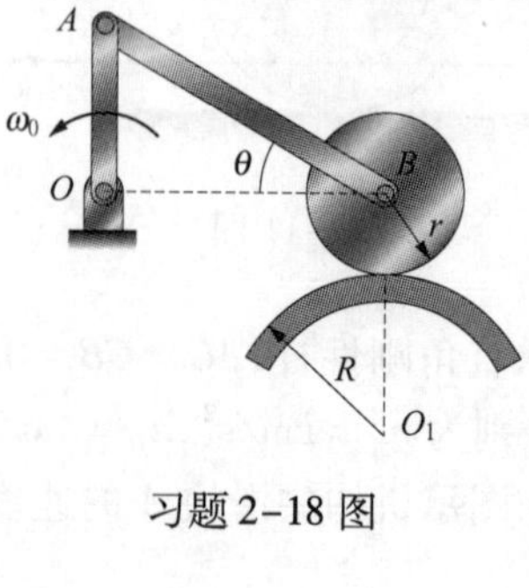

习题 2-18 图

参考答案

思考题

2-1　不正确。刚体做平动时，各点的轨迹可以是空间曲线；刚体绕定轴转动时，转轴外各点的轨迹一定是圆（或圆弧）。

2-2　不一定，也可以是曲线平动。

2-3　不能，还需要考虑角速度的正负。

2-4　自行车直线行驶时，脚蹬板做曲线平动。车辆在水平圆弧弯道上行驶时，车身做平面运动。

2-5　飞轮匀速转动，若半径增大一倍，轮缘上点的速度、加速度都增加了一倍；若转速增大一倍，轮缘上点的速度增加了一倍、加速度增加了三倍。

2-6　对。

2-7　A、C、D。

2-8　平面运动的刚体绕速度瞬心的转动是瞬时转动，不同瞬时，瞬心位置不同。刚体绕定轴转动，转轴是固定不动的。

2-9　C、D。

习题

2-1　(a)、(c)不可能，(b)可能。

2-2　$v_{BC}=0.4\text{m/s}(\leftarrow)$，$a_{BC}=2.77\text{m/s}^2$。

2-3　$v_{\max}=0.4\text{m/s}$，$H=7.2\text{m}$。

2-4　$\varphi=\dfrac{\sqrt{3}}{3}\ln\left(\dfrac{1}{1-\sqrt{3}\omega_0 t}\right)$，$\omega=\omega_0 e^{\sqrt{3}\varphi}$。

2-5　滚子与钢板接触点的加速度仅有向心加速度项，且 $a=2.74\text{m/s}^2$；钢板的加速度为零。

2-6　$v_{BC}=2.51\text{m/s}$。

2-7　只有(g)可能。

2-8　$\omega_{ABD}=1.072\text{rad/s}$，$v_D=0.254\text{m/s}(\leftarrow)$。

2-9　$\omega_{ABD}=1.33\text{rad/s}$，顺时针，$v_D=0.462\text{m/s}(\uparrow)$。

2-10　$\omega_{DE}=5.77\text{rad/s}$，逆时针。

2-11　$v_O=\dfrac{R}{R-r}v$，$a_O=\dfrac{Ra}{R-r}$。

2-12　$\omega_{O_1A}=0.2\text{rad/s}$，$\varepsilon_{O_1A}=0.462\text{rad/s}^2$。

2-13　$\omega_{AB}=2\text{rad/s}$，逆时针；$\varepsilon_{AB}=2\text{rad/s}^2$，逆时针。

2-14　$v_C=0.116\text{m/s}$，$a_C=0.667\text{rad/s}^2$。

2-15　$v_B=2r\omega_0$，$a_B=\sqrt{7}b\omega_0^2$。

2-16　$v_B=2\text{m/s}$，$a_B=8\text{m/s}^2(\uparrow)$；$v_C=2.828\text{m/s}$，$a_C=11.314\text{m/s}^2$。

2-17　$\omega=\sqrt{\dfrac{a}{L}}$，$\varepsilon=\dfrac{a}{L}$，$a_C=0$。

2-18　$\omega_B=\omega_0,\varepsilon_B=\dfrac{2\sqrt{3}}{9}\omega_0^2$。

拓展阅读:直升机传动系统

发动机是许多动力机械系统的动力来源,直升机也不例外。在直升机中,一台或多台发动机为旋翼、尾桨、发电机、空调系统和其他辅助设备提供功率。传动系统的功能就是合理地分配并传递功率。传动系统包括变速器、传动轴、离合器等。来自一台或多台发动机的功率通过传动装置传递到一根或多根传动轴,然后把功率分配到旋翼和其他附件。在传动系统中,定轴转动构件极为常见,特别是旋转运动的传递中,定轴转动构件更是必不可少。下面将给出直升机基本传动机构的最简单模型示意图。

图 2-48　贝尔-205

图 2-48 为贝尔-205 直升机,又名休伊(Huey)。它是一种典型的单发单旋翼带尾桨直升机,其动力装置为一台阿维科·莱卡明公司 T53-L-13B 涡轮轴发动机,功率为 1400 马力①。这类单发单旋翼带尾桨直升机的基本传动模型示意如图 2-49 所示。

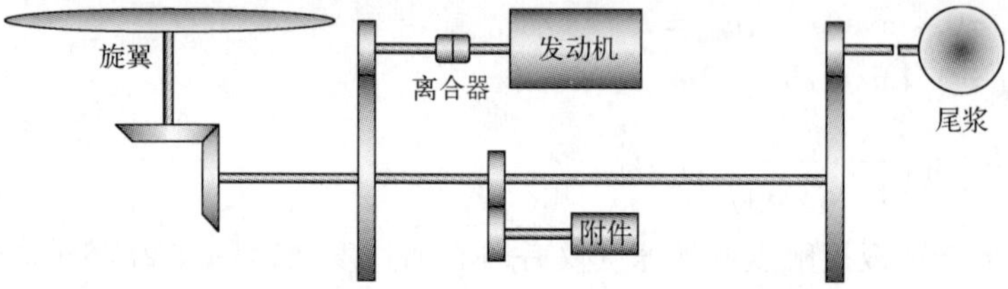

图 2-49　单发单旋翼带尾桨直升机的基本传动机构示意图

超转离合器(单向传动离合器)位于发动机和传动轴之间,在发动机出现故障时,离合器自动断开,发动机和传动轴分离,这样可以避免因继续带动故障发动机转动而消耗能量。对于多发动机直升机来说,正常运转的发动机继续带动旋翼工作;对于单发直升机,发动机出现故障时,离合器的布置允许自转状态的旋翼反过来驱动尾桨旋转。所以,不要想当然地认为,直升机只要发动机停车,就会马上从天上掉下来。直升机在设计时,都会要求其具有在失去动力时,能得到有效控制并以合理的速度返回地面的能力。在发动机出现停车故障时,若能得到及时合理的控制,直升机的旋翼会继续旋转,并慢慢着陆,能避免快速坠地、机毁人亡。

图 2-50(a)为贝尔-209 直升机,其又名眼镜蛇(Cobra)。其动力装置为两台通用电气公司 T700-GE-401 涡轮轴发动机,功率为 2×1724 马力。它是一种典型的双发单旋翼带尾桨直升机,其基本传动模型示意图如图 2-51 所示。我国的武装直升机武直-10

① 马力为非法定计量单位。1 米制马力 = 735.49875W。

(图 2-50(b))就是采用的两台发动机提供动力,其传动模式与此类似。武直 -10 是由昌河飞机工业(集团)有限责任公司与哈尔滨飞机制造总公司共同研究开发,是我国自行研制的第一款中型攻击直升机。武直 -10 最大起飞重量约 7t,可用载重约 1.5t。武直 -10 于 2012 年 11 月 18 日正式列装中国人民解放军陆军航空兵部队。机身两侧采用短翼结构,每侧设有两个外挂点,可同时挂装 8 枚反坦克导弹(或对空导弹)加两个火箭发射巢,也可以挂装 8 枚反坦克导弹加 8 枚对空导弹的组合。

(a) 贝尔-209

(b) 武直-10

图 2-50　双发单旋翼带尾桨直升机

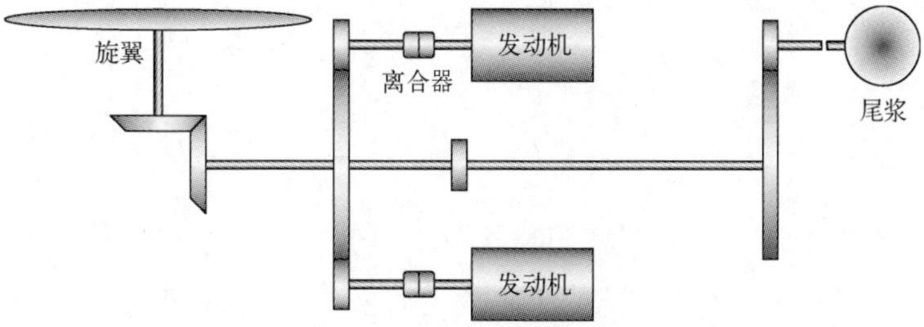

图 2-51　双发单旋翼带尾桨直升机的基本传动机构示意图

图 2-52 为 V -22 直升机,又名鱼鹰(Osprey),是美国贝尔直升机公司与波音直升机公司为满足美国政府于 1981 年底提出的“多军种先进垂直起落飞机”计划的要求,在贝尔 301/XV -15 的基础上共同研制的倾转旋翼机。1982 年这项计划由美国陆军负责,1983 年 1 月计划转交给了美国海军,1985 年 1 月正式将这种飞机命名为 V -22“鱼鹰”。美国空军编号为 CV -22;海军编号为 HV -22;海军陆战队编号为 MV -22。其可以以直升机状态飞行,也可以以固定翼飞机状态飞行。

图 2-52　V -22 直升机

V－22 的动力装置是两台艾利逊公司 T406－AD－400(501－M80C)涡轮轴发动机，功率 2×5890 马力。它是一种双发倾转旋翼机，其基本传动机构的模型示意图如图 2-53 所示。

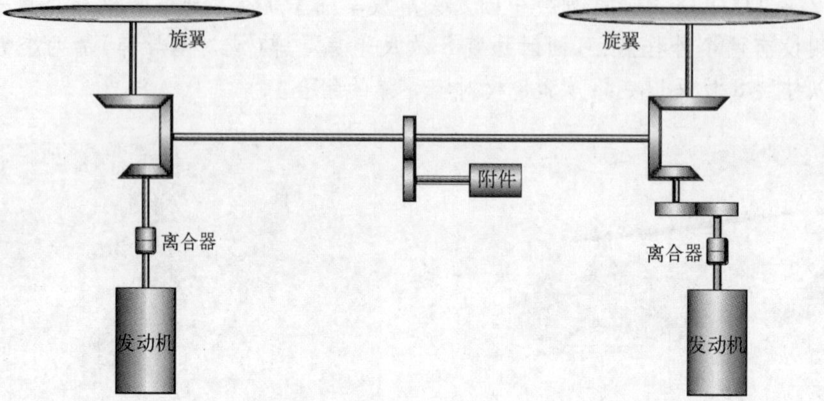

图 2-53　典型的倾转旋翼飞行器双旋翼和双发的基本传动机构示意图

人们往往注意到,假如宇宙中的所有物体同时以同一比例膨胀,我们便无法觉察这一事实,因为我们的所有测量仪器像被量度的对象本身一样同时增大。在膨胀之后,这个世界按照它的进程继续运行,如此非同寻常的事件我们居然一无所知。换句话说,两个相互类似的世界将绝对不可区分。

——亨利·庞加莱著,李醒民译.科学的价值.(商务印书馆,2010)

第3章　点的复合运动

关键词

复合运动(composite motion);定参考系(fixed coordinates system);动参考系(moving coordinates system);动点(moving point);牵连点(convected point);绝对运动(absolute motion);相对运动(relative motion);牵连运动(transport motion *or* convected motion);绝对速度(absolute velocity);相对速度(relative velocity);牵连速度(transport velocity *or* convected velocity);点的速度合成(composition of velocities of a point);点的加速度合成(composition of accelerations of a point)

第1章和第2章描述点或刚体的运动时,都是相对于某一个参考系而言的。在不同的参考系下,物体的运动是不同的。工程中有时需要研究点同时相对两个或两个以上参考系的运动规律,这就涉及从一个参考系到另一个参考系的运动转换问题。点的复合运动理论研究点相对于不同参考系的运动之间的关系,并利用这种关系来研究点的复杂运动问题。

引例:飞机的螺旋桨

喷气推进飞机的时代也是高速飞行的时代。"声障"早已不是喷气飞机飞行速度的障碍,而是螺旋桨飞机飞行速度的障碍。现役的大部分战斗机能实现超声速飞行,几乎所有的民航飞机的巡航速度也非常接近声速(当然也有超声速的民航客机,如"协和号")。然而,在螺旋桨飞机的时代,作为推动飞机前进的动力来源,螺旋桨的地位是显而易见的。某一种螺旋桨桨叶的形状如图3-1所示。

图3-1　螺旋桨桨叶

预备知识点一:通常将平行于飞机纵向对称面的机翼剖面称为翼型。翼型前缘与后缘的连线称为翼弦或弦线。机翼弦线与前方来流流线的夹角称为迎角。飞机螺旋桨也有与固定机翼相近的概念,如翼型、弦线、迎角。另外,螺旋桨翼弦与螺旋桨旋转平面之间的夹角称为螺距角或螺距,如图3-2中所示的角度α。

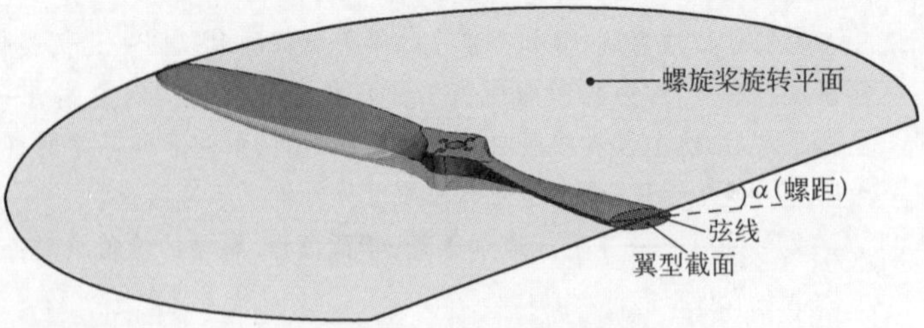

图 3-2　螺旋桨桨叶翼型

预备知识点二：飞机的升力和阻力是相互联系的。确定飞机空气动力性能的好坏，不能仅看升力的大小或阻力的大小，综合考察二者才更为合理。在给定迎角下，升力与阻力的比值（简称升阻比）就是衡量飞机空气动力性能好坏的一个重要指标，升阻比越高说明飞机的空气动力性能越好。空气动力学实验证实，随着迎角的变化，升阻比不断变化。升阻比达到最大值时对应的迎角称为有利迎角；对同一翼型，不同的空气速度对应不同的有利迎角。

螺旋桨是一个纯粹的气动装置，从本质上来讲就是一组扭转了的机翼。**离旋转轴越近，螺旋桨的螺距越大，叶片根部的螺距最大，叶尖处的螺距最小。**

请大家思考：螺旋桨为什么这样设计？

本章的学习内容可以给出这个问题的答案。

3.1　基本概念

点的复合运动理论研究空间运动点同时相对两个或两个以上参考系的运动规律。建立三个参考系：$O_0X_0Y_0Z_0$、$OXYZ$ 和 $Oxyz$，$O_0X_0Y_0Z_0$ 为固定在地球上的参考系，$OXYZ$ 相对于 $O_0X_0Y_0Z_0$ 做平动，$Oxyz$ 相对于 $O_0X_0Y_0Z_0$ 做一般运动，如图 3-3 所示。设 $O_0X_0Y_0Z_0$ 为定参考系，简称定系；$Oxyz$ 为动参考系，简称动系。将所研究的点称为动点，那么动点 P 相对定系 $O_0X_0Y_0Z_0$ 的运动称为**绝对运动**；动点 P 相对动系 $Oxyz$ 的运动称为**相对运动**；动系 $Oxyz$ 相对定系 $O_0X_0Y_0Z_0$ 的运动称为**牵连运动**。点的复合运动理论将点的绝对运动分解为点的相对运动和动系的牵连运动。显然，点的绝对运动和相对运动均属于点的运动，可以用第 1 章的方法来描述，而动系的牵连运动是刚体的运动，需要用第 2 章的方法来描述。研究三种运动之间的关系，并利用这种关系可以求解运动合成问题（已知点的相对运动和动系的牵连运动，求点的绝对运动）和运动分解问题（已知点的绝对运动，求点的相对运动或动系的牵连运动）。

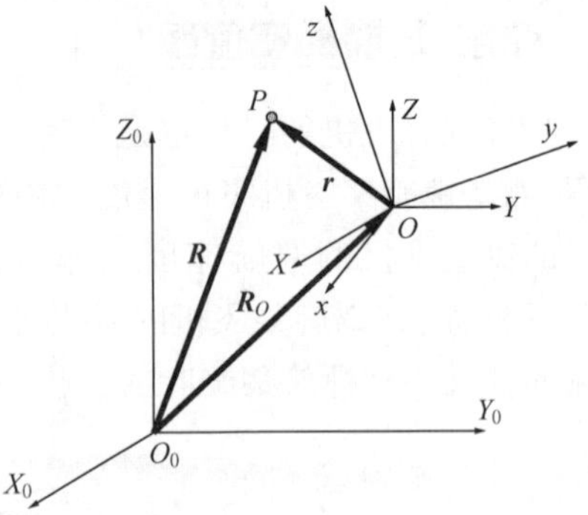

图 3-3　动点相对两个参考系的运动

显然，绝对运动、相对运动和牵连运动三者之间既有区别又有一定的联系，关键是由于牵连运动的存在。而对动点的运动有影响（有牵连）的，只是动系上与动点相重合的那个点的运动。动系中与动点相重合的点称为**牵连点**，由于相对运动的存在，不同瞬时牵连点在动系中的位置不同。

例如，图 3-4 所示一船在水中以速度 $\boldsymbol{v}$ 航行。一人 M 在甲板上运动(沿 y 向)，相对于甲板的速度为 $\boldsymbol{u}$。若在岸上建立定参考系 $O_0X_0Y_0$，在甲板上建立动参考系 Oxy。此时船是载体，每一瞬时人处于船上的某一点，此时 M 所处位置记作 M'。因此甲板上与人 M 重合的点 M' 即为此瞬时动点 M 的牵连点。

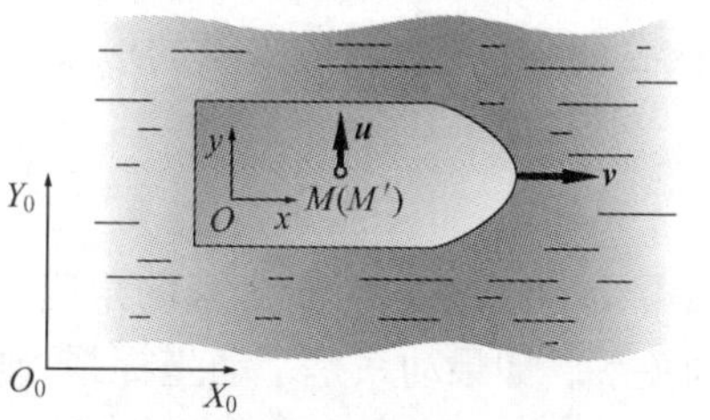

图 3-4　牵连点

动点在绝对运动中的轨迹、位移、速度和加速度，分别称为绝对轨迹、绝对位移、绝对速度和绝对加速度；动点在相对运动中的轨迹、位移、速度和加速度，分别称为相对轨迹、相对位移、相对速度和相对加速度；牵连点相对于定系的速度和加速度则分别称为动点的牵连速度和牵连加速度。用 $\boldsymbol{v}_a$ 和 $\boldsymbol{a}_a$ 分别表示动点的绝对速度和绝对加速度，用 $\boldsymbol{v}_r$ 和 $\boldsymbol{a}_r$ 分别表示动点的相对速度和相对加速度，用 $\boldsymbol{v}_e$ 和 $\boldsymbol{a}_e$ 分别表示动点的牵连速度和牵连加速度。

3.2　点的速度合成定理

下面讨论动点的绝对速度、相对速度和牵连速度之间的关系。

考察图 3-3 中 P 点相对于定系 $O_0X_0Y_0Z_0$ 和动系 $Oxyz$ 的运动。P 点对 O_0 点的位矢 $\boldsymbol{R}$ 和对 O 点的位矢 $\boldsymbol{r}$ 满足关系：

$$\boldsymbol{R}=\boldsymbol{R}_O+\boldsymbol{r} \tag{3-1}$$

将式(3-1)对时间求导，得

$$\frac{\mathrm{d}\boldsymbol{R}}{\mathrm{d}t}=\frac{\mathrm{d}\boldsymbol{R}_O}{\mathrm{d}t}+\frac{\mathrm{d}\boldsymbol{r}}{\mathrm{d}t} \tag{3-2}$$

由速度的定义可知：$\boldsymbol{v}_a=\dfrac{\mathrm{d}\boldsymbol{R}}{\mathrm{d}t}$为点 P 的绝对速度，$\boldsymbol{v}_O=\dfrac{\mathrm{d}\boldsymbol{R}_O}{\mathrm{d}t}$为点 O 的绝对速度。

设矢量 $\boldsymbol{r}$ 在定系 $O_0X_0Y_0Z_0$ 和动系 $Oxyz$ 中的列阵分别为 $\underline{\boldsymbol{r}}$ 和 $\underline{\boldsymbol{\rho}}$，由坐标系 $Oxyz$ 到坐标系 $O_0X_0Y_0Z_0$ 的变换矩阵为 $\boldsymbol{A}(t)$，则它们之间满足如下关系：

$$\underline{\boldsymbol{r}}=\boldsymbol{A}\underline{\boldsymbol{\rho}} \tag{3-3}$$

虽然式(3-3)和式(2-2)在形式上完全相同，但式(2-2)中的列阵 $\underline{\boldsymbol{\rho}}$ 是常数列阵，而这里点 P 相对于动系在运动，因此式(3-3)中的列阵 $\underline{\boldsymbol{\rho}}$ 是时间的函数。

定义矢量 $\boldsymbol{r}$ 相对于定系 $O_0X_0Y_0Z_0$ 的时间变化率为绝对导数，记为$\dfrac{\mathrm{d}\boldsymbol{r}}{\mathrm{d}t}$，其物理意义是点 P 相对于平动系 $OXYZ$ 的速度。绝对导数在定系中的列阵为$\dot{\underline{\boldsymbol{r}}}$。又定义矢量 $\boldsymbol{r}$ 相对于动系 $Oxyz$ 的时间变化率为**相对导数**，记为$\dfrac{\tilde{\mathrm{d}}\boldsymbol{r}}{\mathrm{d}t}$，其物理意义是点 P 相对动系 $Oxyz$ 的速度，即相对速度 $\boldsymbol{v}_r$。相对导数在动系中的列阵为$\dot{\underline{\boldsymbol{\rho}}}$，在定系中的列阵为 $\boldsymbol{A}\dot{\underline{\boldsymbol{\rho}}}$。

将式(3-3)两边求导，得

$$\dot{\underline{\boldsymbol{r}}}=\dot{\boldsymbol{A}}\underline{\boldsymbol{\rho}}+\boldsymbol{A}\dot{\underline{\boldsymbol{\rho}}}=\dot{\boldsymbol{A}}\boldsymbol{A}^{\mathrm{T}}\underline{\boldsymbol{r}}+\boldsymbol{A}\dot{\underline{\boldsymbol{\rho}}} \tag{3-4}$$

由式(2－7)可知,$\dot{A}A^{\mathrm{T}}\underline{r}=\underline{\underline{\omega}}\,\underline{r}$,$\underline{\underline{\omega}}\,\underline{r}$ 实际上是矢量积 $\boldsymbol{\omega}\times\boldsymbol{r}$ 在定系中的坐标列阵。因此,式(3-4)可以写成矢量的形式

$$\frac{\mathrm{d}\boldsymbol{r}}{\mathrm{d}t}=\boldsymbol{\omega}\times\boldsymbol{r}+\frac{\tilde{\mathrm{d}}\boldsymbol{r}}{\mathrm{d}t} \tag{3-5}$$

式中:$\boldsymbol{\omega}$ 为动系相对于定系的角速度矢量。上式给出了矢量的绝对导数与相对导数之间的关系。如果动系是平动坐标系,则 $\boldsymbol{\omega}=\mathbf{0}$,此时绝对导数和相对导数是相等的。

将式(3-5)代入式(3-2),可得

$$\boldsymbol{v}_a=\boldsymbol{v}_O+\boldsymbol{\omega}\times\boldsymbol{r}+\boldsymbol{v}_r \tag{3-6}$$

由牵连速度的定义知,点 P 的牵连速度为 $\boldsymbol{v}_e=\boldsymbol{v}_O+\boldsymbol{\omega}\times\boldsymbol{r}$,从而有

$$\boldsymbol{v}_a=\boldsymbol{v}_e+\boldsymbol{v}_r \tag{3-7}$$

式(3-7)即为**点的速度合成定理**:在任一瞬时,动点的绝对速度等于在同一瞬时相对速度和牵连速度的矢量和。点的相对速度、牵连速度、绝对速度三者之间满足平行四边形法则,即绝对速度由相对速度和牵连速度所构成平行四边形对角线所确定。

例题 3-1 现在我们回过头来谈谈本章开头提出的螺旋桨桨叶扭转问题。

解:设飞机的前飞速度为 $\boldsymbol{v}_e$,螺旋桨自转的角速度为 ω,如图 3-5 所示。以点的复合运动观点来看,桨叶上各点相对于空气的速度是不同的,若在无风的天气条件下,叶尖 A 点的绝对速度 $\boldsymbol{v}_A$ 由两部分分量组成:一部分是牵连速度 $\boldsymbol{v}_e$,其把机身作为动系来看待;另一部分是叶尖 A 点相对于动系(机身)的相对速度 $\boldsymbol{v}_r$,其值取决于自转角速度和桨叶长度。$\boldsymbol{v}_A$、$\boldsymbol{v}_e$、$\boldsymbol{v}_r$ 满足速度合成定理 $\boldsymbol{v}_A=\boldsymbol{v}_e+\boldsymbol{v}_r$。桨叶上的其他点的速度可同理表达。假如,从 A 点到自转轴分析,各点的牵连速度皆相同,相对速度方向保持不变但大小逐渐减小,导致各点相对于空气的绝对速度大小、方向皆不同。要想保证整个螺旋桨的空气动力性能最好,即推进效率最高,就应使螺旋桨上每一点处相对于气流的迎角都能达到有利迎角,那就应使得螺旋桨上每一点处的螺距均不同。因此,螺旋桨桨叶要设计成扭曲的形状。

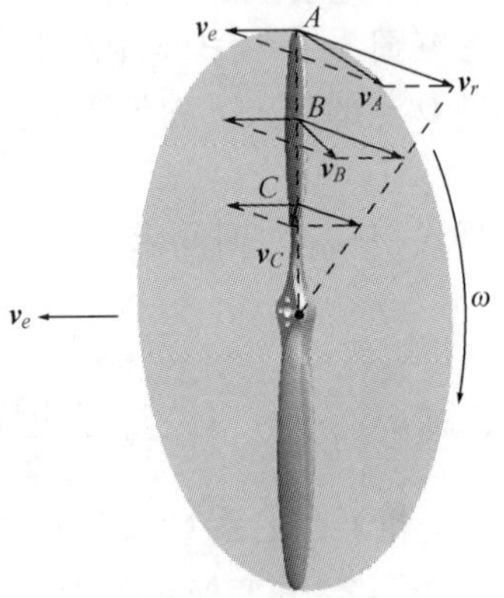

图 3-5　飞机螺旋桨桨叶上点的速度分布

例题 3-2 纸折螺旋桨。仅仅一根小纸条就能够制作一个很好玩的螺旋桨,如图 3-6(b)所示。也许读者自己就曾经制作过这样的小玩具,为童年的自己或以长者身份博身边孩童一笑。将此小制作从较高位置释放,其将会旋转着慢慢下落。玩具虽小却蕴含着深刻的力学原理,并在工程中得到应用。

现把此螺旋桨的制作方法简述如下。首先将普通复印纸用剪刀剪成长条状,如图 3-6(a)所示(为方便区分前后纸面,纸的背面以灰色表示)。其次,将剪好的纸条沿图中裁剪线剪开。接着再将剪开部分以翻折线为轴前后反向翻折,形成两“翼”,两翼间夹角小于或等于 180°为宜;未剪开部分我们称为“身”。最后在身的下端中间位置卡上一枚回形针。制作完毕,最终效果如图 3-6(b)所示。回形针并不是必须的,换做其他物品亦可,但不宜太重,其作用是使整个小制作的重心下移,旋转下落时方向性会更稳定。将此小制作从较高位置释放,其将会旋转着慢慢下落。

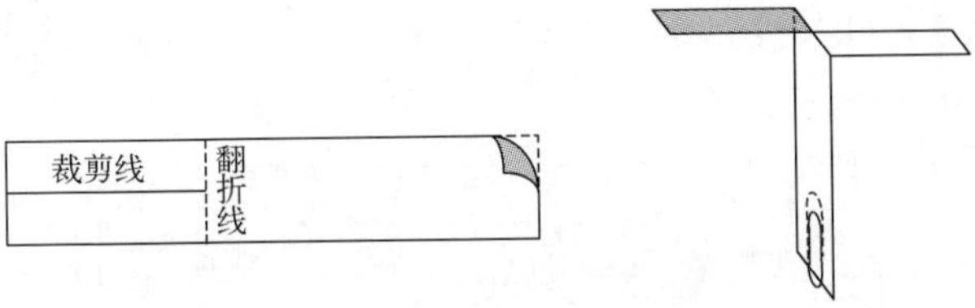

(a) 制作方法　　(b) 纸折螺旋桨构型

图 3-6　纸折螺旋桨

普通复印纸面外弯曲刚度非常小，两翼在阻力作用下会发生弯曲，翼外端上翘。在不改变问题本质的前提下，我们假设两翼形状不发生变化，只是绕着翻折线转过一个角度，转变为两翼夹角小于 180°的情形。

请大家分析：旋转下落的纸折螺旋桨翼片上各点的速度分布有何规律？

解：以翼片内侧边缘线上一点为例进行速度分析，如图 3-7(a)所示。

以质心轴平动坐标系为动参考系，地面为固定参考系，则：动点随质心平动的速度为牵连速度 $\boldsymbol{v}_e$，竖直向下；绕质心轴转动的速度为相对速度 $\boldsymbol{v}_r$，沿水平方向；相对地面的绝对速度为 $\boldsymbol{v}_a$。据速度合成定理可知，三者关系如图 3-7(a)、(b)所示，即

$$\boldsymbol{v}_a = \boldsymbol{v}_e + \boldsymbol{v}_r$$

假设螺旋桨的旋转对翼面下方的空气扰动较弱，可以忽略不计。翼面的迎角由螺旋桨下落速度和绕中心轴转动的角速度共同决定。依据运动的相对性，从翼面速度矢量图中可以看出，若假定翼面不动，可以认为气流从翼面前下方吹来，如图 3-7(c)中的 $\boldsymbol{v}_a^*$，其与 $\boldsymbol{v}_a$ 等值、反向。气流与翼面的夹角称为迎角，气流吹向翼片下表面时，迎角为正；气流吹向翼片上表面时，迎角为负。此处的迎角 α 为正迎角，能够产生向上的升力分量，此分量能对抗部分重力，使螺旋桨向下的平动加速度降低，进而延长下落时间。

翼片内侧边缘线上不同点的速度是不同的，如图 3-8 所示。牵连速度 $\boldsymbol{v}_e$ 各点均相同；相对速度 $\boldsymbol{v}_r$ 因距离相对旋转轴的距离不同而不同，数值上从质心轴到翼尖逐渐增大，根据速度合成定理可知绝对速度 $\boldsymbol{v}_a$ 的大小和方向均是变化的。

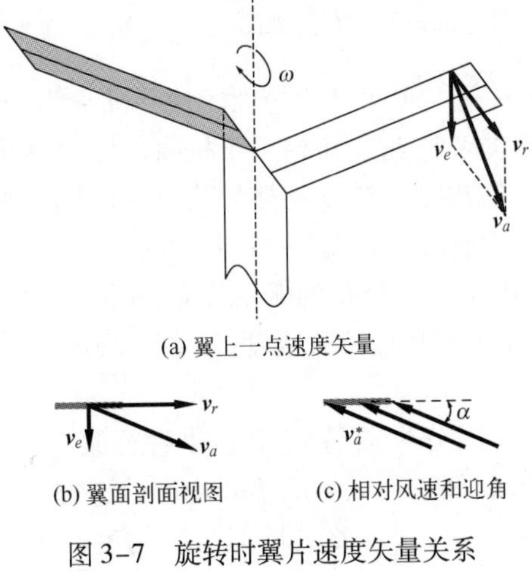

(a) 翼上一点速度矢量

(b) 翼面剖面视图　　(c) 相对风速和迎角

图 3-7　旋转时翼片速度矢量关系

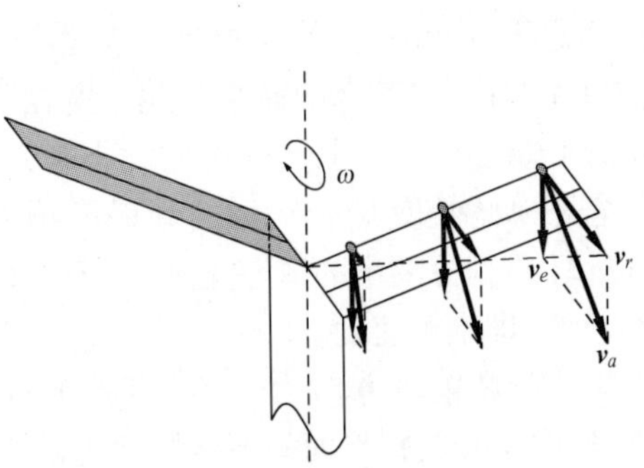

图 3-8　旋转时翼片速度矢量变化

例题 3-3 不考虑叶片变形因素，试分析图 3-9 所示直升机旋翼叶片的速度分布情况。

图 3-9 直升机上旋转的旋翼叶片

解：直升机在不同飞行条件下，旋翼叶片上的速度分布也会不同。直升机的运动大致可以分为：①悬停；②竖直升、竖直降；③前进、后退以及侧向运动。这些运动形式中②和③速度分布情况类似。为描述简单、方便，下面以四叶片旋翼为例进行分析。

首先分析最简单的情形：①悬停，此时旋翼叶片为定轴转动情况，叶片上速度分布如图 3-10 所示。②竖直升、竖直降和③前进、后退以及侧向运动时，旋翼叶片上各点的速度均可以看作牵连运动和相对运动的合成结果。现以直升机前进运动状态为例分析，其他运动情形可以类推分析。

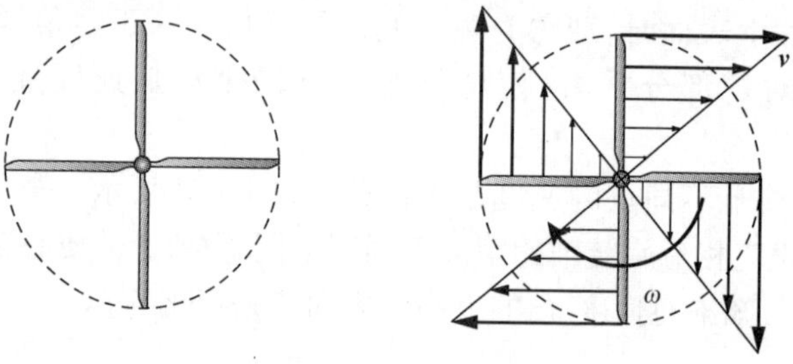

图 3-10 直升机悬停时旋翼叶片上的速度分布俯视图

假定直升机如图 3-11(a)所示向纸面左方前进。叶片上各点为动点，机身为动系，地面为定系，则叶片上各点的绝对速度由随机身的牵连速度和相对于机身的相对速度合成。可见，叶片上某点的速度与此点所在桨叶上的相对位置以及整片桨叶转动到的位置有关，随着位置的不同，其速度的大小和方向均是变化的，如图 3-11(b)所示。

若不考虑旋翼旋转平面的倾斜影响因素，叶片速度分布的俯视图如图 3-12 所示，图 3-12(a)为分离出的牵连速度，图 3-12(b)为分离出的相对速度，图 3-12(c)为合成的全速度，即绝对速度。

以直升机前进方向为参照，旋翼旋转平面可以分为前行桨叶区和后行桨叶区，如图 3-12中桨叶旋转平面的下半圆面为前行桨叶区，处于此区域的桨叶均有前进方向的相对速度分量；桨叶旋转平面的上半圆面为后行桨叶区，处于此区域的桨叶均有与前进方向相反的相对速度分量。

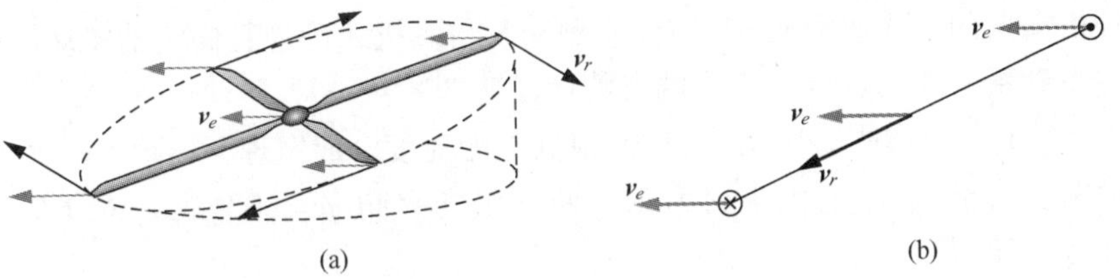

图 3-11 直升机前进时旋翼叶片上点的速度分布

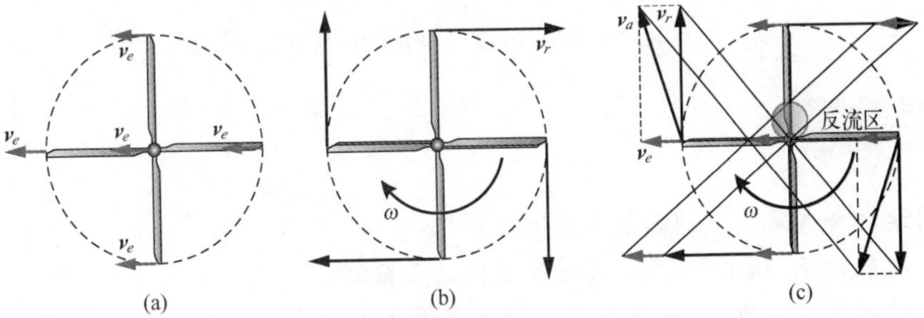

图 3-12 直升机前进时旋翼叶片上点的速度分布俯视图

由速度分析可知,在后行桨叶区的近叶根区会出现"反流区",如图 3-12(c)中的阴影部分。反流区的形成是速度合成的结果:在桨叶的这个区域上前进的牵连速度大于反向的相对速度,导致合成后的绝对速度沿前进方向(图中的左向),此桨叶为后行桨叶,相对于空气的速度应向后(图中向右)才能产生升力,但此区域相对于空气有向前的速度,因此称为"反流区"。桨叶的前行、后行以及反流区的存在能导致旋翼桨盘左右两侧气动力的不对称,进而带来直升机的动力学与控制问题。

例题 3-4 如图 3-13,设 A、B 两飞机在同一水平面内飞行。飞机 A 沿着以 O 为圆心、r 为半径的圆周做匀速率运动,速度大小为 v_A。飞机 B 沿直线 CD 以 $v_B = 2v_A$ 的速度匀速飞行。O 到 CD 的距离为 $\overline{OE} = \sqrt{3}r$($OE \perp CD$)。当 OB 与 OE 成 $\varphi = 30°$时,求:飞机 B 相对于飞机 A 的速度。

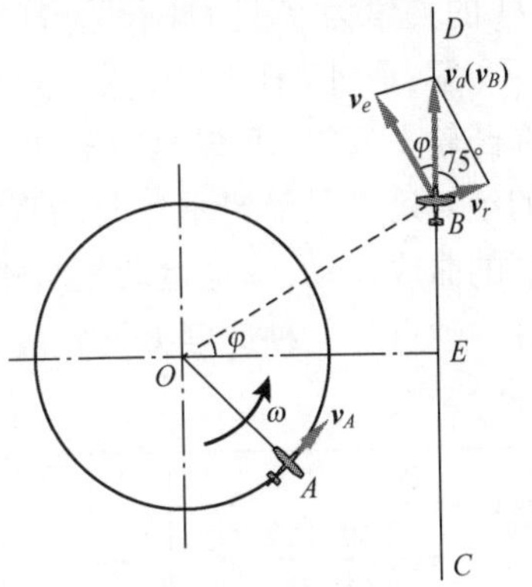

图 3-13 例题 3-4

解:这是两个自由运动物体之间的相对运动问题,也是点的复合运动中常见的题目类型之一。

以飞机 B 为动点,定系固定于地面,动系固定在飞机 A 上。于是,动点的绝对运动为沿 CD 的直线运动;相对运动为某一曲线运动;牵连运动为定轴转动,转动的角速度为 $\omega = v_A/r$。

动点的三种速度分析如表 3-1 所列。

表 3-1 动点的三种速度分析

速　度	v_a	v_e	v_r
大小	$v_B = 2v_A$	$\overline{OB} \cdot \omega = v_B$	未知
方向	沿 CD	$\perp OB$	未知

在分析动点的牵连速度 $\boldsymbol{v}_e$ 时,应注意到动系与飞机 A 固连且做定轴转动。动点的牵连速度应是动系上和动点 B 相重合的点的运动速度。

因为 $\boldsymbol{v}_a=\boldsymbol{v}_B$ 及 $\boldsymbol{v}_e$ 的大小、方向已知,根据点的速度合成定理 $\boldsymbol{v}_a=\boldsymbol{v}_e+\boldsymbol{v}_r$,可得动点的速度矢量图。由于 $\boldsymbol{v}_B$、$\boldsymbol{v}_e$ 的大小均为 $2v_A$,两矢量的夹角 $\varphi=30°$,故 $\boldsymbol{v}_r$ 与 CD 的夹角为 75°。由正弦定理得

$$v_r/\sin30°=v_e/\sin75°$$

故飞机 B 相对于飞机 A 的速度为

$$v_r=2v_A\sin30°/\sin75°=v_A/\sin75°=1.04v_A$$

要点与讨论

应用速度合成定理解题的基本步骤是:

(1) 选取动点、动系和定系,并对动点做运动分析。

(2) 进行速度分析,即分析动点三种速度的大小和方向。在分析 $\boldsymbol{v}_e$ 时,要特别注意牵连点的位置。

(3) 应用定理求解。由 $\boldsymbol{v}_a=\boldsymbol{v}_e+\boldsymbol{v}_r$,画出速度矢量图,其中 $\boldsymbol{v}_a$ 要画在 $\boldsymbol{v}_e$ 与 $\boldsymbol{v}_r$ 矢量和的位置上。

例题 3-5 图 3-14 所示凸轮顶杆机构中,凸轮以角速度 ω 绕轴 O 匀速转动,带动顶杆 AB 沿铅直线上下运动,且 O、A、B 共线。凸轮上与杆 AB 接触点的曲率半径为 ρ_A,此处法线 n 与 OA 的夹角为 θ,且 OA 长为 l。求:该瞬时杆 AB 的速度。

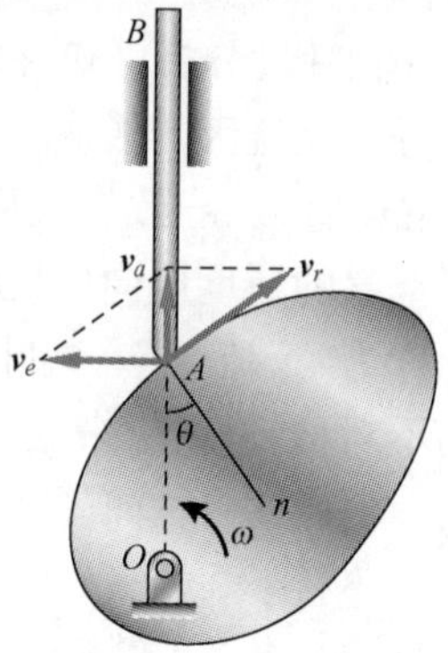

图 3-14 例题 3-5

解:取 AB 杆上的 A 点为动点,定系固定于地面,动系固定在凸轮上。杆 AB 做直线平动,故只需求杆端 A 点的速度。A 点的绝对运动是沿铅垂方向的直线运动;相对运动是沿着凸轮轮廓的曲线运动;牵连运动是凸轮绕 O 轴的定轴转动。

动点的三种速度分析如表 3-2 所列。

表 3-2 动点的三种速度分析

速　度	$\boldsymbol{v}_a$	$\boldsymbol{v}_e$	$\boldsymbol{v}_r$
大小	未知	ωl	未知
方向	沿 AB	$\perp OA$	$\perp n$

根据点的速度合成定理 $\boldsymbol{v}_a=\boldsymbol{v}_e+\boldsymbol{v}_r$,可得图 3-14 所示的速度平行四边形。

由图 3-14 中的几何关系,有

$$v_a=\omega l\tan\theta,\ v_r=\omega l/\cos\theta$$

故该瞬时杆 AB 的速度为 $\omega l\tan\theta$,方向竖直向上。

要点与讨论

本题为一典型的凸轮传动机构,此机构将转动转换成直线平动。顶杆上的 A 点是运动刚体的持续接触点,因此确定以顶杆上的 A 点为动点。将动系固结在凸轮上,动点的

相对运动轨迹易知，从而便利了 $\boldsymbol{v}_r$ 的分析。如果取凸轮上 A 点作为动点，动系固连在杆 AB 上，相对运动不易确定。所以，动点和动系的选择应遵循两个原则：

（1）动点和动系不能选在同一物体上，即动点和动系必须有相对运动；

（2）动点、动系的选择应使相对运动轨迹易于确定。

3.3　点的加速度合成定理

下面讨论动点的绝对加速度、相对加速度和牵连加速度之间的关系。

将式(3-6)两边对时间求导，可得 P 点的加速度合成公式：

$$\boldsymbol{a}_a=\boldsymbol{a}_O+\boldsymbol{\varepsilon}\times\boldsymbol{r}+\boldsymbol{\omega}\times\frac{\mathrm{d}\boldsymbol{r}}{\mathrm{d}t}+\frac{\mathrm{d}}{\mathrm{d}t}\left(\frac{\tilde{\mathrm{d}}\boldsymbol{r}}{\mathrm{d}t}\right) \tag{3-8}$$

式(3-8)最后一项为相对速度 $\boldsymbol{v}_r=\dfrac{\tilde{\mathrm{d}}\boldsymbol{r}}{\mathrm{d}t}$ 的绝对导数，由式(3-5)体现出的绝对导数与相对导数的关系可知

$$\frac{\mathrm{d}}{\mathrm{d}t}\left(\frac{\tilde{\mathrm{d}}\boldsymbol{r}}{\mathrm{d}t}\right)=\boldsymbol{\omega}\times\frac{\tilde{\mathrm{d}}\boldsymbol{r}}{\mathrm{d}t}+\frac{\tilde{\mathrm{d}}^2\boldsymbol{r}}{\mathrm{d}t^2} \tag{3-9}$$

将式(3-5)和式(3-9)代入式(3-8)，得

$$\begin{aligned}\boldsymbol{a}_a&=\boldsymbol{a}_O+\boldsymbol{\varepsilon}\times\boldsymbol{r}+\boldsymbol{\omega}\times\left(\frac{\tilde{\mathrm{d}}\boldsymbol{r}}{\mathrm{d}t}+\boldsymbol{\omega}\times\boldsymbol{r}\right)+\boldsymbol{\omega}\times\frac{\tilde{\mathrm{d}}\boldsymbol{r}}{\mathrm{d}t}+\frac{\tilde{\mathrm{d}}^2\boldsymbol{r}}{\mathrm{d}t^2}\\&=\boldsymbol{a}_O+\boldsymbol{\varepsilon}\times\boldsymbol{r}+\boldsymbol{\omega}\times(\boldsymbol{\omega}\times\boldsymbol{r})+\frac{\tilde{\mathrm{d}}^2\boldsymbol{r}}{\mathrm{d}t^2}+2\boldsymbol{\omega}\times\boldsymbol{v}_r\\&=\boldsymbol{a}_e+\boldsymbol{a}_r+\boldsymbol{a}_C\end{aligned} \tag{3-10}$$

式中：$\boldsymbol{a}_r=\dfrac{\tilde{\mathrm{d}}^2\boldsymbol{r}}{\mathrm{d}t^2}$为 P 点的相对加速度；$\boldsymbol{a}_e=\boldsymbol{a}_O+\boldsymbol{\varepsilon}\times\boldsymbol{r}+\boldsymbol{\omega}\times(\boldsymbol{\omega}\times\boldsymbol{r})$为 P 点的牵连加速度，它正是牵连点的瞬时绝对加速度；$\boldsymbol{a}_C=2\boldsymbol{\omega}\times\boldsymbol{v}_r$ 为 P 点的科氏加速度，是1832年科里奥利(Coriolis)在研究水轮机转动时给出的。科氏加速度的来源有两部分：由相对运动引起的牵连速度的附加变化率 $\boldsymbol{\omega}\times\boldsymbol{v}_r$ 和由牵连运动引起的相对速度的附加变化率 $\boldsymbol{\omega}\times\boldsymbol{v}_r$。因此，科氏加速度是牵连运动与相对运动相互影响而产生的。

式(3-10)即**点的加速度合成定理**：在任一瞬时，动点的绝对加速度等于在同一瞬时动点相对加速度、牵连加速度和科氏加速度的矢量和。

根据矢积运算法则，科氏加速度的大小为 $a_C=2\omega v_r\sin\theta$，式中 θ 为 $\boldsymbol{\omega}$ 正方向与 $\boldsymbol{v}_r$ 正方向间的最小夹角。科氏加速度 $\boldsymbol{a}_C$ 方向垂直 $\boldsymbol{\omega}$ 与 $\boldsymbol{v}_r$ 组成的平面，指向由右手法则确定，如图3-15(a)所示。当 $\boldsymbol{\omega}/\!/\boldsymbol{v}_r$ 时，$\theta=0$，$\boldsymbol{a}_C=\boldsymbol{0}$；当 $\boldsymbol{\omega}\perp\boldsymbol{v}_r$ 时，$\theta=90°$，$a_C=2\omega v_r$，在这种情况下，只要将 $\boldsymbol{v}_r$ 顺着 $\boldsymbol{\omega}$ 的转向转过 $\pi/2$，即可得到 $\boldsymbol{a}_C$ 的方向，如图3-15(b)所示。

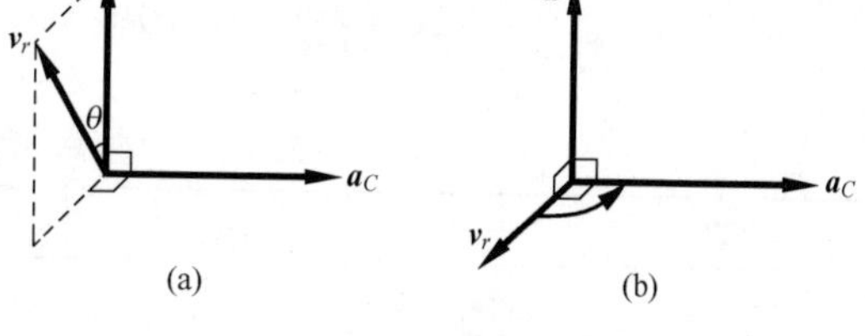

图3-15　科氏加速度

当牵连运动为平动（即动系做平动）时，动系的角速度矢量 $\boldsymbol{\omega}=\boldsymbol{0}$，科氏加速度 $\boldsymbol{a}_C=\boldsymbol{0}$，

故加速度合成定理退化为 $\boldsymbol{a}_a=\boldsymbol{a}_e+\boldsymbol{a}_r$。

例题 3-6 求例题 3-5 中杆 AB 的加速度。

解:取 AB 杆上的 A 点为动点,定系固定于地面,动系固定在凸轮上。

由于绝对运动是直线运动,因此 $\boldsymbol{a}_a$ 沿直线 AB 方向;牵连运动是匀角速率定轴转动,因此 $\boldsymbol{a}_e$ 就是向心加速度,指向点 O;相对加速度由切向加速度 $\boldsymbol{a}_r^\tau$ 和法向加速度 $\boldsymbol{a}_r^n$ 两项组成。

动点的三种加速度分析如表 3-3 所列。

表 3-3 动点的三种加速度分析

加 速 度	$\boldsymbol{a}_a$	$\boldsymbol{a}_e$	$\boldsymbol{a}_r^\tau$	$\boldsymbol{a}_r^n$	$\boldsymbol{a}_C$
大小	未知	$l\omega^2$	未知	v_r^2/ρ_A	$2\omega v_r$
方向	沿 AB	沿 $A\to O$	√	√	√

根据点的加速度合成定理 $\boldsymbol{a}_a=\boldsymbol{a}_e+\boldsymbol{a}_r^\tau+\boldsymbol{a}_r^n+\boldsymbol{a}_C$,可得图 3-16所示的加速度矢量图,将加速度矢量式向 η 轴进行投影,得

$$a_a\cos\theta=-a_e\cos\theta-a_r^n+a_C$$

解得

$$a_a=-\omega^2 l\left(1+\frac{l}{\rho_A\cos^3\theta}-\frac{2}{\cos^2\theta}\right)$$

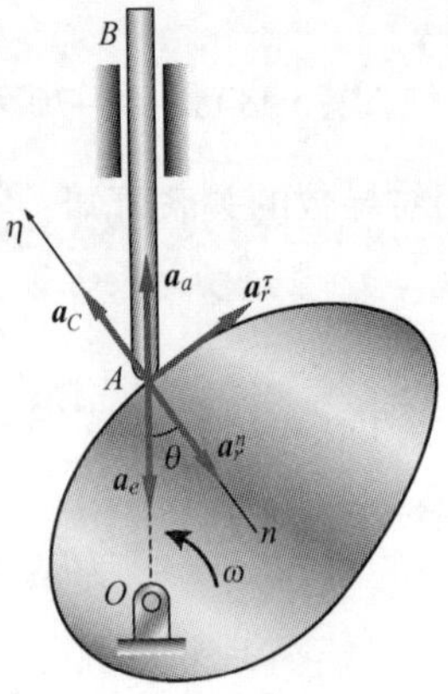

图 3-16 例题 3-6

要点与讨论

(1) 由于 $\boldsymbol{\omega}\perp\boldsymbol{v}_r$,只需将 $\boldsymbol{v}_r$ 顺着 $\boldsymbol{\omega}$ 的转向转过 $\pi/2$,即可得到 $\boldsymbol{a}_C$ 的方向。

(2) 加速度合成定理 $\boldsymbol{a}_a=\boldsymbol{a}_e+\boldsymbol{a}_r+\boldsymbol{a}_C$ 在实际使用时,如果运动轨迹是曲线,对应加速度项一般表示为切向分量和法向分量。

(3) 对于 $\boldsymbol{a}_a^\tau+\boldsymbol{a}_a^n=\boldsymbol{a}_e^\tau+\boldsymbol{a}_e^n+\boldsymbol{a}_r^\tau+\boldsymbol{a}_r^n+\boldsymbol{a}_C$,一般不采用平行四边形法则处理边角关系,而是采用投影式进行求解,将等号左右两侧的量分别向某一轴进行投影,投影时注意正负号。

例题 3-7 图 3-17 所示的曲柄滑杆机构中,曲柄 OA 长为 $r=100$mm,以角速度 $\omega_0=4$rad/s 绕 O 轴逆时针匀速转动。滑杆 BC 上有圆弧形滑道,其半径 $R=100$mm,圆心在滑杆 BC 上的 D 处。求:当曲柄与水平线的夹角 $\varphi=30°$时,滑杆 BC 的加速度。

解:以曲柄 OA 的端点 A 为动点,定系固定于地面,动系固定在滑杆 BC 上。动点 A 的绝对运动是以 O 为圆心、r 为半径的圆周运动;相对运动是以 D 为圆心、R 为半径的圆周运动;牵连运动是滑杆 BC 沿水平轨道的直线平动。

动点的三种速度分析如表 3-4 所列。

表 3-4 动点的三种速度分析

速 度	$\boldsymbol{v}_a$	$\boldsymbol{v}_e$	$\boldsymbol{v}_r$
大小	$\omega_0 r$	未知	未知
方向	$\perp OA$	沿水平直线	$\perp AD$

根据点的速度合成定理 $\boldsymbol{v}_a=\boldsymbol{v}_e+\boldsymbol{v}_r$，可得如图3-18所示的速度矢量图。

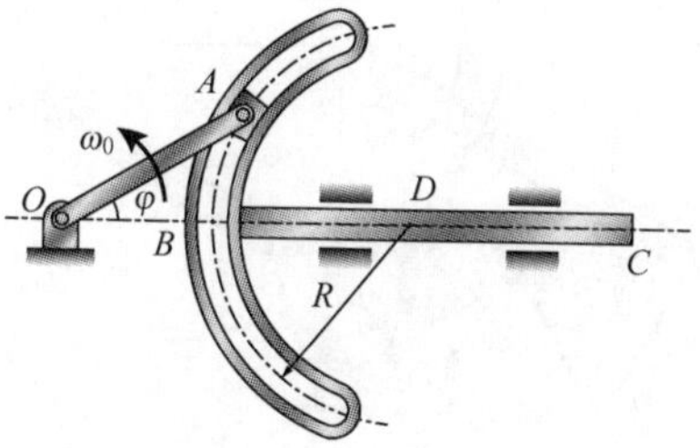

图3-17 例题3-7

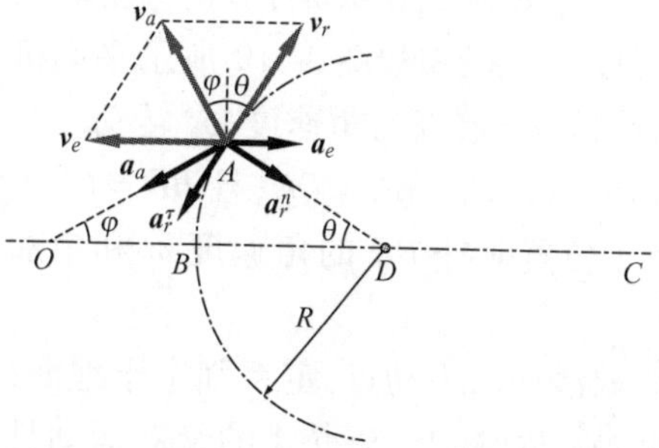

图3-18 例题3-7速度、加速度矢量图

将速度矢量方程向铅垂方向投影，有

$$v_a\cos\varphi=v_r\cos\theta$$

因 $r\sin\varphi=R\sin\theta$，即 $\sin\varphi=\sin\theta$，所以 $\theta=\varphi=30°$。故

$$v_r=v_a\cos\varphi/\cos\theta=v_a=r\omega_0$$

动点的三种加速度分析如表3-5所列。

表3-5 动点的三种加速度分析

加 速 度	$\boldsymbol{a}_a$	$\boldsymbol{a}_e$	$\boldsymbol{a}_r^\tau$	$\boldsymbol{a}_r^n$
大小	$r\omega_0^2$	未知	未知	$r\omega_0^2$
方向	沿 $A\to O$	沿水平直线	$\perp AD$	沿 $A\to D$

根据牵连运动为平动时的加速度合成定理，可得图3-18所示的加速度矢量图，有

$$\boldsymbol{a}_a=\boldsymbol{a}_e+\boldsymbol{a}_r^\tau+\boldsymbol{a}_r^n$$

将上式向 AD 方向投影，可得

$$-a_a\sin\varphi=a_e\cos\theta+a_r^n$$

则滑杆 BC 的加速度为

$$\begin{aligned}a_{BC}=a_e&=-(a_a\sin\varphi+a_r^n)/\cos\varphi\\&=-(r\omega_0^2\sin\varphi+r\omega_0^2)/\cos\varphi\\&=-(100\times4^2\times\sin30°+100\times4^2)/\cos30°\\&=-2770(\mathrm{mm/s^2})\\&=-2.77(\mathrm{m/s^2})\end{aligned}$$

式中："-"号说明 $\boldsymbol{a}_{BC}$ 的方向与图3-18所示方向相反，即水平向左。

要点与讨论

(1) 在解决加速度问题之前，一般先要解决速度问题。要将相应的速度、加速度矢量在图中清楚、准确地标注出来。若矢量较多，最好将速度矢量图、加速度矢量图分别绘制。

(2) 当某矢量的方位已知，但指向未定时，应先假设其指向，再由计算结果的正负判别其真实方向。结果为正，说明实际方向与假设方向相同；反之，则相反。

例题 3-8 已知如图 3-19 所示平面机构中，曲柄 $OA=r$，以匀角速度 ω_0 转动。套筒 A 沿 BC 杆滑动。$BC=DE$，且 $BD=CE=l$。求图示位置时杆 BD 的角速度 ω 和角加速度 ε。

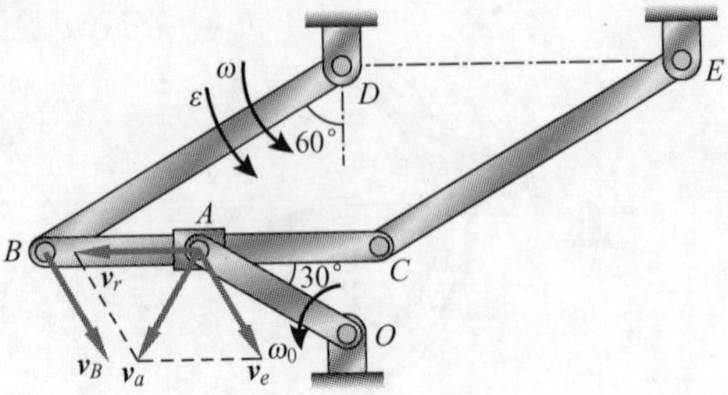

图 3-19 例题 3-8

解：取滑块 A 为动点，定系固定于地面，动系固定在 BC 杆上，动点 A 的绝对运动是以 O 为圆心、r 为半径的圆周运动；相对运动是直线运动（直线 BC）；牵连运动是滑杆 BC 的曲线平动。

动点的三种速度分析如表 3-6 所列。

表 3-6 动点的三种速度分析

速　度	$\boldsymbol{v}_a$	$\boldsymbol{v}_e$	$\boldsymbol{v}_r$
大小	$r\omega_0$	未知	未知
方向	$\perp OA$	$\perp BD$	沿 BC

根据点的速度合成定理 $\boldsymbol{v}_a=\boldsymbol{v}_e+\boldsymbol{v}_r$，可得图示的速度平行四边形。由图 3-19 中的几何关系，有 $v_e=v_r=v_a=r\omega_0$，则 $\omega_{BD}=\dfrac{v_e}{BD}=\dfrac{r\omega_0}{l}$

动点的三种加速度分析如表 3-7 所列。

表 3-7 动点的三种加速度分析

加　速　度	$\boldsymbol{a}_a$	$\boldsymbol{a}_e^\tau$	$\boldsymbol{a}_e^n$	$\boldsymbol{a}_r$
大小	$r\omega_0^2$	未知	$l\omega_{BD}^2$	未知
方向	沿 $A\to O$	$\perp BD$	沿 $B\to D$	沿 BC

根据点的加速度合成定理 $\boldsymbol{a}_a=\boldsymbol{a}_e^\tau+\boldsymbol{a}_e^n+\boldsymbol{a}_r$，可得图 3-20 所示的加速度矢量图。

将加速度矢量方程向 y 轴进行投影，得

$$a_a\sin30^\circ=a_e^\tau\cos30^\circ-a_e^n\sin30^\circ$$

因此

$$a_e^\tau=\frac{(a_a+a_e^n)\sin30^\circ}{\cos30^\circ}=\frac{\sqrt{3}\,\omega_0^2r(l+r)}{3l}$$

故杆 BD 的角加速度为

$$\varepsilon_{BD}=\frac{a_e^\tau}{BD}=\frac{\sqrt{3}\,\omega_0^2r(l+r)}{3l^2}$$

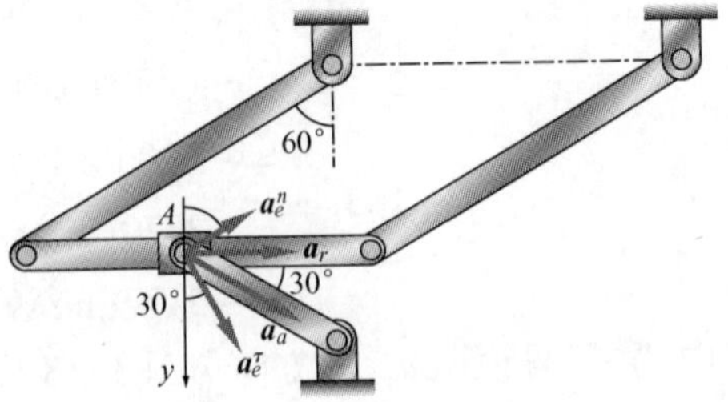

图 3-20 例题 3-8 的加速度矢量图

要点与讨论

(1) 按照应用速度、加速度合成定理解题的基本步骤：选取动点、动系和定系，对动

点做运动分析；进行速度、加速度分析；应用定理求解。

(2) 牵连运动是滑杆 BC 的运动，由于杆 BD 和 CE 平行等长，故滑杆 BC 做曲线平动，其加速度分为切向加速度和法向加速度两项，无科氏加速度。

例题 3-9 半径为 r 的半圆形凸轮沿水平面向左移动，推动直杆 OA 绕固定轴 O 转动。在图 3-21 所示位置，即 $\varphi=30°$时，凸轮具有向左的速度 $\boldsymbol{v}$，加速度 $\boldsymbol{a}$。求该瞬时直杆 OA 的角速度 ω 和角加速度 ε。

解：在凸轮的运动过程中，杆 OA 与凸轮的接触点 B 随时间而不断变化，没有一个固定的接触点。这时，不宜选择这种不断变化的接触点为动点，否则动点不确定或相对轨迹不直观。

(1) 运动分析。为了使动点的相对运动轨迹比较直观和清晰，应该进一步分析此机构的运动。在本机构运动过程中，半圆形凸轮的圆心 C 到直杆 OA 的垂直距离始终保持不变并等于半径 r，因此，可选非接触点 C 为动点，定系固定于地面，动系固定在直杆 OA，如图 3-22 所示，因而，绝对运动是动点 C 沿水平导轨的直线运动；相对运动是动点 C 沿平行于杆 OA，并与杆相距为 r 的直线运动（不是绕点 B 的转动）；牵连运动是随杆 OA 绕水平轴 Oz 的定轴转动。

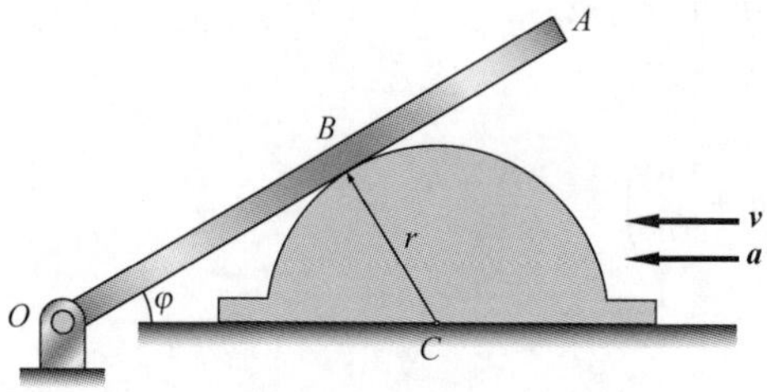

图 3-21 例题 3-9

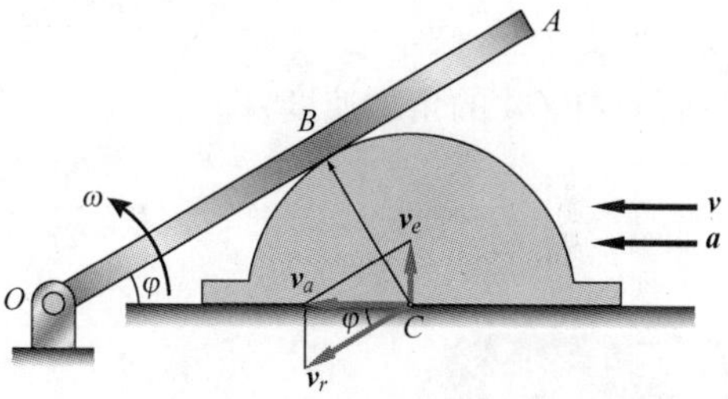

图 3-22 例题 3-9 的速度矢量图

(2) 速度分析。动点的三种速度分析如表 3-8 所列。

表 3-8 动点的三种速度分析

速 度	$\boldsymbol{v}_a$	$\boldsymbol{v}_e$	$\boldsymbol{v}_r$
大小	v	$OC\cdot\omega$	未知
方向	水平向左	$\perp OC$	平行 AO

根据点的速度合成定理 $\boldsymbol{v}_a=\boldsymbol{v}_e+\boldsymbol{v}_r$，可得图 3-22 所示的速度平行四边形。

由图中的几何关系，有

$$v_e=v_a\tan\varphi=\sqrt{3}v/3,\ v_r=v_a/\cos\varphi=2\sqrt{3}v/3$$

考虑到 $OC=r/\sin\varphi=2r$，可得杆 OA 在所求瞬时的角速度，即

$$\omega=\frac{v_e}{OC}=\frac{v\tan\varphi}{2r}=\frac{\sqrt{3}v}{6r}$$

(3) 加速度分析和计算。

动点的三种加速度分析如表 3-9 所列。

表 3-9　动点的三种加速度分析

加速度	a_a	a_e^τ	a_e^n	a_r	a_C
大小	a	$OC \cdot \varepsilon$	$OC \cdot \omega^2$	未知	$2\omega v_r$
方向	水平向左	$\perp OC$	$C \to O$	平行 AO	沿 BC

根据点的加速度合成定理 $\boldsymbol{a}_a = \boldsymbol{a}_e^\tau + \boldsymbol{a}_e^n + \boldsymbol{a}_r + \boldsymbol{a}_C$，可得图 3-23 所示的加速度矢量图。

将加速度矢量方程向 y 轴进行投影，得

$$a_a \sin\varphi = a_e^\tau \cos\varphi + a_e^n \sin\varphi - a_C$$

则

$$a_e^\tau = (a_a - a_e^n)\tan\varphi + \frac{a_C}{\cos\varphi}$$

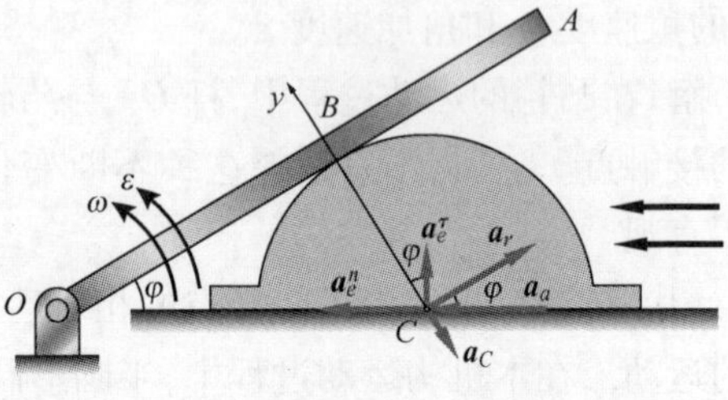

图 3-23　例题 3-9 的加速度矢量图

其中

$$a_e^n = OC \cdot \omega^2 = 2r\left(\frac{\sqrt{3}v}{6r}\right)^2 = \frac{v^2}{6r}$$

$$a_C = 2\omega v_r = 2\left(\frac{\sqrt{3}v}{6r}\right)\frac{2\sqrt{3}}{3}v = \frac{2v^2}{3r}$$

最后得直杆 OA 的角加速度，即

$$\varepsilon = \frac{a_e^\tau}{2r} = \frac{\sqrt{3}}{6r}\left(a + \frac{7v^2}{6r}\right)$$

要点与讨论

（1）本题选择动点和动系的方式，提供了一种新的思路——以传动件中某刚体上一个非接触点作为动点，相应地，动系固结于传动件中另一个刚体上。这一选择的原则与前面讨论过的两种机构的选择原则是一致的——易于辨析动点的相对轨迹。应该注意，选择动点和动系原则的一致性及具体选择方式的灵活性的统一，要重视对具体问题做具体分析。

（2）动系并不局限于具体的构件，其可以有无限的外延。当牵连点不在与动系固连的具体物体上时，可将动系无限扩大，使动系覆盖动点，此时动点就落在动系上了。

（3）本题还有一种解法，可以通过建立运动学关系写出杆 OA 的转动方程 $\varphi = f(t)$，对时间求导数来求解，读者可自行求解，在此不做赘述。

本章小结

本章的任务就是要建立动点的绝对运动、相对运动与动系的牵连运动三者之间的定量关系，并用来求解问题。

（1）应用点的复合运动方法处理复杂运动问题时，有三个研究对象：动点、动系和定系。动点相对定系的运动称为绝对运动，相应有绝对速度 $\boldsymbol{v}_a$ 和绝对加速度 $\boldsymbol{a}_a$；动点相对

动系的运动称为相对运动，相应有相对速度 $\boldsymbol{v}_r$ 和相对加速度 $\boldsymbol{a}_r$。动系相对定系的运动称为牵连运动，它是刚体的运动；动系上与动点相重合之点的速度与加速度称为牵连速度 $\boldsymbol{v}_e$ 和牵连加速度 $\boldsymbol{a}_e$。由于动点的相对运动，在不同瞬时，牵连点在动系上的位置也不同。

（2）点的速度合成定理：

$$\boldsymbol{v}_a = \boldsymbol{v}_e + \boldsymbol{v}_r$$

点的加速度合成定理：

$$\boldsymbol{a}_a = \boldsymbol{a}_e + \boldsymbol{a}_r + \boldsymbol{a}_C$$

$$\boldsymbol{a}_C = 2\boldsymbol{\omega}_e \times \boldsymbol{v}_r$$

矢量方法便于瞬时分析。关键在于选择适当的动点与动系。

（3）用复合运动方法研究点的运动，主要是运用速度合成定理和加速度合成定理求解问题，即指定瞬时的某些速度或加速度的矢量关系。诚然，本章所涉及的许多问题，也可用第1章提出的方法来求解，即通过列写点的运动方程、经过对时间 t 的求导运算得出速度及加速度随时间变化的函数式，进而求出特定瞬时之速度和加速度。但是，前、后两种方法处理问题的思路是不同的，分析计算的工作量也有差别。在处理实际问题时，应针对不同情况确定优先采用的方法。

思 考 题

3-1 判断题。

（1）牵连速度是动参考系相对于固定参考系的速度。

（2）如果考虑地球自转，则在地球上的任何地方运动的物体（视为质点），都有科氏加速度。

（3）当牵连运动为平动时，相对加速度等于相对速度对时间的一阶导数。

（4）当牵连运动为定轴转动时，牵连加速度等于牵连速度对时间的一阶导数。

（5）用复合运动的方法分析点的运动时，若牵连角速度 $\omega_e \neq 0$，相对速度 $v_r \neq 0$，则一定有不为零的科氏加速度。

3-2 平行四边形机构，在图示瞬时，杆 O_1A 以角速度 ω 转动。滑块 M 相对 AB 杆运动，若取 M 为动点，AB 为动系，则该瞬时动点的牵连速度与杆 AB 间的夹角为（ ）。

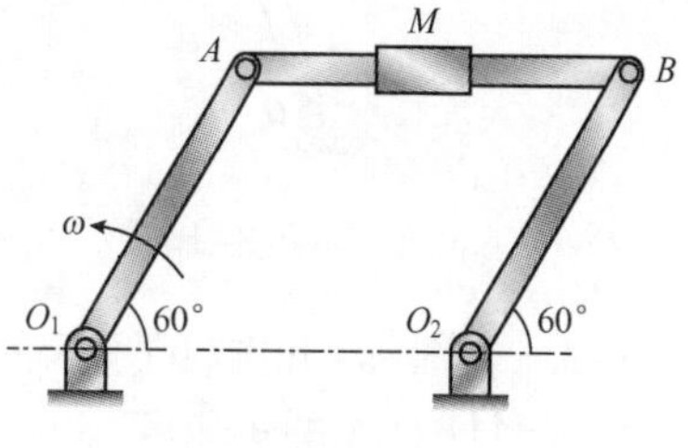

思考题3-2图

A. 0° B. 30° C. 60° D. 90°

3-3 点做空间曲线运动，可否将速度合成定理投影到到三个坐标轴上，求解三个未知量？为什么？

3-4 什么是牵连速度和牵连加速度？是否动系中任何一点的速度和加速度就是牵连速度和牵连加速度？

3-5 点的速度合成定理 $\boldsymbol{v}_a = \boldsymbol{v}_e + \boldsymbol{v}_r$ 对牵连运动是平动或转动都成立，将其两边对

时间求导，得：$\frac{d\boldsymbol{v}_a}{dt}=\frac{d\boldsymbol{v}_e}{dt}+\frac{d\boldsymbol{v}_r}{dt}$，从而有 $\boldsymbol{a}_a=\boldsymbol{a}_e+\boldsymbol{a}_r$，因而此式对牵连运动是平动或转动都应该成立。试指出上面的推导错在哪里？

3-6　在点的复合运动中，下述说法是否正确：

（1）当牵连运动是平动时，一定没有科氏加速度。

（2）当牵连运动是转动时，一定有科氏加速度。

（3）当相对运动是直线运动时，动点的相对运动只引起牵连速度大小的变化。当相对运动是曲线运动时，动点的相对运动可引起牵连速度大小和方向的变化。

（4）科氏加速度是由于牵连运动改变了相对速度的方向，相对运动又改变了牵连速度的大小和方向产生的加速度。

习　题

3-1　图示机构中，主动件 BC 的速度已经标明，欲求从动件 OA 的角速度。试选择动点和动系，分析牵连、相对、绝对运动，并按图示位置分析牵连、相对、绝对速度。

3-2　两架速率相等的飞机 A 与 B 在同一高度做水平的直线飞行，二者的飞行方向互相垂直，飞行速率均为 $v=200\text{m/s}$。当飞机 A 经过 B 的正前方时，两者相距 600m。假设飞机上的机炮可以指向任意方向，当飞机 B 飞近 A 的飞行线 300m 时，向 A 射击。若子弹的出膛速率为 1000m/s，则飞机 B 的瞄准线应指向哪个方向？

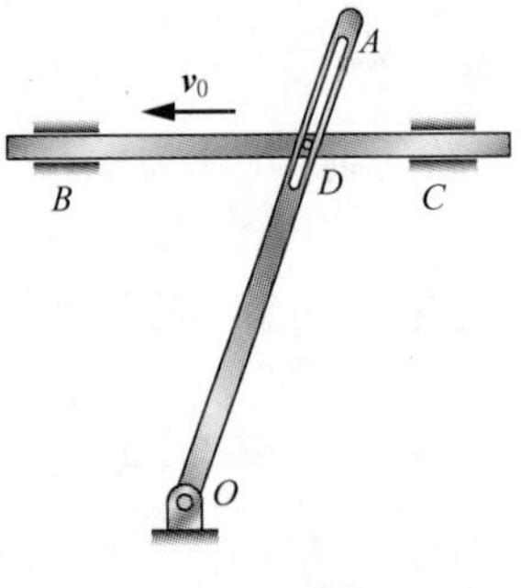

习题 3-1 图

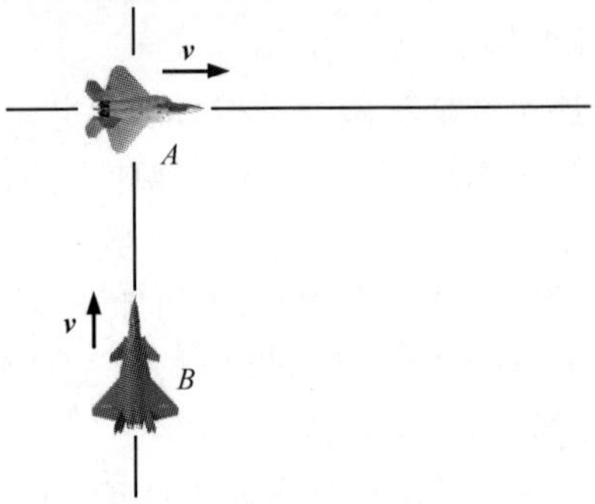

习题 3-2 图

3-3　在图(a)和图(b)所示的两种机构中，已知 $O_1O_2=a=200\text{mm}$，$\omega_1=3\text{rad/s}$。求图示位置时杆 O_2A 的角速度。

3-4　假设由于波浪作用，航空母舰以角速度 ω 做俯仰运动，有一架飞机正在起飞，如图(a)所示。试分析在飞机飞离甲板前、后，航空母舰上的观察者和岸上的观察者所看到的飞机的运动。

3-5　图示曲柄滑道机构中，曲柄长 $OA=r$，并以等角速度 ω 绕 O 轴转动。装在水平杆上的滑槽 DE 与水平线成 60°角。求当曲柄与水平线的交角分别为 $\varphi=0°$、30°、60°时杆 BC 的速度。

3-6　如图所示的摇杆机构，AB 杆以等速 v 向上运动。摇杆长 $OC=a$，距离 $OD=l$。求当 $\varphi=\frac{\pi}{4}$ 时点 C 的速度的大小。

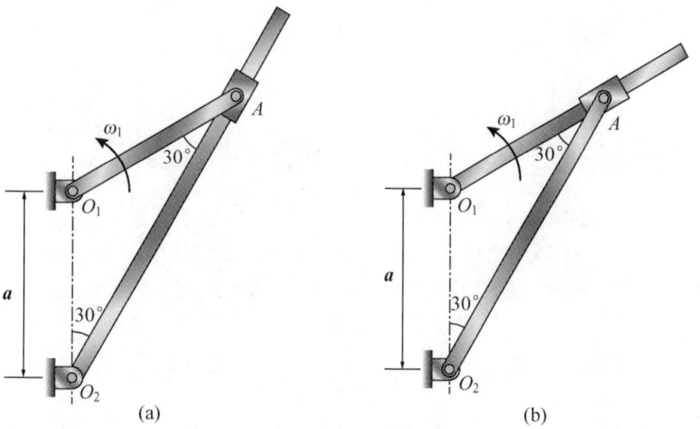

习题 3-3 图

(a) 飞离甲板前　　(b) 飞离甲板后

习题 3-4 图

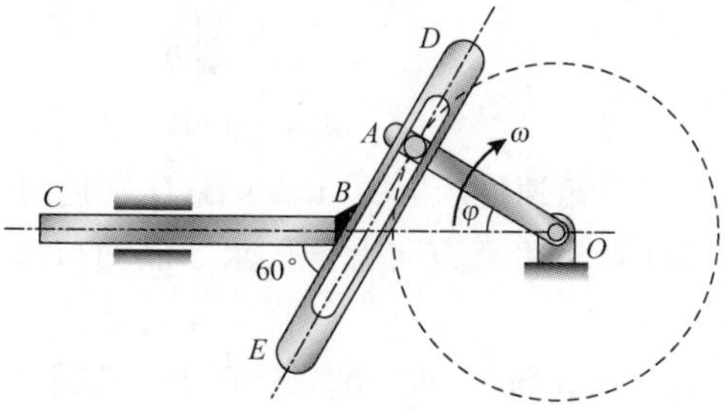

习题 3-5 图

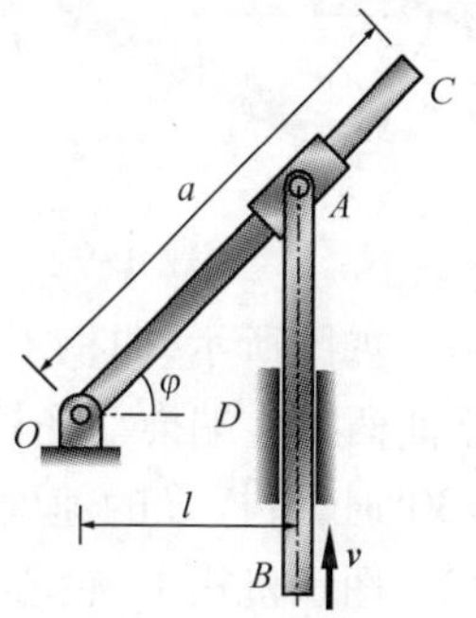

习题 3-6 图

3-7　平底顶杆凸轮机构如图所示，顶杆 AB 可沿导轨上下平动，偏心圆盘绕轴 O 转动，轴 O 位于顶杆轴线上。工作时顶杆的平底始终接触凸轮表面。该凸轮半径为 R，偏心距 $OC=e$，凸轮绕轴 O 转动的角速度为 ω，OC 与水平线成夹角 φ。求当 $\varphi=0°$时顶杆的速度。

3-8　绕轴 O 转动的圆盘及直杆 OA 上均有一导槽，两导槽间有一活动销子 M 如图所示，$b=0.1\text{m}$。设在图示位置时，圆盘及直杆的角速度分别为 $\omega_1=9\text{rad/s}$ 和 $\omega_2=3\text{rad/s}$。求此瞬时销子 M 的速度。

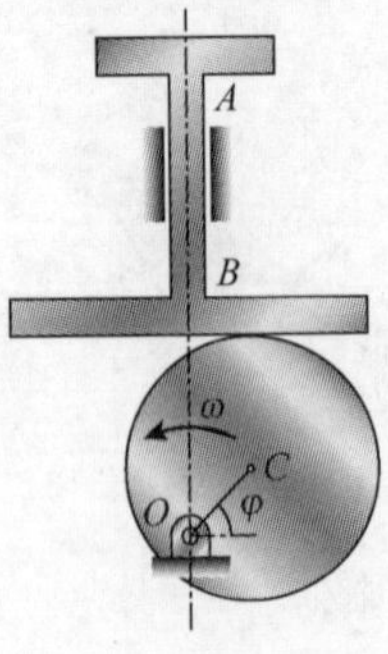

习题 3-7 图

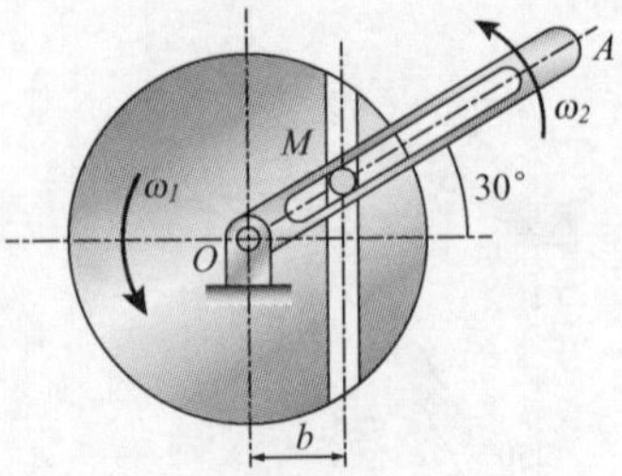

习题 3-8 图

3-9　图示直角曲杆 OBC 绕 O 轴转动，使套在其上的小环 M 沿固定直杆 OA 滑动。已知 $OB=0.1\text{m}$，曲杆的角速度 $\omega=0.5\text{rad/s}$，角加速度为零。求当 $\varphi=60°$时小环 M 的速度和加速度。

3-10　图示铰接平行四边形机构中，$O_1A=O_2B=100\text{mm}$，又 $O_1O_2=AB$，杆 O_1A 以等角速度 $\omega=2\text{rad/s}$ 绕 O_1 轴转动。杆 AB 上有一套筒 C，此筒与杆 CD 相铰接。机构的各部件都在同一铅直面内。求当 $\varphi=60°$时杆 CD 的速度和加速度。

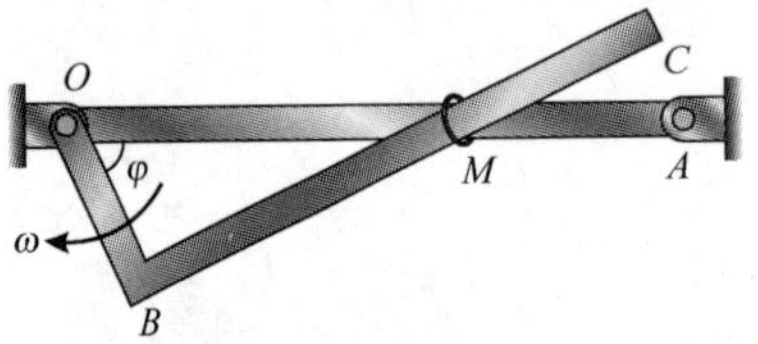

习题 3-9 图

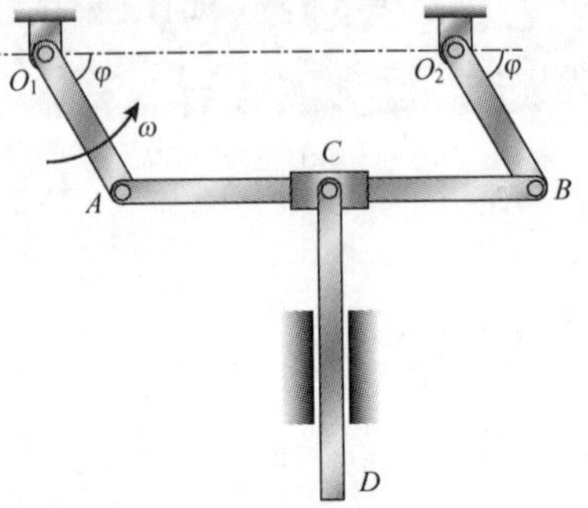

习题 3-10 图

3-11　如图所示，曲柄 OA 长 0.4m，以等角速度 $\omega=0.5\text{rad/s}$ 绕 O 轴逆时针转向转动。由于曲柄的 A 端推动平板 B，而使滑杆 C 沿铅直方向上升。求当曲柄与水平线间的夹角 $\theta=30°$时，滑杆 C 的速度和加速度。

3-12　图示机构中，轮心 A 的速度 $v_A=160\text{mm/s}$，加速度 $a_A=0$，尺寸如图所示，求此时杆 ABC 上点 B 的速度、加速度和杆 ABC 的角速度、角加速度。

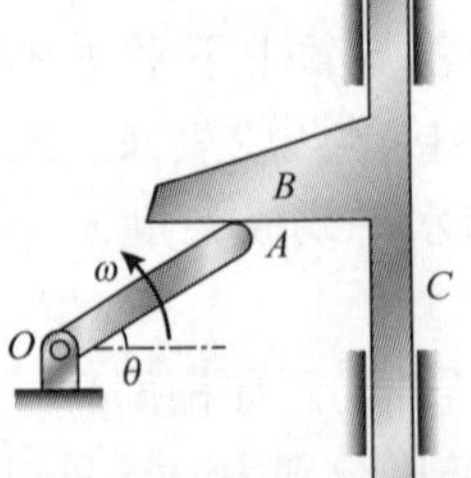

习题 3-11 图

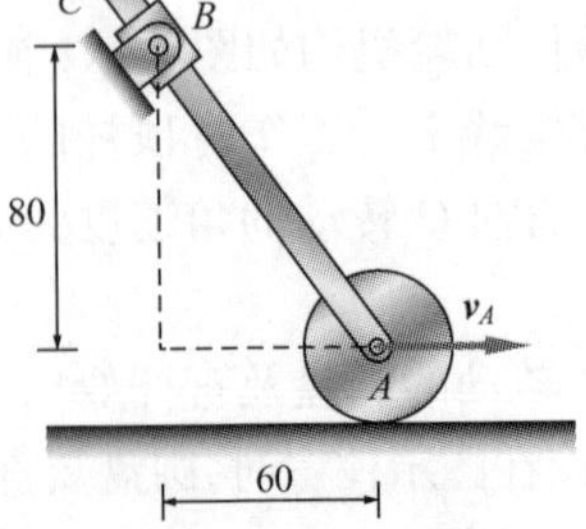

习题 3-12 图

3-13　在图示机构中，AB 杆一端与以 $v_A = 160\text{mm/s}$ 的速度沿齿条向上滚动的齿轮中心 A 铰接，AB 杆套在可绕 O 轴转动的套筒内，并可沿管内滑动。求图示瞬间 AB 杆 B 端的速度和加速度。

3-14　直杆 OA 和 O_1B 可分别绕 O 和 O_1 点转动，如图所示，已知杆 OA 以匀角速度 ω 转动，当 O_1B 处于铅直位置时杆 OA 与水平面成 30°角，$OB = O_1B = L$，求杆 O_1B 的角速度和角加速度。

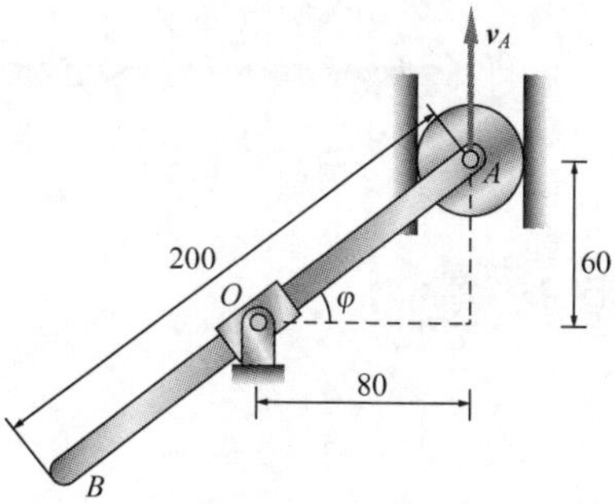

习题 3-13 图

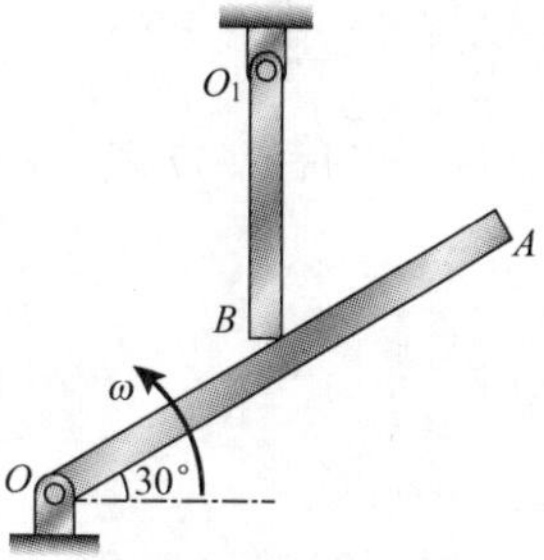

习题 3-14 图

3-15　直角曲杆 OCD 在图示瞬时以角速度 ω_0 绕 O 轴转动，角加速度 $\varepsilon = 0$，其带动 AB 杆。已知 $OC = L\text{cm}$，试求当 $\varphi = 45°$时，从动杆 AB 的速度和加速度。

3-16　在图示机构中，半径为 R 的半圆环 OC 与固定竖直杆 AB 的交点处套有小环 M，半圆环 OC 绕垂直于图面的水平轴 O 以匀角速度 ω 转动，从而带动小环 M 运动。在图示瞬时，OC 连线垂直于 AB 杆。求该瞬时小环 M 的绝对速度和绝对加速度的大小。

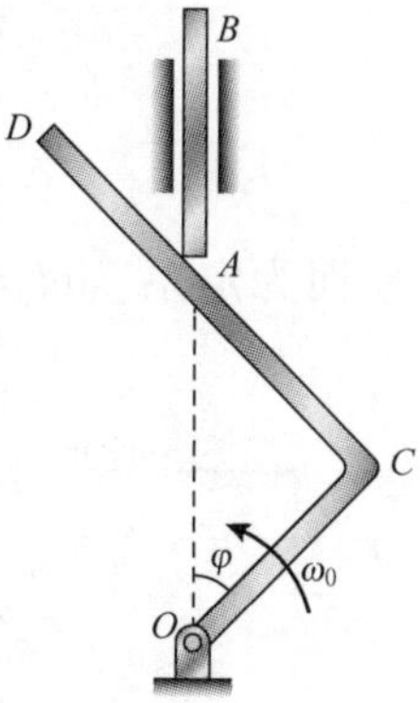

习题 3-15 图

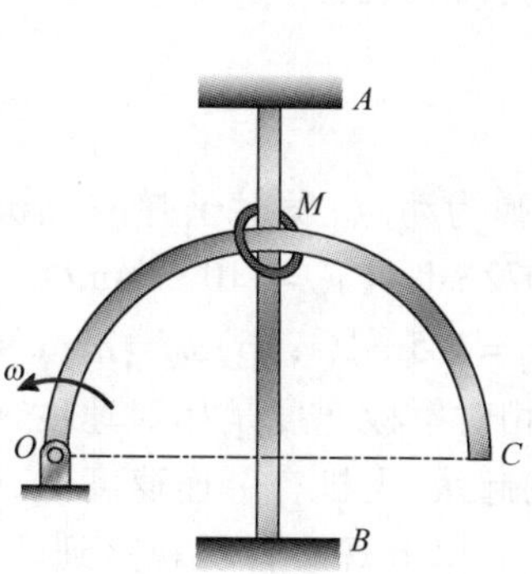

习题 3-16 图

3-17　一曲柄摇臂机构中，曲柄 OA 以 ω_0 做等角速度转动，滑套 C 可沿 O_1B 滑动，杆 AC 与滑套 C 固结且垂直于滑套，如图所示。已知 $OA = AC = l$。求图示瞬时 O_1B 的角速度和角加速度。

3-18　半径为 r 的圆轮在水平桌面上做直线纯滚动，轮心速度 $\boldsymbol{v}_O$ 的大小为常数。摇杆 AB 与桌面铰接，并靠在圆轮上，如图所示。当摇杆 AB 与桌面夹角等于 60°时，试求摇杆 AB 的角速度和角加速度。

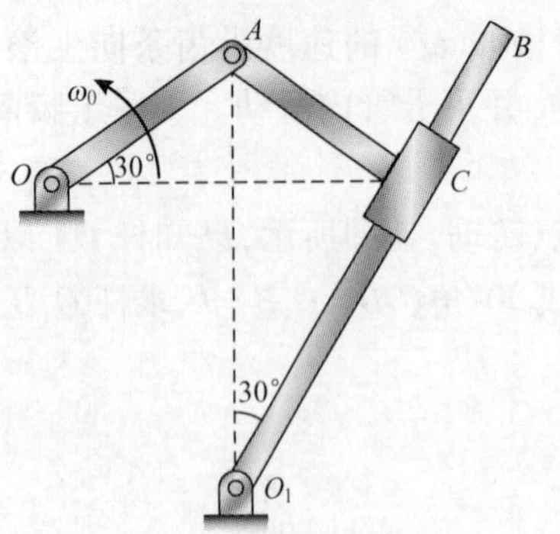

习题 3-17 图

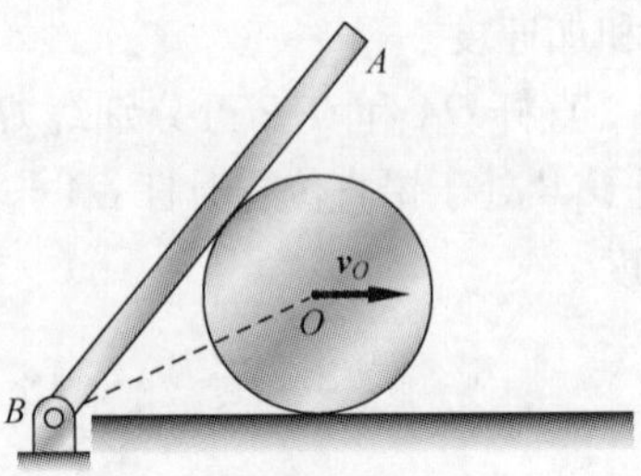

习题 3-18 图

参考答案

思考题

3-1 (1)错;(2)错;(3)对;(4)错;(5)错。

3-2 B。

3-3 不可以。速度平行四边形为一平面图形。

3-4 动系空间中与动点重合的点的速度和加速度是牵连速度与牵连加速度。动系中任何一点的速度和加速度一般不是牵连速度与牵连加速度。

3-5 当动系做平动时,$\frac{\mathrm{d}\boldsymbol{v}_e}{\mathrm{d}t}=\boldsymbol{a}_e$,$\frac{\mathrm{d}\boldsymbol{v}_r}{\mathrm{d}t}=\boldsymbol{a}_r$,则 $\boldsymbol{a}_a=\boldsymbol{a}_e+\boldsymbol{a}_r$ 成立。当动系做转动时,$\frac{\mathrm{d}\boldsymbol{v}_e}{\mathrm{d}t}=\boldsymbol{a}_e+\boldsymbol{\omega}_e\times\boldsymbol{v}_r$,$\frac{\mathrm{d}\boldsymbol{v}_r}{\mathrm{d}t}=\boldsymbol{a}_r+\boldsymbol{\omega}_e\times\boldsymbol{v}_r$,则 $\boldsymbol{a}_a\neq\boldsymbol{a}_e+\boldsymbol{a}_r$。

3-6 (1)对;(2)错;(3)错;(4)对。

习题

3-1 略。

3-2 以子弹为动点,发射子弹的飞机为动系,地面为定系,$\sin\theta=0.8782$,则 $\theta=61.43°$或 $\theta=1.072\mathrm{rad}$,且 $v_a=1109.64\mathrm{m/s}$。

3-3 (a)$\omega_2=1.5\mathrm{rad/s}$;(b)$\omega_2=2\mathrm{rad/s}$。

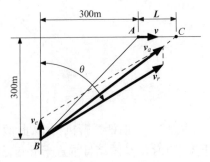

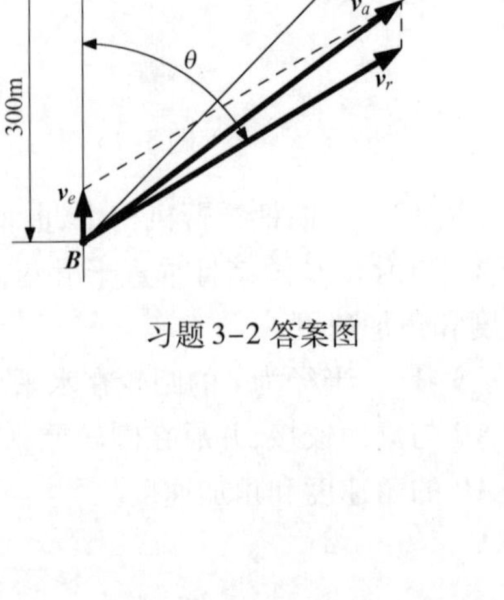

习题 3-2 答案图

3-4 飞机相对甲板速度是相对速度 $\boldsymbol{v}_r$,同时由于航空母舰的起伏,飞机有牵连速度 $\boldsymbol{v}_e$,$\boldsymbol{v}_r$ 与 $\boldsymbol{v}_e$ 合成绝对速度 $\boldsymbol{v}_a$。岸上观察者所观察到的是飞机相对于地面(定系)的速度 $\boldsymbol{v}_a$,这是飞机的绝对速度,他观察不到 $\boldsymbol{v}_r$ 与 $\boldsymbol{v}_e$。而航空母舰上的观察者所观察到的是飞机相对于甲板(动系)的速度 $\boldsymbol{v}_r$,他观察不到 $\boldsymbol{v}_a$ 与 $\boldsymbol{v}_e$。

3-5 $\varphi=0°$,$v=\frac{\sqrt{3}}{3}r\omega(\leftarrow)$;$\varphi=30°$,$v=0$;$\varphi=60°$,$v=\frac{\sqrt{3}}{3}r\omega(\rightarrow)$。

3-6　$v_C = \dfrac{av}{2l}$。

3-7　$v_{AB} = e\omega$。

3-8　$v_M = 0.529$。

3-9　$v_M = 0.173\text{m/s}$; $a_M = 0.35\text{m/s}^2$。

3-10　$v = 0.1\text{m/s}$; $a = 0.346\text{m/s}^2$。

3-11　$v = 0.173\text{m/s}$;$a = 0.05\text{m/s}^2$。

3-12　$v_{Ba} = v_{Br} = v_r = 96\text{mm/s}$;$a_{Ba} = \sqrt{a_r^2 + a_C^2} = 295.36\text{mm/s}^2$;$\omega_{ABC} = \dfrac{v_e}{AB} = 1.28\text{rad/s}$,逆时针;$\varepsilon_{ABC} = \dfrac{a_e^\tau}{AB} = 2.4576\text{rad/s}^2$,顺时针。

3-13　$v_B = 160\text{mm/s}$,$a_B = 587\text{mm/s}^2$。

3-14　$\omega_{O_1B} = \dfrac{v_a}{L} = 2\omega$,$\varepsilon_{O_1B} = -8\sqrt{3}\omega^2$。

3-15　$v_{AB} = \sqrt{2}L\omega_0\text{cm/s}$,$a_{AB} = 3\sqrt{2}L\omega_0^2\text{cm/s}^2$。

3-16　$v_M = R\omega$,$a_M = 0$。

3-17　$\omega_{O_1B} = \omega_0/2$,逆时针;$\varepsilon_{O_1B} = \sqrt{3}\omega_0^2/12$,顺时针。

3-18　$\omega_{BA} = \dfrac{v_O}{2r}$,顺时针;$\varepsilon_{BA} = \dfrac{\sqrt{3}v_O^2}{4r^2}$,顺时针。

拓展阅读:风洞的诞生

风洞(wind tunnel)是能人工产生和控制气流,以模拟飞行器或物体周围气体的流动,并可量度气流对物体的作用以及观察物理现象的一种管道状实验设备,它是进行空气动力实验最常用、最有效的工具。风洞试验是现代飞机、导弹、火箭等研制定型和生产的必要环节,现代飞行器的设计对风洞的依赖性很强。新型航空器试飞之前,需要进行许多风洞试验。我国的歼-10战斗机从选型、试验,到试飞、定型、装备部队用了20年的时间,在此期间,各种各样的风洞试验做了几千次,为战斗机的设计提供了强有力的技术支撑。

下面我们结合本章的**相对运动**概念来谈一谈风洞的由来。

列奥纳多·达芬奇(1452—1519)集艺术家、雕塑家、数学家、物理学家、工程师以及内科医生等众多头衔于一身。关于飞机在空中飞行如何产生气动力方面,他有大量具有洞察力的思想。在他大致著于1513年的《E手稿》中,关于鸟类飞行有如下的表述:

“在鸟周围,上面的空气要比其他地方的空气稀薄,而下方的空气则稠密。和鸟翅膀朝向地面的运动相似,后方的空气要比上方的空气稀薄……鸟前方的空气要比下方的空气稠密……”

表述中的“稀薄”、“稠密”显然对应现在的“压强低”和“压强高”。鸟翼上下表面的压强差形成压力差,这便是升力的产生,前后的压强差便是阻力的来源。

达芬奇还是明确表述风洞原理的第一人。他在《大西洋手稿》里曾有这样的表述:

“物体在静止的空气里的运动与运动着的空气吹过静止物体,这两者的作用是一样的。”我们可以将静止的飞行器安装在风洞里,并以给定的气流速度对其吹风,该静止的飞行器所受到的空气动力与气动效应与相同速度下飞行在静止空气中的飞行器所受到的空气动力和气动效应相同。我们所关心的是**飞行器相对于空气的相对速度**,而**不用去管这种相对速度到底是飞行器运动产生的还是气体本身的流动产生的**。这就是运动的“**相对性原理**”,此原理现在看来显而易见,它是现代风洞试验的理论基础。这样,我们在进行空气动力学实验时就不需要每次都去做实际飞行,很多情况下在实验室里造风同样能达到获取数据的目的。达芬奇的工作仅仅停留在文字表述上,而没有付诸实践。

英国军事工程师本杰明·罗宾斯(1707—1751)于1746年发明了可以测量物体空气动力的实验装置——旋转臂,也称悬臂机。罗宾斯的旋转臂原理示意如图3-24所示。

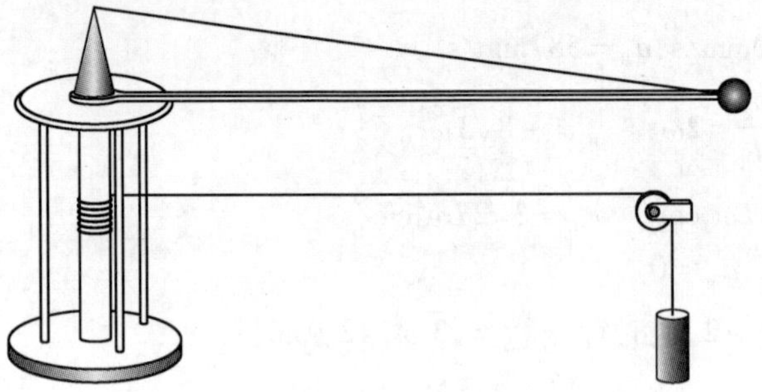

图3-24 罗宾斯的旋转臂原理示意

在该装置中,将被测量物体安装在旋转臂的外端,旋转臂的另一端与竖直旋转轴相连接,竖直旋转轴上缠绕着一端悬挂重锤的绳索,工作时,重锤的势能转化为转轴以及悬臂的转动动能。**被测物体随悬臂一起运动,也就是以一定的速度相对于空气运动**,同时,所受的空气阻力能够被测量出来。罗宾斯运用旋转臂以及其他实验设备进行了一系列空气动力学实验,得到了一系列很有意义的结论,比如说:形状不同,但迎风面积相同的两个物体在空气中运动时的空气阻力是不同的;气流中的长方形板,长边作为前缘时比短边作为前缘时的阻力要小,即现在大家熟知的大展弦比机翼升阻比更高的理论;物体在空气中飞行时,其速度接近声速时,空气阻力会大大增加等。悬臂机的测量结果显然是相对粗略的,经过一段时间的运转之后,旋转臂周围的空气将会因旋转臂的扰动而产生相同绕向的旋转。被测物体与空气之间的相对运动已经不再是旋转臂的角速度与臂长的乘积了,因此测量误差进一步增长。

航空历史上第一个风洞是由英国人弗朗西斯·赫伯特·韦纳姆于1870年6月开始设计制造的。这个风洞是一个长10ft长的方形导管,其横截面尺寸为18in,使用蒸汽机驱动安装在导管一端的风扇将空气推进导管,被测模型通过竖直和水平方向的弹簧固定。实验段位于导管气流出口处下游2ft处的开放区域。韦纳姆的风洞为开口型风洞,设计的最大风速仅有40mile/h,产生的气流流速并不平稳,又因没有采用引导气流的叶片装置(导流叶片),气流的流向也不平稳,无法实现精确的可重复实验。韦纳姆等人运用此风洞对最大尺寸为18in的平板升力面在15°~60°迎角范围内进行了空气动力实验。没有获取低于15°的小迎角数据的原因主要是测量手段的落后。他们的一系列实验表明,升力面上的升力远大于阻力,即可以获取很高的升阻比。此结论意义重大:重于空气的航空器飞行是完全可行的。

世界上第二个风洞诞生于1884年，也是由英国人制造的，他是霍雷肖·弗雷德里克·菲利普斯。菲利普斯曾经聆听过韦纳姆的风洞实验报告，并注意到了其风洞试验的不足，其后，他便致力于设计一个更好的风洞。他设计了一个“注射器式”风洞，这个风洞采用蒸汽机在风洞中产生低压区而把外界空气吸进风洞的方式制造高速气流。菲利普斯的风洞比韦纳姆的有了很大进步。菲利普斯运用自己的风洞对航空动力学做出了自己的贡献：发现了带弯度的翼型的气动性能远远优于平板升力面模型，并设计了一系列的带弯度翼型；1893年他还制造了一架大型多翼机并进行了试验，该飞行器有一组机翼，每个机翼的翼展为19ft，弦长仅为1.5in，它看起来就像是一个百叶窗。菲利普斯因翼型方面的开创性工作而被称为现代翼型之父。

其他，如俄国的第一个风洞由莫斯科大学的尼古拉·茹科夫斯基于1891年制造。1893年，路德维希·马赫在奥地利制造了一个7in×10in的风洞，此人是恩斯特·马赫的儿子，大家熟知的马赫数就是以恩斯特·马赫命名的。美国的第一个风洞由麻省理工学院的阿尔弗雷德·J·威尔斯建造。

1901年，莱特兄弟在研制飞机的过程中也制作了自己的风洞，对200多种翼型进行了空气动力学实验。图3-25是莱特兄弟风洞的复原模型图。

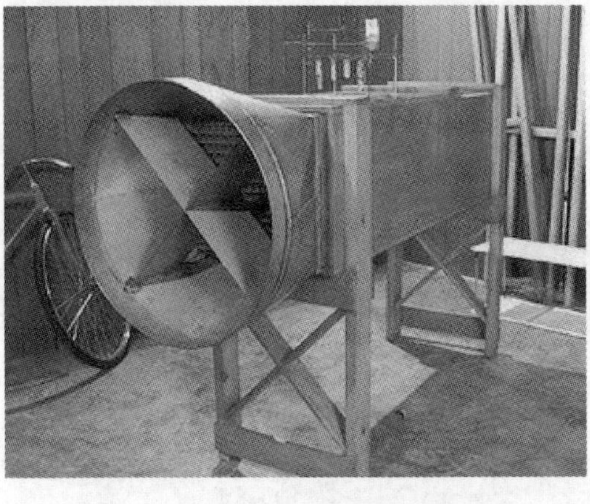

图3-25 莱特兄弟风洞的复原模型图

经过一百多年的发展，现代风洞种类繁多，分类方式也各异。风洞中的气流速度一般用实验气流的马赫数(Ma)来衡量。风洞可以根据气流流速进行分类：$Ma<0.3$的风洞称为低速风洞；在$0.3<Ma<0.8$范围内的风洞称为亚声速风洞；$0.8<Ma<1.2$范围内的风洞称为跨声速风洞；$1.2<Ma<5$范围内的风洞称为超声速风洞；$5<Ma<10$的风洞称为高超声速风洞；马赫数$Ma>10$的称为极高速风洞，又称为激波风洞，其气流密度极低，相当于极高速的洲际导弹在高空飞行的状态。

风洞也可按用途分类，如航空风洞、建筑风洞、汽车风洞、环境风洞、计量风洞等；也可按结构型式分类，如直流式风洞、回流式风洞；按实验段气流方向可分为水平式风洞和立式风洞；按工作方式可分为连续式和暂冲式；按实验段的构造可分为开口式和闭口式等；还有一些特种风洞，如专门研究飞机防冰和除冰的冰风洞，研究沙粒运动影响的沙风洞等。

图 3-26 ~ 图 3-32 所示为各类风洞及风洞试验。

图 3-26　直流式风洞

图 3-27　回流式风洞

图 3-28　飞机模型风洞试验

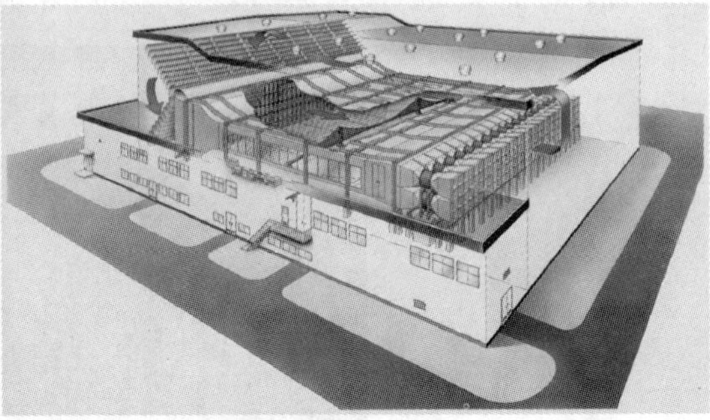

图 3-29　桥梁的建筑风洞模型试验示意图

图 3-30　高层建筑的风洞模型试验

风洞主要由洞体、驱动系统和测量控制系统组成，各部分的形式因风洞类型而异。

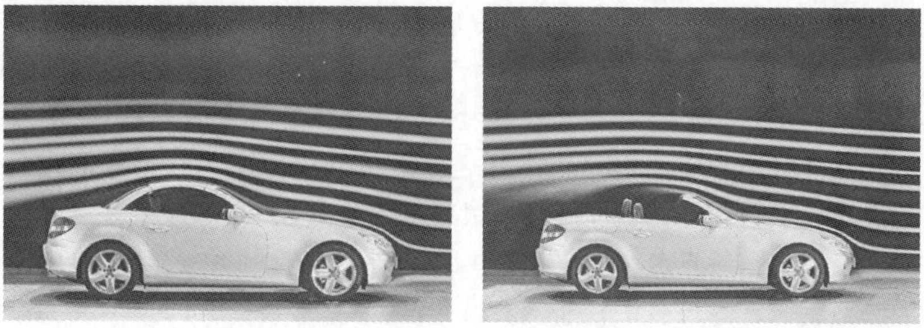

(a)　(b)

图 3-31　汽车风洞试验

(a)　(b)

图 3-32　立式风洞

在结构上,风洞洞体有一个能对模型进行必要测量和观察的实验段。实验段上游有提高气流匀直度、降低湍流度的稳定段和使气流加速到所需流速的收缩段或喷管。实验段下游有降低流速、减少能量损失的扩压段和将气流引向风洞外的排出段或导回到风洞入口的回流段。有时为了降低风洞内外的噪声,在稳定段和排气口等处装有消声器。

风洞的驱动系统一般有两类:一类是由可控电机组和由它带动的风扇(图 3-33)或轴流式压缩机组成。风扇旋转或压缩机转子转动使气流压力增高来维持管道内稳定的气流流动。改变风扇的转速或叶片安装角,或改变对气流的阻尼,可调节气流的速度。使用这类驱动系统的风洞称连续式风洞,但随着气流速度增高所需的驱动功率急剧加

图 3-33　风洞造风风扇

大,如产生跨声速气流每平方米实验段面积所需功率约为4000kW,产生超声速气流则约为16000~40000kW。另一类是用小功率的压气机事先将空气增压贮存在贮气罐中,或用真空泵把与风洞出口管道相连的真空罐抽真空,试验时快速开启阀门,使高压空气进入洞体或由真空罐将空气吸入洞体。使用这种驱动系统的风洞称为暂冲式风洞。暂冲式风洞建造成本较低,但可用试验时间短,试验准备周期较长,它的工作时间可由几秒到几十秒,多用于跨声速、超声速和高超声速风洞。对于试验时间小于1s的脉冲风洞还可通过电弧加热器或激波来提高试验气体的温度,这样能量消耗少,模拟参数高。

风洞试验的最终目标是获取各种空气动力学数据,因此,测量控制系统是风洞中最核心、最重要的系统,其作用是按预定的试验程序,控制各种阀门、活动部件、模型状态和仪器仪表,并通过天平、压力和温度等各类传感器,测量气流参量、模型状态和有关物理量。随着科学技术的发展,风洞的测控系统的发展也是日新月异。

风洞试验的主要分类有测力试验、测压试验、传热试验、动态模型试验和流态观测试验等。风洞试验有如下优点:能比较准确地控制试验条件,如气流的速度、压力、温度等;试验在室内进行,受气候条件和时间的影响小,模型和测试仪器的安装、操作、使用比较方便;试验项目和内容多种多样,实验结果的精确度较高;实验比较安全,而且效率高、成本低,但同时也存在不足。风洞试验毕竟是一种模拟实验,不可能完全准确。风洞试验固有的模拟不足主要有:边界效应(边界干扰)、支架干扰、相似准则不能完全满足等。

全世界的风洞总数已达千余座,最大的低速风洞是美国国家航空航天局艾姆斯中心的国家全尺寸设备(NFSF),实验段尺寸为$24.4\times36.6m^2$,足以装下一架完整的飞机,此风洞建于1944年。

目前,我国已经基本建成功能、规格齐全的风洞设备体系,在某些领域,甚至已经走在了世界前列。图3-34为我国建成的激波风洞。

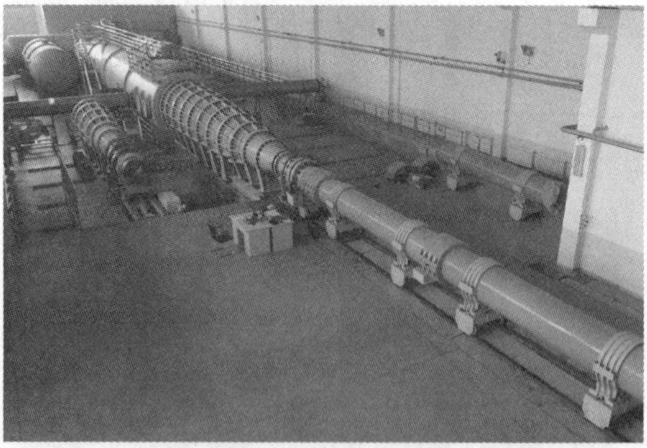

图3-34 我国的激波风洞

“我们可以把任何命题视为公理，只要满足一个条件，即系统中所有其他命题均可由所选择的这组公理推导出来。因此，能成为公理这一点在任何意义上都不是某个定律的自然而然的、固有的属性或特征。某些命题之所以被选择为公理，其唯一的理由只是因为方便。对应从这些公理推导出来的命题，进一步通过定义引入一些原来公理中没有使用过的符号。定义就是为了简便起见而引进一些新的符号或记号，定义就是这样组成的。至于这些记号中哪些应当被认为是基本符号，哪些应当被认为是根据定义而由基本符号导出，则同样是任意的。”

——莫里茨·石里克著，陈维杭译. 自然哲学.(商务印书馆,2007)

第2篇 动 力 学

引言

动力学是研究物体机械运动与物体受力之间关系规律的科学。

若以飞机为例解释动力学的研究内容的话，可以简单描述为两类问题：一是分析飞机的受力，研究在这些力的作用下飞机应该怎样运动；二是要想实现我们想要的飞机运动，应该对飞机施加什么样的力才行。第一类问题称为动力学正问题；第二类问题称为动力学逆问题。动力学逆问题以正问题为基础，在动力学与控制领域的地位至关重要。例如，要想实现飞机的目标运动，必须对飞机施加适当的力，这些适当的力必须通过对飞机发动机及飞机上各操纵面的适当的控制来实现。这显然是一个很典型的动力学与控制问题。

动力学正问题的研究过程是人类观察、总结、归纳自然规律的过程，即认识自然的过程；动力学逆问题的研究过程则是人类依据自然规律改造自然的过程。

动力学正问题是单解问题，有了确定的作用力就会对应唯一确定的运动；动力学逆问题则不同，它是多解问题。得到适当力的方式、方法可以多种多样，殊途同归。这也为我们采用多种方法解决同一问题提供了可能性。

"如果我们假设这世界本来是有秩序的,归纳不至于发生问题,但是,我们怎样可以假设这世界是有秩序的呢?我们怎样可以担保明天的世界不至于把以往的世界以及所有已经发现的自然律完全推翻呢?"

——金岳霖著.论道.(中国人民大学出版社,2009)

"Logic is invincible because in order to combat logic it is necessary to use logic."

——Pierre Boutroux ①

第4章 物体的受力分析与力系的简化

关键词

力(force);力的三要素(three factors of force);力系(system of forces);分布力(distributed force);分布载荷(distributed load);集中力(concentrated force);分力(components);合力(resultant force);平行四边形法则(parallelogram rule);力的可传性(transmissibility of force);作用与反作用(action and reaction);主动力(active force);受力图(free body diagram);力对点的矩(moment of force about a point);矩心(center of moment);力对轴的矩(moment of force about an axis);力臂(moment arm);力偶(couple);力偶矩(moment of couple);力偶的等效性(equivalence of couples);约束(constraint);约束力(constraint reaction);铰链(hinge);力系的简化(reduction of force system);主矢(principal vector);主矩(principal moment);力螺旋(force screw);外力(external force);内力(internal force)

本章阐述力的概念和性质,阐述力对点的矩、力对轴的矩的计算及空间力偶的性质,分析工程中常见约束的特征及约束力。介绍如何对物体进行受力分析,正确画出受力图。介绍空间力系的简化方法及结果分析。

引例:机翼上的空气动力对飞机的运动效应

力是改变物体运动状态的根本原因。对运动体进行控制本质上是依据动力学规律对被控制对象施加合适的力和力矩,以实现我们想要的运动形式或运动状态。对于飞行器的力学问题来说,无外乎两类:一是给出作用力,求飞行器的运动规律;二是给出想要的运动,求应对飞行器如何施加以及施加什么样的力。对于一架正常飞行的飞机来说,其上主要受到重力、升力、推力以及阻力的作用,如图4-1所示。

飞机的飞行状态完全取决于这四类力对飞机的综合效应。飞机的升力主要来源于机翼的贡献,控制力和力矩来源于发动机和各操纵面(如鸭翼、副翼、襟翼、升降舵、方向

① Pierre Boutroux(1880—1922),法国数学家、科学史学家,他是法国著名科学家Henri Poincaré(亨利·庞加莱)的外甥,主要以数学史和数学哲学为人所知。

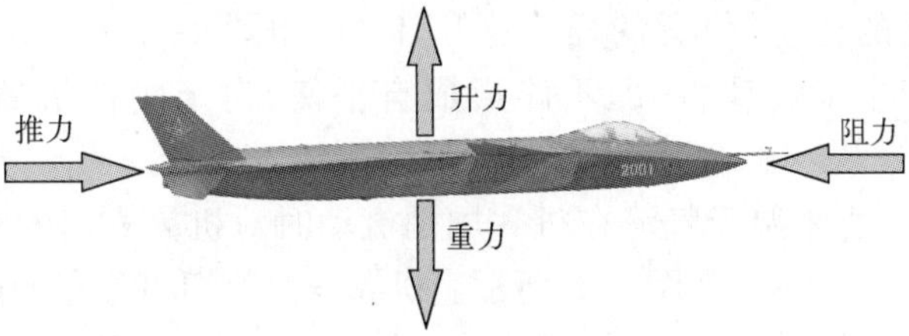

图 4-1　飞机受力分析

舵)。机翼以及各操纵面所受空气动力均是复杂的面分布力系。下面以机翼为例来简要分析空气动力分布力系。

翼型为平行于飞机纵向对称平面的机翼剖面或垂直于机翼前缘的机翼剖面,如图 4-2 所示。

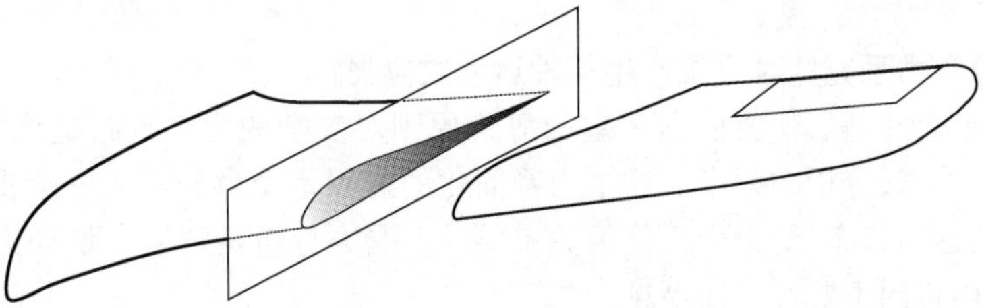

图 4-2　机翼的翼型

机翼上的空气动力来源于机翼在空气中的运动或气流相对于机翼的流动。如图 4-3 所示,因翼型、迎角等原因的存在,流过机翼上下表面的相对气流会对机翼表面产生不同的分布力,即空气动力。

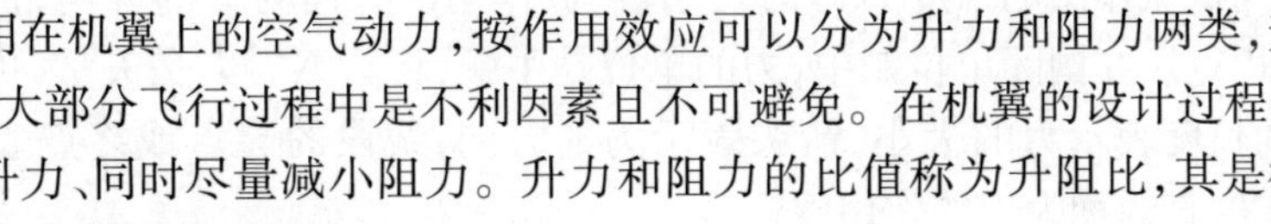

(a) 机翼上下表面气流　　(b) 翼型截面流线分布

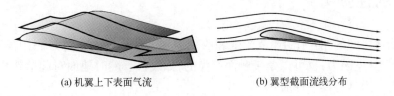

图 4-3　机翼的相对气流

对于作用在机翼上的空气动力,按作用效应可以分为升力和阻力两类,升力是有利的,而阻力在大部分飞行过程中是不利因素且不可避免。在机翼的设计过程中应着重考虑尽量增加升力、同时尽量减小阻力。升力和阻力的比值称为升阻比,其是衡量机翼空气动力学特性优劣的重要指标。

首先,简单谈谈空气动力的基本来源。

空气动力的基本来源有两个:一是机翼表面的分布压力,来源于空气分子的冲击过程中动量的变化;二是机翼表面上的分布剪切力,来源于气体对机翼表面的摩擦。

飞机的主要升力来源于机翼上下表面的压力差是毫无疑问的,但这个压力差的成因却有多种解释。尽管距离飞机第一次成功的有动力飞行已经一百多年了,但机翼升力产生的本质原因直到现在仍然是可以探讨的话题。在这里我们认可表面压力以及压力差的存在,而不去探讨压力差的本质成因。空气对机翼施加的压力总是垂直于机翼外表面的,不同位置的压力强度不同,如图 4-4 所示。机翼表面上压力分布的静不平衡产生了气动力,即不能形成自平衡,对于刚性机翼来说能形成一个非零的合力。

机翼表面的剪切力来源于气流在机翼周围流动时对机翼表面的摩擦效应。这种剪切力的强度也是位置的函数,如图 4-5 所示。机翼表面剪切力分布的静不平衡也会对飞机产生整体的气动力效应。

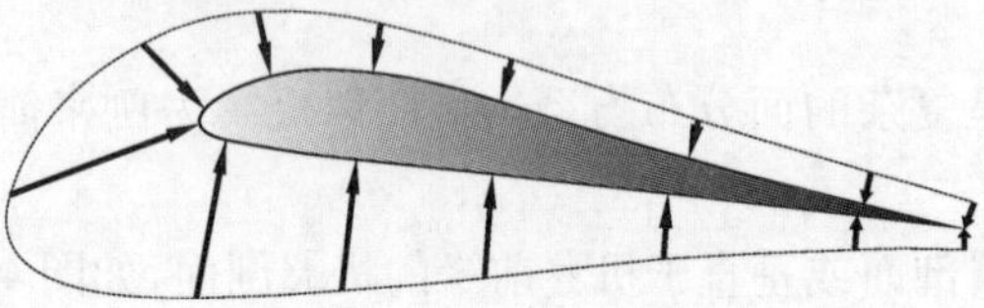

图 4-4　机翼表面的正压力

图 4-5　机翼表面的剪切力

这样的分布力系究竟对飞机产生何种运动效应呢?

要想分析这个问题,就要依据一定的等价原则对复杂的力系进行适当简化,简化到我们能够方便处理、分析的程度。这个力系简化的过程是受力分析的一个重要环节。要想分析物体的运动状态,受力分析是至关重要的。**受力分析**是解决一切动力学问题的必要前提,本章内容的重要性显而易见。

我们将升力产生原因的几种解释放在拓展阅读部分简要阐述,供大家探讨与参考。动量定理部分我们再来探讨升力产生原因的解释之一——动量定理解释。本部分内容仅探讨机翼上分布力系的简化以及简化结果分析。

4.1　力的性质

力是物体之间的相互作用,是产生和改变运动的原因。力可以是超距离的,如地球对物体的引力、电磁力;也可以是接触而产生的,如飞机着陆时地面对起落架机轮的支撑力和摩擦力。力具有以下性质:

性质 1　力对物体的作用效果取决于三个因素:大小、方向和作用点。

物体之间机械作用的强度为力的大小;机械作用的方向为力的方向;机械作用的位置为力的作用点。在国际单位制中,力的单位是牛顿,记为 N。力是矢量,可用有向线段表示,线段的长度表示力的大小,箭头表示力的方向,线段的起点或终点表示力的作用点,线段所在的直线称为力的作用线。

性质 2　作用于物体上同一点的两个力,可以合成为一个合力。合力的作用点仍在该点,合力的大小和方向对应以这两个力为邻边所作的平行四边形的对角线。

此性质表明力的合成符合矢量求和规则,称为力的平行四边形法则。设物体上 A 点作用 $\boldsymbol{F}_1$ 和 $\boldsymbol{F}_2$ 两个力,如图 4-6(a)所示,其合力 $\boldsymbol{F}_R$ 为 $\boldsymbol{F}_1$ 和 $\boldsymbol{F}_2$ 的矢量和,即

$$\boldsymbol{F}_R = \boldsymbol{F}_1 + \boldsymbol{F}_2 \tag{4-1}$$

此例也可采用力合成的三角形法则:将其中一个力的起始端平移到另一个力矢量的末端,从起始点到终点作一矢量补全第三边,形成封闭的三角形,补充的矢量即为合力,如图 4-6(b)所示。

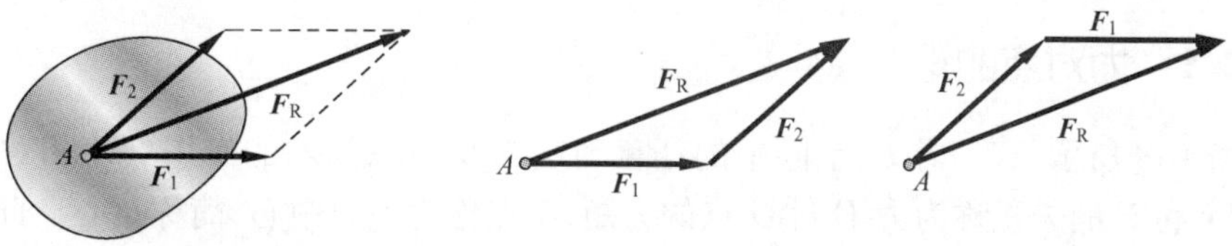

(a) 平行四边形法则　　(b) 三角形法则

图4-6 力的合成与分解

作用在物体上的一组力统称为力系。工程上一般将物体相对于惯性参考系保持静止或做匀速直线平动的状态,称为物体的平衡。使物体保持平衡的力系称为平衡力系。式(4-1)中,当矢量 $\boldsymbol{F}_R$ 等于零矢量时,$\boldsymbol{F}_2 = -\boldsymbol{F}_1$。这表明同一作用点上的两个力如果大小相等、方向相反,则对物体的作用效果等于零,即 $\boldsymbol{F}_1$ 和 $\boldsymbol{F}_2$ 组成平衡力系。如果作用于刚体上的力只有两个,且使刚体保持平衡,那么这两个力一定大小相等、方向相反,作用线重合。这就是所谓的**二力平衡条件**:受二力作用的刚体平衡的充分必要条件是二力的大小相等、方向相反,沿同一作用线(图4-7)。

性质3 在刚体已知力系上增加或减去任意的平衡力系,并不改变原力系对刚体的作用效应。此性质称为**加减平衡力系公理**。

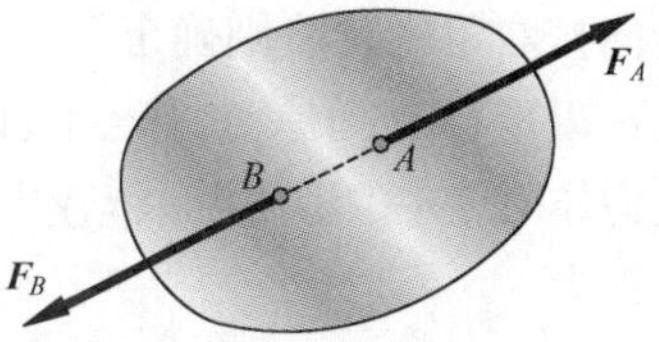

图4-7 二力平衡条件

利用二力平衡条件和加减平衡力系公理还可以证明以下推论:

推论1 作用于刚体上某点的一个力,可以沿着它的作用线移动到刚体内任一点,并不改变该力对刚体的作用效应。此性质称为**力的可传性**,证明留给读者自己完成。由此可见,对于刚体来说,其上的力的三要素是:**大小**、**方向**和**作用线**。此结论不适用于变形体,对于变形体,力的作用效果与作用点密切相关。

推论2 当刚体受三个力作用,保持平衡,若有两个力交于一点,则第三个力也通过汇交点,且三力共面。此性质称为**三力平衡汇交定理**。

性质4 **作用力和反作用力**同时存在,大小相等、方向相反,沿同一作用线,分别作用于两个互相作用的物体上。此性质就是牛顿第三定律的内容。若用 $\boldsymbol{F}$ 表示作用力,$\boldsymbol{F}'$ 表示反作用力,则

$$\boldsymbol{F} = -\boldsymbol{F}'$$

注意:不要将作用力与反作用力性质与二力平衡条件相混淆,前者的两力分别作用于不同物体,而后者的两力作用于同一物体。

4.2 力矩与力偶

力对刚体的作用效应使刚体的运动状态发生改变(包括移动与转动),其中力对刚体的移动效应可用力矢来度量;而力对刚体的转动效应可用力矩来度量,即力矩是度量力对刚体转动效应的物理量。

4.2.1 力对点的矩

如图4-8所示，有一力$\boldsymbol{F}$、空间中的任意确定点O，$\boldsymbol{r}$为力$\boldsymbol{F}$的作用点A相对O点的矢径，则$\boldsymbol{r}$和$\boldsymbol{F}$的矢积称为力$\boldsymbol{F}$对O点的力矩，O点称为力矩中心，简称矩心。此力矩记为$\boldsymbol{M}_O(\boldsymbol{F})$，即

$$\boldsymbol{M}_O(\boldsymbol{F}) = \boldsymbol{r} \times \boldsymbol{F} \tag{4-2}$$

力对点的力矩定义为：**矩心到该力作用点的矢径与该力的矢量积。**

设α为$\boldsymbol{r}$与$\boldsymbol{F}$的夹角，上述力矩矢量的模为

$$|\boldsymbol{M}_O(\boldsymbol{F})| = |\boldsymbol{r} \times \boldsymbol{F}| = Fr\sin\alpha = Fh$$

即力的模与力臂h的乘积，力臂为矩心到力的作用线的垂直距离。力矩矢量的方位与力矩作用面（$\boldsymbol{r}$与$\boldsymbol{F}$所确定的平面）的法线方向相同，指向按右手螺旋法则确定。

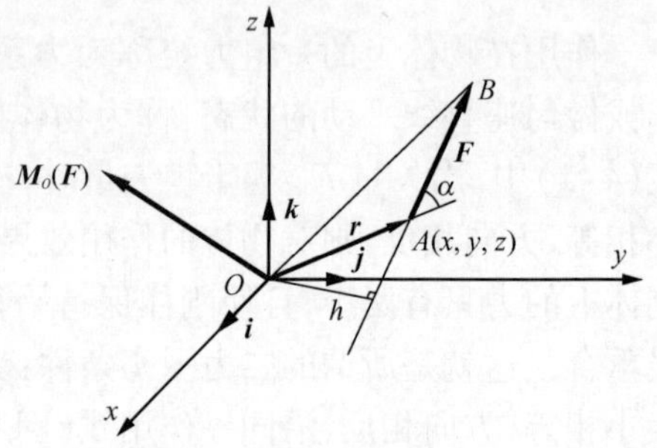

图4-8　力对点的矩

以矩心O为原点，作空间直角坐标系$Oxyz$。设力作用点A的坐标为$A(x,y,z)$，力在三个坐标轴上的投影分别为F_x、F_y、F_z，则矢径$\boldsymbol{r}$和力$\boldsymbol{F}$分别为

$$\boldsymbol{r} = x\boldsymbol{i} + y\boldsymbol{j} + z\boldsymbol{k}$$
$$\boldsymbol{F} = F_x\boldsymbol{i} + F_y\boldsymbol{j} + F_z\boldsymbol{k}$$

代入式(4-2)，并采用行列式形式，得

$$\boldsymbol{M}_O(\boldsymbol{F}) = \boldsymbol{r} \times \boldsymbol{F} = \begin{vmatrix} \boldsymbol{i} & \boldsymbol{j} & \boldsymbol{k} \\ x & y & z \\ F_x & F_y & F_z \end{vmatrix} = (yF_z - zF_y)\boldsymbol{i} + (zF_x - xF_z)\boldsymbol{j} + (xF_y - yF_x)\boldsymbol{k} \tag{4-3}$$

单位矢量$\boldsymbol{i}$、$\boldsymbol{j}$、$\boldsymbol{k}$前面的三个系数分别表示力矩矢$\boldsymbol{M}_O(\boldsymbol{F})$在三个坐标轴上的投影，即

$$\begin{cases} [\boldsymbol{M}_O(\boldsymbol{F})]_x = yF_z - zF_y \\ [\boldsymbol{M}_O(\boldsymbol{F})]_y = zF_x - xF_z \\ [\boldsymbol{M}_O(\boldsymbol{F})]_z = xF_y - yF_x \end{cases} \tag{4-4}$$

4.2.2 力对轴的矩

工程中，经常遇到刚体绕定轴转动的情形，为了度量力对绕定轴转动刚体的作用效果，使用**力对轴的矩**是方便的。

如图4-9所示，有一空间力$\boldsymbol{F}$，设z轴为固定轴，现计算力$\boldsymbol{F}$对z轴的矩。将力$\boldsymbol{F}$沿z轴和垂直于z轴的任意平面（Oxy）投影为$\boldsymbol{F}_z$和$\boldsymbol{F}_{xy}$两个分量，其中分力$\boldsymbol{F}_z$平

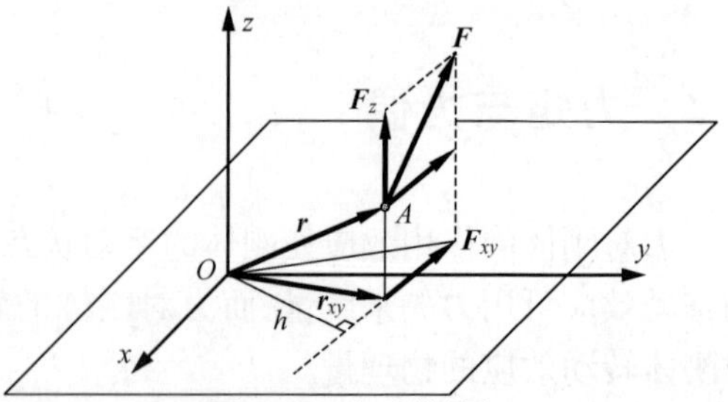

图4-9　力对轴的矩

行于 z 轴,不能使静止的刚体转动,故它对 z 轴之矩为零;只有垂直于 z 轴的分力 $\boldsymbol{F}_{xy}$ 使刚体绕 z 轴产生转动或转动趋势,方向取决于 $\boldsymbol{F}_{xy}$ 在(Oxy)平面内的指向,强弱程度取决于 $\boldsymbol{F}_{xy}$ 的大小和 O 点到 $\boldsymbol{F}_{xy}$ 的垂直距离 h 的乘积,O 为平面与轴的交点。以符号 $M_z(\boldsymbol{F})$ 表示力对 z 轴的矩,即

$$M_z(\boldsymbol{F}) = M_O(\boldsymbol{F}_{xy}) = \pm F_{xy}h \tag{4-5}$$

力对轴的矩的定义如下:**力对轴的矩是力使刚体绕该轴转动效应的度量,是一个代数量,其绝对值等于该力在垂直于该轴平面上的投影对于这个平面与该轴的交点的力矩。**其正负如下规定:从 z 轴正端来看,若力的这个投影使物体绕该轴逆时针转动,则取正号,反之取负号。也可按右手螺旋法则确定其正负号,拇指指向与 z 轴一致为正,反之为负。

当力与轴相交或力与轴平行时,力对该轴的矩等于零。

力对轴的矩也可用解析式表示。设力 $\boldsymbol{F}$ 在三个坐标轴上的投影分别为 F_x, F_y, F_z,力作用点 A 的坐标为 $A(x,y,z)$,如图 4-10 所示。根据式(4-5),得

$$M_z(\boldsymbol{F}) = M_O(\boldsymbol{F}_{xy}) = M_O(\boldsymbol{F}_x) + M_O(\boldsymbol{F}_y)$$

即

$$M_z(\boldsymbol{F}) = xF_y - yF_x$$

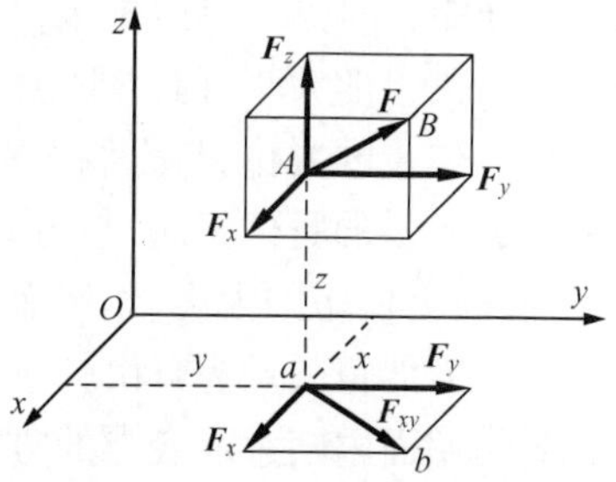

图 4-10　力对轴的矩的解析表达

同理可得力对其余二轴的矩。将此三式合写为

$$\begin{cases} M_x(\boldsymbol{F}) = yF_z - zF_y \\ M_y(\boldsymbol{F}) = zF_x - xF_z \\ M_z(\boldsymbol{F}) = xF_y - yF_x \end{cases} \tag{4-6}$$

比较式(4-4)与式(4-6),可得

$$\begin{cases} [\boldsymbol{M}_O(\boldsymbol{F})]_x = M_x(\boldsymbol{F}) \\ [\boldsymbol{M}_O(\boldsymbol{F})]_y = M_y(\boldsymbol{F}) \\ [\boldsymbol{M}_O(\boldsymbol{F})]_z = M_z(\boldsymbol{F}) \end{cases} \tag{4-7}$$

上式说明:**力对点的矩矢在通过该点的某轴上的投影,等于力对该轴的矩。**

4.2.3　力偶

大小相等、方向相反、作用线平行但不重合的两个力组成的特殊平行力系,称为力偶。例如,汽车司机用双手转动方向盘的力、电动机的定子磁场对转子作用的有旋转效应的电磁力、工人用丝锥攻螺纹时人手对丝锥的作用力。在方向盘、电机转子、丝锥等物体上,都作用了成对、等值、反向且不共线的平行力 $\boldsymbol{F}$ 和 $\boldsymbol{F}'$(图 4-11)。两个平行力的矢量和显然等于零,但是由于它们不共线而不能相互平衡。力偶不能合成为一个力,故力偶也不能用一个力来平衡。

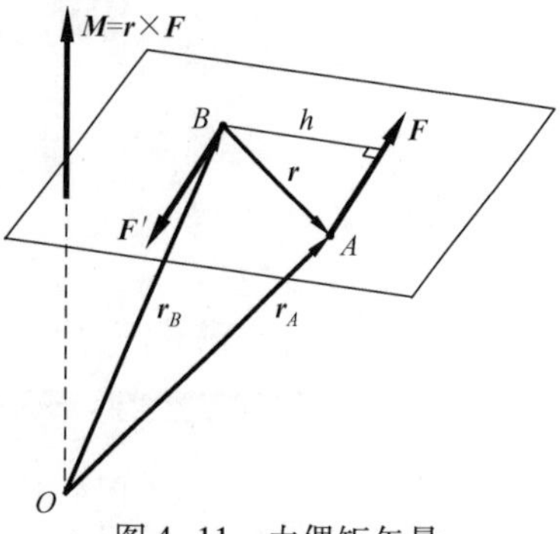

图 4-11　力偶矩矢量

力偶是由两个力组成的特殊力系,它的作用只

改变物体的转动状态。这种作用效果可以用力偶对任意点的矩来衡量。任选空间确定点 O，自 O 至 $\boldsymbol{F}$ 和 $\boldsymbol{F}'$ 的作用点 A、B 引矢径 $\boldsymbol{r}_A$ 和 $\boldsymbol{r}_B$（图 4-11），则力偶对点 O 之矩的大小和方向由下式确定：

$$\boldsymbol{r}_A \times \boldsymbol{F} + \boldsymbol{r}_B \times \boldsymbol{F}' = \boldsymbol{r}_A \times \boldsymbol{F} + \boldsymbol{r}_B \times (-\boldsymbol{F}) = (\boldsymbol{r}_A - \boldsymbol{r}_B) \times \boldsymbol{F} = \boldsymbol{r} \times \boldsymbol{F}$$

上式表明：力偶对空间任一点的矩矢与矩心无关，以记号 $\boldsymbol{M}(\boldsymbol{F},\boldsymbol{F}')$ 或 $\boldsymbol{M}$ 表示力偶矩矢，即

$$\boldsymbol{M} = \boldsymbol{r} \times \boldsymbol{F} \tag{4-8}$$

既然力偶的作用效果与矩心无关，则作用于同一刚体的力偶，当力偶矩矢量沿所在直线任意滑动或任意平行移动时，必不影响力偶对刚体的作用效果。可见作用于同一刚体的力偶矩矢量是一自由矢量，其对刚体的作用效果取决于下列三个因素：

（1）矢量的大小，即力偶矩大小 $M = Fh$；

（2）矢量的方位，与力偶作用面相垂直；

（3）矢量的具体指向，与力偶的转向关系服从右手螺旋法则。

因此，力偶矩的大小、作用面的方位和力偶的转动方向，称为力偶的三要素。

由于力偶矩矢量为自由矢量，因此**在保持力偶的方向和力偶矩大小不变的条件下，在力偶作用面内随意改变力的方向，或同时改变力和力偶臂的大小，或将力偶作用面平行移动，都不影响力偶对刚体的作用效果**。此性质称为**力偶的等效性**。

飞机的三个转动自由度中有一个称为“滚转”自由度，其运动形式为机身绕纵向轴转动。飞机可以借助位于机翼外侧的两个副翼偏转来实现滚转，如图 4-12 所示。飞机两侧的副翼朝不同方向偏转，如一侧向上，则另一侧就应向下偏转，如图 4-13 所示，这样就能在向下偏转的副翼上产生向上的力，在向上偏转的副翼上产生向下的力，两边的力形成等值、反向、平行的一对力偶作用使飞机滚转，如图 4-14 所示。

图 4-12　飞机的副翼

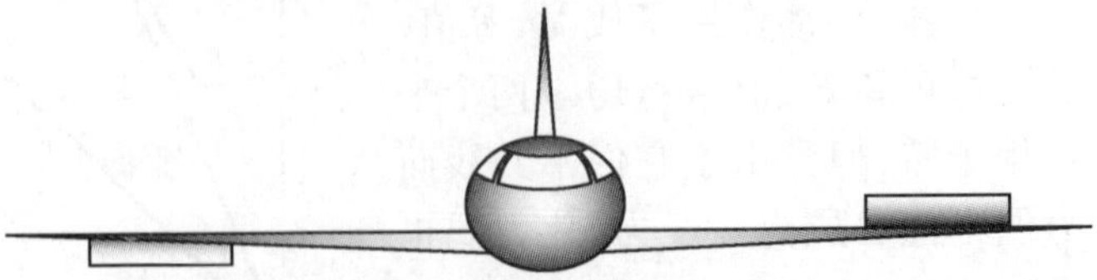

图 4-13　飞机滚转运动时副翼偏转示意

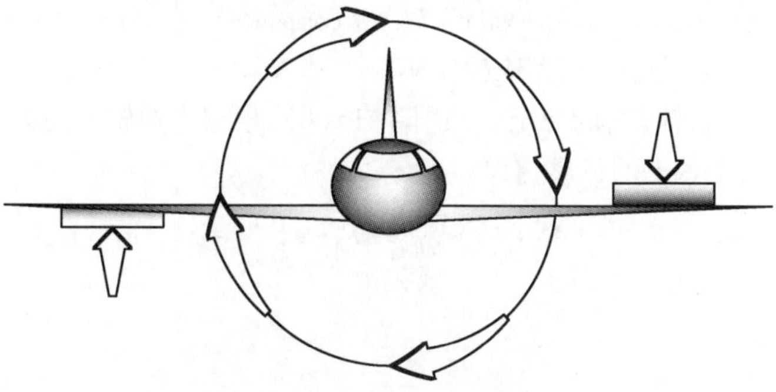

图 4-14　偏转的副翼上出现的力偶

请大家思考：副翼为何一般布置在机翼上离机身尽量远的位置处？

采用鸭式布局的战斗机，其滚转自由度也可以由偏转机身前部两侧的鸭翼来实现，滚转所需力偶的产生原理与副翼偏转相同。如我国的歼-10、歼-20、歼-31 战斗机均采用了鸭式布局。

另外，直升机的大旋翼以及尾部螺旋桨在正常转动时，其转轴所受作用力均可视作力偶。

例题 4-1　在图 4-15(a)中，已知力 $\boldsymbol{F}$ 和 $\boldsymbol{F}_1$ 的大小，角度 φ 和 θ，以及长方体的边长 a、b、c。求：(1) 力 $\boldsymbol{F}$ 在轴 x、y、z 上的投影；(2) 力 $\boldsymbol{F}$ 对轴 x、y、z 的力矩；(3) 力 $\boldsymbol{F}_1$ 对倾斜轴 AB(该轴的正向由 A 指向 B)的力矩。

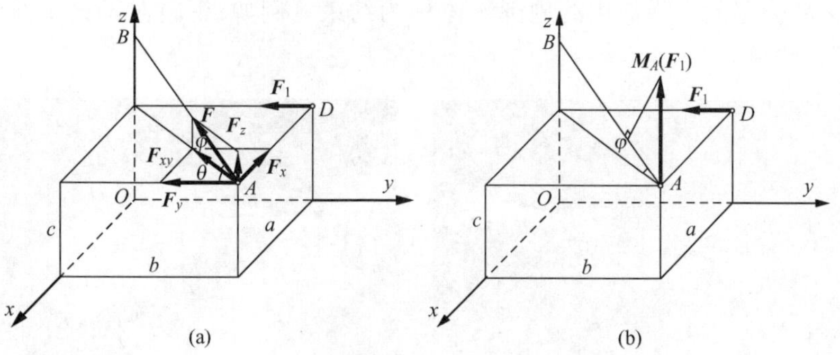

图 4-15　例题 4-1

解：(1) 力 $\boldsymbol{F}$ 在轴 x、y、z 上的投影。如图 4-15(a)所示，可将力 $\boldsymbol{F}$ 在 A 点分解为

$$\boldsymbol{F}=\boldsymbol{F}_{xy}+\boldsymbol{F}_z=\boldsymbol{F}_x+\boldsymbol{F}_y+\boldsymbol{F}_z$$

则力 $\boldsymbol{F}$ 在轴 x、y、z 上的投影分别为

$$F_x=-F_{xy}\sin\theta=-F\cos\varphi\sin\theta$$

$$F_y=-F_{xy}\cos\theta=-F\cos\varphi\cos\theta$$

$$F_z=F\sin\varphi$$

(2) 力 $\boldsymbol{F}$ 对轴 x、y、z 的力矩。可得

$$\begin{aligned}M_x(\boldsymbol{F})&=yF_z-zF_y=b(F\sin\varphi)-c(-F\cos\varphi\sin\theta)\\&=bF\sin\varphi+cF\cos\varphi\sin\theta\end{aligned}$$

$$M_y(\boldsymbol{F})=zF_x-xF_z=c(-F\cos\varphi\sin\theta)-a(F\sin\varphi)=-cF\cos\varphi\sin\theta-aF\sin\varphi$$

$$M_z(\boldsymbol{F}) = xF_y - yF_x = a(-F\cos\varphi\cos\theta) - b(-F\cos\varphi\sin\theta) = -F\cos\varphi(a\cos\theta - b\sin\theta) = 0$$

因为力 $\boldsymbol{F}$ 的作用线通过轴 z，显然 $M_z(\boldsymbol{F}) = 0$。

(3) 力 $\boldsymbol{F}_1$ 对倾斜轴 AB 的力矩。如图 4-15(b)，根据力对轴的矩等于力对该轴上任意一点的矩矢在这根轴上的投影，有

$$M_{AB}(\boldsymbol{F}_1) = [\boldsymbol{M}_A(\boldsymbol{F}_1)]_{AB} = aF_1\cos\left(\frac{\pi}{2} - \varphi\right) = aF_1\sin\varphi$$

要点与讨论

(1) 注意分量与投影的区别与联系。分量是矢量；投影是标量，但也有正、负之分，是分量的大小。

(2) 根据力对轴的矩等于力对该轴上任意点的矩矢在这根轴上的投影的结论，可计算空间力对某倾斜轴的力矩，这是普遍采用的有效方法。

4.3 约束和约束力

空间位置不受任何限制的物体称为**自由体**，如航行中的飞机和宇宙空间中的航天器(图 4-16)。但工程实际中大多数物体的运动都受到一定的限制，如在钢轨上行驶的火车、安装在轴承上的电机转子(图 4-17)等。位移受到限制的物体称为**非自由体**。对非自由体的某些位移起限制作用的周围物体称为约束。例如，钢轨对于火车，轴承对于电机转子，都是**约束**。

(a) 航行中的飞机　　(b) 宇宙空间中的航天器

图 4-16　自由体

物体受到约束时，物体与约束之间必存在相互作用力。约束对非自由体的作用力称为**约束力**(也称约束反力，或简称反力)。显然，约束力的作用位置在约束与非自由体的接触处。约束力的方向总与约束所能阻碍的运动方向相反，但其大小不能预先独立确定，它与约束的性质、非自由体的运动状态和作用于其上的其他力有关，须由力学规律求出。理论力学中，把除约束以外的力，如重力、电磁力等，统称为**主动力**。主动力按预先给定规律随时间变化，不依赖于质点的运动和约束，因此也称为给定力。约束力是被动力，依赖于主动力和运动，不能预先知道。由于约束的形式和机理千差万别，给出用约束

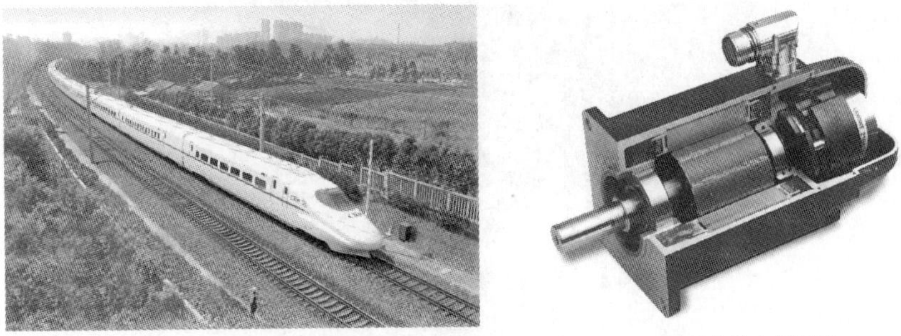

(a) 行驶的火车　　(b) 轴承上的电机转子

图 4-17　非自由体

力代替约束的一般原则是非常困难的，但是有一些常见的约束，根据约束的具体实现形式，可以分析出约束力的特点。下面介绍几种在工程中常见的约束类型和确定约束力方向的方法。

1. 柔性体约束

柔软而不可伸长的绳索，称为柔性体，它是一种理想模型。工程中的钢索、链条和皮带等都可以简化为柔性体。其特点是只能受拉，不能受压，只能限制物体沿柔性体伸长方向的运动。因此，柔性体对物体的约束力，作用在接触点，方向沿着绳索而背离被约束物体。

航空母舰阻拦装置是使着舰飞机在航空母舰飞行甲板有限长度内安全回收的装置，阻拦装置中位于甲板以上的钢索是阻拦索，也是阻拦索装置直接与着舰飞机接触的部件，其用于与舰载机的尾钩相啮合，属于柔性体约束，如图 4-18(a)所示，阻拦索限制舰载机沿钢索伸长方向的运动，阻拦索对舰载机的约束力是拉力 $\boldsymbol{F}_{\mathrm{T}}$，如图 4-18(b)所示。图 4-19(a)为带传动系统，当皮带绕在轮上时，对轮子的约束力沿轮缘的切线方向，如图 4-19(b)所示。

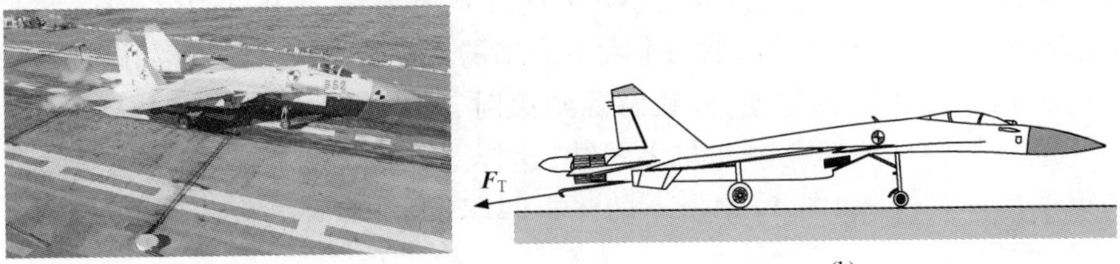

(a)　　(b)

图 4-18　舰载机的阻拦索——柔性体约束

2. 光滑面约束

忽略摩擦阻力的接触面称为光滑面。例如，支持物体的固定面(图 4-20(a))、凸轮机构的接触面(图 4-21(a))、啮合齿轮的齿面等，当摩擦忽略不计时，都属于光滑面约束。其特点是被约束物体可沿接触面运动，或沿接触面在接触点的公法线方向脱离接触，但不能沿接触面公法线方向压入接触面内。因此，光滑支承面对物体的约束力作用在接触点处，方向沿接触表面的公法线并指向被约束的物体。这类约束力通常称为法向约束力，用 $\boldsymbol{F}_{\mathrm{N}}$ 表示，如图 4-20(b)和图 4-21(b)所示。

图 4-19 带传动——柔性体约束

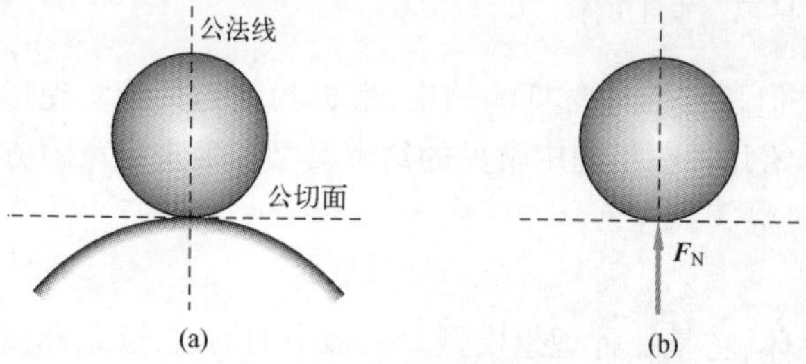

图 4-20 支持物体的固定面——光滑面约束

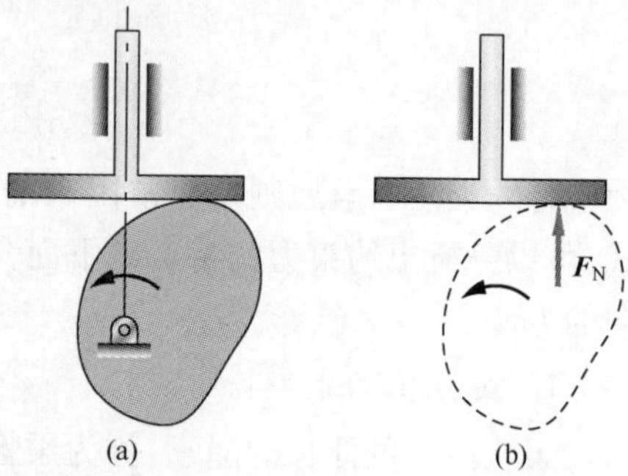

图 4-21 凸轮连杆机构——光滑面约束

3. 光滑铰链约束

光滑铰链约束包括圆柱铰链和球铰链，是一种特殊的光滑面约束。

1）光滑圆柱铰链

工程中常用圆柱销钉将两个钻有相同直径销孔的构件连接在一起，如图 4-22 所示。这种约束称为圆柱铰链约束，简称柱铰。被连接的构件可绕销钉轴相对转动。若其中一个构件固定在地面或机架上，则称为固定铰链支座，如图 4-23(a)、(b)所示。当忽略摩擦，这种约束相当于光滑面约束，其约束力必通过铰链中心，但接触点的位置无法预先确定。由于铰链约束力的大小和方向都是未知的，故在受力分析时，常把铰链的约束力表示为作用在销钉中心的两个大小未知的正交分力 $\boldsymbol{F}_x$、$\boldsymbol{F}_y$，其简图及约束力如图 4-23(c)所示。为研究方便，柱铰解除约束时，一般仍拆为两个构件，认为销钉留在其中任意一个构件的销孔中并与之固结，这样对约束力特征没有影响。光滑圆柱铰链约束的应用广泛，如图 4-24所示的飞机起落架上，此种约束随处可见。

2）光滑球铰链

通过圆球和球壳将两个构件连接在一起的约束称为球铰链，简称球铰，如图 4-25(a)所示。被连接构件可绕球心做相对转动。若其中一个构件固定在地面或机架上，则称为球铰支座。不计摩擦，按照光滑面约束特点，物体受到的约束力必通过球心，但它在空间的方位不能预先确定。图 4-25(b)所示为球铰链的简图，其约束力可用作用在铰链中心的三个大小未知的正交分力 $\boldsymbol{F}_x$、$\boldsymbol{F}_y$、$\boldsymbol{F}_z$ 表示。

4. 辊轴约束

在固定铰链支座的下部安装若干刚性滚子，即构成辊轴约束，也称为活动铰链支座或辊轴铰链支座，如图 4-26(a)所示，桥梁支座常采用这种约束。由于滚动方向无约束作用，其约束力只能沿支承平面的法线方向，且作用线必过铰链中心。图 4-26(b)为辊

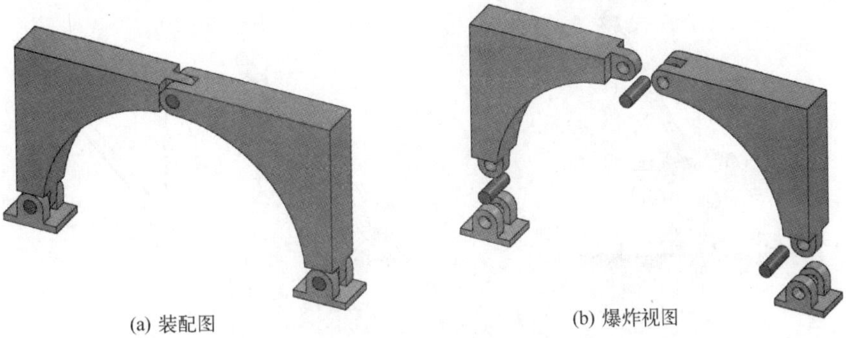

(a) 装配图　　(b) 爆炸视图

图 4-22　光滑圆柱铰链约束

(a)

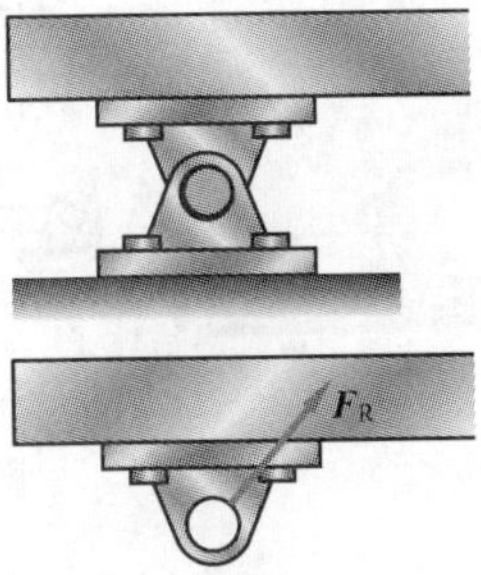

(b)

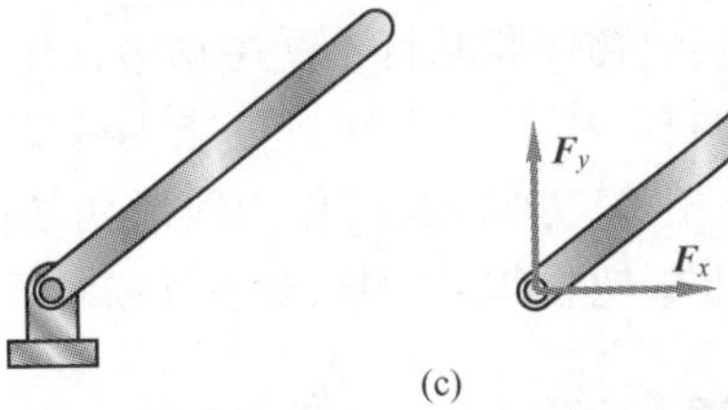

(c)

图 4-23　固定铰链约束

(a)

(b)

图 4-24　飞机起落架上的光滑圆柱铰链约束

轴约束的几种常见表示方法,约束力如图 4-26(c)所示。

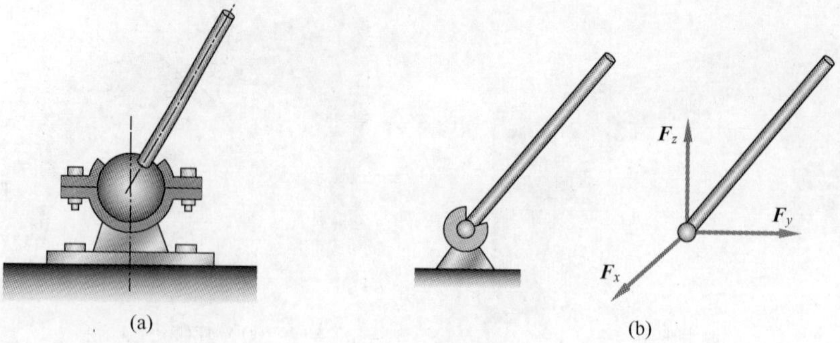

图 4-25　光滑球铰链约束

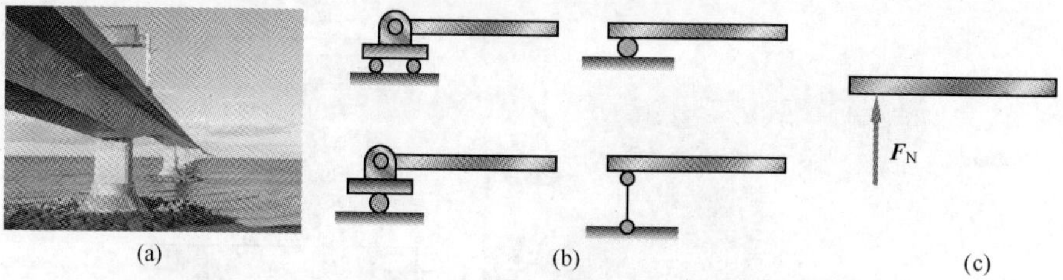

图 4-26　辊轴约束

5. 二力杆约束

两端用球铰链或圆柱铰链与其他物体联结且不受主动力作用（自重不计或近似等效到杆件两端）的刚性直杆称为二力杆。由于二力杆只可能在两端处受到力的作用，根据二力平衡条件，两端约束力必大小相等、方向相反，作用线沿两端的连线（图 4-27）。飞机上的减速板的液压支撑杆可以近似地看作二力杆，如图 4-28 所示。

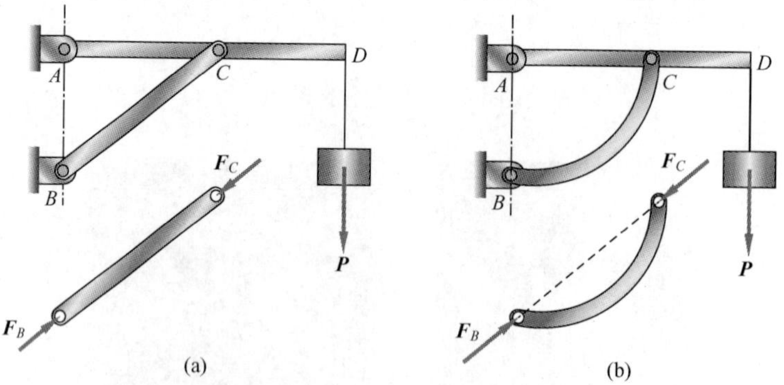

图 4-27　二力杆约束

6. 固定端约束

工程中，两个物体完全固结为一体的约束，称为固定端。例如，固定翼飞机的机翼与机身的连接（图 4-29），房屋的雨篷，插入地面的电线杆，等等。这些约束的共同特点是使被约束体既不能平动，也不能转动。

关于固定端的具体受力分析需要用到下一节的力系简化内容，因此，固定端约束力的绘制将在后续内容中出现。

(a) 背部减速板　　(b) 腹部减速板

图 4-28　飞机减速板处的二力杆

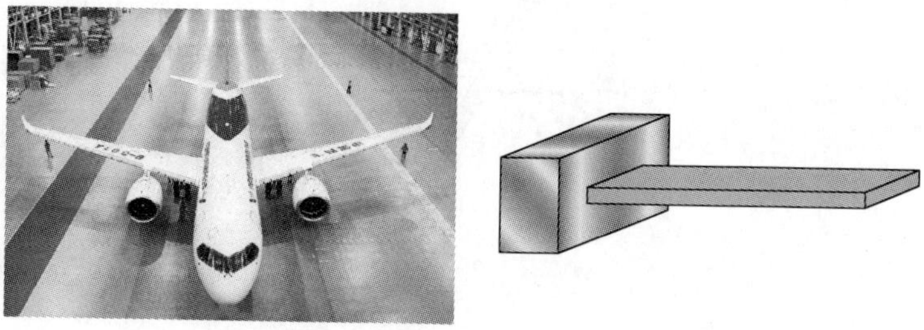

(a) 实物　　(b) 简化模型

图 4-29　固定机翼与机身的连接——固定端约束

4.4　物体的受力分析

根据牛顿定律,运动产生和改变的唯一原因是力,因此研究质点系的动力学问题时,首先要清楚地表达出有哪些力作用在该质点系上,这个表达过程称为**受力分析**。受力分析是研究静力学和动力学问题的基础。

受力分析的第一步就是要确定研究对象。实际问题中总是有多个物体相互联系,必须明确哪一个或哪一部分是我们的分析对象。这个选取研究对象的过程叫作取分离体。其次,绘制受力图。它包括被分析的对象(即分离体)和所有作用其上的力。这些力通常包括主动力和约束力。重力是最常见的主动力,其作用点位于物体的重心,均质物体的重心、质心和几何形心重合。常见的约束力已在前面介绍过。

理论力学的研究对象一般是质点系或刚体,在画受力图时,应特别注意力的作用位置,决不能认为所有力的作用线都通过形心或质心,应视具体情况而定。

在研究某些动力学问题时,有时需要分清内力和外力。内力是指质点系内部各质点间或各物体之间的作用力,外力是指质点系外部质点对质点系内部各质点的作用力。在受力分析时,我们一般只分析外力。

例题 4-2　梯子的两部分 AC 和 BC 在点 C 用铰链连接,又在 D、E 两点用水平的绳索连接。梯子放在光滑的水平面上,其一边作用有铅直力 $\boldsymbol{P}$,如图 4-30(a)所示。如不计梯子和绳索重量,试画出每个物体及整个系统的受力图。

解:(1) 将绳子从梯子上分离出来,绳子的两端 D、E 分别受到梯子对它的拉力 $\boldsymbol{F}_{TD}$,$\boldsymbol{F}_{TE}$的作用,其受力图如图 4-30(b)所示。

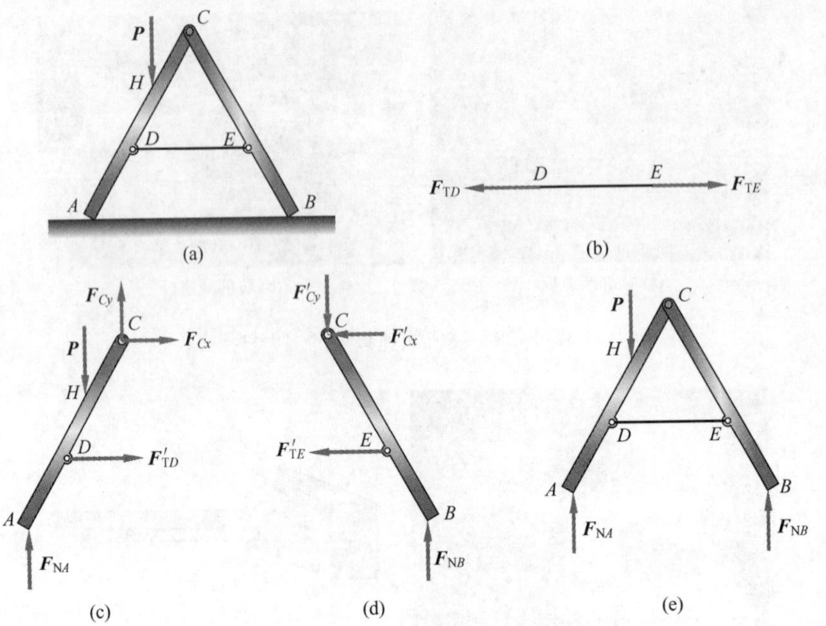

图 4-30　例题 4-2

(2) 将梯子 AC 部分从系统中分离出来。它在 H 处受到载荷 $\boldsymbol{P}$ 的作用,在铰链 C 处受到 BC 部分对它的约束力,由于大小与方向都是未知的,因而分解成水平与垂直的两个分力 $\boldsymbol{F}_{Cx}$和 $\boldsymbol{F}_{Cy}$。在点 D 处受到绳子对它的拉力 $\boldsymbol{F}'_{\mathrm{TD}}$(与 $\boldsymbol{F}_{\mathrm{TD}}$互为作用力和反作用力)的作用。在 A 点受到光滑地面对它的法向约束力 $\boldsymbol{F}_{\mathrm{N}A}$的作用。受力图如图 4-30(c)所示。

(3) 将梯子 BC 部分从系统中分离出来。在铰链 C 处受到 AC 部分对它的约束力,分成水平与垂直的两个分力 $\boldsymbol{F}'_{Cx}$和 $\boldsymbol{F}'_{Cy}$(分别与 $\boldsymbol{F}_{Cx}$和 $\boldsymbol{F}_{Cy}$互为作用力和反作用力)。在点 E 处受到绳子对它的拉力 $\boldsymbol{F}'_{\mathrm{TE}}$(与 $\boldsymbol{F}_{\mathrm{TE}}$互为作用力和反作用力)的作用。在点 B 处受到光滑地面对它的法向力 $\boldsymbol{F}_{\mathrm{N}B}$的作用。受力图如图 4-30(d)所示。

(4) 当我们以整个系统作为研究对象时,铰链 C、D、E 处的相互作用力均为内力,在受力图上不用画出来,如图 4-30(e)所示。

例题 4-3　如图 4-31(a)所示,水平梁 AB 由铰链 A 和绳索 BC 支承。在梁上 D 处用销钉安装有半径为 r 的滑轮。跨过滑轮的绳子水平部分的末端系于墙上,竖直部分的末端挂有重 P 的重物。水平梁 AB 与绳索 BC 夹角为 α,不计梁、滑轮和绳索的重量。试绘制滑轮、水平梁 AB 和系统整体受力图。

解:(1) 将滑轮从约束中分离出来,使它成为分离体。滑轮受到绳子的拉力 $\boldsymbol{F}_{\mathrm{TE}}$、$\boldsymbol{F}_{\mathrm{T}P}$作用,且此二力汇交于一点。滑轮在铰链 D 处受到水平梁 AB 的约束力 $\boldsymbol{F}_D$,不计重量,滑轮在这三个力作用下处于平衡状态。根据三力平衡汇交定理可知,约束力 $\boldsymbol{F}_D$ 的作用线过汇交点,受力图如图 4-31(b)所示。

(2) 将水平梁 AB 从约束中分离出来,使它成为分离体。不计自重,它在铰链 A 处受到约束力,由于大小与方向都是未知的,因而分解成水平与垂直的两个分力 $\boldsymbol{F}_{Ax}$和 $\boldsymbol{F}_{Ay}$。在点 B 处受到绳子对它的拉力 $\boldsymbol{F}_{\mathrm{TC}}$,在铰链 D 处受到约束力 $\boldsymbol{F}'_D$($\boldsymbol{F}'_D$ 与 $\boldsymbol{F}_D$ 互为作用力和

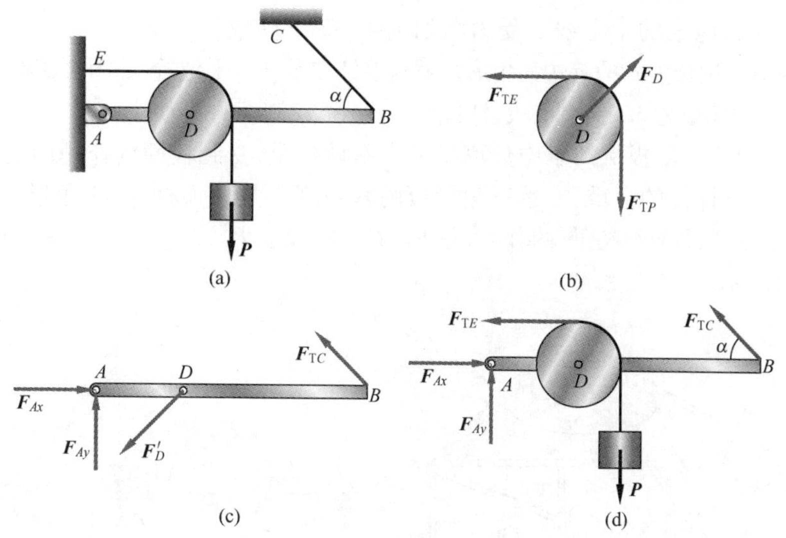

图 4-31　例题 4-3

反作用力），受力图如图 4-31（c）所示。

（3）以整个系统作为研究对象时，铰链 D 处的作用力是内力，在受力图上不用画出来，如图 4-31（d）所示。

要点与讨论

对于绕过滑轮的绳索，滑轮两侧的绳索拉力不一定大小相等。在滑轮和绳索都静止的情况下这两个力大小相等；如果滑轮等速转动，则只有在忽略绳索质量情况下这两个力大小才相等；如果滑轮转动角加速度不为零，则只有在忽略滑轮和绳索质量情况下这两个力大小才相等。此例为静力学平衡问题，图中绳子的拉力 $\boldsymbol{F}_{TE}$ 与 $\boldsymbol{F}_{TP}$ 等值。

例题 4-4　均质的长方形薄板，重力为 $\boldsymbol{P}$，用球铰链 A 和蝶形铰链 B 沿水平方向固定在竖直的墙面上，并用绳索 CE 使板保持水平位置，如图 4-32（a）所示，绳索的自重忽略不计，试绘制长方形薄板的受力图。

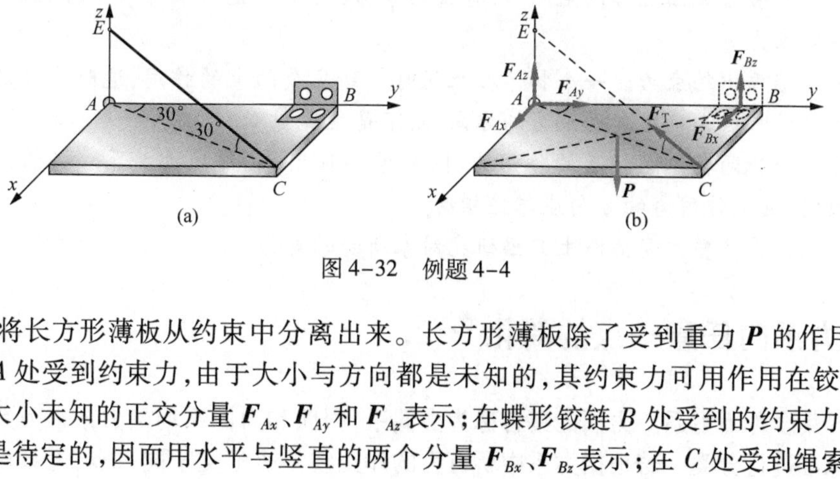

图 4-32　例题 4-4

解：将长方形薄板从约束中分离出来。长方形薄板除了受到重力 $\boldsymbol{P}$ 的作用外，在球铰链 A 处受到约束力，由于大小与方向都是未知的，其约束力可用作用在铰链中心的三个大小未知的正交分量 $\boldsymbol{F}_{Ax}$、$\boldsymbol{F}_{Ay}$ 和 $\boldsymbol{F}_{Az}$ 表示；在蝶形铰链 B 处受到的约束力大小与方向都是待定的，因而用水平与竖直的两个分量 $\boldsymbol{F}_{Bx}$、$\boldsymbol{F}_{Bz}$ 表示；在 C 处受到绳索 CE 的

拉力 F_T，方向沿绳索的中心线。受力图如图 4-32(b)所示。

例题 4-5 边长为 a 的等边三角形板被六根杆支承在水平位置，如图 4-33(a)所示。在板面内作用一力偶矩为 M 的力偶，板、杆自重不计。试绘制板的受力图。

解：将等边三角形板从约束中分离出来。不计自重，受到板面内作用的矩为 M 的力偶作用。由于不计杆的自重，支承三角形板的六根杆都是二力杆，故三角形板在 A、B、C 三处受到沿各杆件轴线方向的作用力 $\boldsymbol{F}_1$、$\boldsymbol{F}_2$、$\boldsymbol{F}_3$、$\boldsymbol{F}_4$、$\boldsymbol{F}_5$、$\boldsymbol{F}_6$。三角形板的受力图如图 4-33(b)所示。

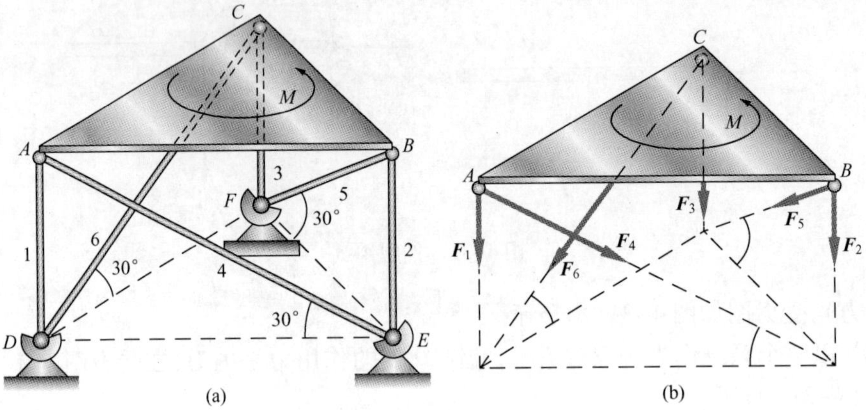

图 4-33 例题 4-5

要点与讨论

正确地画出受力图，是分析、解决力学问题的基础。画受力图时必须注意如下几点：

(1) 必须明确研究对象。根据求解需要，可以取单个物体为研究对象，也可以取由几个物体组成的系统为研究对象。不同的研究对象的受力图是不同的。

(2) 正确确定研究对象受力的数目。由于力是物体之间相互的机械作用，因此，对每一个力都应明确它是哪一个施力物体施加给研究对象的，决不能凭空产生；也不可漏掉一个力。一般可先画已知的主动力，再画约束力；凡是研究对象与外界接触的地方，都一定存在约束力。

(3) 正确画出约束力。一个物体往往同时受到几个约束的作用，这时应分别根据每个约束本身的特性来确定其约束力的方向，而不是主观臆测。

(4) 当分析两物体间相互的作用力时，应遵循作用、反作用力关系。若作用力的方向一经假定，则反作用力的方向应与之相反。

(5) 物体系统整体受力图上只画研究对象所受的外力。

4.5 力系向任意一点的简化

力的集合称为力系。力偶的集合称为力偶系，力偶和力偶系均是力系。力系可以根据不同标准进行分类。若根据力系中所有力的作用线是否汇交于同一点，力系可以分为汇交力系和任意力系(非汇交力系);若根据力系中所有力的作用线是否共面,力系可以分为平面力系和空间力系(非共面力系);若根据力系中所有力的作用线是否平行,力系可以分为平行力系和任意力系(非平行力系)等。进而可以有如下多种力系的称谓,如空间任意力系、空间平行力系、空间汇交力系、空间力偶系;平面任意力系、平面平行力系、平面汇交力系、平面力偶系;共线力系等。

力系的表现形式多种多样,研究不同的力系对刚体的作用效应时,就要对不同的力系按照统一标准进行等效变换,“去伪存真”。这一等效变换过程称为力系的简化,力系简化的理论依据是力的平移定理,也称力线平移定理,“力线”即“力的作用线”。

4.5.1　力的平移定理

力的平移定理:作用在刚体上任意点 A 的力 $\boldsymbol{F}$ 可以脱离原作用线平移到另一新作用点 B,要保持力对刚体的作用效应不变,需附加一个力偶,此力偶的力偶矩等于原来的力 $\boldsymbol{F}$ 对新作用点 B 的力矩。

证明:刚体上点 A 作用有力 $\boldsymbol{F}$(图 4-34(a)),B 为 $\boldsymbol{F}$ 作用线以外的任意点,在点 B 加上一对平衡力 $\boldsymbol{F}'$和 $\boldsymbol{F}''$,令 $\boldsymbol{F}=\boldsymbol{F}'=-\boldsymbol{F}''$(图 4-34(b)),显然,这三个力组成的力系与原力 $\boldsymbol{F}$ 等效。这三个力可视作一个作用在点 B 的力 $\boldsymbol{F}'$和一个力偶($\boldsymbol{F},\boldsymbol{F}''$),此力偶可称为附加力偶(图 4-34(c))。显然,此附加力偶的力偶矩为

$$\boldsymbol{M}=\boldsymbol{M}_B(\boldsymbol{F})=\boldsymbol{r}\times\boldsymbol{F}=(-\boldsymbol{r})\times\boldsymbol{F}'' \tag{4-9}$$

于是定理得证。

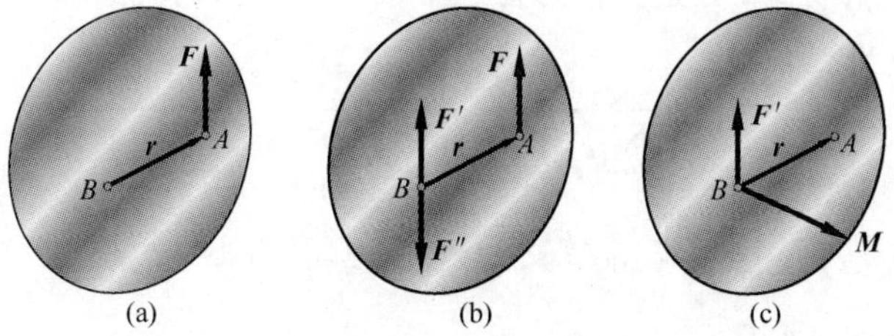

图 4-34　力的平移定理

此定理的逆过程为:作用在刚体上一点的一个力与一个垂直于力作用线的力偶可合成为一个力,其大小和方向与原力相同,但作用线需平行移动一定距离。用位移矢径 $\boldsymbol{r}$ 表示作用线的平移方向和距离,为

$$\boldsymbol{r}=\frac{\boldsymbol{F}'\times\boldsymbol{M}}{F'^2} \tag{4-10}$$

4.5.2　力系向任意一点的简化

设刚体上作用有由 n 个力 $\boldsymbol{F}_1,\boldsymbol{F}_2,\cdots,\boldsymbol{F}_n$ 组成的力系。任取点 O 作为简化中心,依据力的平移定理,依次将力系中各力矢量向 O 点平移,并相应地各增加一个附加力偶,得到的等效力系为由 n 个力 $\boldsymbol{F}_1',\boldsymbol{F}_2',\cdots,\boldsymbol{F}_n'$ 组成的共点力系和由 n 个附加力偶 $\boldsymbol{M}_1,\boldsymbol{M}_2,\cdots,\boldsymbol{M}_n$ 组成的力偶系(图 4-35)。

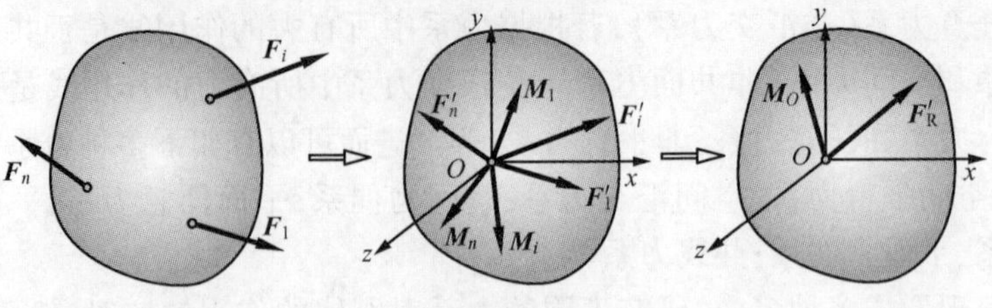

图 4-35　力系向任一点简化

作用于点 O 的汇交力系可以合成为一个力 $\boldsymbol{F}_R'$，此力的作用线通过点 O，称为原来力系的主矢，主矢等于力系中各力的矢量和，即

$$\boldsymbol{F}_R' = \sum_{i=1}^{n} \boldsymbol{F}_i' = \sum_{i=1}^{n} \boldsymbol{F}_i$$

力偶系可以合成一个力偶 $\boldsymbol{M}_O$，称为原力系的主矩，主矩等于力系中各力矢量对简化中心的力矩的矢量和，即

$$\boldsymbol{M}_O = \sum_{i=1}^{n} \boldsymbol{M}_i = \sum_{i=1}^{n} \boldsymbol{M}_O(\boldsymbol{F}_i)$$

结论：力系向刚体内任意点简化，得到一个力和一个力偶，这个力的大小和方向等于该力系的主矢，作用线通过简化中心；这个力偶的矩矢等于该力系对简化中心的主矩。

主矢用解析式表达为

$$\boldsymbol{F}_R' = \sum \boldsymbol{F}_i = (\sum F_{ix})\boldsymbol{i} + (\sum F_{iy})\boldsymbol{j} + (\sum F_{iz})\boldsymbol{k}$$ ①

式中：$\sum F_{ix}$、$\sum F_{iy}$、$\sum F_{iz}$ 分别为各力在三个轴上的投影的代数和。

其大小和方向余弦为

$$F_R' = \sqrt{(\sum F_{ix})^2 + (\sum F_{iy})^2 + (\sum F_{iz})^2}$$

$$\cos(\boldsymbol{F}_R', \boldsymbol{i}) = \frac{\sum F_{ix}}{F_R'}, \cos(\boldsymbol{F}_R', \boldsymbol{j}) = \frac{\sum F_{iy}}{F_R'}, \cos(\boldsymbol{F}_R', \boldsymbol{k}) = \frac{\sum F_{iz}}{F_R'}$$

主矩用解析式表达为

$$\boldsymbol{M}_O = [\sum M_x(\boldsymbol{F}_i)]\boldsymbol{i} + [\sum M_y(\boldsymbol{F}_i)]\boldsymbol{j} + [\sum M_z(\boldsymbol{F}_i)]\boldsymbol{k}$$

式中：$\sum M_x(\boldsymbol{F}_i)$、$\sum M_y(\boldsymbol{F}_i)$、$\sum M_z(\boldsymbol{F}_i)$ 分别为各力对三个轴上的矩的代数和。

其大小和方向余弦为

$$M_O = \sqrt{[\sum M_x(\boldsymbol{F}_i)]^2 + [\sum M_y(\boldsymbol{F}_i)]^2 + [\sum M_z(\boldsymbol{F}_i)]^2}$$

$$\cos(\boldsymbol{M}_O, \boldsymbol{i}) = \frac{\sum M_x(\boldsymbol{F}_i)}{M_O}, \cos(\boldsymbol{M}_O, \boldsymbol{j}) = \frac{\sum M_y(\boldsymbol{F}_i)}{M_O}, \cos(\boldsymbol{M}_O, \boldsymbol{k}) = \frac{\sum M_z(\boldsymbol{F}_i)}{M_O}$$

主矢与简化中心的位置无关；主矩一般与简化中心的位置有关。

下面我们处理上一节遗留的固定端约束力的绘制问题。从力系的分类来看，被约束构件在固定端位置受空间任意力系的作用。我们一般将此任意力系向约束面形心简化，

---

① 为节约篇幅，在不至于引起歧义的情况下，本书中常将 $\sum_{i=1}^{n}()$ 简写作 $\sum()$。

可得到主矢和主矩；但是，主矢和主矩的大小和方向在物体的受力分析阶段均无法具体确定。因此，一般采用直角坐标系下的分量形式表达：在固定端面的中心点处共有 6 个约束力（力偶），它们是沿 3 个坐标轴的约束力 $\boldsymbol{F}_x$、$\boldsymbol{F}_y$、$\boldsymbol{F}_z$ 和绕 3 个坐标轴的力偶 $\boldsymbol{M}_x$、$\boldsymbol{M}_y$、$\boldsymbol{M}_z$，如图 4-36 所示。

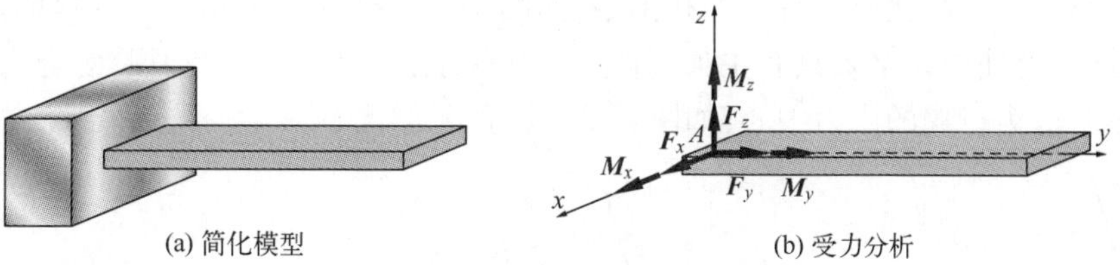

图 4-36　固定端约束受力分析

力系简化结果讨论：

力系向一点简化可能出现下列四种情况：(1) $\boldsymbol{F}'_R=\boldsymbol{0}$，$\boldsymbol{M}_O\neq\boldsymbol{0}$；(2) $\boldsymbol{F}'_R\neq\boldsymbol{0}$，$\boldsymbol{M}_O=\boldsymbol{0}$；(3) $\boldsymbol{F}'_R\neq\boldsymbol{0}$，$\boldsymbol{M}_O\neq\boldsymbol{0}$；(4) $\boldsymbol{F}'_R=\boldsymbol{0}$，$\boldsymbol{M}_O=\boldsymbol{0}$。

(1) 力系简化为一合力偶的情形。当力系向任一点简化时，若主矢 $\boldsymbol{F}'_R=\boldsymbol{0}$，主矩 $\boldsymbol{M}_O\neq\boldsymbol{0}$，这时得一与原力系等效的合力偶，其合力偶矩矢等于原力系对简化中心的主矩。由于力偶矩矢与矩心位置无关，因此，在这种情况下，主矩与简化中心的位置无关。

(2) 力系简化为一合力的情形。当力系向任一点简化时，若主矢 $\boldsymbol{F}'_R\neq\boldsymbol{0}$，而主矩 $\boldsymbol{M}_O=\boldsymbol{0}$，这时得到一与原力系等效的合力，合力的作用线通过简化中心，其大小和方向等于原力系的主矢。

若力系向一点简化的结果为主矢 $\boldsymbol{F}'_R\neq\boldsymbol{0}$，又主矩 $\boldsymbol{M}_O\neq\boldsymbol{0}$，且 $\boldsymbol{F}'_R\perp\boldsymbol{M}_O$（图 4-37(a)）。这时，力 $\boldsymbol{F}'_R$ 和力偶 $\boldsymbol{M}_O(\boldsymbol{F}''_R,\boldsymbol{F}_R)$ 在同一个平面内（图 4-37(b)），可将力 $\boldsymbol{F}'_R$ 与力偶 $(\boldsymbol{F}''_R,\boldsymbol{F}_R)$ 进一步合成，得作用于点 O' 的一个力 $\boldsymbol{F}_R$（图 4-37(c)）。此力即为原力系的合力，其大小和方向等于原力系的主矢，其作用线离简化中心 O 的距离为

$$d=|\boldsymbol{M}_O|/F'_R$$

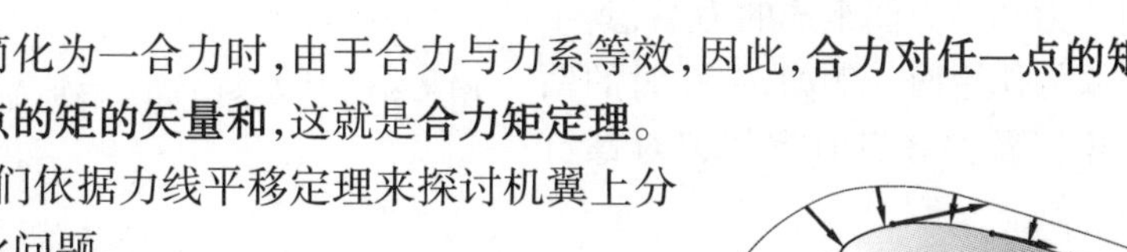

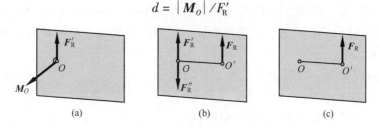

图 4-37　主矢和主矩垂直时简化结果分析

当力系简化为一合力时，由于合力与力系等效，因此，**合力对任一点的矩等于力系中各力对同一点的矩的矢量和**，这就是**合力矩定理**。

现在，我们依据力线平移定理来探讨机翼上分布力系的简化问题。

为阐述问题的简单、方便，我们以某一翼型截面内的分布力系为简化对象，如图 4-38 所示。

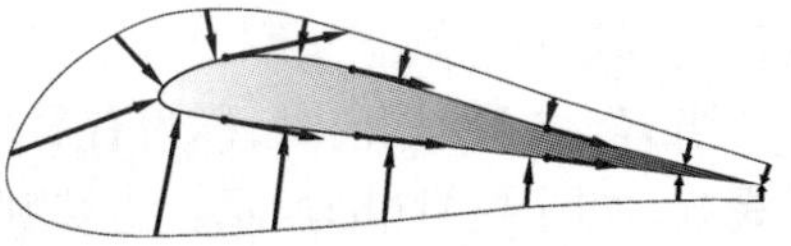

图 4-38　机翼表面的分布力系

若选定翼型截面上的前缘点为简化中心，将每

一个分布力系的力元向前缘平移时都要附加一个小力偶，最终得到一个处于翼型截面内的平面汇交力系和一个平面力偶系。平面汇交力系可以合成为一个合力，称为原分布力系的主矢；平面力偶系可以合成为一个合力偶，称为原分布力系的主矩，如图 4-39(a)所示。机翼上分布力系向一般点简化，结果往往为主矢、主矩均非零，如向前缘点、向四分之一弦长点等位置简化时均有主矢和主矩，如图 4-39(a)、(b)所示。当选择的简化中心恰到好处时，能使简化结果只有主矢，而主矩为零，此时的主矢便是力系的合力了，此时的简化中心称为机翼的压力中心，如图 4-39(c)所示。

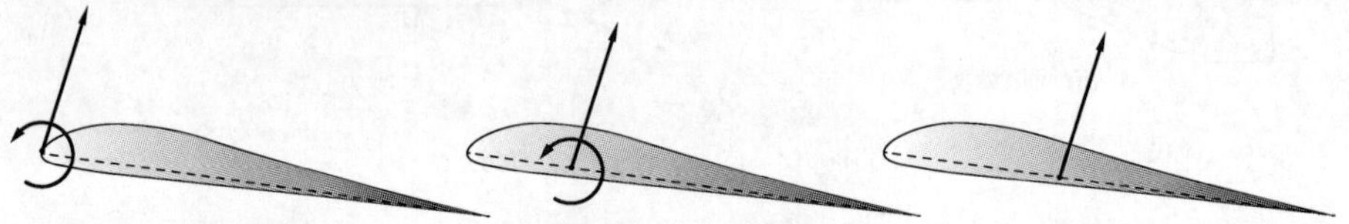

图 4-39 机翼表面分布力系的简化

简化结果中的主矢或合力均可以沿负飞行速度方向与速度垂线方向进行分解，负飞行速度方向分量称为阻力，速度垂线方向分量称为升力。阻力需要发动机推力克服以保持飞行速度，重力需要升力来对抗以保持飞行高度，如图 4-40 所示。

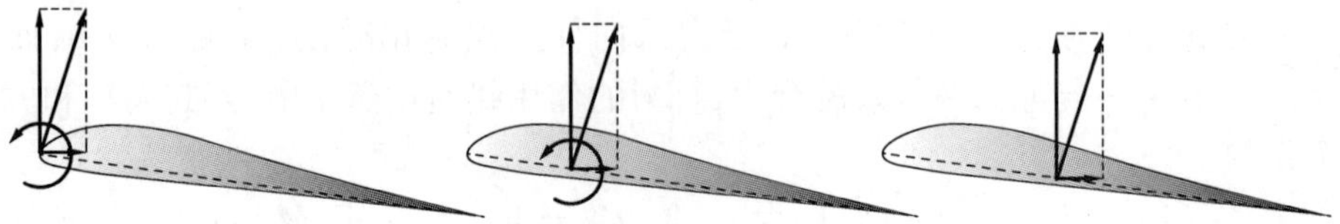

图 4-40 机翼分布力系主矢的分解

对于整架飞机来说，受力为复杂的空间任意力系。此力系可以向飞机的质心简化，得到相应的主矢和主矩，它们决定了飞机的动力学规律。主矢对应飞机质心的三个平动自由度；主矩对应绕质心的三个转动自由度。这些内容将在后续的动量定理、动量矩定理中体现出来。

(3) 力系简化为一力螺旋的情形。若力系向任一点简化后，主矢和主矩都不等于零，且 $\boldsymbol{F}_R' \parallel \boldsymbol{M}_O$。这时力系不能再进一步简化。这种结果称为力螺旋，如图 4-41 所示。所谓力螺旋就是由一力和一力偶组成的力系，其中的力垂直于力偶的作用面。例如，钻孔时的钻头对工件的作用以及拧螺钉时螺丝刀对螺钉的作用都是力螺旋。

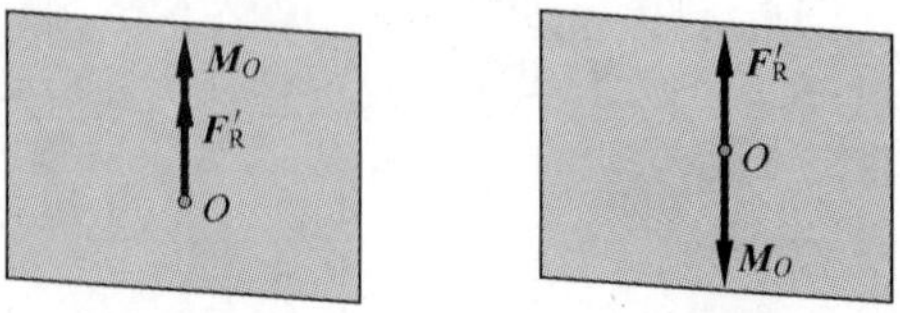

图 4-41 主矢和主矩平行时简化结果分析

当 $\boldsymbol{F}_R'$ 与 $\boldsymbol{M}_O$ 同向时，称为右手螺旋，如图 4-41(a)所示；当 $\boldsymbol{F}_R'$ 与 $\boldsymbol{M}_O$ 反向时，称为左手螺旋，如图 4-41(b)所示。力螺旋中力的作用线称为力螺旋的中心轴。

若 $\boldsymbol{F}_R' \neq \boldsymbol{0}$，$\boldsymbol{M}_O \neq \boldsymbol{0}$，两者既不平行，又不垂直，如图 4-42(a)所示。此时可将 $\boldsymbol{M}_O$ 分解为两个分力偶矩矢 $\boldsymbol{M}_O''$ 和 $\boldsymbol{M}_O'$，它们分别垂直于 $\boldsymbol{F}_R'$ 和平行于 $\boldsymbol{F}_R'$，如图 4-42(b)所示，则

M''_O 和 F'_R 可用作用于点 O'的力 F_R 来代替。由于力偶矩矢是自由矢量,故可将 M'_O 平行移动,使之与 F_R 共线。这样便最终得到一力螺旋,其中心轴不在简化中心 O,而是通过另一个点 O',如图 4-42(c)所示。O、O'两点间的距离为

$$d = |M''_O| / F'_R = M_O \sin\theta / F'_R$$

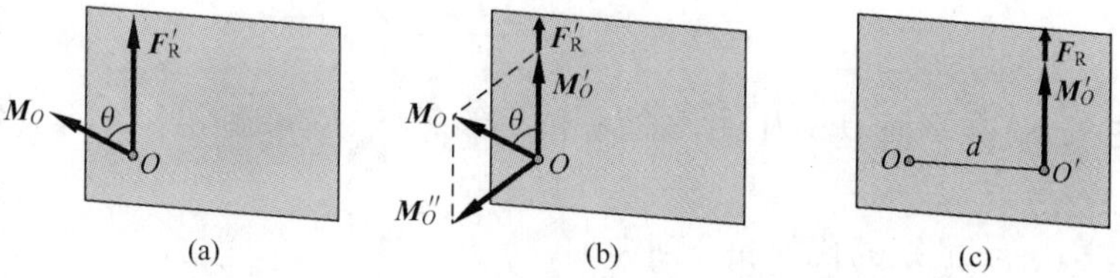

图 4-42　主矢和主矩成任意角度时简化结果分析

力螺旋可由力矢量 F_R、力偶矩矢量 M'_O 及中心轴位置完全确定。如果力系向某一简化中心 O 简化得主矢为 F'_R,主矩为 M_O,则当力系可简化为力螺旋时,其参量为

$$F_R = F'_R, M'_O = \frac{(M_O \cdot F'_R) F'_R}{F'^2_R}, \overrightarrow{OO'} = \frac{F'_R \times M_O}{F'^2_R} \tag{4-11}$$

式中:O'为中心轴上一点;$\overrightarrow{OO'}$为 O'点对简化中心 O 的矢径。

(4) 力系简化为平衡的情形。当力系向任一点简化时,若主矢 $F'_R = \mathbf{0}$,主矩 $M_O = \mathbf{0}$,这是力系平衡的情形,相应详细内容将在第 8 章讨论。

例题 4-6　正立方体各边长 a,在四个顶点 O、A、B、C 上分别作用着大小都等于 F 的四个力 F_1、F_2、F_3、F_4,如图 4-43(a)所示。试求该力系向点 O 的简化结果以及力系的最终简化结果。

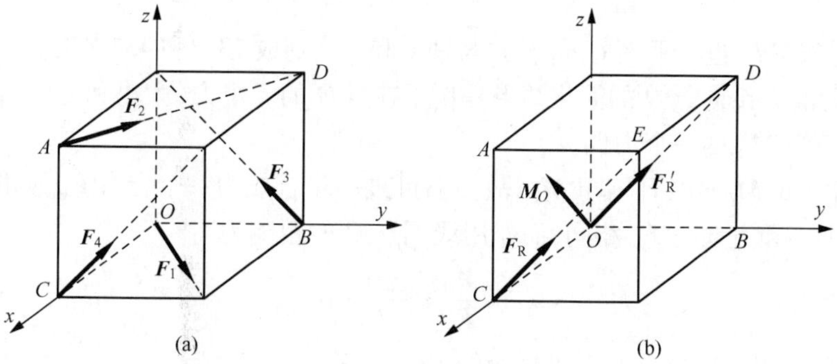

图 4-43　例题 4-6

解:选取坐标系 $Oxyz$,各力在轴 x、y、z 上投影的代数和分别为

$$\sum F_x = F_1 \cos 45° - F_2 \cos 45° = 0$$

$$\sum F_y = F_1 \cos 45° + F_2 \cos 45° - F_3 \cos 45° + F_4 \cos 45° = \sqrt{2} F$$

$$\sum F_z = F_3 \cos 45° + F_4 \cos 45° = \sqrt{2} F$$

可求得主矢的大小和方向分别为

$$F'_R = \sqrt{\left(\sum F_x\right)^2 + \left(\sum F_y\right)^2 + \left(\sum F_z\right)^2} = 2F$$

$$\cos(\boldsymbol{F}_R',\boldsymbol{i})=\frac{\sum F_x}{F_R'}=0$$

$$\cos(\boldsymbol{F}_R',\boldsymbol{j})=\frac{\sum F_y}{F_R'}=\frac{\sqrt{2}}{2}$$

$$\cos(\boldsymbol{F}_R',\boldsymbol{k})=\frac{\sum F_z}{F_R'}=\frac{\sqrt{2}}{2}$$

可见，主矢 $\boldsymbol{F}_R'$ 在平面 Oyz 内，并与轴 y 和 z 都成 45°夹角，即沿图 4-43(b)中的对角线 OD。

各力对轴 x、y、z 的矩的代数和分别为

$$\sum M_x = -aF_2\cos45° + aF_3\cos45° = 0$$

$$\sum M_y = -aF_2\cos45° - aF_4\cos45° = -\sqrt{2}aF$$

$$\sum M_z = aF_2\cos45° + aF_4\cos45° = \sqrt{2}aF$$

力系对点 O 的主矩 $\boldsymbol{M}_O$ 的大小和方向分别为

$$M_O = \sqrt{\left(\sum M_x\right)^2 + \left(\sum M_y\right)^2 + \left(\sum M_z\right)^2} = 2aF$$

$$\cos(\boldsymbol{M}_O,\boldsymbol{i}) = \frac{\sum M_x}{M_O} = 0$$

$$\cos(\boldsymbol{M}_O,\boldsymbol{j}) = \frac{\sum M_y}{M_O} = -\frac{\sqrt{2}}{2}$$

$$\cos(\boldsymbol{M}_O,\boldsymbol{k}) = \frac{\sum M_z}{M_O} = \frac{\sqrt{2}}{2}$$

可见，主矩 $\boldsymbol{M}_O$ 也在平面 Oyz 内，并与轴 y 和 z 分别成 135°和 45°夹角。

由上可知，力系向点 O 的简化结果是作用在点 O 的一个力(大小和方向与主矢 $\boldsymbol{F}_R'$ 相同)以及主矩为 $\boldsymbol{M}_O$ 的一个力偶。

因为 $\boldsymbol{F}_R'\neq\boldsymbol{0}$，$\boldsymbol{M}_O\neq\boldsymbol{0}$，且 $\boldsymbol{F}_R'\perp\boldsymbol{M}_O$，故力系可进一步合成为一个合力 $\boldsymbol{F}_R$，如图 4-43(b)所示，它的大小和方向与 $\boldsymbol{F}_R'$ 相同，而作用线到点 O 的距离为

$$d=\frac{M_O}{F_R'}=\frac{2aF}{2F}=a$$

即合力 $\boldsymbol{F}_R$ 的作用线通过点 C 并沿对角线 CE。

要点与讨论

如果将这个力系分别向点 A 和点 B 简化，则主矢 $\boldsymbol{F}_R'$ 的大小和方向都仍保持不变，而主矩 $\boldsymbol{M}_A$、$\boldsymbol{M}_B$ 将随简化中心的位置而改变其大小和方向，其关系为 $\boldsymbol{M}_B=\boldsymbol{M}_A+\overrightarrow{BA}\times\boldsymbol{F}_R'$。读者可自行验证这一结论。

例题 4-7 图 4-44(a)所示空间力系，已知 $F_1=F_2=100\text{N}$，$M=20\text{N}\cdot\text{m}$，求力系简化的最终结果。

解:首先，将力系向点 O 简化，建立图 4-44(a)所示坐标系 $Oxyz$。力系的主矢

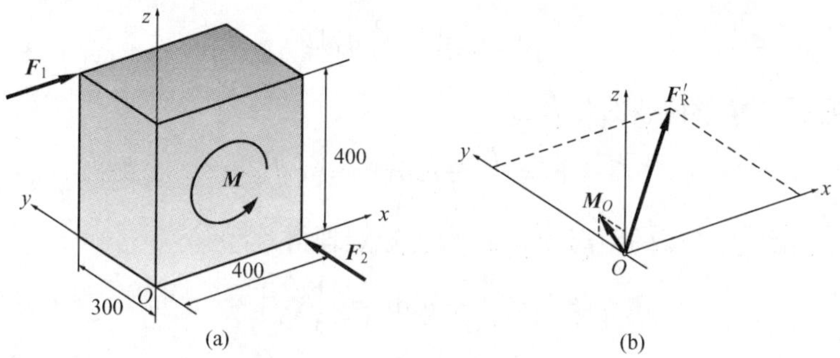

图 4-44　例题 4-7

$$F_R' = 100\boldsymbol{i} + 100\boldsymbol{j}(\mathrm{N})$$

力系对 O 点的主矩

$$\begin{aligned} \boldsymbol{M}_O &= M_y(\boldsymbol{F}_1)\boldsymbol{j} - M\boldsymbol{j} + M_z(\boldsymbol{F}_1)\boldsymbol{k} + M_z(\boldsymbol{F}_2)\boldsymbol{k} \\ &= 40\boldsymbol{j} - 20\boldsymbol{j} + (-30)\boldsymbol{k} + 40\boldsymbol{k} \\ &= 20\boldsymbol{j} + 10\boldsymbol{k}(\mathrm{N \cdot m}) \end{aligned}$$

其次，根据 $\boldsymbol{F}_R'$ 和 $\boldsymbol{M}_O$ 讨论力系简化的最终结果。由于 $\boldsymbol{M}_O \cdot \boldsymbol{F}_R' \neq 0$，可知力系简化的最终结果为力螺旋。力螺旋中的力矢量和与之平行的力偶矩矢量按式(4-11)分别为

$$\boldsymbol{F}_R = \boldsymbol{F}_R' = 100\boldsymbol{i} + 100\boldsymbol{j}(\mathrm{N})$$

$$\boldsymbol{M}_O' = \frac{(\boldsymbol{M}_O \cdot \boldsymbol{F}_R')\boldsymbol{F}_R'}{F_R'^2} = 10\boldsymbol{i} + 10\boldsymbol{j}(\mathrm{N \cdot m})$$

最后求力螺旋中心轴的位置。设中心轴上一点 O' 的矢径

$$\boldsymbol{r}_{O'} = x_{O'}\boldsymbol{i} + y_{O'}\boldsymbol{j} + z_{O'}\boldsymbol{k}$$

则由式(4-11)可得

$$\boldsymbol{r}_{O'} = \frac{\boldsymbol{F}_R' \times \boldsymbol{M}_O}{F_R'^2} = \frac{1}{20}\boldsymbol{i} - \frac{1}{20}\boldsymbol{j} + \frac{1}{10}\boldsymbol{k}(\mathrm{m}) \qquad (4-12)$$

要点与讨论

(1) 求力系简化的最终结果的一般步骤是，先将力系向任意点简化，计算力系的主矢和对该点的主矩。然后据此再作进一步简化。

(2) 当力系简化为力螺旋时，要具体给出力矢量、与之平行的力偶矩矢量及中心轴的位置。

例题 4-8　简支梁受三角形分布荷载作用，如图 4-45 所示最大荷载集度为 q_0(单位：N/m)。求其合力的大小和作用线的位置。

解：设梁距 A 端 x 处的荷载集度为 q，其值为

$$q = \frac{x}{l}q_0$$

则微段 $\mathrm{d}x$ 上所受的力

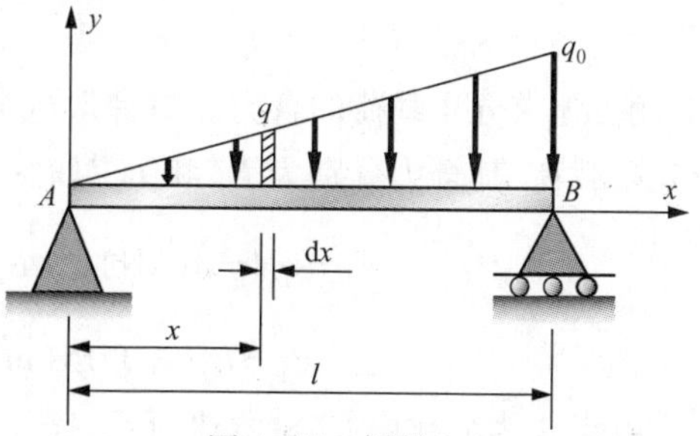

图 4-45　例题 4-8

$$\mathrm{d}F = q\mathrm{d}x = \frac{x}{l}q_0\mathrm{d}x$$

简支梁所受三角形荷载的合力为

$$F = \int_0^l \frac{x}{l}q_0\mathrm{d}x = \frac{1}{2}q_0 l$$

设合力作用线距 A 端的距离为 d,由合力矩定理得

$$Fd = \int_0^l \frac{x^2}{l}q_0\mathrm{d}x = \frac{1}{3}q_0 l^2$$

因此,有

$$\frac{1}{2}q_0 ld = \frac{1}{3}q_0 l^2$$

可得合力作用线距 A 端的距离为

$$d = \frac{2}{3}l$$

要点与讨论

分布载荷极为常见,如水压力、风压力、积雪压力、重力等。分布载荷按分布的几何特征可分为线分布载荷(作用在一条线上)、面分布载荷(作用在物体表面上)、体分布载荷(分布在体积上)。分布载荷在某一位置的强弱用集度(集中程度)表征,集度定义为:单位尺寸上力的大小。对应三类分布载荷,集度又有线集度(单位:N/m)、面集度(单位:N/m²)、体集度(单位:N/m³)之分。

例题 4-9 刚架 $ABCD$ 所受载荷如图 4-46(a)所示。$AB = l = 1.5\mathrm{m}$,梯形分布载荷两端的载荷集度分别为 $q_1 = 2\mathrm{kN/m}$, $q_2 = 4\mathrm{kN/m}$,作用力 $P = 4.5\mathrm{kN}$,力偶矩 $M = 5\mathrm{kN\cdot m}$。试简化此力系。

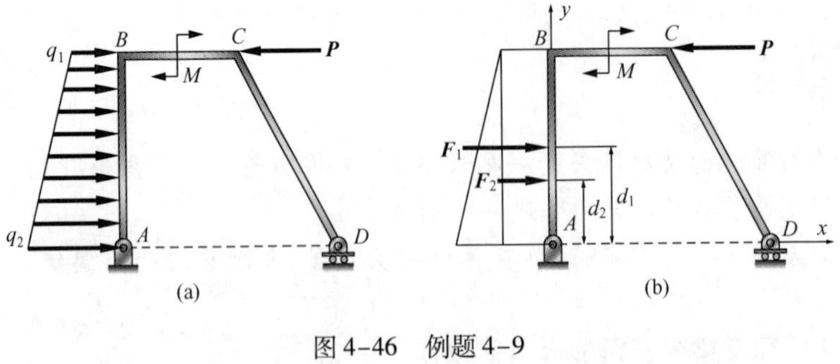

图 4-46 例题 4-9

解:先求分布载荷的合力。将梯形载荷分割为载荷集度为 q_1 的均匀分布载荷和三角形分布载荷,其合力分别为 $\boldsymbol{F}_1$ 和 $\boldsymbol{F}_2$,如图 4-46(b)所示,且

$$F_1 = q_1 l = 3(\mathrm{kN}),\quad F_2 = \frac{1}{2}(q_2 - q_1)l = 1.5(\mathrm{kN})$$

$$d_1 = l/2 = 0.75(\mathrm{m}),\quad d_2 = l/3 = 0.5(\mathrm{m})$$

以点 A 为简化中心,建立坐标系 Axy。力系的主矢和对点 A 的主矩 M_A 大小为

$$
\begin{aligned}
\boldsymbol{F}_{\mathrm{R}}' &= \boldsymbol{F}_1 + \boldsymbol{F}_2 - \boldsymbol{P} = \boldsymbol{0} \\
M_A &= -F_1 d_1 - F_2 d_2 + Pl - M \\
&= -3 \times 0.75 - 1.5 \times 0.5 + 4.5 \times 1.5 - 5 \\
&= -1.25(\mathrm{kN \cdot m})
\end{aligned}
$$

因此,力系简化为一力偶,力偶矩为 1.25kN · m,顺时针转向。

要点与讨论

(1) 当物体上作用有分布载荷时,一般是求其合力,按集中载荷处理。如不进行载荷分割,而是直接合成梯形分布载荷,此时合力大小等于此梯形的面积,作用线通过梯形的形心。

(2) 该平面力系简化为一力偶,因此,简化结果与简化中心选择无关。

本章小结

本章介绍了力、力矩、力偶、约束、约束力等基本概念及性质,以此为基础分析如何对研究对象进行受力分析。以力的平移定理为出发点,研究了在等效条件下如何进行力系的简化。主要内容包括:

(1) 力是物体之间的相互作用,是运动状态改变的原因。力有四个性质,即力的三要素、力的平行四边形法则、加减平衡力系公理和作用与反作用定律。

(2) 力 $\boldsymbol{F}$ 对点 O 的矩是矢量,等于该力作用点对矩心的矢径 $\boldsymbol{r}$ 与该力 $\boldsymbol{F}$ 的矢积,即 $\boldsymbol{M}_O(\boldsymbol{F}) = \boldsymbol{r} \times \boldsymbol{F}$;力对轴的矩是该力使刚体绕该轴转动效应的度量。力 $\boldsymbol{F}$ 对任一轴 z 的矩等于力在该轴的垂面 Oxy 上的投影 $\boldsymbol{F}_{xy}$ 对该投影面与该轴交点 O 的矩,即 $M_z(\boldsymbol{F}) = M_z(\boldsymbol{F}_{xy}) = M_O(\boldsymbol{F}_{xy}) = \pm F_{xy} d$,式中,$d$ 为 $\boldsymbol{F}_{xy}$ 作用线到点 O 的垂直距离。

(3) 力偶是指大小相等、方向相反、作用线平行且不重合的两个力组成的特殊力系,是自由矢量,它对刚体的作用取决于力偶矩的大小、作用面的方位和力偶的转动方向。

(4) 工程中常见的约束有柔性体约束、光滑接触面约束、铰链约束、辊轴约束、固定端约束等。约束对非自由体的位移起限制作用,约束力的作用位置在约束与非自由体的接触处,约束力的方向总与约束所能阻碍的运动方向相反。

(5) 正确进行受力分析和画出受力图,是分析、解决动力学问题的基础。受力分析与画受力图时,要严格按约束的性质来画,不要单凭主观想象猜测来画。画受力图时,一定要取出相应的分离体,再画出其受力图。

(6) 根据力的平移定理,可把空间任意力系向任一点简化,可得主矢和主矩。主矢等于力系中各力的矢量和,主矩等于力系中各力对简化中心的矩的矢量和。空间力系的最终简化结果包括合力、合力偶、力螺旋和平衡四种情况。

思 考 题

4-1　凡是两端用光滑铰链连接的直杆都是二力杆,这种说法对吗?

4-2　结构如(a)图所示。根据力的可传性原理将力 $\boldsymbol{P}$ 从作用点 D 移到点 E((b)图)。由此画出构件 AC 的受力如(c)图所示。此受力图是否正确,为什么?

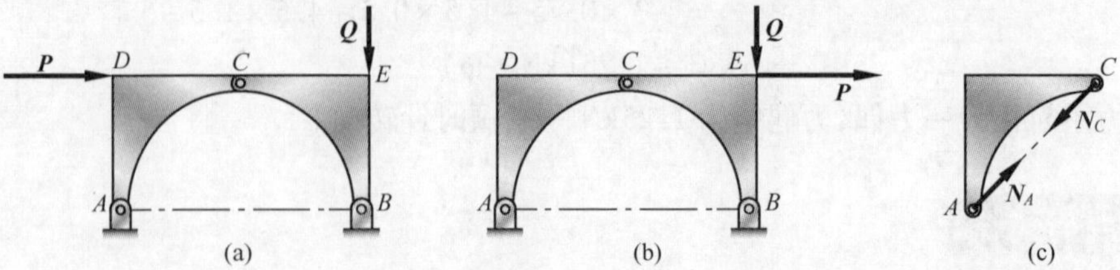

思考题 4-2 图

4-3　如图所示的结构。若力 $\boldsymbol{F}$ 作用在 B 点,系统能否平衡?若力 $\boldsymbol{F}$ 作用在 B 点,但可任意改变力的方向,$\boldsymbol{F}$ 在什么方向上结构能平衡?

4-4　两个力的力矢量相等,这两个力是否等效?

4-5　两个力偶的力偶矩矢相等,这两个力偶等效,对否?

4-6　一个力对某点的力矩矢与某力偶的力偶矩矢相等,则这个力与这个力偶等效,对否?

4-7　用矢量积 $\boldsymbol{r}_A \times \boldsymbol{F}$ 计算力 $\boldsymbol{F}$ 对点 $\boldsymbol{O}$ 之矩,如果力沿其作用线移动,则力的作用点坐标将会改变,如图所示,那么计算结果是否改变?

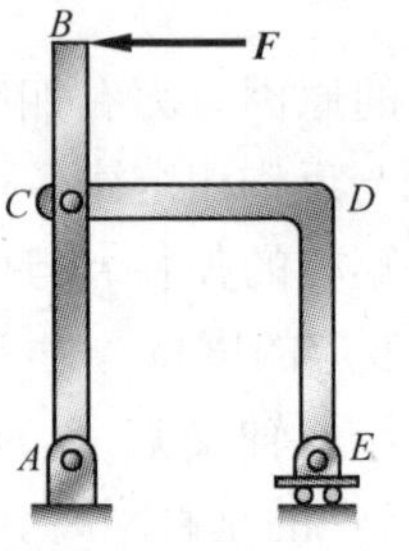

思考题 4-3 图

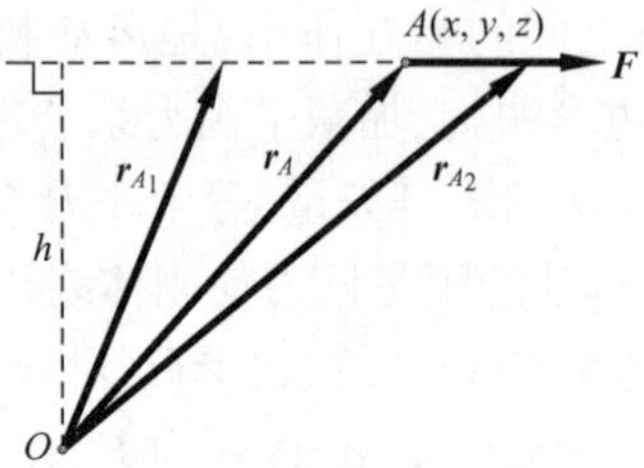

思考题 4-7 图

4-8　下述物体的约束属于何种约束?

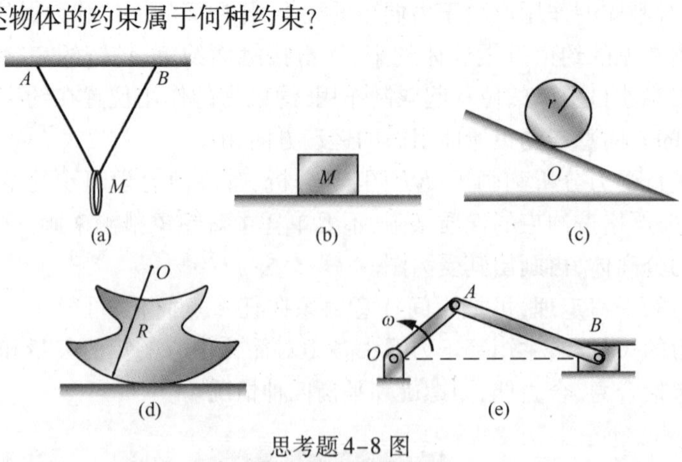

思考题 4-8 图

(1) 如(a)图所示。绳长 l,两端固定于 A、B 点,$AB=a$,圆环 M 可在绳上任意滑动,但不许达到天花板 AB 上方,也不可离开绳。假设任何时刻绳索都绷紧。

（2）放在光滑水平地面上的物块。（(b)图）

（3）轮沿斜面纯滚动。（(c)图）

（4）摇摆木马放在水平面上，且与水平面间无滑动。（(d)图）

（5）曲柄连杆机构的连杆 AB。（(e)图）

4-9　n 根平面杆件用同一个销子铰接在一起，试分析拆开后将出现多少个未知约束力。

4-10　空间任意力系向两个不同的点简化，试问下述情况是否可能。

（1）主矢相等，主矩相等。

（2）主矢不相等，主矩相等。

（3）主矢相等，主矩不相等。

（4）主矢、主矩都不相等。

4-11　某空间任意力系向某点简化，一般得一主矢及一主矩，若适当选择简化中心，是否一定可使主矩为零。

习　题

4-1　手柄 $ABCE$ 在平面 Axy 内，在 D 处作用一个力 $\boldsymbol{F}$，如图所示，它在垂直于 y 轴的平面内，偏离铅直线的角度为 α。如果 $CD=b$，杆 BC 平行于 x 轴，杆 CE 平行于 y 轴，AB 和 BC 的长度都等于 l。试求力 $\boldsymbol{F}$ 对 x、y 和 z 三轴的矩。

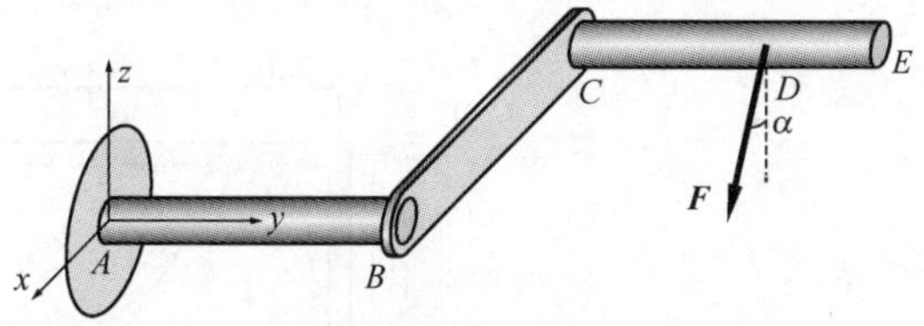

习题 4-1 图

4-2　轴 AB 与铅直线成 β 角，悬臂 CD 与轴垂直地固定在轴上，其长为 a，并与铅直面 zAB 成 θ 角，如图所示。如在点 D 作用铅直向下的力 $\boldsymbol{F}$，求此力对轴 AB 的矩。

4-3　水平圆盘的半径为 r，外缘 C 处作用有已知力 $\boldsymbol{F}$。力 $\boldsymbol{F}$ 位于圆盘 C 处的切平面内，且与 C 处圆盘切线夹角为 60°，其他尺寸如图所示。求力 $\boldsymbol{F}$ 对 x、y、z 轴之矩。

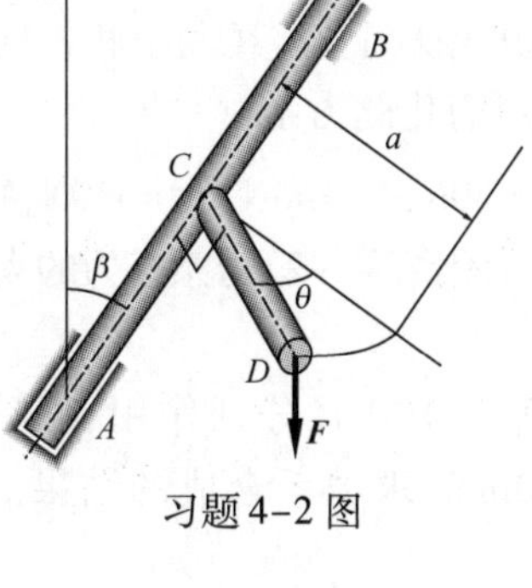

习题 4-2 图

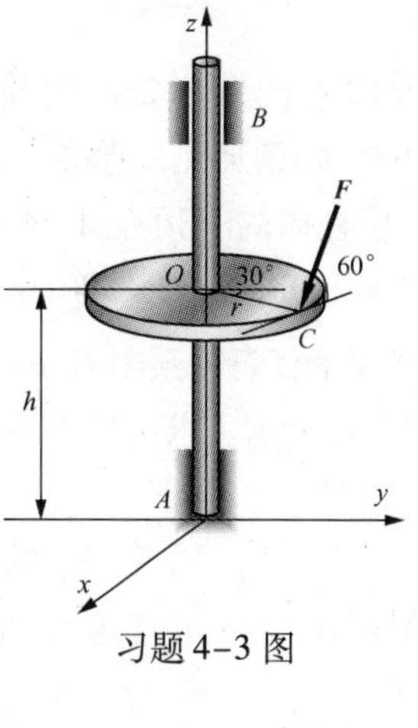

习题 4-3 图

4-4　在筒内放两个相同的球 A 和 B，各重 P，筒 D 重 W，放在光滑的地面上，试画出下列研究对象的受力图：(1)球 A、球 B；(2)球 A 和 B 一起；(3)筒 D。

4-5　构架 AOC 在铰链 O 处连接一滑轮 B，且在滑轮 B 上吊一重物 W。试画出下列研究对象的受力图：(1)弯杆 AO；(2)弯杆 OC；(3)滑轮 B；(4)构架整体。

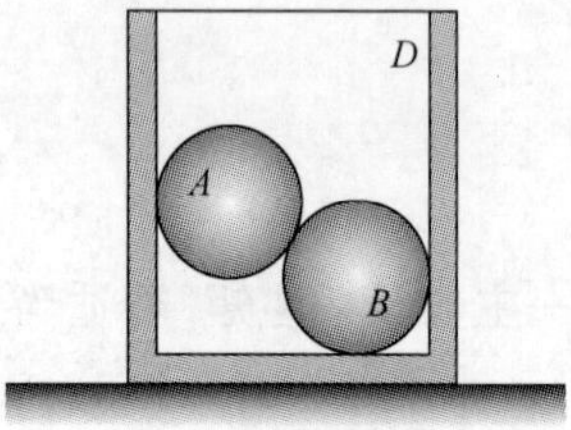

习题 4-4 图

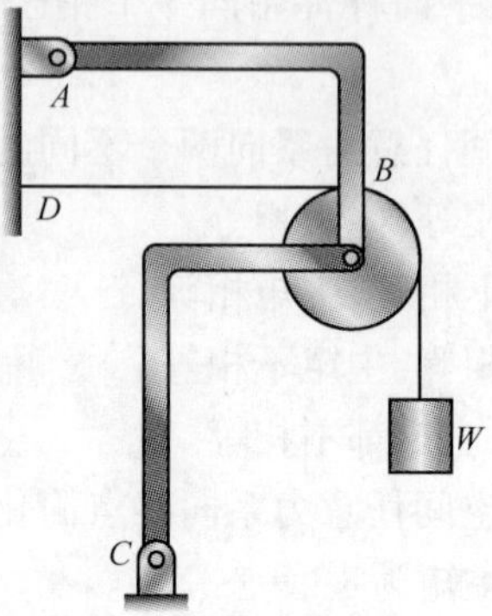

习题 4-5 图

4-6　若将图中的载荷 $\boldsymbol{P}$ 作用于铰链 C 处。(1)试分别画出左、右两拱的受力图；(2)若销钉 C 属于 AC，分别画出左、右两拱的受力图；(3)若销钉属于 BC，分别画出左、右两拱的受力图。

4-7　不计杆件自重，试画出各构件的受力图及系统整体受力图。

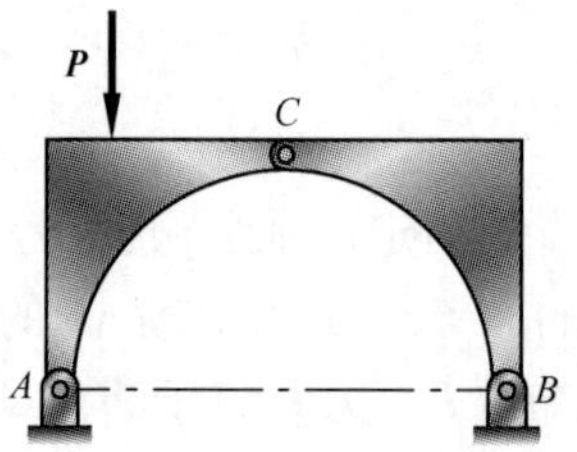

习题 4-6 图

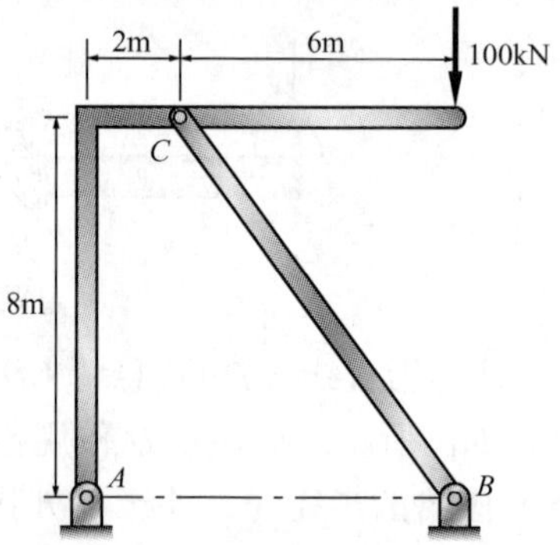

习题 4-7 图

4-8　正方体边长为 0.2m，在顶点 A 和 B 处沿棱边分别作用有六个大小都等于 100N 的力，其方向如图所示。请将此力系向 O 点简化。

4-9　在三棱柱体的三顶点 A、B 和 C 上作用有六个力，其大小和方向如图所示。如 $AB=300\text{mm}$，$BC=400\text{mm}$，$AC=500\text{mm}$，试向 A 点简化此力系。

4-10　图示平面任意力系中 $F_1=40\sqrt{2}\text{N}$，$F_2=80\text{N}$，$F_3=40\text{N}$，$F_4=110\text{N}$，$M=2000\text{N}\cdot\text{mm}$，各力作用线位置如图所示。求：(1)力系向 O 点的简化结果；(2)力系合力的大小、方向及合力作用线方程。

4-11　已知三力 F_1、F_2 和 F_3 的大小都等于 100N，分别作用在等边三角形 ABC 的各边上，如图所示。已知三角形边长为 200mm，求力系合成的结果。

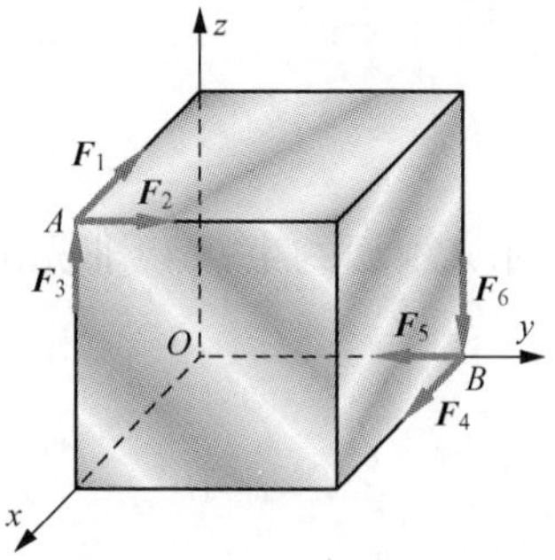

习题 4-8 图

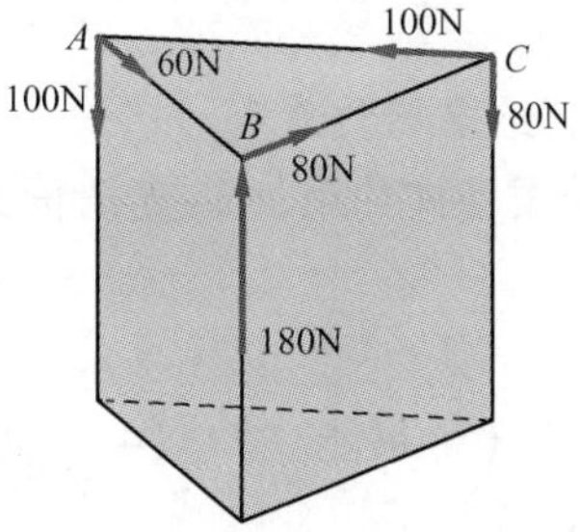

习题 4-9 图

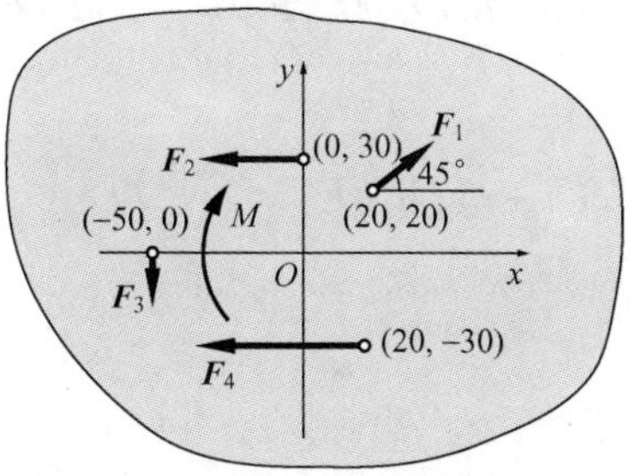

习题 4-10 图

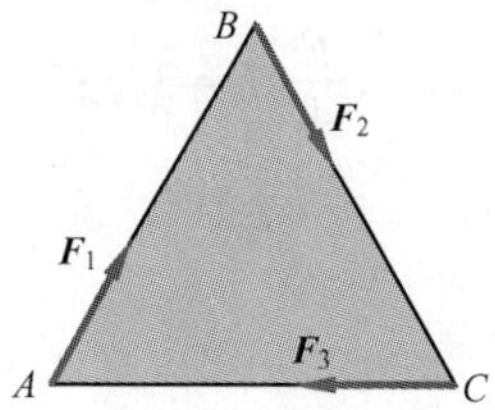

习题 4-11 图

4-12　弯杆受载荷如图所示。求:(1)这些载荷合力的大小和方向;(2)合力作用点在 AB 线上的位置;(3)合力作用点在 BC 线上的位置。

4-13　重力水坝受力情况及几何尺寸如图所示。已知 $P_1 = 300\text{kN}, P_2 = 100\text{kN}, q_o = 100\text{kN/m}$,试求力系向 O 点简化的结果以及合力作用线的位置。

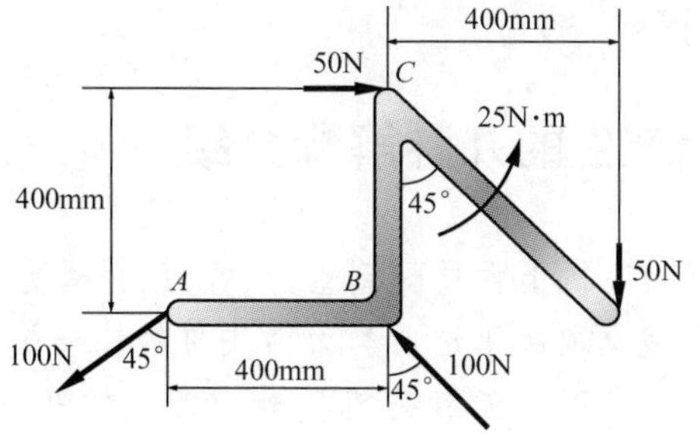

习题 4-12 图

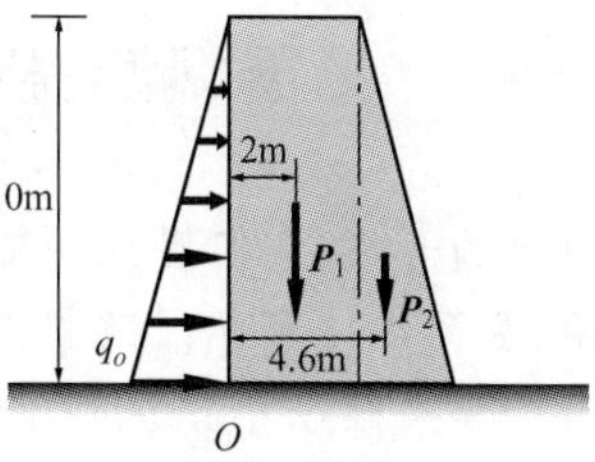

习题 4-13 图

参考答案

思考题

4-1　不对。

4-2　不正确,力的可传性原理必须是在单个刚体内部沿力的作用线平移。

4-3　不能;一般不能,只有力 $\boldsymbol{F}$ 沿着 BCA 杆,才有可能。

4-4　不等效。

4-5 对。

4-6 不对。

4-7 计算结果不会改变。

4-8 (1)柔性体约束;(2)光滑面约束;(3)非光滑面约束;(4)非光滑面约束;(5)圆柱铰链约束。

4-9 $2n$。

4-10 (1)、(3)可能,(2)、(4)不可能。

4-11 不一定。

习题

4-1 $M_x(\boldsymbol{F}) = -F(l+b)\cos\alpha, M_y(\boldsymbol{F}) = -Fl\cos\alpha, M_z(\boldsymbol{F}) = -F(l+b)\sin\alpha$。

4-2 $M_{AB}(\boldsymbol{F}) = Fa\sin\beta \cdot \sin\theta$。

4-3 $M_x(\boldsymbol{F}) = \dfrac{F}{4}(h-3r); M_y(\boldsymbol{F}) = \dfrac{\sqrt{3}F}{4}(h+r); M_z(\boldsymbol{F}) = -\dfrac{1}{2}Fr$。

4-4 略。

4-5 略。

4-6 略。

4-7 略。

4-8 $\boldsymbol{F}_R' = \boldsymbol{0}; \boldsymbol{M}_O = 40(-\boldsymbol{i}-\boldsymbol{j})\,\mathrm{N\cdot m}$。

4-9 $\boldsymbol{F}_R' = \boldsymbol{0}; \boldsymbol{M}_O = (-30\boldsymbol{i}+32\boldsymbol{j}+24\boldsymbol{k})\,\mathrm{N\cdot m}$。

4-10 (1)$F_R' = 150\mathrm{N}(\leftarrow), M_O = 900\mathrm{N\cdot mm}$,顺时针;(2)$F_R = 150\mathrm{N}(\leftarrow), y = -6\mathrm{mm}$。

4-11 简化结果为一力偶,$M = 17.32\mathrm{N\cdot m}$,顺时针。

4-12 $F_R = 679\mathrm{N}, \theta = 59°51'$,合力作用线过(6.39mm,0)与(0,-12.8mm)。

4-13 合力 $F_R = 640.3\mathrm{kN}$,距 O 处 6.8m。

拓展阅读:机翼升力产生的几种解释介绍

在本章的开头,我们提到一架正常飞行的飞机上主要受到重力、升力、推进力以及阻力的作用,如图4-1所示。飞机的飞行状态完全取决于这四类力对飞机的综合效应。飞机的升力主要来源于机翼的贡献。下面我们来谈一谈有关机翼升力产生的几种解释。**不做定论,仅供大家参考、讨论。**

机翼升力来源于空气,其是空气动力的一部分,因此有必要首先谈一谈空气。

在通常的时间尺度下,认为物质有三种状态,分别是气态、液态、固态,其对应的物质分别称为气体、液体、固体。根据物质是否能够流动,又将气体和液体统称为流体。固体能够长时间承受剪切作用,而流体则不能。

对于流体,不论液体还是气体,都是由大量不间断运动的分子组成。从微观角度来看,分子间总是存在间隙,具有空间的不连续性;由于分子运动的随机性,又导致在任一空间位置上的流体物理量的时间不连续性。尽管在微观下存在这些不连续性,但宏观尺度下,流体物理量又表现出连续性和确定性。1753年,欧拉首先采用了研究流体特性的"连续介质"模型,将流体视作由无限多流体质点组成的无间隙的连续介质。这样,描述流体宏观状态的物理量都可以视作空间和时间的连续函数，常用的数学工具就能无障碍地应用在流体流动规律的定量描述上。在研究空气动力学时，经常会引入**空气微团**的概念。空气微团是指微观尺度下含有大量空气分子，宏观尺度下体积微小的一团空气，其尺寸要保证微观尺度下足够大、宏观尺度下足够小。

流体相对于固体来说，其分子间距较大，当作用在流体上的压强增大时，流体分子间距一般会变小，宏观上表现为体积的缩小。我们将流体的这种随压强增大而体积缩小的特性称为**流体的可压缩性**。空气具有可压缩性。

温度也能影响流体分子间距。当流体温度升高时，流体分子间距一般会增加，流体的这种性质称为**流体的膨胀性**。空气具有膨胀性。

流体在静止时不能承受剪切作用力，但运动的流体则不同。流体流动时，流动较慢的流体层是在流动较快的流体层带动下才运动的；那么，相同的道理，流动较快的流体层也受到流动较慢的流体层的阻碍作用。在做相对运动的两流体层的接触面上，存在等值、反向的作用力与反作用力阻碍两相邻流体层的相对运动，流体的这种性质称为**流体的黏性**，由此黏性产生的作用力称为**黏性力**或**内摩擦力**。一般流体的黏性对温度敏感。空气具有黏性。不考虑黏性的流体称为**理想流体**。

一般认为，流体黏性力产生的原因是分子不规则运动引起的动量交换和分子间吸引力。

分子的不规则运动导致流体的快、慢两层不可能有严格的分界线，快、慢两层间分子会相互迁移。速度快的分子迁移到速度慢的流体层时能碰撞流动慢的分子并进行动量交换，使速度慢的分子加速；反之，速度慢的分子迁移到速度快的流体层时能使速度快的流体层减速。

在相邻的两层流体分子间还存在分子间引力，速度快的分子在引力的作用下拖动速度慢的流体分子加速；而速度慢的流体层的引力又会阻滞速度快的流体层。

目前，一般航空器的活动范围是离地面较近的稠密大气层，在研究飞行器与空气之间相互作用时，可以将空气视作连续介质；飞行器低速飞行时，还可以将空气看作不可压缩的理想流体。这样将在不影响分析问题本质的前提下使问题大大简化。

运动流体所处的空间称为**流场**。某一瞬时，流场中存在这样的曲线，若该曲线上每一点的速度矢量都与该曲线相切，那么该曲线称为**流线**。任何一流体质点在流场中的运动轨迹称为**迹线**或**轨线**。流线是某一瞬时各流体质点的运动方向线，而迹线是某一流体质点在一段时间内的运动轨迹。对于流动流体，运动参数是三维坐标的函数的流动称为**三维流动**；流动参数是二维坐标的函数的流动称为**二维流动**；流动参数仅是一维坐标的函数的流动则称为**一维流动**。流场中，任意空间点上，流体质点的全部运动参数都不随时间变化的流动称为**定常流动**；流体质点的部分流动参数或全部流动参数随时间变化的流动称为**非定常流动**。定常流动的流场中流线与迹线重合；非定常流动的流场中流线与迹线不重合。在流场中任取一非流线的封闭曲线，通过该封闭曲线的所有流线所形成的管状流称为**流管**。在定常流动中，流管不随时间变化；非定常流动则不同。一维定常流动是最简单的流动模型。

流场中，由物体以及流线组成的能反映流体流动全貌的图形称为**流线谱**或**流谱**。流线谱可以在风洞中利用烟雾生成。

1. 第一种解释——伯努利定理

由于流体在空间中的实际流动一般情况下不是严格的一维流动，为方便分析，可以将整个流场分成许多细小的流管，在每一个细小流管中，流体的流动可以近似认为是一维流动。严格来说，在同一坐标值所对应的小截面上的不同点，流体的各状态参数也不相同，我们采用取平均值的办法来近似处理。下面依据我们所学知识点来推导一维定常流动的三个基本方程。

1）连续方程（又称质量方程）

对于一维定常流动来说，必然满足质量守恒定律。设在流管中心轴上不同位置任意取两个垂直于管轴的截面，分别称为截面1和截面2；用 ρ_i、A_i、v_i 分别表示流管中 $i(i=1,2)$ 位置处流体的密度、流管的横截面积、流动速度。$\rho_i A_i v_i$ 称为流管的质量流量，表示单位时间内流过流管任一截面的流体质量；$A_i v_i$ 称为流管的体积流量，表示单位时间内流过流管任一截面的流体体积。假设流动为从1位置流向2位置，一维定常流动的质量守恒定律为

$$\rho_1 A_1 v_1 = \rho_2 A_2 v_2$$

从截面1流入的流体质量与从截面2流出的流体质量相等，或者说流管中任意两截面处的质量流量相等。此式适用于任何定常流动。

对于一维定常、不可压缩流动来说，流管中的流体密度处处相等，上式可以进一步简化为

$$A_1 v_1 = A_2 v_2$$

流管中任意两截面处的体积流量相等。进而，流管截面积与当地流速成反比，管径大，流速小；管径小，流速大。此式仅适用于定常的不可压缩流动。

2）动量方程

为保持内容的完整性，涉及到动量定理的内容在此也一并给出。大家在学习完下一章后，将会有更深刻的理解。

流体的动量方程是**动量定理**在流体上的直接应用。动量定理表述为：质点系的动量对时间的一阶导数等于在该瞬时作用在质点系上的外力之和。

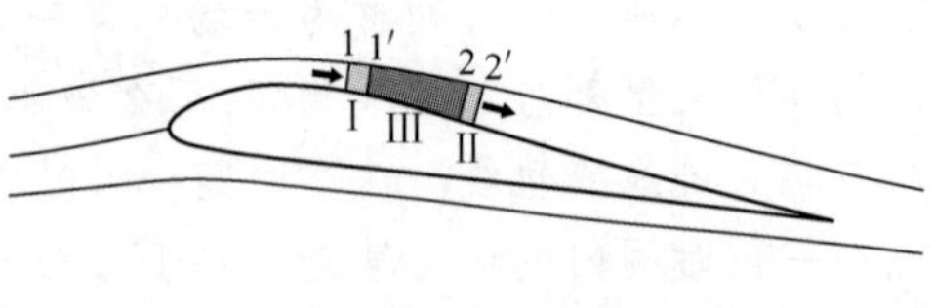

图4-47　机翼上翼面流管动量分析

如图4-47所示，设上翼面某流管为一维定常流动，在 t 时刻取截面1和截面2所夹区域为研究对象，经过时间段 $\mathrm{d}t$，先前选定的研究对象运动到了1′、2′位置。依据研究对象前后时刻所处位置，可以将流体微段分成如图4-47所示Ⅰ、Ⅱ、Ⅲ三个区域，Ⅰ为 $\mathrm{d}t$ 时间段流经截面1的流体；Ⅱ为 $\mathrm{d}t$ 时间段流经截面2的流体，Ⅰ、Ⅱ两个区域的质量相等；Ⅲ为前后两时刻研究对象的重叠区域。

t 瞬时，流体微段12所具有的动量设为 $\boldsymbol{P}_{12}$；$t+\mathrm{d}t$ 瞬时，流体微段1′2′的动量记为 $\boldsymbol{P}_{1'2'}$，那么，无限小时间段 $\mathrm{d}t$ 内流体微段的动量增量为

$$\begin{aligned}\mathrm{d}\boldsymbol{P} &= \boldsymbol{P}_{1'2'} - \boldsymbol{P}_{12} = (\boldsymbol{P}_{1'2} + \boldsymbol{P}_{22'}) - (\boldsymbol{P}_{11'} + \boldsymbol{P}_{1'2}) = \boldsymbol{P}_{22'} - \boldsymbol{P}_{11'} \\ &= \mathrm{d}m(\boldsymbol{v}_2 - \boldsymbol{v}_1)\end{aligned}$$

因此，对选取的研究对象，根据动量定理，有

$$\frac{\mathrm{d}\boldsymbol{P}}{\mathrm{d}t}=\frac{\mathrm{d}m(\boldsymbol{v}_2-\boldsymbol{v}_1)}{\mathrm{d}t}=\sum_{i=1}^{n}\boldsymbol{F}_i$$

$\sum_{i=1}^{n}\boldsymbol{F}_i$ 表示研究对象所受所有作用力之和，包含表面力和质量力。若已知或测得动量方程中足够多的物理量，则可以求解具体问题。

若考虑某一流管截面处的动量变化以及各种外力的具体表述形式并做出适当简化，依据上述的动量方程可以得到描述某一截面位置各状态量之间的关系为

$$\frac{1}{2}v^2+\int\frac{1}{\rho(p)}\mathrm{d}p+gy=C^*$$

式中：ρ 为密度；p 为压强；y 为重力场的高度坐标；C^* 为常数。此式适用于无黏性、一维定常流动。对于不可压缩流动，ρ 为常数，上式变为

$$\frac{1}{2}v^2+\frac{p}{\rho}+gy=C^*$$

此式称为不可压缩流体的**伯努利方程**或**伯努利定理**或**伯努利积分**。式中：第一项表示单位质量流体所具有的动能；第二项中 $\frac{1}{\rho}$ 可以视为单位质量流体所占体积，那么 $\frac{p}{\rho}$ 则表示单位质量流体以压强 p 向周围流体所做的功；第三项表示单位质量流体的重力势能。因此，伯努利定理实质上是针对特定类型流体（无黏性、一维、定常、不可压缩流动）的**机械能守恒定律**。

伯努利方程可以变形为

$$\frac{1}{2}\rho v^2+p=\rho C^*-\rho gy$$

当流管流动高度不变或高度变化可忽略时，等号右侧为常数，上式进一步简化为

$$\frac{1}{2}\rho v^2+p=C$$

式中：$\frac{1}{2}\rho v^2$ 为流体的动压；p 为静压；$C=\rho C^*-\rho gy$ 为总压。

上式表明：流体在低速、一维定常流动中，同一流管的不同截面处，动压与静压之和为常数。这就是伯努利定理。

机翼上升力产生的解释之一就是依据上述伯努利定理得出的。

首先分析图 4-48(a)所示的翼型上的气流。翼型上、下表面附近的两条完整流线所夹气流被翼型分为上、下两条流管 A 和 B。若认为流管 A、B 为近似的无黏性、一维、定常、不可压缩流动的话，翼型上下表面的动压与静压的关系满足伯努利方程。

当管状流 A 流过翼型前缘上方时，其横截面面积会受到翼型的挤压而变小，根据质量守恒定律（这里表现为：定常流动在流管中不同截面处的流量是相同的，流量可表示为 ρAv）可知，截面积小的地方流速就会更快；随着气流的继续流动，流管的横截面积逐渐增大，气流速度逐渐减慢。由于翼型的设计因素，翼型下表面对流管 B 产生的阻碍作用较小，总的来说，流管 B 内气流速度小于流管 A 中气流的速度，不同位置速度的快慢用箭头的长短在图中示意。根据伯努利方程可知，气流速度大的地方静压较小，气流速度小的地方静压会较大，即翼型上表面的压力小于下表面的压力，如图 4-48(b)所示，上、下表

面的压力差便是升力的来源。

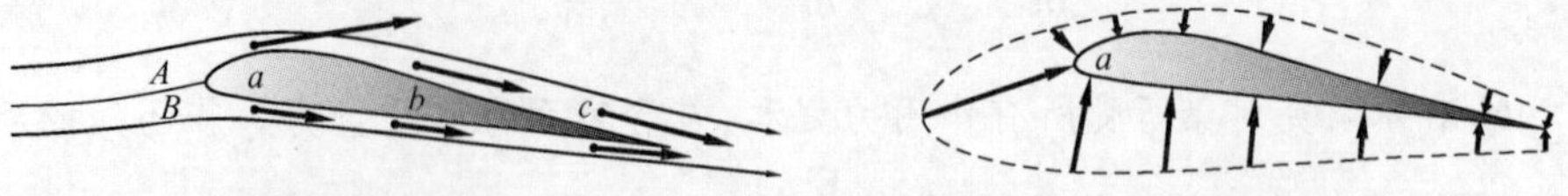

(a) 翼型表面气流 (b) 翼型表面压力

图 4-48 翼型表面的气流与压力

其实非流线型的平板翼型也同样能产生升力，只不过平板翼型即使在迎角非常小的情况下也很容易产生气流的分离，在飞行方向上产生较大的压差阻力，对飞行不利。

讨论：

(1) 此种解释中认为，翼型上表面的流管截面积变小的原因是气流受到了翼型上凸曲面的挤压所致；被挤压最严重的位置气流速度最大，根据伯努利方程可知静压强越小。也就是说，遭受最严重挤压的地方，静压强却最小。这显然很难让人接受。读者怎样看待此问题呢？

(2) 此解释指出压力差的存在，而且压力差的存在性早已经被证实，但问题的关键在于伯努利方程仅适用于机械能守恒的系统，而机翼翼型上、下表面气流显然不满足这个条件，机翼给气流输入了能量。那么这种基于伯努利方程的解释还成立吗？

2. 第二种解释——牛顿第三定律

依据牛顿第三定律的升力解释以机翼能使气流的方向发生偏转为出发点。机翼在空气中掠过时，将原本静止的空气压向下方，即机翼对空气施加了向下的压力作用，根据牛顿第三定律可知，空气必然对机翼产生等值、反向的反作用力，这个反作用力便是升力。

此种解释最简单明了。

3. 第三种解释——环流理论

如图 4-49 所示，在机翼翼型周围绘制一封闭曲线 C，曲线上某一点的气流速度为 $\boldsymbol{v}$，其与曲线 C 此点处切线之间的夹角为 θ，$\mathrm{d}s$ 为沿曲线的弧坐标增量，则环量理论中的环量定义为沿封闭曲线的气流速度分量的线积分，即

$$\Gamma = \oint_C v\cos\theta \mathrm{d}s$$

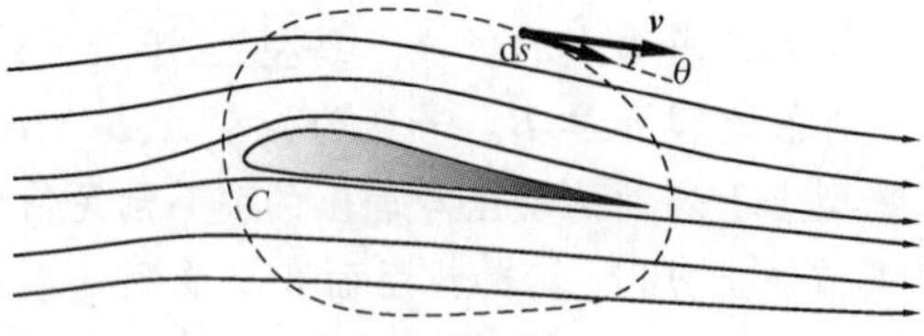

图 4-49 机翼升力环流理论

进而可以计算单位翼展的升力为

$$L = \rho_\infty v_\infty \Gamma$$

式中：ρ_∞ 为远处来流的密度；v_∞ 为远处来流的速度。

翼型上的实际气流可以视为图 4-50 所示的等速流动(图 4-50(a))与纯环流(图 4-50(b))

的叠加结果(图4-50(c))。环流为顺时针方向,当其与等速流叠加时,翼型上表面将会出现较高的流速,而下表面将出现较低的速度。进而,依据伯努利方程可知,翼型上表面的压力较低,下表面的压力相对较高,上下表面存在压力差,升力由此产生。

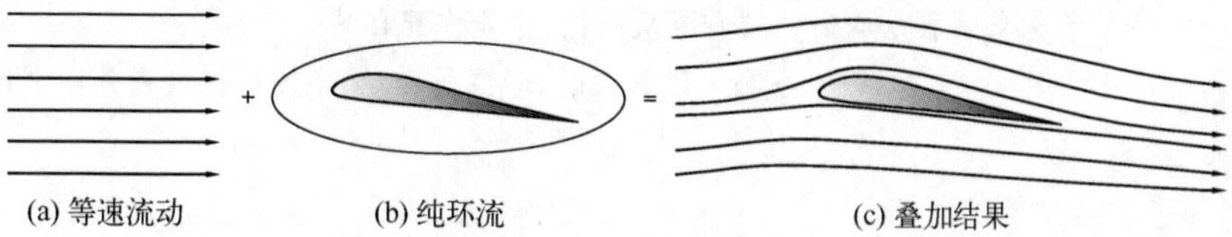

图4-50 机翼环流分解

升力产生的环流理论适用于具有尖后缘翼型的定常绕流问题。当翼型迎角不大、翼型表面气流无严重气流分离时,翼型上下两股气流总在翼型后缘汇合时,可以求出具有尖后缘翼型定常绕流的环量值。

环量理论更像是一种升力的计算方法,而不是升力产生的原因解释。

> 今天，我们不再祈求自然；我们命令自然，因为我们发现了它的某些秘密，我们每天都将发现它的其他秘密。我们以定律的名义命令自然，它不能对此提出异议，因为这些定律是它的规律；我们不能疯狂地要求自然改变这些规律，我们首先必须服从它们。**只有服从自然，才能支配自然。**
>
> ——亨利·庞加莱著，李醒民译.科学的价值.（商务印书馆，2010）

第5章　动量定理

关键词

动量（momentum）；冲量（impulse）；动量定理（theorem of momentum）；质心（mass center）；质心运动定理（theorem of motion of mass center）；动量守恒（conservation of momentum）

本章及后续两章将研究动力学普遍定理，即动量定理、动量矩定理和动能定理，这些定理从不同的角度揭示了质点和质点系总体的运动变化与作用量之间的关系，可用于求解质点系动力学问题。本章研究质点系的动量定理，它建立了质点系动量关于时间的变化率与作用于质点系上外力系主矢之间的关系。

引例：机翼升力的产生

在第4章的引例中，我们提到机翼表面的分布力系及其简化，在拓展阅读中介绍了机翼升力产生原因的几种解释。其实，机翼升力的产生同样可以从动量定理的角度进行解释。

火箭发动机（图5-1（a））、导弹发动机（图5-1（b））或其他喷气式发动机通过将高速气流吹向后方来产生推力；直升机旋翼通过将气流吹向下方产生升力，如图5-1（c）所示。这些实例中，推进力或升力的产生均可以通过本章的知识点进行解释。

(a)　　(b)　　(c)

图5-1　火箭、导弹及直升机的推力

固定翼飞机的升力又是如何产生的呢？其实，固定翼飞机升力产生的原因也不例外，只是其没有上述几个例子那么显而易见。

首先明确：机翼上的空气动力来源于机翼在空气中的运动或气流相对于机翼的流动。由上一章的拓展阅读部分可知：机身上的气动合力是分布的正压力与剪切力对飞机的综合效应。显然，飞机所受力系为空间任意力系，将此力系向飞机质心简化可得到主矢和主矩，主矢的大小和方向能决定飞机质心的运动规律；主矩能决定飞机绕质心的转动规律。气动力又可以分成升力和阻力。图 5-2 中将飞机受力象征性地分为四类：重力 $\boldsymbol{G}$，推进力 $\boldsymbol{P}$，气动升力 $\boldsymbol{L}$，气动阻力 $\boldsymbol{D}$，它们均是向飞机质心平移后的示意；简化所得主矩用 $\boldsymbol{M}_C$ 表示；$\boldsymbol{V}$ 表示飞机飞行速度。

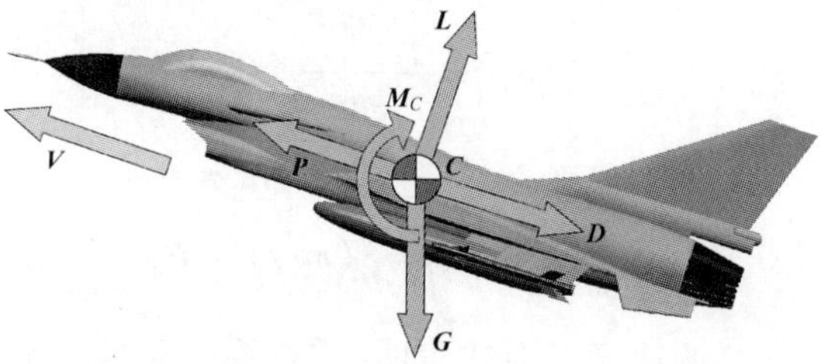

图 5-2 飞机受力分析

升力主要是由机翼上、下表面的**压力分布不平衡**引起的。正常的飞行过程中，机翼上表面的压力总体上小于下表面的压力。但重点是：**这种压力差是如何产生的呢？**

不同的翼型提供升力的效能不同，但翼型并不是升力产生的本质原因，为排除翼型的几何构型对本质问题的影响，我们采用对称翼型（弦线是翼型截面的对称轴线）分析问题。图 5-3 是以机翼翼型为参照的气流流线示意图。

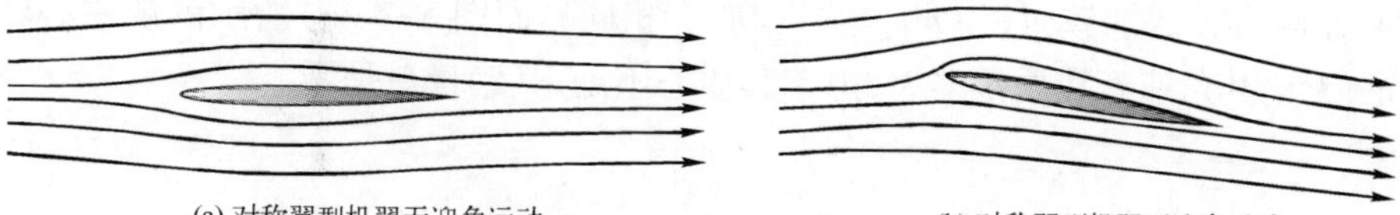

(a) 对称翼型机翼无迎角运动　　(b) 对称翼型机翼正迎角运动

图 5-3 以机翼翼型为参照的气流流线图

请完成本章内容的学习，依据相关知识点，思考并分析这些实例中升力的产生原因。

本章仅研究物体受力与质心运动规律之间的关系（即主矢与质心加速度的关系）；物体受力与其绕质心转动规律之间的关系（即主矩与绕质心的角加速度的关系）将在第 6 章（动量矩定理）中介绍。

5.1 质点系的动量

动量是物体机械运动强弱的一种度量。它不仅取决于速度，而且还与质量有关。例如枪弹质量虽小，但速度很大，击中目标时产生很大冲击力；轮船靠岸时速度虽小，但质量很大，若发生碰撞，也可能损伤自身与码头。据此，可以用质点的质量与速度的乘积来表征质点的这种运动量。

设有质点系 $\sum_{i=1}^{n} m_i$ ，其中质点 m_i 相对于定点 O 的矢径为 $\boldsymbol{r}_i$，速度为 $\boldsymbol{v}_i = \mathrm{d}\boldsymbol{r}_i/\mathrm{d}t$，则质点系的**动量**定义为

$$\boldsymbol{p} = \sum_{i=1}^{n} m_i \boldsymbol{v}_i = \sum_{i=1}^{n} m_i \frac{\mathrm{d}\boldsymbol{r}_i}{\mathrm{d}t} = \frac{\mathrm{d}}{\mathrm{d}t}\sum_{i=1}^{n} m_i \boldsymbol{r}_i \tag{5-1}$$

质点系的动量是描述质点系整体运动的一个基本量。在国际单位制中动量的单位为 kg · m/s。用 m 表示质点系的总质量，定义质点系质量中心（简称质心）C 的矢径为

$$\boldsymbol{r}_C = \frac{\sum_{i=1}^{n} m_i \boldsymbol{r}_i}{m} \tag{5-2}$$

代入式(5-1)，得

$$\boldsymbol{p} = \frac{\mathrm{d}}{\mathrm{d}t}\left(\sum_{i=1}^{n} m_i \boldsymbol{r}_i\right) = \frac{\mathrm{d}}{\mathrm{d}t}(m\boldsymbol{r}_C) = m\boldsymbol{v}_C \tag{5-3}$$

式中：$\boldsymbol{v}_C = \mathrm{d}\boldsymbol{r}_C/\mathrm{d}t$ 为质心 C 的速度。上式表明，质点系的动量等于质心速度与质点系总质量的乘积。

对于刚体系，可用式 $\boldsymbol{p} = \sum_{i=1}^{n} m_i \boldsymbol{v}_{Ci}$ 计算系统的动量。此处：m_i 为第 i 个刚体的质量；$\boldsymbol{v}_{Ci}$ 为第 i 个刚体质心的速度。

用式(5-3)计算刚体的动量是非常方便的。例如，长为 l、质量为 m 的均质细杆，如图 5-4(a)所示，在平面内以角速度 ω 绕 O 点转动，细杆质心的速度大小为 $v_C = \omega l/2$，故细杆的动量大小为 $m\omega l/2$，方向与 $\boldsymbol{v}_C$ 相同。又如图 5-4(b)所示的均质滚轮，其质量为 m，质心速度为 $\boldsymbol{v}_C$，故其动量为 $m\boldsymbol{v}_C$，方向与 $\boldsymbol{v}_C$ 相同。而图 5-4(c)所示的绕中心转动的均质轮，无论其角速度和质量多大，由于其质心不动，其动量总是零。

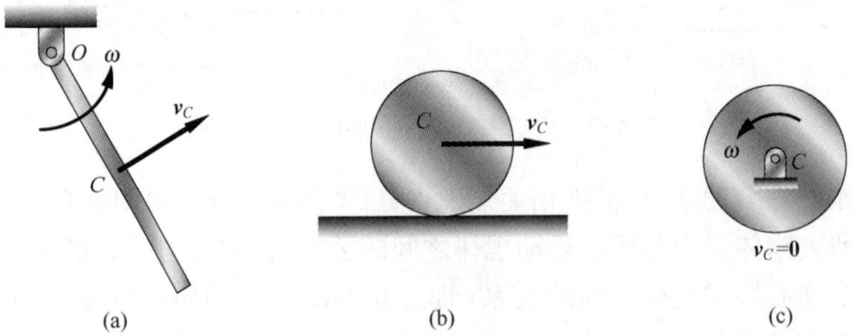

图 5-4　三种简单构件的动量计算

例题 5-1　图 5-5(a)为可以画椭圆的椭圆规机构示意图，其由均质的曲柄 OA，规尺 BD 以及滑块 B 和 D 组成，曲柄与规尺的中点 A 铰接。曲柄 OA 长 l，质量为 m_1，以角速度 ω 绕定轴 O 转动；规尺 BD 长 $2l$，质量为 $2m_1$；B、D 两滑块的质量均为 m_2。试求：当曲柄 OA 与水平方向成角度 φ 时，整个机构的动量。

解：用 $\boldsymbol{p} = \sum_{i=1}^{n} m_i \boldsymbol{v}_{Ci}$ 计算系统的动量。

据题意知，曲柄 OA 的质心为 E 点，规尺 BD 与滑块 B 和 D 组成系统的质心为 A 点。因曲柄 OA 做定轴转动，所以 E 点和 A 点的速度均垂直于 OA，如图 5-5(a)所示，大小为

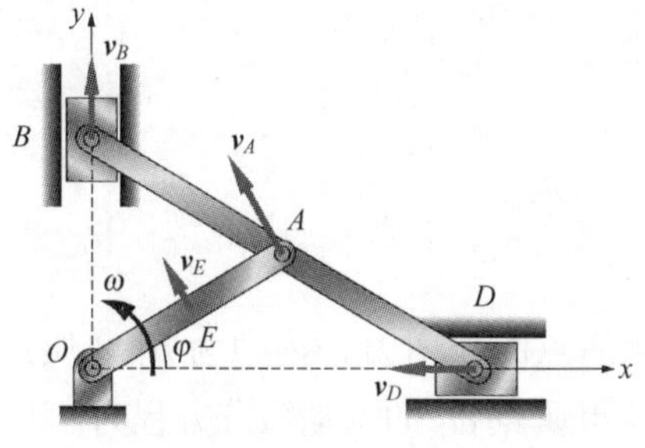

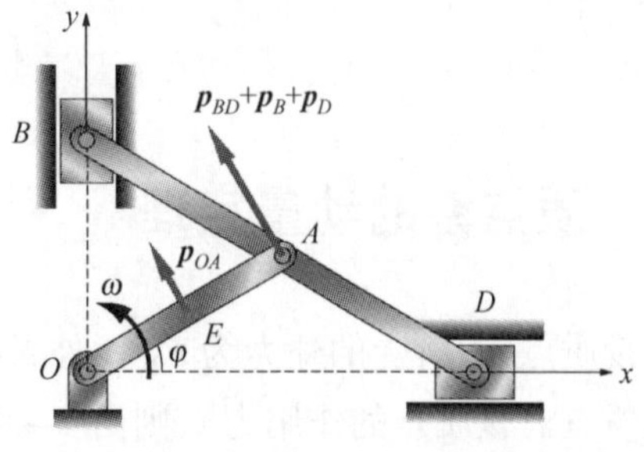

图 5-5　例题 5-1

$v_E = l\omega/2, v_A = l\omega$。

整个机构的动量等于曲柄 OA、规尺 BD 以及滑块 B 和 D 的动量的矢量和，即

$$\boldsymbol{p} = \boldsymbol{p}_{OA} + \boldsymbol{p}_{BD} + \boldsymbol{p}_B + \boldsymbol{p}_D$$

方向如图 5-5(b)所示。曲柄的动量为

$$\boldsymbol{p}_{OA} = m_1 \boldsymbol{v}_E$$

大小为

$$p_{OA} = m_1 v_E = m_1 l\omega/2$$

规尺和两个滑块的动量为

$$\boldsymbol{p}' = \boldsymbol{p}_{BD} + \boldsymbol{p}_B + \boldsymbol{p}_D = 2(m_1 + m_2)\boldsymbol{v}_A$$

大小为

$$p' = 2(m_1 + m_2)v_A = 2(m_1 + m_2)l\omega$$

由于动量 $\boldsymbol{p}_{OA}$ 的方向也是与 $\boldsymbol{v}_A$ 的方向一致，所以整个椭圆规机构的动量方向与 $\boldsymbol{v}_A$ 相同，即

$$p = p_{OA} + p' = m_1 l\omega/2 + 2(m_1 + m_2)l\omega = (5m_1 + 4m_2)l\omega/2$$

要点与讨论

质点系的动量为相对于惯性参考系的物理量，所以各点的速度或刚体质心的速度应为相对惯性参考系的“绝对”速度。

5.2　力的冲量

物体受力而引起的运动变化，不仅取决于力的大小和方向，而且与力作用时间的长短有关。若力为常力，力与作用时间的乘积表示力在这段时间内的积累效应，称为常力的冲量。若以 $\boldsymbol{F}$ 表示常力，t 表示力作用时间，则此力对受力物体的冲量定义为

$$\boldsymbol{I} = \boldsymbol{F}t \tag{5-4}$$

此冲量是矢量，它的方向与常力 $\boldsymbol{F}$ 的方向一致。

若作用力 $\boldsymbol{F}$ 是变力，在微小时间间隔 $\mathrm{d}t$ 内，力 $\boldsymbol{F}$ 的冲量称为元冲量，即

$$\mathrm{d}\boldsymbol{I} = \boldsymbol{F}\mathrm{d}t$$

从 t_1 到 t_2 时间间隔内，力 $\boldsymbol{F}$ 的冲量是矢量积分，即

$$\boldsymbol{I} = \int_{t_1}^{t_2} \boldsymbol{F} \mathrm{d}t \tag{5-5}$$

5.3 质点系的动量定理

设质点 m_i 所受的外力为 $\boldsymbol{F}_i^{(e)}$（外界物体对该质点的作用力），内力为 $\boldsymbol{F}_i^{(i)}$（质点系内其他质点对该质点的作用力），则由牛顿第二定律得质点 m_i 的运动微分方程为

$$\frac{\mathrm{d}}{\mathrm{d}t}(m_i \boldsymbol{v}_i) = \boldsymbol{F}_i^{(e)} + \boldsymbol{F}_i^{(i)} \tag{5-6}$$

整理得

$$\mathrm{d}(m_i \boldsymbol{v}_i) = \boldsymbol{F}_i^{(e)} \mathrm{d}t + \boldsymbol{F}_i^{(i)} \mathrm{d}t \tag{5-7}$$

将质点系中所有质点的运动微分方程相加，得

$$\sum_{i=1}^{n} \mathrm{d}(m_i \boldsymbol{v}_i) = \sum_{i=1}^{n} \boldsymbol{F}_i^{(e)} \mathrm{d}t + \sum_{i=1}^{n} \boldsymbol{F}_i^{(i)} \mathrm{d}t \tag{5-8}$$

根据牛顿第三定律，质点系内质点相互作用的内力总是大小相等、方向相反地成对出现，相互抵消，因此式(5-8)中右端第 2 项等于零，即

$$\sum_{i=1}^{n} \boldsymbol{F}_i^{(i)} \mathrm{d}t = \boldsymbol{0}$$

于是式(5-8)变为

$$\sum_{i=1}^{n} \mathrm{d}(m_i \boldsymbol{v}_i) = \mathrm{d}\boldsymbol{p} = \sum_{i=1}^{n} \boldsymbol{F}_i^{(e)} \mathrm{d}t = \sum_{i=1}^{n} \mathrm{d}\boldsymbol{I}_i^{(e)} \tag{5-9}$$

式(5-9)就是**质点系动量定理**的微分形式，即质点系动量的增量等于作用于质点系的外力的元冲量的矢量和。

式(5-9)也可为

$$\frac{\mathrm{d}\boldsymbol{p}}{\mathrm{d}t} = \sum \boldsymbol{F}_i^{(e)} \tag{5-10}$$

即质点系的动量 $\boldsymbol{p}$ 对时间 t 的变化率等于作用在质点系上的外力的矢量和。可见，质点系的内力虽可改变质点系中质点的动量但不能改变整个质点系的动量，只有外力才能改变质点系的动量。

设质点系在时刻 t_1 时动量为 $\boldsymbol{p}_1$，在时刻 t_2 时动量为 $\boldsymbol{p}_2$，将式(5-10)积分，得

$$\int_{\boldsymbol{p}_1}^{\boldsymbol{p}_2} \mathrm{d}\boldsymbol{p} = \sum \int_{t_1}^{t_2} \boldsymbol{F}_i^{(e)} \mathrm{d}t$$

或

$$\boldsymbol{p}_2 - \boldsymbol{p}_1 = \sum \boldsymbol{I}_i^{(e)} \tag{5-11}$$

这是**质点系动量定理**的积分形式，即在某一时间间隔内，质点系动量的改变量等于在这段时间内作用于质点系的外力冲量的矢量和。

将矢量式(5-10)和式(5-11)在坐标系 $Oxyz$ 中写成投影形式，得

$$\frac{\mathrm{d}p_x}{\mathrm{d}t} = \sum F_x^{(e)}, \frac{\mathrm{d}p_y}{\mathrm{d}t} = \sum F_y^{(e)}, \frac{\mathrm{d}p_z}{\mathrm{d}t} = \sum F_z^{(e)} \tag{5-12}$$

$$p_{2x} - p_{1x} = \sum I_x^{(e)}, p_{2y} - p_{1y} = \sum I_y^{(e)}, p_{2z} - p_{1z} = \sum I_z^{(e)} \tag{5-13}$$

如果作用在质点系上的外力主矢量 $\sum \boldsymbol{F}_i^{(e)}$ 为零，则由式(5-10)可得

$$\boldsymbol{p} = \text{常矢量} \tag{5-14}$$

即质点系的动量守恒，这个结论称为**质点系的动量守恒定律**。式(5-14)中的常矢量由运动的初始条件决定。如果作用在质点系上的外力主矢量在某一坐标轴上的投影恒等于零，则由式(5-12)可知，质点系动量在该坐标轴上的投影保持不变，即质点系在该方向上动量守恒。

例题 5-2　现在我们根据本章所讲授的知识点来简要分析一下本章开头所提出的问题：固定翼飞机的升力是如何产生的？机翼上、下表面的压力差是如何产生的？

解：若以地球为参照，观察气流的运动，则可以发现机翼后方的气流的流向几乎竖直向下，如图5-6(a)所示，若以地面为固定坐标系、飞机为动坐标系，以气流为研究对象，则图中 $\boldsymbol{v}_e$ 为飞机相对于地面的速度，即牵连速度；$\boldsymbol{v}_r$ 为气流相对于机翼的速度，即相对速度；$\boldsymbol{v}_a$ 为气流相对于地面的绝对速度。实际上，由于空气与机翼之间摩擦作用的存在，气流向下流动的同时，也会轻微地向前方流动，速度关系如图5-6(b)所示。

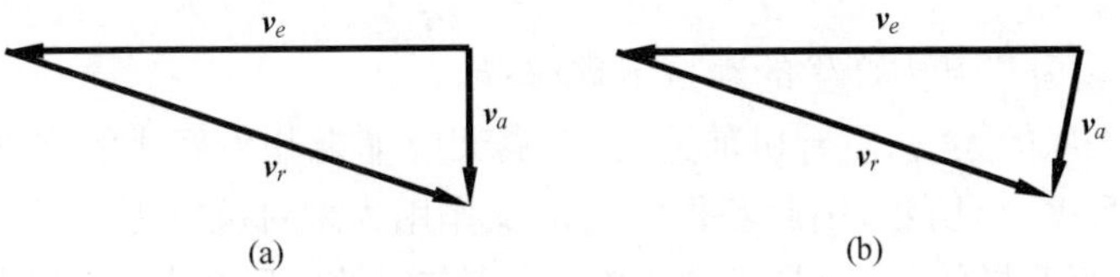

图5-6　机翼、气流速度矢量图

力是改变物体运动状态的根本原因。用本章所学动量定理的观点来看，升力是一种反作用力，只不过这种反作用力的施加是通过形成高压区和低压区的形式完成的。

机翼只有通过将气流转向下方才能获得升力。由于机翼在空气中划过，引起了气流的下沉。根据牛顿第二定律可知，气流运动状态的改变是由于力的作用引起的，气流之所以在机翼处转向，肯定是机翼对气流施加了某种作用力；同时根据牛顿第三定律，转向的气流也会同时对机翼产生一个等值、反向的反作用力，这个反作用力就是机翼上的气动力，其包含升力和阻力。由于机翼正迎角的存在，气流能在机翼下方产生高压区，在机翼上表面产生低压区，上、下表面都能使气流转弯流向下方(图5-7)。

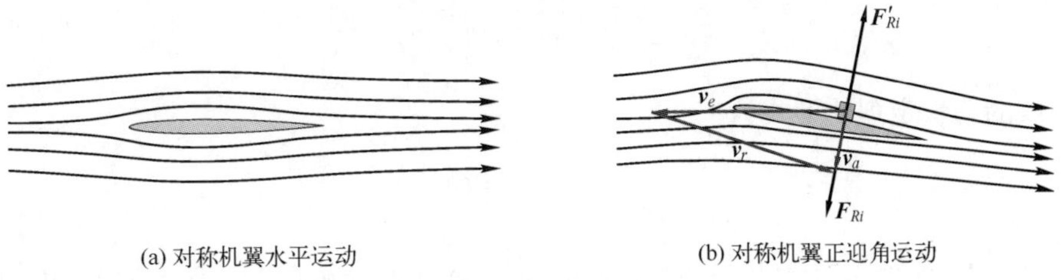

图5-7　机翼与气流的作用力与反作用力

运用动量定理分析此问题，可表述如下。

如图5-7(b)所示，选取一空气微团，若此空气微团取的范围足够小，则可以将此微团看作一质点处理，则有

$$\frac{\mathrm{d}\boldsymbol{P}_i}{\mathrm{d}t}=\frac{\mathrm{d}(M_i\boldsymbol{v}_{Ci})}{\mathrm{d}t}=\frac{M_i\mathrm{d}\boldsymbol{v}_{Ci}}{\mathrm{d}t}=\boldsymbol{F}_{Ri}$$

式中：$\boldsymbol{P}_i$ 为空气微团的动量；M_i 为空气微团的质量；$\boldsymbol{v}_{Ci}$ 为空气微团质心的速度（对应图中的 $\boldsymbol{v}_a$）；$\boldsymbol{F}_{Ri}$ 为机翼对空气微团的作用力，此力使气流微团从静止状态转变为向前下方流动状态（在地球坐标系下观察气流）。从上式中可以看出，空气动量的变化是空气动力的本质来源。根据牛顿第三定律可知，机翼将受到转向气流的反作用力 $\boldsymbol{F}'_{Ri}$。将机翼周围的气流微团对机翼的反作用进行求和得 $\sum\boldsymbol{F}'_{Ri}$，此即为机翼上的气动力。

图 5-7(a)图表示上、下表面对称翼型水平运动时的相对气流流线示意图，图中机翼上、下气流相对于机翼对称流动，流过机翼后逐渐恢复原来流动状态，全局上看，气流没有发生流动方向的改变，机翼上不会产生升力。图 5-7(b)图表示对称翼型相对于空气有正迎角飞行时的相对气流流线示意图，图中气流接近机翼时发生分流，因正迎角的存在，分流关于机翼不再对称，气流流经机翼后不再沿原来流向运动，而是以一个下行角度相对流动，这种向下流动的气流称为下洗流。机翼上的升力实际上是下洗流的反作用力。

例题 5-3 直升机升力产生的动量定理解释。

解：假设在无风的天气，直升机前进时，旋翼桨叶捕捉几乎静止的空气并把它们加速推向下方，如图 5-8(a)所示，因此获得空气的反作用力来对抗重力。直升机后退或侧飞状态与此类似。直升机的直升（悬停或下降）状态与前飞（后退或侧飞）状态的气流状态不同，如图 5-8(b)所示。不管是何种状态，气流在流经旋翼桨盘时都会受到旋翼叶片的冲量作用，进而获得动量的增量。在旋翼与气流作用过程中，空气质点被加速。

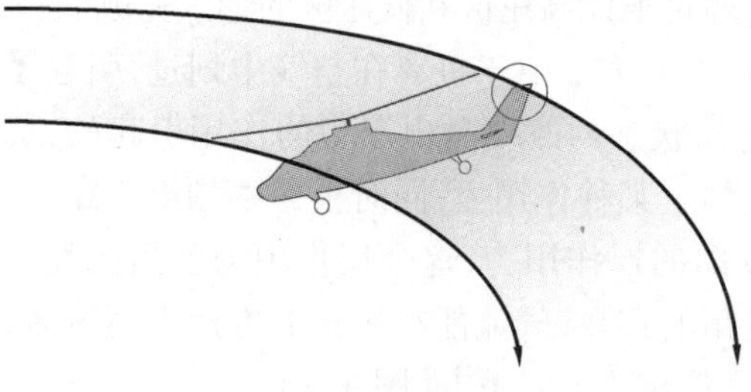

(a) 前飞（后退或侧飞）状态

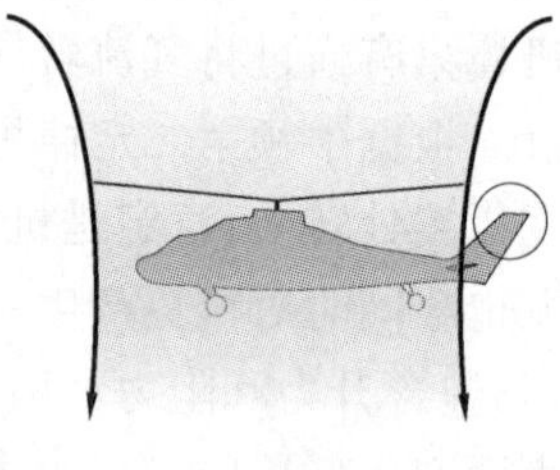

(b) 直升（悬停或下降）状态

图 5-8　直升机旋翼形成的气流

质点的动量定理的形式为

$$\frac{\mathrm{d}}{\mathrm{d}t}(m\boldsymbol{v})=\boldsymbol{F}$$

假设质点系 $\sum_{i=1}^{n}m_i$ 中某质点 m_i，其速度为 $\boldsymbol{v}_i$，作用在此质点上的外力为 $\boldsymbol{F}_i$，内力为 $\boldsymbol{F}_{ij}$ $(i\neq j)$，根据上式有

$$\frac{\mathrm{d}}{\mathrm{d}t}(m_i\boldsymbol{v}_i)=\boldsymbol{F}_i+\sum_{j=1(j\neq i)}^{n}\boldsymbol{F}_{ij},(i,j=1,2,\cdots,n)$$

将上式求和，得

$$\sum_{i=1}^{n}\frac{\mathrm{d}}{\mathrm{d}t}(m_i\boldsymbol{v}_i)=\sum_{i=1}^{n}\boldsymbol{F}_i+\sum_{i=1}^{n}\sum_{j=1(j\neq i)}^{n}\boldsymbol{F}_{ij}$$

$$\frac{\mathrm{d}}{\mathrm{d}t}\sum_{i=1}^{n}(m_i\boldsymbol{v}_i)=\sum_{i=1}^{n}\boldsymbol{F}_i+\sum_{i=1}^{n}\sum_{j=1(j\neq i)}^{n}\boldsymbol{F}_{ij}$$

$$\sum_{i=1}^{n}\sum_{j=1(j\neq i)}^{n}\boldsymbol{F}_{ij}=\boldsymbol{0}$$

$$\frac{\mathrm{d}}{\mathrm{d}t}\sum_{i=1}^{n}(m_i\boldsymbol{v}_i)=\sum_{i=1}^{n}\boldsymbol{F}_i$$

若认为空气为连续质量系统,则上式可以写为积分形式:

$$\boldsymbol{p}-\boldsymbol{p}_0=\int_{t_0}^{t}\boldsymbol{F}\mathrm{d}t$$

式中:$\boldsymbol{F}$ 为旋翼对空气施加的合力;对旋翼来说,$-\boldsymbol{F}$ 就是气动力。

例题5-4　质点 A、B 和 C 的质量分别为 m_1、m_2 和 m_3,用拉直而不可伸长的绳子 AB、BC 相连,静置于水平面上,如图5-9所示,β 为锐角。在质点 C 上施加大小为 I 的冲量,方向沿 BC。求冲量作用后瞬时,质点 B 的速度 $\boldsymbol{v}_2$ 与 AB 的夹角 θ 以及质点 A 的速度 $\boldsymbol{v}_1$。

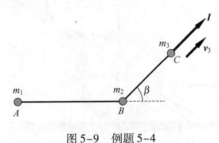

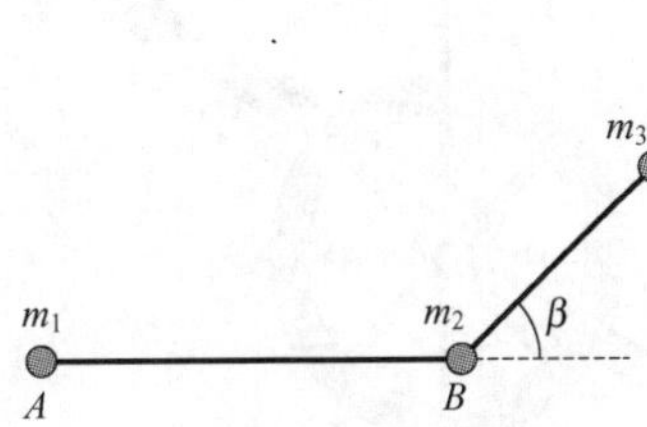

图5-9　例题5-4

解:这是质点系受冲量作用的问题。质点间有绳索约束,约束亦必然产生冲量。绳是拉直且不可伸长的,冲量 $\boldsymbol{I}$ 的方向也使绳张紧,设绳 AB 及 BC 的内力冲量分别为 $\boldsymbol{I}_{AB}$ 及 $\boldsymbol{I}_{BC}$,且内力冲量 $\boldsymbol{I}_{AB}$、$\boldsymbol{I}_{BC}$ 必沿 AB、BC 方向。由冲量 $\boldsymbol{I}_{AB}$、$\boldsymbol{I}_{BC}$ 及 $\boldsymbol{I}$ 的方向,可以判断出 $\boldsymbol{v}_1$ 方向沿 AB,$\boldsymbol{v}_3$ 方向沿 BC。

分别取三个质点为研究对象,求解联立方程。

对质点 C,有

$$I-I_{BC}=m_3v_3$$

对质点 B,有

$$I'_{BC}\sin\beta=m_2v_2\sin\theta$$

$$I'_{BC}\cos\beta-I_{AB}=m_2v_2\cos\theta$$

对质点 A,有

$$I'_{AB}=m_1v_1$$

式中:$I_{BC}=I'_{BC}$,$I_{AB}=I'_{AB}$,以上由动量定理列出的4个方程中有6个未知量,因此必须补充运动学关系。由速度投影定理,有

$$v_2\cos\theta=v_1,\ v_2\cos(\theta-\beta)=v_3$$

由以上方程可以解得

$$\theta=\arctan\left[\left(1+\frac{m_1}{m_2}\right)\tan\beta\right]$$

$$v_1 = \frac{Im_2\cos\beta}{(m_1+m_2+m_3)m_2+m_1m_2\sin^2\beta}$$

要点与讨论

(1) 注意绳是拉直且不可伸长的,因此速度投影定理成立,这是列写运动学补充方程的关键;

(2) 由速度投影定理知,$\boldsymbol{v}_2$ 与 AB 之间夹角 θ 必满足 $\theta<90°$。由质点 B 所受两个冲量分别沿 BC 及 BA 方向知,$\beta<\theta$,因此必有 $\beta<\theta<90°$。

例题 5-5 大炮的炮身重 $Q=8\text{kN}$,炮弹重 $P=40\text{N}$,炮筒的倾角为 $30°$,炮弹从击发至离开炮筒所需时间为 $t=0.05\text{s}$,炮弹离开炮膛瞬时相对于炮膛的速度为 $v_0=500\text{m/s}$,如图 5-10 所示。不计地面摩擦。试求炮身的后坐速度及地面对炮身的平均法向约束力。

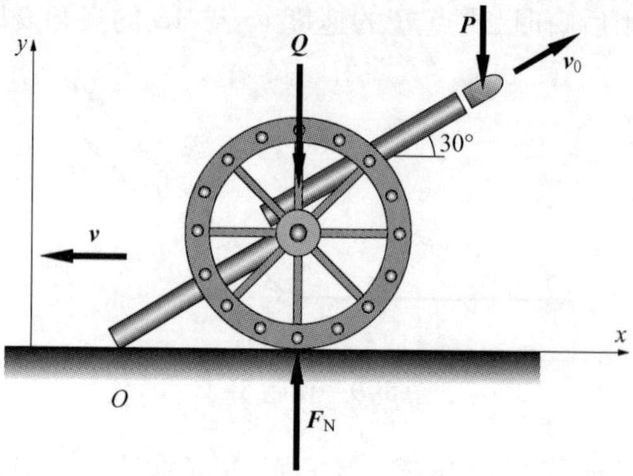

图 5-10 例题 5-5

解:取炮身和炮弹整体为研究对象。此系统受重力 $\boldsymbol{P}$、$\boldsymbol{Q}$ 和地面的法向约束力 $\boldsymbol{F}_\text{N}$ 作用,在水平方向无外力作用。由此可知,在发射炮弹的过程中,系统的动量在水平方向守恒。设发射炮弹后炮身在水平方向的后坐速度为 $\boldsymbol{v}$,发射前系统静止,则有

$$\frac{Q}{g}v+\frac{P}{g}(v-v_0\cos30°)=0$$

由此可求得

$$v=\frac{P}{Q+P}v_0\cos30°=2.15(\text{m/s})$$

由动量定理的投影形式

$$p_{2y}-p_{1y}=\sum I_y^{(e)}$$

得

$$\frac{P}{g}v_0\sin30°-0=(F_\text{N}-P-Q)t$$

解得

$$F_N = P + Q + \frac{P}{g}\frac{v_0 \sin 30°}{t} = 28.4(\text{kN})$$

要点与讨论

此题为简化计算把 F_N 作为常力对待，而实际上此力在射击过程中是剧烈变化的。

5.4　质心运动定理

将式(5-3)代入质点系动量定理式(5-10)中，得

$$\frac{d(m\boldsymbol{v}_C)}{dt} = \sum \boldsymbol{F}_i^{(e)} \tag{5-15}$$

即

$$m\boldsymbol{a}_C = \sum \boldsymbol{F}_i^{(e)} \tag{5-16}$$

式中：$\boldsymbol{a}_C$ 为质心的加速度。

式(5-16)表明，**质点系的质量与质心加速度的乘积等于作用于质点系上外力主矢量**。这个结论称为**质心运动定理**。对于多刚体系统，式(6-16)可以写成

$$\sum_{i=1}^{n} m_i \boldsymbol{a}_{C_i} = \sum \boldsymbol{F}_i^{(e)} \tag{5-17}$$

式中：m_i 为第 i 个刚体的质量；$\boldsymbol{a}_{C_i}$为第 i 个刚体的质心加速度。

式(5-16)与牛顿第二定理表达形式 $m\boldsymbol{a} = \boldsymbol{F}$ 相类似，因此，研究质心的运动规律，可以假想质点系的质量和所受的外力都集中在质心上，当作一个质点来研究。

由质心运动定理可知：如果作用于质点系的外力主矢恒等于零，则质心做匀速直线运动；若初始静止，则质心位置始终保持不变。如果作用于质点系的所有外力在某轴上投影的代数和恒等于零，则质心速度在该轴上的投影保持不变；若开始时速度投影等于零，则质心沿该轴的坐标保持不变。以上结论，称为**质心运动守恒定律**。

质心的运动与质点系的内力无关。例如，炮弹在空中爆炸时，爆炸力是内力，它不能改变炮弹碎片组成的质点系质心的运动，因此炮弹在爆炸前后质心的运动规律不变，如图 5-11 所示。又如，一个只受力偶作用的刚体，如果开始处于静止状态，则不论该力偶作用在刚体上的什么位置，刚体质心将永远保持静止状态。

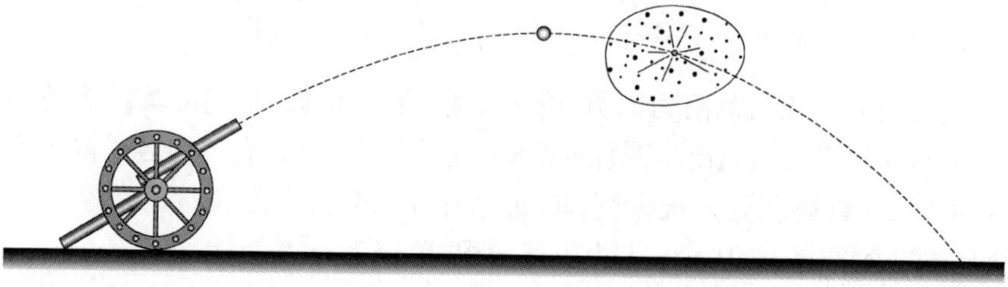

图 5-11　爆炸后的炮弹其质心在空中的运动轨迹

如图 5-12 所示,两个质量分别为 m_A 和 m_B 的宇航员在太空中拔河。我们取由两人与绳子组成的质点系为研究对象。假设该系统不受任何外力作用,动量守恒。如果开始时刻,两人在太空中保持静止,则在拔河过程中有

$$\boldsymbol{p} = m_A \boldsymbol{v}_A + m_B \boldsymbol{v}_B = (m_A + m_B)\boldsymbol{v}_C = \boldsymbol{p}_0 = \boldsymbol{0}$$

式中:$\boldsymbol{v}_A$、$\boldsymbol{v}_B$ 分别为宇航员 A 和宇航员 B 在拔河过程中的速度;$\boldsymbol{v}_C$ 为系统质心 C 的速度。

上式表明,拔河中两人同时相互被对方拉动,各自速度的大小与其质量成反比,但系统的质心速度始终为零,即 C 点保持不动,因此比赛结果是两人不分胜负。

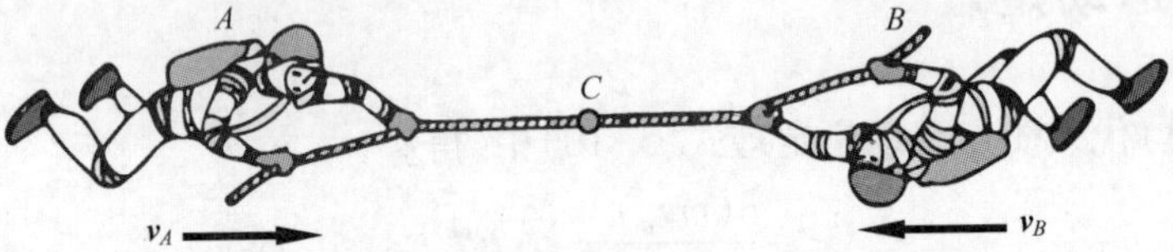

图 5-12　宇航员在太空拔河

例题 5-6　建立飞机的质心运动方程。

解:在飞机的正常飞行过程中,作用在飞机上的外力有重力 $\boldsymbol{G}$、空气动力 $\boldsymbol{R}$ 以及发动机推力(或螺旋桨拉力)$\boldsymbol{P}$,这些力的大小、方向以及其变化规律完全决定了飞机的运动规律。飞机受力如图 5-13 所示。

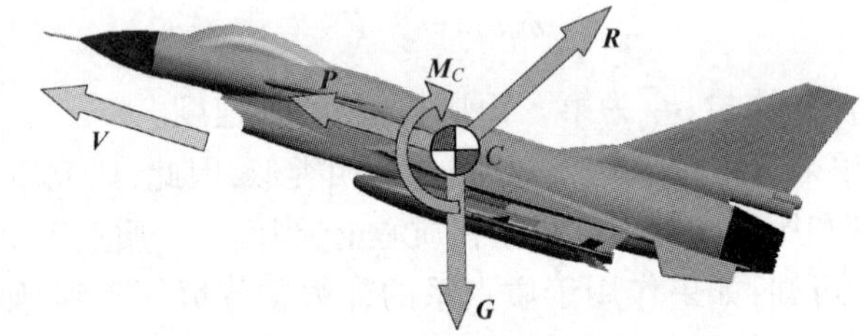

图 5-13　飞机受力分析

飞机的重力在飞行过程中是变化的,比如燃油的消耗、投掷炸弹、发射导弹、丢掉副油箱、乘员跳伞等。

飞机飞行中所受空气动力取决于飞机的飞行速度、高度、气流与飞机的相对位形。空气动力学中,往往将空气动力 $\boldsymbol{R}$ 在气流坐标系中分解为阻力 $\boldsymbol{X}$、升力 $\boldsymbol{Y}$ 和侧向力 $\boldsymbol{Z}$,三者可分别表示为

$$X = C_x \frac{1}{2}\rho V^2 S, Y = C_y \frac{1}{2}\rho V^2 S, Z = C_z \frac{1}{2}\rho V^2 S$$

式中:C_x、C_y、C_z 分别为飞机的阻力系数、升力系数、侧力系数,它们的具体表达与多种因素有关,相关的知识点已经超出本课程的范畴,此处不做探讨,有关内容可参见飞机空气动力学;ρ 为飞机所处高度处大气密度,单位为 $\mathrm{kg/m^3}$;V 为实际飞行的空速大小①,即飞机相对于空气的速度,单位为 m/s;S 为机翼面积,单位为 $\mathrm{m^2}$。

① 飞机相对于空气的速度称为空速;飞机相对于地面的速度称为地速;只有在无风的天气条件下空速与地速才相等。飞机的空气动力计算所需的是空速;而飞机导航所需的是地速。

升力的方向垂直于来流方向,沿气流坐标系的立轴;阻力的方向平行于来流方向,沿气流坐标系纵轴。当飞机有侧滑时,会有侧向力产生,能产生侧向力的主要构件是垂尾以及机身,垂尾产生侧向力的原理与机翼相同。侧向力沿气流坐标系横轴。

根据动量定理或质心运动定理,可得飞机的质心运动微分方程为

$$m(t)\frac{\mathrm{d}\boldsymbol{V}_C}{\mathrm{d}t}=\sum\boldsymbol{F}_i^{(e)}=\boldsymbol{G}+\boldsymbol{R}+\boldsymbol{P}$$

此方程为飞机质心运动微分方程的一般矢量形式。式中:$\boldsymbol{V}_C$ 表示飞机质心相对于惯性坐标系的速度。

要点与讨论

(1) 应注意到飞机质量是变化。如果是涡轮喷气发动机提供动力,飞机因燃油消耗而引起的质量变化与方程等号右侧的 $\boldsymbol{P}$ 有关,相关内容可参考本章末尾的拓展阅读部分:变质量系统的动量定理。

(2) 此动量定理的表述形式适用于惯性坐标系,式中的各量的具体计算可能要在不同的坐标系中完成(如气动力的计算需要的是空速,应在气流坐标系中计算),但最终均应统一在惯性坐标系中。此矢量式可以向任意方向投影成标量形式。我们在飞行力学相关书籍中能看到飞机质心运动微分方程在各种坐标系中的不同表达形式,这些形式实际上多数只是上述惯性坐标系中一般形式的投影式,选择的投影方向为不同坐标系的轴线方向。

例题 5-7 飞行器惯性导航中所用惯性量的测量:加速度传感器。

解:在第1章例题1-6中我们提到惯性导航的基本原理关系式:

$$\dot{\psi}=\frac{v_E}{(R+h)\cos\lambda},\psi=\int\dot{\psi}\mathrm{d}t;\dot{\lambda}=\frac{v_N}{R+h},\lambda=\int\dot{\lambda}\mathrm{d}t;\dot{h}=v_H,h=\int\dot{h}\mathrm{d}t$$

式中:$\psi(t)$、$\lambda(t)$、$h(t)$ 分别为飞行器的经度、纬度、高度;$v_E(t)$、$v_N(t)$ 及 $v_H(t)$ 分别为飞行器相对于地球的东向、北向及天向速度;R 为地球半径。在惯性导航中 $v_E(t)$、$v_N(t)$ 及 $v_H(t)$ 是通过对机载加速度传感器测得的加速度进行积分得到的。

加速度传感器用来测量飞行器质心的线加速度,传感器敏感轴的指向决定了可以测量的方向。原理是相对简单的,但工程实践却是复杂的,此处仅考虑最理想情况,说明最基本的测量原理。经典的平台式惯性导航系统中,加速度计安装在能模拟飞行器当地地理坐标系的平台上(即平台能即时跟踪当地的东、北、天方向),各加速度计能分别敏感东向、北向及天向加速度。例如,一加速度计敏感轴与机体 x 轴重合,则能测量飞行器的纵向加速度 $\boldsymbol{a}_x$。三个轴向的加速度传感器原理相同,但铅垂方向的加速度测量要消除重力加速度的影响。

加速度传感器工作原理如图5-14(a)所示,其主要由敏感质量块、弹簧元件、信号转换电位计(含电源、电刷、输出等)等组成。

将此加速度传感器安装在飞行器质心位置,敏感质量块可以感受飞行器质心的加速度。假定飞行器质心在惯性坐标系中的水平位移表示为 $\boldsymbol{X}$,相应的加速度 $\boldsymbol{a}_X=\frac{\mathrm{d}^2\boldsymbol{X}}{\mathrm{d}t^2}$。由于

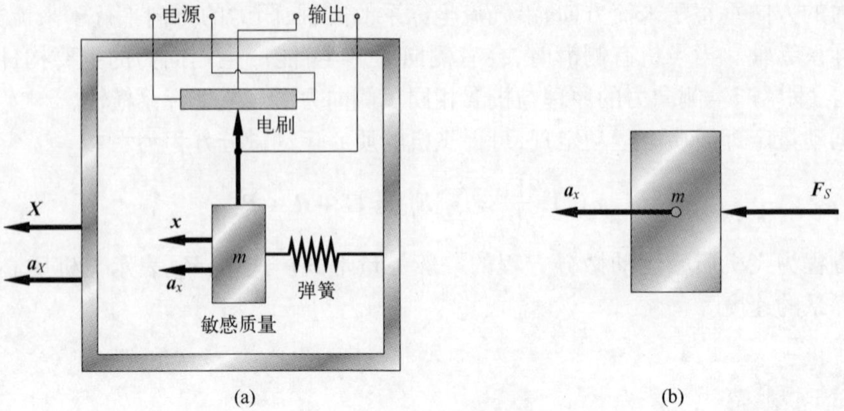

图 5-14　线加速度传感器原理

传感器外壳与飞行器固连,因此,飞行器的位移量也就是传感器外壳的位移量,其加速度就是传感器的输入量。敏感质量块具有惯性,其相对于惯性空间的位移量与 $\boldsymbol{X}$ 不同,设为 $\boldsymbol{x}$。电刷固连于质量块,因此,加速度计的输出量对应质量块相对于传感器外壳的位移量的负值 $\Delta\boldsymbol{x}=-(\boldsymbol{x}-\boldsymbol{X})=\boldsymbol{X}-\boldsymbol{x}$。

弹簧弹性力设为 $\boldsymbol{F}_S=K(\boldsymbol{X}-\boldsymbol{x})$,$K$ 为弹簧刚度;忽略摩擦以及弹簧的质量,敏感质量块的受力如图 5-14(b)所示。

根据动量定理或质心运动定理,可得敏感质量块的运动微分方程为

$$m\boldsymbol{a}=\sum\boldsymbol{F}_i:m\boldsymbol{a}_x=m\frac{\mathrm{d}^2\boldsymbol{x}}{\mathrm{d}t^2}=K\Delta\boldsymbol{x}$$

即

$$m\boldsymbol{a}_x=m\frac{\mathrm{d}^2\boldsymbol{x}}{\mathrm{d}t^2}=K(\boldsymbol{X}-\boldsymbol{x})$$

因有 $\Delta\boldsymbol{x}=-(\boldsymbol{x}-\boldsymbol{X})=\boldsymbol{X}-\boldsymbol{x},\boldsymbol{x}=\boldsymbol{X}-\Delta\boldsymbol{x}$,上式可以变形为

$$m\frac{\mathrm{d}^2(\boldsymbol{X}-\Delta\boldsymbol{x})}{\mathrm{d}t^2}=K\Delta\boldsymbol{x}$$

$$m\frac{\mathrm{d}^2\boldsymbol{X}}{\mathrm{d}t^2}=m\frac{\mathrm{d}^2(\Delta\boldsymbol{x})}{\mathrm{d}t^2}+K\Delta\boldsymbol{x}$$

又因为 $\boldsymbol{a}_X=\frac{\mathrm{d}^2\boldsymbol{X}}{\mathrm{d}t^2}$,因此上式可以写作

$$\boldsymbol{a}_X=\frac{\mathrm{d}^2(\Delta\boldsymbol{x})}{\mathrm{d}t^2}+\frac{K}{m}\Delta\boldsymbol{x}$$

上式的标量形式为

$$a_X=\frac{\mathrm{d}^2(\Delta x)}{\mathrm{d}t^2}+\frac{K}{m}\Delta x$$

其中

$$\Delta x=X-x$$

上式表明:载体的加速度由敏感质量块相对于传感器壳体的相对运动规律决定。设传感器输出电压可以表示为

$$U = K_U \cdot \Delta x$$

$$\Delta x = \frac{U}{K_U}$$

上式表明:敏感质量块的相对运动规律可由传感器输出电压规律所反映。由输出电压得到 Δx;然后,代入 a_X 的表达式中得到飞行器的加速度。这便是此类加速度传感器的测量原理。

只要能测出飞行器在不同时刻的加速度,就能通过积分计算飞行器的速度,再一次积分就能得到走过的距离,从而确定飞行器的位置,如图 5-15 所示。

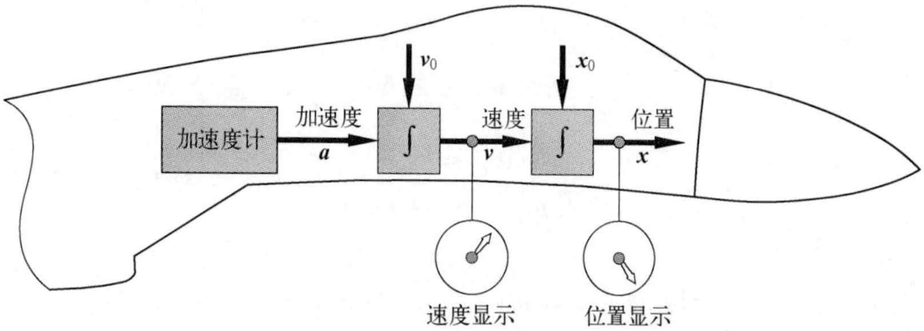

图 5-15　惯性导航原理

要点与讨论

(1) 这种导航方法依据牛顿的惯性原理得来,使用了惯性元件(加速度计),因此常称为“惯性导航”。

(2) 若飞行器的加速度达到稳定状态,Δx 保持常数,则

$$a_X = \frac{K}{m}\Delta x, a_X = \frac{K}{K_U m}U$$

传感器的灵敏度定义为:单位加速度所产生的相对位移量,即

$$\frac{\Delta x}{a_X} = \frac{m}{K}$$

此式说明:传感器的敏感质量块质量越大、弹簧刚度越小,传感器的灵敏度越高;本质上是单位加速度所产生的相对位移量越大越容易测量,且测量精度越高。

例题 5-8　均质杆长为 $2l$,质量为 m,可绕转轴 O 转动,如图 5-16(a)所示。图示瞬时,杆的角速度为 ω,角加速度为 ε,杆与水平方向成 φ 角,求此时转轴处的约束力。

解:取杆为研究对象,杆受重力 $m\boldsymbol{g}$、约束力 $\boldsymbol{F}_{Ox}$ 和 $\boldsymbol{F}_{Oy}$ 的作用,如图 5-16(b)所示。

杆做定轴转动,其质心点 C 的加速度为

$$a_C^n = l\omega^2, a_C^\tau = l\varepsilon$$

点 C 的加速度在 x、y 轴的投影分别为

$$a_{Cx} = -a_C^\tau \sin\varphi - a_C^n \cos\varphi = -l(\varepsilon\sin\varphi + \omega^2\cos\varphi)$$

$$a_{Cy} = -a_C^\tau \cos\varphi + a_C^n \sin\varphi = -l(\varepsilon\cos\varphi - \omega^2\sin\varphi)$$

由质心运动定理

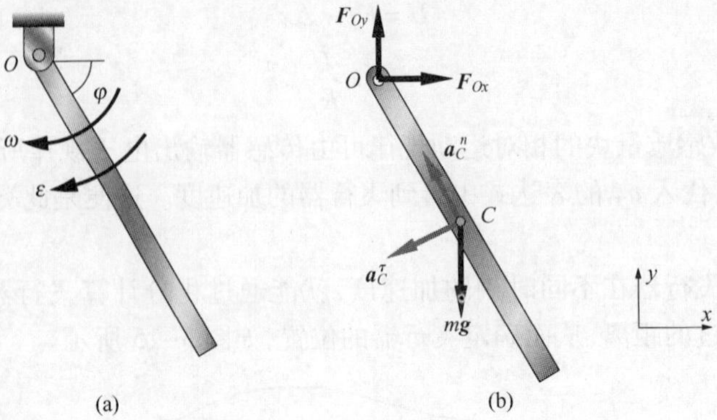

图 5-16　例题 5-8

$$ma_{Cx} = F_{Ox}$$

$$ma_{Cy} = F_{Oy} - mg$$

因此

$$F_{Ox} = -ml(\varepsilon\sin\varphi + \omega^2\cos\varphi)$$

$$F_{Oy} = mg - ml(\varepsilon\cos\varphi - \omega^2\sin\varphi)$$

例题 5-9　均质曲柄 AB 长 r，质量为 m_1，假设受力偶作用以不变的角速度 ω 转动，并带动滑槽、连杆以及与它固连的活塞 D，如图 5-17 所示。滑槽、连杆、活塞总质量为 m_2，质心在点 E。在活塞上作用一恒力 $\boldsymbol{F}$。不计摩擦，求作用在曲柄轴 A 处的最大水平分力 $\boldsymbol{F}_x$。

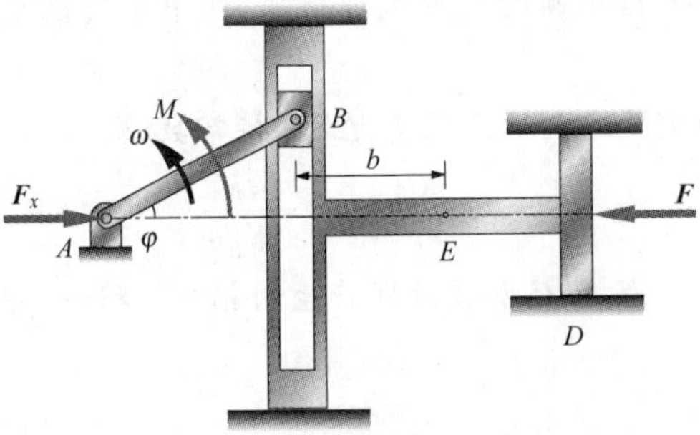

图 5-17　例题 5-9

解：选取整个机构为研究的质点系。作用在水平方向的外力有 $\boldsymbol{F}$ 和 $\boldsymbol{F}_x$，且力偶不影响质心运动。列出质心运动定理在 x 轴的投影

$$(m_1 + m_2)a_{Cx} = F_x - F$$

为了求质心加速度在 x 轴上的投影，先计算质心坐标，然后把它对时间取二阶导数，即

$$x_C = \left[m_1 \frac{r}{2}\cos\varphi + m_2(r\cos\varphi + b)\right]\frac{1}{m_2 + m_1}$$

$$a_{Cx} = \frac{\mathrm{d}^2 x_C}{\mathrm{d}t^2} = \frac{-r\omega^2}{m_2 + m_1}\left(\frac{m_1}{2} + m_2\right)\cos\omega t$$

应用质心运动定理,解得

$$F_x = F - r\omega^2\left(\frac{m_1}{2} + m_2\right)\cos\omega t$$

显然,最大水平分力

$$F_{x\max} = F + r\omega^2\left(\frac{m_1}{2} + m_2\right)$$

要点与讨论

先求质心坐标,将其对时间求一阶、二阶导数即得质心的速度、加速度。但必须注意,在以上对时间求导过程中,φ 是变量。

例题 5-10 图示平面上放一均质三棱柱 A,在其斜面上又放一均质三棱柱 B。两三棱柱的横截面均为直角三角形。三棱柱 A 的质量 m_A 为三棱柱 B 的质量 m_B 的三倍,其尺寸如图 5-18 所示。设各处摩擦不计,初始时系统静止。求:当三棱柱 B 沿三棱柱 A 滑下接触到水平面时,三棱柱 A 移动的距离。

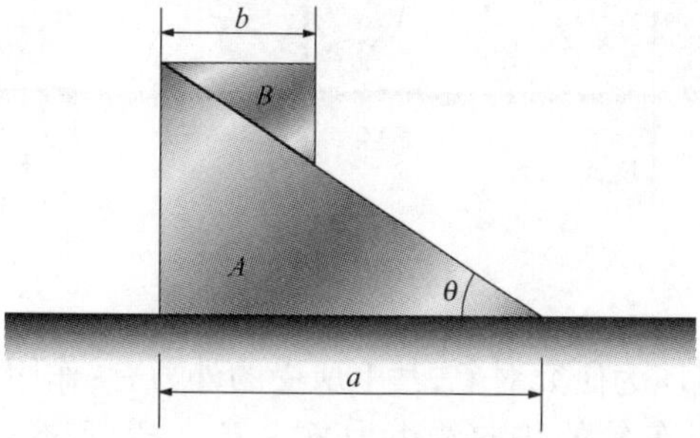

图 5-18 例题 5-10

解:取整个系统为研究对象,由于无摩擦,水平方向无外力作用,整个系统质心位置在水平方向不变。取质心 C 初始位置为原点,x 轴水平向右为正,y 轴铅垂向上为正。初始时,有

$$x_C = \frac{m_B x_B + m_A x_A}{m_B + m_A} = 0$$

三棱柱 B 滑下接触水平面瞬时,有

$$x_C' = \frac{m_B(x_B + \Delta x_B) + m_A(x_A + \Delta x_A)}{m_B + m_A}$$

其中,Δx_B 及 Δx_A 分别为三棱柱 B 及 A 的水平位移,因

$$x_C' = x_C$$

得

$$m_B \Delta x_B = -m_A \Delta x_A$$

取物块 B 为动点,动系固接在 A 上,由运动学关系知,物块 B 在水平方向的绝对位移等于牵连位移与相对位移之和,即

$$\Delta x_B = \Delta x_A + (a - b)$$

整理得

$$\Delta x_A = -\frac{a-b}{4}$$

即三棱柱 A 在水平方向向左移动的距离为 $(a-b)/4$。

要点与讨论

由于不计摩擦，自然会想到水平方向质心运动守恒，思路为：(1)利用质心坐标在水平方向不变；(2)补充运动学几何关系。

例题 5-11 机车以 $\boldsymbol{v}_0$ 的速度沿水平直线轨道行驶，均质连杆 ADB 和车轮于 A、D、B 三点以铰链连接，如图 5-19 所示。已知 $AD=DB, O_1A=OD=O_2B=r$，连杆的质量为 m_1，车轮的半径为 R，质量为 m_2，车轮在轨道上做纯滚动。运动开始时 OD 位于水平（即 $\varphi=0$）。求：车轮施加于铁轨的压力的最大值。

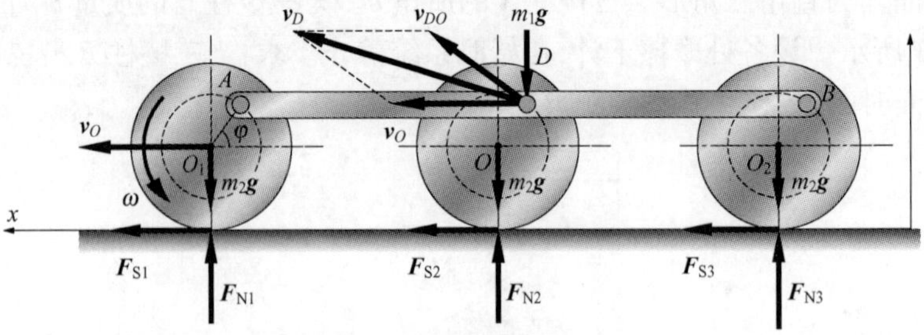

图 5-19 例题 5-11

解：取车轮与连杆整体为研究对象，其上所受的外力有：作用于三个轮心的重力 $m_2\boldsymbol{g}$，连杆的重力 $m_1\boldsymbol{g}$，轨道对车轮的法向约束力 $\boldsymbol{F}_{N1}$、$\boldsymbol{F}_{N2}$、$\boldsymbol{F}_{N3}$ 和摩擦力 $\boldsymbol{F}_{S1}$、$\boldsymbol{F}_{S2}$、$\boldsymbol{F}_{S3}$。连杆 ADB 做平动，其上各点相对于车厢做半径为 r 的圆周运动；车轮做平面运动。车轮的角速度为

$$\omega = \frac{v_0}{R}，逆时针转向$$

连杆的质心 D 的速度可按基点法求得，即

$$\boldsymbol{v}_D = \boldsymbol{v}_O + \boldsymbol{v}_{DO}, v_{DO} = \omega r$$

由质点系的动量定理

$$\frac{\mathrm{d}p_y}{\mathrm{d}t} = \sum F_y^{(e)}$$

其中，质点系动量在 y 轴投影为

$$\begin{aligned} p_y &= p_{Oy} + p_{O_1y} + p_{O_2y} + p_{ADBy} \\ &= 3(m_2 v_{Oy}) + m_1 v_{Dy} = 0 + m_1(v_0\cos 90° + v_{DO}\cos\omega t) \\ &= m_1\omega r\cos\omega t \end{aligned}$$

因此

$$\frac{\mathrm{d}(m_1\omega r\cos\omega t)}{\mathrm{d}t} = F_{N1} + F_{N2} + F_{N3} - 3m_2 g - m_1 g$$

得

$$\Delta F_N = F_{N1} + F_{N2} + F_{N3} = 3m_2g + m_1g - m_1\omega^2 r\sin\omega t$$

当 $\omega t = 3\pi/2 + 2n\pi$ 时，约束力具有最大值，即

$$\Delta F_{N\max} = 3m_2g + m_1g + m_1r\omega^2$$

要点与讨论

本题为已知系统运动求轨道给车轮的法向约束力问题，亦可直接根据质心运动定理求解。列写系统在 y 轴方向的质心运动定理，得

$$ma_{Cy} = F_{N1} + F_{N2} + F_{N3} - 3m_2g - m_1g$$

$$\begin{aligned} ma_{Cy} &= \sum m_i a_{yi} \\ &= m_2 a_{Oy} + m_2 a_{O_1y} + m_2 a_{O_2y} + m_1 a_{Dy} \\ &= 0 + 0 + 0 + m_1(-\omega^2 r\sin\omega t) \end{aligned}$$

从而也可得到约束力的大小为

$$\Delta F_N = 3m_2g + m_1g - m_1\omega^2 r\sin\omega t$$

例题5-12　平台 AB 的质量为 m_1，位于粗糙的水平面上，两接触面的动摩擦因数为 f，如图5-20所示。质量为 m_2 的小车由绞车 C 带动，在平台上按 $s = \frac{1}{2}bt^2$ 的规律运动，式中 b 为常量。若不计绞车质量，且知系统开始时处于静止，求平台运动的加速度。

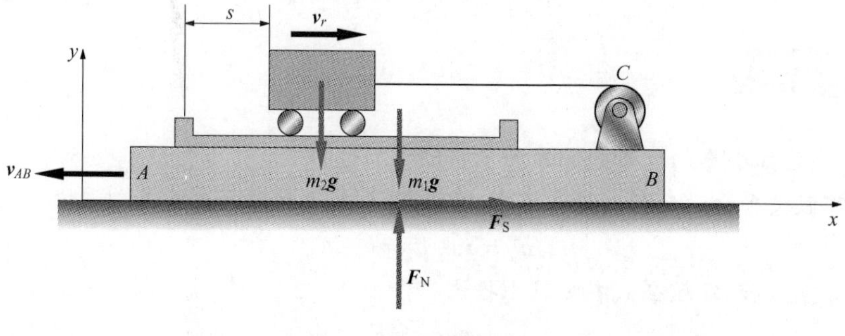

图5-20　例题5-12

解：以小车、绞车与平台整个系统为研究对象。设平台以速度 $\boldsymbol{v}_{AB}$ 向左运动，则摩擦力 $\boldsymbol{F}_S$ 的方向向右；作用在系统上的外力还有重力 $m_1\boldsymbol{g}$ 与 $m_2\boldsymbol{g}$，法向约束力 $\boldsymbol{F}_N$。小车在平台上运动的相对速度为

$$v_r = \mathrm{d}s/\mathrm{d}t = bt$$

平台运动的速度为其牵连速度，故小车的绝对速度为

$$v_a = v_r - v_e = bt - v_{AB}$$，设方向与 x 轴的正向一致

由质点系动量定理，有

$$\frac{\mathrm{d}p_y}{\mathrm{d}t} = \sum F_y^{(e)}$$

得

$$0 = F_N - m_1g - m_2g$$

解得

$$F_N = (m_1 + m_2)g$$

故动摩擦力为

$$F_S = fF_N = f(m_1 + m_2)g$$

由质点系动量定理,有

$$\frac{dp_x}{dt} = \sum F_x^{(e)}$$

得

$$\frac{d}{dt}[m_1(-v_{AB}) + m_2(bt - v_{AB})] = F_S$$

$$-m_1 a_{AB} + m_2(b - a_{AB}) = f(m_1 + m_2)g$$

故平台的加速度为

$$a_{AB} = \frac{m_2 b - f(m_1 + m_2)g}{m_1 + m_2}$$

由于系统开始静止,$\boldsymbol{v}_{AB}$设为向左,故只有当$\boldsymbol{v}_{AB}$和$\boldsymbol{a}_{AB}$方向一致时,平台才能向左运动,则应有$a_{AB} > 0$,即

$$b > \frac{f(m_1 + m_2)g}{m_2}$$

若系数b不能满足上述条件,则平台将保持静止,此时$a_{AB} = 0$,作用于平台上的将是静摩擦力。

要点与讨论

此题为已知小车的运动规律求平台AB的加速度,若直接由质心运动定理建立动力学方程,可假设平台运动的加速度水平向左,则小车运动的加速度为

$$a_a = a_r - a_e = b - a_{AB}$$

先将质心运动定理公式在x轴上投影,有

$$ma_{Cx} = F_S$$

其中

$$ma_{Cx} = \sum m_i a_{ix} = -m_1 a_{AB} + m_2(b - a_{AB})$$

从而可得

$$-m_1 a_{AB} + m_2(b - a_{AB}) = F_S$$

再将质心运动定理公式在y轴上投影,有

$$0 = F_N - (m_1 g + m_2 g)$$

解得

$$F_N = (m_1 + m_2)g$$

进而可求得最终结果,两个方法解得的结果相同。直接运用质心运动定理能避免一些不必要的推证过程,适当减小计算量。

例题 5-13 飞机有四个最重要的基本飞行机动:直线水平飞行、转弯、爬升和下降。飞机的所有受控飞行都是由这些基本飞行机动中的一个机动或多个机动的组合完成的。

深刻理解机动飞行的原理对于飞行学员准确完成各种机动飞行无疑是重要的。飞机在一次起、降飞行周期内，总免不了要转弯飞行。

飞机的转弯是如何实现的呢？

解：对于飞机的转弯，大家首先想到的可能是通过方向舵实现的。实际上，飞机的转弯是通过机翼向预期转弯方向的滚转来实现的。

飞机转弯时，机身横轴（翼展方向）与水平方向的夹角称为坡度，如图5-21中的α角。机身的滚转，即坡度的形成导致了飞机升力$\boldsymbol{F}_R$方向的变化，如图5-21所示。升力$\boldsymbol{F}_R$可以分解为水平方向的分量$\boldsymbol{F}_x$和竖直方向的分量$\boldsymbol{F}_y$，$\boldsymbol{F}_y$对抗飞机重力$\boldsymbol{G}$，$\boldsymbol{F}_x$则扮演向心力的角色，使飞机改变飞行方向。假设飞机已经形成了稳态的转弯状态，此时飞机的坡度α、飞行高度、转弯半径ρ均保持不变；并且发动机推力与阻力等值、共线，沿xy平面的垂线方向。在此状态下，将质心运动定理$m\boldsymbol{a}_C=\sum\boldsymbol{F}_i$向$x$、$y$方向分别投影可得

$$ma_{Cx}=\sum F_{ix}:m\frac{v^2}{\rho}=F_x=F_R\sin\alpha \tag{1}$$

$$ma_{Cy}=\sum F_{iy}:0=F_y-G=F_R\cos\alpha-G \tag{2}$$

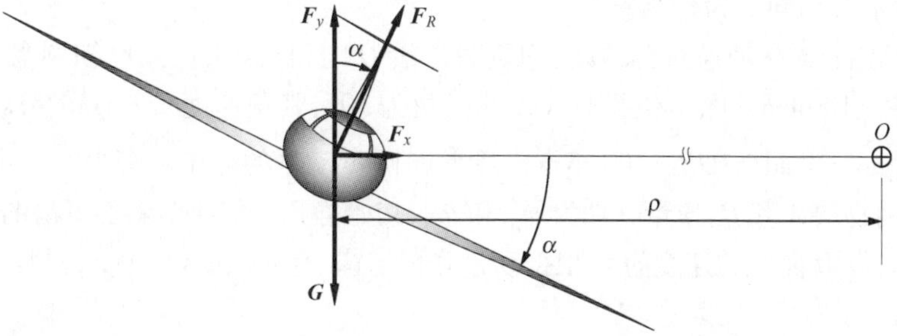

图5-21　例5-13图——飞机的倾斜转弯

要点与讨论

（1）方向舵的转弯效率较低，而且能引起侧向力使飞机侧滑，因此，一般不采用方向舵进行转弯控制；方向舵一般在进行航迹修正或小角度转弯时采用。

（2）若忽略飞机重力的变化，（2）式表达了要想保证飞机转弯过程中的高度不变时，重力、升力及坡度应满足的关系。很显然坡度应满足$0°\leqslant\alpha<90°$。为了维持高度不变，随坡度的增加升力应增大；进而$F_R\sin\alpha$也增大；由于（1）式$m\frac{v^2}{\rho}=F_R\sin\alpha$的存在，飞机转弯半径将变小，转弯效率提升，但飞行员将承受更大的过载值（相关内容见第9章达朗贝尔原理）。

本章小结

（1）质点系的动量等于质点系内各质点动量的矢量和，也等于质点系的质量与其质心速度的乘积。

(2) 质点系的动量对时间的导数,等于作用在该质点系的所有外力的矢量和;质点系的动量在某固定轴上的投影对时间的导数,等于作用在该质点系的所有外力在同一轴上投影的代数和。如果作用在质点系的所有外力的矢量和(或在某一固定轴上投影的代数和)等于零,则质点系的动量(或质点系的动量在该轴上的投影)保持不变。

(3) 质点系的总质量与其质心加速度的乘积,等于作用在该质点系上所有外力的矢量和。如果作用于质点系的所有外力的矢量和始终等于零,则质心做惯性运动;如果初瞬时质心处于静止,则质心位置始终保持不变。

思　考　题

5-1　两质点 A、B 的质量相同,在同一瞬时的速度大小分别为 v_A、v_B,且 $v_A=v_B$,则两质点的动量一定相同,对否?

5-2　三根相同的均质杆分别用细绳悬挂,使质心在同一水平线上,且使一杆水平,一杆铅直,一杆倾斜。若同时剪断三根绳,使其自由下落,不计空气阻力,问三根杆质心的运动规律是否相同?为什么?

5-3　OA 杆绕 O 轴逆时针转动,均质圆盘沿 OA 杆做纯滚动。已知圆盘的质量 $m=20\text{kg}$,半径 $R=100\text{mm}$。图示位置时,OA 的倾角为 $30°$,其角速度 $\omega_1=1\text{rad/s}$,圆盘相对 OA 杆的角速度 $\omega_2=4\text{rad/s}$,$OB=100\sqrt{3}\,\text{mm}$,则此时圆盘动量的大小为多少?

5-4　两物块 A 和 B,质量分别为 m_A 和 m_B,初始静止。如 A 沿斜面下滑的相对速度为 $\boldsymbol{v}_r$,如图所示,设 B 向左的速度为 $\boldsymbol{v}$,根据动量守恒定律,有 $m_A v_r\cos\theta=m_B v$,对吗?

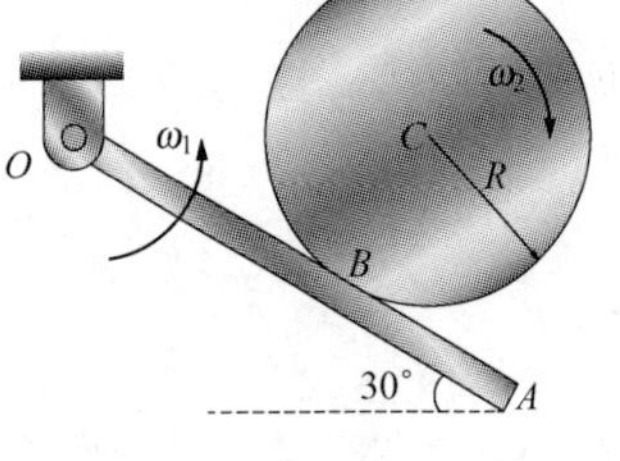

思考题 5-3 图

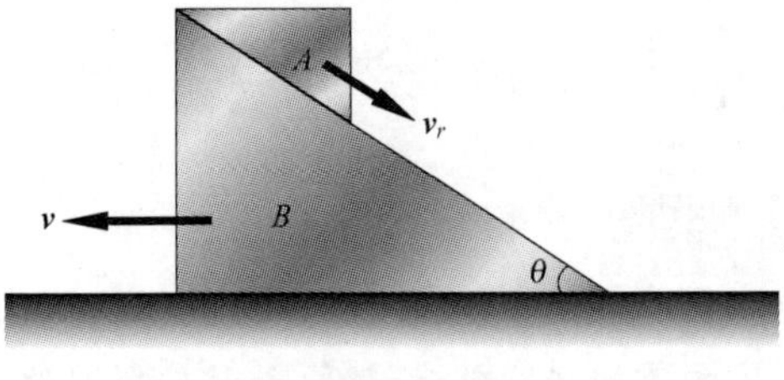

思考题 5-4 图

5-5　为什么杯子掉在草地和松软的土地上不容易摔坏,而掉在水泥板和坚硬的地上很容易摔坏?

5-6　匀速前进的小船上,分别向前和向后抛出两个质量相同的物体,抛出时两物体相对于小船的速度大小也相同,问船的速度和动量有无变化?

5-7　在核反应堆中,为使中子减速,选用的减速剂其原子核质量与中子质量接近些好呢,还是相差大一些好?

5-8　飞行模拟器是飞行员飞行训练的重要手段,模拟器可以让飞行员在相对舒适的环境中熟悉仪表、练习飞机操纵、完成各种飞行动作甚至是有生命危险的飞行动作。其最大的优点就是安全性和可重复性。在模拟惯性导航系统功能时是否能使用真实的机载设备,比如是否能用真实的机载加速度计计算飞机位置?

5-9　比较螺旋桨飞机、喷气式飞机和火箭的飞行原理,它们之间有何相同点和不同点？喷气式飞机能在真空中飞行吗？火箭喷射燃气的速度必须大于火箭前进的速度，火箭才能加速飞行吗？

5-10　一个人既没有船桨又没有发动机，在船上以一定方式重复运动，比如反复用力猛拉系在船头的绳子，就能使小船向一个方向前进，并且要到多远就到多远。试问这种系统内部的作用为何能够推动系统整体的运动，它是否违背动量守恒定律？宇航员能否用这种方法在太空中移动？

5-11　有一天文工作者观测到一颗行星，并且有一颗小卫星以周期 T 绕着该行星做半径为 r 的相对圆周运动。请问：根据上述已知条件，能推算出该行星的质量吗？

习　题

5-1　图示各均质体的质量均为 m，其几何尺寸、质心速度或绕轴转动的角速度如图所示。计算图示瞬时各物体的动量。

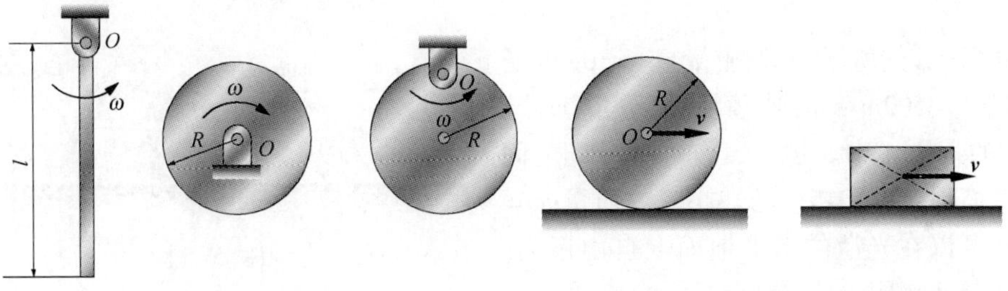

习题 5-1 图

5-2　图示曲柄滑道机构中，曲柄以匀角速度 ω 绕 O 轴转动，开始时曲柄水平向右。已知曲柄重 P_1，滑块重 P_2，滑杆重 P_3，曲柄的重心在 OA 的中点，$OA=l$，滑杆的重心在 C 点，$BC=l/2$。求机构质心的坐标及作用于 O 点的最大水平力。

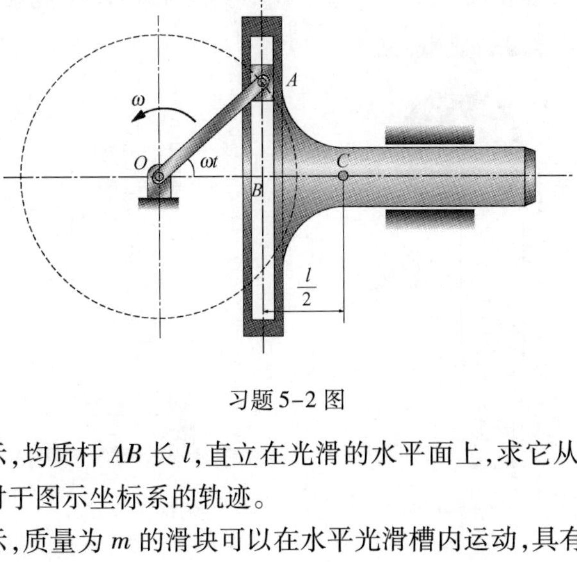

习题 5-2 图

5-3　如图所示，均质杆 AB 长 l，直立在光滑的水平面上，求它从铅垂位置无初速地倒下时，端点 A 相对于图示坐标系的轨迹。

5-4　如图所示，质量为 m 的滑块可以在水平光滑槽内运动，具有刚度系数 k 的弹簧一端与滑块相连接，另一端固定。杆 AB 长度为 l，质量忽略不计，A 端与滑块铰接，B 端装有质量为 m_1 的均质圆盘，B 端为圆盘的质心。设杆 AB 在力偶 M 作用下转动，其角速度 ω 为常数。求滑块的运动微分方程。

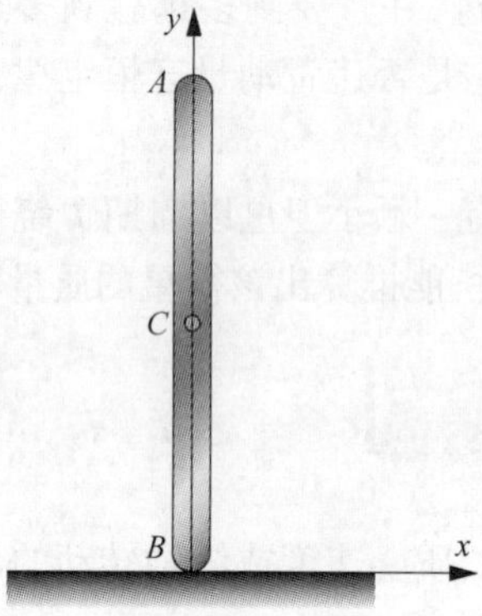

习题 5-3 图

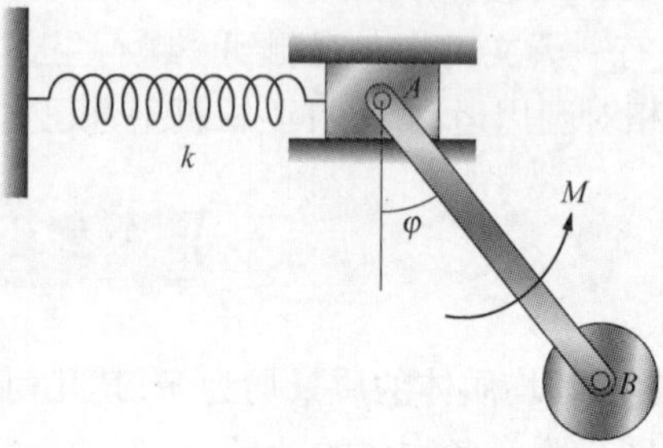

习题 5-4 图

5-5　如图所示，一颗质量 $m_1=30\text{g}$ 的子弹，以 $v_0=500\text{m/s}$ 的速度射入质量 $m_A=4.5\text{kg}$ 的物块 A 中。物块 A 与小车 BC 之间的动摩擦因数 $f=0.5$。已知小车的质量 $m=3.5\text{kg}$，可以在光滑的水平地面上自由运动。求：(1) 车与物块的末速度；(2) 物块 A 在车上距离 B 端的最终位置。

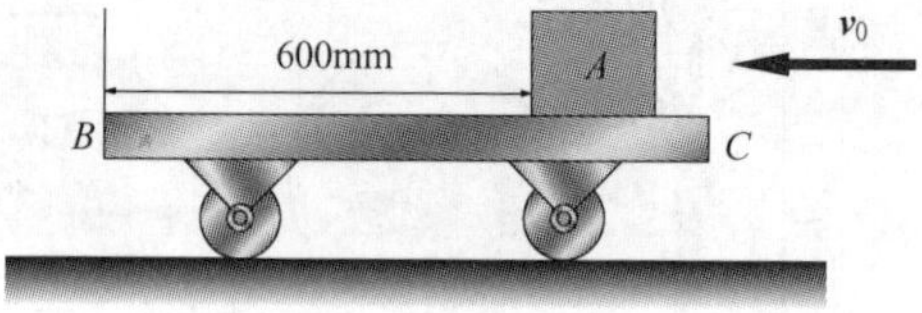

习题 5-5 图

5-6　图示滑轮组中，两重物 A 和 B 的重量分别为 P_A 和 P_B。若物 A 以加速度 a 下降，不计滑轮质量。求支座 O 对滑轮的约束力。

5-7　质量分别为 m_A 和 m_B 的两个物块 A 和 B，用刚度系数为 k 的弹簧连接。物块 B 放在地面上，静平衡时物块 A 位于 O 位置。如将物块 A 压下，使其具有初位移 X_0，然后瞬间释放，如图所示。求：(1) 地面对物块 B 的约束力 N_B；(2) 当 X_0 多大时，物块 B 将能够跳起来？

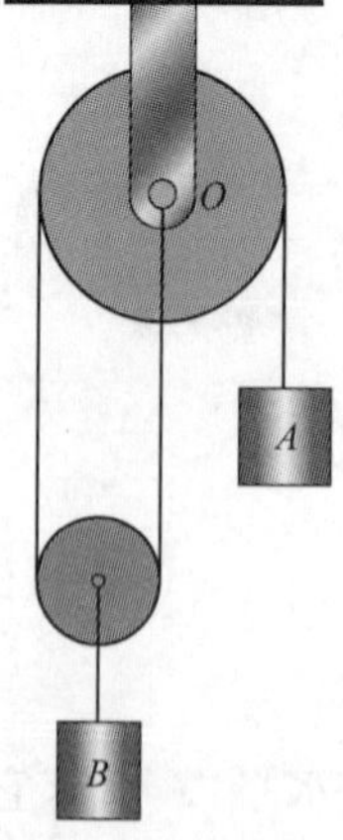

习题 5-6 图

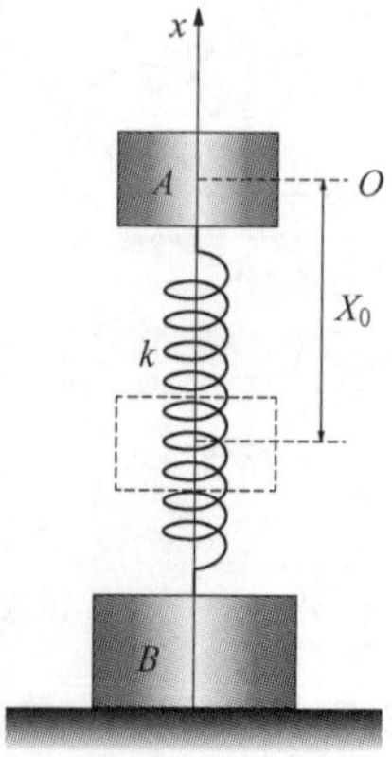

习题 5-7 图

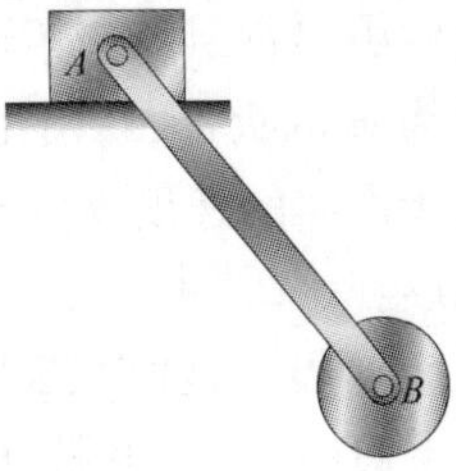

习题 5-8 图

5-8　椭圆摆由质量为 m_A 的滑块 A 和质量为 m_B 的单摆 B 构成,如图所示。滑块可沿光滑水平面滑动,AB 杆长为 l,质量不计。请建立系统的运动微分方程,并求水平面对滑块 A 的约束力。

5-9　图示的电动机用螺栓固定在刚性基础上。设其外壳和定子的总质量为 m_1,质心位于转子转轴的中心 O_1;转子质量为 m_2,由于制造或安装时的偏差,转子质心 O_2 不在转轴中心上,偏心距 $O_1O_2=e$,已知转子以等角速度 ω 转动。求电动机机座处的约束力。

5-10　若题 5-9 中的电动机没有用螺栓固定,各处摩擦忽略不计,初始时电动机静止,如图所示。试求:(1)转子以匀角速度 ω 转动时电动机外壳在水平方向的运动方程;(2)电动机能够跳起来的最小角速度。

习题 5-9 图

习题 5-10 图

参考答案

思考题

5-1　不对。

5-2　相同。三杆都只受重力作用,质心初始条件相同,受力也相同,因此质心运动相同。

5-3　6.93N · s。

5-4　不对。

5-5　提示:作用时间不同,冲击力大小不同。

5-6　不变。

5-7　提示:质量接近,弹性碰撞中传递能量多,减速效果好。

5-8　不能。惯性导航系统计算飞机位置是通过持续的积分来完成的,模拟器为地面设备,没有办法提供持续的质心加速度信息。

姿态的确定可以采用真实机载设备,因为模拟器可以在地面实现三个转动自由度的模拟,持续提供可用的角度信息。

5-9　螺旋桨飞机是利用作用与反作用力原理飞行,在真空中,离开了空气的反作用,它是不能飞行的;喷气式飞机是利用动量守恒原理飞行,它不依赖空气的反作用,从理论上讲在真空中是可以飞行的,但实际上,一般喷气式发动机要靠从大气中吸入空气才能使燃料燃烧,通常并不能在真空中飞行;火箭同时带有燃烧剂和氧化剂,完全可以在真空中飞行。对于不考虑任何外力作用情况下的火箭系统，动量守恒定律告诉我们，质量为 m 的火箭，每喷出质量为 $\mathrm{d}m$ 的气体，它的飞行速度就增加 $\mathrm{d}v = u\mathrm{d}m/m$，只要燃气相对于箭体的速度 u 大于零，火箭就会加速。具体知识点细节可以参考本章末尾的拓展阅读。

5-10　这种方法可以使小船前进，主要有两个原因：(1)人体的部分质量，如双手反复做前后运动，小船应当在反方向往返运动。如果没有水的阻力，质心位置不变，但由于水有阻力，而且船的形状前后不对称，它向前运动时水的阻力比它向后倒退时小，结果有利于小船向前运动。(2)双手向后运动时，小船向前，双手猛一停止，小船也应突然停下，由于双手加速和减速的快慢不一样，小船在反方向加速和减速也不相同，水的阻力及其效果也不对称，适当掌握这个节奏，可以进一步促进小船向前运动。由于存在水的阻力，平均外力不为零，船的动量才发生改变，不违背动量守恒定律。在宇宙空间，没有这种阻力的差异，宇航员不能用身体的往返摆动在太空中前进。

5-11　能。$G\dfrac{Mm}{r^2} = m\omega^2 r, \omega = \dfrac{2\pi}{T}, M = \dfrac{4\pi^2 r^3}{GT^2}$。

习题

5-1　(a) $p = \dfrac{1}{2}m\omega l$，水平向右；(b) $p = 0$；(c) $p = m\omega R$，水平向右；(d) $p = mv$，水平向右；(e) $p = mv$，水平向右。

5-2　$x = \dfrac{P_3 l}{2(P_1 + P_2 + P_3)} + \dfrac{P_1 + 2P_2 + 2P_3}{2(P_1 + P_2 + P_3)} l\cos\omega t; y = \dfrac{P_1 + 2P_2}{2(P_1 + P_2 + P_3)} l\sin\omega t$；

$F_{x\max} = \dfrac{P_1 + 2P_2 + 2P_3}{2g}\omega^2 l$。

5-3　$4x^2 + y^2 = l^2$，端点 A 相对于图示坐标系的轨迹为椭圆。

5-4　$\ddot{x} + \dfrac{k}{m + m_1}x = \dfrac{m_1 l\omega^2}{m + m_1}\sin\omega t$。

5-5　(1) $v = 1.87\mathrm{m/s}$；(2) 距 B 端 $s = 0.012\mathrm{m}$。

5-6　$F_{\mathrm{N}} = P_A + P_B + \dfrac{1}{2g}(P_B - 2P_A)a$。

5-7　(1) $N_B = (m_A + m_B)g + m_A X_0\omega^2\cos\omega t, \omega = \sqrt{\dfrac{k}{m_A}}$；(2) $X_0 = \dfrac{m_A + m_B}{k}g$。

5-8　以滑块 A 的水平位置坐标和 AB 杆与竖直方向的夹角为系统的广义坐标，列写系统运动微分方程为：$\dfrac{\mathrm{d}}{\mathrm{d}t}[m_A\dot{x} + m_B(\dot{x} + l\dot{\varphi}\cos\dot{\varphi})] = 0, m_B(l\ddot{\varphi} + \ddot{x}\cos\varphi) = -m_B g\sin\varphi$；

$N_A = (m_A + m_B)g + m_B l(\ddot{\varphi}\sin\varphi + \dot{\varphi}^2\cos\varphi)$。

5-9　$F_x = -m_2 e\omega^2\sin\omega t$；$F_y = m_1 g + m_2 g + m_2 e\omega^2\cos\omega t$。

5-10　(1) $s = \dfrac{m_2}{m_1 + m_2}e\sin\omega t$，在水平面上做简谐运动；(2) $\omega_{\min} = \sqrt{\dfrac{m_1 + m_2}{m_2 e}g}$。

拓展阅读：变质量系统动量定理

本章学习的动量定理适用于定常质量系统，即质量不变化的质点系统。但是，在实际工程中还存在另一类问题，如本章开头引例中提到的火箭或导弹，它们在发射过程中随着燃料的燃烧，自身质量不断发生变化。在动力学中，这种质量有增、减变化的动力学问题称为变质量动力学问题。

导弹或火箭克服重力升空的动力很显然来自于尾部的喷射物，如图5-22所示。针对火箭或导弹发射，我们往往有如下疑问：

火箭或导弹的推力从哪里来？

火箭为何采用多级形式？

火箭分级是否越多越好？为何常用三级火箭？

其中道理从动量定理中来。下面我们来分析变质量系统的动量定理。

(a) 发射中的长征2F多级火箭（带四个助推器）

(b) 俄罗斯用于发射“联盟”飞船的“联盟号”运载火箭

图5-22　带助推器的火箭

1. 变质量问题的动量定理

现给出几个基本定义。在 $t=t'$ 时刻，存在两个不同的质量系统边界 S 和 S^*，S 是一个确定的边界，比如火箭的外壳，它允许质量的流入或流出，如火箭燃料燃烧并喷出尾喷管，此边界称为变质量系统边界。另一个边界为 S^*，它是一个抽象的可变形的边界，初始选定的质量系统在后续的运动过程中扩展到哪里，此边界也跟随着扩展到哪里，如火箭及燃料系统在火箭发射过程中，喷射物扩展到哪里，S^* 就会跟随着扩展到哪里，S^* 称为不变质量系统的边界。

随着时间的变化，质点系也在运动。用 S、G、$\boldsymbol{P}$ 分别表示变质量系统边界、变质量系统、变质量系统的动量；S^*、G^*、$\boldsymbol{P}^*$ 分别表示常质量系统边界、常质量系统、常质量系统的动量，如图5-23所示。

设定 $t=t'$ 为初始时刻，有 $S=S^*$、$G=G^*$、$\boldsymbol{P}=\boldsymbol{P}^*$。在 $t=t''=t'+\Delta t$ 时刻，不变质量系统运动到虚线所围区域；G_1 表示 $t=t'$ 时刻在 S 内，但在 $t=t''$ 时刻溢出边界 S 的质量系统；G_2 表示 $t=t'$ 时刻在 S 外部，但在 $t=t''$ 时刻新进入边界 S 的质量系统。

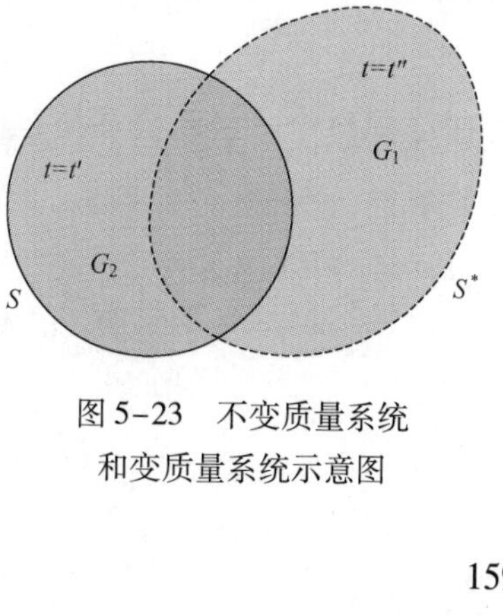

图5-23　不变质量系统和变质量系统示意图

设 $t=t''$ 时刻变质量系统 G 的动量为 $\boldsymbol{P}+\Delta\boldsymbol{P}$，式中后者为增量；不变质量系统 G^* 的动量为 $\boldsymbol{P}^*+\Delta\boldsymbol{P}^*$，式中后者为增量，则有

$$\boldsymbol{P}+\Delta\boldsymbol{P}=[(\boldsymbol{P}^*+\Delta\boldsymbol{P}^*)-\Delta\boldsymbol{P}_1]+\Delta\boldsymbol{P}_2 \tag{5-18}$$

式中：$\Delta\boldsymbol{P}_1$ 为 $t=t''$ 时刻 G_1 所具有的动量；$\Delta\boldsymbol{P}_2$ 为 $t=t''$ 时刻 G_2 所具有的动量。又因 $\boldsymbol{P}=\boldsymbol{P}^*$，可得

$$\Delta\boldsymbol{P}=\Delta\boldsymbol{P}^*-\Delta\boldsymbol{P}_1+\Delta\boldsymbol{P}_2 \tag{5-19}$$

通过以前的学习，我们知道动量定理描述的是质点系统动量关于时间的变化率与质点系所受外力的关系。这里动量的增量已经得到，还需要引入外力和时间项。

为此，上式等号两边同时除以 Δt 并取极限，可得

$$\lim_{\Delta t\to 0}\frac{\Delta\boldsymbol{P}}{\Delta t}=\lim_{\Delta t\to 0}\frac{\Delta\boldsymbol{P}^*}{\Delta t}-\lim_{\Delta t\to 0}\frac{\Delta\boldsymbol{P}_1}{\Delta t}+\lim_{\Delta t\to 0}\frac{\Delta\boldsymbol{P}_2}{\Delta t}$$

即

$$\frac{\mathrm{d}\boldsymbol{P}}{\mathrm{d}t}=\frac{\mathrm{d}\boldsymbol{P}^*}{\mathrm{d}t}-\lim_{\Delta t\to 0}\frac{\Delta\boldsymbol{P}_1}{\Delta t}+\lim_{\Delta t\to 0}\frac{\Delta\boldsymbol{P}_2}{\Delta t} \tag{5-20}$$

另设定 $\boldsymbol{F}^{(e)}$ 为 $t=t'$ 时刻作用在系统 $G(G^*)$ 上的外力主向量，此力对于许多工程实际问题是已知的，如火箭发射过程中的重力、空气阻力等。G^* 为常质量系统，可以应用动量定理，即

$$\frac{\mathrm{d}\boldsymbol{P}^*}{\mathrm{d}t}=\boldsymbol{F}^{(e)} \tag{5-21}$$

进而可得

$$\frac{\mathrm{d}\boldsymbol{P}}{\mathrm{d}t}=\boldsymbol{F}^{(e)}-\lim_{\Delta t\to 0}\frac{\Delta\boldsymbol{P}_1}{\Delta t}+\lim_{\Delta t\to 0}\frac{\Delta\boldsymbol{P}_2}{\Delta t} \tag{5-22}$$

式中：等号右侧第二项“$-\lim_{\Delta t\to 0}\frac{\Delta\boldsymbol{P}_1}{\Delta t}$”由变质量系统的质量分离引起；右侧第三项“$\lim_{\Delta t\to 0}\frac{\Delta\boldsymbol{P}_2}{\Delta t}$”由质量并入引起。两者均具有力的量纲，称为反推力。

2. 变质量质点的运动微分方程

记变质量质点（质点是一种模型，不一定是几何点）为 Q。设 $\boldsymbol{u}_1$ 是 $t=t'$ 时刻离开 Q 的部分质量的绝对速度，$\boldsymbol{u}_2$ 是 $t=t'$ 时刻并入 Q 的部分质量的绝对速度，有如下近似关系：

$$\Delta\boldsymbol{P}_1=\Delta M_1\boldsymbol{u}_1,\ \Delta\boldsymbol{P}_2=\Delta M_2\boldsymbol{u}_2 \tag{5-23}$$

式中：ΔM_1 为 Δt 内离开 Q 的质量；ΔM_2 为 Δt 内并入 Q 的质量。令

$$\boldsymbol{F}_1=-\frac{\mathrm{d}M_1}{\mathrm{d}t}\boldsymbol{u}_1,\ \boldsymbol{F}_2=\frac{\mathrm{d}M_2}{\mathrm{d}t}\boldsymbol{u}_2 \tag{5-24}$$

式中：M_1 为从 $t=0$ 到 $t=t'$ 时刻离开 Q 的质量之和；M_2 为从 $t=0$ 到 $t=t'$ 时刻并入 Q 的质量之和。

而 $\boldsymbol{P}=M(t)\boldsymbol{v}$，$\boldsymbol{v}$ 为质点 Q 的绝对速度。进而，有

$$\frac{\mathrm{d}\boldsymbol{P}}{\mathrm{d}t}=\frac{\mathrm{d}[M(t)\boldsymbol{v}]}{\mathrm{d}t}=\boldsymbol{F}^{(e)}-\lim_{\Delta t\to 0}\frac{\Delta\boldsymbol{P}_1}{\Delta t}+\lim_{\Delta t\to 0}\frac{\Delta\boldsymbol{P}_2}{\Delta t} \tag{5-25}$$

$$\frac{\mathrm{d}M}{\mathrm{d}t}\boldsymbol{v}+M\frac{\mathrm{d}\boldsymbol{v}}{\mathrm{d}t}=\boldsymbol{F}^{(e)}-\frac{\mathrm{d}M_1}{\mathrm{d}t}\boldsymbol{u}_1+\frac{\mathrm{d}M_2}{\mathrm{d}t}\boldsymbol{u}_2 \tag{5-26}$$

又有

$$M = M_0 - M_1 + M_2$$

可得

$$\frac{\mathrm{d}M}{\mathrm{d}t} = -\frac{\mathrm{d}M_1}{\mathrm{d}t} + \frac{\mathrm{d}M_2}{\mathrm{d}t} \tag{5-27}$$

因此

$$M\frac{\mathrm{d}\boldsymbol{v}}{\mathrm{d}t} = \boldsymbol{F}^{(e)} - \frac{\mathrm{d}M_1}{\mathrm{d}t}(\boldsymbol{u}_1 - \boldsymbol{v}) + \frac{\mathrm{d}M_2}{\mathrm{d}t}(\boldsymbol{u}_2 - \boldsymbol{v}) \tag{5-28}$$

记，$\boldsymbol{u}_{ir} = \boldsymbol{u}_i - \boldsymbol{v}(i=1,2)$，$\boldsymbol{u}_{1r}$表示分离质量相对于质点 Q 的相对速度；$\boldsymbol{u}_{2r}$表示并入质量相对于质点 Q 的相对速度。则

$$M\frac{\mathrm{d}\boldsymbol{v}}{\mathrm{d}t} = \boldsymbol{F}^{(e)} - \frac{\mathrm{d}M_1}{\mathrm{d}t}\boldsymbol{u}_{1r} + \frac{\mathrm{d}M_2}{\mathrm{d}r}\boldsymbol{u}_{2r} \tag{5-29}$$

对于火箭或导弹：$M_2=0$，即，只有分离质量，无并入质量。

$$\frac{\mathrm{d}M}{\mathrm{d}t} = -\frac{\mathrm{d}M_1}{\mathrm{d}t} \tag{5-30}$$

因此，有

$$M\frac{\mathrm{d}\boldsymbol{v}}{\mathrm{d}t} = \boldsymbol{F}^{(e)} + \frac{\mathrm{d}M}{\mathrm{d}t}\boldsymbol{u}_{1r} \tag{5-31}$$

此式便是著名的“密歇尔斯基①方程”。相应的既有质量分离也有质量并入的方程称为“广义密歇尔斯基方程”。

对于只有分离质量的火箭或导弹来说，上式中的$\frac{\mathrm{d}M}{\mathrm{d}t}<0$，$\boldsymbol{u}_{1r}$为喷射物相对于飞行器本体的速度。可以看出，质量分离等效于在质点 Q 上作用附加作用力$\boldsymbol{F}_1 = -\frac{\mathrm{d}M_1}{\mathrm{d}t}\boldsymbol{u}_1$，即反推力；质量并入时等效于在质点 Q 上作用附加作用力$\boldsymbol{F}_2 = \frac{\mathrm{d}M_2}{\mathrm{d}t}\boldsymbol{u}_2$。在质量分离情况下，反推力方向与分离质量相对速度 $\boldsymbol{u}_{1r}$方向相反；在质量并入情况下，反推力方向与并入质量相对速度 $\boldsymbol{u}_{2r}$方向相同。

3. 火箭在引力场外的运动

在不改变问题本质的前提下，为简化问题，现根据上述内容分析火箭在**引力场外**的运动（图5-24）。

引力场外 $\boldsymbol{F}^{(e)}=\boldsymbol{0}$，密歇尔斯基方程简化为

$$M\frac{\mathrm{d}\boldsymbol{v}}{\mathrm{d}t} = \frac{\mathrm{d}M}{\mathrm{d}t}\boldsymbol{u}_r \tag{5-32}$$

式中：$\boldsymbol{u}_r$ 为燃料向后喷射的相对速度。设 $\boldsymbol{v}$ 与 $\boldsymbol{u}_r$ 共线，取公共作用线为 Ox 轴，将上式向

① 密歇尔斯基（И. В. Мещерский）（1859—1935）：俄国/苏联力学家，变质量力学奠基人。1878 年至 1882 年就读于圣彼得堡大学物理数学系，师从著名数学家切比雪夫（P. L. Chebyshev）。1897 年获得应用数学硕士学位，论文题目为“变质量质点动力学”。1902 年担任圣彼得堡工业学院的教研室主任，培养了数千名优秀专业人才，创立了变质量力学，为现代火箭动力学奠定了理论基础。最重要的代表作是《一般变质量质点运动方程》（1904 年）和《理论力学习题集》（1914 年）。曾获得功勋科学家的荣誉称号。月球上有一座环形山以其名字命名。

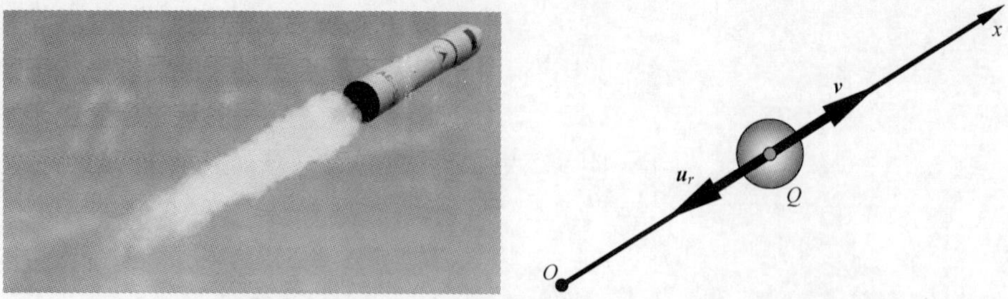

(a) 运动中的火箭　　(b) 火箭的变质量质点模型

图 5-24　火箭在引力场外的运动

Ox 轴投影，则

$$M\frac{\mathrm{d}v}{\mathrm{d}t}=-\frac{\mathrm{d}M}{\mathrm{d}t}u_r \tag{5-33}$$

若 u_r 为常数，$t=0$ 时刻火箭质量为 M_0，速度为 v_0，则上式可以积分为

$$v(t)=v_0+u_r\ln\frac{M_0}{M(t)} \tag{5-34}$$

设计完成的火箭的喷射速度是确定的。由此可知，在给定时刻，火箭的速度取决于火箭初始质量与当前质量之比。设 M_f 为初始时刻燃料的总质量，M_s 为火箭除燃料以外的总质量（包含火箭结构、有效载荷、附属设备等），那么有

$$M_0=M_f+M_s \tag{5-35}$$

当燃料燃完时（$t=T$），火箭速度为

$$v(T)=v_0+u_r\ln\left(1+\frac{M_f}{M_s}\right)=v_0+u_r\ln\frac{M_0}{M_s} \tag{5-36}$$

此式称为齐奥尔科夫斯基①公式。由此式可知，**火箭的极限速度**仅仅依赖于燃料的相对储备和燃烧物的相对喷射速度，而不依赖于质量的变化规律；若给定 M_f/M_s（称为齐奥尔科夫斯基数）或 $(M_f+M_s)/M_s=M_0/M_s$（称为质量比），则火箭的极限速度就已经确定了，而与燃料消耗快慢无关。但是，火箭在发动机工作段走过的路径依赖于燃料消耗规律。设 $t=0$ 时，$x=0$，则有

$$x(t)=v_0t+u_r\int_0^t\ln\frac{M_0}{M(t)}\mathrm{d}t \tag{5-37}$$

4. 火箭在均匀重力场中的竖直方向运动

假设火箭在均匀重力场中竖直向上运动，不考虑空气阻力，将火箭看成初始速度为零的质点，初始质量设为 M_0，尾喷的相对速度 $\boldsymbol{u}_r$ 的大小为常数，方向竖直向下。又假设火箭质量随时间的变化规律已知，可以求得火箭速度和上升高度随时间变化的规律。

火箭所受外力为重力 $\boldsymbol{Mg}$，方向竖直向下，将式（5-31）向火箭运动的直线 Oz 方向投

---

① 齐奥尔科夫斯基（К. Э. Циолковский）（1857—1935）：俄国/苏联科学家，世界公认的航天学和火箭理论先驱，自学成才，彪炳千秋。最重要的代表作是《自由空间》（1883 年）和《利用反作用装置研究宇宙空间》（1903 年、1911 年、1914 年），文中提出了一系列火箭运动和航天理论，构筑了一个相当完整的理论体系。其创下了航天史上的多个第一，比如：首次提出液体火箭是实现星际航行的理想工具；首次提出液氢液氧是最佳的火箭推进剂；首次提出火箭在真空中运动的关系式，并计算出火箭的逃逸速度；首次提出了火箭质量比的概念，并阐述了质量比的重要性；首次提出利用陀螺仪实现宇宙飞船的方向控制；首次提出多级火箭的设计思想；首次提出空间站和太空生物圈设想；首次提出利用太阳光压推进宇宙飞船的思想；首次提出太空移民思想；等等。

影,可得

$$M\frac{\mathrm{d}v}{\mathrm{d}t}=-Mg-\frac{\mathrm{d}M}{\mathrm{d}t}u_r \tag{5-38}$$

将该方程积分,可得

$$v=u_r\ln\frac{M_0}{M(t)}-gt \tag{5-39}$$

如果设 $t=0$ 时刻,$z=0$,则积分上式,可得火箭在发动机工作段上升高度随时间的变化规律为

$$z=u_r\int_0^t\ln\frac{M_0}{M(t)}\mathrm{d}t-\frac{1}{2}gt^2 \tag{5-40}$$

5. 提高火箭极限速度(特征速度)的途径

通过以上内容的分析,可知提高火箭的极限速度的主要途径有如下几种。

(1) 研制新型推进剂,提高喷射速度 u_r。比如苏联“卫星号”芯级的推进剂使用煤油与液氧组合,u_r 达到3000m/s;“长征一号”一、二级的推进剂使用偏二甲肼与红烟硝酸组合,u_r 达到2500m/s;“长征三号”一、二级的推进剂使用偏二甲肼与四氧化二氮组合,u_r 达到2900m/s;“长征三号”三级的推进剂使用液氢与液氧组合,u_r 达到4300m/s。

(2) 使用新材料及新结构,提高齐奥尔科夫斯基数 M_f/M_s 或质量比 M_0/M_s。使用新材料,如铝合金、镁合金、钛合金、高分子材料、复合材料提高质量比 M_0/M_s;或采用新型结构,如薄壳结构、薄壁结构、蜂窝夹层结构、杆系结构等来达到同样目的。

大家熟悉的鸡蛋(图5-25)中蛋清与蛋黄的质量和(比作 M_f)与蛋壳质量(比作 M_s)的比值可以达到

$$\frac{M_f}{M_s}\approx 8$$

鸡蛋的质量比,可以达到

$$\frac{M_0}{M_s}=\frac{M_f+M_s}{M_s}\approx 9$$

图5-25　鸡蛋壳

(3) **用多级火箭入轨**。此种方法本质上仍属于提高质量比的措施。目前大多数航天器采用多级火箭发射入轨。多级火箭是由两个或多个火箭串联或并联而成的火箭助推器。

从前面的公式可以看出质量比是火箭极限速度的决定因素。目前技术水平限制了单级火箭的最大质量比，进而也限制了单级火箭的极限速度。采用超大型的燃料储罐，存储的燃料虽然多了，但强度、刚度要求也导致结构重量的增加。当燃料消耗较多时，结构全部质量便成了火箭的累赘。采用多级火箭或捆绑式助推器的结构布局可以克服上述缺点，比如助推器或某一级火箭中的燃料耗尽时，整个助推器结构质量便成了“废质量”，将其及时抛弃(图 5-26)能有效减轻火箭自身负担。

(a) “长征”2F火箭助推器分离示意图

(b) “长征”2F火箭助推器及第一级分离热成像

图 5-26　火箭助推器分离

但是，运载火箭级数并不是越多越好。每增加一级，制造工艺和级间分离等技术就要多增加一层困难，而且分级火箭所能达到的速度最多只能比单级火箭增加70%。现今的技术条件下，一枚三级火箭能达到的速度较单级火箭提升了45%。目前多级火箭选二级到四级之间，三级火箭性价比较高。

6. 小结

单独看火箭的轮廓面所包围的空间区域是变质量系统；但总体上看火箭与燃料系统便是常质量系统。将火箭和燃气看成一个质点系统时，燃料燃烧时产生的燃气压力是内力，不改变整个质点系的动量。但在燃气向后喷射的同时，火箭获得相应的向前的速度。

从以上的分析可知，“变质量”问题实质上是指固定空间区域内有质量流入或流出的问题，属质量流动问题，并非被研究的具体质量系统的总质量发生了变化。

> A pilot and a dog will fly the airplanes of tomorrow. The dog's job will be to bite the pilot's hand if he touches the controls, and the pilot's job will be to feed the dog.
>
> ——David F. Anderson, Scott Eberhardt: *Understanding Flight*.
>
> (The McGraw – Hill Companies, Inc. 2010)

第 6 章　动量矩定理

关键词

动量矩(angular momentum);动量矩定理(theorem of momentum);惯性矩(moment of inertia);刚体定轴转动微分方程(differential equation of rotation of a rigid body about a fixed axis);刚体平面运动微分方程(differential equation of plane motion of a rigid body)

第 5 章的动量定理建立了质点系的动量与作用在质点系上所有外力之间的关系。本章介绍动量矩定理及其应用。动量矩定理建立了质点系对点(或轴)的动量矩与作用在质点系上所有外力对同一点(或轴)的矩之间的关系。其实,本章内容仍然属于动量定理的范畴,只不过本章是用来描述转动问题的动量定理,因此,本章又可名为"角动量定理",描述的是力矩与角加速度的关系;与此对应,上一章又可称为"线动量定理",描述的是力与线加速度的关系。两部分内容是对等的关系,即两定理描述的都是外力项、加速度项以及惯性项之间的关系的定理。此定理的本源仍然是牛顿动力学基本定律:惯性定律、牛顿第二定律、作用与反作用定律。

引例一:直升机结构形式分类

直升机按结构形式可以划分为如下几类。

1. 单旋翼。如,美国的"海王"(Sea King)直升机,其特点是单旋翼,另尾部布置尾桨;旋翼转轴与尾桨转轴正交布置,如图 6-1 所示。

图 6-1　"海王"直升机

2. 横列双旋翼。如，美国的“鱼鹰”(Osprey)直升机，其特点是双旋翼左右横向排列，工作时旋转方向相反，尾部不再布置尾桨，如图 6-2 所示。

图 6-2 “鱼鹰”直升机

3. 纵列双旋翼。如，美国的“海骑士”(Sea Knight)直升机，其特点是两大旋翼前后布置，工作时旋转方向相反，也不再需要尾桨，如图 6-3 所示。

图 6-3 “海骑士”直升机

4. 共轴双旋翼。如，苏联的“蜗牛”(Helix)直升机，其特点是两旋翼共轴布置，工作时旋转方向相反，尾部不再布置尾桨，如图 6-4 所示。

图 6-4 “蜗牛”直升机

请大家思考：为什么采用这几种螺旋桨布置类型，而不是其他？

引例二：飞行学员训练用旋梯

旋梯是飞行学员军事体育课程中使用的典型训练器材，如图 6-5 所示（图示旋梯可供两人同时训练使用）。其主要功能是锻炼飞行员良好的航空环境适应能力，如灵敏协调能力、迅速反应能力、空间定向能力、抗荷能力、飞行耐力等。

图6-5　旋梯实物

旋梯中点处与支架铰接，运动员可沿着旋梯方向滑移。此系统从力学本质上可以看作一可变摆长的摆，类似于秋千。在实际训练过程中，旋梯系统的运动可以简单描述为如下过程：系统从某一较小倾斜角度的初始状态开始，在重力作用下起摆，起摆的同时，运动员相对于旋梯做下蹲运动，之后相对于旋梯保持静止；当旋梯第一次摆至竖直位置时，运动员以一个较快的速度挺身（见图6-6（b）），使自身重心上升一段距离，之后相对于旋梯保持静止；当摆到最大幅值（角速度为零）时，运动员以一个较快的速度沿旋梯下蹲（见图6-6（a）），使自身重心下降一段距离（上升过程的逆过程）；继续下摆；当第二次摆到竖直位置时，运动员重复挺身过程；摆到最大幅值时，运动员重复下蹲过程（图6-6（c））；如此往复数次，旋梯摆角幅值的最大值不断增大，直到旋梯能够完成整周定轴转动，即能摆过最高点。

(a)　　(b)　　(c)

图6-6　旋梯训练中人体关键姿态

我们可以从能量分析的观点来解释这种现象。

从大家的亲身体验中可知，旋梯系统为一个机械能不守恒的系统。动力学过程中，旋梯本体与人体组成系统的总机械能是不断变化的；对人体运动施加不同控制，可使系统总机械能不断增加或减小。考虑实际的训练过程，可以看作是人体的内能向机械能的转化，这种能量的转化使得旋梯系统的机械能不断得到补充。在旋梯摆杆所能到达的最高位置越摆越高的过程中，当摆杆摆至竖直位置（且人体处于最低位置）时，人体快速挺身的过程，使系统重心升高，相当于人体的内能向旋梯系统的势能进行转化，使系统势能增加；当摆杆摆至最大幅值（人体不超过旋梯转轴所在水平面）时，人体快速下蹲的过程又会使系统的机械能降低，但增加的多，降低的少，总体上看，系统的机械能还是不断增加的。在来回摆动的过程中，系统的机械能在每次摆杆摆至竖直位置时都能得到补充，系统的总机械能不断增大。旋梯系统总机械能的不断变化与广义能量守恒定律并不矛盾。将人体、旋梯系统的机械能以及人体的内能等统一考虑的话，广义能量守恒仍是成立的。

这种现象也可以从力做功的角度去分析，我们留待下一章动能定理部分再为大家分析。

本章将要学习的知识点能够解释直升机结构形式的内在机理及旋梯现象的本质。要想了解个中缘由，就让我们开始下面的学习吧。

6.1 质点系的动量矩

设有质点系 $\sum_{i=1}^{n} m_i$，其中质点 m_i 相对于定点 O 的矢径为 $\boldsymbol{r}_i$，速度为 $\boldsymbol{v}_i = \mathrm{d}\boldsymbol{r}_i/\mathrm{d}t$，则质点系对点 O 的**动量矩**定义为

$$\boldsymbol{L}_O = \sum_{i=1}^{n} \boldsymbol{r}_i \times (m_i\boldsymbol{v}_i) = \sum_{i=1}^{n} \boldsymbol{M}_O(m_i\boldsymbol{v}_i) \tag{6-1}$$

其国际单位为 $\mathrm{kg \cdot m^2/s}$。此处动量矩定义式中的 $\boldsymbol{v}_i$ 为绝对速度,我们称此动量矩为**绝对动量矩**,简称**动量矩**;与此对应,后续还会出现**相对动量矩**的概念。

动量矩是度量质点系整体运动状态的一个指标,是一个矢量;它与矩心 O 的选择有关。质点系对某轴 z 的动量矩等于各质点对同一 z 轴动量矩的代数和,即

$$L_z = \sum_{i=1}^{n} M_z(m_i\boldsymbol{v}_i) \tag{6-2}$$

下面讨论质点系对任意两点 O 和 A 的动量矩 $\boldsymbol{L}_O$ 和 $\boldsymbol{L}_A$ 之间的关系。

如图 6-7 所示,点 A 在参考系 $Oxyz$ 中的矢径为 $\boldsymbol{r}_{OA}$,质点 m_i 相对于点 A 的矢径为 $\boldsymbol{\rho}_i$,因此质点 m_i 的矢径 $\boldsymbol{r}_i$ 可以表示为

$$\boldsymbol{r}_i = \boldsymbol{r}_{OA} + \boldsymbol{\rho}_i \tag{6-3}$$

将上式代入式(6-1)中,可得

$$\begin{aligned}\boldsymbol{L}_O &= \sum_{i=1}^{n} \boldsymbol{r}_i \times (m_i\boldsymbol{v}_i) \\ &= \sum_{i=1}^{n} \boldsymbol{\rho}_i \times (m_i\boldsymbol{v}_i) + \boldsymbol{r}_{OA} \times \sum_{i=1}^{n} m_i\boldsymbol{v}_i\end{aligned} \tag{6-4}$$

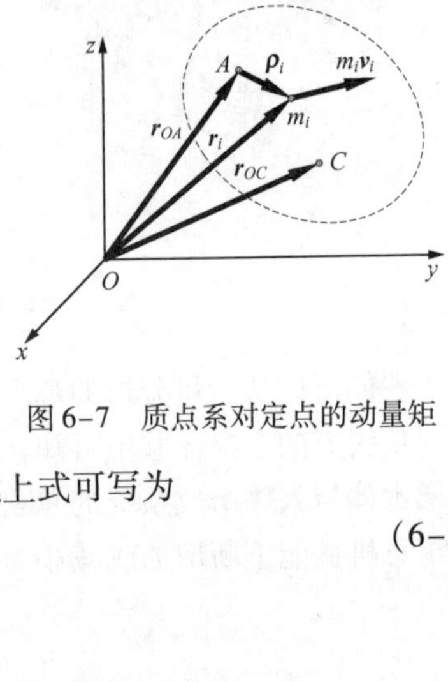

图 6-7 质点系对定点的动量矩

式中等号右侧第一项是质点系对点 A 的动量矩 $\boldsymbol{L}_A$,因此上式可写为

$$\boldsymbol{L}_O = \boldsymbol{L}_A + \boldsymbol{r}_{OA} \times \boldsymbol{p} \tag{6-5}$$

如果将点 A 取为质心 C，则由上式可得

$$\boldsymbol{L}_O = \boldsymbol{L}_C + \boldsymbol{r}_{OC} \times \boldsymbol{p} = \boldsymbol{L}_C + \boldsymbol{r}_{OC} \times m\boldsymbol{v}_C \tag{6-6}$$

在一些情况下，质点系对质心 C 的动量矩比较容易计算，因此可利用式(6-6)来计算质点系对任意点 O 的动量矩。

式(6-6)是用各质点的绝对速度 $\boldsymbol{v}_i$ 来计算质点系对质心的动量矩 $\boldsymbol{L}_C$ 的。下面的推导将证明，质点系对质心的动量矩也可以用相对于质心平动参考系的速度 $\boldsymbol{v}_{ir}$ 来计算。采用相对速度定义的动量矩称为**相对动量矩**。建立质心平动坐标系 $Cx'y'z'$，如图6-8所示。设质心 C 的绝对速度为 $\boldsymbol{v}_C$，则质点 m_i 相对于质心平动系 $Cx'y'z'$ 的速度 $\boldsymbol{v}_{ir} = \boldsymbol{v}_i - \boldsymbol{v}_C$。于是，质点系对质心的（绝对）动量矩 $\boldsymbol{L}_C$ 为

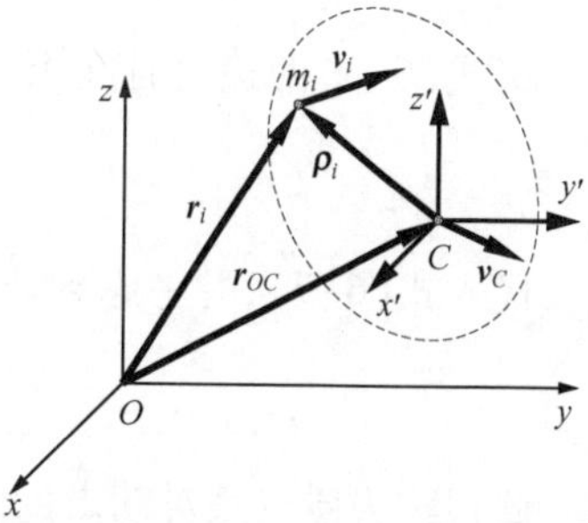

图6-8　质点系对质心的动量矩

$$\boldsymbol{L}_C = \sum_{i=1}^{n} \boldsymbol{\rho}_i \times m_i \boldsymbol{v}_i = \sum_{i=1}^{n} \boldsymbol{\rho}_i \times m_i \boldsymbol{v}_C + \sum_{i=1}^{n} \boldsymbol{\rho}_i \times m_i \boldsymbol{v}_{ir}$$

由质心的定义可知

$$\sum_{i=1}^{n} m_i \boldsymbol{\rho}_i = m \boldsymbol{\rho}_C$$

式中：m 为质点系的总质量；$\boldsymbol{\rho}_C$ 为质心 C 在质心平动参考系 $Cx'y'z'$ 中的矢径，显然 $\boldsymbol{\rho}_C = \boldsymbol{0}$。故有

$$\boldsymbol{L}_C = \boldsymbol{L}_{Cr} = \sum_{i=1}^{n} \boldsymbol{\rho}_i \times m_i \boldsymbol{v}_{ir} \tag{6-7}$$

其中，$\boldsymbol{L}_{Cr}$ 称为质点系关于质心的相对动量矩。

动量矩是质点系某一时刻的状态量。上面的推证表明：计算质点系对质心点的动量矩时采用绝对速度与采用相对于质心平动系的相对速度能得到同样的结果，但实际的计算采用相对速度可能更方便。

6.2　质点系动量矩定理

在图6-7中，O 为固定点，$Oxyz$ 为惯性系，A 为惯性系中的任意点，其绝对速度为 $\boldsymbol{v}_A$。将质点系对点 A 的动量矩 $\boldsymbol{L}_A = \sum_{i=1}^{n} \boldsymbol{\rho}_i \times m_i \boldsymbol{v}_i$ 对时间求一阶导数，得

$$\frac{\mathrm{d}\boldsymbol{L}_A}{\mathrm{d}t} = \sum_{i=1}^{n} \frac{\mathrm{d}\boldsymbol{\rho}_i}{\mathrm{d}t} \times m_i \boldsymbol{v}_i + \sum_{i=1}^{n} \boldsymbol{\rho}_i \times m_i \boldsymbol{a}_i \tag{6-8}$$

由牛顿第二定律，有

$$m_i \boldsymbol{a}_i = \boldsymbol{F}_i^{(\mathrm{i})} + \boldsymbol{F}_i^{(\mathrm{e})}$$

代入式(6-8)中，得

$$\frac{\mathrm{d}\boldsymbol{L}_A}{\mathrm{d}t} = \sum_{i=1}^{n} \frac{\mathrm{d}\boldsymbol{\rho}_i}{\mathrm{d}t} \times m_i \boldsymbol{v}_i + \sum_{i=1}^{n} \boldsymbol{\rho}_i \times \boldsymbol{F}_i^{(\mathrm{i})} + \sum_{i=1}^{n} \boldsymbol{\rho}_i \times \boldsymbol{F}_i^{(\mathrm{e})} \tag{6-9}$$

质点系中内力总是成对出现的，且大小相等、方向相反，因此内力系对任意点的力矩

为零,内力系对 A 点的力矩 $\boldsymbol{M}_A^{(\mathrm{i})}=\sum_{i=1}^{n}\boldsymbol{\rho}_i\times\boldsymbol{F}_i^{(\mathrm{i})}=\mathbf{0}$ 。于是式(6-8)右端的第2项退化为作用在质点系上的外力对 A 点的力矩,即

$$\boldsymbol{M}_A^{(\mathrm{e})}=\sum_{i=1}^{n}\boldsymbol{\rho}_i\times\boldsymbol{F}_i^{(\mathrm{e})}\tag{6-10}$$

将式(6-3)两边对时间求一阶导数,得

$$\frac{\mathrm{d}\boldsymbol{\rho}_i}{\mathrm{d}t}=\boldsymbol{v}_i-\boldsymbol{v}_A$$

代入式(6-9),并考虑到 $\boldsymbol{v}_i\times\boldsymbol{v}_i=\mathbf{0}$,可得

$$\frac{\mathrm{d}\boldsymbol{L}_A}{\mathrm{d}t}=\boldsymbol{M}_A^{(\mathrm{e})}+m\boldsymbol{v}_C\times\boldsymbol{v}_A\tag{6-11}$$

此式称为**质点系对动点的动量矩定理**,即:**质点系对动点的(绝对)动量矩关于时间的一阶导数等于质点系所受外力对该动点的力矩以及质点系动量与动点速度的矢量积之和。**

对于质点系受力来说,质点系动量矩的变化取决于外力的主矩,内力不能改变质点系的动量矩。

如果点 A 为固定点,即 $\boldsymbol{v}_A=\mathbf{0}$,则由式(6-11)得

$$\frac{\mathrm{d}\boldsymbol{L}_A}{\mathrm{d}t}=\boldsymbol{M}_A^{(\mathrm{e})}\tag{6-12}$$

这就是**质点系对固定点的动量矩定理**,即:**质点系对固定点的(绝对)动量矩关于时间的一阶导数等于质点系所受外力对该固定点的力矩之和。**

以 A 为原点建立直角坐标系 $Axyz$,将式(6-12)向此坐标系各轴投影,则有

$$\frac{\mathrm{d}L_x}{\mathrm{d}t}=M_x^{(\mathrm{e})},\ \frac{\mathrm{d}L_y}{\mathrm{d}t}=M_y^{(\mathrm{e})},\ \frac{\mathrm{d}L_z}{\mathrm{d}t}=M_z^{(\mathrm{e})}\tag{6-13}$$

其中:$M_x^{(\mathrm{e})}$,$M_y^{(\mathrm{e})}$ 和 $M_z^{(\mathrm{e})}$ 分别为外力对 x 轴、y 轴和 z 轴的力矩;L_x、L_y 和 L_z 分别为质点系对 x 轴、y 轴和 z 轴的动量矩。

如果外力对 A 点的力矩为零,则由式(6-12)可知,质点系对 A 点的动量矩关于时间不变化,即**守恒**。同理,依据式(6-13)可知,如果作用于质点系上的外力对某定轴的合力矩为零,则质点系对该轴的动量矩守恒。

如果点 A 选为质点系的质心 C,则由式(6-11)可得

$$\frac{\mathrm{d}\boldsymbol{L}_C}{\mathrm{d}t}=\boldsymbol{M}_C^{(\mathrm{e})}\tag{6-14}$$

将式(6-7)代入上式,得

$$\frac{\mathrm{d}\boldsymbol{L}_{Cr}}{\mathrm{d}t}=\boldsymbol{M}_C^{(\mathrm{e})}\tag{6-15}$$

式(6-14)和式(6-15)称为**质点系对质心的动量矩定理**,即:**质点系对质心的(绝对)动量矩与相对动量矩关于时间的一阶导数均等于质点系所受外力对质心的力矩之和。**

该定理与质点系对固定点的动量矩定理形式一致。此定理在描述运动刚体的转动自由度时非常方便。

当外力对质心的力矩为零时,质点系对质心的动量矩守恒。

例题 6-1　引例一：直升机旋翼的布置问题。

解析：以最典型的直升机构型（其机身上布置一个提供升力的大旋翼，尾部安装一小螺旋桨，如我国的武装直升机 WZ-10（图6-9(a)））为例。大旋翼在旋翼转轴的带动下旋转，转轴的旋转来源于发动机的驱动力矩，因此旋翼转轴必然会对发动机施加反作用力矩。发动机定子与直升机机身固连，因此反作用力矩相当于作用在直升机机身上。若没有尾部小螺旋桨的存在，对机身依据**相对于质心的动量矩定理**，可知，机身必然出现与旋翼旋转方向相反的角速度，如图6-9(b)所示。进而，直升机机身的方向性将会失去控制。尾部布置转轴与大旋翼转轴正交的小螺旋桨能够提供侧向力，如图6-9(b)所示，此侧向力将会对机身质心产生力矩，此力矩能对抗因大旋翼旋转而产生的作用在机身上的反作用力矩，侧向力的大小也是可控的，进而，保证了直升机机身的方向性可控。

(a) 我国的武装直升机WZ-10

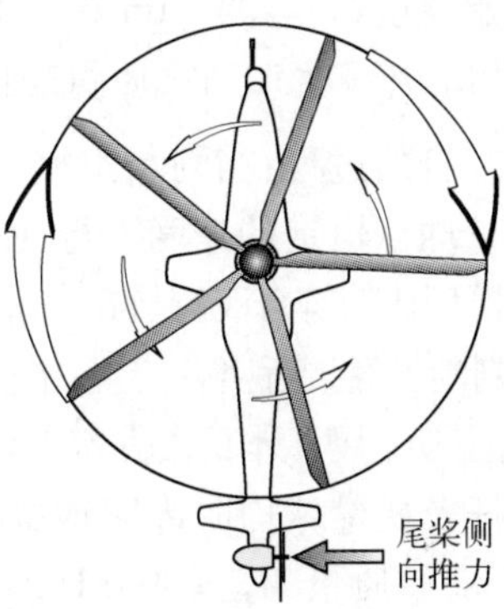

(b) 尾桨的作用

图6-9　典型的直升机构型

其他类型的直升机，请大家自行分析。

另，思考：若是最典型的直升机构型（其机身上布置一个提供升力的大旋翼，尾部安装一小螺旋桨），在无风的天气条件下，若要使直升机保持悬停状态（机身在空中保持静止），提供升力的大旋翼的旋转平面（旋翼翼尖轨迹所在平面）是否为水平面？请说明理由。

例题 6-2　引例二：旋梯现象。

解析：依据本章内容，我们从**质点系动量矩守恒**的角度来分析问题。

在摆杆摆至竖直位置附近、人体快速挺身的过程中，重力方向与人体运动的速度方向近似正交。在极短的时间段内，摆杆、人体系统所受全部外力对铰链约束点的力矩接近于零，在这个极短的过程中，可以近似认为系统动量矩守恒；又由于人体的快速挺身引起了人体重心的上升，此过程导致系统关于转轴的动量矩减小，要保证动量矩守恒，则系统关于转轴的角速度必然增加，摆杆所能摆至的最大幅值也就相应地增加。在杆件摆动到最大摆角位置时，系统的角速度接近于零，系统关于转轴的动量矩也接近于零，此处人体快速下蹲的过程对系统的动量矩影响不大。

为了进一步验证上述分析，我们采用 ADAMS① 软件环境对这个问题进行模拟。

① ADAMS（Automatic Dynamic Analysis of Mechanical Systems）是美国 MSC. Software Corporation 的集建模、求解、可视化技术于一体的虚拟样机软件，广泛应用于汽车、航空航天、铁道、兵器和通用机械等众多领域，行业领先。

为了降低计算量且不改变旋梯系统的力学属性，实际物理模型可以简化为由中间光滑铰链约束的杆件和可沿杆件滑移的质量球组成的动力学系统，如图 6-10 所示。

旋梯长度为 l，x 和 θ 为完整描述系统位形的两个广义坐标。

运动员进行旋梯训练时的关键动作为：旋梯摆到竖直位置时，挺直身体，使自身重心升高；在旋梯摆动到最大幅值时，身体下蹲，使自身重心降低。在进行仿真计算时采用先判断即时状态，再实施运动控制的方式模拟人体重心的升降过程。具体方法为：系统从初始摆角为 $\theta(t=0)=30°$、质量球的初始速度 $\dot{x}(t=0)=0\text{m/s}$ 的状态，在重力作用下开始下摆，当摆角 $\theta(t)\leqslant 10°$ 时，质量球以恒定的速度沿杆上行，模拟人体挺身的过程；当判断出摆杆的角速度 $\dot{\theta}(t)\leqslant 5°/\text{s}$ 时，控制质量球以恒定的速度下行，模拟人体下蹲的过程。

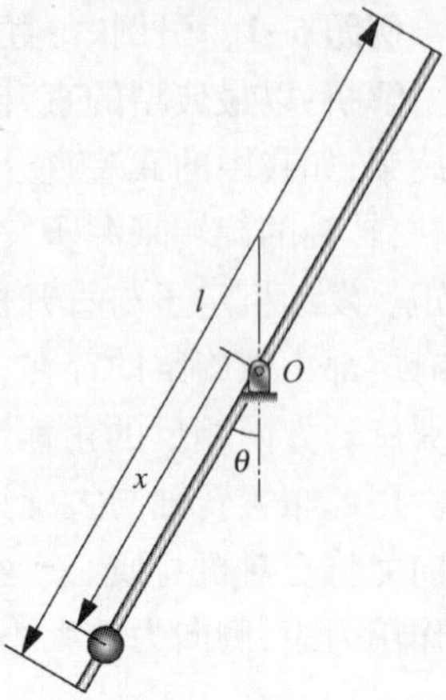

图 6-10　旋梯系统计算模型

此模型比较符合飞行员在训练过程中的实际情况。如，当摆角减小到比较小的角度时，人体主观判断已经接近竖直位置，主动挺身；当摆杆角速度较小时，人体主观判断已接近最大摆角位置，主动下蹲。本仿真算例中采用 2m/s 的上行和下行速度对质量球的运动进行控制。

摆杆及质量球均取普通钢材，其密度 $\rho=7.801\times10^3\text{kg/m}^3$。杆长 $l=4\text{m}$；截面半径 $r=0.02\text{m}$；总质量 $M_{杆}=39.21\text{kg}$。

质量球半径 $R=0.10\text{m}$；总质量 $M_{球}=32.68\text{kg}$。

模拟初始条件：

$\theta(t=0)=30°$，$\dot{\theta}(t=0)=0$，表示起始时刻摆杆摆角为 30°，摆杆角速度为 0°/s。

$x(t=0)=2$，$\dot{x}(t=0)=0$，表示起始时刻质量球位于摆杆最下端，且速度为 0m/s。

把对质量球的运动控制写为如下运动约束条件：

如果 $|\theta(t)|\leqslant 10°$ 且 $\|x(t)|-2|\leqslant 0.4$，则 $\dot{x}(t)=-2\text{m/s}$；

如果 $|\dot{\theta}(t)|\leqslant 5°/\text{s}$ 且 $\|x(t)|-2|\leqslant 0.4$，则 $\dot{x}(t)=2\text{m/s}$；

其他情况下，$\dot{x}(t)=0\text{m/s}$。

对上述模型系统进行仿真计算，得出摆杆的摆角、角速度以及动能分别如图 6-11、图 6-12 及图 6-13 所示；系统总机械能如图 6-14 所示。

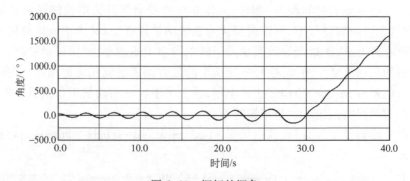

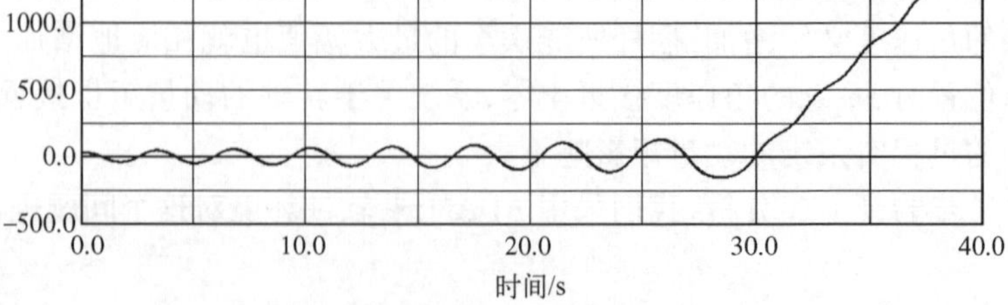

图 6-11　摆杆的摆角

图6-11中的前半段曲线反映出旋梯可达到的最大摆角值逐渐增大,但总能返回到零点,即有角度为零的状态;后半段曲线表明旋梯不再出现摆角为零的状态,即已经能够摆过最高点,形成了完整的旋转。

图6-12中的前半段曲线反映出旋梯的角速度最大值逐渐增大,但都能返回到零点,即有角速度为零的状态;后半段曲线表明旋梯不再出现角速度为零的状态,即已经能够摆过最高点,形成了完整的旋转。

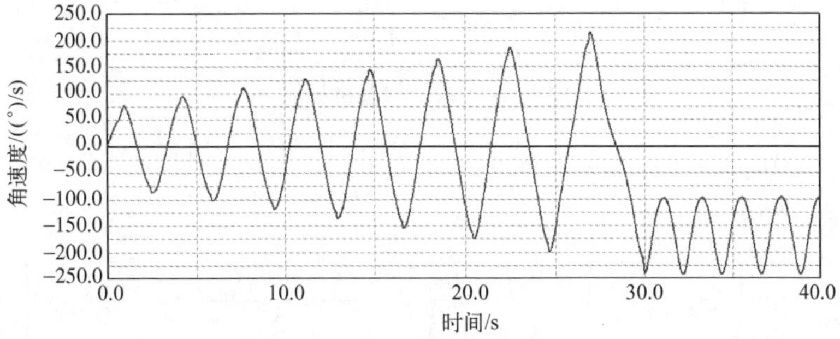

图6-12　摆杆的角速度

图6-13中的前半段能体现出摆杆的动能最大值不断增大,但总能回到动能为零的状态;后段曲线表明摆杆的动能已经不再回到零值,反映出摆杆已经形成完整的旋转状态。

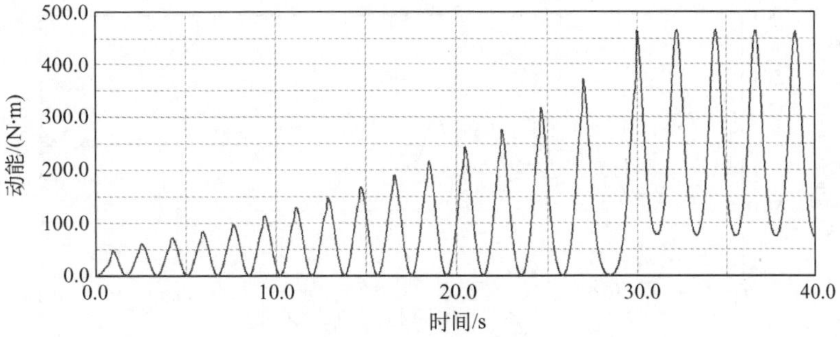

图6-13　摆杆的动能

图6-14中的曲线体现出系统的总机械能在大趋势上是不断增长的。

当对模型中质量球实施上述运动控制的逆过程(即摆杆摆至最大幅值时,质量球上行;摆至竖直位置时,质量球下行),摆杆的摆角、角速度以及动能分别如图6-15、图6-16以及图6-17所示。摆杆的最大幅值、最大角速度值以及动能将不断减小。系统的总机械能也将不断减小,摆杆将逐渐趋于停摆。模拟结果很好地再现了旋梯训练的动力学过程。

例题6-3　飞机姿态的改变:操纵杆、方向舵脚蹬的作用和运用。

解:飞机设计时,要保证在以正常重量和载荷进行直线水平巡航时,主飞行控制面或操纵面(包括副翼、升降舵和方向舵)和飞机的固定表面呈流线型。这样能最大程度降低阻力和控制系统的压力以及飞行员的控制强度。在飞行期间,飞行员施加在操纵杆和方

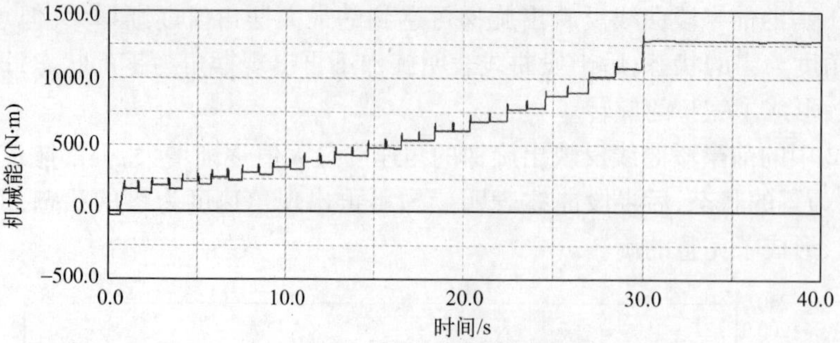

图 6-14　系统的总机械能

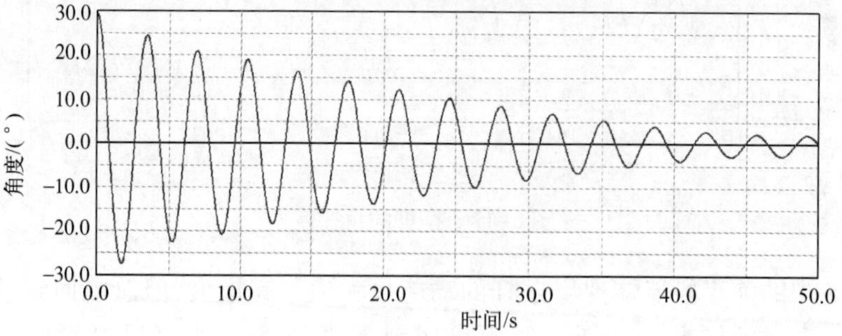

图 6-15　摆杆的摆角

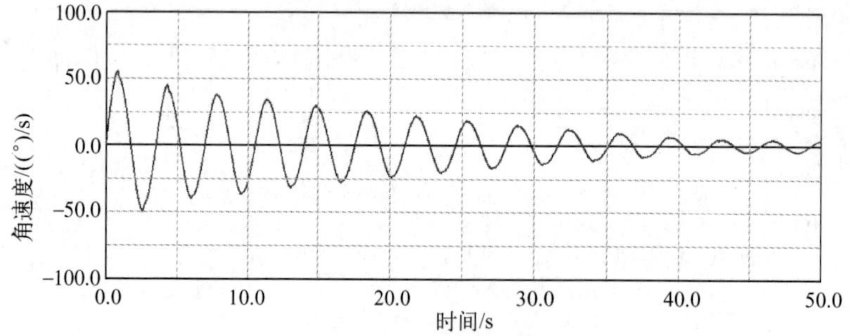

图 6-16　摆杆的角速度

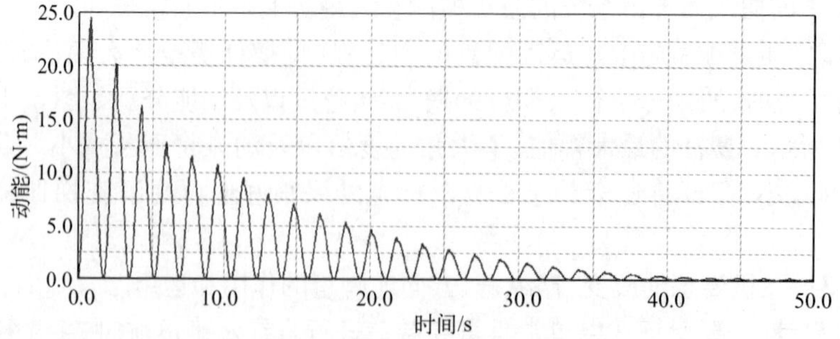

图 6-17　摆杆的动能

向舵脚蹬上的控制力使飞行控制面改变构型，进而改变气动力，达到控制飞机运动的目的。当控制面偏离原来流线型位置时，气流会对控制面施加阻碍作用，这种阻碍作用起到恢复力的作用，试图把控制面恢复到流线型位置。这种恢复力就是飞行员在操纵飞机时所感受到的力的来源。

大家知道，飞机的姿态描述包括俯仰角、滚转角和偏航角。俯仰角指的是飞机纵轴相对于地平面的角度；滚转角指的是飞机横轴相对于地平面的角度；偏航角指的是飞机纵轴相对于航迹的角度。

飞机的姿态控制由俯仰控制、滚转控制、功率控制和配平控制组成。

俯仰控制是通过使用升降舵使飞机绕横轴的低头或抬头控制。

滚转控制是为达到飞机和自然地平线形成预期坡度而通过使用副翼绕飞机纵轴的控制。

功率控制是指针对不同飞行状态的发动机功率控制。

配平控制是指在飞机达到预期姿态后，要想释放所有控制压力时，需要对控制面施加的调整控制。飞机必须具有在不同的载荷状态下保持平衡与稳定飞行的能力。飞行速度的变化、燃油的消耗、客机上乘员在机舱内的走动、战斗机的投弹等都能引起飞机载荷状态的变化。载荷变化时，飞行员可以采用手动控制的方式使飞机保持平衡、稳定飞行，但长时间的手动控制会极大增加飞行员的劳动强度，对飞行安全不利。因此，现代飞机一般通过其他更好的方式使飞机保持在配平状态，比如，许多飞机的升降舵上装有一片小的襟翼（称为调整片），驾驶员可以通过将调整片保持在合适的方位使飞机保持平衡，从而将自己从持续的手动控制中解放出来。

飞行时，飞机姿态的改变应以飞行员本身作为飞机运动的中心，即以飞行员本身作为判断和描述飞机运动的参考点，而不论飞机相对于地面的姿态如何。

对操纵杆施加向后的拉力时，飞机机头相对于飞行员抬升；实质上是升降舵向下偏转，产生了向下的升力，如图6-18所示。依据**动量矩定理**，机身会产生一个绕质心轴的角加速度，使飞机抬头。

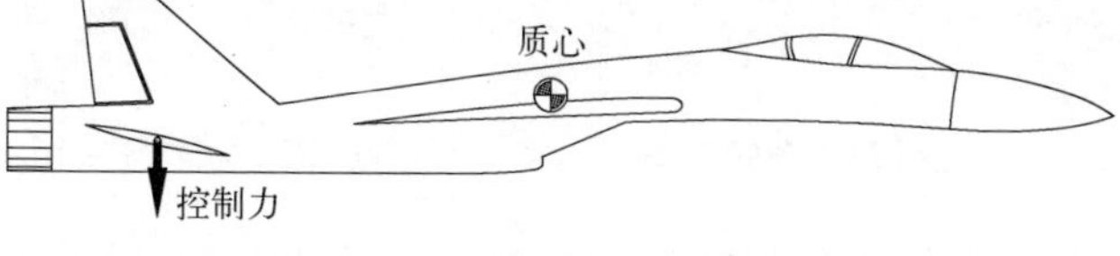

图6-18 升降舵产生的抬头力矩

对操纵杆施加向前的推力时，飞机机头相对于飞行员下降；实质上是升降舵向上偏转，产生了向上的升力，如图6-19所示。依据**动量矩定理**，机身会产生一个绕质心轴的角加速度，使飞机低头。

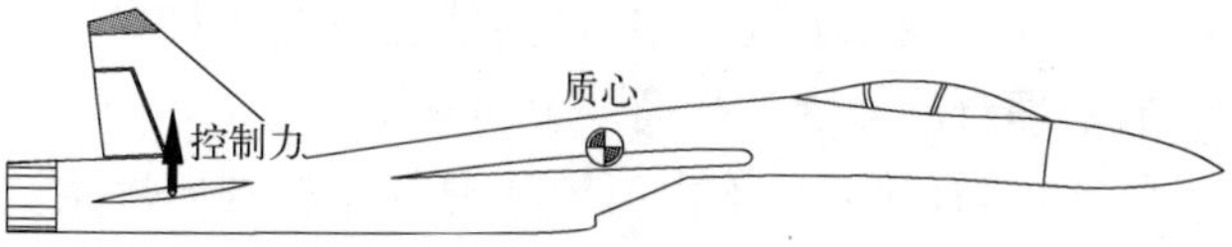

图6-19 升降舵产生的低头力矩

对操纵杆施加侧向力实际上是对副翼施加控制。施加向右的压力时，飞机的右侧机翼相对于飞行员下降；施加向左的压力时，飞机的左侧机翼相对于飞行员下降。

对右侧的方向舵脚蹬施加压力时，飞机头相对于飞行员向右侧偏转；对左侧的方向舵脚蹬施加压力时，飞机头相对于飞行员向左侧偏转。

总之，飞机姿态控制的实现是**控制力对飞机质心的力矩**在起作用，满足**相对于质心的动量矩定理**。

例题 6-4 平尾和垂尾的操纵效率。

解：安装在飞机尾部的小尺寸横向翼状物称为尾翼，尾翼往往由两部分组成：相对于机身固定不动的部分称为水平安定面；可相对于水平安定面做定轴转动的操纵面称为升降舵。安装在飞机尾部的竖直片状结构称为垂尾，垂尾一般也由两部分组成：相对于机身固定不动的部分称为垂直安定面；相对于垂直安定面做定轴转动的操纵面称为方向舵。如图 6-20 所示。平尾和垂尾对飞机的稳定性（下一例题阐述此主题）和操控至关重要。多种型号的战斗机为提高操纵效率，常常采用全动平尾、全动垂尾或倾角尾翼，如图 6-21、图 6-22 所示。

图 6-20 美国二战时期著名战斗机 P-40

图 6-21 我国歼-20 飞机的全动倾角尾翼

图 6-22 美国 F-16 飞机的全动平尾

在不至于失速的前提下，虽然机翼升力与有效迎角成正比，但是对于飞机的尾翼来说，即使与主翼相对于机身的倾角相同，主翼上升力的增长比例也比尾翼上要大，原因有二。一是尾翼产生升力的效率一般较主翼低。展弦比对升力的产生有重要影响，大展弦比的机翼升力产生的效率较高，小展弦比效率低。在诸多设计因素的影响下，尾翼的展弦比小于主翼的展弦比，对于小展弦比的尾翼来说，其升力随迎角增大而增长的速度较慢。二是尾翼往往处于主翼产生的下洗流中，尾翼的有效迎角将会减小。可以依据**点的合成运动**中的**速度合成定理**对此问题进行简要分析如下。

不管是主翼还是尾翼，其有效迎角均由当地相对气流的方向决定。若选择空气微团为动点，飞机为动系，并假设飞机以速度 $\boldsymbol{v}_e$ 向右方做平动。在无风的天气下，将有如下近似的速度关系。

如图 6-23 所示,接近主翼处的未被扰动的空气:$v_a = 0$,根据速度合成定理 $\boldsymbol{v}_a = \boldsymbol{v}_e + \boldsymbol{v}_r$,可得 $\boldsymbol{v}_r = -\boldsymbol{v}_e$。主翼处的有效迎角表示为图中的 α_1。

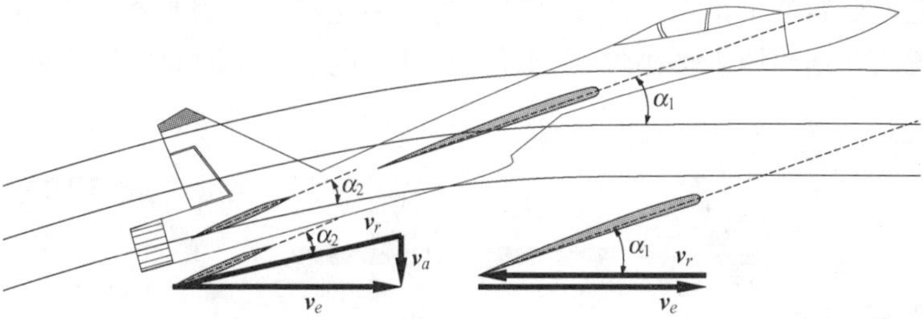

图 6-23　主翼形成的下洗流对尾翼的影响

尾翼处:在主翼的影响下,空气已形成下洗流,因此 $\boldsymbol{v}_a \neq \boldsymbol{0}$,根据速度合成定理 $\boldsymbol{v}_a = \boldsymbol{v}_e + \boldsymbol{v}_r$,可得 $\boldsymbol{v}_r = \boldsymbol{v}_a - \boldsymbol{v}_e$。尾翼处的有效迎角近似表示为图中的 α_2,其为尾翼翼弦与当地 $\boldsymbol{v}_r$ 的夹角。可以看出 $\alpha_2 < \alpha_1$。

某些大型的商用客机或运输机的尾翼往往布置在尾部高高在上的位置上,如图 6-24 所示,这样就可以尽量减小主翼下洗流对尾翼的影响,从而提高操纵效率。

图 6-24　我国军用运输机运 -20:高位尾翼布局

根据**动量矩定理**可知,提高水平安定面效率的方法主要有两种:一种是增大水平安定面的面积;二是增加水平安定面到机翼的距离。水平安定面到飞机质心的距离与水平安定面的面积的乘积决定了飞机纵向稳定性的大小。因此,如果有两种尾翼布局形式,其中一种尾翼的面积是另一种的一半,但是只要能保证其到飞机质心的距离是第一种的二倍,忽略主翼下洗流对尾翼影响的情况下,两种方案对飞机的稳定效果相当。垂直安定面同理。

例题 6-5　飞机的稳定性。

解析:稳定性与平衡是不同的概念。平衡是一种状态,而稳定性是一种维持某种状态的能力。物体的稳定性问题是指:物体在平衡状态的基础上,受到小的扰动后,会偏离原有平衡状态,在扰动消失后,能否自动恢复到原平衡状态的问题。这种稳定性指的是**平衡状态的稳定性**,或者说是**物体平衡状态的抗干扰能力**。根据处于平衡状态的物体受扰后的反应结果,可以将稳定性分为三类,分别为稳定状态、中性稳定状态和不稳定状态。

这三种不同状态的简单示意如图 6-25 所示,图中◌表示初始平衡位置,○表示受干扰后的某一可能位置。图 6-25(a)为稳定状态。弧形碗中的小球受到干扰后会脱离原来平衡位置,但干扰消失后,小球有返回原平衡位置的运动趋势。图 6-25(b)为中性稳定状态。小球受到干扰后会脱离原来平衡位置,干扰消失后,小球可停留在平坦桌面上任意新位置形成新的平衡态。图 6-25(c)为不稳定状态。弧形碗为倒扣状态,小球受到干扰后会脱离并远离原来平衡位置,干扰消失后,也不能返回原平衡位置。

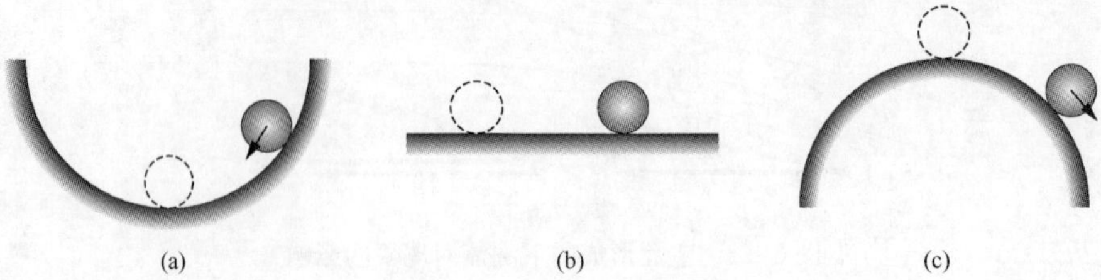

图 6-25　平衡状态的稳定性分类

根据是否关注稳定性的时间历程相关性,可以将稳定性问题分为静稳定性和动稳定性。

物体受扰后,若自动出现恢复力(恢复力矩),使物体具有恢复到原平衡状态的趋势,则称物体是静稳定的。静稳定性研究物体受扰后的初始时刻响应问题。恢复力(恢复力矩)是物体具有静稳定性的必要条件。恢复力(恢复力矩)的功用是使物体趋向于原平衡位形。

扰动运动过程中出现阻尼力(阻尼力矩),最终能使物体恢复到原有平衡状态,则称物体的平衡状态是动稳定的。动稳定性研究的是物体受扰后运动的时间历程响应问题。恢复力(恢复力矩)和阻尼力(阻尼力矩)的存在是物体具有动稳定性的两个必要条件。阻尼力(阻尼力矩)的功用是消耗动能,消除振荡,使物体趋于原平衡状态。

静稳定性和动稳定性都可分为三种状态,它们分别是稳定状态、中性稳定状态和不稳定状态。

飞机的稳定性也分为静稳定性和动稳定性问题。根据飞机的自由度来分,飞机的稳定性也有方向性之分。可以分为纵向、横向以及航向稳定性,它们分别对应飞机的俯仰、滚转和偏航自由度。飞机的稳定性是飞机飞行品质的重要参数。与稳定性关系密切的另外两个飞行性能分别为操纵性和机动性。操纵性是指飞机按照飞行员意愿,通过操纵机构改变飞行状态的能力,简单来说就是飞行员操纵飞机的难易程度。从这个角度看,驾驶杆力是影响飞机操纵性的一项重要因素。操纵性亦有静、动之分,静操纵性体现飞机在稳态时的操纵效能;动操纵性体现飞机在调节过程方面的品质。机动性是指飞机依据操纵而改变飞行状态的快慢,即飞机改变飞行状态是否及时、灵活而有效。

飞机的静稳定性是指飞机受到干扰(如突风或湍流等)时,自动恢复干扰前运动状态的能力。下面以飞机的纵向静稳定性为例进行简要分析。

飞机的平衡是指飞机运动状态不发生变化的一种定常飞行状态,此种状态下飞机无质心加速度,也无绕质心的角加速度,例如,飞机没有速度的变化,也没有滚转、俯仰或偏航的趋势。平衡时飞机的总升力中心与飞机重心重合或共线。总升力中心是机翼与水平安定面的升力之和的中心,即无力矩简化中心。飞机的纵向稳定性是指飞机在某一特定平衡的俯仰姿态时,遇干扰后恢复原姿态的可能性或能力。

水平安定面①可以用来调整升力中心的位置以平衡飞机。若水平安定面迎角为正值，升力中心将处于机翼与水平安定面之间；假设水平安定面上产生的升力与机翼完全相同，则升力中心正好处于机翼与水平安定面的中间位置。若水平安定面迎角为负值，升力中心将向前移动，且处于机翼升力中心之前。飞机的稳定性与飞机重心和机翼升力中心的相对位置关系密切。

如图6-26所示为飞机飞行的**稳定状态**。

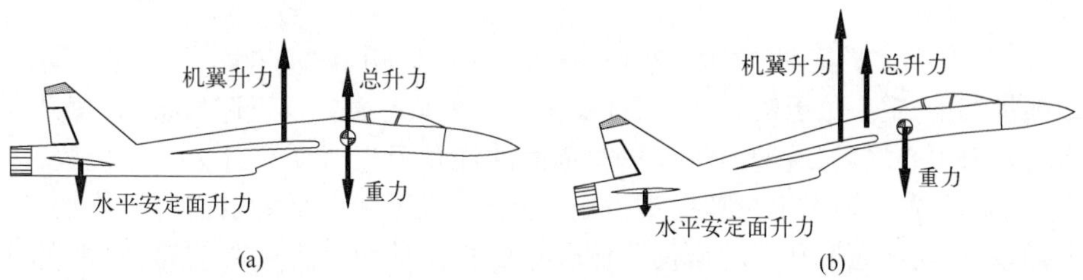

图6-26　稳定状态——重心位于机翼升力中心之前

此种状态下，重心位于机翼升力中心之前，水平安定面处于负迎角状态，总升力位于机翼升力之前。通过调整水平安定面的迎角可以改变总升力中心位置，以达到与重心重合的位置。现来讨论飞机的纵向稳定性。当飞机受到抬头力矩干扰时，机翼迎角增大，升力增大；水平安定面负迎角数值减小，指向下方的升力减小。整机的净升力中心后移，向机翼升力中心靠近，整机净升力与飞机重力作用线不再重合，整机净升力对飞机质心产生一个顺时针转向的力矩，依据本章**相对于质心的动量矩定理**可知：此力矩为一个低头力矩，能迫使飞机低头，对干扰起到抑制作用，使飞机回到原飞行姿态。大家可依此分析：若飞机所受干扰使飞机低头，净升力与飞机重力同样能形成恢复力矩，此时恢复力矩为抬头力矩。

如图6-27所示为飞机飞行的**中性稳定状态**。

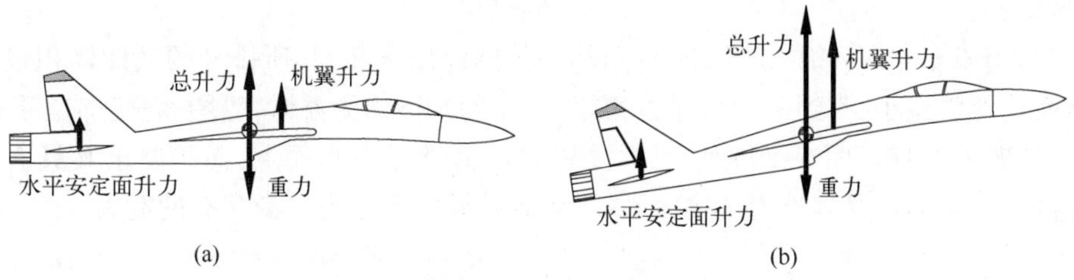

图6-27　中性稳定状态——重心位于机翼升力中心之后

此种状态下，重心位于机翼升力中心之后，水平安定面处于正迎角状态，净升力中心位于机翼升力中心之后，通过调整水平安定面的迎角可以改变净升力中心位置，以达到与重心重合的位置。当飞机受到抬头力矩干扰时，机翼和水平安定面迎角均增大，升力均增大，整机的净升力中心位置可能保持不变，整机净升力与飞机重力作用线仍能保持重合。升力与重力不会形成俯仰力矩，因干扰而产生的俯仰角不会自动恢复也不会持续发散，而是停留在受扰后的状态。

① 此处用水平安定面指代整个尾翼，含水平安定面、升降舵及调整片等。

如图 6-28 所示为飞机飞行的**不稳定状态**。

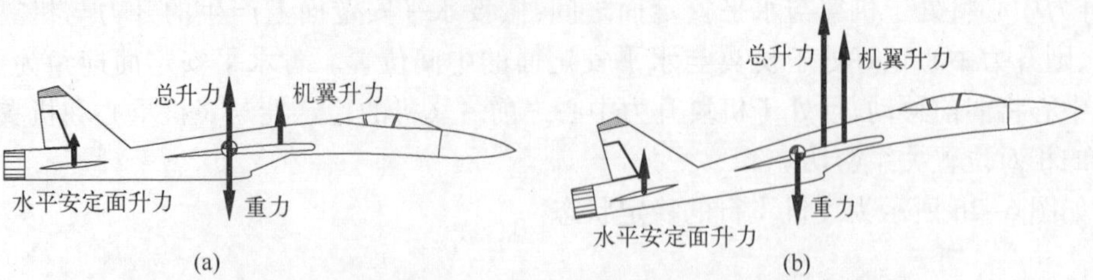

图 6-28　不稳定状态——重心位于机翼升力中心之后

此种状态下,重心位于机翼升力中心之后,水平安定面处于正迎角状态,总升力中心位于机翼升力中心之后,通过调整水平安定面的迎角可以改变总升力中心位置,以达到与重心重合的位置。当飞机受到抬头力矩干扰时,机翼和水平安定面迎角均增大,升力均增大,但水平安定面上升力的增长比例较小。整机的净升力中心前移,向机翼升力中心靠近,整机净升力与飞机重力作用线不再重合,而是形成了一个抬头力矩(图中的逆时针方向转动力矩),能使飞机加速抬头,对干扰起到加速放大作用,使飞机飞行姿态呈现发散状态。

对于飞机的稳定性还有横向稳定性、航向稳定性,大家可以自行分析。

例题 6-6　浮体的稳定性。

解析:大家熟知,一切浸没于液体中或漂浮于液面上的物体都受到重力(铅直向下、通过重心,设为 $\boldsymbol{G}$)和浮力(铅直向上、通过浮心(被物体排开的液体体积的中心称为浮心。均质物体完全淹没在液体中时,其重心和浮心重合),设为 $\boldsymbol{P}_z$)的作用。

根据 $\boldsymbol{G}$ 和 $\boldsymbol{P}_z$ 的大小不同,有下列三种情况存在:

(1) 当 $G>P_z$ 时,物体下沉,这样的物体称为**沉体**,比如石块;

(2) 当 $G=P_z$ 时,物体可以在液体中任何深度维持平衡状态,这样的物体称为**潜体**,比如潜艇;

(3) 当 $G<P_z$ 时,物体会上浮,直到部分物体浮出水面,其所排开的液体体积也会减少,从而使浮力减小,直到重力与浮力相等,这样的物体称为**浮体**,船舶、舰艇都是浮体。

设计船舶、舰艇(图 6-29)时,不但要求它们能够浮在水面上,而且要求其具有一定的稳定性,即船舶在受到外力干扰而倾斜后,具有恢复到原有平衡状态的能力。

图 6-29　具有浮体稳定性的行进中的航空母舰

现在,我们来探讨一下船舶的稳定性问题。

船体浮在水面并处于平衡状态时,其受力有:重力 $\boldsymbol{G}$,方向铅垂向下,作用线通过总体重心 C;浮力 $\boldsymbol{P}_z$,方向铅垂向上,通过浮心 B。$\boldsymbol{G}$ 和 $\boldsymbol{P}_z$ 大小相等、方向相反、作用在同一铅垂线上,如图 6-30(a)所示。浮体处于平衡状态时,通过重心 C 以及浮心 B 的铅垂线 $O-O$ 称为浮轴。

当船体受到外界作用力干扰而倾斜时,重力 $\boldsymbol{G}$、重心 C、浮力 $\boldsymbol{P}_z$ 保持不变;但浮体的倾斜使排开的水体的形状发生了变化,因此,浮心发生了变化,假设由 B 点移动到 B' 点。此时浮力 $\boldsymbol{P}_z$ 的作用线过 B' 点交浮轴于 M 点,此点称为**定倾中心**。BM 称为**定倾半径**,以 m 表示;若以 e 表示 BC 的长度,称 CM(即 $m-e$)为**定倾高度**。此时,重力与浮力所形成的力矩对浮体的稳定性起到决定性作用。

当重心低于浮心时,如图 6-30(b)所示,当船体倾斜时,重力 $\boldsymbol{G}$ 与浮力 $\boldsymbol{P}_z$ 形成的力矩的转向与船体倾斜方向相反,此力矩扮演恢复力矩的角色。依据**相对于质心的动量矩定理**可知,船体获得一个与倾斜方向相反的角加速度,此角加速度能够阻碍船体倾斜,并能使船体扶正。此时,m 取正值,e 取负值,定倾高度 $m-e>0$。具有此特征的船体,原有的平衡状态称为稳定平衡。即原有平衡状态遭到破坏时,能自动出现恢复力矩,最终恢复到原有平衡状态。

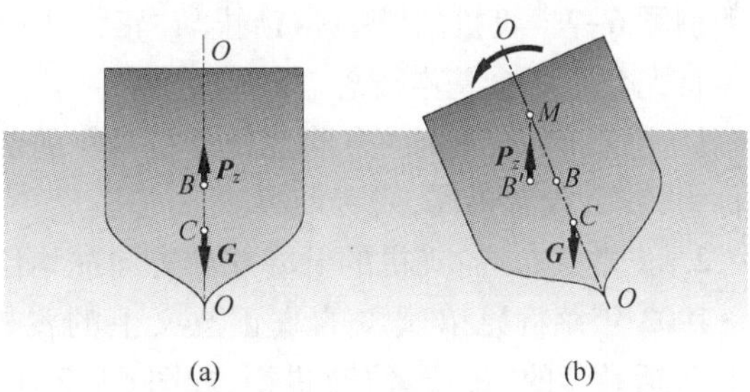

图 6-30　重心低于浮心时浮体的稳定性

对于重心高于浮心的船体(图 6-31(a)),情况则不同。此种情况的船体受到干扰而倾斜后,外力矩能否使船体扶正,取决于**重心**和**定倾中心**的相对位置,此时,m 和 e 均取正值。下面分三种情况探讨。

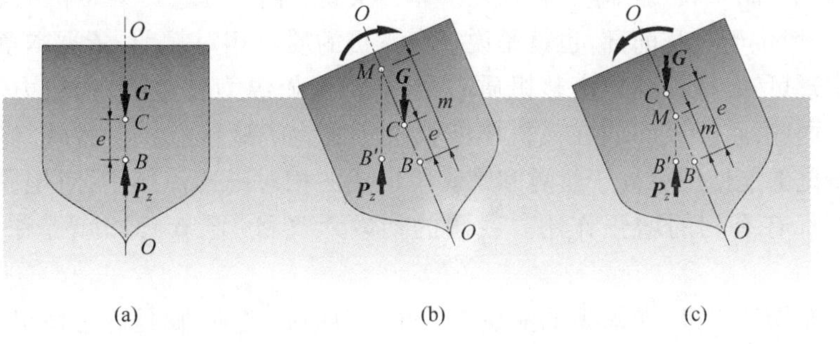

图 6-31　重心高于浮心时浮体的稳定性

(1) 若 M 点高于 C 点,即定倾高度 $m-e>0$ 时,如图 6-31(b)所示,重力与浮力形成的力矩转向与船体倾斜方向相反,为恢复力矩,当干扰去除后,能使船体扶正,船体原有平衡状态为稳定平衡。

(2) 若 M 点低于 C 点,即定倾高度 $m-e<0$ 时,如图 6-31(c)所示,重力与浮力形成的力矩转向与船体倾斜方向相同,该力矩能使船体的倾斜趋势加强,不是阻力矩而是驱动力矩。这种船体的原有平衡状态为不稳定平衡。此种状态是危险的,在小扰动情况下

必然发生翻船事故。

(3) 若 M 点与 C 点重合,即定倾高度 $m-e=0$ 时,重力与浮力不形成力矩,船体将保持倾斜状态而不能自动恢复到原有平衡状态。此种状态的船体平衡称为随遇平衡。对于舰船来说,此种状态仍然是危险状态,在小扰动情况下仍容易发生翻船事故。

要点与讨论

由以上探讨可知,只有稳定平衡状态的船只才是安全的。为了保持船体的稳定性,定倾中心应高于重心,即定倾高度为正值,且数值越大稳定性越好,上面几种情形中,重心低于浮心的船体稳定性最好。在实际的船舶工程中,保证重心低于浮心是不易做到的,但能通过船舶的构型设计保证定倾高度为正值,进而使船舶稳定。

例题 6-7 飞机的"鸭式布局"与"正常式布局"。

首先介绍两个基本概念。

1. 鸭式布局:飞机的升降舵位于机身靠前部位,即升降舵位于机翼之前;这样的升降舵称为鸭面,或者鸭翼,或者前翼。

2. 正常式布局:飞机的升降舵和方向舵均位于机翼之后,通常布置在飞机尾部。

1903 年莱特兄弟试飞的真正意义上的飞机"飞行者"机身整体结构采用"鸭式布局",包括后续的"飞行者"改进型,如图 6-32 所示。这类飞机被称为鸭式布局的原因在于机身整体构型类似于张开两翼跑动的鸭子。空气动力学研究发现,鸭面在飞行过程中容易失速,对纵向的平衡和操控不利,在飞机发展的很长时间段内没有得到广泛采用。由于稳定性和操纵性能方面的优势,正常式布局得到了广泛采用。

请大家依据动量矩定理的知识点简要分析正常式布局与鸭式布局的不同之处。

解析:依据**动量矩定理**可知,正常式布局的飞机特别适合于初期的螺旋桨飞机。对于飞机的姿态控制来说,控制力矩的大小非常关键,早期的螺旋桨飞机的发动机、螺旋桨、驾驶员一般位于机身前部,也就是说整个飞机的质心相对靠前,依据本章**相对于质心的动量矩定理**可知,操纵面距离整机质心距离越远,操纵力臂越大,操纵力矩越大,操纵效率越高。因此,将操纵面放在飞机尾部就自然成为了最佳选择。另外,将平尾和垂尾安装在机身尾部能使尾翼处于机翼和螺旋桨形成的相对高速流场中,对尾翼的平衡能力和操纵效率都有有利的增强作用。我国的初教六飞机(图 6-33)就是采用的正常式布局。

正常式布局的飞机,如果满足重心位于气动力中心之前,则是静态稳定的,平尾产生的升力应朝下,对于整机的升力起到削弱的作用,这是正常式布局飞机不利的方面。鸭式布局不同,鸭面上的升力与主翼上的升力方向一致,对整机升力起到增强作用。

随着飞机飞行速度的提升,飞行进入了超声速时代。现代飞机,特别是战斗机普遍采用大后掠翼,致使机翼的气动力中心后移;同时发动机的大功率需求也导致发动机自重的快速增加,而且大多数战斗机的发动机安装在机身后部。这些因素导致了飞机重心的后移,进而尾翼的操纵力臂不断减小,要想保持操纵效率不变就不得不加大尾翼的面积,这样又使飞机自重增加且重心进一步后移,形成恶性循环。鉴于这些原因,鸭式布局又重新回到人们的视野。采用鸭式布局能获得较长的操纵力臂和操纵力矩,显著提升飞机的机动性能。但是,这类战斗机往往是非静稳定的,仅仅依靠飞行员的人工操控不能实现有效控制,必须依靠机载自动控制系统的实时有效辅助控制才能正常飞行。现代高速计算机以及自动控制技术的成熟为非静稳定性飞机的实际应用提供了必要条件。图6-34所示为我国的歼-10战斗机,其采用了鸭式布局。

图6-32 采用鸭式布局的莱特兄弟“飞行者”飞行器

图6-33 我国的初教六螺旋桨飞机

这里,我们仅从本章动量矩定理的角度简单阐述了正常式布局和鸭式布局的不同。其实,鸭式布局的空气动力学特性也显著区别于正常式布局。这些内容已超出本课程探讨的范畴,有兴趣的读者可以参考飞行力学或飞行器空气动力学的相关内容。

例题6-8 半径为r、质量不计的滑轮可绕定轴O转动,滑轮上绕一细绳,其两端各系质量为m_A和m_B的重物A和B,且$m_A > m_B$,如图6-35所示。设绳无质量且不可伸长,绳与轮之间无滑动,忽略轴承O处的摩擦。试求重物A和B的加速度及滑轮的角加速度。

图6-34 我国歼-10战斗机的全动鸭翼(也称前翼或鸭面)

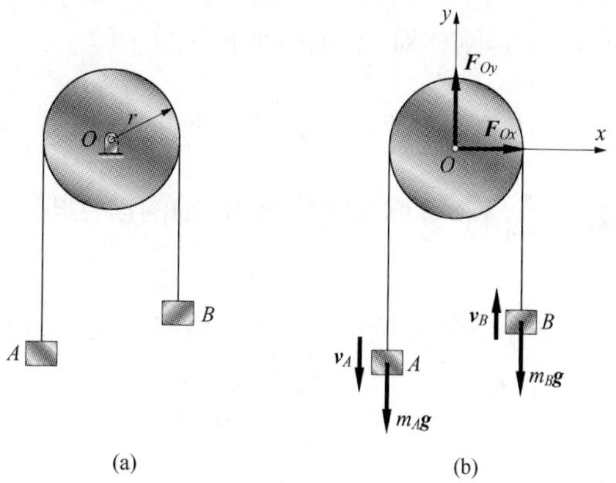

图6-35 例题6-8

解:取绳、滑轮与A、B两重物组成的系统为研究对象。内力系不能改变质点系的动量矩,只需考察外力系。外力系包括重力和轴承处的约束力。轴承的约束力对轴O的力矩为零,两重物的速度大小相等,即$v_A = v_B = v$。系统对O轴的动量矩为

$$L_O = m_A vr + m_B vr = (m_A + m_B) vr$$

外力对 O 轴的力矩为

$$M_z = m_A gr - m_B gr = (m_A - m_B) gr$$

由质点系动量矩定理得

$$(m_A + m_B) r \frac{\mathrm{d}v}{\mathrm{d}t} = (m_A - m_B) gr$$

所以重物 A、B 的加速度大小为

$$a = \frac{m_A - m_B}{m_A + m_B} g$$

滑轮的角加速度

$$\varepsilon = \frac{a}{r} = \frac{m_A - m_B}{(m_A + m_B) r} g$$

要点与讨论

若考虑滑轮质量，仍然可以采用对系统的动量矩定理求解，只不过计算量有所增加，请读者自行完成。由于内力系不能改变质点系的动量矩，故取系统为研究对象时只需考察外力系，求解过程较简单。也可取单个物体作为研究对象，分别以物块 A、B 和滑轮为研究对象，物块 A、B 做平动，滑轮做定轴转动，分别运用质心运动定理和动量矩定理，再根据运动学知识即可求解相关的运动量。

6.3 刚体定轴转动微分方程

对于定轴转动的刚体，应用动量矩定理可得到其运动微分方程。如图 6-36 所示，刚体绕固定轴 Oz 转动，其角速度与角加速度分别为 ω 与 ε。刚体上质点 m_i 距轴 Oz 的距离为 r_i，于是刚体对 Oz 轴的动量矩为

$$L_z = \sum_{i=1}^{n} m_i v_i \cdot r_i = \sum_{i=1}^{n} m_i r_i \omega \cdot r_i = \omega \sum_{i=1}^{n} m_i r_i^2$$

令 $J_z = \sum_{i=1}^{n} m_i r_i^2$，称为刚体对 Oz 轴的**惯性矩**①。于是得

$$L_z = J_z \omega \tag{6-16}$$

如不计轴承的摩擦，轴承约束力对 Oz 轴的力矩等于零，根据质点系动量矩定理，得

$$J_z \varepsilon = M_z^{(\mathrm{e})} \tag{6-17}$$

或

$$J_z \frac{\mathrm{d}^2 \varphi}{\mathrm{d}t^2} = M_z^{(\mathrm{e})} \tag{6-18}$$

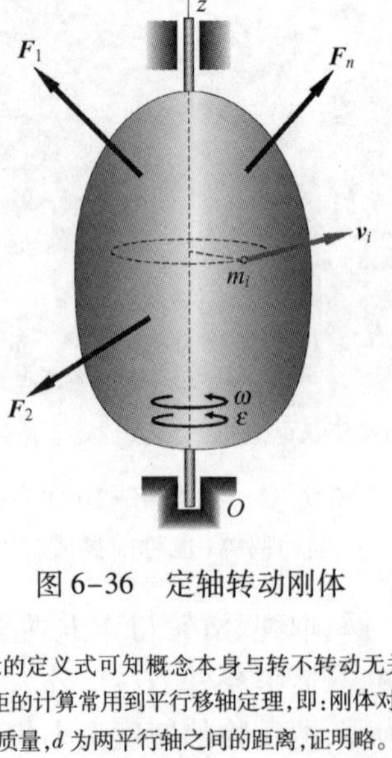

图 6-36　定轴转动刚体

① 此概念的英文表述为"moment of inertia"，国内较多教材称"转动惯量"。从概念的定义式可知概念本身与转不转动无关，若称其为"**转动惯量**"易造成"有转动"才有"转动惯量"的错觉，因此称**惯性矩**较好。此惯性矩的计算常用到平行移轴定理，即：刚体对任意一条与通过质心 C 的轴相平行的轴 z 的惯性矩可用 $J_z = J_C + Md^2$ 计算，其中 M 为刚体的总质量，d 为两平行轴之间的距离，证明略。

其中，φ 为刚体绕 Oz 轴转动的转角。这就是**刚体定轴转动微分方程**。

在固定的时间间隔内，当主动力对转轴的力矩相同时，刚体的惯性矩越大，转动状态变化越小；惯性矩越小，转动状态变化越大。刚体惯性矩体现了刚体转动状态改变的难易程度，是刚体转动时**惯性的度量**，就像质量是刚体平动时惯性的度量一样。惯性矩不仅与物体的质量有关，而且与**质量相对于转动轴的分布状况**有关。

对于均质物体，其惯性矩与质量的比值仅与物体的几何形状和尺寸有关。我们称

$$\rho_z = \sqrt{\frac{J_z}{m}} \tag{6-19}$$

为物体对 Oz 轴的回转半径，物体对 Oz 轴的惯性矩等于该物体的质量与回转半径的平方的乘积。**附录**列出了**常见均质几何体的质心和惯性矩**。

例题 6-9　一飞轮由直流电动机驱动，如图 6-37(a)所示，飞轮与电动机转子角速度相同。已知电动机产生的驱动力偶 M 与自身角速度 ω 的关系为$M = M_1\left(1 - \frac{\omega}{\omega_1}\right)$，式中 M_1 表示电动机的起动力偶，ω_1 表示电动机无负载时的空转角速度，且 M_1 与 ω_1 都是已知常量。设飞轮对转轴 O 的惯性矩为 J_O，另设作用在飞轮上的阻力偶 M_F 为常量。当 $M > M_F$ 时，飞轮开始起动。求角速度 ω 随时间 t 的变化规律。

解：取飞轮为研究对象，如图 6-37(b)所示。飞轮上作用力偶 M 及 M_F，约束力 $\boldsymbol{F}_{Ox}$ 与 $\boldsymbol{F}_{Oy}$，重力 $\boldsymbol{G}$。飞轮做定轴转动，列定轴转动微分方程

$$J_O\frac{\mathrm{d}\omega}{\mathrm{d}t} = M - M_F = (M_1 - M_F) - \frac{M_1}{\omega_1}\omega$$

即

$$\frac{\mathrm{d}\omega}{\mathrm{d}t} = \left(\frac{M_1 - M_F}{J_O}\right) - \frac{M_1}{\omega_1 J_O}\omega$$

可令 $a = \frac{M_1 - M_F}{J_O}$，$b = \frac{M_1}{\omega_1 J_O}$，则上式可简化表示为

$$\frac{\mathrm{d}\omega}{\mathrm{d}t} = a - b\omega$$

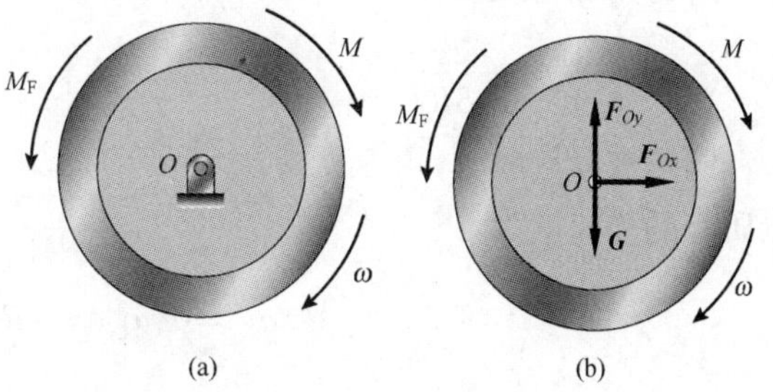

图 6-37　例题 6-9

将上式分离变量，并进行定积分运算。起始条件为：当 $t = 0$ 时，$\omega = 0$，则

$$\int_0^{\omega}\frac{\mathrm{d}(b\omega)}{a - b\omega} = \int_0^t b\mathrm{d}t$$

可得

$$-\ln(a - b\omega)\Big|_0^{\omega} = bt$$

进而

$$\frac{a - b\omega}{a} = \mathrm{e}^{-bt}$$

因此，可解得飞轮(及转子)的角速度为

$$\omega = \frac{a}{b}(1 - \mathrm{e}^{-bt}) = \frac{(M_1 - M_F)\omega_1}{M_1}\left(1 - \mathrm{e}^{-\frac{M_1 t}{\omega_1 J_O}}\right)$$

要点与讨论

根据题意 $M > M_F$，飞轮做加速转动，由上式可见，飞轮角速度将逐渐增大。当 $t \to \infty$ 时，$e^{-bt} \to 0$，这时飞轮将以极限角速度 ω_{max} 转动，且

$$\omega_{max} = \frac{a}{b} = \frac{M_1 - M_F}{M_1}\omega_1$$

如不加负载，即阻力矩 $\boldsymbol{M}_F = 0$，则极限角速度为 $\omega_{max} = \omega_1$。

例题 6-10 如图 6-38(a)所示均质圆轮半径为 R，质量为 m，质心为 C，可绕固定轴 O 转动。圆轮从图示位置无初速度释放，忽略销钉孔对圆轮质量分布均匀度的影响。试求圆轮被释放瞬时转轴 O 处的约束力。

解：取圆轮为研究对象，受力如图 6-38(b)所示。圆轮上作用重力 $m\boldsymbol{g}$，约束力 $\boldsymbol{F}_{Ox}$ 和 $\boldsymbol{F}_{Oy}$。圆轮做定轴转动，列定轴转动微分方程

$$J_O\varepsilon = mgR$$

其中，对 O 轴的惯性矩为

$$J_O = \frac{1}{2}mR^2 + mR^2 = \frac{3}{2}mR^2$$

解得角加速度为

$$\varepsilon = \frac{2g}{3R}$$

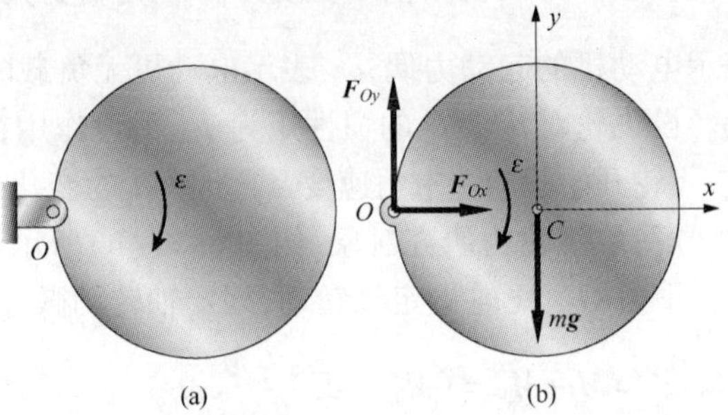

图 6-38 例题 6-10

圆轮被释放瞬时，角速度 $\omega = 0$，所以质心的加速度为

$$a_{Cx} = 0, a_{Cy} = -R\varepsilon = -\frac{2}{3}g$$

根据质心运动定理，得

$$\sum F_x^{(e)} = F_{Ox} = ma_{Cx}$$

$$\sum F_y^{(e)} = F_{Oy} - mg = ma_{Cy}$$

解得

$$F_{Ox} = 0, \quad F_{Oy} = \frac{1}{3}mg$$

要点与讨论

圆轮定轴转动微分方程(即圆轮关于转轴 O 的动量矩定理)对求解转轴 O 处的约束力无能为力，必须借助于质心运动定理，现只需求得质心的加速度即可。圆轮做定轴转动，运用定轴转动微分方程可求圆轮角加速度 ε，圆轮被释放瞬时角速度 $\omega = 0$，质心的加速度可得。

6.4　刚体平面运动微分方程

做平面运动的刚体，其位形可由基点的位置与刚体绕基点的转角来确定。如果以质心 C 为基点，则刚体质心的坐标 x_C、y_C 和刚体相对于质心平动参考系的转角 φ 可以完全确定刚体的平面运动。如图6-39所示，在刚体质心所在平面内，作用有力系 $\sum_{i=1}^{n}\boldsymbol{F}_i$。$Cx'y'$为置于质心 C 的平动参考系，则平面图形上任一质点 m_i 相对质心平动参考系的速度大小为

$$v_{ir}=\omega r_i \tag{6-20}$$

式中：ω 为平面图形的角速度；r_i 为由质心 C 到质点 m_i 的距离。于是刚体对质心的动量矩可由式(6-7)得到

$$L_C=\sum_{i=1}^{n}r_i m_i v_{ir}=\sum_{i=1}^{n}m_i r_i^2\omega = J_C\omega \tag{6-21}$$

式中：$J_C=\sum_{i=1}^{n}m_i r_i^2$ 为刚体对 Cz'轴的惯性矩。

应用质心运动定理和相对于质心的动量矩定理公式，得

$$m\boldsymbol{a}_C=\sum \boldsymbol{F}^{(e)},\ \frac{\mathrm{d}}{\mathrm{d}t}(J_C\omega)=J_C\varepsilon=\sum M_C(\boldsymbol{F}^{(e)}) \tag{6-22}$$

式中：m 为刚体的总质量；ε 为平面图形的角加速度。式(6-22)称为**刚体平面运动微分方程**。

常利用其在直角坐标系上的投影形式

$$ma_{Cx}=\sum F_y^{(e)},\quad ma_{Cy}=\sum F_y^{(e)},\quad J_C\varepsilon=\sum M_C(\boldsymbol{F}^{(e)}) \tag{6-23}$$

例题6-11　杂技演员使杂耍圆盘高速转动，并在地面上向前抛出，不久杂耍圆盘可自动返回到演员跟前，如图6-40所示。求完成这种运动所需的条件？（设开始时盘心速度为 v_0，盘角速度为 ω_0。求 v_0 与 ω_0 应该满足的关系）。

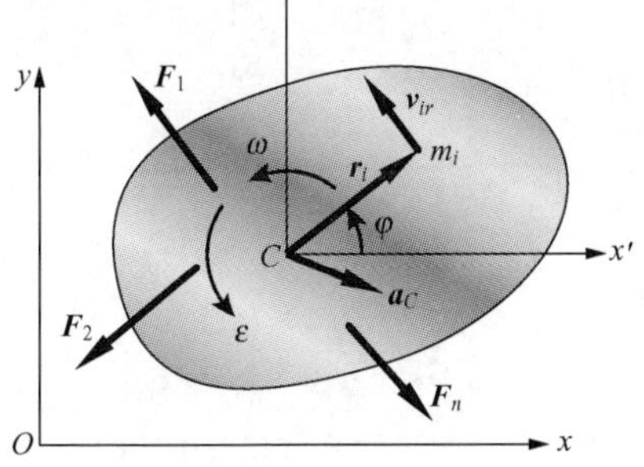

图6-39　平面运动刚体

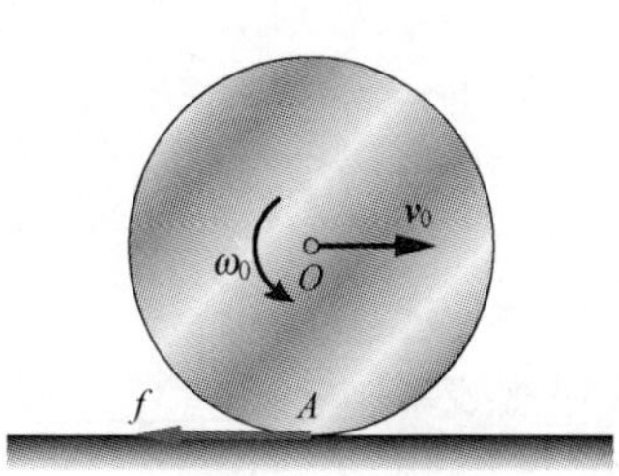

图6-40　例题6-11

解：设任意时刻 t 圆盘质心速度为 $v(t)$，角速度为 $\omega(t)$，半径为 R，质量为 m，与地面摩擦因数为 μ，圆盘上与地面接触点 A 的速度为

$$v_A(t)=v(t)+R\omega(t)$$

当 $v_A>0$ 时，轮与地面的摩擦力为（轮的重力、地面对轮的压力不参与计算，图中未画出）

$$f=\mu mg$$

由质心运动定理

$$m\frac{\mathrm{d}v(t)}{\mathrm{d}t}=-\mu mg$$

解得

$$v(t)=v_0-\mu gt$$

由相对于质心的动量矩定理,可得

$$J_O\frac{\mathrm{d}\omega(t)}{\mathrm{d}t}=-\mu mgR$$

式中:$J_O=\frac{1}{2}mR^2$,解得

$$\omega(t)=\omega_0-\frac{2\mu gt}{R}$$

可见,如果初始时刻 $v_A(t_0)=v_0+R\omega_0>0$,则滑动摩擦力的作用将使 $v(t)$、$\omega(t)$ 减小,直至 $t=t^*$ 时刻,$v_A(t^*)=0$,即

$$\begin{aligned}v_A(t^*)&=v(t^*)+R\omega(t^*)\\&=v_0-\mu gt^*+R\omega_0-2\mu gt^*\\&=0\end{aligned}$$

由此可求出

$$t^*=\frac{v_0+R\omega_0}{3\mu g}$$

当 $t=t^*$ 时,滑动摩擦力也与 v_A 同时变为零,并在此刻以后一直为零。因此,当 $t>t^*$ 时,圆盘将做等速纯滚动,即

$$v(t)=v(t^*)=(2v_0-R\omega_0)/3$$
$$\omega(t)=\omega(t^*)=(\omega_0-2v_0/R)/3$$
$$v_A(t)=v(t)+R\omega(t)=0$$

圆盘可以滚回的条件为

$$v(t^*)<0$$

即

$$\omega_0>\frac{2v_0}{R}$$

要点与讨论

本题中,当圆盘上与水平地面接触点的速度为零以后,圆盘沿水平地面纯滚动,圆盘就不再受摩擦力的作用,因此质心的速度和圆盘的角速度将保持常值,即圆盘将永远滚动下去。这一结论显然与实际情况不相符。实际上,在使圆盘减速直至停止的外界因素中,还必须考虑**滚动摩阻**。

当圆盘在地面上滚动时,圆盘与地面在力的作用下都会发生变形,圆盘与地面之间

为面接触，如图 6-41(a)所示。在接触面上，物体受到分布力系的作用，若重力作用线与地面交于 A 点，可将接触面上的分布力系向 A 点简化，得到一个主矢 $\boldsymbol{F}_R$ 和主矩 $\boldsymbol{M}_f$。主矢 $\boldsymbol{F}_R$ 的竖直分量对抗重力，水平分量阻碍圆盘质心水平方向的运动；主矩 $\boldsymbol{M}_f$ 阻碍圆盘的转动，称为滚动摩阻力偶，其转向与滚动的趋势相反，大小取决于两接触物体的变形量，如图 6-41(b)所示。在较刚硬的约束面上，滚动摩阻较小，圆盘能持续滚动较长时间；在较松软的地面上，圆盘将很快停下来。

例题 6-12　均质杆 AB 长为 l，质量为 m，用无质量的细绳 OA 和 OB 悬挂，其中 $OA=OB=AB=l$，如图 6-42(a)所示。求：当把绳 OB 突然剪断的瞬时，杆 AB 的角加速度和绳 OA 的张力。

解：忽略吊环与杆件端点的细微位置差别。绳 OB 被突然剪断的瞬时，杆 AB 的角速度为零，受重力 mg 和绳 OA 的张力 $\boldsymbol{F}_A$ 作用，设其角加速度为 ε，质心加速度在 x 和 y 方向上的投影分别为 a_{Cx} 和 a_{Cy}。绳 OB 被剪断后，杆 AB 将做平面运动，可建立其刚体平面运动微分方程如下：

$$\begin{cases}\sum F_x = F_A\cos60° = ma_{Cx} \\ \sum F_y = mg - F_A\sin60° = ma_{Cy} \\ F_A\sin60° \cdot \dfrac{l}{2} = J_C\varepsilon = \dfrac{1}{12}ml^2\varepsilon\end{cases} \tag{1}$$

上述三个方程中含有 4 个未知量，不能直接求解，需根据约束条件补充一个运动学方程。以 A 为基点分析质心 C 的加速度，则

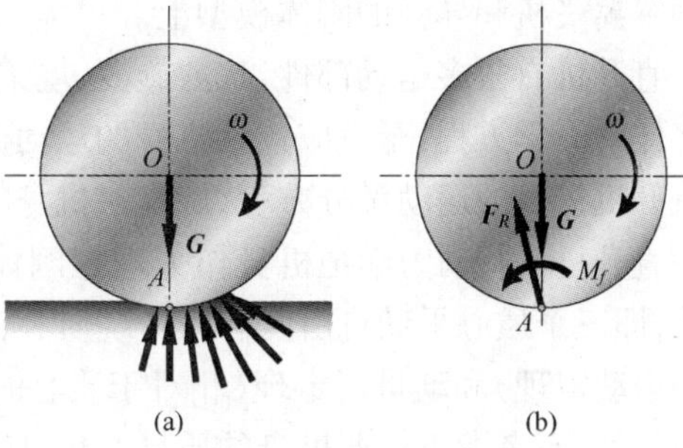

图 6-41　滚动摩阻力偶

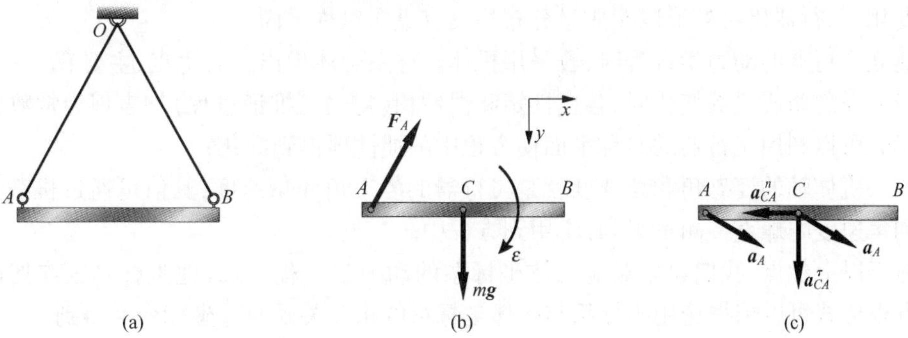

图 6-42　例题 6-12

$$\boldsymbol{a}_C = \boldsymbol{a}_A + \boldsymbol{a}_{CA}^n + \boldsymbol{a}_{CA}^\tau, \quad a_{CA}^n = \omega^2 \cdot CA = 0, \quad a_{CA}^\tau = \frac{l}{2}\varepsilon$$

剪断绳 OB 的瞬时，点 A 将做圆周运动。杆 AB 的角速度为零，点 A 的速度为零，因此点 A 的加速度 $\boldsymbol{a}_A$ 沿 OA 的垂线方向。将上式分别沿 x 轴和 y 轴投影，得

$$a_{Cx} = a_A\cos30°, \quad a_{Cy} = a_A\sin30° + \frac{1}{2}\varepsilon \tag{2}$$

(1)、(2)联立求解，可得

$$a_A = \frac{2}{13}g, \quad \varepsilon = \frac{18g}{13l}, \quad F_A = \frac{2\sqrt{3}}{13}mg$$

要点与讨论

平面运动刚体有三个自由度,可建立刚体的平面运动微分方程(三个独立的标量方程)。但在刚体存在约束的情况下,方程中将出现未知的约束力,只用运动微分方程无法求解所有的未知数,这时常常还需要根据相关的运动学条件建立对应的补充方程。

飞行器的运动在理论力学范畴可以简化为刚体的一般运动。前面介绍的刚体的定轴转动、平面运动都是一般运动的特殊情况。对于一般运动刚体运动微分方程的建立同样可以依据质点系的动量定理和动量矩定理进行。此处仅以如下例题的形式进行推证。

例题 6-13 飞行器本体运动微分方程的建立。

解析:飞行器种类繁多,此处以直升机机身为例来建立运动微分方程,并进一步应用到固定翼飞机和导弹的刚体模型上。

直升机有很多运动部件,比如旋翼、尾桨等。严格地说,直升机的运动方程应该是一组多体动力学方程,至少应包括机身的运动微分方程和旋翼的运动微分方程。这里只研究直升机机身的运动微分方程,旋翼对机身的作用以力和力矩的形式出现。

直升机飞行动力学把机身作为理想刚体处理,因此,机身有六个自由度的运动需要描述,即三个质心平动自由度和三个绕质心轴的转动自由度,它们分别对应动量定理(或质心运动定理)和动量矩定理(相对于质心的动量矩定理)。

另外,不考虑飞行器机身的质量变化;地面为近似的惯性参考系,即假设与地球固结的坐标系为惯性坐标系;忽略地球表面的曲率,认为地面为平面;重力加速度不随飞行高度而变化;飞行器机身外形以及质量分布均具有纵向对称平面。

建立飞行器的动力学方程时,若采用机体坐标系会体现出显著优点,主要有:

(1) 在忽略质量的变化时,各惯性矩和惯性积(定义见推证过程)均表现为常数;

(2) 可以利用飞行器的对称平面使方程中的惯性项得到简化;

(3) 机体轴的姿态角和角速度就是飞行器的姿态角和角速度,其值可通过机载方位陀螺和角速度陀螺直接测量得到,应用到方程中。

鉴于以上优点,我们建立对应机体坐标系的动力学方程,以其他坐标系为参照的动力学方程形式可以依据选用坐标系与机体坐标系的相互关系通过坐标变换得到。

设 $Oxyz$ 为原点位于直升机机身质心的随体坐标系,其与机身固结,此动系原点相对于地面坐标系 $O_E X_E Y_E Z_E$ 的速度和动系的角速度分别为 $\boldsymbol{V}_O$ 和 $\boldsymbol{\omega}$,如图 6-43所示。

令速度 $\boldsymbol{V}_O$ 在 $Oxyz$ 中沿三个单位矢量分别投影为 V_{Ox}、V_{Oy}、V_{Oz},则有

$$\boldsymbol{V}_O = V_{Ox}\boldsymbol{i} + V_{Oy}\boldsymbol{j} + V_{Oz}\boldsymbol{k} \tag{1}$$

式(1)中,$\boldsymbol{i}$、$\boldsymbol{j}$、$\boldsymbol{k}$ 为坐标系 $Oxyz$ 的单位矢量,坐标系为随体系,三单位矢量的指向随时间变化。同理,角速度 $\boldsymbol{\omega}$ 在 $Oxyz$ 中也可以表示为

$$\boldsymbol{\omega} = \omega_x\boldsymbol{i} + \omega_y\boldsymbol{j} + \omega_z\boldsymbol{k} \tag{2}$$

式(1)对时间求导,可得直升机质心的绝对加速度为

$$\boldsymbol{a}_O = \frac{\mathrm{d}\boldsymbol{V}_O}{\mathrm{d}t} = \frac{\mathrm{d}V_{Ox}}{\mathrm{d}t}\boldsymbol{i} + \frac{\mathrm{d}V_{Oy}}{\mathrm{d}t}\boldsymbol{j} + \frac{\mathrm{d}V_{Oz}}{\mathrm{d}t}\boldsymbol{k} + V_{Ox}\frac{\mathrm{d}\boldsymbol{i}}{\mathrm{d}t} + V_{Oy}\frac{\mathrm{d}\boldsymbol{j}}{\mathrm{d}t} + V_{Oz}\frac{\mathrm{d}\boldsymbol{k}}{\mathrm{d}t} \tag{3}$$

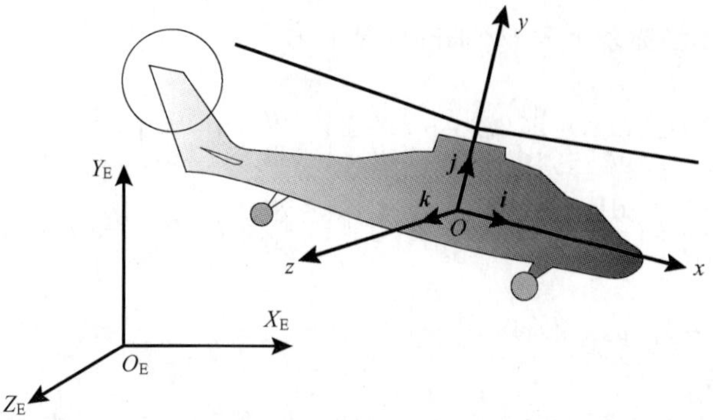

图 6-43　直升机运动描述坐标系统

式(3)中$\frac{\mathrm{d}\boldsymbol{i}}{\mathrm{d}t}$的物理意义为单位矢量 $\boldsymbol{i}$ 的矢量末端点相对于质心平动系的速度,可以表示为

$$\frac{\mathrm{d}\boldsymbol{i}}{\mathrm{d}t}=\boldsymbol{\omega}\times\boldsymbol{i}$$

同理,可得:$\frac{\mathrm{d}\boldsymbol{j}}{\mathrm{d}t}=\boldsymbol{\omega}\times\boldsymbol{j}$,$\frac{\mathrm{d}\boldsymbol{k}}{\mathrm{d}t}=\boldsymbol{\omega}\times\boldsymbol{k}$。

将以上单位矢量关于时间的导数表达式代入式(3),可得直升机质心的绝对加速度为

$$\begin{aligned}\boldsymbol{a}_O&=\frac{\mathrm{d}\boldsymbol{V}_O}{\mathrm{d}t}=\frac{\mathrm{d}V_{Ox}}{\mathrm{d}t}\boldsymbol{i}+\frac{\mathrm{d}V_{Oy}}{\mathrm{d}t}\boldsymbol{j}+\frac{\mathrm{d}V_{Oz}}{\mathrm{d}t}\boldsymbol{k}+V_{Ox}\boldsymbol{\omega}\times\boldsymbol{i}+V_{Oy}\boldsymbol{\omega}\times\boldsymbol{j}+V_{Oz}\boldsymbol{\omega}\times\boldsymbol{k}\\&=\frac{\mathrm{d}V_{Ox}}{\mathrm{d}t}\boldsymbol{i}+\frac{\mathrm{d}V_{Oy}}{\mathrm{d}t}\boldsymbol{j}+\frac{\mathrm{d}V_{Oz}}{\mathrm{d}t}\boldsymbol{k}+\boldsymbol{\omega}\times(V_{Ox}\boldsymbol{i})+\boldsymbol{\omega}\times(V_{Oy}\boldsymbol{j})+\boldsymbol{\omega}\times(V_{Oz}\boldsymbol{k})\\&=\frac{\mathrm{d}V_{Ox}}{\mathrm{d}t}\boldsymbol{i}+\frac{\mathrm{d}V_{Oy}}{\mathrm{d}t}\boldsymbol{j}+\frac{\mathrm{d}V_{Oz}}{\mathrm{d}t}\boldsymbol{k}+\boldsymbol{\omega}\times(V_{Ox}\boldsymbol{i}+V_{Oy}\boldsymbol{j}+V_{Oz}\boldsymbol{k})\\&=\frac{\mathrm{d}V_{Ox}}{\mathrm{d}t}\boldsymbol{i}+\frac{\mathrm{d}V_{Oy}}{\mathrm{d}t}\boldsymbol{j}+\frac{\mathrm{d}V_{Oz}}{\mathrm{d}t}\boldsymbol{k}+\boldsymbol{\omega}\times\boldsymbol{V}_O\end{aligned}\tag{4}$$

式(4)中等号右侧前三项均具有切向加速度的含义,分别为三个单位矢量方向的切向加速度项;第四项表示因角速度 $\boldsymbol{\omega}$ 的存在以及 $\boldsymbol{V}_O$ 的方向发生改变而产生的法向加速度(向心加速度),这将在下面更具体的表达式中进行解释。

又因

$$\frac{\mathrm{d}\boldsymbol{i}}{\mathrm{d}t}=\boldsymbol{\omega}\times\boldsymbol{i}=\begin{vmatrix}\boldsymbol{i}&\boldsymbol{j}&\boldsymbol{k}\\\omega_x&\omega_y&\omega_z\\1&0&0\end{vmatrix}=\omega_z\boldsymbol{j}-\omega_y\boldsymbol{k},\frac{\mathrm{d}\boldsymbol{i}}{\mathrm{d}t}\cdot\boldsymbol{i}=0,\frac{\mathrm{d}\boldsymbol{i}}{\mathrm{d}t}\cdot\boldsymbol{j}=\omega_z,\frac{\mathrm{d}\boldsymbol{i}}{\mathrm{d}t}\cdot\boldsymbol{k}=-\omega_y$$

$$\frac{\mathrm{d}\boldsymbol{j}}{\mathrm{d}t}=\boldsymbol{\omega}\times\boldsymbol{j}=\begin{vmatrix}\boldsymbol{i}&\boldsymbol{j}&\boldsymbol{k}\\\omega_x&\omega_y&\omega_z\\0&1&0\end{vmatrix}=\omega_x\boldsymbol{k}-\omega_z\boldsymbol{i},\frac{\mathrm{d}\boldsymbol{j}}{\mathrm{d}t}\cdot\boldsymbol{i}=-\omega_z,\frac{\mathrm{d}\boldsymbol{j}}{\mathrm{d}t}\cdot\boldsymbol{j}=0,\frac{\mathrm{d}\boldsymbol{j}}{\mathrm{d}t}\cdot\boldsymbol{k}=\omega_x$$

$$\frac{\mathrm{d}\boldsymbol{k}}{\mathrm{d}t}=\boldsymbol{\omega}\times\boldsymbol{k}=\begin{vmatrix}\boldsymbol{i}&\boldsymbol{j}&\boldsymbol{k}\\\omega_x&\omega_y&\omega_z\\0&0&1\end{vmatrix}=\omega_y\boldsymbol{i}-\omega_x\boldsymbol{j},\frac{\mathrm{d}\boldsymbol{k}}{\mathrm{d}t}\cdot\boldsymbol{i}=\omega_y,\frac{\mathrm{d}\boldsymbol{k}}{\mathrm{d}t}\cdot\boldsymbol{j}=-\omega_x,\frac{\mathrm{d}\boldsymbol{k}}{\mathrm{d}t}\cdot\boldsymbol{k}=0$$

$\boldsymbol{a}_O=\dfrac{\mathrm{d}\boldsymbol{V}_O}{\mathrm{d}t}$在机体坐标系下向 Ox 轴的投影值为

$$
\begin{aligned}
\frac{\mathrm{d}\boldsymbol{V}_O}{\mathrm{d}t}\cdot\boldsymbol{i}&=\left(\frac{\mathrm{d}V_{Ox}}{\mathrm{d}t}\boldsymbol{i}+\frac{\mathrm{d}V_{Oy}}{\mathrm{d}t}\boldsymbol{j}+\frac{\mathrm{d}V_{Oz}}{\mathrm{d}t}\boldsymbol{k}+V_{Ox}\frac{\mathrm{d}\boldsymbol{i}}{\mathrm{d}t}+V_{Oy}\frac{\mathrm{d}\boldsymbol{j}}{\mathrm{d}t}+V_{Oz}\frac{\mathrm{d}\boldsymbol{k}}{\mathrm{d}t}\right)\cdot\boldsymbol{i}\\
&=\frac{\mathrm{d}V_{Ox}}{\mathrm{d}t}\boldsymbol{i}\cdot\boldsymbol{i}+\frac{\mathrm{d}V_{Oy}}{\mathrm{d}t}\boldsymbol{j}\cdot\boldsymbol{i}+\frac{\mathrm{d}V_{Oz}}{\mathrm{d}t}\boldsymbol{k}\cdot\boldsymbol{i}+V_{Ox}\frac{\mathrm{d}\boldsymbol{i}}{\mathrm{d}t}\cdot\boldsymbol{i}+V_{Oy}\frac{\mathrm{d}\boldsymbol{j}}{\mathrm{d}t}\cdot\boldsymbol{i}+V_{Oz}\frac{\mathrm{d}\boldsymbol{k}}{\mathrm{d}t}\cdot\boldsymbol{i}\\
&=\frac{\mathrm{d}V_{Ox}}{\mathrm{d}t}-V_{Oy}\omega_z+V_{Oz}\omega_y
\end{aligned}
$$

式中：$\dfrac{\mathrm{d}V_{Ox}}{\mathrm{d}t}$表示质心做曲线运动时沿 $\boldsymbol{i}$ 方向的切向加速度；$-V_{Oy}\omega_z$ 表示因 V_{Oy} 和 ω_z 的存在而在 $\boldsymbol{i}$ 方向上引起的向心加速度；$V_{Oz}\omega_y$ 表示因 V_{Oz} 和 ω_y 的存在而在 $\boldsymbol{i}$ 方向上引起的向心加速度。与$\dfrac{\mathrm{d}\boldsymbol{V}_O}{\mathrm{d}t}\cdot\boldsymbol{i}$ 的推证类似，可得到向 Oy 轴、Oz 轴的投影如下面两式，式中各项的含义也可以类推。

$$
\begin{aligned}
\frac{\mathrm{d}\boldsymbol{V}_O}{\mathrm{d}t}\cdot\boldsymbol{j}&=\left(\frac{\mathrm{d}V_{Ox}}{\mathrm{d}t}\boldsymbol{i}+\frac{\mathrm{d}V_{Oy}}{\mathrm{d}t}\boldsymbol{j}+\frac{\mathrm{d}V_{Oz}}{\mathrm{d}t}\boldsymbol{k}+V_{Ox}\frac{\mathrm{d}\boldsymbol{i}}{\mathrm{d}t}+V_{Oy}\frac{\mathrm{d}\boldsymbol{j}}{\mathrm{d}t}+V_{Oz}\frac{\mathrm{d}\boldsymbol{k}}{\mathrm{d}t}\right)\cdot\boldsymbol{j}\\
&=\frac{\mathrm{d}V_{Ox}}{\mathrm{d}t}\boldsymbol{i}\cdot\boldsymbol{j}+\frac{\mathrm{d}V_{Oy}}{\mathrm{d}t}\boldsymbol{j}\cdot\boldsymbol{j}+\frac{\mathrm{d}V_{Oz}}{\mathrm{d}t}\boldsymbol{k}\cdot\boldsymbol{j}+V_{Ox}\frac{\mathrm{d}\boldsymbol{i}}{\mathrm{d}t}\cdot\boldsymbol{j}+V_{Oy}\frac{\mathrm{d}\boldsymbol{j}}{\mathrm{d}t}\cdot\boldsymbol{j}+V_{Oz}\frac{\mathrm{d}\boldsymbol{k}}{\mathrm{d}t}\cdot\boldsymbol{j}\\
&=\frac{\mathrm{d}V_{Oy}}{\mathrm{d}t}+V_{Ox}\omega_z-V_{Oz}\omega_x
\end{aligned}
$$

$$
\begin{aligned}
\frac{\mathrm{d}\boldsymbol{V}_O}{\mathrm{d}t}\cdot\boldsymbol{k}&=\left(\frac{\mathrm{d}V_{Ox}}{\mathrm{d}t}\boldsymbol{i}+\frac{\mathrm{d}V_{Oy}}{\mathrm{d}t}\boldsymbol{j}+\frac{\mathrm{d}V_{Oz}}{\mathrm{d}t}\boldsymbol{k}+V_{Ox}\frac{\mathrm{d}\boldsymbol{i}}{\mathrm{d}t}+V_{Oy}\frac{\mathrm{d}\boldsymbol{j}}{\mathrm{d}t}+V_{Oz}\frac{\mathrm{d}\boldsymbol{k}}{\mathrm{d}t}\right)\cdot\boldsymbol{k}\\
&=\frac{\mathrm{d}V_{Ox}}{\mathrm{d}t}\boldsymbol{i}\cdot\boldsymbol{k}+\frac{\mathrm{d}V_{Oy}}{\mathrm{d}t}\boldsymbol{j}\cdot\boldsymbol{k}+\frac{\mathrm{d}V_{Oz}}{\mathrm{d}t}\boldsymbol{k}\cdot\boldsymbol{k}+V_{Ox}\frac{\mathrm{d}\boldsymbol{i}}{\mathrm{d}t}\cdot\boldsymbol{k}+V_{Oy}\frac{\mathrm{d}\boldsymbol{j}}{\mathrm{d}t}\cdot\boldsymbol{k}+V_{Oz}\frac{\mathrm{d}\boldsymbol{k}}{\mathrm{d}t}\cdot\boldsymbol{k}\\
&=\frac{\mathrm{d}V_{Oz}}{\mathrm{d}t}-V_{Ox}\omega_y+V_{Oy}\omega_x
\end{aligned}
$$

设直升机的质量为 m，作用于直升机的合外力为 $\boldsymbol{F}$，由动量定理或质心运动定理，有

$$
m\frac{\mathrm{d}\boldsymbol{V}_O}{\mathrm{d}t}=\boldsymbol{F} \tag{5}
$$

合外力 $\boldsymbol{F}$ 由直升机的空气动力和重力等组成。若用 $\boldsymbol{F}_x$、$\boldsymbol{F}_y$、$\boldsymbol{F}_z$ 表示 $\boldsymbol{F}$ 沿机体坐标轴的三个分量，则矢量式(5)可以写为三个标量式，如下

$$
\begin{cases}
m\left(\dfrac{\mathrm{d}V_{Ox}}{\mathrm{d}t}-V_{Oy}\omega_z+V_{Oz}\omega_y\right)=F_x\\
m\left(\dfrac{\mathrm{d}V_{Oy}}{\mathrm{d}t}+V_{Ox}\omega_z-V_{Oz}\omega_x\right)=F_y\\
m\left(\dfrac{\mathrm{d}V_{Oz}}{\mathrm{d}t}-V_{Ox}\omega_y+V_{Oy}\omega_x\right)=F_z
\end{cases} \tag{6}
$$

此公式的推证过程中并没有涉及到直升机的机体几何特征，因此，只要保证建立了与直升机机身相对应的坐标系统，方程形式对于固定翼飞机同样是有效的(图 6-44)，只不过等号右侧的力所包含的要素(固定翼飞机还要考虑螺旋桨拉力或发动机推力等)以

及具体计算方法因飞行器不同而不同。

下面来推导直升机机身绕质心转动的动力学方程，其同样适用于固定翼飞机及其他刚体模型。

直升机的转动来源于作用在机身上的外力矩。机体坐标系的原点（O 点）建立在直升机的质心（C 点），如图 6-45 所示。根据相对于质心的动量矩定理可得

$$\frac{\mathrm{d}\boldsymbol{L}_C}{\mathrm{d}t}=\sum \boldsymbol{M}_C \tag{7}$$

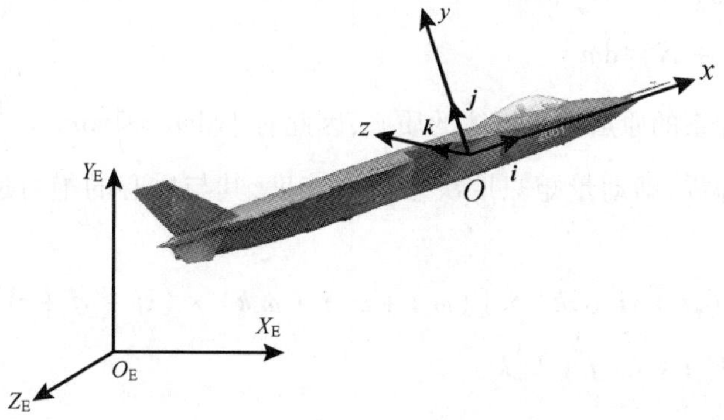

图 6-44　固定翼飞机运动描述坐标系统

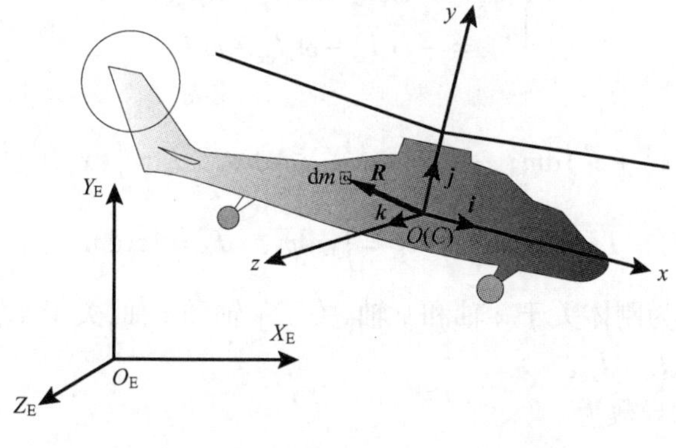

图 6-45　直升机动量矩描述坐标系统

式中：$\boldsymbol{L}_C$ 为机身相对于质心的动量矩；$\sum \boldsymbol{M}_C$ 为所有外力对机身质心的力矩之和。

若在直升机机身上任取一质量微元 $\mathrm{d}m$，微元中心的绝对速度设为 $\boldsymbol{V}$，其相对于坐标原点 O 的位置矢径为 $\boldsymbol{R}$，如图 6-45 所示。则微元体相对于机身质心（即坐标原点 O）的动量矩为

$$\mathrm{d}\boldsymbol{L}_C=\boldsymbol{R}\times(\mathrm{d}m\cdot\boldsymbol{V})=\boldsymbol{R}\times\boldsymbol{V}\cdot\mathrm{d}m$$

微元中心相对于机身质心平动坐标系的速度设为 $\boldsymbol{V}_r$，则

$$\boldsymbol{V}=\boldsymbol{V}_O+\boldsymbol{V}_r$$

进而，有

$$\mathrm{d}\boldsymbol{L}_C=\boldsymbol{R}\times\boldsymbol{V}\cdot\mathrm{d}m=\boldsymbol{R}\times(\boldsymbol{V}_O+\boldsymbol{V}_r)\cdot\mathrm{d}m$$

$$L_C = \int R \times (V_O + V_r) \cdot \mathrm{d}m = \int (R \times V_O)\mathrm{d}m + \int (R \times V_r)\mathrm{d}m$$

$$V_r = \omega \times R$$

$$R = xi + yj + zk$$

其中,x、y、z 为质量微元中心在机体坐标系中的位置坐标,因此

$$\begin{aligned} L_C &= \int (xi + yj + zk) \times (V_O + V_r) \cdot \mathrm{d}m \\ &= \int (xi + yj + zk) \times V_O \mathrm{d}m + \int (xi + yj + zk) \times [(\omega_x i + \omega_y j + \omega_z k) \times \\ &\quad (xi + yj + zk)]\mathrm{d}m \end{aligned}$$

因为机体坐标系的原点就是机体的质心,因此有 $\int x\mathrm{d}m = \int y\mathrm{d}m = \int z\mathrm{d}m = 0$,上式中等号右侧第一项为零,即动量矩只取决于相对速度,其与质心的绝对速度 V_O 无关。因此,有

$$\begin{aligned} L_C &= \int (xi + yj + zk) \times [(\omega_x i + \omega_y j + \omega_z k) \times (xi + yj + zk)]\mathrm{d}m \\ &= L_{Cx} i + L_{Cy} j + L_{Cz} k \end{aligned} \tag{8}$$

其中

$$\begin{cases} L_{Cx} = \omega_x I_x - \omega_y I_{xy} - \omega_z I_{xz} \\ L_{Cy} = -\omega_x I_{xy} + \omega_y I_y - \omega_z I_{yz} \\ L_{Cz} = -\omega_x I_{xz} - \omega_y I_{yz} + \omega_z I_z \end{cases} \tag{9}$$

其中

$$I_x = \int (y^2 + z^2)\mathrm{d}m, \quad I_y = \int (z^2 + x^2)\mathrm{d}m, \quad I_z = \int (x^2 + y^2)\mathrm{d}m$$

$$I_{xy} = \int xy\mathrm{d}m, \quad I_{yz} = \int yz\mathrm{d}m, \quad I_{xz} = \int zx\mathrm{d}m$$

I_{xy}、I_{yz}、I_{xz}分别称为刚体关于 x 轴和 y 轴、关于 y 轴和 z 轴、关于 x 轴和 z 轴的惯性积,且有 $I_{xy} = I_{yx}$、$I_{yz} = I_{zy}$、$I_{xz} = I_{zx}$。

动量矩对时间的导数为

$$\begin{aligned} \frac{\mathrm{d}L_C}{\mathrm{d}t} &= \frac{\mathrm{d}L_{Cx}}{\mathrm{d}t} i + \frac{\mathrm{d}L_{Cy}}{\mathrm{d}t} j + \frac{\mathrm{d}L_{Cz}}{\mathrm{d}t} k + L_{Cx}\frac{\mathrm{d}i}{\mathrm{d}t} + L_{Cy}\frac{\mathrm{d}j}{\mathrm{d}t} + L_{Cz}\frac{\mathrm{d}k}{\mathrm{d}t} \\ &= \frac{\mathrm{d}L_{Cx}}{\mathrm{d}t} i + \frac{\mathrm{d}L_{Cy}}{\mathrm{d}t} j + \frac{\mathrm{d}L_{Cz}}{\mathrm{d}t} k + L_{Cx}\omega \times i + L_{Cy}\omega \times j + L_{Cz}\omega \times k \\ &= \frac{\mathrm{d}L_{Cx}}{\mathrm{d}t} i + \frac{\mathrm{d}L_{Cy}}{\mathrm{d}t} j + \frac{\mathrm{d}L_{Cz}}{\mathrm{d}t} k + \omega \times (L_{Cx} i) + \omega \times (L_{Cy} j) + \omega \times (L_{Cz} k) \\ &= \frac{\mathrm{d}L_{Cx}}{\mathrm{d}t} i + \frac{\mathrm{d}L_{Cy}}{\mathrm{d}t} j + \frac{\mathrm{d}L_{Cz}}{\mathrm{d}t} k + \omega \times (L_{Cx} i + L_{Cy} j + L_{Cz} k) \\ &= \frac{\mathrm{d}L_{Cx}}{\mathrm{d}t} i + \frac{\mathrm{d}L_{Cy}}{\mathrm{d}t} j + \frac{\mathrm{d}L_{Cz}}{\mathrm{d}t} k + \omega \times L_C \end{aligned} \tag{10}$$

根据**相对于质心的动量矩定理**:$\frac{\mathrm{d}L_C}{\mathrm{d}t} = \sum M_C$,可得三个对应的标量式如下:

$$\frac{\mathrm{d}\boldsymbol{L}_C}{\mathrm{d}t}\cdot\boldsymbol{i}=\sum M_{Cx}$$

$$\frac{\mathrm{d}\boldsymbol{L}_C}{\mathrm{d}t}\cdot\boldsymbol{j}=\sum M_{Cy}$$

$$\frac{\mathrm{d}\boldsymbol{L}_C}{\mathrm{d}t}\cdot\boldsymbol{k}=\sum M_{Cz}$$

即

$$\left(\frac{\mathrm{d}L_{Cx}}{\mathrm{d}t}\boldsymbol{i}+\frac{\mathrm{d}L_{Cy}}{\mathrm{d}t}\boldsymbol{j}+\frac{\mathrm{d}L_{Cz}}{\mathrm{d}t}\boldsymbol{k}+L_{Cx}\frac{\mathrm{d}\boldsymbol{i}}{\mathrm{d}t}+L_{Cy}\frac{\mathrm{d}\boldsymbol{j}}{\mathrm{d}t}+L_{Cz}\frac{\mathrm{d}\boldsymbol{k}}{\mathrm{d}t}\right)\cdot\boldsymbol{i}=\sum M_{Cx}$$

$$\left(\frac{\mathrm{d}L_{Cx}}{\mathrm{d}t}\boldsymbol{i}+\frac{\mathrm{d}L_{Cy}}{\mathrm{d}t}\boldsymbol{j}+\frac{\mathrm{d}L_{Cz}}{\mathrm{d}t}\boldsymbol{k}+L_{Cx}\frac{\mathrm{d}\boldsymbol{i}}{\mathrm{d}t}+L_{Cy}\frac{\mathrm{d}\boldsymbol{j}}{\mathrm{d}t}+L_{Cz}\frac{\mathrm{d}\boldsymbol{k}}{\mathrm{d}t}\right)\cdot\boldsymbol{j}=\sum M_{Cy}$$

$$\left(\frac{\mathrm{d}L_{Cx}}{\mathrm{d}t}\boldsymbol{i}+\frac{\mathrm{d}L_{Cy}}{\mathrm{d}t}\boldsymbol{j}+\frac{\mathrm{d}L_{Cz}}{\mathrm{d}t}\boldsymbol{k}+L_{Cx}\frac{\mathrm{d}\boldsymbol{i}}{\mathrm{d}t}+L_{Cy}\frac{\mathrm{d}\boldsymbol{j}}{\mathrm{d}t}+L_{Cz}\frac{\mathrm{d}\boldsymbol{k}}{\mathrm{d}t}\right)\cdot\boldsymbol{k}=\sum M_{Cz}$$

化简后可得

$$\begin{cases}\dfrac{\mathrm{d}L_{Cx}}{\mathrm{d}t}-L_{Cy}\omega_z+L_{Cz}\omega_y=\sum M_{Cx}\\[2ex]\dfrac{\mathrm{d}L_{Cy}}{\mathrm{d}t}+L_{Cx}\omega_z-L_{Cz}\omega_x=\sum M_{Cy}\\[2ex]\dfrac{\mathrm{d}L_{Cz}}{\mathrm{d}t}-L_{Cx}\omega_y+L_{Cy}\omega_x=\sum M_{Cz}\end{cases}\tag{11}$$

把式(9)代入式(11),可得

$$\frac{\mathrm{d}(\omega_xI_x-\omega_yI_{xy}-\omega_zI_{xz})}{\mathrm{d}t}-(-\omega_xI_{xy}+\omega_yI_y-\omega_zI_{yz})\omega_z+(-\omega_xI_{xz}-\omega_yI_{yz}+\omega_zI_z)\omega_y=\sum M_{Cx}$$

$$\frac{\mathrm{d}(-\omega_xI_{xy}+\omega_yI_y-\omega_zI_{yz})}{\mathrm{d}t}+(\omega_xI_x-\omega_yI_{xy}-\omega_zI_{xz})\omega_z-(-\omega_xI_{xz}-\omega_yI_{yz}+\omega_zI_z)\omega_x=\sum M_{Cy}$$

$$\frac{\mathrm{d}(-\omega_xI_{xz}-\omega_yI_{yz}+\omega_zI_z)}{\mathrm{d}t}-(\omega_xI_x-\omega_yI_{xy}-\omega_zI_{xz})\omega_y+(-\omega_xI_{xy}+\omega_yI_y-\omega_zI_{yz})\omega_x=\sum M_{Cz}$$

即

$$\begin{cases}I_x\dfrac{\mathrm{d}\omega_x}{\mathrm{d}t}+(I_z-I_y)\omega_y\omega_z+I_{xy}\left(\omega_x\omega_z-\dfrac{\mathrm{d}\omega_y}{\mathrm{d}t}\right)+I_{yz}(\omega_z^2-\omega_y^2)-I_{xz}\left(\dfrac{\mathrm{d}\omega_z}{\mathrm{d}t}+\omega_x\omega_y\right)=\sum M_{Cx}\\[2ex](I_x-I_z)\omega_x\omega_z+I_y\dfrac{\mathrm{d}\omega_y}{\mathrm{d}t}-I_{xy}\left(\dfrac{\mathrm{d}\omega_x}{\mathrm{d}t}+\omega_y\omega_z\right)+I_{yz}\left(\omega_x\omega_y-\dfrac{\mathrm{d}\omega_z}{\mathrm{d}t}\right)+I_{xz}(\omega_x^2-\omega_z^2)=\sum M_{Cy}\\[2ex](I_y-I_x)\omega_x\omega_y+I_z\dfrac{\mathrm{d}\omega_z}{\mathrm{d}t}+I_{xy}(\omega_y^2-\omega_x^2)-I_{yz}\left(\dfrac{\mathrm{d}\omega_y}{\mathrm{d}t}+\omega_z\omega_x\right)+I_{xz}\left(\omega_y\omega_z-\dfrac{\mathrm{d}\omega_x}{\mathrm{d}t}\right)=\sum M_{Cz}\end{cases}\tag{12}$$

对于直升机机身或固定翼飞机机身,若机体坐标系的 Oxy 坐标平面为纵向对称平面,那么对于任意的 x 或 y 坐标点都有对应的 $+z$ 和 $-z$ 坐标,则有惯性积 $I_{yz}=I_{xz}=0$,式(12)可以进一步简化为

$$\begin{cases} I_x \dfrac{\mathrm{d}\omega_x}{\mathrm{d}t} + (I_z - I_y)\omega_y\omega_z + I_{xy}\left(\omega_x\omega_z - \dfrac{\mathrm{d}\omega_y}{\mathrm{d}t}\right) = \sum M_{Cx} \\ (I_x - I_z)\omega_x\omega_z + I_y \dfrac{\mathrm{d}\omega_y}{\mathrm{d}t} - I_{xy}\left(\dfrac{\mathrm{d}\omega_x}{\mathrm{d}t} + \omega_y\omega_z\right) = \sum M_{Cy} \\ (I_y - I_x)\omega_x\omega_y + I_z \dfrac{\mathrm{d}\omega_z}{\mathrm{d}t} + I_{xy}(\omega_y^2 - \omega_x^2) = \sum M_{Cz} \end{cases} \tag{13}$$

对于某些导弹,如图 6-46 所示,若弹体坐标系的 Oxy 坐标平面、Oxz 坐标平面均为纵向对称平面,则有惯性积 $I_{xy} = I_{yz} = I_{xz} = 0$。上式可以进一步简化为

$$\begin{cases} I_x \dfrac{\mathrm{d}\omega_x}{\mathrm{d}t} + (I_z - I_y)\omega_y\omega_z = \sum M_{Cx} \\ (I_x - I_z)\omega_x\omega_z + I_y \dfrac{\mathrm{d}\omega_y}{\mathrm{d}t} = \sum M_{Cy} \\ (I_y - I_x)\omega_x\omega_y + I_z \dfrac{\mathrm{d}\omega_z}{\mathrm{d}t} = \sum M_{Cz} \end{cases} \tag{14}$$

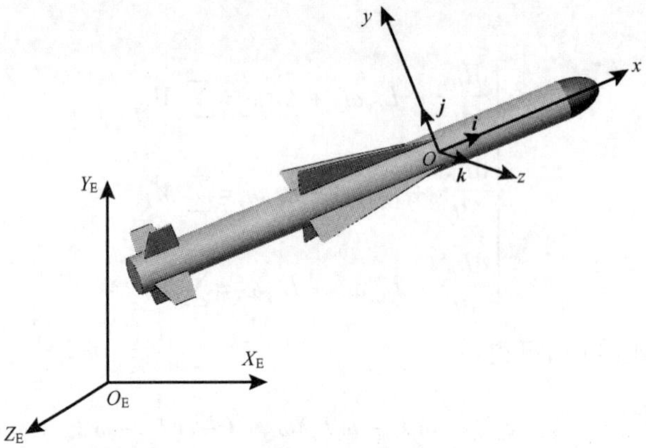

图 6-46 导弹运动描述坐标系统

式(6)、式(12)统称为一般运动刚体的运动微分方程,也称为全量方程。式(6)描述刚体的三个平动自由度运动;式(12)则描述刚体的三个绕质心轴的转动自由度运动。为方便查阅,现把两组方程重新写出如下:

$$\begin{cases} m\left(\dfrac{\mathrm{d}V_{Ox}}{\mathrm{d}t} - V_{Oy}\omega_z + V_{Oz}\omega_y\right) = F_x \\ m\left(\dfrac{\mathrm{d}V_{Oy}}{\mathrm{d}t} + V_{Ox}\omega_z - V_{Oz}\omega_x\right) = F_y \\ m\left(\dfrac{\mathrm{d}V_{Oz}}{\mathrm{d}t} - V_{Ox}\omega_y + V_{Oy}\omega_x\right) = F_z \\ I_x \dfrac{\mathrm{d}\omega_x}{\mathrm{d}t} + (I_z - I_y)\omega_y\omega_z + I_{xy}\left(\omega_x\omega_z - \dfrac{\mathrm{d}\omega_y}{\mathrm{d}t}\right) + I_{yz}(\omega_z^2 - \omega_y^2) - I_{xz}\left(\dfrac{\mathrm{d}\omega_z}{\mathrm{d}t} + \omega_x\omega_y\right) = \sum M_{Cx} \\ (I_x - I_z)\omega_x\omega_z + I_y \dfrac{\mathrm{d}\omega_y}{\mathrm{d}t} - I_{xy}\left(\dfrac{\mathrm{d}\omega_x}{\mathrm{d}t} + \omega_y\omega_z\right) + I_{yz}\left(\omega_x\omega_y - \dfrac{\mathrm{d}\omega_z}{\mathrm{d}t}\right) + I_{xz}(\omega_x^2 - \omega_z^2) = \sum M_{Cy} \\ (I_y - I_x)\omega_x\omega_y + I_z \dfrac{\mathrm{d}\omega_z}{\mathrm{d}t} + I_{xy}(\omega_y^2 - \omega_x^2) - I_{yz}\left(\dfrac{\mathrm{d}\omega_y}{\mathrm{d}t} + \omega_z\omega_x\right) + I_{xz}\left(\omega_y\omega_z - \dfrac{\mathrm{d}\omega_x}{\mathrm{d}t}\right) = \sum M_{Cz} \end{cases} \tag{15}$$

要点与讨论

这一组方程为非线性方程,要想求解这组方程,必须根据空气动力学知识等把等号右侧力或力矩要素表达出来。飞行器各运动学量之间相互耦合,等号右侧的气动力和气动力矩项还是飞行器运动学量的函数,整个方程组不能解析求解,往往对方程组合理简化并运用数值方法求解。这些内容已经超出了本教材的范围,此处不做讨论。

本章小结

质点系的动量矩是质点系动力学中的一个基本量,质点系的动量矩与矩心的选取有关,质点系对任意两点 O 和 A 的动量矩之间的关系为 $\boldsymbol{L}_O=\boldsymbol{L}_A+\boldsymbol{r}_{OA}\times\boldsymbol{p}$。质点系对质心的动量矩为 $\boldsymbol{L}_C=\boldsymbol{L}_{Cr}=\sum_{i=1}^{n}\boldsymbol{\rho}_i\times m_i\boldsymbol{v}_{ir}$。

质点系动量矩定理建立了质点系的动量矩的变化与外力主矩之间的关系。A 为固定点时,$\frac{\mathrm{d}\boldsymbol{L}_A}{\mathrm{d}t}=\boldsymbol{M}_A^{(\mathrm{e})}$;$C$ 为质点系的质心时,$\frac{\mathrm{d}\boldsymbol{L}_C}{\mathrm{d}t}=\boldsymbol{M}_C^{(\mathrm{e})}$。

相对于质心的动量矩定理建立了刚体相对于质心的动量矩的变化与外力主矩的关系,描述刚体相对于质心平动系的转动规律。

刚体定轴转动、刚体平面运动都是刚体一般运动的特定表现形式。

刚体定轴转动运动微分方程为 $J_z\varepsilon=M_z^{(\mathrm{e})}$,其是动量矩定理的特定表现形式,可以与牛顿第二定律相类比。

刚体平面运动微分方程为 $ma_{Cx}=\sum F_x^{(\mathrm{e})}$,$ma_{Cy}=\sum F_y^{(\mathrm{e})}$,$J_C\varepsilon=\sum M_C(\boldsymbol{F}^{(\mathrm{e})})$,它们可以看作动量定理和动量矩定理的组合,前两式描述的是平面运动刚体随质心的平动规律;第三式描述的是平面运动刚体绕质心轴的转动规律。

思考题

6-1 动量矩的计算与力矩的计算有何区别与联系?若冲量取矩,是否叫冲量矩?动量矩、力矩、冲量矩的计算有何区别?

6-2 某质点系对空间任一固定点的动量矩都完全相同,且不等于零。这种运动情况可能吗?为什么?试举出一例。

6-3 在运动学中,刚体的平面运动可分解为随基点的牵连平动和绕基点的相对转动。这里的基点是可以任意选取。可是,在刚体平面运动的动力学问题中,却强调基点不能任意选取,而必须以质心为基点,这是为什么?

6-4 若系统的动量矩守恒,是否意味着每一质点的动量矩都保持不变?

6-5 如图所示传动系统中,J_1、J_2 为轮1、2惯性矩,轮1的角加速度是否为 $\varepsilon_1=\frac{M_1}{J_1+J_2}$?

6-6 如图所示，在铅垂面内，杆 OA 可绕轴 O 自由转动，均质圆盘可绕其质心轴 A 自由转动。如杆 OA 水平时，系统中各构件静止，问自由释放后，圆盘做什么运动？

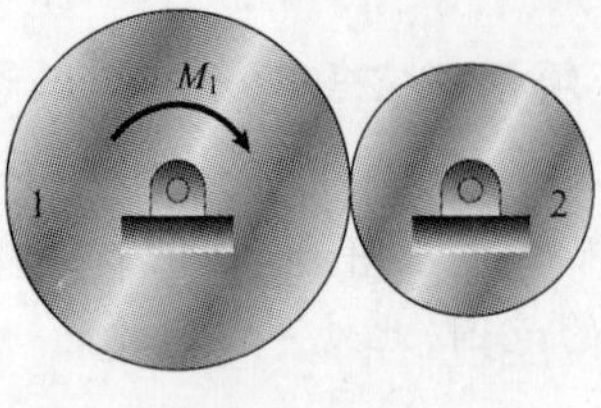

思考题 6-5 图

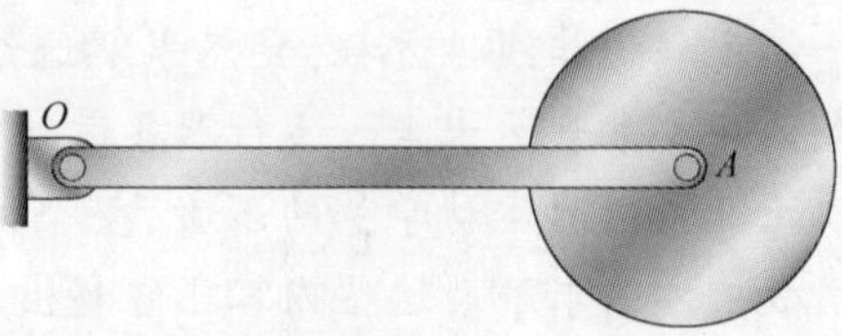

思考题 6-6 图

6-7 如图所示两个完全相同均质轮，(a)图中绳的一端挂一重物，重量等于 $\boldsymbol{G}$，(b)图中绳的一端受拉力 $\boldsymbol{F}$，且 $\boldsymbol{F}=\boldsymbol{G}$，问两轮的角加速度是否相同？绳中的拉力是否相同？为什么？

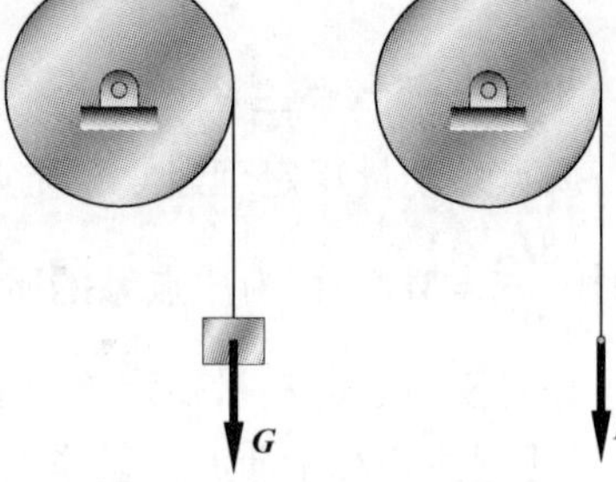

思考题 6-7 图

6-8 B－2 轰炸机又名幽灵(Spirit)，是美国空军重型轰炸机，如图所示。其隐身性能出众，隐身性能主要来自于结构隐身和材料隐身。B－2 的机体扁平，采用翼身融合的无尾飞翼结构；机翼前缘为直线，后掠 33°；机翼后缘成双“W”形，外形像一只巨大的黑蝙蝠。B－2 还采用了特殊的吸波材料。据说，整个飞机的雷达反射截面积只有 0.01 ~ 0.1m^2。B－2翼展 52.12m、机长 20.9m，机高 5.1m；空重约 45360kg，正常起飞重量约 152600kg，最大起飞重量约达 170550kg；航程可达 15000km。

(a)

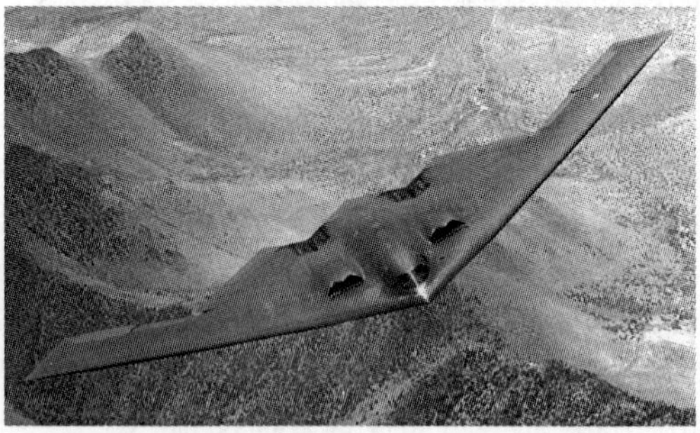

(b)

思考题 6-8 图　B－2 轰炸机

请大家思考：B－2 如何进行姿态控制，特别是这种无垂尾、无方向舵的设计如何实现飞机的偏航控制？

6-9 用螺旋桨推进，通过无动力旋翼自由旋转提供升力的飞行器称为自转旋翼机，如图所示。自转旋翼机前进时，旋翼平面以小角度向后倾斜与前方相对来流作用，产生的空气动力能驱动自身旋转，并持续提供整机所需升力，实现升空飞行。

在无风的天气条件下，自转旋翼机能像直升机一样实现垂直上升及悬停吗？为什么？

思考题6-9图　自转旋翼机

6-10　自转旋翼机需要像直升机一样布置尾部小螺旋桨吗？为什么？

6-11　单螺旋桨推进的固定翼飞机工作时如图所示，螺旋桨的旋转会对机身产生反力偶作用，使机身出现滚转的角加速度，如何克服这种角加速度，避免机身的滚转运动呢？

思考题6-11图　螺旋桨飞机——我国的初教5飞机

6-12　大家常见的双旋翼直升机模型如图所示，其尾部螺旋桨布置与经典单旋翼直升机不同，尾桨转轴与大旋翼转轴平行。请思考此直升机的姿态运动控制方法。

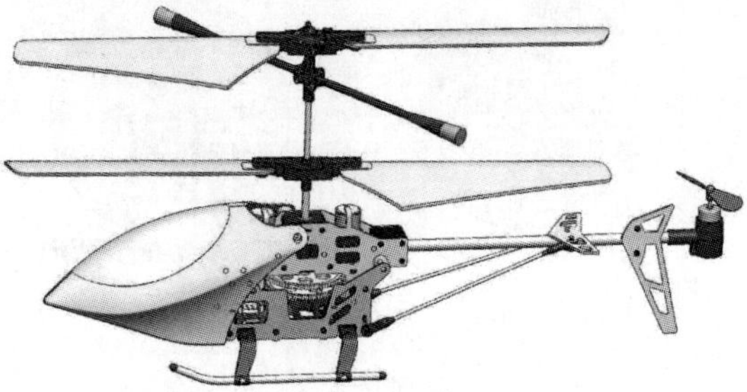

思考题6-12图　双旋翼直升机模型

6-13　燃气舵是一种在火箭或导弹喷流中工作的特殊翼，是火箭或导弹控制舵面的一种。使用燃气舵的导弹或火箭型号多种多样，比如在2014年11月珠海航展上展出的我国超声速巡航导弹CX-1就使用了燃气舵，如图所示。

请大家思考燃气舵的工作原理。

(a) CX-1全貌　　(b) CX-1尾部的燃气舵

思考题 6-13 图　2014 年 11 月珠海航展上展出的我国超声速巡航导弹 CX-1

6-14　依据本章动量矩定理的知识点，谈一谈 V-22“鱼鹰”倾转旋翼机的姿态控制是如何实现的。

(a) 直升机状态　　(b) 倾转过程中　　(c) 固定翼飞行状态

思考题 6-14 图　美国的 V-22“鱼鹰”倾转旋翼机

习　题

6-1　图示各均质物体的质量皆为 m。(c)图中的滚轮沿固定水平直线轨道做纯滚动。试分别计算各物体对过 O 点且垂直图面的轴的动量矩。

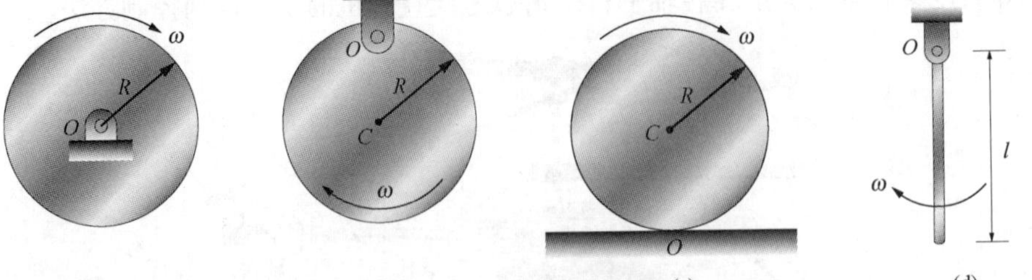

(a)　(b)　(c)　(d)

习题 6-1 图

6-2　两重物 A 和 B 的质量分别为 m_1 和 m_2，各系在两条细绳上，两绳又分别缠绕在半径为 r_1 和 r_2 的鼓轮上，如图所示。若不计鼓轮和绳的质量及轴承 O 处的摩擦，试求鼓轮的角加速度。

6-3　轮子的质量 $m=100\text{kg}$，半径 $r=1\text{m}$，可视为均质圆盘。当轮子以转速 $n=120\text{r/min}$ 绕水平轴 C 转动时，在杆端 A 施加一铅垂常力 $\boldsymbol{P}$，经 10s 后轮子停止转动。设轮子与闸块间的动滑动摩擦因数 $f=0.1$,不计轴承的摩擦和闸块宽度对问题的影响,试求力 $\boldsymbol{P}$ 的大小。

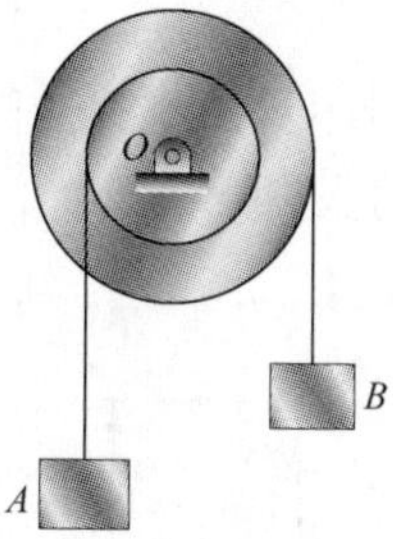

习题6-2图

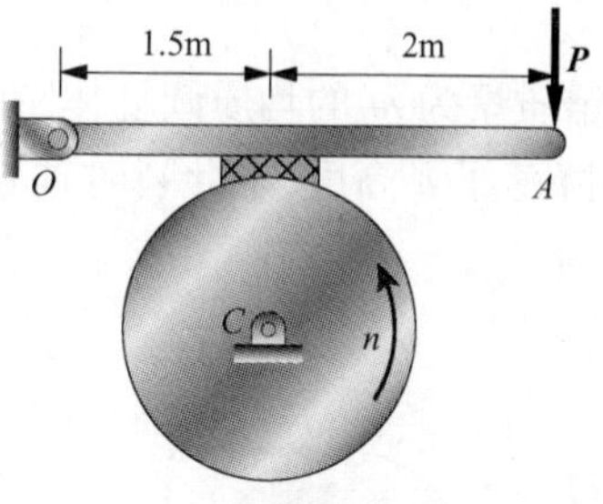

习题6-3图

6-4　均质杆 AB 长 $2l$,放在铅垂平面内。杆的 A 端靠在光滑的铅垂墙面上,B 端置于光滑的水平地面上,初始时刻杆与水平面成 φ_0 角度。令杆由静止状态倒下,求:(1)杆的角速度与角加速度和角 φ 的关系;(2)当杆脱离墙面时,杆与水平面所成的夹角。

6-5　图示质量为 m 的物体 A 挂在细绳的一端,细绳的另一端跨过定滑轮 D 并绕在鼓轮 B 的轮缘上。重物 A 下降时带动滚轮 C 沿水平直线轨道纯滚动。均质鼓轮 B 的半径为 r,均质滚轮 C 的半径为 R,两轮固结在一起,总质量为 M,对水平质心轴 O 的回转半径为 ρ。不计定滑轮的质量及轴承处的摩擦,求重物 A 的加速度。

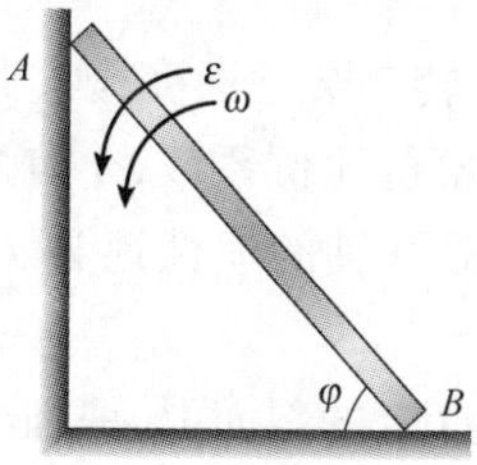

习题6-4图

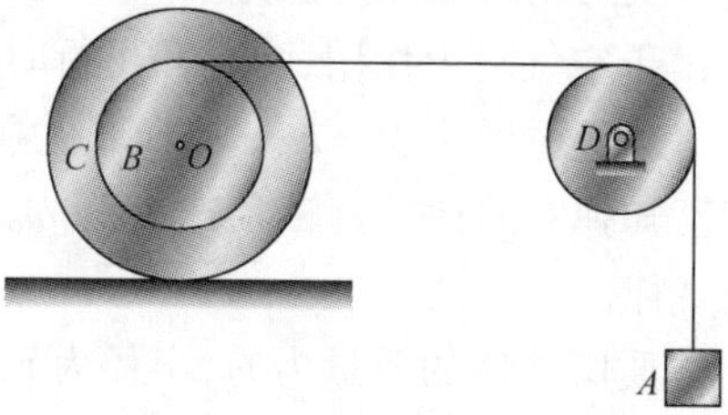

习题6-5图

6-6　图示均质圆盘,半径为 R,质量为 m,不计质量的细杆长 l,绕轴 O 转动,角速度为 ω,求下列三种情况下圆盘对固定轴 O 的动量矩:①圆盘固结于杆;②圆盘绕 A 轴转动,相对于杆的角速度为 $-\omega$;③圆盘绕 A 轴转动,相对于杆的角速度为 ω。

6-7　如图所示,一火箭装备两台发动机 A 与 B,推力均为 2×10^3kN。为了校正火箭的航向,需加大发动机 A 的推力。火箭的质量为10^5kg,可视为 60m 长的均质杆。现要求火箭在 1s 内转 $1°$,求发动机 A 需增加的推力。

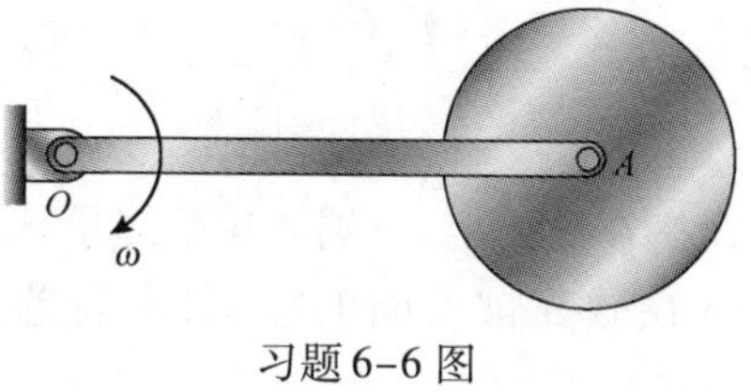

习题6-6图

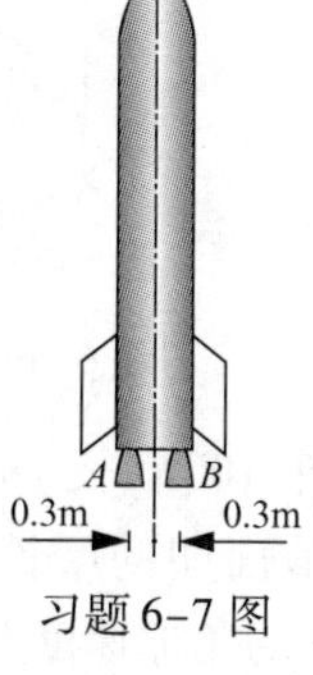

习题6-7图

6-8　图示均质圆柱体，质量为4kg，半径为0.5m，置于两光滑的斜面上，现有与圆柱轴线垂直且沿圆柱面切线方向的力 $F=20\text{N}$ 作用。求圆柱的角加速度及斜面对圆柱的约束力。

6-9　图示质量为 m 的均质圆柱体，在其中部绕以质量不计的细绳。圆柱体的轴心 C 由静止开始降落了 h 高度，求此瞬时轴心的速度和绳子的张力。

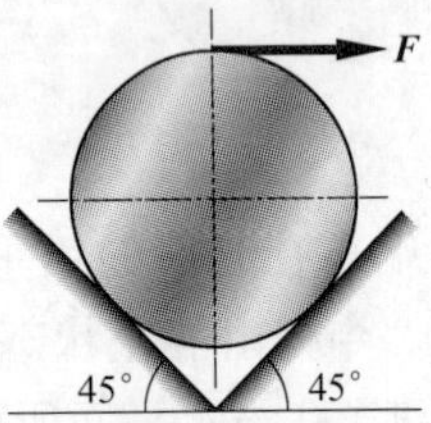

习题 6-8 图

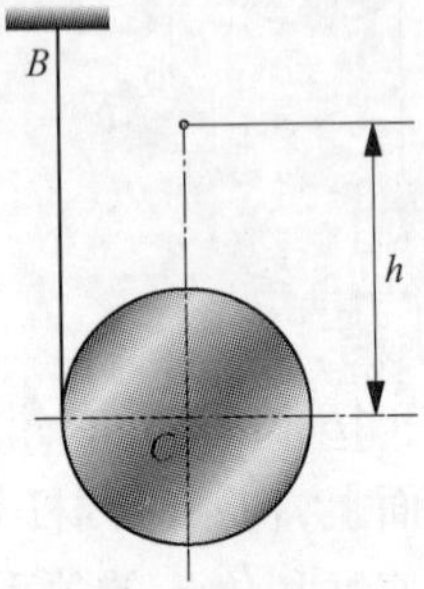

习题 6-9 图

6-10　质量分别为 m_1 和 m_2 的两均质轮 A 和 B，半径分别为 r_1 和 r_2。无质量细绳的两端分别缠绕在两轮缘上，如图所示。若不计轴承 O 处的摩擦，试求当轮 B 下落时两轮的角加速度以及两轮间细绳的拉力。

6-11　由于空气阻力作用，弹丸在飞行时绕对称轴的转速会逐渐变慢。假设作用在弹丸上的阻力矩遵循规律 $M=k\omega$，其中 M 为阻力矩，k 为常值比例系数，ω 为弹丸的自转角速度。若已知弹丸的初始自转角速度为 ω_0，弹丸关于对称轴的惯性矩为 J，求弹丸角速度的变化规律。

6-12　均质圆柱体的质量为 m，半径为 r，放在倾角为60°的斜面上，一细绳缠绕在圆柱体上，其一端固定于 A 点，此绳和 A 点相连部分与斜面平行，如图所示。若圆柱体与斜面间的动摩擦因数为 $f=\dfrac{1}{3}$，求圆柱体质心的加速度。

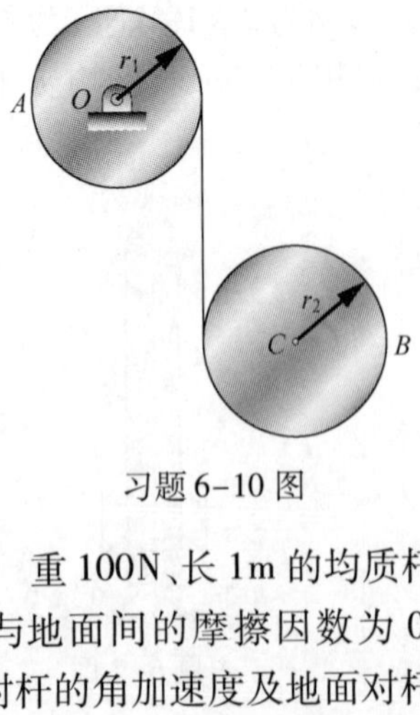

习题 6-10 图

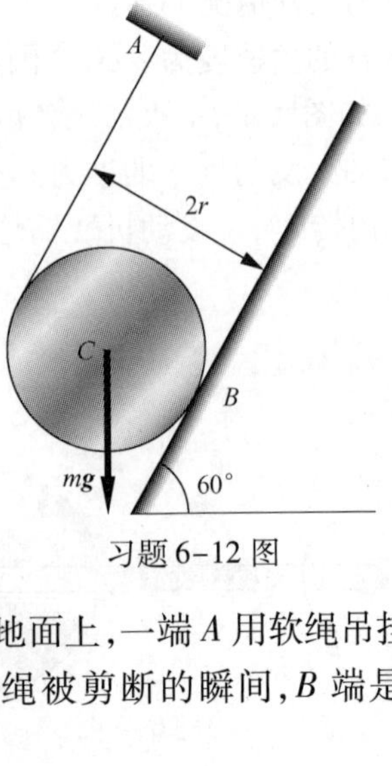

习题 6-12 图

6-13　重100N、长1m的均质杆 AB，一端 B 搁在地面上，一端 A 用软绳吊挂，如图所示。设杆与地面间的摩擦因数为0.3。问：(1)在软绳被剪断的瞬间，B 端是否滑动？(2)此瞬时杆的角加速度及地面对杆的作用力如何？

6-14　如图所示,均质滑轮 A、B 的质量分别为 m_1、m_2,半径分别为 r_1、r_2,重物 C 的质量为 m_3,作用于 A 轮上的力矩 M 为常量。求重物 C 的加速度。

6-15　火箭的质量为 11×10^3kg,质心位于 G 点,如图所示。正常工作时,它的两个发动机各供给推力 $F_A=F_B=120$kN。如果在某一瞬时,发动机 A 的推力突然降至 $F_A=60$kN,此时 F_B 仍为 120kN。求火箭的角加速度和弹头 C 的加速度。设火箭在铅垂位置,绕垂直于运动平面并通过 G 的回转半径为 $\rho_G=4.8$m。

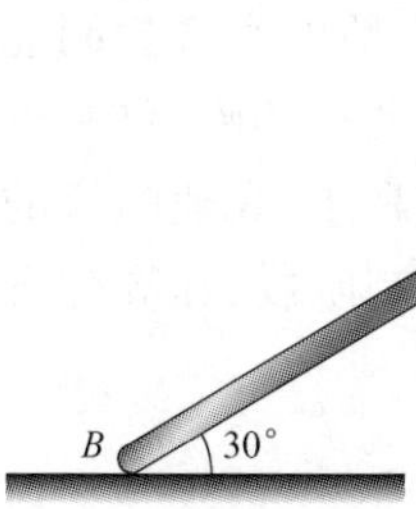

习题 6-13 图

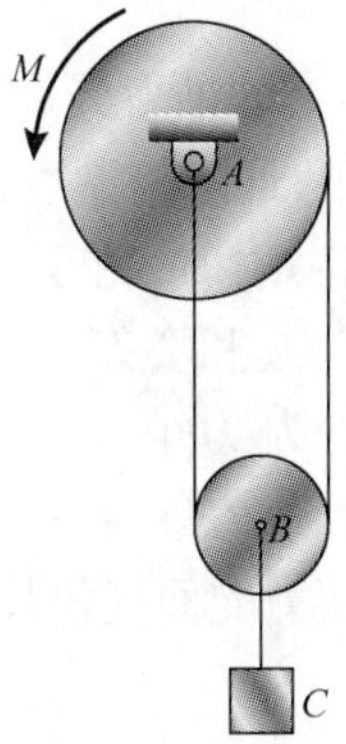

习题 6-14 图

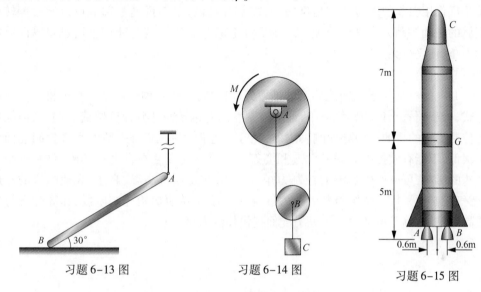

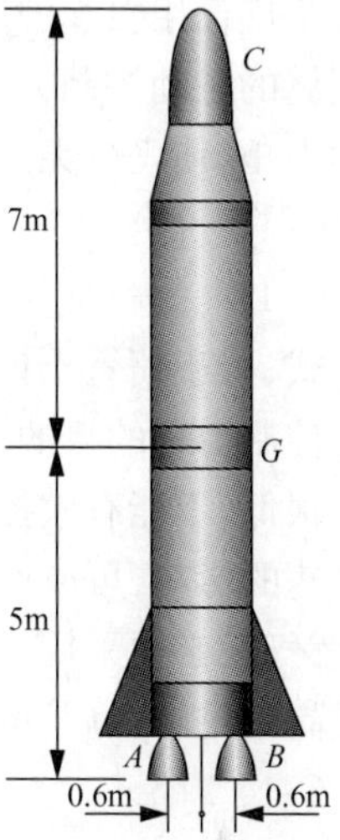

习题 6-15 图

参考答案

思考题

6-1　动量矩、力矩、冲量矩的计算方法类似,只是力学概念不同。

6-2　可能;由 $\boldsymbol{L}_O=\boldsymbol{L}_C+\boldsymbol{r}_C\times m\boldsymbol{v}_C$ 可作解释;如绕质心转动的均质圆盘。

6-3　在动力学中,选质心为基点,平动自由度可方便地使用质心运动定理描述,若基点任选,则不方便;另,转动自由度方程采用相对于质心的动量矩定理可保持简洁的形式。

6-4　否。

6-5　否。

6-6　平动。

6-7　均不相同。被悬挂的重物有加速度。

6-8　略。

6-9　不能。旋翼无驱动装置,其旋转动力来源于相对气流吹动时的空气动力,在无风的天气,若没有沿地面的滑跑来产生相对气流,旋翼不能产生升力升空,升空后也要保持对空气的相对运动才能克服重力,维持飞行高度。

6-10　自转旋翼机的旋翼旋转动力来源于空气动力,而不是像直升机来源于固定于机身的发动机,因而自转旋翼机旋翼的旋转对机身不产生反力偶作用,不需要布置尾部螺旋桨来产生对抗力矩。旋翼在旋转时因摩擦力的存在,会对机身产生一个与旋翼旋转方向相同的驱动力矩(摩擦力矩),但此力矩非常小,对旋翼机的偏航影响非常小,可以用尾部方向舵的微调进行纠偏。

6-11 螺旋桨飞机在飞行过程中,机身、部分机翼、垂尾及方向舵均处于因螺旋桨旋转而产生的螺旋状滑流中,这种滑流能引起两侧机翼上的升力不均衡,还能带来尾翼上的侧向力。两侧机翼升力不均和尾翼的侧向力均能对飞机产生滚转效应,此滚转效应与螺旋桨反作用引起的滚转效应是反向的,能部分抵消;不能抵消的部分可以通过偏转两侧副翼的主动控制方式进行处理。两侧机翼上的非对称气动力能产生对机身纵向质心轴的力矩,使飞机无滚转。

6-12 略。

6-13 燃气舵用于火箭或导弹的推力矢量控制,它是一种最简单可靠的推力矢量控制方式,置于喷管出口的燃气流中,通过控制舵面的偏转而达到改变喷流方向,从而提供姿态控制力矩的目的。当导弹刚发射时,由于其速度较低,使得一般的空气控制舵面的效率很低,不能有效控制导弹的轨迹和姿态。而燃气舵安装在发动机的喷流中,不受导弹初速的影响,可以产生足够的控制力矩。当然,在发动机高温、高压、高速喷流的作用下,燃气舵必须采用抗烧蚀材料。燃气舵通常用于导弹的初始控制阶段,在导弹飞行速度提高到足够大后,可转由空气动力舵面提供控制力矩。

6-14 略。

习题

6-1 (a) $L_O=\frac{1}{2}mR^2\omega$;(b) $L_O=\frac{3}{2}mR^2\omega$;(c) $L_O=\frac{3}{2}mR^2\omega$;(d) $L_O=\frac{1}{3}ml^2\omega$。

6-2 $\varepsilon=\frac{m_1r-m_2r_2}{m_1r_1^2+m_2r_2^2}g$。

6-3 $P=270\text{N}$。

6-4 (1) $\varepsilon=\frac{3g}{4l}\cos\varphi,\omega=\sqrt{\frac{3g}{2l}(\sin\varphi_0-\sin\varphi)}$;(2) $\varphi=\arcsin\left(\frac{2}{3}\sin\varphi_0\right)$。

6-5 $\varepsilon=\frac{m\ (R+r)^2}{M(\rho^2+R^2)+m\ (R+r)^2}g$。

6-6 (1) $\left(\frac{1}{2}mR^2+ml^2\right)\omega$;(2) $ml^2\omega$;(3) $(ml^2+mR^2)\omega$。

6-7 $\Delta F_A=3491\text{kN}$。

6-8 $\varepsilon=20\text{rad/s}^2,F_{\text{N1}}=13.6\text{N},F_{\text{N2}}=41.9\text{N}$。

6-9 $v_C=\frac{2}{3}\sqrt{3gh},F=\frac{1}{3}mg$。

6-10 $\varepsilon_1=\frac{2m_2g}{(3m_1+2m_2)r_1}$, $\varepsilon_2=\frac{2m_1g}{(3m_1+2m_2)r_2}$, $T=\frac{m_1m_2g}{3m_1+2m_2}$。

6-11 $\omega=\omega_0\mathrm{e}^{-\frac{k}{J}t}$。

6-12 $a_C=3.48\text{m/s}^2$。

6-13 (1) B 端左滑;(2) $\varepsilon=14.7\text{rad/s}^2,F_\text{N}=35\text{N},F_m=10.5\text{N}$。

6-14 $a=\dfrac{2(2M-m_2gR-m_3gR)}{(4m_1+3m_2+2m_3)R}$。

6-15 $\varepsilon=0.142\text{rad/s}^2$,逆时针,$\boldsymbol{a}_B=-0.994\boldsymbol{i}+6.56\boldsymbol{j}\text{m/s}^2$。

拓展阅读一:自旋卫星消旋

地球卫星在空间飞行时,根据自身功用,其方位有确定要求,如通信卫星、对地观测卫星的有效载荷都要朝向地球上的目标区域。卫星自旋是一种保持自身姿态定向的很好方法。但在某些特定情况下需要卫星消除自旋,简称消旋。比如卫星发射的卫星入轨阶段,为了保证卫星的姿态不至于失控,在卫星与末级火箭分离之前要控制卫星与末级火箭共同起旋,卫星自旋的角速度越大,分离后的方向稳定性越好。分离成功后,卫星的正常工作不再需要过大的角速度时,又需要卫星的消旋,把角速度降下来。消旋有多种方式,借助卫星上成对、反向的喷气发动机提供与自旋角速度相反的力偶可以实现消旋,即用反向力偶产生负的角加速度,使卫星的自旋角速度逐渐降低到要求值。但这种方式消耗星上有限的宝贵燃料或高压冷气。还有另外一种基本不消耗能源的消旋方法,如图6-47所示,此种消旋方法称为"YO-YO消旋"。消旋装置主要是两个用柔性绳索与卫星本体相连的质量球,绳索原本缠绕在卫星上,质量球锁定。消旋时,释放质量球,质量球在自旋的作用下被甩离卫星。卫星在空间中飞行时,可以近似认为只受到地球引力作用,引力近似通过卫星质心,其对质心的力矩近似为零,那么卫星系统相对于质心的动量矩守恒,卫星相对于过质心的自旋轴也有动量矩守恒。消旋过程中,质量球甩离卫星本体距离越大,整个卫星系统相对于自旋轴的惯性矩越大,在关于自旋轴动量矩守恒的条件下,卫星本体的角速度就会越小。当角速度降低到要求值时,则可以释放掉绳索,终止消旋操作。

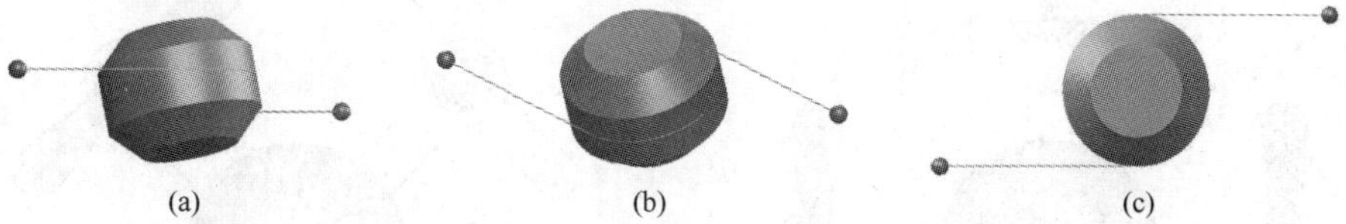

图6-47 卫星的"YO-YO消旋"示意

从分析的过程中,我们很容易发现,此种方法的消旋效果取决于质量球的质量和从卫星本体上退绕的绳长。

设:卫星本体的绕绳圆柱面半径为R,其对自旋对称轴的惯性矩为J;每个质量球的质量为m;消旋之前的初始角速度为ω_0;消旋过程中从卫星本体上退绕下来的绳长为l;消旋结束时,卫星本体的角速度为ω。

则可以根据动量矩守恒以及机械能守恒进行求解,可得

$$\omega=\frac{J+2m(R^2-l^2)}{J+2m(R^2+l^2)}\omega_0$$

要使消旋后的角速度为零,只需上式中的$J+2m(R^2-l^2)=0$即可,进而我们可以求

得所需要退绕的绳长为 $l=\sqrt{R^2+\dfrac{J}{2m}}$。若再继续增加退绕的绳长，则 $J+2m(R^2-l^2)<0$，即卫星本体的角速度实现了反转。

＊注：此角速度的求解需用到下一章的动能定理的知识点，此处仅给出结论，详细解答在下一章中给出。

拓展阅读二：四旋翼飞行器的飞行控制

近些年来，无人飞行器的研发受到各国关注，尤其是军用无人飞行器更是时常成为军事领域的焦点。按照飞行模式的不同，无人飞行器一般可分为：固定翼无人飞行器、旋翼无人飞行器和扑翼无人飞行器。其中，旋翼无人飞行器因其体积小、重量轻，可垂直起降、稳定悬停以及机动灵活等而被广泛应用。其中，四旋翼飞行器是一种由固连在刚性十字交叉结构上的4个电动机驱动的一种飞行器。飞行器动作依靠4个电动机的转速差进行控制，其机械结构相对简单，可由电动机直接驱动，无需复杂的传动装置，便于微型化，如图6-48所示。四旋翼飞行器按照旋翼布置与前进方向的相对位置关系可分为十字模式和X模式，如图6-49所示。对于姿态测量和控制来说，两种方式存在差异，但不是本质差别。这里，我们以X形飞行模式布置为例，结合**动量定理**（或**质心运动定理**）以及本章**动量矩定理**的知识点来谈一谈四旋翼飞行器的飞行控制问题，学以致用，加深理解。

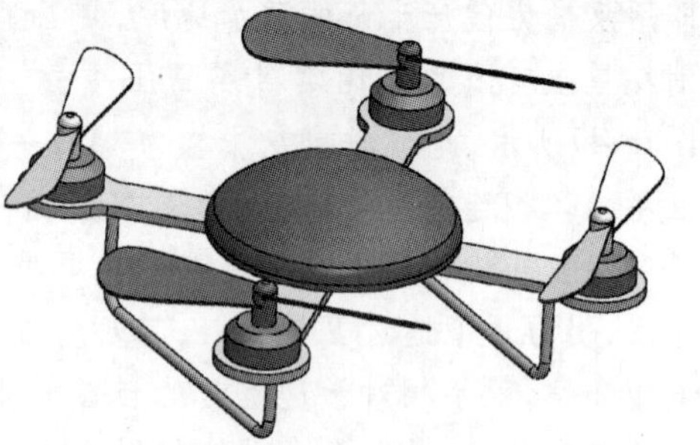

图6-48　四旋翼飞行器模型

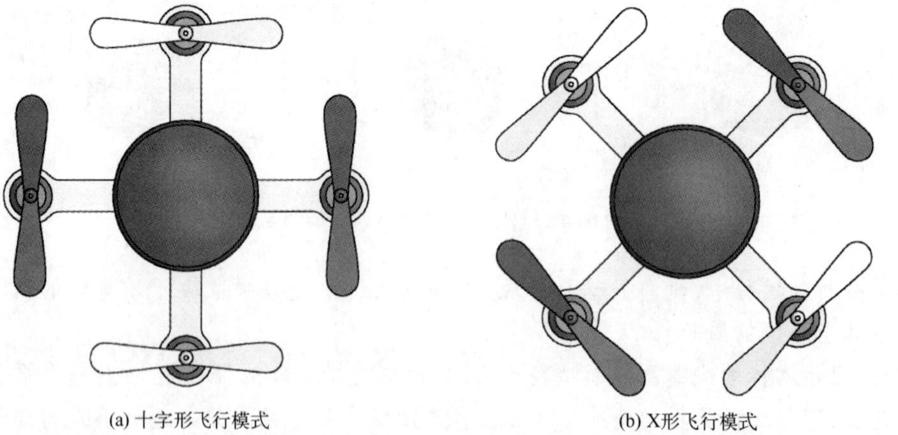

(a) 十字形飞行模式　　(b) X形飞行模式

图6-49　飞行模式示意图（俯视图，纸面内从下到上为前进方向）

不管飞行模式如何，四旋翼飞行器的四个旋翼总是两个为正桨，两个为反桨。以上面X形飞行模式飞行器为例，以飞行的前进方向（纸面内从下到上）为参照，如图6-50所示，结合图6-48可知两浅色旋翼逆时针旋转能产生向上升力（俯视），我们称为正桨；则两深色旋翼顺时针旋转能产生向上升力，称为反桨，即编号1、3为正桨，编号2、4为反桨。

现将上述四旋翼飞行器实现基本飞行动作的控制原理做出如下解释。

悬停:电动机1和3逆时针旋转驱动两个正桨产生升力,电动机2和4顺时针旋转驱动两个反桨产生升力;4个电动机转速相同。旋翼受到电动机施加的驱动力偶作用而旋转,同时受到空气阻力偶作用和轴承处的摩擦阻力偶作用。转速恒定时,电动机驱动力偶与两阻力偶相平衡;同时旋翼会对固定在框架上的电动机产生反力偶作用,四个反力偶为两对等值反向的力偶,合力偶为零;依据本章**动量矩定理**,可知:四个旋翼对机身产生的转动效应相互抵消,机身受力对机身不产生转动效应。也可以从整个系统的角度分析。整个飞行器系统所受外力为:重力、升力、空气阻力偶作用。其中,重力和总升力相平衡;四个旋翼上的空气阻力偶等值、反向、成对出现,能实现自平衡。依据本章**动量矩守恒定律**,可知:所有外力对系统质心的力矩之和为零,则**系统相对于质心的动量矩守恒**,飞行器的飞行姿态稳定,绕竖直轴的方向性稳定。

垂直升降:以停放或悬停为初始状态,在四旋翼转速相同的前提下,飞行器的升、降取决于四旋翼产生的总升力与系统重力的关系,如图6-51所示。飞行器受力向质心简化,主矩为零,依据**动量定理或质心运动定理**,可知:升、降取决于主矢。总升力与重力相等时,可以保持悬停;总升力大于重力时,质心获得向上的加速度,飞行器上升;总升力小于重力时,质心获得向下的加速度,飞行器下降。在旋翼不可以变距的情况下,升力调节通过控制旋翼转速来实现。4个电动机转速同时增大(减小)产生向上(向下)的运动。

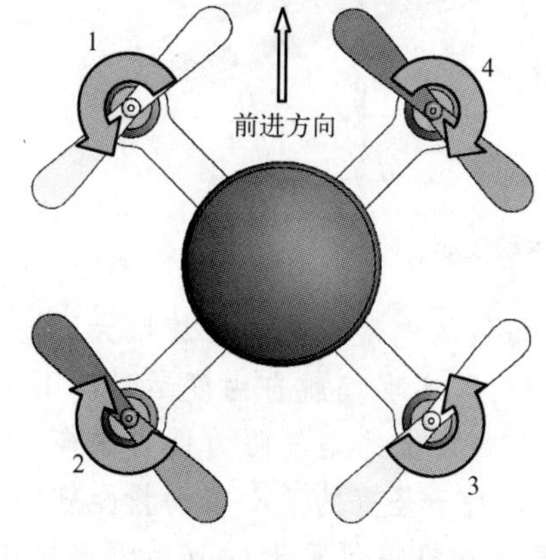

图6-50　X形飞行模式旋翼编号

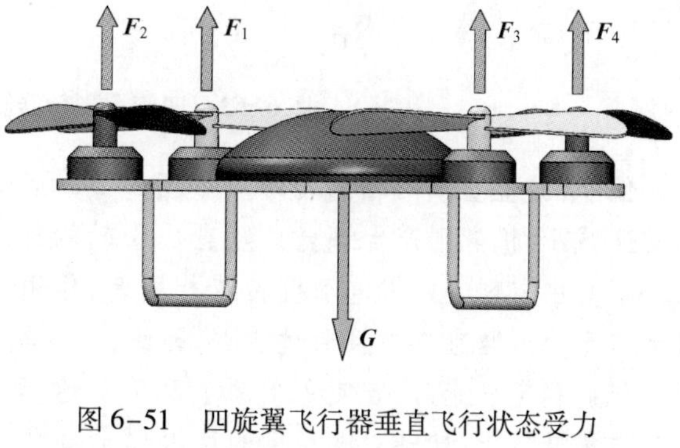

图6-51　四旋翼飞行器垂直飞行状态受力

前进或后退:电动机1和4转速减小(增大),同时电动机2和3转速增大(减小),产生向前(后)方向的运动。电动机1和4转速减小时,升力减小;电动机2和3转速增大,升力增大,四个旋翼产生的升力对飞行器质心的力矩之和不为零,其能使机身前倾,进而四个旋翼的升力均前倾,升力的竖直分量对抗重力,升力的水平分量使飞行器质心获得水平方向的加速度,这就是飞行器前进的动力来源。若电动机1和4始终保持较低转速,同时电动机2和3保持较高转速,使机身旋转的力矩始终存在,机身将持续转动,能够完成翻跟头的动作。因此,要想实现前进或后退的运动,旋翼转速的差值不能始终保持,仅需初始阶段形成姿态的倾斜,产生升力的水平分量即可,后续阶段,应恢复相同转速状态,避免姿态角的持续增长。因此,可以说:前进或后退运动是通过初始阶段**俯仰自由度**运动控制来实现的。后退的控制原理与前进是相同的。如图6-52所示。

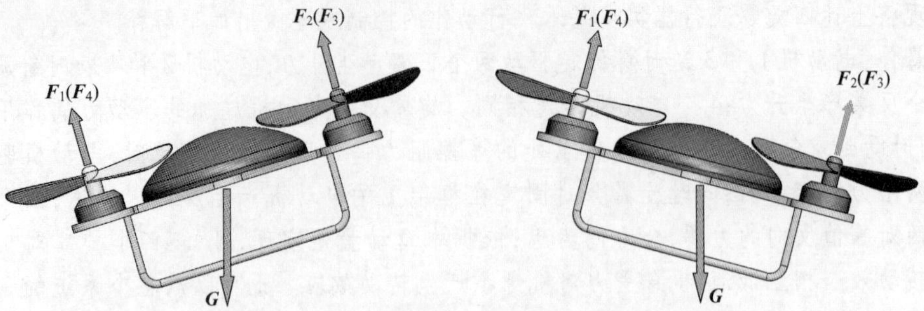

图 6-52 四旋翼飞行器前进、后退控制

侧向运动:飞行器的侧向运动控制与前进、后退原理相同,只不过是通过不同的电动机组合来完成的。如,电动机 1 和 2 转速减小(增大),同时电动机 3 和 4 转速增大(减小),产生向左(右)方向的运动。侧向运动是通过初始阶段**滚转自由度**运动控制来实现的。如图 6-53 所示。

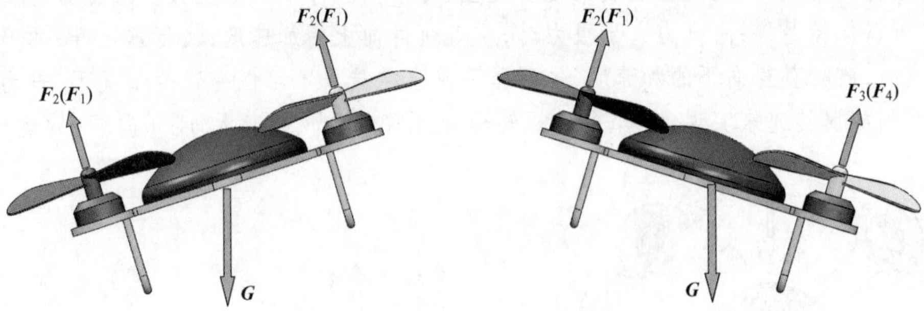

图 6-53 四旋翼飞行器侧向运动控制

偏航(绕竖直质心轴的转动):如图 6-54 所示,对角线的电动机一组转速增大,另一组转速减小,机身则产生绕自身竖直质心轴的旋转运动,即实现**偏航自由度**运动。下面来分析其中道理。两组电动机转速相同时,作用在四个旋翼上的空气阻力偶自平衡,总升力与重力沿竖直方向且通过质心,因此,飞行器系统相对于**竖直的质心轴动量矩守恒**,机身航向稳定。此时,若使 2、4 两个反桨加速,则需要电动机提供更大的驱动力偶矩施加到旋翼转轴上,转轴对电动机的反力偶也会同时增大;1、3 两个正桨减速,所需驱动力偶相应减小,对电动机的反力偶也同时减小。电动机与机身固连,作用在电动机上的四个反力偶本质上是作用在机身上,且作用在 2、4 位置的反力偶矩大于作用在 1、3 位置的反力偶矩,四个反力偶的自平衡状态被打破,机身在合力偶的作用下获得绕竖直质心轴的角加速度,即实现了偏航自由度的运动。机身的转动方向与加速旋翼的转动方向相反。四个旋翼中,两个正桨减速,升力减小;两个反桨加速,升力增大。若控制适当,总升力可以保持不变且与重力平衡。

可以将实现偏航运动的过程分为两个阶段:旋翼加速(减速)阶段、稳定转速阶段。两个阶段均符合上述驱动力偶与反力偶的描述特征。但,加速阶段还可以有另一种解释方法。若近似认为作用在旋翼上的阻力偶与加速前相比变化不大,2、4 两个反桨加速,同时 1、3 两个正桨减速过程中,作用在四个旋翼上的空气阻力偶仍能近似自平衡,则整个

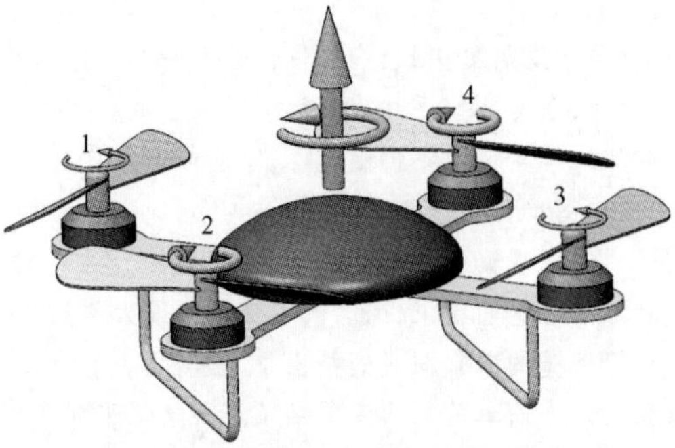

图6-54 四旋翼飞行器的偏航控制

飞行器系统关于竖直质心轴动量矩守恒。变速之前,四个旋翼转速相同且两两转向相反,四个旋翼的总动量矩为零;当两反桨加速、两正桨减速时,四旋翼总动量矩非零,总动量矩矢的指向由加速的反桨决定,动量矩的大小由反桨转速的增加量和正桨转速的减小量共同决定。尽管四个旋翼的总动量矩变化了,但整个飞行器系统在空气阻力矩近似不变的情况下可以认为关于竖直质心轴**动量矩守恒**。变速之前,系统关于竖直质心轴的动量矩为零,那么,变速之后,机身的动量矩应满足与四旋翼总动量矩等值、反向的条件,即机身应向与加速的反桨转向相反的方向旋转。当旋翼的加速、减速完毕,飞行器旋翼进入稳定转速阶段,此阶段中,因始终受到非零的空气阻力偶的作用,系统关于竖直质心轴**动量矩不守恒**,此时飞行器转动的角加速度与作用在系统上的总空气阻力偶相对应。

上面我们仅是从原理的角度来分析四旋翼飞行器的控制方法,要想实现真正的操控还有很多工作要做,比如飞行器的结构设计、控制系统的设计、飞行器与遥控器的数据传输等。

在物理学发展史中，我们可以区分两种相反的趋势。

一方面，在有些似乎注定永远毫无联系的客体之间，正在不断地发现新的结合物；散乱的事实彼此不再陌生了；它们倾向于使自己排列成庄严的综合。科学向统一性和简单性进展。

另一方面，观察每天都向我们揭示出新现象；它们必须长久地等待它们的位置，有时为了给它们谋求位置，人们必须拆毁大厦的一角。正是在已知的现象本身中，我们粗糙的感官向我们指出了一致性，我们日复一日地观察到更多变化的细节；我们以为简单的东西变复杂了。科学似乎向多样性和复杂性进展。

这两种相反的趋势似乎轮番凯旋，但是哪一个将最终赢得胜利呢？倘若是前者，科学则是可能的；但是没有什么东西先验地证明这一点，而且人们完全可能有理由担心，在蛮横地强使自然界屈从我们的统一性理想的徒劳努力之后，我们却被不断高涨的新发现的洪流所淹没，于是我们必须放弃对它们进行分类，抛弃我们的理想，把科学变成无数处方的登记。

对于这个问题，我们不能回答。我们所能做的一切就是观察今日的科学，并把它与昨天的科学进行比较。我们无疑可以从这种审查中汲取某种激励。

半个世纪之前，希望继续高涨。能量守恒及其转化的发现向我们揭示了力的统一。这表明，热现象可以用分子运动来说明。人们虽然没有确切地了解这些运动的本性是什么，但是没有人怀疑不久就可以知道它。

——亨利·庞加莱著，李醒民译．科学与假设．（商务印书馆，2010）

第7章　动能定理

关键词

功（work）；功率（power）；功率方程（equation of power）；效率（efficiency）；动能（kinetic energy）；动能定理（theorem of kinetic energy）；势能（potential energy）；机械能守恒（conservation of mechanical energy）

动能定理是以质点系的动能作为表示质点系运动特征的力学量，建立了动能的变化与其受力在相应运动过程中所做功的关系，它是能量原理在理论力学中的应用。在研究非自由质点系的位移、速度、加速度和作用力之间，以及角位移、角速度、角加速度和力偶矩之间的关系时，应用动能定理求解，往往比较方便。

引例：航空母舰上舰载机阻拦装置

舰载机的利用效率是航空母舰战斗力的集中体现。放飞能力和回收能力是舰载机利用效率的重要指标。快速高效地放飞舰载机去执行打击任务是战时对航空母舰的必然要求。图7-1为我国海军歼-15舰载机从辽宁舰滑跃起飞的精彩瞬间。

对执行完战斗任务的舰载机进行安全回收也是关键环节。现代喷气式舰载机的着舰速度约为200km/h～300km/h，如果不加以阻拦，飞机着舰后至少要滑行上千米才能停下来；而一般航空母舰的飞行甲板长度只有200m～300m，所以航母必须配置阻拦装置。图7-2为歼-15舰载机即将降落辽宁舰的瞬间。

图7-1　歼-15舰载机从辽宁舰滑跃起飞

图7-2　歼-15舰载机降落辽宁舰

航空母舰阻拦装置是用于吸收和耗散着舰飞机能量，使着舰飞机在航空母舰飞行甲板有限长度内安全回收的装置。阻拦索是阻拦装置中位于甲板以上的钢索，也是阻拦装置直接与着舰飞机接触的部件，用于与舰载机的尾钩相啮合，并将着舰飞机的动能传递给缓冲装置，实现能量的吸收，从而使着舰飞机在较短的距离内停下来，完成安全着舰。

舰载机成功着舰的过程本质上是舰载机本身动能损耗的过程，其动能从一个较大的初值，经过阻拦过程，逐渐减小到零。

研究舰载机的阻拦动力学过程可以采用第5章的动量定理方法，也可采用本章所阐述的能量方法。其实，舰载机滑跃起飞、弹射起飞等很多动力学过程均可采用能量方法进行研究。

让我们开始本章内容的学习，并尝试建立舰载机拦阻过程等问题的动力学模型吧。

7.1　力做功

对于常力做功，大家是熟悉的。设刚性物块 m 在大小和方向均不变的力 $\boldsymbol{F}$ 作用下沿直线走过一段路程 s，如图7-3所示，那么力 $\boldsymbol{F}$ 在这段路程内对物块做功为

$$W = F\cos\alpha \cdot s$$

接下来探讨变力做功的表示方法。设质点 m 在变力 $\boldsymbol{F}$ 作用下沿曲线运动，考虑从点 m_1 到点 m_2 的运动过程（对应弧坐标从 s_1 到 s_2），如图7-4所示。力 $\boldsymbol{F}$ 在无限小位移 $\mathrm{d}\boldsymbol{r}$ 中可视为常力，经过的小段弧长 $\mathrm{d}s$ 可视为直线，$\mathrm{d}\boldsymbol{r}$ 可视为沿点 m 运动轨迹的切线方向。在无限小位移中力做的功称为元功，以 $\mathrm{d}W$ 表示。于是有

$$\mathrm{d}W = F\cos\alpha\mathrm{d}s = \boldsymbol{F} \cdot \mathrm{d}\boldsymbol{r} \tag{7-1}$$

力在全程上做功等于元功之和，即

$$W = \int_{s_1}^{s_2} F\cos\alpha\mathrm{d}s = \int_{m_1}^{m_2} \boldsymbol{F} \cdot \mathrm{d}\boldsymbol{r} \tag{7-2}$$

由上式可知，当力始终与质点位移垂直时，该力不做功。

在直角坐标系中，设 $\boldsymbol{i}$、$\boldsymbol{j}$、$\boldsymbol{k}$ 为三坐标轴的单位矢量，则

$$\boldsymbol{F} = F_x\boldsymbol{i} + F_y\boldsymbol{j} + F_z\boldsymbol{k}, \quad \mathrm{d}\boldsymbol{r} = \mathrm{d}x\boldsymbol{i} + \mathrm{d}y\boldsymbol{j} + \mathrm{d}z\boldsymbol{k} \tag{7-3}$$

将式（7-3）代入式（7-2），得到作用力从 m_1 到 m_2 的过程中所做功为

$$W=\int_{s_1}^{s_2}(F_x\mathrm{d}x+F_y\mathrm{d}y+F_z\mathrm{d}z) \tag{7-4}$$

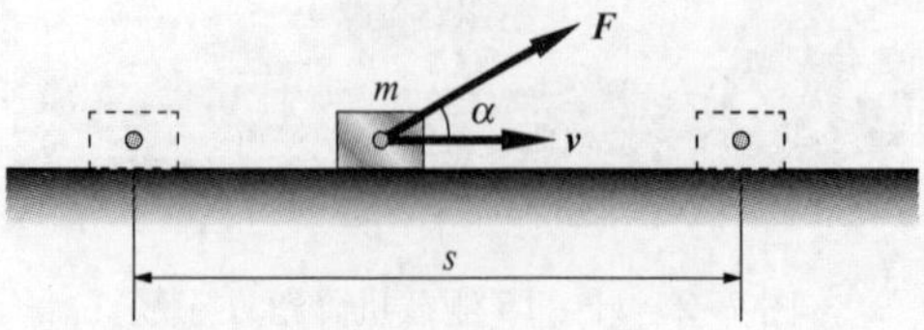

图 7-3 常力做功

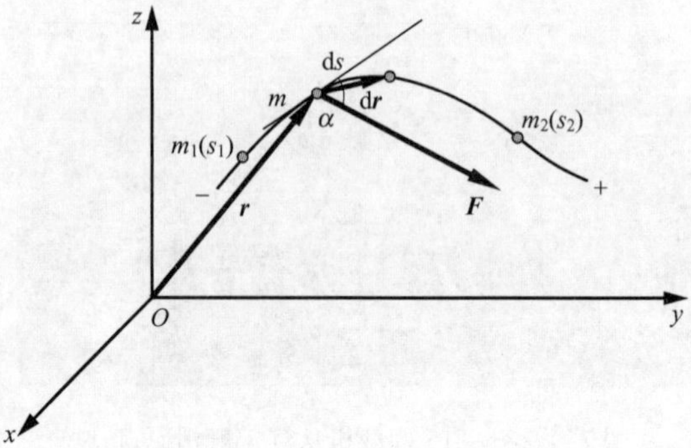

图 7-4 变力做功

功是度量能量变化的量，它表征力在空间上的一种累积效应。下面介绍如何计算不同类型的力做功的大小。

7.1.1 几种不同类型的力做功

1）重力做功

设质点沿某路径从点 m_1 运动到点 m_2，如图 7-5 所示。其重力 $\boldsymbol{G}=m\boldsymbol{g}$ 在直角坐标轴上的投影为

$$F_x=0,\quad F_y=0,\quad F_z=-mg$$

应用式(7-4)，重力功

$$W=\int_{z_1}^{z_2}-mg\cdot\mathrm{d}z=mg(z_1-z_2) \tag{7-5}$$

对于质点系 $\sum_{i=1}^{n}m_i$，其中质点 m_i 运动的始末位置高度差为 $(z_{i1}-z_{i2})$，则重力对质点系做功为

$$\sum W=\sum m_ig(z_{i1}-z_{i2})$$

由质心坐标公式，有

$$mz_C=\sum m_iz_i$$

由此可得

$$\sum W=mg(z_{C1}-z_{C2}) \tag{7-6}$$

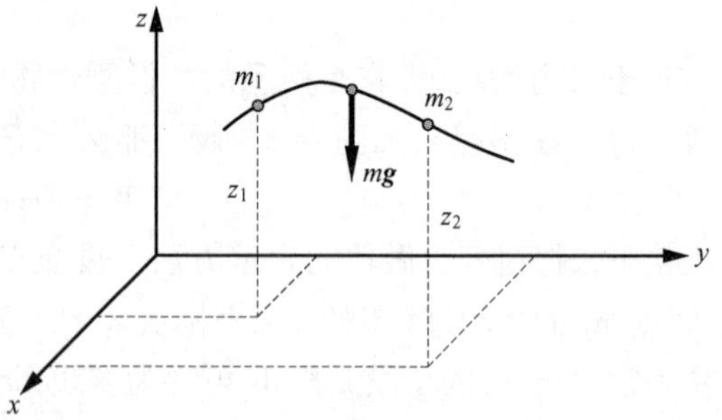

图 7-5 重力做功

式中：m 为质点系总质量；$(z_{C1}-z_{C2})$ 为质点系质心始末位置高度差。质心下降，重力做正功；质心上升，重力做负功。质点系重力做功与质心运动路径无关。

2）线弹性力做功

对一般意义的弹簧，忽略弹簧自身质量，在弹簧的线弹性极限内，弹性力的大小与其变形量 δ 成正比，此弹性力称为线弹性力，即

$$F=k\delta$$

此力的方向总是沿弹簧轴线、指向未变形时的原长端点位置。比例系数 k 称为弹簧刚度,国际单位制中的单位为 N/m。

若物体受到线弹性力的作用,作用点 A 的轨迹为图7-6所示的曲线 A_1A_2。以 O 为原点,点 A 的矢径为 $\boldsymbol{r}$,其长度为 r。令沿矢径方向的单位矢量为 $\boldsymbol{e}_r$,弹簧的自然长度为 l_0,则弹性力

$$\boldsymbol{F} = -k(r - l_0)\boldsymbol{e}_r$$

当弹簧伸长时,$r > l_0$,力 $\boldsymbol{F}$ 与 $\boldsymbol{e}_r$ 的方向相反;当弹簧被压缩时,$r < l_0$,力 $\boldsymbol{F}$ 与 $\boldsymbol{e}_r$ 的方向一致。应用式(7-4),点 A 由位置 A_1 运动到位置 A_2 的过程中,线弹性力 $\boldsymbol{F}$ 做功为

$$W = \int_{A_1}^{A_2} \boldsymbol{F} \cdot \mathrm{d}\boldsymbol{r} = \int_{A_1}^{A_2} -k(r - l_0)\boldsymbol{e}_r \cdot \mathrm{d}\boldsymbol{r}$$

因为

$$\boldsymbol{e}_r \cdot \mathrm{d}\boldsymbol{r} = \frac{\boldsymbol{r}}{r} \cdot \mathrm{d}\boldsymbol{r} = \frac{1}{2r}\mathrm{d}(\boldsymbol{r} \cdot \boldsymbol{r}) = \frac{1}{2r}\mathrm{d}(r^2) = \mathrm{d}r$$

于是

$$W = \int_{r_1}^{r_2} -k(r - l_0)\mathrm{d}r = \frac{k}{2}[(r_1 - l_0)^2 - (r_2 - l_0)^2]$$

若用 δ_1、δ_2 分别表示弹簧在 A_1、A_2 处的变形量,即 $\delta_1 = r_1 - l_0$,$\delta_2 = r_2 - l_0$,则

$$W = \frac{k}{2}(\delta_1^2 - \delta_2^2) \tag{7-7}$$

上述推导中,轨迹 A_1A_2 可以是空间任意曲线。由此可见,线弹性力做功只与弹簧在初始和末了位置的变形量 δ 有关,与力作用点 A 的轨迹形状无关。由式(7-7)可见,当 $|\delta_1| > |\delta_2|$ 时,线弹性力做正功;当 $|\delta_1| < |\delta_2|$ 时,线弹性力做负功。

3）万有引力做功

设有两个质点 m 和 m',如图7-7所示,其中曲线 AB 为点 m 的运动轨迹。在任一时刻点 m 相对于点 m' 的矢径为 $\boldsymbol{r}$,沿矢径方向的单位矢量为 $\boldsymbol{e}_r$,则质点 m 受到质点 m' 的万有引力为

$$\boldsymbol{F} = -G\frac{m'm}{r^2}\boldsymbol{e}_r$$

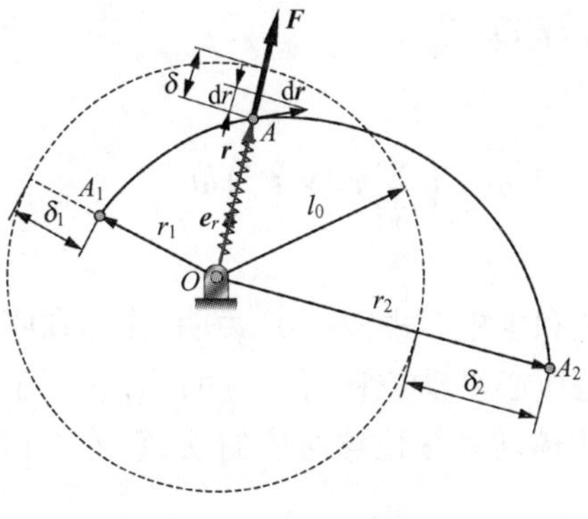

图7-6　弹性力做功

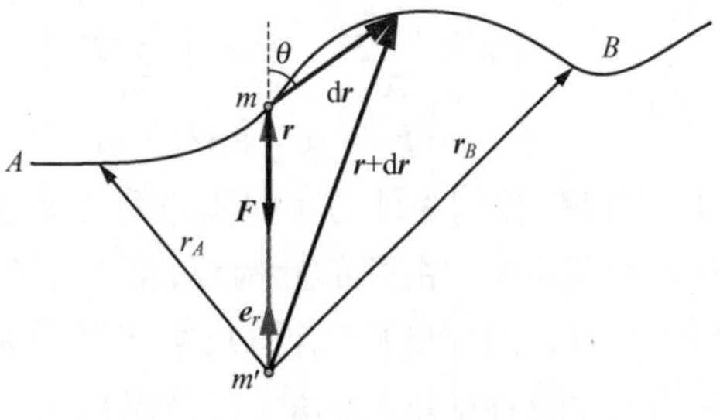

图7-7　万有引力做功

其中,G 为引力常数,那么万有引力的元功为

$$\mathrm{d}W=\boldsymbol{F}\cdot\mathrm{d}\boldsymbol{r}=-G\frac{m'm}{r^2}\boldsymbol{e}_r\cdot\mathrm{d}\boldsymbol{r}$$

根据图 7-7 可得

$$\boldsymbol{e}_r\cdot\mathrm{d}\boldsymbol{r}=|\boldsymbol{e}_r||\mathrm{d}\boldsymbol{r}|\cos\theta=|\mathrm{d}\boldsymbol{r}|\cos\theta\doteq\mathrm{d}r$$

所以,质点 m 从 A 到 B 的过程中万有引力做功为

$$W=\int_A^B\mathrm{d}W=\boldsymbol{F}\cdot\mathrm{d}\boldsymbol{r}=-Gm'm\int_A^B\frac{1}{r^2}\mathrm{d}r=Gm'm\left(\frac{1}{r_B}-\frac{1}{r_A}\right)\tag{7-8}$$

4)摩擦(阻)力做功

若计算摩擦力对单个物体的做功,要看摩擦力对此物体来说是阻力还是驱动力,若是阻力,则做负功;若是驱动力,则做正功。

但对整个物体系统来说,滑动摩擦力与物体的相对位移方向相反,摩擦力对整个系统一定做负功。设物体沿粗糙平面运动,f 为动滑动摩擦因数,简化计算时可认为与速度无关,$\boldsymbol{F}_\mathrm{N}$ 为物体间的正压力,s 为物体间相对运动的弧坐标,则有

$$W=-\int_s fF_\mathrm{N}\mathrm{d}s\tag{7-9}$$

若物体在运动过程中 $\boldsymbol{F}_\mathrm{N}$ 为常量,则有

$$W=-fF_\mathrm{N}s$$

但是,当轮子沿固定面纯滚动时,接触点为速度瞬心,摩擦力作用点没有位移,此时的摩擦力不做功。

7.1.2 作用于不同运动形式刚体上的力做功

1)外力系对任意运动刚体做功

设有外力系 $\sum\limits_{i=1}^{n}\boldsymbol{F}_i$ 作用在刚体上,各力作用点的位置矢径分别为 $\boldsymbol{r}_i(i=1,2,\cdots,n)$。又设刚体质心 C 的速度是 $\boldsymbol{v}_C$,刚体瞬时角速度为 $\boldsymbol{\omega}$,于是力 $\boldsymbol{F}_i$ 的作用点 i 的速度为

$$\boldsymbol{v}_i=\boldsymbol{v}_C+\boldsymbol{\omega}\times\boldsymbol{r}'_i$$

式中:$\boldsymbol{r}'_i$ 是作用点相对于刚体质心的位置矢径。因此,力 $\boldsymbol{F}_i$ 作用点的微小位移为

$$\mathrm{d}\boldsymbol{r}_i=\mathrm{d}\boldsymbol{r}_C+\boldsymbol{\omega}\times\boldsymbol{r}'_i\mathrm{d}t$$

外力的元功是

$$\begin{aligned}\mathrm{d}W&=\sum_{i=1}^{n}\boldsymbol{F}_i\cdot\mathrm{d}\boldsymbol{r}_i=\left(\sum_{i=1}^{n}\boldsymbol{F}_i\right)\cdot\mathrm{d}\boldsymbol{r}_C+\boldsymbol{\omega}\cdot\left(\sum_{i=1}^{n}\boldsymbol{r}'_i\times\boldsymbol{F}_i\right)\mathrm{d}t\\&=\boldsymbol{F}'_\mathrm{R}\cdot\mathrm{d}\boldsymbol{r}_C+\boldsymbol{M}_C\cdot\boldsymbol{\omega}\mathrm{d}t①\end{aligned}\tag{7-10}$$

式中:$\boldsymbol{F}'_\mathrm{R}$ 和 $\boldsymbol{M}_C$ 分别为外力系向质心简化的主矢和主矩。式(7-10)说明,作用在刚体上所有外力的元功之和由两部分构成,第一部分是质心平动位移所对应的功,它等于外力主矢与质心位移的标量积(点积);第二部分是刚体转动角位移对应的功,它等于相对质心的主矩与角位移增量的标量积(点积)。

---

① $\boldsymbol{a}\cdot(\boldsymbol{b}\times\boldsymbol{c})=\boldsymbol{c}\cdot(\boldsymbol{a}\times\boldsymbol{b})=\boldsymbol{b}\cdot(\boldsymbol{c}\times\boldsymbol{a})$。

2）平动刚体上作用力做功

平动刚体的角速度 $\boldsymbol{\omega}$ 为零，因此其上外力的元功为

$$\mathrm{d}W = \boldsymbol{F}'_{\mathrm{R}} \cdot \mathrm{d}\boldsymbol{r}_C \tag{7-11}$$

3）定轴转动刚体上作用力做功

设刚体绕定轴转动，如图 7-8 所示。其上力 $\boldsymbol{F}$ 与作用点 A 处的轨迹切线之间的夹角为 θ，则力 $\boldsymbol{F}$ 在切线上的投影为

$$F_\tau = F\cos\theta$$

转角 φ 与弧长 s 的关系为

$$\mathrm{d}s = R\mathrm{d}\varphi$$

式中，R 为力作用点 A 到定轴的垂直距离。力 $\boldsymbol{F}$ 的元功为

$$\mathrm{d}W = \boldsymbol{F} \cdot \mathrm{d}\boldsymbol{r} = F_\tau \mathrm{d}s = F_\tau R\mathrm{d}\varphi \tag{7-12}$$

$F_\tau R$ 等于力 $\boldsymbol{F}$ 对于转轴 z 的力矩 M_z，于是

$$\mathrm{d}W = M_z\mathrm{d}\varphi \tag{7-13}$$

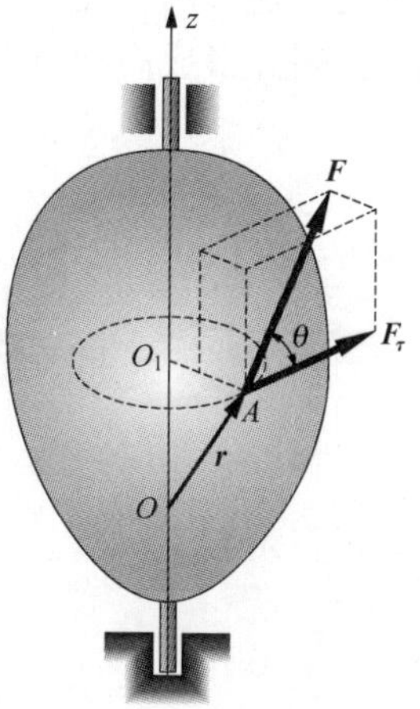

图 7-8　定轴转动刚体上力做功

若刚体上作用一力偶 $\boldsymbol{M}$，则力偶所做的功仍可用式(7-13)计算，其中 M_z 为力偶对转轴 z 的矩，大小等于力偶 $\boldsymbol{M}$ 在 z 轴上的投影。

4）平面运动刚体上作用力做功

平面运动刚体简化为平面图形在其自身平面内的运动，其主矩 $\boldsymbol{M}_C$ 和角速度矢 $\boldsymbol{\omega}$ 均垂直与平面，互相平行。因此，根据式(7-10)得其上外力所做元功为

$$\mathrm{d}W = \boldsymbol{F}'_{\mathrm{R}} \cdot \mathrm{d}\boldsymbol{r}_C + M_C\omega\mathrm{d}t \tag{7-14}$$

以上仅给出作用于不同运动形式刚体上的力的元功形式，若计算总功，则采用对元功积分的方法进行。

7.1.3　两种特殊类型的力做功

1）内力做功

设有质点系 $\sum\limits_{i=1}^{n} m_i$，其中质点 m_i 与质点 m_j 之间的相互作用力为 $\boldsymbol{F}_{ji}$ 和 $\boldsymbol{F}_{ij}$，有 $\boldsymbol{F}_{ji} = -\boldsymbol{F}_{ij}$，如图 7-9 所示。此二力的元功之和为

$$\mathrm{d}W = \boldsymbol{F}_{ji} \cdot \mathrm{d}\boldsymbol{r}_i + \boldsymbol{F}_{ij} \cdot \mathrm{d}\boldsymbol{r}_j = \boldsymbol{F}_{ij} \cdot \mathrm{d}\boldsymbol{\rho}_{ij} \tag{7-15}$$

其中：$\boldsymbol{\rho}_{ij}$ 为 m_i 点至 m_j 点的矢径，$\boldsymbol{\rho}_{ij} = \boldsymbol{r}_j - \boldsymbol{r}_i$；$\mathrm{d}\boldsymbol{\rho}_{ij}$ 为 m_j 相对 m_i 的相对位移。

系统内所有内力做的总功为

$$W = \sum_{i=1}^{n}\sum_{j=1(\neq i)}^{n}\int \boldsymbol{F}_{ij} \cdot \mathrm{d}\boldsymbol{\rho}_{ij} \tag{7-16}$$

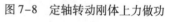

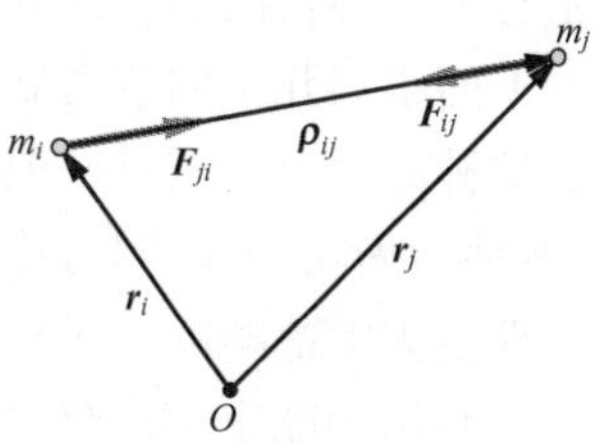

图 7-9　内力的功

上式表明：内力是否做功取决于质点之间是否有相对位移。

对于刚体，其质点之间的距离始终保持不变。虽然对于任何单个内力来说做功不一定等于零，但是所有内力做功之和为零。

内力做功的实例很多,比如:子弹、炮弹的击发过程是内力做功的很好例证。将弹头、弹壳以及火药视为一个质点系统,击发后,弹壳内部火药爆燃产生巨大内力,推动弹头与弹壳加速分离。此过程中,内力对系统做功,使系统动能增加,如图 7-10 所示。炮弹或炸弹爆炸形成高动能弹片的过程也是内力做功的过程,如图 7-11 所示。

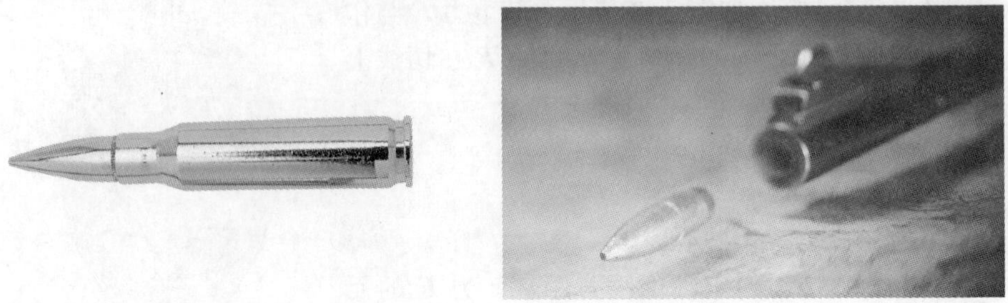

(a) (b)

图 7-10　子弹以及子弹击发后出膛

图 7-11　炮弹爆炸形成高动能弹片

2）约束力做功

在具体问题中,约束力可能是外力,也可能是内力,这取决于研究对象的选择。约束力的功原则上与非约束力的功的含义没有区别,但由于约束力的规律与运动本身有关,在解出运动之前,往往不能算出它们做的功。

约束力不做功的约束称为**理想约束**。常见的理想约束有:①光滑接触面约束;②无质量且不可伸长的柔性体约束;③光滑铰链或轴承约束;④光滑固定面约束。

下面给出几个约束力做功为零的例子。固定光滑面的约束力沿法线方向,对于被限制在这种曲面上的质点来说,约束力做功为零。若刚体在某固定表面上做无滑动的滚动时,摩擦力做功为零,同时法向力做功也为零,所以在这种情况下约束力做功为零。

理论力学范畴的力学模型中有相当部分的内力是不做功的,大部分的约束为理想约束。在利用动能定理求解此类问题时应注意甄别,事先将不做功的内力以及不做功的理想约束排除在外,以减少不必要的计算。

例题 7-1　荡秋千与旋梯训练。

解:上一章我们从动量矩定理的角度分析了旋梯训练过程中机械能不断增长的原因。这里将从力做功的角度进行分析。

荡秋千是大家熟悉的娱乐活动，如图 7-12(a)所示；秋千古已有之，如图 7-12(b)所示。荡秋千一般有两种方法。一种是两人游戏：一人坐在秋千上，同伴或推或拉，使秋千来回荡漾。另一种方法是单人游戏：人在秋千绳有一倾斜角度时登上踏板，随后，秋千则可以来回摆动。在秋千绳摆动到最大偏角时，身体快速屈身下蹲；在秋千绳摆动到竖直位置上，身体快速挺身直立，如此往复，秋千的摆动幅度会不断增大，甚至可以完成整周旋转，摆过秋千上方的最高点。从力学的角度看，秋千、人体系统是一种机械能不断增长的系统，我们姑且将这种系统机械能不断增长的现象称为“秋千现象”。

(a) 现在的秋千

(b) 古代荡秋千图

(c) 训练用旋梯

图 7-12　秋千与旋梯

从力学模型的角度看，旋梯(图 7-12(c))与秋千并无本质区别。

第 6 章针对旋梯系统的动量矩守恒过程的分析观点仅仅给出了一种表面现象，并没有指出系统机械能增量具体来源于何处，是一种不彻底的解释，说服力不够强。

秋千现象是机械能不断增长的现象，能量的来源是根本，我们还是从能量说起。能量来源于力做功，究竟是哪些力做了功？

为简化分析，忽略秋千本身的质量以及轴向变形，忽略空气动力以及秋千绳悬挂点处的摩擦阻力力矩。秋千、人体系统整体受力有人体重力、秋千绳悬挂点处的约束力。手与秋千绳的相互作用力、脚与踏板的相互作用力为系统内力，且每一对内力的作用点在秋千系统运动过程中无相对位移，因此，两对内力对系统整体来说均不做功。秋千绳悬挂点处约束力作用点的位移为零，此处为约束力不做功的理想约束。

对于秋千现象，广泛流传一种外力做功观点：重力或重力矩在秋千摆动过程中对系统做了正功。其实这种观点是不正确的。

如图 7-13 所示，将人体以图中小球表征。在秋千摆动过程中，重力对固定铰链处的力矩在系统下摆过程中比上摆过程要大，重力矩对系统做正功并没有错；但这种分析恰恰忽略了两个最重要的环节：挺身过程和下蹲过程。计算重力对系统做功时，若不计算挺身、下蹲过程，只分析挺身之后的上升过程或下蹲后的下落过程，采用重力矩与角位移乘积的方法或采用重力与始末位置高度差乘积的方法均能得出同样的结论，大家可以通过计算自行验证。上摆过程中，重力做功在数值上正比于图中 $\Delta 1$；下摆过程中，重力做功在数值上正比于图中 $\Delta 2$。

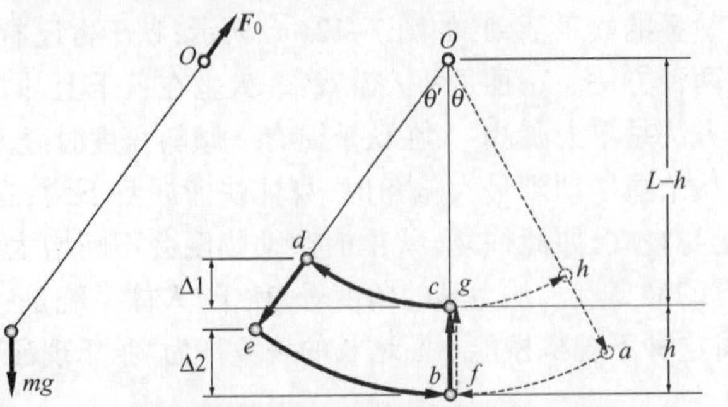

图 7-13　秋千重力做功与质心运动路径

假设人体动作非常迅速，挺身以及下蹲过程瞬间完成。此种假设下，人体重心将在人体内力的作用下获得极高的速度，人体的动能将是极大的，但人体的挺身或下蹲动作还必须在极短的时间内停下来，这同样是人体内力的作用，因此，这种瞬间出现的极大的动能瞬间又消失了。因此，我们忽略这个只存在了瞬间的"不速之客"对分析问题的影响。这种假定无疑会对实际问题的定量分析带来不可接受的误差。但，若假定人体重心在极短的时间段内仅仅获得了一个极小的高度增量，那么，这种假定对定性分析来说则是可行的。

应注意，采用力矩做功方法计算重力做功时，仅适用于质点无径向位移的情况。挺身以及下蹲过程恰恰只有径向位移，重力矩做功不能体现出来。考虑秋千挺身、上摆、下蹲、下摆的全过程，我们很容易发现，人体的重心仅仅是转了一圈又回到原处，其始末位置重合，如图中路径 $b \to c \to d \to e \to b$ 所示。重力场有势，此过程中重力对系统做功为零。不管经过多少个循环，重力对系统总机械能的贡献也是零。竖直位置右侧的重心升降循环也是如此，如图中的路径 $f \to g \to h \to a \to f$ 所示。

因此，我们可得出结论：秋千系统外力对系统机械能的增长没有任何贡献。因此，系统机械能的增量只能来源于人体的内能。挺身过程中，肌肉和肌腱作用力使身体伸展，克服重力对人体做了正功，使人体的势能增加；下蹲过程中，肌肉和肌腱作用力使身体蜷缩，对人体做了负功，使人体的势能减小，但下蹲过程是在秋千绳处在倾斜状态下完成的，重心下降量小于挺身过程重心升高量，总体上看，系统的总机械能是增加的。

旋梯只是一个相貌特殊的"秋千"。其在训练过程中的机械能不断增长的原理与普通秋千无异。

例题 7-2　两等长的杆 AC、CB 组成可动机构，如图 7-14 所示。A 处为固定铰链支座，B 处为滚动铰链支座，且在同一水平面上。两杆在 C 处铰链连接，并悬挂质量为 m 的重物 D，以刚度系数为 k 的弹簧连于两杆的中点。弹簧的原长 $l_0 = \dfrac{AC}{2} = \dfrac{BC}{2}$，不计两杆的重量。试求当 $\angle CAB$ 由 60°变为30°时，重物 D 的重力和弹簧的弹性力所做的总功。

解：(1) 求重物 D 的重力所做的功。重物 D 下降的高度为

$$z_1 - z_2 = AC \cdot (\sin 60° - \sin 30°) = 2l_0(\sin 60° - \sin 30°) = (\sqrt{3} - 1)l_0$$

则重力做功为

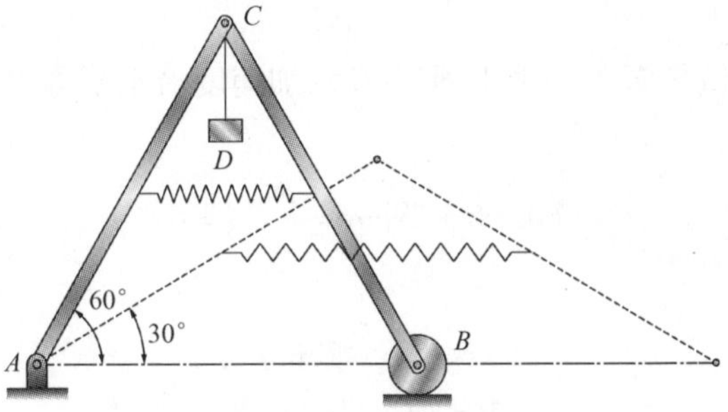

图7-14　例题7-2

$$W_1 = mg(z_1 - z_2) = mg(\sqrt{3}-1)l_0$$

（2）求弹簧弹性力所做的功。由几何条件知：当$\angle CAB = 60°$时，弹簧伸长量为$\delta_1 = 0$；当$\angle CAB = 30°$时，弹簧伸长量为$\delta_2 = 2l_0\cos 30° - l_0 = (\sqrt{3}-1)l_0$。则弹性力做功为

$$W_2 = \frac{k}{2}(\delta_1^2 - \delta_2^2) = -\frac{k}{2}(\sqrt{3}-1)^2 l_0^2$$

系统总功为

$$W = W_1 + W_2 = mg(\sqrt{3}-1)l_0 - \frac{k}{2}(\sqrt{3}-1)^2 l_0^2$$

要点与讨论

重力、弹性力做功都与力作用点的轨迹形状无关。

例题7-3　一轮在恒力$\boldsymbol{T}$的作用下沿平直固定轨道做纯滚动，$\boldsymbol{T}$与平直轨道的夹角为α，如图7-15所示。轮重$\boldsymbol{G}$，半径为R，轮与支撑面的滚动摩阻因数为δ，求轮心C移动s过程中所有力的功。

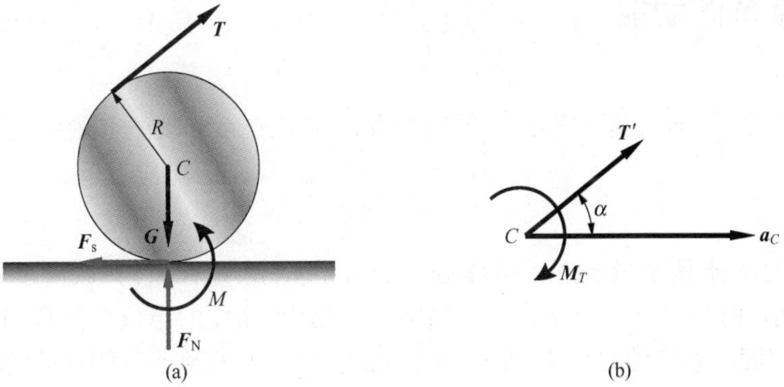

图7-15　例题7-3

解：取轮为研究对象，轮子受拉力$\boldsymbol{T}$、重力$\boldsymbol{G}$、支撑力$\boldsymbol{F}_N$、静摩擦力$\boldsymbol{F}_s$和滚动摩阻力偶$\boldsymbol{M}$的作用。

滚动摩阻力偶$\boldsymbol{M}$的力偶矩大小为

$$M=\delta F_{\mathrm{N}}$$

轮子沿平直轨道做平面运动,所以质心 C 的加速度沿水平方向。在铅垂方向应用质心运动定理,得

$$F_{\mathrm{N}}-G+T\sin\alpha=\frac{P}{g}a_{Cy}=0$$

所以

$$F_{\mathrm{N}}=G-T\sin\alpha$$
$$M=(G-T\sin\alpha)\delta$$

为便于分析力 $\boldsymbol{T}$ 做功的大小,将力 $\boldsymbol{T}$ 平移到质心 C 点,得到力 $\boldsymbol{T}'$ 和力偶 M_T,其中

$$\boldsymbol{T}'=\boldsymbol{T},\quad M_T=TR$$

力 $\boldsymbol{T}$ 做功等于力 $\boldsymbol{T}'$ 在质心位移上的功加上力偶 M_T 在圆轮转动过程中的做功。所有力中只有拉力 $\boldsymbol{T}$ 和滚动摩阻 $\boldsymbol{M}$ 做功,且圆盘转角 $\varphi=s/R$。因此

$$W=T\cos\alpha\cdot s+TR\varphi-M\varphi$$

所以

$$W=T\cos\alpha\cdot s+\frac{s}{R}[TR-(G-T\sin\alpha)\delta]$$

要点与讨论

本题中圆盘做平面运动,因此也可用刚体平面运动时力系做功的计算方法。力系主矢在水平方向投影为 $T\cos\alpha$,质心在水平方向位移为 s;力系对质心的主矩为 $TR-M$,为常量,圆盘转角为 $\varphi=s/R$(由于位移以向右为正,而质心 C 向右移动时圆盘顺时针转动,因此力矩与转角都以顺时针为正)。刚体平面运动时功由两部分组成:力系主矢在质心位移上做的功及力系对质心的主矩在转动过程中所做的功,于是有 $W=T\cos\alpha\cdot s+TR\varphi-M\varphi$。

7.2 质点系的动能

设有质点系 $\sum_{i=1}^{n}m_i$,其中质点 m_i 的速度为 v_i,则质点系的动能定义为

$$T=\sum_{i=1}^{n}\frac{1}{2}m_iv_i^2 \tag{7-17}$$

质点系的动能是度量质点系整体运动的力学量,它是标量,只取决于各质点的质量和速度大小,而与速度方向无关。在国际单位制中,动能的单位为焦耳(J)。

对于以速度 $\boldsymbol{v}$ 做平动的刚体,将 $v_i=v$ 代入式(7-17),得到平动刚体的动能为

$$T=\sum_{i=1}^{n}\frac{1}{2}m_iv_i^2=\frac{1}{2}mv^2 \tag{7-18}$$

式中:m 为刚体的质量。对于以角速度 ω 绕定轴 z 转动的刚体,将 $v_i=r_i\omega$ 代入式(7-17),得到绕定轴转动刚体的动能为

$$T=\sum_{i=1}^{n}\frac{1}{2}m_iv_i^2=\sum_{i=1}^{n}\frac{1}{2}m_i(r_i\omega)^2=\frac{1}{2}\sum_{i=1}^{n}m_ir_i^2\omega^2=\frac{1}{2}J_z\omega^2 \tag{7-19}$$

式中：$J_z=\sum_{i=1}^{n} m_i r_i^2$ 为刚体相对于 z 轴的惯性矩。

建立质心平动参考系 $Cxyz$，则质点 m_i 的速度可写作

$$\boldsymbol{v}_i=\boldsymbol{v}_C+\boldsymbol{v}_{ri}$$

其中：$\boldsymbol{v}_C$ 为质心 C 的速度；$\boldsymbol{v}_{ri}$ 为质点 m_i 相对质心平动参考系的相对速度。将上式代入式(7-17)，得到

$$T=\sum_{i=1}^{n}\frac{1}{2}m_i(\boldsymbol{v}_C+\boldsymbol{v}_{ri})\cdot(\boldsymbol{v}_C+\boldsymbol{v}_{ri})=\frac{1}{2}mv_C^2+\sum_{i=1}^{n}\frac{1}{2}m_i v_{ri}^2+\boldsymbol{v}_C\cdot\sum_{i=1}^{n}m_i\boldsymbol{v}_{ri}$$

注意到 $\sum_{i=1}^{n} m_i\boldsymbol{v}_{ri}/m$ 为质点系质心相对质心平动参考系的速度，因此其为零矢量。上式可化为

$$T=\frac{1}{2}mv_C^2+\sum_{i=1}^{n}\frac{1}{2}m_i v_{ri}^2 \tag{7-20}$$

上式表明，**质点系的动能等于质点系随质心平动的动能与相对质心平动参考系的动能之和**。刚体做平面运动时 $v_{ri}=r_i\omega$，由式(7-20)可得到平面运动刚体的动能为

$$T=\frac{1}{2}mv_C^2+\frac{1}{2}J_C\omega^2 \tag{7-21}$$

例题 7-4　均质细杆长为 l，质量为 m，其上端 B 靠在光滑的竖直墙壁上，下端 A 与质量为 M、半径为 R 且放在粗糙地面上的圆柱中心铰链连接，如图 7-16 所示。圆柱做纯滚动，在图示位置，杆与水平线的夹角 $\theta=45°$，圆柱中心点 A 速度为 $\boldsymbol{v}$。求该瞬时系统的动能。

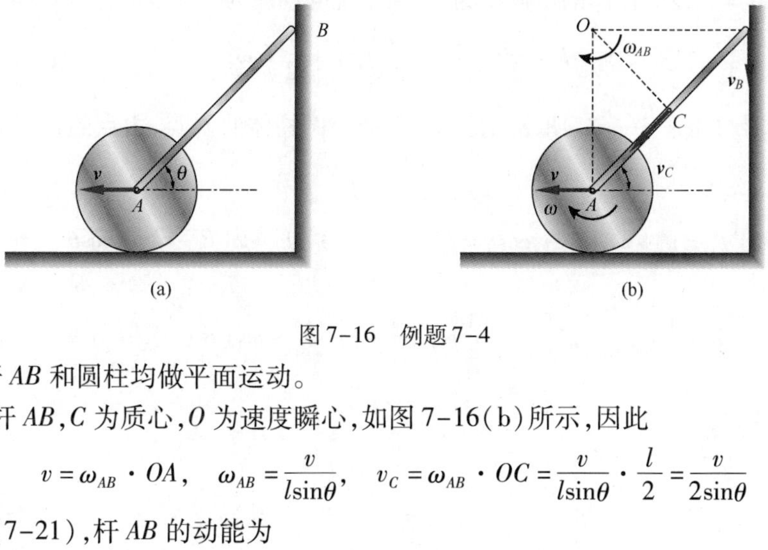

图 7-16　例题 7-4

解：杆 AB 和圆柱均做平面运动。

对于杆 AB，C 为质心，O 为速度瞬心，如图 7-16(b)所示，因此

$$v=\omega_{AB}\cdot OA,\quad \omega_{AB}=\frac{v}{l\sin\theta},\quad v_C=\omega_{AB}\cdot OC=\frac{v}{l\sin\theta}\cdot\frac{l}{2}=\frac{v}{2\sin\theta}$$

由式(7-21)，杆 AB 的动能为

$$T_{AB}=\frac{1}{2}mv_C^2+\frac{1}{2}J_C\omega_{AB}^2=\frac{1}{3}mv^2$$

对于圆柱体

$$T_A=\frac{1}{2}Mv^2+\frac{1}{2}J_A\omega^2=\frac{3}{4}Mv^2$$

该瞬时系统的总动能为

$$T=T_A+T_{AB}=\frac{1}{12}(9M+4m)v^2$$

要点与讨论

(1) 读者要熟记均质杆、均质圆盘等相对质心的惯性矩。对任意一条与通过质心 C 的轴相平行的轴 O 的惯性矩可用移轴定理 $J_O = J_C + md^2$ 计算，其中，m 为质量，d 为两平行轴之间的距离。

(2) 本题的关键是系统的运动分析。一定要熟知杆和圆柱的运动关系及特征。

例题 7-5 质量为 m_1、半径为 r 的均质圆柱体在质量为 m_2、半径为 R 的半圆形滑槽内做纯滚动。滑槽做直线平动，如图 7-17 所示。求系统的动能。

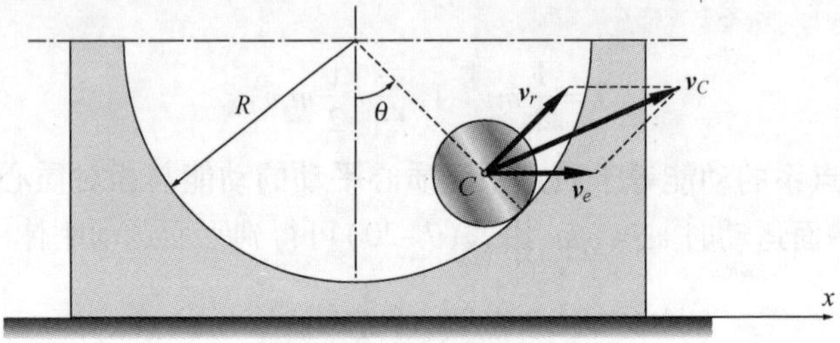

图 7-17 例题 7-5

解：取整个系统为研究对象，选 x 和 θ 为广义坐标，其正方向如图 7-17 所示，x 的原点位于滑槽中点。设圆柱体的角速度为 ω，则系统的动能为

$$T = \frac{1}{2}m_2\dot{x}^2 + \frac{1}{2}m_1 v_C^2 + \frac{1}{2}J_C\omega^2$$

式中：$J_C = m_1 r^2/2$，$\omega = \dfrac{R-r}{r}\dot{\theta}$。取滑槽为动系，研究圆柱体的 C 点，由点的合成运动可知

$$v_e = \dot{x}, \quad v_r = (R-r)\dot{\theta}$$

$$v_C^2 = v_e^2 + v_r^2 + 2v_e v_r\cos\theta = \dot{x}^2 + (R-r)^2\dot{\theta}^2 + 2(R-r)\dot{x}\dot{\theta}\cos\theta$$

所以有

$$T = \frac{1}{2}(m_1+m_2)\dot{x}^2 + \frac{3}{4}m_1(R-r)^2\dot{\theta}^2 + m_1(R-r)\dot{x}\dot{\theta}\cos\theta$$

要点与讨论

从本题可以看出，应根据物体的具体运动形式，选择合适的坐标，如本题的 x 和 θ。坐标的原点一般选在运动的初始位置或系统的静平衡位置处。坐标的正方向确定后，其他运动量(如速度、加速度等)的正方向都应与坐标的正方向一致。合理地选取坐标，可有效地减小计算量、简化结果。

7.3 质点系动能定理

设质点 m_i 在力 $\boldsymbol{F}_i$ 的作用下运动，由牛顿第二定律得

$$\boldsymbol{F}_i = m_i \frac{\mathrm{d}\boldsymbol{v}_i}{\mathrm{d}t} = m_i \frac{\mathrm{d}\boldsymbol{v}_i}{\mathrm{d}\boldsymbol{r}_i} \cdot \frac{\mathrm{d}\boldsymbol{r}_i}{\mathrm{d}t} = m_i \boldsymbol{v}_i \cdot \frac{\mathrm{d}\boldsymbol{v}_i}{\mathrm{d}\boldsymbol{r}_i}$$

其中 $\mathrm{d}\boldsymbol{r}_i$ 为力 $\boldsymbol{F}_i$ 作用点的位移增量，于是力 $\boldsymbol{F}_i$ 在位移增量 $\mathrm{d}\boldsymbol{r}_i$ 上所做的元功为

$$\mathrm{d}W_i = \boldsymbol{F}_i \cdot \mathrm{d}\boldsymbol{r}_i = m_i \boldsymbol{v}_i \cdot \mathrm{d}\boldsymbol{v}_i = \mathrm{d}\left(\frac{1}{2} m_i v_i^2\right) \tag{7-22}$$

将上式对所有质点求和，得

$$\mathrm{d}T = \sum_{i=1}^{n} \mathrm{d}W_i = \mathrm{d}W \tag{7-23}$$

即：**质点系动能的微分等于作用在质点系上所有力的元功之和**。这就是**质点系动能定理**的**微分形式**。

如质点系从状态 1 运动到状态 2，将式(7-23)积分得

$$T_2 - T_1 = W_{12} \tag{7-24}$$

式中：T_1 和 T_2 分别为质点系在状态 1 和状态 2 时的动能；W_{12} 为作用于质点系上的所有力（包括内力和外力）在此过程中做功之和。此表达式称为**质点系动能定理**的**积分形式**。

内力虽不能改变质点系的动量和动量矩，但可能改变能量；外力能改变质点系的动量和动量矩，但不一定能改变其能量。例如，在汽车发动机中，汽缸内气体的爆燃力是内力，它不能改变汽车的动量，但它能使汽车的动能增加。在不打滑的前提下，地面对驱动轮向前的摩擦力是汽车行驶的牵引力，它能使汽车的动量增加，但此力并不做功，不能改变汽车的动能。因此，要完整认识“什么力驱动汽车行驶”这一问题，必须同时用动量和能量分析。

例题 7-6　引例：航空母舰上舰载机阻拦过程。

通过对前面内容的学习，我们可以对舰载机阻拦过程进行简化力学分析如下。

在舰载机阻拦着舰时，作用在飞机上的外力如图 7-18 所示，主要有重力 $\boldsymbol{G}$、气动力 $\boldsymbol{R}$（升力、阻力、侧力）、发动机推力 $\boldsymbol{T}$、舰面作用力 $\boldsymbol{F}_{bi}$（$i=1,2,3$ 表示三个起落架）、尾钩阻拦力 $\boldsymbol{F}_{\mathrm{H}}$。

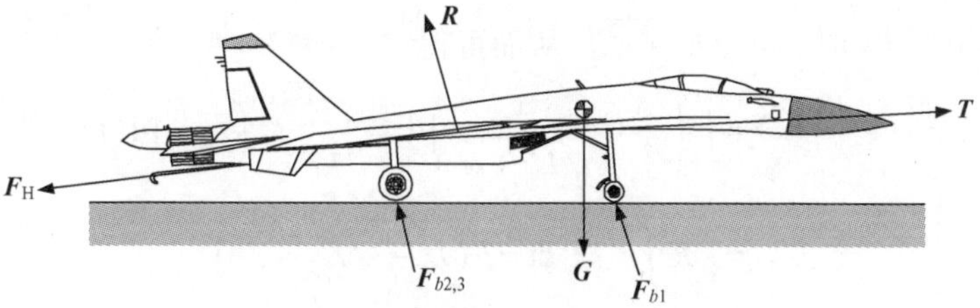

图 7-18　作用在飞机上的外力

如果对这些力一一考虑，问题将会变得极其复杂。为了仅在理论力学的视角下定性分析问题，在不改变问题本质的前提下，我们可将问题大大简化。**数值上失真，但问题模型存真**。

如图 7-19 所示。舰载机未挂索时，阻拦索处于 AB 位置，以阻拦索中点在甲板上的投影点 O 为坐标原点，飞机滑跑方向为 x 轴，y 轴为 AB 连线方向。设阻拦索两支撑点 A、B 间距为 $2L$，被舰载机拖拽后的缆索与 y 轴的夹角为 θ，飞机的总质量为 M。假设舰载机着舰时，尾钩恰好勾到阻拦索的中点位置，两侧阻拦索的拉力相等，设为 $F/2$，且其值不随时间

变化。忽略阻拦过程中尾钩的高度提升、准备复飞的发动机推力、舰载机气动力、甲板阻力等影响(这些影响并不改变此问题的本质属性)。若要求解舰载机阻拦过程的滑跑距离,可以采用两种方法。

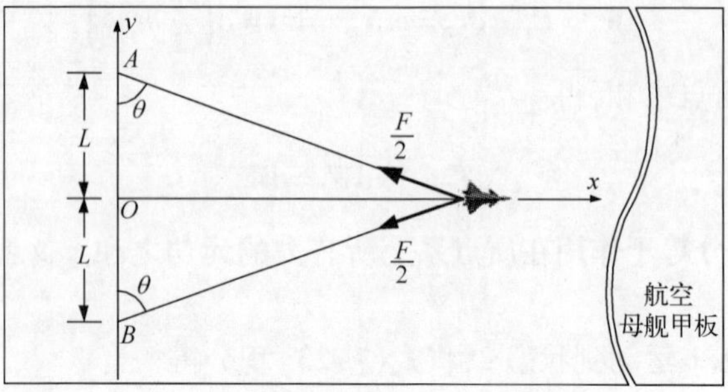

图 7-19　舰载机阻拦索拦阻过程简化模型

第一种方法　采用对飞机的运动微分方程积分的方法进行。求解过程如下:

基于上述对问题的简化,飞机的运动微分方程可表示为:

$$M\ddot{x}=-F\sin\theta$$

其中 $\theta=\arctan(x/L)$,飞机的速度 $v=\dot{x}$,则$\frac{\mathrm{d}v}{\mathrm{d}x}\cdot\frac{\mathrm{d}x}{\mathrm{d}t}=\ddot{x}$,即$\ddot{x}=v\frac{\mathrm{d}v}{\mathrm{d}x}$,代入上式,可得

$$Mv\mathrm{d}v=-F\frac{x\mathrm{d}x}{\sqrt{L^2+x^2}}$$

对上式积分,得

$$\int_{v_0}^{v}Mv\mathrm{d}v=\int_0^x\left(-F\frac{x}{\sqrt{L^2+x^2}}\right)\mathrm{d}x$$

令

$$t=\sqrt{L^2+x^2},\quad t^2=L^2+x^2$$

则 $x=0$ 时,$t=L$;$x=x$ 时,$t=\sqrt{L^2+x^2}$。从而可得

$$\frac{M}{2}(v^2-v_0^2)=\int_0^x\left(-F\frac{x}{\sqrt{L^2+x^2}}\right)\mathrm{d}x=\int_L^{\sqrt{L^2+x^2}}\left(\frac{-F}{2t}\right)\mathrm{d}(t^2)$$

$$=-F\int_L^{\sqrt{L^2+x^2}}\mathrm{d}t=F(L-\sqrt{L^2+x^2})$$

整理,得

$$\frac{M}{2}(v^2-v_0^2)=F(L-\sqrt{L^2+x^2})$$

第二种方法　直接运用动能定理求解。求解过程如下:

$$T_2-T_1=W_{12}$$

即

$$\frac{M}{2}(v^2-v_0^2)=\int_0^x(-F\sin\theta)\mathrm{d}x=\int_0^x\left(-F\frac{x}{\sqrt{L^2+x^2}}\right)\mathrm{d}x$$

整理,得

$$\frac{M}{2}(v^2 - v_0^2) = F(L - \sqrt{L^2 + x^2})$$

阻拦结束时,$v=0$,代入上式,可得到飞机在被阻拦过程中沿甲板的滑行距离为

$$x_{v=0} = \sqrt{\left(L + \frac{Mv_0^2}{2F}\right) - L^2}$$

两种方法殊途同归。第一种方法从牛顿定律出发,对整个过程进行积分,最终导出结论;第二种方法根据始末状态,直接对整个过程运用动能定理求解。实际上第一种方法的求解过程就是动能定理的推证过程。第一种方法使用范围更广,更通用,但计算量也较大;第二种方法更具针对性,计算量较小。

算例 若设:舰载机重 22.5t,在挂索瞬间的速度为 $v_0 = 240\text{km/h}$ 即 $v_0 = 66.7\text{m/s}$;$L = 5\text{m}$;阻拦力 F 为常值,且为舰载机自重的 2.5 倍,即 $F = 2.5 \times 22500 \times 9.8 = 551250.0\text{N}$。代入式 $x_{v=0} = \sqrt{\left(L + \frac{Mv_0^2}{2F}\right)^2 - L^2}$,可得最远滑跑距离约为 95.6m。

例题 7-7 提升机构如图 7-20 所示,假设电动机提供的力偶矩 M 可视为常量。小齿轮及联轴节、电动机转子对轴Ⅰ的惯性矩为 J_1,大齿轮及卷筒对于轴Ⅱ的惯性矩为 J_2,被提升的物体的重力为 $\boldsymbol{G}$,卷筒、小齿轮及大齿轮的半径分别为 R、r_1 及 r_2,不计摩擦及钢丝绳的质量。求重物从静止开始到上升距离 s 时的速度及加速度。

解:取整个系统为研究对象,只有重力 $\boldsymbol{G}$ 和力偶 $\boldsymbol{M}$ 做功,设轴Ⅰ和轴Ⅱ转过的角度分别为 φ_1 和 φ_2,则总功为

$$W = M\varphi_1 - Gs$$

系统初始静止,动能为 $T_1 = 0$,重物上升距离 s 时系统动能为

$$T_2 = \frac{1}{2}\frac{G}{g}v^2 + \frac{1}{2}J_1\omega_1^2 + \frac{1}{2}J_2\omega_2^2$$

由质点系的动能定理,有

$$\frac{1}{2}\frac{G}{g}v^2 + \frac{1}{2}J_1\omega_1^2 + \frac{1}{2}J_2\omega_2^2 = M\varphi_1 - Gs \quad (1)$$

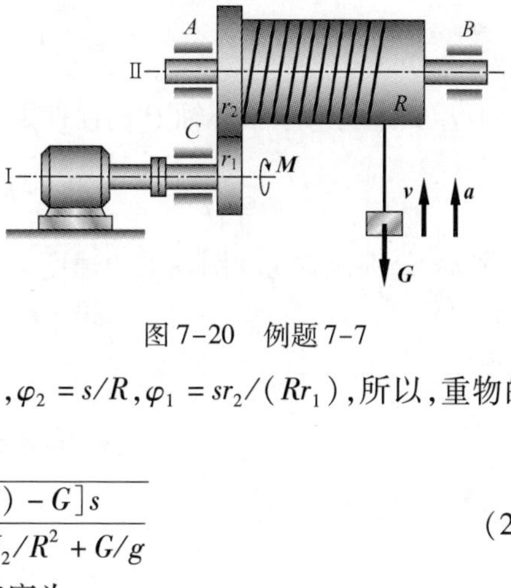

图 7-20 例题 7-7

又 $\varphi_1/\varphi_2 = \omega_1/\omega_2 = r_2/r_1$,$\omega_2 = v/R$,$\omega_1 = vr_2/(Rr_1)$,$\varphi_2 = s/R$,$\varphi_1 = sr_2/(Rr_1)$,所以,重物的速度为

$$v = \sqrt{\frac{2[Mr_2/(Rr_1) - G]s}{J_1r_2^2/(R^2r_1^2) + J_2/R^2 + G/g}} \quad (2)$$

将(2)式两边平方并关于时间求导,得重物的加速度为

$$a = \frac{Mr_2/(Rr_1) - G}{J_1r_2^2/(R^2r_1^2) + J_2/R^2 + G/g}$$

要点与讨论

本题求加速度时是对(2)式求导,而不是对(1)式求导,这样做较为方便。如果不必求速度,仅求加速度,也可用动能定理的微分形式求解。

例题 7-8 卷扬机如图 7-21(a)所示,鼓轮在常值力偶 $\boldsymbol{M}$ 作用下,将均质圆柱沿斜面上拉。已知鼓轮半径为 R_1,重力 $\boldsymbol{G}_1$,质量均匀分布在轮缘上;圆柱的半径为 R_2,重力 $\boldsymbol{G}_2$,可沿倾角为 α 的斜面做纯滚动,不计滚动摩阻,略去软绳的质量,且绳与斜面平行。系统从静止开始运动,求圆柱中心 C 经过路程 s 时的加速度。

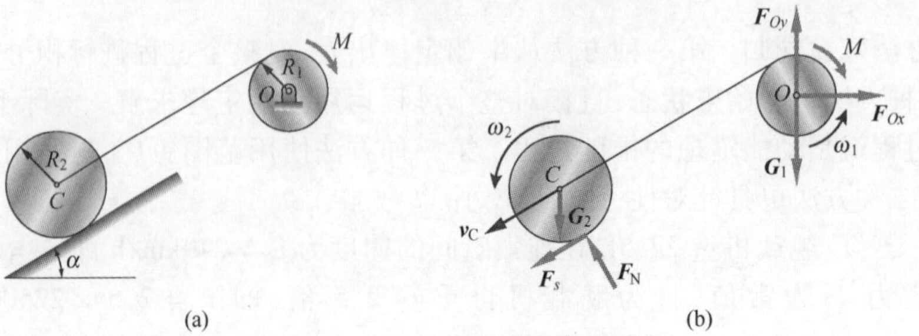

图 7-21 例题 7-8

解:取整个系统为研究对象,受力分析如图 7-21(b)所示,作用力有:重力 $\boldsymbol{G}_1$ 和 $\boldsymbol{G}_2$,外力偶 M,水平轴 O 的约束力 $\boldsymbol{F}_{Ox}$ 和 $\boldsymbol{F}_{Oy}$,斜面对圆柱的约束力 $\boldsymbol{F}_{\mathrm{N}}$ 和静摩擦力 $\boldsymbol{F}_s$。只有重力 $\boldsymbol{G}_2$ 和外力偶 M 做功。设鼓轮从静止转过 φ 角,则总功为

$$W = M\varphi - G_2 \cdot s \cdot \sin\alpha = \left(\frac{M}{R_1} - G_2\sin\alpha\right)s$$

系统初始静止,动能为 $T_1 = 0$,圆柱中心 C 经过路程 s 时系统动能为

$$T_2 = \frac{1}{2}J_1\omega_1^2 + \frac{1}{2}\frac{G_2}{g}v_C^2 + \frac{1}{2}J_C\omega_2^2$$

式中:J_1 为鼓轮对于中心轴 O 的惯性矩;J_C 为圆柱对于过质心 C 的轴的惯性矩。且

$$J_1 = \frac{G_1}{g}R_1^2, \quad J_C = \frac{1}{2}\frac{G_2}{g}R_2^2$$

ω_1 和 ω_2 分别为鼓轮和圆柱的角速度。因

$$\omega_1 = v_C/R_1, \quad \omega_2 = v_C/R_2$$

于是

$$T_2 = \frac{v_C^2}{4g}(2G_1 + 3G_2)$$

由质点系的动能定理,有

$$\frac{v_C^2}{4g}(2G_1 + 3G_2) = \left(\frac{M}{R_1} - G_2\sin\alpha\right)s \tag{1}$$

将方程(1)等号两侧关于时间求导,得圆柱中心 C 的加速度为

$$a_C = \frac{2g(M/R_1 - G_2\sin\alpha)}{2G_1 + 3G_2}$$

例题 7-9 摆锤由长 $L = 1\mathrm{m}$、重 $G_1 = 400\mathrm{N}$ 的均质直杆和半径 $r = 0.2\mathrm{m}$、重 $G_2 = 800\mathrm{N}$ 的均质圆盘固结而成。弹簧的一端连接于直杆 AB 的中点 D,另一端连接于固定点 E,其原长 $l_0 = 0.6\mathrm{m}$,刚度系数 $k = 600\mathrm{N/m}$。求:当摆从右侧水平位置无初速度地运动到图示铅垂位置时的角速度 ω。

解:取摆锤为研究对象。在摆锤从水平位置运动到铅垂位置过程中,其上只有重力 $\boldsymbol{G}_1$、$\boldsymbol{G}_2$ 和弹性力 $\boldsymbol{F}$ 做功,力的功为

$$W = G_1 \cdot \frac{L}{2} + G_2(L+r) + \frac{1}{2}k(\delta_1^2 - \delta_2^2)$$

式中:$\delta_1 = 0.5\sqrt{2} - 0.6 = 0.107\text{m}$;$\delta_2 = (0.5 + 0.5) - 0.6 = 0.4\text{m}$。

摆锤做定轴转动,初始静止,动能为 $T_1 = 0$,摆至铅垂位置时其动能为

$$T_2 = \frac{1}{2}J_A\omega^2$$

式中:$J_A = \frac{1}{3}\frac{G_1}{g}L^2 + \left[\frac{1}{2}\frac{G_2}{g}r^2 + \frac{G_2}{g}(L+r)^2\right]$为摆锤对 A 轴的惯性矩。

由动能定理,有

$$\frac{1}{2}J_A\omega^2 = G_1 \cdot \frac{L}{2} + G_2(L+r) + \frac{1}{2}k(\delta_1^2 - \delta_2^2)$$

将有关数据代入可解得

$$\omega = 4.1\text{rad/s}$$

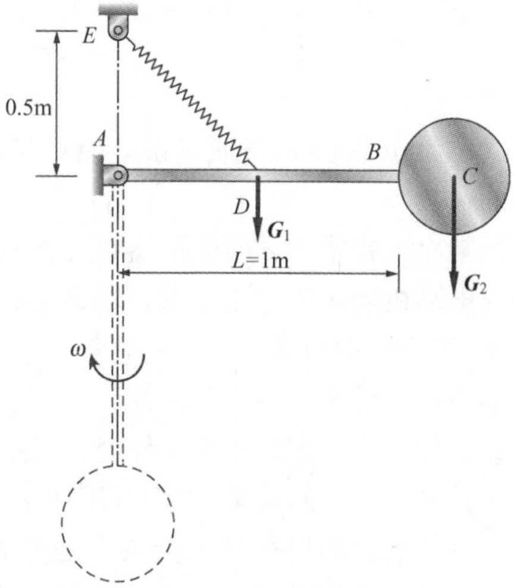

图7-22　例题7-9

7.4　功率

1）功率

在工程中,需要知道一部机器单位时间内能做多少功。单位时间内力所做的功称为功率,其表征力做功的快慢,用 P 表示。

功率的数学表达式为

$$P = \frac{\mathrm{d}W}{\mathrm{d}t}$$

因为 $\mathrm{d}W = \boldsymbol{F} \cdot \mathrm{d}\boldsymbol{r}$,所以功率可写成

$$P = \boldsymbol{F} \cdot \frac{\mathrm{d}\boldsymbol{r}}{\mathrm{d}t} = \boldsymbol{F} \cdot \boldsymbol{v} = F_\tau v \tag{7-25}$$

式中:$\boldsymbol{v}$ 为力 $\boldsymbol{F}$ 作用点的速度。即:功率等于切向力与力作用点速度的乘积。

每部机器能够输出的最大功率是一定的,因此用机床加工工件时,如果需要较大切削力,必须选择较小的切削速度。又如汽车上坡时,由于需要较大的驱动力,这时驾驶员须换用低速挡,以求在发动机功率一定的条件下,产生大的驱动力。

作用在转动刚体上的力的功率为

$$P = \frac{\mathrm{d}W}{\mathrm{d}t} = M_z\frac{\mathrm{d}\varphi}{\mathrm{d}t} = M_z\omega \tag{7-26}$$

式中:M_z 为力对转轴 z 的力矩;ω 为角速度。即:作用于转动刚体上的力的功率等于该力对转轴的矩与角速度的乘积。

在国际单位制中,每秒钟力所做的功等于1焦耳(J)时,其功率为1瓦特(W)。工程

中常用千瓦(kW)作单位。

2) 功率方程

取质点系动能定理的微分形式,两端除以 dt,得

$$\frac{\mathrm{d}T}{\mathrm{d}t}=\sum\frac{\mathrm{d}W_i}{\mathrm{d}t}=\sum P_i \tag{7-27}$$

上式称为功率方程,即质点系动能对时间的一阶导数,等于作用于质点系的所有力的功率的代数和。

功率方程常用来研究机器在工作时能量的变化和转化的问题。例如车床工作时,电场对电动机转子的作用力做正功,使转子转动,电场力的功率称为输入功率。由于皮带传动、齿轮传动和轴承与轴之间都有摩擦,摩擦力做负功,使一部分机械能转化为热能;传动系统中的零件会相互碰撞,也要损失一部分功率。这些功率都取负值,称为无用功率或损耗功率。车床切削工件时,切削阻力对夹持在车刀上的工件做负功,这是车床加工零件必须付出的功率,称为有用功率或输出功率。

每部机器的功率都可分为上述三部分:输入功率 P_{Input}、损耗功率 P_{Loss} 和输出功率 P_{Output}。在一般情形下,式(7-27)可写成

$$\frac{\mathrm{d}T}{\mathrm{d}t}=P_{\mathrm{Input}}-P_{\mathrm{Output}}-P_{\mathrm{Loss}} \tag{7-28}$$

或

$$P_{\mathrm{Input}}=P_{\mathrm{Output}}+P_{\mathrm{Loss}}+\frac{\mathrm{d}T}{\mathrm{d}t}$$

3) 机械效率

工程中,要用到有效功率的概念,有效功率为 $P_{\mathrm{Effect}}=P_{\mathrm{Output}}+\frac{\mathrm{d}T}{\mathrm{d}t}$,有效功率与输入功率的比值称为机器的机械效率,用 η 表示,即

$$\eta=\frac{P_{\mathrm{Effect}}}{P_{\mathrm{Input}}} \tag{7-29}$$

由上式可知,机械效率 η 表征机器对输入功率的有效利用程度,它是评定机器质量好坏的指标之一。显然,工程实际情况下,$\eta<1$。

一部机器的传动部分一般由多个零件组成。系统中,如轴承与轴之间、传动带与带轮之间、齿轮与齿轮之间各级传动都因摩擦而消耗功率,各级传动都有各自的效率。设Ⅰ-Ⅱ,Ⅱ-Ⅲ,Ⅲ-Ⅳ各级的效率分别为 η_1、η_2、η_3,则Ⅰ-Ⅳ的总效率为

$$\eta=\eta_1\cdot\eta_2\cdot\eta_3$$

对于有 n 级传动的系统,总效率等于各级效率的连乘积,即

$$\eta=\eta_1\cdot\eta_2\cdot\eta_3\cdot\cdots\cdot\eta_n$$

例题 7-10 飞行器推进系统的功率。

解析:推进系统是飞行器的最重要系统之一。飞机的推进系统主要由两部分组成,第一部分是发动机,它的作用是将燃油等能源燃烧转化为能量;第二部分是具体的推进装置,它能将发动机所做的功转换为对周围空气做功,进而产生推力或拉力。比如活塞式发动机以及推进螺旋桨就是推进系统的两个经典组成部分(图 7-23)。

航空发动机的推力或拉力与发动机的功率直接相关。功率由“油门”调节,油门由飞

行员控制。如果飞行员增大油门,功率就会增加。功率是做功的速率,本质上是燃油消耗的速率。发动机传递给螺旋桨可用于推动飞机的功率或发动机产生的可用于推动喷气式飞机前进的功率称为可用功率,可用功率为可用推力与飞机速度之积。克服飞机重力、阻力等所需功率称为需用功率。需用功率一般可分为诱导功率和干扰阻力功率。诱导功率是产生升力必需消耗的功率,其等于飞机对气流做功的速率。干扰阻力功率为飞机受气流冲击而损失的功率。

诱导功率。机翼将气流向下加速而产生升力。假定在无风的天气,飞机水平平飞,空气在机翼扰动之前处于静止状态,机翼经过之后,气流获得一个速度增量,动能增加来源于机翼的做功,诱导功率就是飞机传输给气流动能的速率。如果采用例题 5-2 中的近似方法,认为气流仅获得竖直向下的绝对速度增量。即以地球为参照,观察气流的运动,则可以发现机翼后方的气流的流向几乎竖直向下,如图 7-24 所示,若以地面为固定坐标系、飞机为动坐标系,以气流为研究对象,则图中 $\boldsymbol{v}_e$ 为飞机相对于地面的速度,即牵连速度;$\boldsymbol{v}_r$ 为气流相对于机翼的速度,即相对速度;$\boldsymbol{v}_a$ 为气流相对于地面的绝对速度。

图 7-23　螺旋桨飞机的推进系统:活塞式发动机及推进螺旋桨

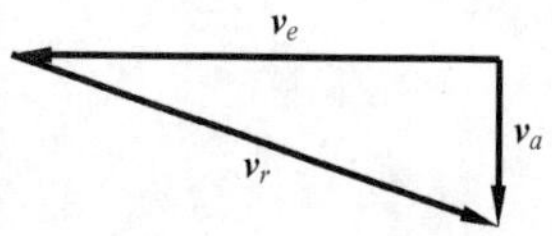

图 7-24　机翼、气流速度矢量图

由动能的定义式可知,诱导功率与单位时间转向气流量及气流速度增量的平方成正比。根据升力产生原因的动量定理解释可知,机翼升力大小与单位时间转向气流量及气流速度增量成正比。因此,诱导功率与机翼升力及下洗流绝对速度的关系可近似表示为

$$(\text{单位时间转向气流量} \times v_a^2) \propto (L \times v_a)$$

式中:L 为升力。通过上式可以发现,如果飞机的飞行速度加快,单位时间转向气流量也会增大,要想保持升力不变,机翼应减小迎角,进而减小 v_a 才行;因 L 不变,v_a 减小,上式中左端的诱导功率会相应减小。上述表明,诱导功率随飞行速度增加而减小。飞机在低速飞行时,即 $\boldsymbol{v}_e$ 的数值较小时,单位时间内的转向气流量减小,为保持升力,需要使 v_a 增大,即应增大迎角。因此,低速飞行时需要较大功率,机头会高高仰起。

海拔也会影响发动机的功率输出。随着海拔的增加,空气密度逐渐降低,氧气的密度也相应降低,需要氧气做氧化剂的发动机的最大可能输出功率也会相应降低。若飞机在高海拔飞行速度与低海拔时相同,飞机实际的转向气流量比低海拔时要小,要想保持升力不变,应使下洗流的垂直速度增大,这就意味着诱导功率需求也会随海拔的增大而

增大。若飞机处于高海拔，并采用低速飞行，其将需要更大的诱导功率，飞行迎角也会很大。由于发动机最大输出功率的限制，飞机的最大飞行高度是有限制的。

干扰阻力功率与单位时间内飞机对气流的碰撞而使气流增加的能量有关，或者说与单位时间内气流对飞机的碰撞阻碍而使飞机失去的能量有关。近似认为，此干扰阻力功率与飞机碰撞气流时传输给空气的能量以及碰撞速率成正比；空气在碰撞过程中获得的能量又近似与飞行速率的平方成正比。因此，我们近似认为：干扰阻力功率与飞行速率（空速）的三次方成正比，其随飞行速度的增加而快速增长。因此，对于飞机设计来说，想要通过提高发动机功率来提升飞机的最高巡航速度要付出较大代价；想办法减小飞机的干扰阻力，效果会更好。在低速飞行时，飞机的总需用功率中诱导功率所占比例很高；高速飞行时，干扰阻力功率所占比例较高。干扰阻力功率受海拔的影响与诱导功率不同。高海拔处较小的气体密度能降低飞行对干扰阻力功率的需求。

飞机在较经济的巡航速度飞行时往往具有较高的飞行速度，此时的干扰阻力功率需求占总需用功率的较大部分，因此，高海拔的低干扰阻力功率需求更具有经济效益，即飞机在所能达到的巡航高度范围内，飞行高度越高，飞行成本越低。

例题 7-11　直升机悬停时拉力与重力相等；在保持飞行高度的前提下，前进、后退以及侧飞时依然如此，如图 7-25 所示；但悬停时比其他飞行状态所需发动机功率更大，其原因何在？

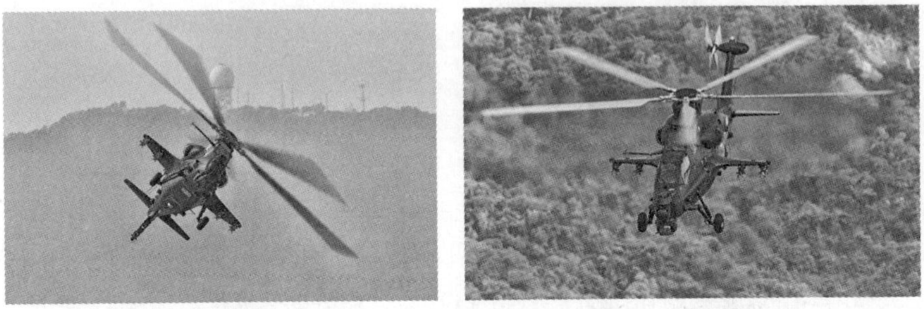

(a) 侧飞　　(b) 悬停

图 7-25　直升机的不同飞行状态

对此问题简要定性分析如下。

假设在无风的天气，前进时，旋翼桨叶捕捉几乎静止的空气并把它们加速推向下方，由此获得空气的反作用力来对抗重力，如图 7-26(a)所示。

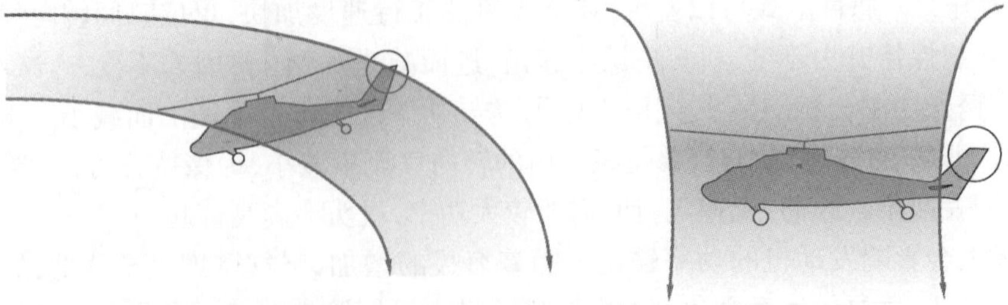

(a) 前飞时的虚拟流管　　(b) 悬停状态下的虚拟流管

图 7-26　直升机飞行时的虚拟流管

设空气密度为 ρ，通过桨盘的体积流量为 q_V（单位时间流进或流出虚拟流管的流体体积），则有 $\Delta \boldsymbol{P}=\rho q_V \Delta t(\boldsymbol{v}_2-\boldsymbol{v}_1)$，$\frac{\mathrm{d}\boldsymbol{P}}{\mathrm{d}t}=\rho q_V(\boldsymbol{v}_2-\boldsymbol{v}_1)=\boldsymbol{F}$，若空气初速度为零，则 $\boldsymbol{F}$ 由被加速到的速度 $\boldsymbol{v}_2$ 决定，对于初始静止的空气来说，$\boldsymbol{v}_2$ 与旋翼的转速和迎角有关，当旋翼的转速一定时，$\boldsymbol{v}_2$ 与桨距有关。直升机悬停时，如图 7-26(b)所示，直升机处于自身形成的下洗流中，此时 $v_1 \neq 0$，桨叶的有效迎角与前飞时不同，此时的有效迎角因气流下洗速度的存在而减小。前飞时，旋翼叶片的有效迎角 α 如图 7-27(a)所示；悬停状态下的有效迎角 α 如图 7-27(b)所示。

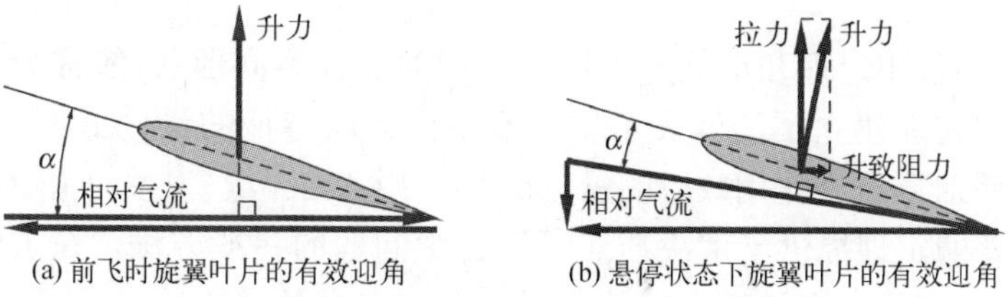

图 7-27　直升机旋翼桨叶的有效迎角

悬停时，为保持旋翼拉力①不变以对抗重力，可以采用两种方法：一是提高旋翼转速以增加单位时间内流过桨盘的气流量；二是增大旋翼桨叶桨距。两种方法的唯一目的就是增大桨叶升力，进而增大旋翼拉力。

若采用**提高旋翼转速的方法**，需要发动机提供更大的功率加速旋翼并维持其较高转速。其本质是作用在桨叶上的阻力有所增加，空气对整个旋翼系统的阻力偶会更大，进而，维持旋翼的转速需要更大的发动机功率，直接表现就是更耗燃油。这些增加的能耗都跑到哪里去了呢？燃油的能量转化为热能以及空气的动能。

若采用**第二种方法**来获得与相对于静止空气相同的有效迎角，桨叶必须加大桨距，旋翼才能提供克服重力的升力。悬停状态下，因下洗流的存在，导致桨叶的相对气流方向斜向下，如图 7-27(b)所示。升力的方向与相对气流方向正交。这样，升力可以分解为两个方向的分量，竖直方向的分量即为拉力，其对抗重力；水平方向的分量称为**升致阻力**，也称为**诱导阻力**。各桨叶上的诱导阻力形成阻力偶，要克服此阻力偶需要额外的发动机功率，这部分功率称为**诱导功率**。

此问题还可以从动能增量的角度分析。

假设现有一空气质点 m_i，其初速度为 $v_0=0$，经过旋翼加速后其速度增加到 v，其动能的增量为 $\Delta T=\frac{1}{2}m_i v^2$，这些能量完全来源于旋翼，或者说来源于燃油；悬停状态下，空气的初速度非零，设为 v_1，被旋翼加速后的速度变为 v_2，若要使悬停的直升机获得与加速静止空气同样的升力的话，根据动量定理可知，v_1、v_2 应满足

$$v_2=v_1+v$$

因此，在悬停的状态下，空气质点获得的动能增量为

① 旋翼拉力与升力的概念不同。升力一般是针对单个桨叶来说的，其指代空气动力矢量的一个垂直于当地相对气流的分量；与当地相对气流同向的空气动力分量称为阻力，因此桨叶上的升力会因相对气流的方向不同而不同。旋翼拉力是指所有桨叶空气动力垂直于旋翼桨盘的合力。

$$\Delta T^* = T_2 - T_1 = \frac{1}{2}m_i v_2^2 - \frac{1}{2}m_i v_1^2 = \frac{1}{2}m_i \ (v_1 + v)^2 - \frac{1}{2}m_i v_1^2 = \frac{1}{2}m_i v^2 + m_i v_1 v$$

$$\Delta T^* - \Delta T = \left(\frac{1}{2}m_i v^2 + m_i v_1 v\right) - \frac{1}{2}m_i v^2 = m_i v_1 v$$

因此,悬停状态比前进状态下(从静止加速空气)多耗能 $m_i v_1 v$,这部分能量同样来源于燃油。这便是悬停状态下的直升机更耗油的动能定理解释。

7.5 动力学普遍定理的综合应用

动量定理、动量矩定理和动能定理以及它们的各种不同形式,统称为动力学普遍定理。动力学普遍定理建立了能够表示质点系整体运动特征的量(如动量、动量矩、动能等),与表示力系对质点系作用效应的量(如力系的主矢、冲量、力系的主矩、功等)之间的关系。动力学普遍定理提供了解决质点系动力学问题的一般方法。在求解质点系动力学问题时,根据已知量和未知量之间的关系以及质点系的受力特点,选取合适的定理求解。对于较为复杂的问题,往往需要联合应用几个定理。已知主动力求质点系的运动,选用动能定理为宜。若约束力与转轴平行或相交,也可用动量矩定理。若未知约束力与某轴垂直,可用动量定理或质心运动定理在该轴上的投影式。对于转动问题宜用动量矩定理,而对于平动问题宜用动量定理或质心运动定理。另外还必须充分利用守恒条件直接建立运动要素之间的关系,求得速度或运动规律。已知质点系的运动求未知力,通常可选用质心运动定理、动量定理和平面运动刚体运动微分方程。对于做功的未知力,可选用动能定理求解;不做功的未知力则不能用动能定理求解,应选用动量定理求解。

对一般的非自由质点系动力学问题,若既要求未知的运动,也要求未知的约束力,则应根据系统中各物体的运动情况及系统的受力特点,尽可能先避开未知的约束力求出运动量,然后再求解未知力,充分利用问题中的附加条件(如运动学关系、摩擦定律等)增列补充方程。解无定法,大家要在解题过程中多总结特征、积累经验,才能举一反三、得心应手。

例题 7-12 纸折螺旋桨和直升机的自动降落。

在第 3 章例题 3-2 中,我们阐述了纸折螺旋桨的制作方法(图 7-28)并分析了纸折螺旋桨的速度问题。

这里,重点分析其动力学原理以及在直升机的自动降落方面的应用。

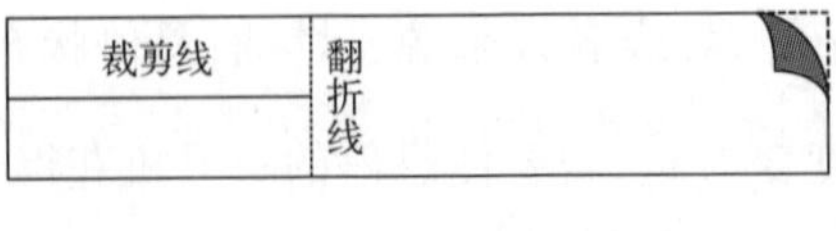

(a) 制作方法

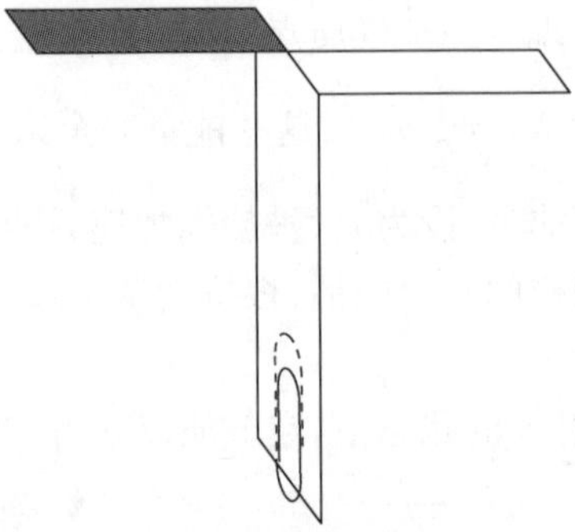

(b) 纸折螺旋桨构型一

图 7-28 纸折螺旋桨

若改变前述的制作方法，纸折螺旋桨还可以有新的构型。首先将纸条的实线部分剪开；其次将纸条身部沿着中心线对折，并用双面胶粘好；再其次将剪开部分以虚线为轴前后反向翻折，形成两翼，两翼间夹角无限制；最后在身部末端卡上回形针。将这种构型的螺旋桨称为构型二，如图7-29所示。

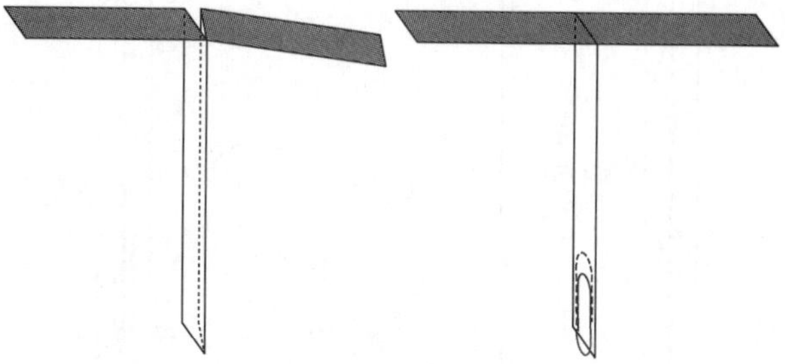

图7-29　纸折螺旋桨构型二的制作

若采用与构型一完全相同的制作方法，但把材料由普通复印纸换成硬卡纸，两翼间夹角等于180°，且两翼与身成直角。称此构型为构型三。

不妨试一试构型二及构型三的下落效果。很遗憾，这两种构型下落时都不会旋转，且落地时间较构型一短很多。这是什么原因呢？

1. 纸折螺旋桨的动力学分析

下面来说说构型一的螺旋桨为什么会转起来，同时也就能说明构型二、三为何不会旋转。

先分析两翼夹角为180°的情形。从高处释放纸折螺旋桨的瞬时，两翼会受到空气的阻力，阻力的合力垂直于翼面竖直向上，如图7-30所示。

此种状态下两翼上阻力合力与螺旋桨质心轴平行，两翼阻力及重力形成共面平行力系，且对质心轴无力矩。若螺旋桨能一直保持此种形态，螺旋桨下落时将不会旋转。构型三就是这种受力情形，硬卡纸的面外弯曲刚度较大，释放时几乎不会弯曲，阻力对竖直质心轴无驱动力矩，因此其不会旋转起来。

但普通复印纸面外弯曲刚度非常小，在阻力作用下会发生弯曲，两端上翘，作用在翼上的阻力合力的大小和方向均会发生变化。两翼上的阻力合力会向螺旋桨的中心轴线方向偏转聚拢。螺旋桨释放后瞬间便在阻力的作用下转变为两翼的弯曲状态。

在不改变问题本质的前提下，我们假设两翼形状不发生变化，只是绕着翻折线转过一个角度，转变为两翼夹角小于180°的情形。受力如图7-31所示。

此种状态下两翼上阻力合力与螺旋桨质心轴有一夹角，而且阻力合力作用线与质心轴不共面。将阻力分别沿着竖直和水平方向分解，可看出两翼上的阻力形成力螺旋（两竖直分量合成主矢，两水平分量形成主矩），会对质心轴产生力矩，使螺旋桨转动起来。显然，若使构型三两翼的夹角小于180°，其便能旋转了。

对于构型二，在阻力的作用下，不管两翼弯不弯曲、弯曲程度如何，两翼上的空气阻力与螺旋桨整体所受重力始终共面，不会对螺旋桨质心轴产生力矩，螺旋桨不会旋转。同时，由于纸条的面外弯曲刚度太小，在两翼不旋转的状态下落时，几乎会贴在一起，就像一张竖直的纸条快速落地。

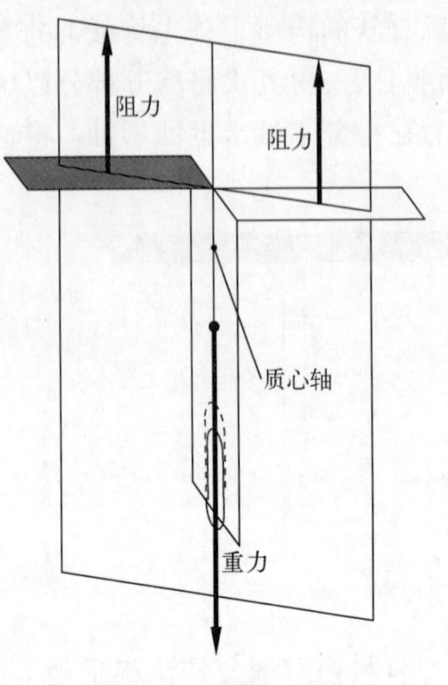

图 7-30　初始状态受力

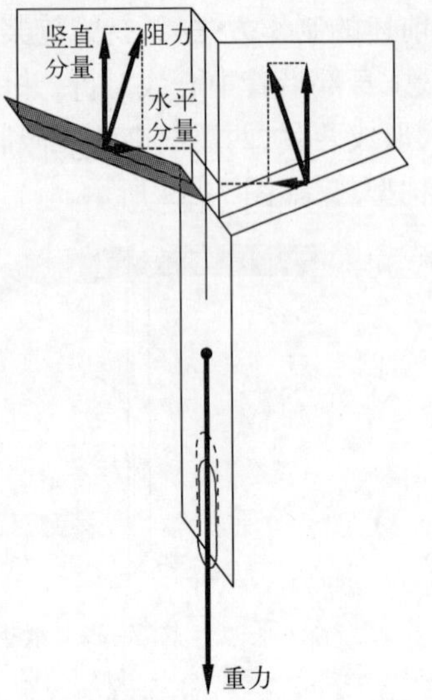

图 7-31　开始旋转时受力状态

旋转起来的两翼与不旋转的两翼有很大不同。旋转状态下，翼面本质上就是一个平板机翼，其在旋转过程中会产生惯性力①和空气动力。单个翼片的受力如图 7-32 所示（仅绘出一翼受力且翼根处的约束力未画出）。

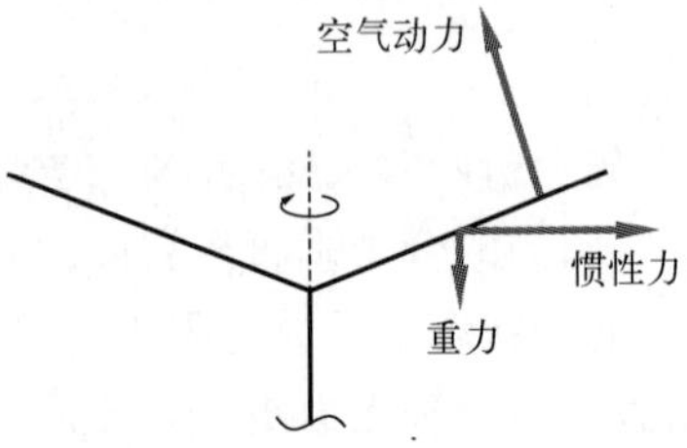

图 7-32　旋转状态翼片受力

空气动力会使翼面弯曲和倾斜，外端部上翘，惯性力矩和重力矩起到对抗空气动力力矩的作用，制约了上翘趋势。此动态过程中，可以将空气动力力矩看作干扰力矩，而惯性力矩和重力矩则是恢复力矩的角色。空气动力力矩使翼面上翘的过程，同时也是惯性力矩增长的过程，但此时重力矩会有所减小，三种力矩中，重力矩的作用相对较小，空气动力力矩和惯性力矩起主导作用。当三种力矩达到平衡时，翼面倾角就能基本保持稳定了。

能旋转下落的构型一下落速度较慢的原因可以从两翼面的空气动力学特征分析。空气动力特征与翼面的速度分布特征有关。相关内容请参阅例题 3-2 。

另，从广义能量守恒的角度同样能解释为何旋转的螺旋桨下落时间较长。

若忽略热能等变化的影响，此问题则可近似以机械能守恒问题对待。下落过程中，以螺旋桨及螺旋桨所能扰动的所有空气作为研究对象。螺旋桨下落的过程就是螺旋桨本身的势能向自身动能以及空气动能转化的过程。若螺旋桨不转动，其对空气的扰动也会较小，空气的动能则可以忽略不计，螺旋桨的势能几乎全部转化为自身下落时的平动动能。显然，速度会更快，下落时间会更短。旋转螺旋桨自身动能由两部分组成，分别为随质心下落的平动动能和绕质心轴转动的动能。转动越快，转动动能以及对空气的扰动（与迎角有关）也会越强，因转动而传递给空气的能量也会越多。总的机械能是守恒的，

① 此处提到的惯性力将在第 9 章中详细介绍。

转动动能和空气的动能所占比例增高，平动动能所占比例必然减小，表现为下落时的平动速度就会较小，下落时间更长。

2. 直升机的自动降落

直升机是人类的伟大发明之一，其靠旋翼旋转产生的升力使自身升空并飞行。旋翼的旋转依靠的是发动机的动力。如果在空中飞行的直升机发生发动机故障，突然停车，将会发生什么？不要想当然的认为只要发动机停车，直升机就会马上从天上摔下来。直升机在无发动机动力的状态下的降落称为自动降落。直升机在设计时，都会要求其具有在失去动力时，能得到有效控制并以合理的速度返回地面的能力。直升机在发动机停车时，若控制及时得当，旋翼会继续旋转，直升机慢慢下降，能避免快速坠地、机毁人亡。旋转的纸折螺旋桨下落时间较长、落地速度较小的特性中蕴含的力学原理正是现代直升机自动降落安全性保证的重要理论依据。

直升机在发动机停车时的自动降落过程中升力的产生与纸折螺旋桨旋转降落过程中升力的产生原理相同，只是前者的动力学过程比后者更复杂一些。

自动降落过程中，直升机旋翼与纸折螺旋桨两翼相似，旋转时同样能提供使直升机缓降所需的升力。但是，直升机旋翼平面投影面积较小，且向上倾斜的角度很有限，再者旋翼纵向中心线与旋翼转轴距离较小，纸折螺旋桨的驱动力矩非常有限，产生的升力不足以使直升机安全缓降。实际上，自动降落过程中，旋翼旋转的驱动力矩来自于作用于叶片上的空气动力。

当发动机停车时，旋翼还在继续旋转，升力向上。因失去发动机动力，旋翼转速逐渐减小，提供的升力不足以对抗重力，直升机高度开始下降，单位时间内下降的高度称为下降率。此时，旋翼纵向上各点的速度矢量关系类似于纸折螺旋桨翼片上点的速度矢量关系，不同点的绝对速度不同，当地旋翼迎角也会不同。如图 7-33 中所示，选择旋翼上三

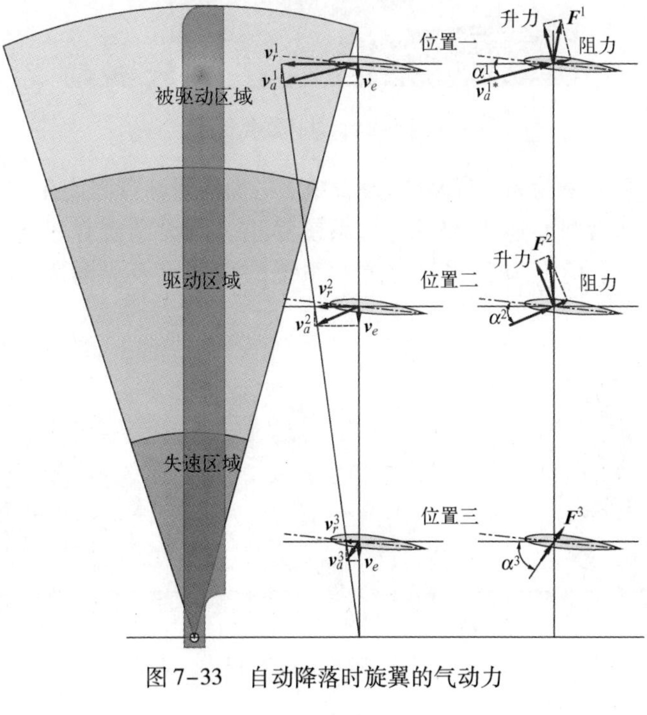

图 7-33　自动降落时旋翼的气动力

个不同位置绘出速度矢量关系。空气动力用 **F** 表示，上标 1、2、3 代表三个不同位置；各位置牵连速度相同，不以上标区分。

直升机旋翼翼尖区域迎角较小，气动力合力相对于竖直方向向后倾斜，其水平分量阻碍旋翼旋转，如图 7-33 中位置一。旋翼上气动力有此特征的区域称为“被驱动区域”。随着离桨毂距离的减小，当地迎角逐渐变大，气动力合力相对于竖直方向逐渐转变为向前倾斜，其水平分量能驱动旋翼旋转，如图 7-33 中位置二。旋翼上气动力有此特征的区域称为“驱动区域”。持续靠近桨毂，迎角继续增大，当迎角过大时，旋翼将会达到失速状态，如图 7-33 中位置三。此区域称为“失速区域”。三种不同区域在图 7-33 中用虚线示意。

三个区域的大小随旋翼桨距、下降率以及转速不同而变化。当直升机发动机突然停车时，若能及时合理控制旋翼桨距，调整三个区域的比例关系，就能实现旋翼的持续旋转并提供一定升力使直升机缓降，减少损失。

自转旋翼机旋翼上的空气动力与纸折螺旋桨和直升机自动降落时的叶片上的空气动力相似。运用螺旋桨推进，通过无动力旋翼自由旋转提供升力的飞行器称为自转旋翼机，如图 7-34 所示。自转旋翼机前进时，旋翼以小角度向后倾斜与前方相对来流作用，产生的空气动力能驱动自身旋转，并持续提供整机所需升力，实现升空飞行。

图 7-34　自转旋翼机

例题 7-13　质量皆为 m、半径分别为 $2r$ 和 r 的两均质圆盘固连在一起，如图 7-35(a)所示。初瞬时两圆盘圆心连线 AB 铅垂，系统静止。假设系统在极小干扰下在竖直平面内倾倒。试求：当 AB 运动到水平位置时系统的角速度及光滑固定水平面约束力的大小。

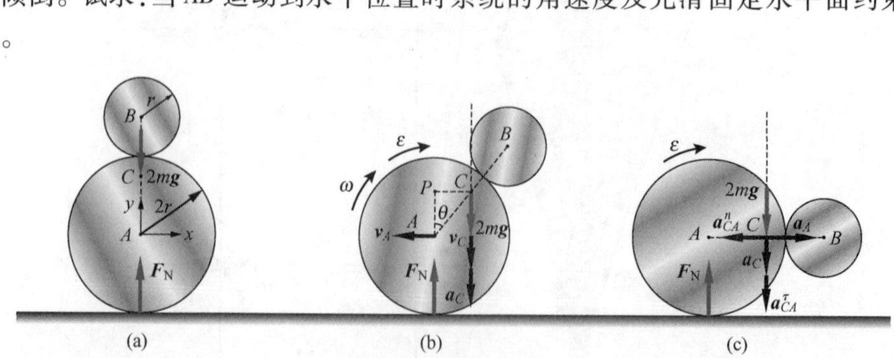

图 7-35　例题 7-13

解:取两均质圆盘为研究对象,受重力 $2m\boldsymbol{g}$ 和铅垂支持力 $\boldsymbol{F}_{\mathrm{N}}$ 作用。由于系统初始静止,且在运动过程中水平方向无外力作用,故其质心 C 的水平坐标守恒。因此,C 点的速度和加速度方向始终沿着铅垂方向。以 A 为原点,建立 Axy 坐标系,求初始时刻系统质心与 A 点和 B 点的相对位置关系。因结构左右对称,则质心 C 的 x 坐标为0,y 坐标为

$$y_C=\frac{my_A+my_B}{2m}=\frac{3r}{2}$$

系统对质心 C 的惯性矩为

$$J_C=\left[\frac{1}{2}m\,(2r)^2+m\left(\frac{3}{2}r\right)^2\right]+\left[\frac{1}{2}mr^2+m\left(\frac{3}{2}r\right)^2\right]=7mr^2$$

初始静止时系统动能为 $T_1=0$,设 AB 运动到与初始位置成任意角 θ 时,P 为其速度瞬心,如图7-35(b)所示,系统动能为

$$T_2=\frac{1}{2}J_P\omega^2=\frac{1}{2}\left[J_C+2m\left(\frac{3}{2}r\sin\theta\right)^2\right]\dot{\theta}^2=\frac{1}{4}(14+9\sin^2\theta)mr^2\,\dot{\theta}^2$$

只有重力做功,为

$$W=2mg(1.5r)(1-\cos\theta)=3mgr(1-\cos\theta)$$

由动能定理

$$\frac{1}{4}(14+9\sin^2\theta)mr^2\,\dot{\theta}^2=3mgr(1-\cos\theta)\tag{1}$$

可求得

$$\dot{\theta}=2\sqrt{\frac{3(1-\cos\theta)g}{(14+9\sin^2\theta)r}}$$

当 AB 处于水平位置,即 $\theta=90°$ 时,系统角速度为

$$\omega=\dot{\theta}=2\sqrt{\frac{3g}{23r}}$$

将(1)式两边对时间 t 求导数,有

$$\frac{1}{2}(14+9\sin^2\theta)mr^2\,\dot{\theta}\,\ddot{\theta}+\frac{9}{2}\sin\theta\cos\theta mr^2\,\dot{\theta}^3=3mgr\sin\theta\,\dot{\theta}$$

故,当 AB 处于水平位置时,系统的角加速度为

$$\varepsilon=\ddot{\theta}=\frac{6g}{23r}$$

当 AB 处于水平位置时,系统的受力和运动分析如图7-35(c)所示。以 A 为基点,有

$$\boldsymbol{a}_C=\boldsymbol{a}_A+\boldsymbol{a}_{CA}^{\tau}+\boldsymbol{a}_{CA}^{n}$$

将上式向铅垂方向投影,可得

$$a_C=a_{CA}^{\tau}=\frac{3}{2}\varepsilon r=\frac{9g}{23}$$

根据质心运动定理,有

$$2ma_C=2mg-F_{\mathrm{N}}$$

可求得光滑固定水平面的约束力

$$F_{\mathrm{N}}=2m(g-a_C)=2m\left(g-\frac{9g}{23}\right)=\frac{28}{23}mg$$

要点与讨论

(1) 质心的概念及运动在刚体动力学中具有重要地位,此题研究对象为两均质圆盘固连在一起的刚体,其运动形式为平面运动,应首先求解质心的位置及系统对质心的惯性矩。

(2) 此题涉及多个知识点(质心运动定理及质心守恒,瞬心法求平面图形的速度,基点法求平面图形的加速度,动能定理等),解题时应多方兼顾,融会贯通。

例题 7-14 如图 7-36(a)所示,均质圆盘可绕 O 轴在铅垂面内转动,圆盘的质量为 m,半径为 R。在圆盘的质心 C 上连接一刚度为 k 的水平弹簧,弹簧的另一端铰接在 A 点,$CA=2R$ 为弹簧的原长,圆盘在常力偶矩 M 的作用下,由最低位置无初速地绕 O 轴向上转。试求圆盘到达最高位置时轴承 O 的约束力。

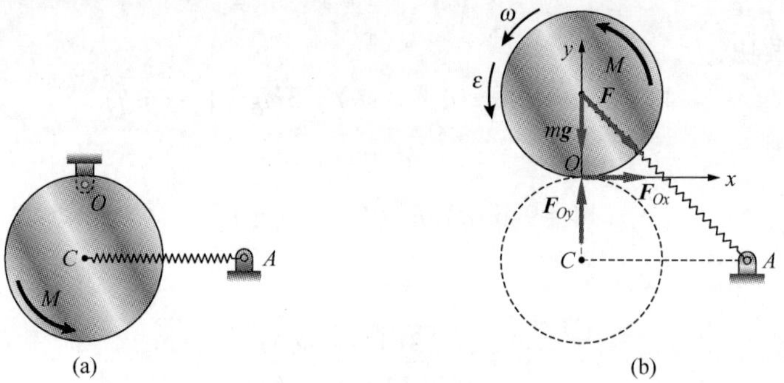

图 7-36 例题 7-14

解: 以圆盘为研究对象,受力如图 7-36(b)所示,建立坐标系 Oxy。

圆盘对 O 轴的惯性矩为

$$J_O=\frac{1}{2}mR^2+mR^2=\frac{3}{2}mR^2$$

圆盘初始静止,动能为 $T_1=0$;到达最高位置时,圆盘动能为

$$T_2=\frac{1}{2}J_O\omega^2=\frac{3}{4}mR^2\omega^2$$

外力做功为

$$W=M\pi-2mgR+\frac{k}{2}[0-(2\sqrt{2}R-2R)^2]=M\pi-2mgR-0.3431kR^2$$

由动能定理,得

$$\frac{3}{4}mR^2\omega^2=M\pi-2mgR-0.3431kR^2$$

圆盘的角速度为

$$\omega=\sqrt{\frac{4}{3mR^2}(M\pi-2mgR-0.3431kR^2)}$$

再由定轴转动微分方程得

$$\frac{3}{2}mR^2\varepsilon=M-k(2\sqrt{2}R-2R)R\frac{\sqrt{2}}{2}$$

圆盘的角加速度为

$$\varepsilon=\frac{2(M-0.5859kR^2)}{3mR^2}$$

质心 C 的加速度为

$$a_{Cx}=-R\varepsilon=-\frac{2(M-0.5859kR^2)}{3mR}$$

$$a_{Cy}=-R\omega^2=-\frac{4}{3mR}(M\pi-2mgR-0.3431kR^2)$$

由质心运动定理

$$ma_{Cx}=F_{Ox}+F\cos45°$$

$$ma_{Cy}=F_{Oy}-mg-F\sin45°$$

代入加速度解得

$$F_{Ox}=-\frac{2M}{3R}-0.1953kR,\quad F_{Oy}=3.667mg+1.043kr-4.189\frac{M}{R}$$

要点与讨论

(1) 为什么不用$\frac{d\omega}{dt}$求 ε 呢？因为上面用动能定理求的是最高位置的 ω、ε，它们是圆盘处于最高位置时刻的状态量，不可求导。若求一般位置的 ω，则弹性力做功计算很繁琐，因此不用此方法，而采用定轴转动刚体运动微分方程求解 ε。

(2) 思路：要求 $\boldsymbol{F}_{Ox}$、$\boldsymbol{F}_{Oy}$ ⇌ 利用质心运动定理求 $a_{Cx}=-R\varepsilon$、$a_{Cy}=-R\omega^2$ ⇌ 求 ω、ε ⇌ 用动能定理求 ω、ε 或用定轴转动刚体运动微分方程求 ε。

例题 7-15　在水平面内运动的行星齿轮机构如图 7-37(a)所示。质量为 m 的均质曲柄 AB 带动行星齿轮Ⅱ在固定齿轮Ⅰ上纯滚动。齿轮Ⅱ的质量为 m_2，半径为 r_2。定齿轮Ⅰ的半径为 r_1。杆与轮铰接处的摩擦力忽略不计。当曲柄受力偶矩为 M 的常力偶作用时，试求杆的角加速度 ε 及轮Ⅱ边缘所受切向力 $\boldsymbol{F}$。

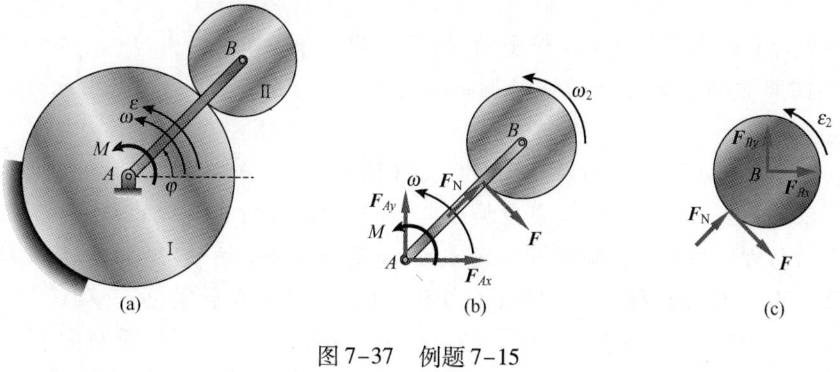

图 7-37　例题 7-15

解:(1) 求杆的角加速度 ε

以轮Ⅱ和杆组成的系统为研究对象，设曲柄 AB 的转角为 φ，受力如图 7-37(b)所示。由于未知的约束力不做功，可采用动能定理。系统的动能为

$$T=\frac{1}{2}\times\frac{1}{3}m\,(r_1+r_2)^2\omega^2+\frac{1}{2}m_2\,(r_1+r_2)^2\omega^2+\frac{1}{2}\times\frac{1}{2}m_2r_2^2\omega_2^2$$

其中：$\omega=\dot{\varphi}$；ω_2 为轮Ⅱ的角速度。由于轮Ⅱ做纯滚动，因此有 $\omega_2=(r_1+r_2)\omega/r_2$。代入上式得

$$T=\frac{1}{2}\times\left(\frac{1}{3}m+\frac{3}{2}m_2\right)(r_1+r_2)^2\omega^2$$

主动力在无限小角位移 $\mathrm{d}\varphi$ 上的元功为

$$\mathrm{d}W=M\mathrm{d}\varphi$$

由动能定理得

$$\mathrm{d}T=\mathrm{d}W,\left(\frac{1}{3}m+\frac{3}{2}m_2\right)(r_1+r_2)^2\omega\mathrm{d}\omega=M\mathrm{d}\varphi$$

等式两边同除以 $\mathrm{d}t$，得

$$\varepsilon=\frac{6M}{(2m+9m_2)(r_1+r_2)^2}$$

（2）求轮Ⅱ边缘所受切向力 $\boldsymbol{F}$

取轮Ⅱ为研究对象，受力图如图 7-37(c)所示。未知约束力 $\boldsymbol{F}_{\mathrm{N}}$、$\boldsymbol{F}_{Bx}$ 和 $\boldsymbol{F}_{By}$ 相交于轮Ⅱ的质心 B，因此它们对质心 B 的矩为零。由相对于质心的动量矩定理得

$$\frac{1}{2}m_2r_2^2\varepsilon_2=Fr_2$$

因为轮Ⅱ做纯滚动，故有

$$\varepsilon_2=\frac{r_1+r_2}{r_2}\varepsilon=\frac{6M}{(2m+9m_2)(r_1+r_2)r_2}$$

由此得

$$F=\frac{3Mm_2}{(2m+9m_2)(r_1+r_2)}$$

要点与讨论

（1）齿轮Ⅱ在固定齿轮Ⅰ上纯滚动，轮心 B 的切向加速度大小为 $a_B^\tau=r_2\varepsilon_2$，方向垂直于 AB；杆 AB 做定轴转动，其上 B 点的切向加速度大小为 $a_B^\tau=(r_1+r_2)\varepsilon$，由此可得 ε 与 ε_2 之间的关系。

（2）由于机构放在水平面内，所有的重力（图中未标注）均不做功。

（3）本题首先应用动能定理求角加速度，然后应用相对于质心的动量矩定理求轮Ⅱ边缘所受切向力。若要计算轴承 B 的约束力，还要应用质心运动定理或动量定理。

例题 7-16 均质细杆 OA 长为 l，重力 $\boldsymbol{G}_1$，可绕水平轴 O 转动，另一端 A 与均质圆盘的中心铰接，如图 7-38(a)所示。圆盘的半径为 r，重力 $\boldsymbol{G}_2$。当杆处于右侧水平位置时，将系统无初速释放，若不计摩擦，试求杆与水平线成 α 角的瞬时，杆的角速度和角加速度及轴承 O 处的约束力。

解：取圆盘为研究对象，受力与运动分析如图 7-38(b)所示，由相对于质心的动量矩定理有

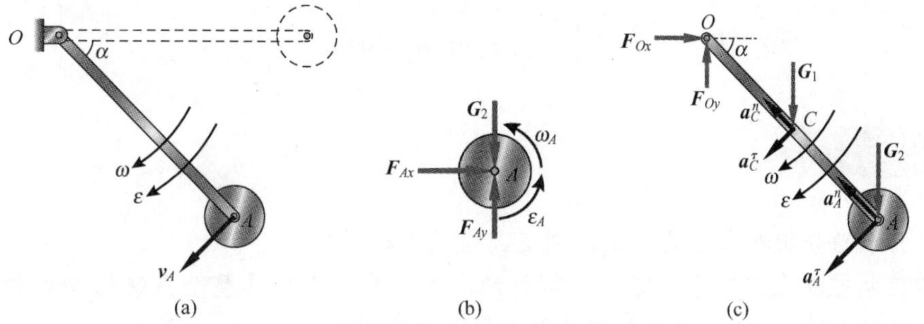

图 7-38 例题 7-16

$$J_A\varepsilon_A=0$$

即 $\varepsilon_A=0$。考虑到系统初始静止，故圆盘的角速度总为0。因此，在杆下摆过程中圆盘做平动。

取系统整体为研究对象，作用在系统上做功的力只有重力 $\boldsymbol{G}_1$ 和 $\boldsymbol{G}_2$，其做功为

$$W=G_1\cdot\frac{l}{2}\sin\alpha+G_2\cdot l\sin\alpha=\left(\frac{G_1}{2}+G_2\right)l\sin\alpha$$

杆的初始动能 $T_1=0$，运动到与水平位置成 α 角时，动能为

$$T_2=\frac{1}{2}J_O\omega^2+\frac{1}{2}\frac{G_2}{g}v_A^2=\frac{1}{2}\cdot\frac{1}{3}\frac{G_1}{g}l^2\omega^2+\frac{1}{2}\frac{G_2}{g}l^2\omega^2=\frac{G_1+3G_2}{6g}l^2\omega^2$$

由动能定理，即

$$\left(\frac{G_1}{2}+G_2\right)l\sin\alpha=\frac{G_1+3G_2}{6g}l^2\omega^2,\quad \omega^2=\frac{G_1+2G_2}{G_1+3G_2}\cdot\frac{3g}{l}\sin\alpha \tag{1}$$

(1)式两边关于时间求导，得

$$2\omega\dot{\omega}=\frac{G_1+2G_2}{G_1+3G_2}\cdot\frac{3g}{l}\cos\alpha\cdot\dot{\alpha}$$

考虑到$\dot{\alpha}=\omega,\dot{\omega}=\varepsilon$，即可求得杆的角加速度

$$\varepsilon=\frac{G_1+2G_2}{G_1+3G_2}\cdot\frac{3g}{2l}\cos\alpha \tag{2}$$

设 C 为杆 OA 的质心，当杆与水平位置成 α 角时，系统的受力及运动分析如图 7-38(c)所示，其中

$$a_C^\tau=\frac{l}{2}\varepsilon,\quad a_C^n=\frac{l}{2}\omega^2,\quad a_A^\tau=l\varepsilon,\quad a_A^n=l\omega^2 \tag{3}$$

根据质心运动定理有

$$-\frac{G_1}{g}a_C^n\cos\alpha-\frac{G_1}{g}a_C^\tau\sin\alpha-\frac{G_2}{g}a_A^n\cos\alpha-\frac{G_2}{g}a_A^\tau\sin\alpha=F_{Ox}$$

$$\frac{G_1}{g}a_C^n\sin\alpha-\frac{G_1}{g}a_C^\tau\cos\alpha+\frac{G_2}{g}a_A^n\sin\alpha-\frac{G_2}{g}a_A^\tau\cos\alpha=F_{Oy}-G_1-G_2 \tag{4}$$

将(1)、(2)、(3)式代入(4)式，可得轴承 O 处的约束力为

$$F_{Ox}=-\frac{9(G_1+2G_2)^2}{4(G_1+3G_2)}\sin\alpha\cos\alpha$$

$$F_{Oy}=\frac{3(G_1+2G_2)^2}{2(G_1+3G_2)}(\sin^2\alpha-\cos^2\alpha)+G_1+G_2$$

要点与讨论

（1）本题分析和求解的关键是判定圆盘做平动。

（2）也可以采用动量矩定理求解杆的角加速度。在计算整个系统的动能和对轴 O 的动量矩时，不能把杆和圆盘看作是固连在一起的刚体。

（3）本题反映了动力学的最基本求解方法，即首先应用动能定理或动量矩定理求加速度，然后应用质心运动定理或动量定理求约束力。

例题 7-17 上一章中的拓展阅读中我们谈到"自旋卫星消旋"。当时仅仅简要给出结论：设卫星本体的绕绳圆柱面半径为 R，其对自旋对称轴的惯性矩为 J；每个质量球的质量为 m；卫星消旋之前的初始角速度为 ω_0；消旋过程中从卫星本体上退绕下来的绳长为 l；消旋结束时，卫星本体的角速度为 ω。则可以根据动量矩守恒以及机械能守恒进行求解，可得

$$\omega=\frac{J+2m(R^2-l^2)}{J+2m(R^2+l^2)}\omega_0$$

要使消旋后的角速度为零，只需上式中的 $J+2m(R^2-l^2)=0$ 即可，进而我们可以求得所需要退绕的绳长为 $l=\sqrt{R^2+\dfrac{J}{2m}}$。若再继续增加退绕的绳长，则 $J+2m(R^2-l^2)<0$，即卫星本体的角速度实现了反转。

现给出此问题的详细解答。

解：系绳设为无质量、不可伸长的软绳，其对卫星以及质量球的约束为理想约束，对系统不做功。卫星系统在太空飞行时的机械能守恒，系统相对于地心惯性坐标系（近似惯性坐标系）整体质心平动动能与势能交替增减；但卫星系统关于卫星质心平动坐标系（以自旋轴为 z 轴的右手系）的相对动能保持不变。此时将卫星质心平动坐标系视为定系，另设与卫星固连的、原点在卫星几何中心的坐标系 Oxy 为动系并不影响问题的求解。以上述坐标系为参照，绳与卫星本体的相切点为质量球的相对运动瞬心，则动点（质量球）的相对速度为 $\boldsymbol{v}_r$；牵连速度为 $\boldsymbol{v}_e$。如图 7-39 所示。

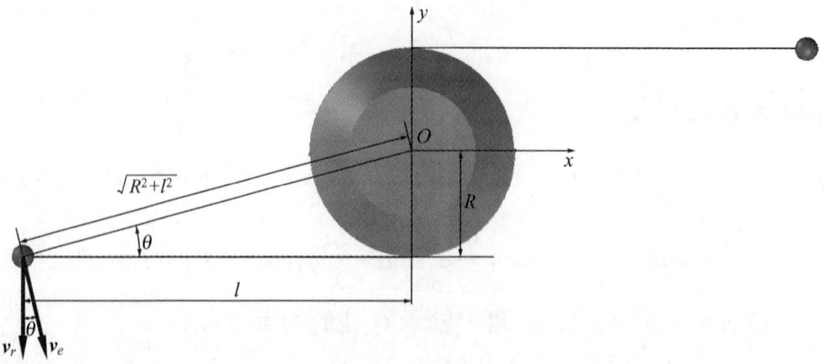

图 7-39 卫星的"YO－YO 消旋"速度分析

系统相对卫星质心平动系动能守恒，有：

$$2\left[\frac{1}{2}m\,(v_r+\omega l)^2+\frac{1}{2}m\,(\omega R)^2\right]+\frac{1}{2}J\omega^2=\frac{1}{2}J\omega_0^2+2\times\frac{1}{2}m\,(\omega_0 R)^2$$

忽略地球引力矩①的影响，卫星系统所受外力对于系统质心的力矩之和为零，则有系统相对于质心的动量矩守恒，有：

$$J\omega_0+2mR^2\omega_0=J\omega+2m(v_r+\omega l)l+2m(\omega R)R$$

两式化简，得

$$m(v_r+\omega l)^2+m(\omega R)^2+\frac{1}{2}J\omega^2=\frac{1}{2}J\omega_0^2+m(\omega_0 R)^2$$

$$2ml(v_r+\omega l)=(J+2mR^2)(\omega_0-\omega)$$

两式联立，消去$(v_r+\omega l)$项，可得

$$m\left[\frac{(J+2mR^2)(\omega_0-\omega)}{2ml}\right]^2+m\,(\omega R)^2+\frac{1}{2}J\omega^2=\frac{1}{2}J\omega_0^2+m\,(\omega_0 R)^2$$

进一步化简，得

$$m\left[\frac{(J+2mR^2)(\omega_0-\omega)}{2ml}\right]^2=\frac{1}{2}(J+2mR^2)(\omega_0^2-\omega^2)$$

进而

$$\frac{(J+2mR^2)(\omega_0-\omega)}{2ml^2}=(\omega_0+\omega)$$

此项计算的目的是求得 ω 的变化规律，因此，应将 ω 分离出来，有

$$\left(\frac{J+2mR^2}{2ml^2}\right)\omega_0=\left(\frac{J+2mR^2}{2ml^2}+1\right)\omega$$

可得

$$\omega=\frac{J+2m(R^2-l^2)}{J+2m(R^2+l^2)}\omega_0$$

要使消旋后的角速度为零，只需上式中的 $J+2m(R^2-l^2)=0$，即

$$l^2=\frac{J+2mR^2}{2m},\quad l=\sqrt{R^2+\frac{J}{2m}}$$

这便是需要退绕的绳长。

若再继续增加退绕的绳长，则 $J+2m(R^2-l^2)<0$，即卫星本体的角速度实现了反转。

本章小结

1. 力的功是力在一段路程中对物体作用的累积效应。重力做功等于物体的重量与其重心在运动始末位置的高度差的乘积；线性弹性力做功等于弹簧的初变形的平方和末变形的平方之差与弹簧刚度系数乘积的一半；作用于定轴转动刚体上力或力偶做功等于该力对转轴的矩或力偶矩与刚体微小转角的乘积的积分；约束力做功之和等于零的约束

① 引力矩：地球对物体上不同质点的引力严格来说不是平行的，这些体分布力都指向地心；另，物体上不同的点到地心的距离不同，重力加速度也不同，体分布力系不一定能简化为过物体质心的合力，这就有可能对质心产生力矩，此力矩称为引力矩。

属于理想情况,常见的这类约束有光滑支承面、光滑铰链、无质量且不可伸长的绳索、刚性连接等。

2. 动能是物体机械运动的一种度量,它不仅表示机械运动的强弱,而且可用以研究机械运动与其他形式的运动之间的转化。动能恒为正值。平动刚体的动能等于刚体的质量与速度平方的乘积之半;定轴转动刚体的动能等于刚体对转轴的转动惯量与其角速度平方的乘积之半。平面运动刚体的动能等于它以质心速度做平动时的动能与相对于质心轴转动时的动能之和。

3. 力在单位时间内所做的功,称为功率。机械系统的动能对时间的导数,等于它的输入功率减去输出功率和损耗功率。

4. 质点系动能的微分,等于作用于质点系各力的元功的代数和;质点系的动能在某一路程中的改变量,等于作用于质点系的各力在该路程中做功的代数和。

思 考 题

7-1 跳高运动员能跳过一定的高度是地面对运动员的作用力做功的结果吗? 为什么?

7-2 一对作用力和反作用力大小相等,方向相反,那么,一对作用力和反作用力之功,也大小相等、方向相反吗?

7-3 如果某质点系的动量很大,该质点系的动能是否也一定很大? 如果某质点系的动能为零,该质点系的动量是否也一定为零? 反之如何?

7-4 在弹性范围内,用数值不同的拉力去拉初始无形变的同一根弹簧。试问,当弹簧变形量加倍时,其拉力是否加倍? 又拉力所做之功是否也加倍?

7-5 图示两轮的质量和几何尺寸均相同,轮 A 的质量均匀分布,轮 B 的质量不均匀分布,质心在 C 点,偏心距为 e。若两轮以相同的角速度 ω 绕轴 O 转动,问它们的动能是否相同? 大小如何?

7-6 小球与一根无质量、不可伸长的细绳相连,绳绕于半径为 R 的圆柱上,如图所示。如小球在水平光滑面上运动,初始速度 $\boldsymbol{v}_0$ 垂直于细绳。问小球在以后的运动中动能不变吗? 对圆柱中心轴 z 的动量矩守恒吗? 小球的速度总是与细绳垂直吗?

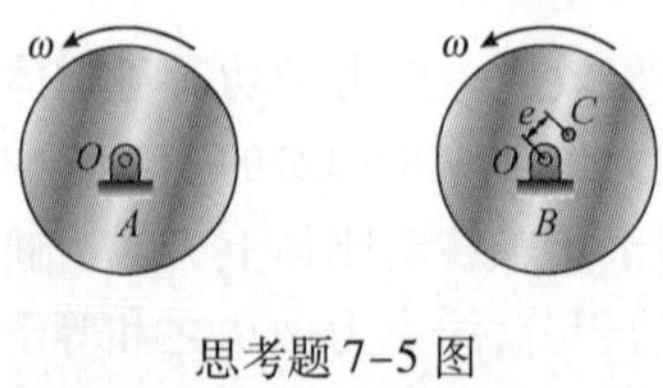

思考题 7-5 图

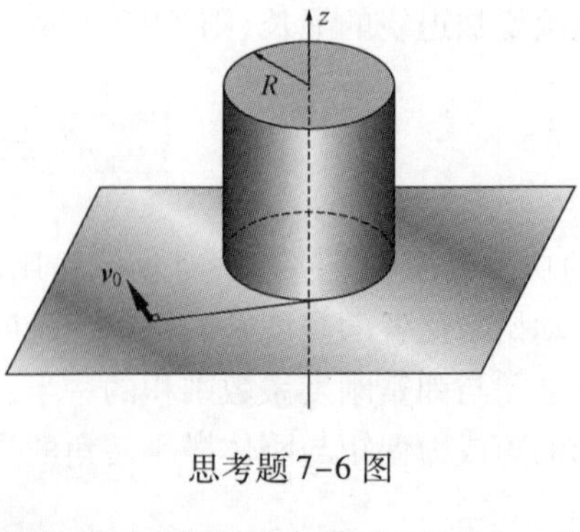

思考题 7-6 图

7-7 两个均质圆盘,质量相同,半径不同,静止平放于光滑水平面上。若在此二盘上同时作用有相同的力偶,在下述情况下比较二圆盘的动量、动量矩和动能的大小。

(1) 经过同样的时间间隔;(2) 经过同样的角度。

7-8　甲、乙两船完全相同,它们与河岸的距离也相同,两船各通过一绳与岸边相连,且两船初始静止。甲船上一人用力拉绳,绳的另一端固定于岸边;乙船则是岸上与船上各有一人用力拉绳。假设三人所用力相同,下述两种说法正确的是(　　)。

A. 甲船上一人做功,岸上桩子不动,桩子对绳子的拉力不做功;对于乙船,岸上与船上的人都做功,因此乙船增加的动能是甲船的两倍,其速度较大。因此,乙船先到岸边。

B. 以船为研究对象,两船受力完全相同,加速度相同,任意时刻的速度也相同,因此两船同时到达岸边。

习　题

7-1　图示弹簧原长 $l_0 = 100\text{mm}$,刚度系数 $k = 4.9\text{kN/m}$,一端固定在半径 $R = 100\text{mm}$ 的圆周上的 O 点,另一端可以在此圆周上移动。如果弹簧的可移动端从 B 点移至 A 点,再从 A 点移至 D 点,问两次移动过程中,弹簧力所做的功各为多少?图中 OA、BD 为圆的直径,且 $OA \perp BD$。

7-2　半径为 R 的均质圆形绞盘重为 G_1,受驱动力偶 $M = 3\varphi + 4$(M 以 N·m 计,φ 以 rad 计)作用而拖动一个重为 G_2 的物块,物块与水平面间的动摩擦因数为 f,细绳不可伸长且质量不计。试求绞车转过三圈时,作用于此系统上所有外力做功之和。

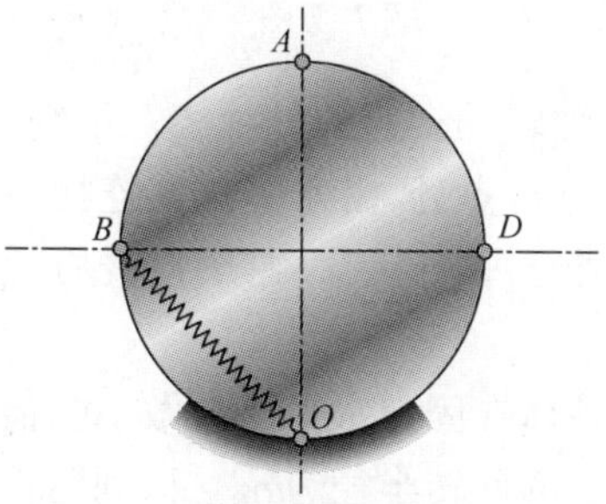

习题 7-1 图

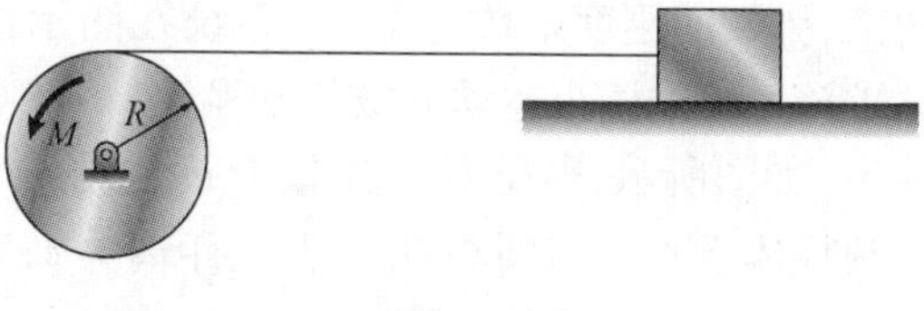

习题 7-2 图

7-3　车身的质量为 m_1,支承在两对相同的车轮上,每对车轮的质量为 m_2,并可视为半径为 r 的均质圆盘。已知车身的速度为 $\boldsymbol{v}$,车轮沿水平面滚而不滑。求整车的动能。

7-4　滑块 A 的质量为 m_1,以相对速度 $\boldsymbol{v}_1$ 沿质量为 m_2 的斜面 B 滑下,与此同时,斜面 B 以速度 $\boldsymbol{v}_2$ 向右运动。试求此系统的动能。

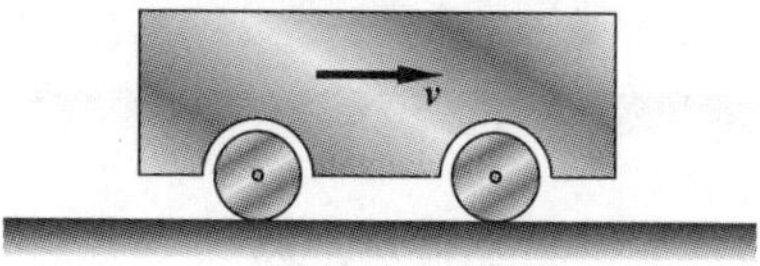

习题 7-3 图

习题 7-4 图

7-5　在图示滑轮组中悬挂两个物块,其中 A 的质量 $m_A = 30\text{kg}$,B 的质量 $m_B = 10\text{kg}$。定滑轮 O_1 的半径 $r_1 = 0.1\text{m}$,质量 $m_1 = 3\text{kg}$;动滑轮 O_2 的半径 $r_2 = 0.1\text{m}$,质量 $m_2 = 4\text{kg}$。

设两滑轮均视为均质等厚度圆盘，绳重和摩擦都略去不计。求重物 A 由静止下降距离 $h=0.5\text{m}$ 时的速度。

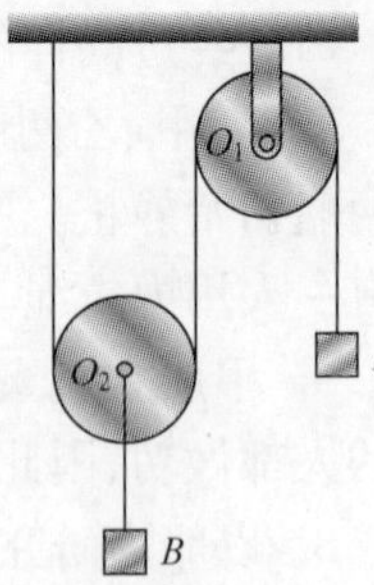

习题 7-5 图

7-6　力偶矩 M 为常量，作用在绞车的鼓轮上，使轮绕轴 O 转动，如图所示。轮的半径为 r，质量为 m_1。缠绕在鼓轮上的绳子系一质量为 m_2 的重物 A，使其沿倾角为 θ 的斜面上行。重物与斜面间的滑动摩擦因数为 f，绳子质量不计，鼓轮可视为均质圆柱。在开始时，此系统处于静止。求鼓轮转过 φ 角时的角速度和角加速度。

7-7　如图所示为电动机驱动的机械装置示意，电动机与被驱动装置用皮带相连接。设电动机对自身转轴 O_1 产生的驱动力偶为 M。电动机转轴和皮带轮的惯性矩为 J_1，被驱动轴 O_2 和皮带轮的惯性矩为 J_2。电动机上皮带轮的半径为 r_1，被驱动轴上皮带轮的半径为 r_2，皮带质量为 m。轴承的摩擦可略去不计。试求电动机轴的角加速度。

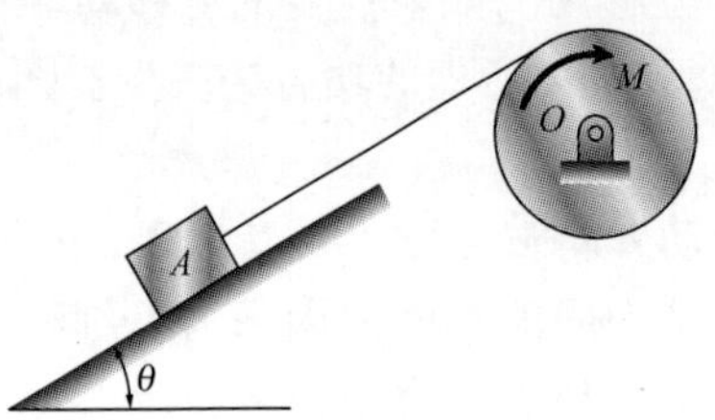

习题 7-6 图

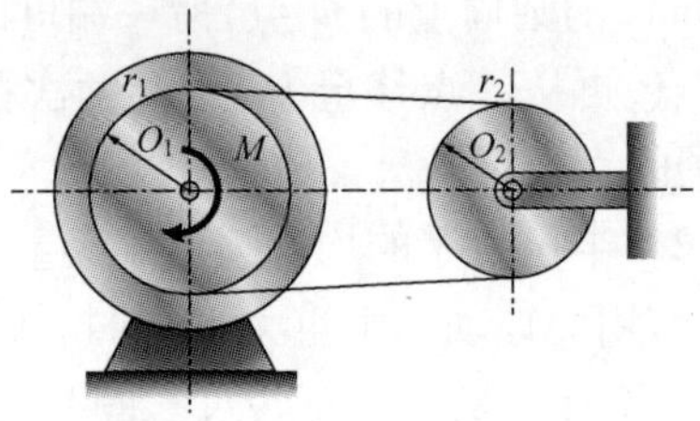

习题 7-7 图

7-8　均质圆盘 A 的质量为 m_A，半径为 r，可绕 O 轴转动。盘的外缘绕一细绳，其端部挂一质量为 m_B 的物块 B。今在距轮心上部 $OD=e$ 的 D 点处，沿水平方向连接一弹簧加以约束，弹簧的刚度系数为 k。该系统在图示位置处于平衡状态，绳及弹簧质量均不计。试求该系统做微小运动的微分方程。

7-9　如图所示，半径为 R，质量为 m 的均质半圆柱体在固定水平面上做小幅值纯滚动。半圆柱体质心 C 与圆心 O_1 之间的距离为 e，对质心的回转半径为 ρ_C。试列写该半圆柱体的运动微分方程。

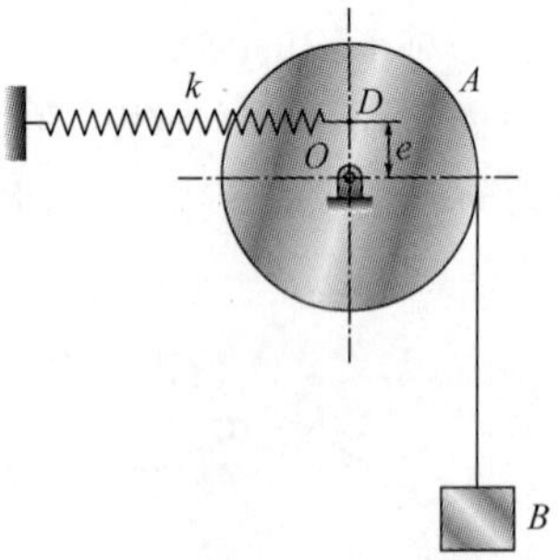

习题 7-8 图

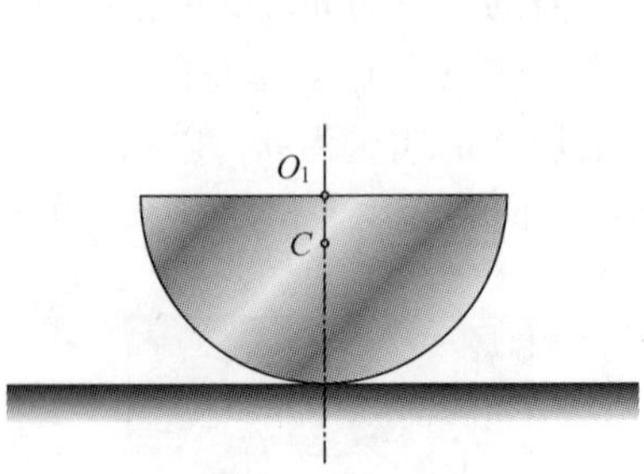

习题 7-9 图

7-10　在图示机构中，直杆 AB 的质量为 m，楔块 C 的质量为 m_C，倾角为 θ。当 AB 铅垂下降时，推动楔块水平运动。不计各处摩擦，求楔块 C 和杆 AB 的加速度。

7-11　两个均质圆轮 A 和 B，质量分别为 m_1 和 m_2，半径分别为 R_1 和 R_2，用细绳连接如图所示。轮 A 绕固定轴 O 转动。细绳的质量与轴承摩擦忽略不计。求轮 B 下落时两个轮子的角加速度、B 轮质心 C 的加速度以及绳的张力。

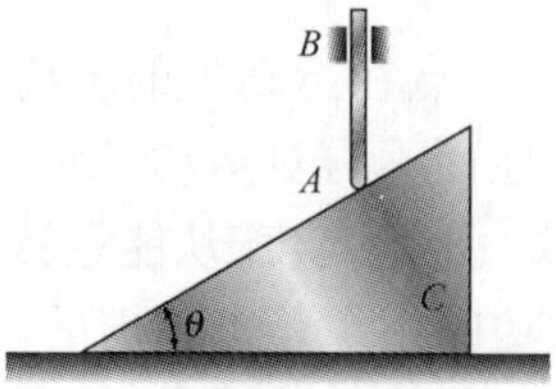

习题 7-10 图

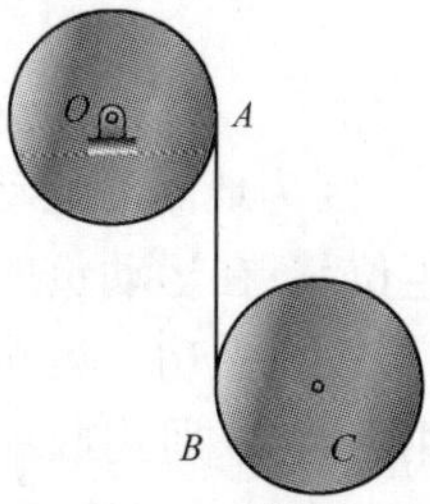

习题 7-11 图

7-12 质量均为 m、长度均为 l 的两均质杆在 A 点铰接，初始瞬时 OA 杆处于铅垂位置，两杆夹角为 45°，如图所示。试求由静止释放的瞬时，两杆的角加速度。

7-13 图示三棱柱 A 沿三棱柱 B 的斜面滑动，A 和 B 的质量分别为 m_1 和 m_2，三棱柱 B 的斜面与水平面成 θ 角。若起始时刻物体系统静止，忽略摩擦。求运动时三棱柱 B 的加速度。

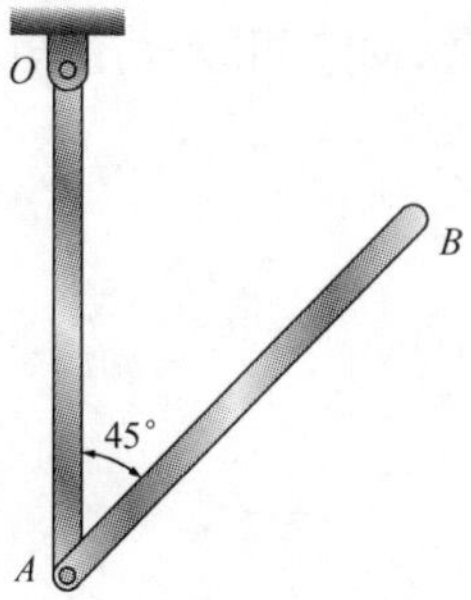

习题 7-12 图

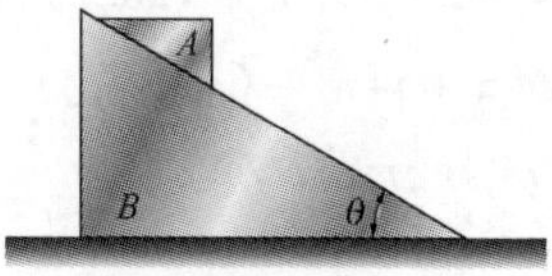

习题 7-13 图

7-14 图示机构中，物块 A、B 的质量均为 m，两均质圆轮 C、D 的质量均为 $2m$，半径均为 R。轮 C 铰接于无重悬臂梁 CK 上，梁的长度为 $3R$，D 为动滑轮，绳与轮间无滑动，系统由静止开始运动。求：①A 物块上升的加速度；②HE 段绳的拉力；③固定端 K 处的约束力。

7-15 图示的均质细杆长为 l、质量为 m，静止直立于光滑水平面上。当杆受微小干扰而倒下时，求杆刚刚躺到地面前瞬时的角速度和地面约束力。

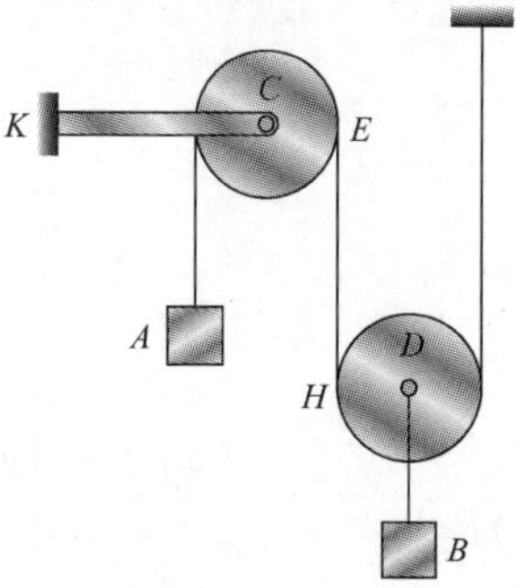

习题 7-14 图

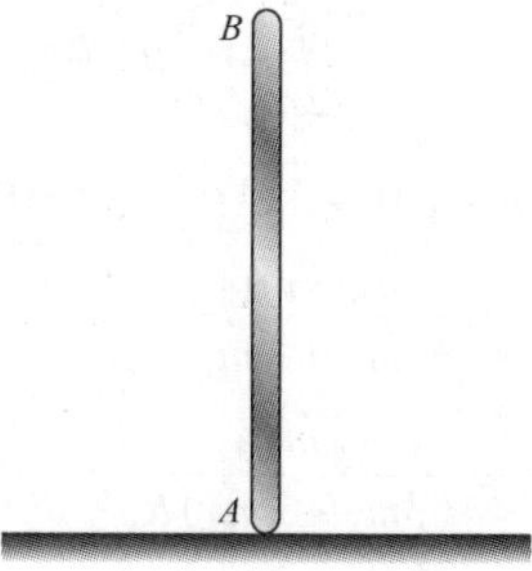

习题 7-15 图

参考答案

思考题

7-1　不是。因为地面对运动员的作用力的作用点在运动员的脚离开地面前,相对于地面并未发生位移;在运动员的脚离开地面后,地面不再对运动员施加力的作用。因此,地面对运动员没有做功。运动员之所以能跳过一定的高度,从能量转化的角度看,是运动员起跳时用力蹬地,肌肉收缩,内力做功。做功的结果是把体内的一部分内能转变为运动员跳离地面的动能,然后再克服重力做功,动能转变为势能,从而达到一定的高度。

7-2　不一定。这需要从具体问题出发,根据功的定义来确定。

7-3　动量很大,动能也一定很大;动能为零,动量也一定为零。反之未必。

7-4　拉力加倍,拉力所做之功不是加倍。

7-5　不同,大小无法判定。

7-6　动能不变,对 z 轴的动量矩不守恒,小球的速度与细绳垂直。

7-7　(1) 动量、动量矩相等,动能不等;(2) 动量、动能相等,动量矩不等。

7-8　B。

习题

7-1　$W_{BA}=-20.3\text{J}$;$W_{AD}=20.3\text{J}$。

7-2　$W=24\pi+54\pi^2-6\pi RfG_2$。

7-3　$T=(m_1+3m_2)v^2/2$。

7-4　$T=\dfrac{1}{2}m_1v_1^2+\dfrac{1}{2}(m_1+m_2)v_2^2-\dfrac{\sqrt{3}}{2}m_1v_1v_2$。

7-5　2.52m/s,竖直向下。

7-6　$\omega=\dfrac{2}{r}\sqrt{\dfrac{M-m_2gr(\sin\theta+f\cos\theta)}{m_1+2m_2}\varphi}$,顺时针;

$\alpha=\dfrac{2[M-m_2gr(\sin\theta+f\cos\theta)]}{r^2(m_1+2m_2)}$,顺时针。

7-7　$\varepsilon_1=M\Big/\left(J_1+J_2\dfrac{r_1^2}{r_2^2}+mr_1^2\right)$,顺时针。

7-8　$\ddot{\theta}^2+\dfrac{2ke^2}{(m_A+2m_B)r^2}\theta=0$。

7-9　$[(R-e)^2+\rho_C^2]\ddot{\theta}+ge\theta=0$。

7-10　$a_C=\dfrac{mg\tan\theta}{m\tan^2\theta+m_C}$,　$a_{AB}=\dfrac{mg\tan^2\theta}{m\tan^2\theta+m_C}$。

7-11　$\varepsilon_1=\dfrac{2m_2g}{(3m_1+2m_2)R_1}$,　$\varepsilon_2=\dfrac{2m_1g}{(3m_1+2m_2)R_2}$,　$a_C=\dfrac{2(m_1+m_2)g}{3m_1+2m_2}$,$F=\dfrac{m_1m_2g}{3m_1+2m_2}$。

7-12　$\varepsilon_{AB}=\frac{24\sqrt{2}}{23l}g$，　$\varepsilon_{OA}=\frac{9g}{23l}$。

7-13　$a_B=\frac{m_1 g\sin 2\theta}{2(m_2+m_1\sin^2\theta)}$。

7-14　(1) $a_A=\frac{1}{6}g$；(2) $F=\frac{4}{3}mg$；(3) $F_{Kx}=0, F_{Ky}=4.5mg, M_K=13.5mgR$。

7-15　$\omega=\sqrt{\frac{3g}{l}}$；$F_N=\frac{1}{4}mg$。

拓展阅读:舰载机阻拦索

航空母舰阻拦装置是用于吸收和耗散着舰飞机能量,使着舰飞机在航空母舰飞行甲板有限长度内安全回收的装置。阻拦索是阻拦装置中位于甲板以上的钢索,也是阻拦索装置直接与着舰飞机接触的部件,其用于与舰载机的尾钩相啮合,并将着舰飞机的前冲能量传递给缓冲装置,从而使得着舰飞机在规定的距离内停止下来。

阻拦索钢索是由优质高强度碳素钢经过多次冷拔和热处理制成钢丝,再经过多重捻制而成的具有复杂空间螺旋结构的构件。美军航空母舰上使用的阻拦索及截面结构如图7-40所示。

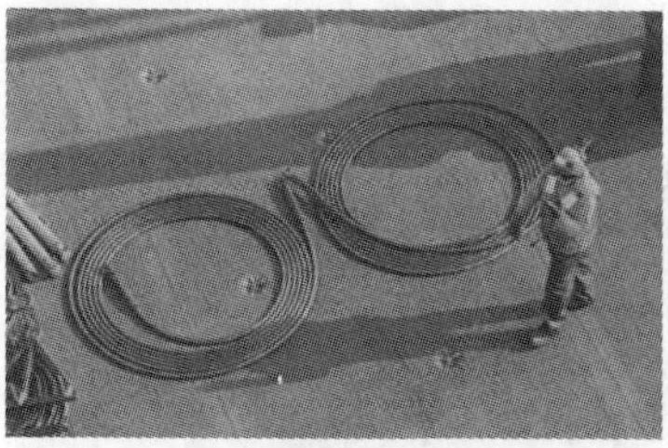

(a) 阻拦索

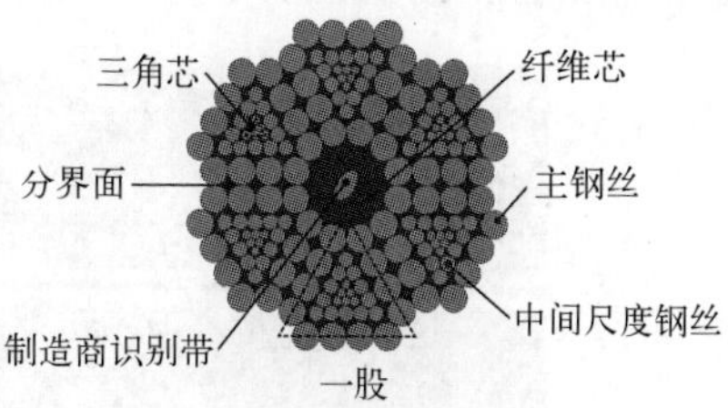

(b) 阻拦索截面示意

图7-40　美军阻拦索

美军阻拦索钢索结构为6△形,即每根钢索由6个三角形股组成,每股均有1个三角形的股芯,股芯由6根钢丝组成,股芯外侧包绕着12根中间尺度的钢丝,再往外侧又包绕着12根主钢丝。6股索包绕着1根涂油的麻绳或纤维芯,芯的中央是一根纸带或塑料带,记录着制造商的名称。麻绳或纤维芯的作用是为每股索提供衬垫,同时在钢索拉伸的时候能够起到润滑的作用。

按照相关标准的规定,对于股芯形状为圆形的钢索,捻制方法采用交互捻或同向捻;而股芯形状为三角形的钢索,捻制方法采用同向捻。美军阻拦钢索的捻制方法采用右同向捻,即索的捻制方向与股的捻制方向相同,都为向右侧同向捻制,如图7-41所示。

美军阻拦索的最小断裂强度为836kN,为了达到这一要求,除了要求钢索具有足够的强度之外,还需要保证钢索和接头连接的强度。美军阻拦索接头形式为单耳式,与阻拦索之间的连接采用模锻的加工方法。模锻是指改变管件直径的一种加工方法,管件伸入冲压模具内,受到冲压模具的冲压后,使管件的直径发生变化。在连接阻拦索钢索和接头的过程中,钢索穿入接头的套管内,放入冲压模具内进行模锻加工,从而使钢索和接头成为一个整体,并使两者的连接强度大于或等于钢索的强度。

国外搭载固定翼舰载机的现役航空母舰飞行甲板上,着舰区通常布置 3~4 根阻拦索,其中艉向第 1 根阻拦索距离舰艉约 55m,然后向舰艏方向每隔约 14m 布置一根阻拦索。一般在第 3 根和第 4 根阻拦索之间,设置一部阻拦网。我国辽宁舰阻拦索在舰面的布局如图 7-42 所示。

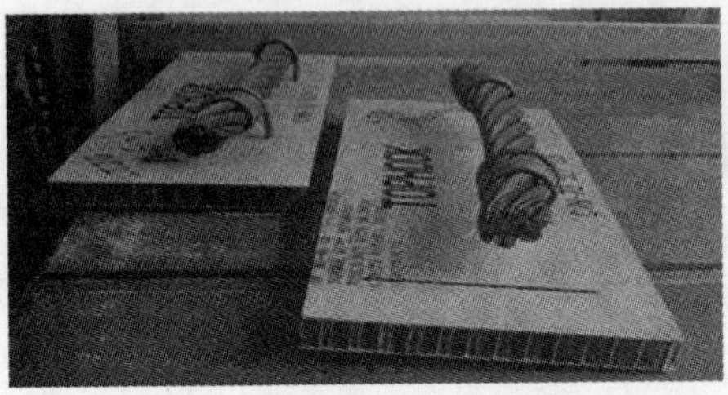

图 7-41　美军阻拦索钢索捻制方向

图 7-42　阻拦索在舰面的布局图

为了提高着舰过程中舰载机尾钩与阻拦索的啮合成功率,阻拦索通常需要距离飞行甲板一定高度,但是阻拦索距飞行甲板的高度又不能设置得太高,否则会影响舰载机机轮通过阻拦索。目前,阻拦索都是通过钢索支撑系统进行支撑,一般来说阻拦索距飞行甲板的高度多为 50mm~140mm,如图 7-43 所示。

图 7-43　阻拦索支撑系统

对于一般的固定翼舰载机而言,当其在飞行甲板上通过蒸汽弹射器起飞或滑跃起飞并执行完作战任务之后,需要返回母舰。着舰过程要求高、难度大、危险系数高,被誉为"刀尖上的舞蹈"。为了安全着舰,航空母舰上的着舰引导官应通过光学助降装置或全天候电子助降装置引导舰载机沿着正确而稳定的下滑道着舰,以使舰载机尾钩能勾住四根阻拦索中的一根,理想情况下是勾住第 2 或第 3 根阻拦索;舰载机除了需要沿正确的着舰下滑线之外,还需准确对中,使舰载机尾钩与阻拦索的啮合位置最好在阻拦索的中间并使尾钩运动速度方向垂直于阻拦索。

在舰载机着舰之前,舰载机飞行员须向航母上的着舰引导官或主飞行控制室的飞控官联系并通报将要着舰的舰载机的型号和重量,以便对阻拦装置的工作参数进行必要的调整,为舰载机安全着舰阻拦做准备;同时也使引导官或飞控官判断舰载机是否适合着舰,尤其舰载机的重量和着舰速度所构成的着舰动能是否小于阻拦装置的最大可吸收能量。在应急情况下,舰载机飞行员可要求以应急阻拦网形式进行着舰。

在舰载机尾钩勾住阻拦索的一瞬间,舰载机阻拦过程才真正开始,如图7-44所示。

图7-44 歼-15战机成功挂索着舰

尽管甲板上仅简洁地外露几根钢索,但在甲板下与之配合的确是一套复杂的缓冲、储能以及控制系统。高速向前运动的舰载机拉动阻拦索向前运动,巨大的冲击力通过阻拦索传递到与其连接的滑轮组钢索上,滑轮组钢索再将该作用力传递到滑轮缓冲装置、阻拦机动滑轮组、定滑轮组、钢索末端缓冲装置上。

在舰载机着舰阻拦过程中,舰载机的动能一部分转化为热能进行耗散,另一部分的动能由蓄能器及膨胀空气瓶吸收。

在一次阻拦过程结束后,阻拦索可以在控制系统的控制下恢复到初始位置,准备对下一架舰载机的阻拦。

舰载机的着舰阻拦过程是一个极其复杂的过程,从阻拦索与舰载机尾钩啮合开始到阻拦装置将舰载机拦停的整个阻拦过程时长只有2~3s,但阻拦过程中阻拦索承受的载荷较大,且大小和方向不断变化。舰载机的阻拦过程以及阻拦索承受载荷的大小和作用时间等,与舰载机着舰速度、着舰重量、钩索啮合位置等因素关系密切。

如果能为创立一种全面的理论指明道路,而且在后者之中作为极限状况继续存在下去,那么这将是一个物理理论最好的命运。

——阿尔伯特·爱因斯坦著,张卜天译. 狭义与广义相对论浅说.(商务印书馆,2014)

第8章　力系的平衡

关键词

平衡(equilibrium);平衡力系(force system in equilibrium);空间任意力系(three - dimentional force system);平面力系(coplanar force system);汇交力系(concurrent force system);平行力系(parallel force system);力偶系(system of couples)

平衡问题一般放在理论力学的静力学部分探讨,此时的平衡往往指的是静平衡。平衡问题可以分为静平衡和动平衡,若在动力学范畴探讨平衡,往往具有更丰富的内容。本章将从刚体一般动力学问题的退化角度来阐述平衡问题,平衡状态只是运动刚体一般动力学过程中的一种特殊状态。

引例:飞机的平衡状态

对于飞机来说,停机坪的停放状态是平衡状态,如图8-1所示。

图8-1　飞机地面停放状态(2014年11月珠海航展展出的歼-31隐身战斗机)

飞行器(飞机、导弹等)的定常飞行状态(如匀速平飞状态)也是一种平衡状态,如图8-2所示。

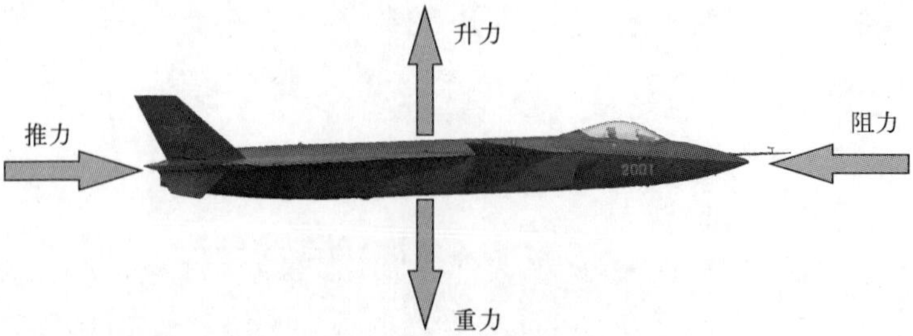

图8-2　飞机定常飞行状态受力分析

物体的静止状态都是平衡状态，如图 8-3 中所示的建筑物入口处的雨棚。

图 8-3　建筑物入口处的雨棚

那么，**平衡问题的力学特征**如何呢？怎样用**数学的方程表述并定量计算**呢？这便是本章内容的主要任务。

8.1　空间任意力系的平衡条件

根据力系的简化理论可知，空间任意力系可以向任意点简化为一个主矢和一个主矩。当主矢和主矩皆为零时，原力系称为**平衡力系**。

通常所说平衡一般指力系的平衡，说“物体平衡”或“物体系统平衡”本质上是指物体或物体系统所受力系为平衡力系。因此受平衡力系作用的质点、刚体将会保持原有的运动状态；物体系统平衡表示物体系统中的每一个构件均是平衡的，即物体系统中的每一个分离体均受平衡力系的作用。若仅仅是整个物体系统所受外力系是平衡力系的话，则仅仅是物体系统整体的某些运动学或动力学量是守恒的，如物体系统的质心速度保持不变，物体系统的总动量守恒，相对于质心的动量矩（角动量）守恒等。这些内容已经在动力学部分做了探讨。

对质点来说，平衡可以定义为：当质点保持静止或匀速直线运动状态可以称为平衡状态；当刚体保持静止或匀速直线平动时可以称为平衡状态。

但是，对于转动的刚体，就算是质心无加速度且无绕质心的角加速度也不一定是平衡状态，比如定轴转动的刚体，当转动轴为对称轴或惯性主轴时，其匀角速率转动状态才是平衡状态。此问题我们不做深入探讨，仅在后续内容中以例题的形式做出说明。

回顾学习过的**动量定理**与**相对于质心的动量矩定理**可知，一般刚体的运动微分方程为

$$\begin{cases} m\dfrac{\mathrm{d}^2\boldsymbol{r}_C}{\mathrm{d}t^2}=\sum\boldsymbol{F}_i^{(\mathrm{e})} \\ \dfrac{\mathrm{d}\boldsymbol{L}_C}{\mathrm{d}t}=\sum\boldsymbol{M}_C(\boldsymbol{F}_i^{(\mathrm{e})}) \end{cases} \tag{8-1}$$

式(8-1)**第一式**为动量定理的表达形式，表征的是刚体质心的动力学规律，也可以称为质心运动定理，标量形式对应刚体在直角坐标系内的三个平动自由度；**第二式**为动量矩定理（又称角动量定理）的表达形式，表征的是刚体绕质心转动的动力学规律，标量形式对

应刚体在直角坐标系内的三个转动自由度。

当表达式中等号右侧的**力项和力矩项皆为零**时,即

$$\sum \boldsymbol{F}_i^{(e)} = \boldsymbol{0}$$
$$\sum \boldsymbol{M}_C(\boldsymbol{F}_i^{(e)}) = \boldsymbol{0}$$

表明刚体所受力系为平衡力系,刚体质心没有线加速度,也没有绕质心的角加速度。此种状态就是一种**平衡状态**。因此,刚体的平衡状态可以认为是一般运动状态的**退化情形**。单个质点的平衡状态对应动量定理(或质心运动定理)的退化形式,质点无转动自由度。

一般刚体的运动微分方程中的力项和力矩项是刚体所受力系向刚体质心简化所得的主矢和主矩。因此一般刚体的运动微分方程可以退化为**空间任意力系平衡方程**。

根据第4章叙述的力系简化结果,空间任意力系平衡的充分必要条件为:空间任意力系向任意点简化的主矢和主矩均为零,即

$$\boldsymbol{F}'_R = \boldsymbol{0}, \quad \boldsymbol{M}_O = \boldsymbol{0} \tag{8-2}$$

以任一简化中心 O 为原点建立直角坐标系($Oxyz$),可将上述矢量方程条件在所建坐标系中投影成标量形式的平衡条件如下:

$$\begin{aligned} &\sum_{i=1}^{n} F_{ix} = 0, \quad \sum_{i=1}^{n} F_{iy} = 0, \quad \sum_{i=1}^{n} F_{iz} = 0 \\ &\sum_{i=1}^{n} M_{ix} = 0, \quad \sum_{i=1}^{n} M_{iy} = 0, \quad \sum_{i=1}^{n} M_{iz} = 0 \end{aligned} \tag{8-3}$$

空间任意力系平衡的充分必要条件又可表述为:所有各力在每一坐标轴上投影的代数和等于零;这些力对于每一坐标轴力矩的代数和也等于零。上述6个平衡方程彼此独立。

例题8-1 在图8-4(a)中,皮带的拉力 $F_2 = 2F_1$,曲柄上作用有铅垂力 $F = 2000$N。已知皮带轮的直径 $D = 400$mm,曲柄长 $R = 300$mm,皮带1和皮带2与铅垂线间夹角分别为 $\theta = 30°$,$\beta = 60°$,其他尺寸如图所示,系统处于平衡状态。求皮带拉力和轴承约束力。

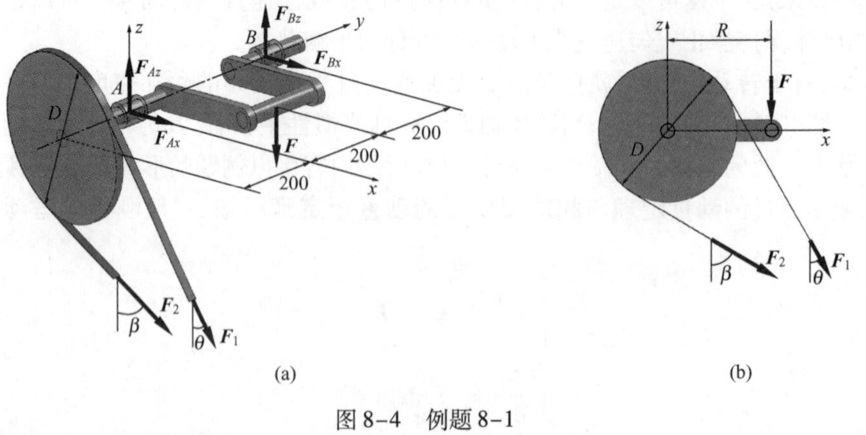

图8-4 例题8-1

解:取整个轴为研究对象,受力分析如图8-4(a)、(b)所示。其上有力 $\boldsymbol{F}_1$、$\boldsymbol{F}_2$、$\boldsymbol{F}$ 及轴承约束力 $\boldsymbol{F}_{Ax}$、$\boldsymbol{F}_{Az}$、$\boldsymbol{F}_{Bx}$、$\boldsymbol{F}_{Bz}$。轴受空间任意力系作用,列出平衡方程:

$$\sum F_x = 0,\quad F_1\sin30° + F_2\sin60° + F_{Ax} + F_{Bx} = 0$$

$$\sum F_z = 0,\quad -F_1\cos30° - F_2\cos60° - F + F_{Az} + F_{Bz} = 0$$

$$\sum M_x = 0,\quad F_1\cos30° \times 200 + F_2\cos60° \times 200 - F \times 200 + F_{Bz} \times 400 = 0$$

$$\sum M_y = 0,\quad FR + (F_1 - F_2) \cdot \frac{D}{2} = 0$$

$$\sum M_z = 0,\quad F_1\sin30° \times 200 + F_2\sin60° \times 200 - F_{Bx} \times 400 = 0$$

又有

$$F_2 = 2F_1$$

联立上述方程,解得

$$F_1 = 3000\text{N},\quad F_2 = 6000\text{N},\quad F_{Ax} = -10044\text{N}$$
$$F_{Az} = 9397\text{N},\quad F_{Bx} = 3348\text{N},\quad F_{Bz} = -1799\text{N}$$

要点与讨论

(1) 利用平衡条件求解约束力时,为了求解问题的方便,一般要明确所选择的坐标系。坐标系的选定应结合具体结构或机构特点;

(2) 此题未知量有六个,但独立的平衡方程为5个,因为沿 y 轴的投影方程成为恒等式,无使用价值,只有在题设 $F_2 = 2F_1$ 条件下,才能求解。

例题 8-2 正方形板 $ABCD$ 由六根直杆支撑于水平位置,六根杆分别为 DD'、DC'、CC'、CB'、AB'和 AA'。若在 A 点沿 AD 向作用有水平的力 $\boldsymbol{P}$,尺寸如图 8-5(a)所示,不计板和各杆的重量,试求各杆的内力。

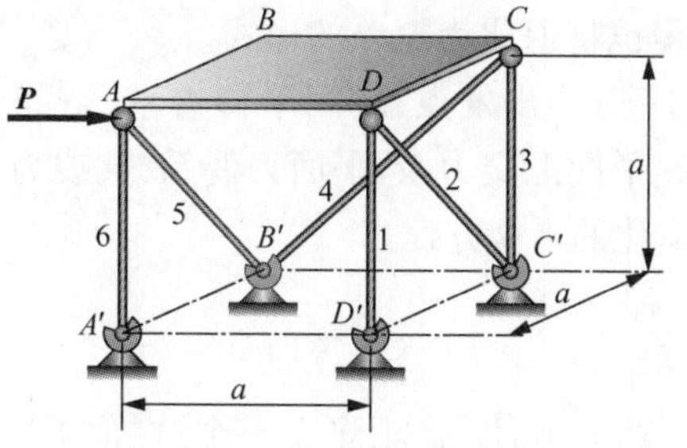

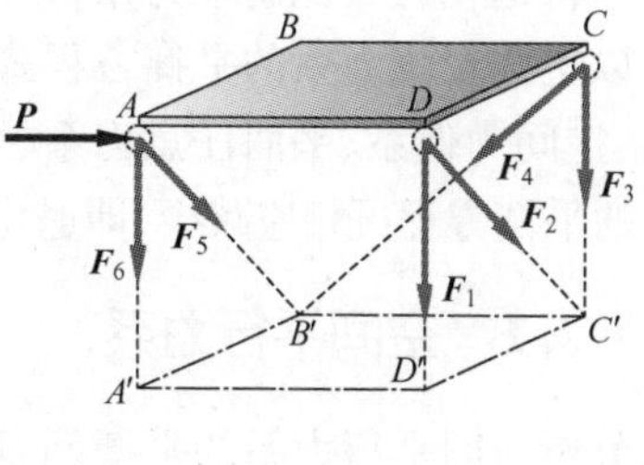

图 8-5 例题 8-2

解:因不计杆重,各杆均为二力杆,设各杆均受拉力。取正方形板 $ABCD$ 为研究对象,受力分析如图 8-5(b)所示。列平衡方程:

$$\sum M_{B'B} = 0,\quad Pa + F_2\cos45° \cdot a = 0 \tag{1}$$

$$\sum M_{C'C} = 0,\quad Pa - F_5\cos45° \cdot a = 0 \tag{2}$$

$$\sum M_{D'D} = 0,\quad F_4\cos45° \cdot a - F_5\cos45° \cdot a = 0 \tag{3}$$

$$\sum M_{DA} = 0,\quad F_4\cos45° \cdot a + F_3 \cdot a = 0 \tag{4}$$

$$\sum M_{CD} = 0, \quad F_5\cos45° \cdot a + F_6 a = 0 \tag{5}$$

$$\sum M_{B'C'} = 0, \quad F_6 a + F_1 a = 0 \tag{6}$$

联立上述方程,解得

$$F_1 = P, \quad F_2 = -\sqrt{2}P, \quad F_3 = -P, \quad F_4 = F_5 = \sqrt{2}P, \quad F_6 = -P$$

要点与讨论

(1) 利用六根二力杆,将单个刚体支承成坚固而静定的空间结构。对于这类问题,常可利用力矩式达到一个方程解出一个未知量的目的,此时需要注意让力矩轴与尽量多的未知力平行,例如式(1)、(2)、(3),或与尽量多的未知力相交,例如式(4)、(5)、(6)。当然,有时利用投影式也能达到这一目的,例如求得 F_2 和 F_5 后,利用 $\sum F_{AD} = 0$ 可以立即求出 F_4,或者在使用前5个力矩式后再用 $\sum F_{AA'} = 0$,求出 F_1。因此,解决这类空间力系的平衡问题,列写平衡方程式的方案可以有许多种。

(2) 分析杆件对平板的作用力时,可事先假定各杆均为拉杆,具体求解结果中,正号表示实际受力与假设方向一致,为拉力,负号则表示杆件实际承受压力作用。工程实际中务必要弄清拉力或压力,杆件的受力状态也是选材的依据之一。

8.2 空间任意力系平衡条件的退化

在第4章中,我们对力系进行了分类。其中,空间任意力系是最复杂的力系,空间任意力系的平衡条件也是平衡条件中最复杂的。力系的几何特征增多了,最复杂的空间任意力系将退化为其他简单力系,相应地,平衡方程也将退化为简单的形式。

以空间任意力系的平衡方程式(8-2)、式(8-3)为出发点,空间平行力系、空间汇交力系、空间力偶系、平面任意力系、平面平行力系、平面汇交力系、平面力偶系、共线力系的独立的平衡方程可相应减少,即退化的力系对应退化的平衡方程。

8.2.1 空间平行力系

分析空间平行力系的平衡问题时,为求解问题的方便,总能建立一个这样的正交坐标系:其中一根坐标轴与力的作用线平行,设为 Oz 轴;另外两根坐标轴形成的坐标平面与所有力垂直,设为 Oxy 平面。那么,对于此平行力系来说,空间任意力系的平衡方程变为

$$\sum_{i=1}^{n} F_{ix} \equiv 0, \quad \sum_{i=1}^{n} F_{iy} \equiv 0, \quad \sum_{i=1}^{n} F_{iz} = 0$$

$$\sum_{i=1}^{n} M_{ix} = 0, \quad \sum_{i=1}^{n} M_{iy} = 0, \quad \sum_{i=1}^{n} M_{iz} \equiv 0$$

方程中出现了三个恒等式,对于求解具体问题来说,恒等式是无用的。因此,对于空间平行力系来说,平衡方程由六个独立的标量方程退化为式(8-4)所示的三个标量方程形式。

$$\sum_{i=1}^{n} F_{iz} = 0, \quad \sum_{i=1}^{n} M_{ix} = 0, \quad \sum_{i=1}^{n} M_{iy} = 0 \tag{8-4}$$

例题 8-3　如图 8-6(a)所示的三轮车连同上面的货物共重 $\boldsymbol{P}=3\text{kN}$,其作用线通过 C 点。求静止时地面对车轮的约束力。

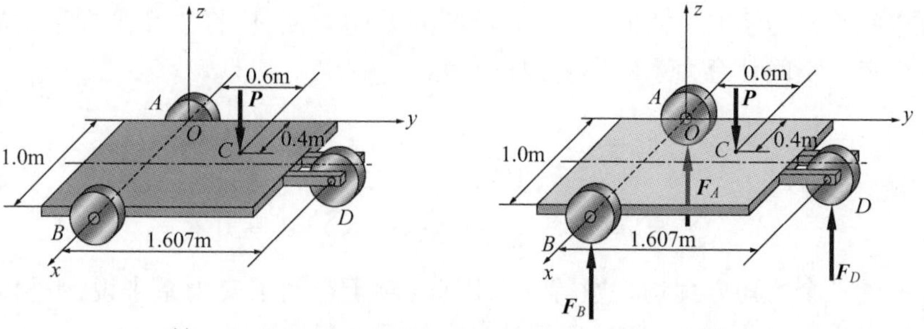

图 8-6　例题 8-3

解:取三轮车和货物整体为研究对象,其上受力 $\boldsymbol{P}$、$\boldsymbol{F}_A$、$\boldsymbol{F}_B$ 和 $\boldsymbol{F}_D$ 的作用,属于空间平行力系,如图 8-6(b)所示。建立坐标系 $Oxyz$,其中 z 轴与各力平行,x 轴通过 AB 两轮的中心。因此,$\boldsymbol{F}_A$、$\boldsymbol{F}_B$ 对 x 轴和 z 轴之矩都等于零。空间平行力系有三个独立平衡方程,可解三个未知力。列平衡方程:

$$\sum M_x = 0,\quad -0.6P + 1.607F_D = 0$$

$$\sum M_y = 0,\quad 0.4P - 0.5F_D - F_B \times 1 = 0$$

$$\sum F_z = 0,\quad -P + F_A + F_B + F_D = 0$$

解上述方程得

$$F_D = 1.12\text{kN},\quad F_B = 0.64\text{kN},\quad F_A = 1.24\text{kN}$$

要点与讨论

上面的分析完全可以应用到飞机停机坪停放状态下的受力分析上。三轮车车身对应飞机机身,三个车轮对应飞机的三处机轮。如图 8-7 所示,$\boldsymbol{G}$ 表示飞机重力,其余箭头表示地面对机轮的支持力。

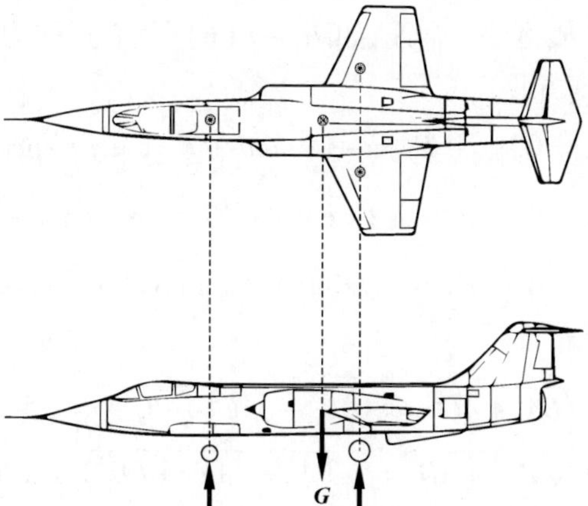

图 8-7　飞机地面停放状态受力

8.2.2 空间汇交力系

分析空间汇交力系的平衡问题时，为求解问题的方便，应将正交坐标系的原点选在力系的汇交点。空间任意力系的平衡方程变为

$$\sum_{i=1}^{n} F_{ix} = 0,\quad \sum_{i=1}^{n} F_{iy} = 0,\quad \sum_{i=1}^{n} F_{iz} = 0$$

$$\sum_{i=1}^{n} M_{ix} \equiv 0,\quad \sum_{i=1}^{n} M_{iy} \equiv 0,\quad \sum_{i=1}^{n} M_{iz} \equiv 0$$

方程中的三个力矩方程均是恒等式。因此，对于空间汇交力系来说，平衡方程由六个独立的标量方程退化为式(8-5)所示的三个标量方程形式。

$$\sum_{i=1}^{n} F_{ix} = 0,\quad \sum_{i=1}^{n} F_{iy} = 0,\quad \sum_{i=1}^{n} F_{iz} = 0 \tag{8-5}$$

例题 8-4 如图 8-8(a)所示的立柱，A 端用球形铰链固定，另一端 B 与绳索 BC、BD 相连。在 ABE 平面内，B 点作用一水平力 $F=1000\text{N}$，立柱及绳索的自重不计。试求立柱 AB 的内力及绳索 BC 和 BD 的张力。

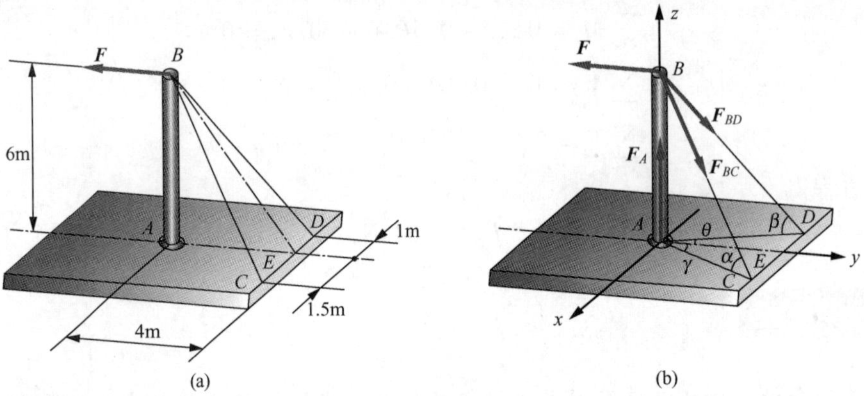

图 8-8 例题 8-4

解：取立柱 AB 为研究对象，其上受有主动力 $\boldsymbol{F}$，绳索张力 $\boldsymbol{F}_{BC}$、$\boldsymbol{F}_{BD}$ 及球铰 A 的约束力 $\boldsymbol{F}_A$，因立柱是二力杆，故 $\boldsymbol{F}_A$ 沿 AB 轴线，如图 8-8(b)所示，这些力构成一空间汇交力系。建立 $Axyz$ 坐标系，列平衡方程：

$$\sum F_x = 0,\quad -F_{BD}\cos\beta\cdot\sin\theta + F_{BC}\cos\alpha\cdot\sin\gamma = 0 \tag{1}$$

$$\sum F_y = 0,\quad F_{BD}\cos\beta\cdot\cos\theta + F_{BC}\cos\alpha\cdot\cos\gamma - F = 0 \tag{2}$$

$$\sum F_z = 0,\quad F_A - F_{BD}\sin\beta - F_{BC}\sin\alpha = 0 \tag{3}$$

由图示几何关系可知

$$BC = \sqrt{BA^2 + AC^2} = \sqrt{BA^2 + (AE^2 + EC^2)} = \sqrt{54.25}\,\text{m}$$

$$BD = \sqrt{BA^2 + AD^2} = \sqrt{BA^2 + (AE^2 + ED^2)} = \sqrt{53}\,\text{m}$$

$$\cos\alpha = \frac{AC}{BC} = \frac{\sqrt{18.25}}{\sqrt{54.25}},\quad \sin\alpha = \frac{AB}{BC} = \frac{6}{\sqrt{54.25}},\quad \cos\beta = \frac{AD}{BD} = \frac{\sqrt{17}}{\sqrt{53}}$$

$$\sin\beta = \frac{AB}{BD} = \frac{6}{\sqrt{53}},\quad \cos\gamma = \frac{AE}{AC} = \frac{4}{\sqrt{18.25}},\quad \sin\gamma = \frac{CE}{AC} = \frac{1.5}{\sqrt{18.25}}$$

$$\cos\theta = \frac{AE}{AD} = \frac{4}{\sqrt{17}},\quad \sin\theta = \frac{ED}{AD} = \frac{1}{\sqrt{17}}$$

将以上各已知量分别代入式(1)、(2)、(3)得

$$-0.137F_{BD} + 0.204F_{BC} = 0$$
$$-1000 + 0.549F_{BD} + 0.543F_{BC} = 0$$
$$F_A - 0.824F_{BD} - 0.815F_{BC} = 0$$

解得

$$F_A = 1500\text{N},\quad F_{BC} = 735\text{N},\quad F_{BD} = 1094\text{N}$$

要点与讨论

在上面的分析中,根据已给条件,应用不同的方法计算力在坐标轴上的投影。在计算$\boldsymbol{F}_{BC}$、$\boldsymbol{F}_{BD}$在z轴上的投影时,是将它们直接投影到z轴上。而计算它们在x、y轴上的投影时,则应用了两次投影法,先将它投影到xy坐标平面上,然后再投影到x、y坐标轴上。

8.2.3　空间力偶系

根据力偶的性质可知,对于空间力偶系的平衡问题,不管坐标系如何选择,空间任意力系的平衡方程都将变为

$$\sum_{i=1}^{n} F_{ix} \equiv 0,\quad \sum_{i=1}^{n} F_{iy} \equiv 0,\quad \sum_{i=1}^{n} F_{iz} \equiv 0$$
$$\sum_{i=1}^{n} M_{ix} = 0,\quad \sum_{i=1}^{n} M_{iy} = 0,\quad \sum_{i=1}^{n} M_{iz} = 0$$

方程中的三个力投影方程均是恒等式。因此,对于空间力偶系来说,平衡方程由六个独立的标量方程退化为式(8-6)所示的三个标量方程形式。

$$\sum_{i=1}^{n} M_{ix} = 0,\quad \sum_{i=1}^{n} M_{iy} = 0,\quad \sum_{i=1}^{n} M_{iz} = 0 \tag{8-6}$$

例题8-5　螺旋桨(旋翼)的力偶平衡。

解析:图8-9所示的各种飞行器均为以螺旋桨(或旋翼)为动力装置的飞行器。

以螺旋桨为动力装置的飞行器在飞行过程中,螺旋桨的受力是比较复杂的。但在飞行器进行定常飞行时,问题可以大大简化。

以图8-10所示的武直-10模型为例,仅整体上分析螺旋桨的转动自由度。若设旋翼转轴为z轴且向上为正方向,旋翼以恒定角速度ω顺时针旋转;则可认为螺旋桨及转轴系统受三个力偶作用,它们是:发动机的**驱动力偶**,顺时针绕向,以$\boldsymbol{M}_E$表示;轴承的**摩擦阻力偶**,逆时针绕向,以$\boldsymbol{M}_F$表示;**气动阻力偶**①,逆时针绕向,以$\boldsymbol{M}_A$表示。

---

①　根据直升机空气动力学可以将作用在桨叶上的阻力偶分为翼型阻力偶(含摩擦阻力偶、压差阻力偶)、诱导阻力偶(又称升至阻力偶)。此知识点已超出理论力学范畴,这里仅将所有因空气而产生的阻力偶全部包含在内。

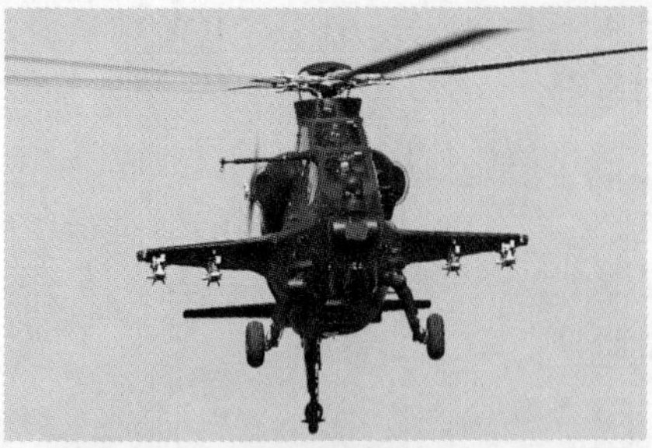

(a) 旋翼直升机

(b) 四旋翼无人机

(c) 活塞式飞机（又称螺旋桨飞机）

(d) 涡轮螺旋桨飞机

图 8-9　以螺旋桨(旋翼)为动力装置的飞行器

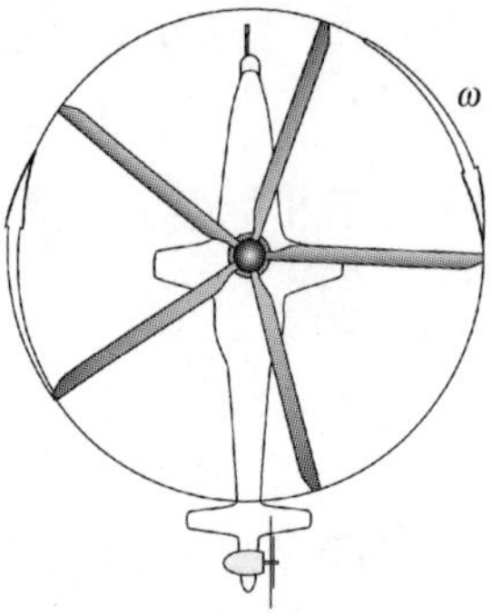

(a) 武直-10旋翼模型

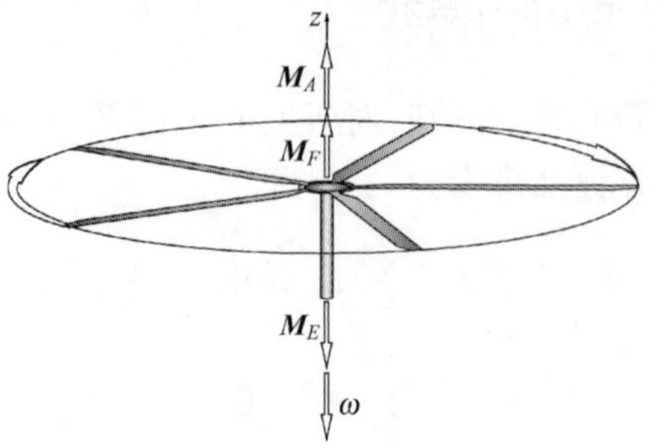

(b) 武直-10旋翼系统所受力偶作用

图 8-10　武直 - 10 旋翼系统受力

旋翼系统转动自由度的平衡方程可写为

$$\sum_{i=1}^{3} \boldsymbol{M}_i = \boldsymbol{M}_E + \boldsymbol{M}_F + \boldsymbol{M}_A = \boldsymbol{0}$$

将上式转换成标量式可写为

$$\sum_{i=1}^{3} M_{iz} = -M_E + M_F + M_A = 0$$

要点与讨论

螺旋桨(或旋翼)的匀角速度转动本质上体现的是其所受三种力偶的平衡；当某一力偶发生变化时，要想再次形成平衡状态，其他力偶也必然要产生相应变化才行，直到达成新的平衡状态。比如在忽略轴承摩擦阻力偶的情况下，保持发动机功率不变(油门不增减)的情况下增大旋翼叶片的桨距,气动阻力偶数值将会增大,而发动机的驱动力偶不足以对抗变大了的阻力偶作用,因此,旋翼的角速率将会减小,气动阻力偶也会随之减小,直至达到新的转动平衡状态;相反地,若想保持角速率且增大桨距就必须增加发动机油门以提供更大驱动力偶来对抗增大了的阻力偶。

8.2.4 平面任意力系

对于平面任意力系的平衡问题,为求解问题的方便,建立的正交坐标系满足:力系所在平面为 Oxy 坐标平面,Oz 轴与所有力垂直。那么,对于此平面任意力系来说,空间任意力系的平衡方程变为

$$\sum_{i=1}^{n} F_{ix} = 0, \quad \sum_{i=1}^{n} F_{iy} = 0, \quad \sum_{i=1}^{n} F_{iz} \equiv 0$$

$$\sum_{i=1}^{n} M_{ix} \equiv 0, \quad \sum_{i=1}^{n} M_{iy} \equiv 0, \quad \sum_{i=1}^{n} M_{iz} = 0$$

方程中出现三个恒等式,而且此时有 $\sum_{i=1}^{n} M_{iz} = \sum_{i=1}^{n} M_{iO}$ 。因此,对于平面任意力系来说,平衡方程由六个独立的标量方程退化为式(8-7)所示的三个标量方程形式,此式称为平面任意力系平衡方程的基本形式,也称二投影式。三个独立方程,最多只能解**三个未知量**。

$$\sum_{i=1}^{n} F_{ix} = 0, \quad \sum_{i=1}^{n} F_{iy} = 0, \quad \sum_{i=1}^{n} M_{iO} = 0 \tag{8-7}$$

值得注意的是:方程中的投影轴 Ox、Oy 不必一定正交,只要不平行即可;力矩中心也不必一定选择坐标原点 O,可以是**力系所在平面内**任意点。

因此平面任意力系的平衡条件可以表述为:平面任意力系中各力向力系所在平面的两个不平行的坐标轴投影的代数和为零,各力对**平面内任意点**的力矩的代数和为零。

除了基本形式以外,平面任意力系的平衡方程还有其他两种形式:二力矩式、三力矩式。

二力矩式如式(8-8)所示:

$$\sum_{i=1}^{n} F_{ix} = 0, \quad \sum_{i=1}^{n} M_{iA} = 0, \quad \sum_{i=1}^{n} M_{iB} = 0 \tag{8-8}$$

二力矩式的应用条件为:x 轴不能与 A、B 两点连线垂直。后两式为合力矩等于零的形式,保证合力的作用线通过 A、B 两点连线;但 x 轴不与 A、B 连线垂直,以保证力系中的合力为零。

三力矩式如式(8-9)所示:

$$\sum_{i=1}^{n} M_{iA} = 0, \quad \sum_{i=1}^{n} M_{iB} = 0, \quad \sum_{i=1}^{n} M_{iC} = 0 \tag{8-9}$$

三力矩式的应用条件为:A、B、C 三点不共线。

可以根据具体问题特点选择不同形式的平衡方程;“求解问题的简单而有效、计算量小”是选择方程形式的唯一标准。比如投影轴应尽量多地与多个未知力垂直或平行;力矩中心应尽可能地选在多个未知力的交点上;列方程时应尽可能地使一个方程求解一个未知量,应尽可能地避免联立求解方程等。读者应多加练习,才能得心应手。

例题 8-6 图 8-11(a)所示刚架,A 为固定端。已知 $q=3\text{kN/m}$,$F=6\sqrt{2}\text{kN}$,$M=10\text{kN}\cdot\text{m}$,尺寸如图所示。不计自重。试求固定端 A 处的约束力。

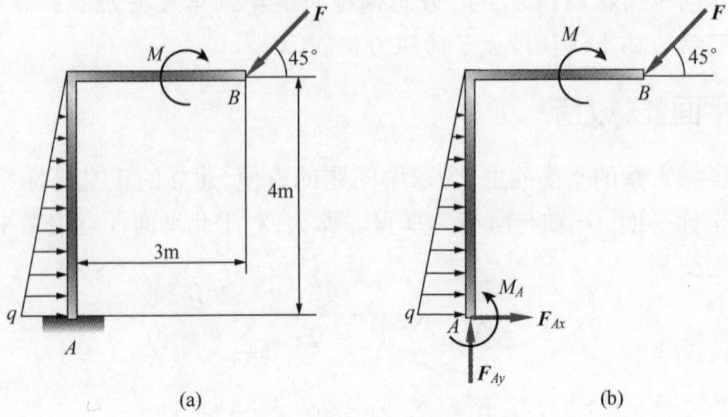

图 8-11 例题 8-6

解:取刚架为研究对象,其受力如图 8-11(b)所示。

$$\sum F_x=0,\quad F_{Ax}+\frac{1}{2}\cdot q\cdot 4-F\cos45^\circ=0$$

$$\sum F_y=0,\quad F_{Ay}-F\sin45^\circ=0$$

$$\sum M_A=0,\quad M_A-\frac{1}{2}\cdot q\cdot 4\cdot\frac{4}{3}-M-F\sin45^\circ\cdot 3+F\cos45^\circ\cdot 4=0$$

解上述方程得

$$F_{Ax}=0,\quad F_{Ay}=6\text{kN},\quad M_A=12\text{kN}\cdot\text{m}$$

要点与讨论

这是一个基本计算题,但要注意力偶投影、求矩问题和三角形分布载荷合力投影、求矩问题。对固定端约束,除了有两个约束力外,还有一个约束力偶,画受力图时要把此处约束力偶画上。

例题 8-7 图 8-12(a)所示结构,物块重 $P=1800\text{N}$,圆盘的半径 $r=0.1\text{m}$,杆 $AD=0.2\text{m}$,$DB=0.4\text{m}$,$\theta=45^\circ$,不计其他构件自重。求支座 A 的约束力和 BC 杆受力。

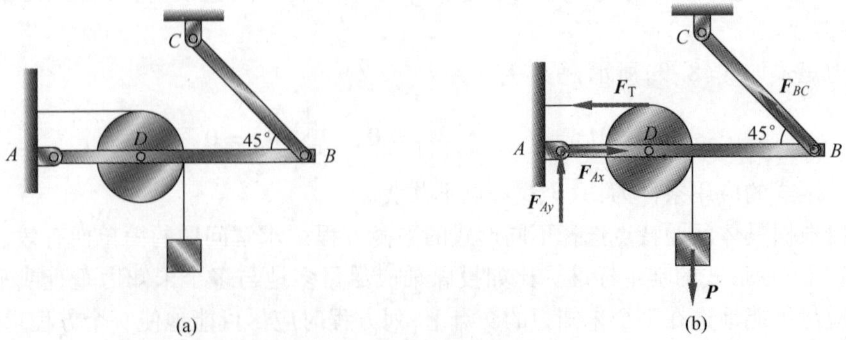

图 8-12 例题 8-7

解:BC 为二力杆。取整体为研究对象,其上受有主动力 $\boldsymbol{P}$,绳索张力 $\boldsymbol{F}_{\mathrm{T}}$、铰链 B 的约束力 $\boldsymbol{F}_{BC}$ 及铰链 A 的约束力 $\boldsymbol{F}_{Ax}$、$\boldsymbol{F}_{Ay}$,其受力如图 8-12(b)所示。其中

$$F_{\mathrm{T}} = P$$

列平衡方程

$$\sum M_A = 0,\quad F_{BC}\sin\theta \cdot AB + F_{\mathrm{T}} \cdot r - P \cdot (AD + r) = 0$$

$$\sum F_y = 0,\quad F_{Ay} - P + F_{BC}\sin\theta = 0$$

$$\sum F_x = 0,\quad F_{Ax} - F_{\mathrm{T}} - F_{BC}\cos\theta = 0$$

解得

$$F_{BC} = 848.5\mathrm{N},\quad F_{Ay} = 1200\mathrm{N},\quad F_{Ax} = 2400\mathrm{N}$$

要点与讨论

此题也可把轮和杆拆开,分别画受力图求解。

例题 8-8 图 8-13(a)所示结构,均布载荷的集度为 q,不计梁自重和各处摩擦。求支座 A、E 的约束力和 BC 杆内力。

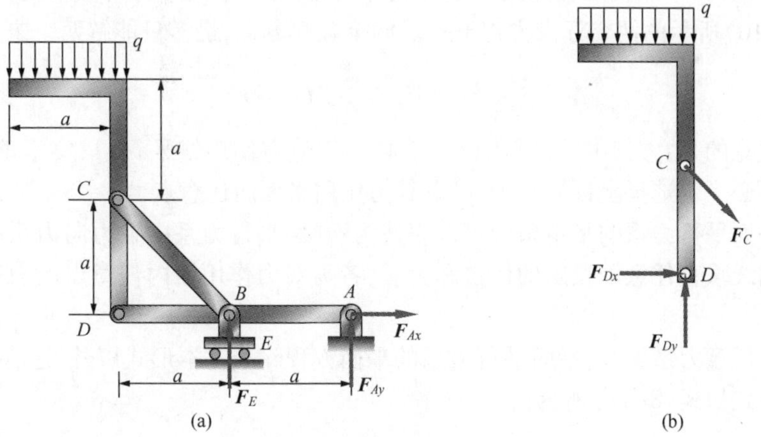

图 8-13 例题 8-8

解:取整体为研究对象,未知约束力有 $\boldsymbol{F}_{Ax}$、$\boldsymbol{F}_{Ay}$ 和 $\boldsymbol{F}_E$,可列三个平衡方程求解:

$$\sum F_x = 0,\quad F_{Ax} = 0$$

$$\sum M_E = 0,\quad F_{Ay} \cdot a + qa \cdot 1.5a = 0$$

$$\sum F_y = 0,\quad F_{Ay} + F_E - qa = 0$$

解得

$$F_{Ax} = 0,\quad F_{Ay} = -1.5qa,\quad F_E = 2.5qa$$

取曲杆 CD 为研究对象,受力分析如图 8-13(b)所示。由

$$\sum M_D = 0,\quad qa \cdot 0.5a - F_C \cdot a\sin 45° = 0$$

解得

$$F_C = \frac{\sqrt{2}}{2}qa$$

要点与讨论

对物体系的平衡问题,首先分析系统整体,若系统整体只有 3 个未知量,则可直接求之;若系统整体有 4 个未知量,则一般不能把未知量全求出,但有时可以求出一个或两个未知量来,然后再分析需不需要拆;若系统整体有 5 个或超过 5 个未知量,则利用整体一般一个未知量也求不出,这时就不用考虑整体,直接就要考虑拆和如何拆。

8.2.5 平面平行力系

平面平行力系是空间任意力系的退化形式,也是平面任意力系的退化形式。为求解问题的方便,在力系所在平面内建立正交坐标系 Oxy,令 Ox 轴与所有力垂直。那么,对于此平面平行力系来说,平面任意力系的平衡方程变为

$$\sum_{i=1}^{n} F_{ix} \equiv 0, \quad \sum_{i=1}^{n} F_{iy} = 0, \quad \sum_{i=1}^{n} M_{iO} = 0$$

方程中的向 Ox 轴的力投影式为恒等式。因此,对于平面平行力系来说,平衡方程退化为式(8-10)所示的两个标量方程形式。两个独立方程,最多只能解两个未知量。

$$\sum_{i=1}^{n} F_{iy} = 0, \quad \sum_{i=1}^{n} M_{iO} = 0 \tag{8-10}$$

值得注意的是:方程中的投影轴 Oy 不必一定与力作用线平行,只要不垂直即可;力矩中心也不必一定选择坐标原点 O,可以是力作用平面内任意点。

因此平面平行力系的平衡条件可以表述为:平面平行力系中各力向力系所在平面内不与力作用线垂直任意轴投影的代数和为零,各力对力作用面内任意点的力矩的代数和为零。

与平面任意力系类似,平面平行力系的平衡方程除了基本形式以外,还有二力矩式。

二力矩式如式(8-11)所示:

$$\sum_{i=1}^{n} M_{iA} = 0, \quad \sum_{i=1}^{n} M_{iB} = 0 \tag{8-11}$$

二力矩式的应用条件为: A、B 为力系所在平面内两点,且两点连线不能与力的作用线平行。

8.2.6 平面汇交力系

平面汇交力系是空间任意力系的退化形式,也是平面任意力系的退化形式。为求解问题的方便,可在力系所在平面内建立正交坐标系 Oxy,并以力系的汇交点为坐标原点。那么,对于此平面汇交力系来说,平面任意力系的平衡方程变为

$$\sum_{i=1}^{n} F_{ix} = 0, \quad \sum_{i=1}^{n} F_{iy} = 0, \quad \sum_{i=1}^{n} M_{iO} \equiv 0$$

因此,对于平面汇交力系来说,平衡方程退化为式(8-12)所示的两个标量方程形式。两个独立方程,最多只能解两个未知量。

$$\sum_{i=1}^{n} F_{ix} = 0, \quad \sum_{i=1}^{n} F_{iy} = 0 \tag{8-12}$$

值得注意的是：方程中的投影轴 Ox、Oy 不必一定相互垂直，只要不平行即可。

平面汇交力系的平衡方程还可以从主矢和主矩同时为零推出。力系向汇交点简化，主矢为零显然成立。主矢 $\boldsymbol{F}_{\mathrm{R}}$ 为零，即

$$\sum_{i=1}^{n} \boldsymbol{F}_i = \boldsymbol{F}_{\mathrm{R}} = \boldsymbol{0}$$

即

$$F_{\mathrm{R}} = \sqrt{F_{\mathrm{R}x}^2 + F_{\mathrm{R}y}^2} = \sqrt{\left(\sum_{i=1}^{n} F_{ix}\right)^2 + \left(\sum_{i=1}^{n} F_{iy}\right)^2} = 0$$

要保证上式成立，则必须有

$$\sum_{i=1}^{n} F_{ix} = 0, \quad \sum_{i=1}^{n} F_{iy} = 0$$

综上，平面汇交力系的平衡条件可以表述为：平面汇交力系中各力向力系所在平面内不平行的任意两轴投影的代数和均为零。

与平面任意力系类似，平面汇交力系的平衡方程除了基本形式以外，还有一力矩式和二力矩式。这两种形式并不常用。

一力矩式如式(8-13)所示：

$$\sum_{i=1}^{n} F_{ix} = 0, \quad \sum_{i=1}^{n} M_{iA} = 0 \tag{8-13}$$

一力矩式的应用条件为：力矩中心 A 与力系汇交点 O 的连线不能与力投影轴垂直。

二力矩式如式(8-14)所示：

$$\sum_{i=1}^{n} M_{iA} = 0, \quad \sum_{i=1}^{n} M_{iB} = 0 \tag{8-14}$$

二力矩式的应用条件为：力矩中心点 A、B 与力系汇交点 O 不能共线。

例题 8-9　图 8-14(a)所示结构，不计各构件自重，各接触处光滑，$AC = BC = l$，$\theta = 60°$，在 B 处作用于一水平力 $\boldsymbol{F}$。求铰链 A 处的约束力。

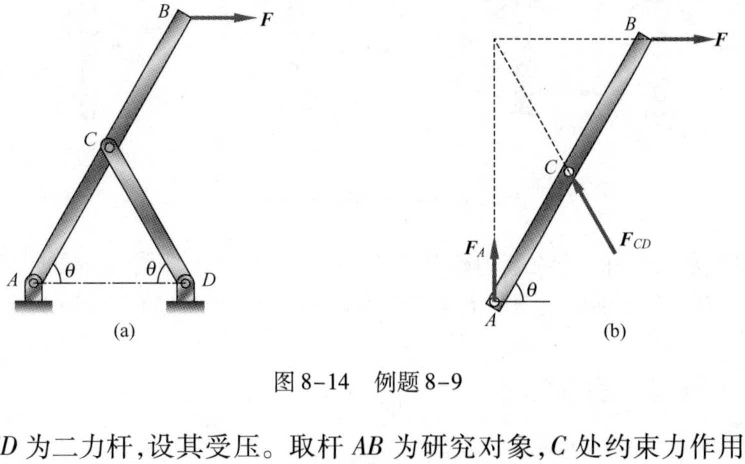

图 8-14　例题 8-9

解：杆 CD 为二力杆，设其受压。取杆 AB 为研究对象，C 处约束力作用线沿 DC 连线，其约束力与力 $\boldsymbol{F}$ 相交于一点，由三力平衡汇交定理可确定出 A 处约束力的作用线。

受力分析如图 8-14(b)所示。列平衡方程：

$$\sum F_x = 0,\quad F - F_{CD}\cos\theta = 0$$

$$\sum F_y = 0,\quad F_A + F_{CD}\sin\theta = 0$$

解上述方程得

$$F_{CD} = 2F,\quad F_A = -\sqrt{3}F$$

8.2.7 平面力偶系

平面力偶系是空间任意力系的退化形式,也是平面任意力系的退化形式。根据力偶的性质可知,对于此平面力偶系来说,平面任意力系的平衡方程变为

$$\sum_{i=1}^{n} F_{ix} \equiv 0,\quad \sum_{i=1}^{n} F_{iy} \equiv 0,\quad \sum_{i=1}^{n} M_{iO} = 0$$

而且,此时 $\sum_{i=1}^{n} M_{iO} = \sum_{i=1}^{n} M_i$ 。因此,对于平面力偶系来说,平衡方程退化为式(8-15)所示的标量方程形式。仅有一个方程,最多只能解一个未知量。

$$\sum_{i=1}^{n} M_i = 0 \tag{8-15}$$

综上,平面力偶系的平衡条件可以表述为:平面力偶系中各力偶的力偶矩的代数和为零。

例题 8-10 图 8-15(a)所示四连杆机构,不计各构件自重,$AB = 2R$,$CD = R$,$\theta = 45°$,在力偶矩分别为 M_1 与 M_2 的力偶作用下平衡,能否说 M_1、M_2 的大小相同?若不同,其关系(比值)是什么?

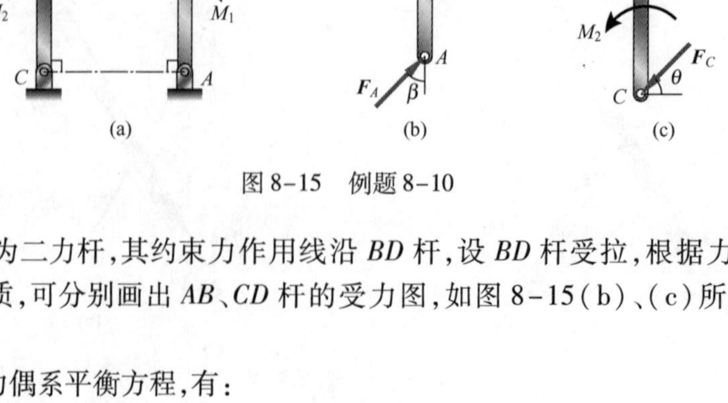

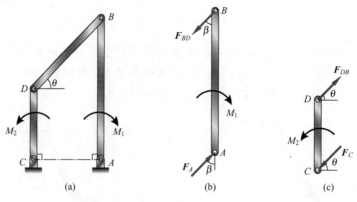

图 8-15 例题 8-10

解:杆 BD 为二力杆,其约束力作用线沿 BD 杆,设 BD 杆受拉,根据力偶只能由力偶来平衡的性质,可分别画出 AB、CD 杆的受力图,如图 8-15(b)、(c)所示,其中 $\beta = 90° - \theta$。

根据平面力偶系平衡方程,有:

对 AB 杆

$$\sum M = 0,\quad F_{BD}\sin\beta \cdot AB - M_1 = 0$$

解得

$$F_{BD}=\frac{M_1}{2R\sin\beta}$$

对 CD 杆

$$\sum M=0,\quad M_2-F_{DB}\sin\theta\cdot CD=0$$

$$F_{DB}=F_{BD}$$

解得

$$M_1=2M_2$$

要点与讨论

考虑到力偶的性质,这是一个平面力偶系平衡的题目,所以 A、C 处的约束力不要画为正交两个力。若画为正交两个力,则可按平面任意力系求解。

8.2.8　共线力系

共线力系是空间任意力系中最简单的退化形式。为求解问题的方便,可建立正交坐标系 $Oxyz$,令 Ox 轴与力作用线重合。那么,对于此共线力系来说,空间任意力系的平衡方程变为

$$\sum_{i=1}^{n}F_{ix}=0,\quad \sum_{i=1}^{n}F_{iy}\equiv 0,\quad \sum_{i=1}^{n}F_{iz}\equiv 0$$

$$\sum_{i=1}^{n}M_{ix}\equiv 0,\quad \sum_{i=1}^{n}M_{iy}\equiv 0,\quad \sum_{i=1}^{n}M_{iz}\equiv 0$$

并且,此时 $\sum_{i=1}^{n}F_{ix}=\sum_{i=1}^{n}F_i$。因此,对于共线力系来说,平衡方程退化为式(8-16)所示的标量方程形式。一个独立方程,最多只能解一个未知量。

$$\sum_{i=1}^{n}F_i=0 \tag{8-16}$$

综上,共线力系的平衡条件可以表述为:共线力系中各力的代数和为零。

共线力系的平衡方程除了基本形式以外,还有力矩式。

力矩式如式(8-17)所示:

$$\sum_{i=1}^{n}M_{iA}=0 \tag{8-17}$$

力矩中心 A 可以是力作用线以外的任意空间中的点。

8.3　匀速率定轴转动不一定为平衡状态的例证

前面内容提到:刚体平衡实质上是指刚体所受力系为平衡力系。由刚体所受力系为平衡力系可以推出刚体无质心加速度、无绕质心的角加速度;但是,根据刚体无质心加速度、无绕质心的角加速度并不能推出刚体所受力系就是平衡力系。

下面我们仅以定轴转动刚体为例说明此问题,不做深入探讨。

如图8-16(a)、(b)所示,质量均为m的两小球C、D用长为$2l$的无质量刚性杆连接,无质量杆在中点O处与竖直转轴AB固连。(a)图中CD水平;(b)图中CD倾斜,且与AB夹角为θ;系统以匀角速度ω转动。另设转轴AB长为h且为无质量杆。试分析(a)、(b)两种状态是否是平衡状态?

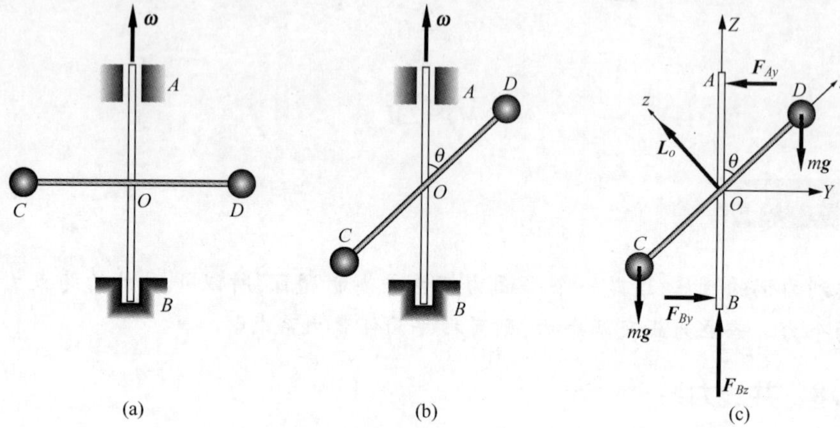

图8-16

判断的依据是:物体系统受力向任意点简化,主矢和主矩是否均为零。

在此,重点分析图8-16(b),之后图8-16(a)的结论则显而易见。

取小球、刚性杆以及转轴组成的质点系统为研究对象。不失一般性,在无质量杆轴线及转轴轴线确定的平面内进行受力分析,以此平面为基准,建立坐标系$OXYZ$,其中,X轴与此平面垂直,各轴向的单位矢量分别设为$\boldsymbol{I}$、$\boldsymbol{J}$、$\boldsymbol{K}$。另建立固结于CD杆的坐标系$Oxyz$,各轴向的单位矢量分别设为$\boldsymbol{i}$、$\boldsymbol{j}$、$\boldsymbol{k}$,如图8-16(c)所示。

系统质心位于O点。建立系统的形如式(8-1)的运动微分方程如下:

$$m\frac{\mathrm{d}^2\boldsymbol{r}_O}{\mathrm{d}t^2}=\sum\boldsymbol{F}_i^{(\mathrm{e})} \tag{8-18}$$

$$\frac{\mathrm{d}\boldsymbol{L}_O}{\mathrm{d}t}=\sum\boldsymbol{M}_O(\boldsymbol{F}_i^{(\mathrm{e})}) \tag{8-19}$$

系统质心点O位置守恒,因此式(8-18)中等号左端项为零,可知系统所受外力系向O点简化的主矢$\sum\boldsymbol{F}_i^{(\mathrm{e})}=\boldsymbol{0}$成立。现在要分析式(8-19)中等号左侧项是否为零。若为零,则系统所受外力系向O点简化的主矩为零,系统处于平衡状态;若非零,则系统所受外力系向O点简化的主矩非零,系统处于非平衡状态。为此,我们来计算系统关于O点的动量矩。

图8-16(c)所示时刻,在坐标系$Oxyz$中,角速度ω可以表示为

$$\boldsymbol{\omega}=\omega(\cos\theta\boldsymbol{j}+\sin\theta\boldsymbol{k})$$

球C、球D的位置矢径分别为

$$\boldsymbol{r}_C=-l\boldsymbol{j},\quad \boldsymbol{r}_D=l\boldsymbol{j}$$

两小球均绕竖直轴做定轴转动,它们的速度分别为

$$\boldsymbol{v}_C=\boldsymbol{\omega}\times\boldsymbol{r}_C=\omega l\sin\theta\boldsymbol{i}$$

$$\boldsymbol{v}_D=\boldsymbol{\omega}\times\boldsymbol{r}_D=-\omega l\sin\theta\boldsymbol{i}$$

综上,系统对于固定点 O 的动量矩可以表示为

$$\boldsymbol{L}_O=\boldsymbol{r}_C\times m\boldsymbol{v}_C+\boldsymbol{r}_D\times m\boldsymbol{v}_D=2m\omega l^2\sin\theta\boldsymbol{k}$$

从上式中可以看出系统动量矩 $\boldsymbol{L}_O$ 的模为常量,方向始终沿动系 z 轴正方向,因此

$$\frac{\mathrm{d}\boldsymbol{L}_O}{\mathrm{d}t}=\boldsymbol{\omega}\times\boldsymbol{L}_O=ml^2\omega^2\sin2\theta\boldsymbol{i}$$

即系统动量矩 $\boldsymbol{L}_O$ 对时间的一阶导数就是此动量矩矢量 $\boldsymbol{L}_O$ 末端点的速度矢量。此导数也可以根据式(3-5)表述的绝对导数与相对导数的关系得到。将式(3-5)中的 $\boldsymbol{r}$ 用 $\boldsymbol{L}_O$ 替换,得

$$\frac{\mathrm{d}\boldsymbol{L}_O}{\mathrm{d}t}=\boldsymbol{\omega}\times\boldsymbol{L}_O+\frac{\tilde{\mathrm{d}}\boldsymbol{L}_O}{\mathrm{d}t}$$

又有,相对导数$\dfrac{\tilde{\mathrm{d}}\boldsymbol{L}_O}{\mathrm{d}t}=\boldsymbol{0}$,因此

$$\frac{\mathrm{d}\boldsymbol{L}_O}{\mathrm{d}t}=\boldsymbol{\omega}\times\boldsymbol{L}_O=ml^2\omega^2\sin2\theta\boldsymbol{i}$$

上式说明式(8-19)中的$\dfrac{\mathrm{d}\boldsymbol{L}_O}{\mathrm{d}t}=\sum\boldsymbol{M}_O(\boldsymbol{F}_i^{(\mathrm{e})})\neq\boldsymbol{0}$,即系统所受外力系向 O 点简化,简化结果中主矢为零,但主矩非零。进而,系统所受外力系不是平衡力系,系统处于非平衡状态。类似地,图 8-17 所示的绕定轴匀角速率转动的倾斜圆盘也处于非平衡状态。

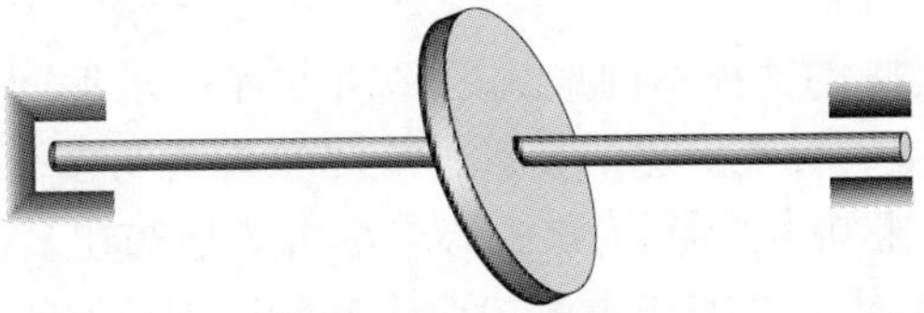

图 8-17　绕定轴匀角速率转动的倾斜圆盘

因此,根据刚体无质心加速度、无绕质心的角加速度并不能推出刚体所受力系就是平衡力系。

依此方法,易知图 8-16(a)所示运动状态为平衡状态。

另外,不难得到图 8-16(c)中轴承 A、B 处的动约束力为

$$\boldsymbol{F}_{Ay}=-\frac{ml^2\omega^2\sin2\theta}{h}\boldsymbol{J},\quad \boldsymbol{F}_{By}=\frac{ml^2\omega^2\sin2\theta}{h}\boldsymbol{J},\quad \boldsymbol{F}_{BZ}=2mg\boldsymbol{K}$$

当转动轴为定轴转动刚体的质量分布**对称轴**或**惯性主轴**①,且刚体无质心加速度、无绕质心的角加速度状态才是平衡状态。此问题本书不做深入探讨,相关详细内容可以参考朱照宣等编《理论力学》。

① 某轴为刚体的**惯性主轴**(也称**惯量主轴**)的充分必要条件为:刚体关于此轴的惯性积为零。通过刚体质心的惯性主轴称为**中心惯性主轴**,简称**中心主轴**;均质刚体的对称轴必是中心主轴。刚体关于惯性主轴的惯性矩称为**主惯性矩**。

本章小结

本章的核心是:主矢和主矩同时为零是力系为平衡力系的充分必要条件。

掌握了最复杂的空间任意力系的平衡方程形式之后,其他退化的力系便不存在难度上的问题。这里不再将各种力系的平衡方程重新一一列出,仅将各种力系的标量形式的独立平衡方程个数汇总如表 8-1 所列。大家只要抓住了不同力系之间的内在联系,平衡问题不管是“由繁到简”还是“由简到繁”都能应对自如。

表 8-1　各力系的标量形式的独立方程数

力系名称	独立标量平衡方程的数目
空间任意力系	6
空间平行力系	3
空间汇交力系	3
空间力偶系	3
平面任意力系	3
平面平行力系	2
平面汇交力系	2
平面力偶系	1
共线力系	1

可以根据具体问题特点选择不同形式的平衡方程;“求解问题简单而有效、计算量小”是选择方程形式的唯一标准。比如投影轴应尽量多地与多个未知力垂直或平行;力矩轴应尽量多地与多个未知力共面;力矩中心应尽可能地选在多个未知力的交点上。总之,列方程时应尽可能地使一个方程求解一个未知量,应尽可能地避免联立求解。读者只有多加练习,才能得心应手。

思 考 题

8-1　空间任意力系的平衡方程中,三个坐标轴是否一定要互相垂直?力矩轴是否一定要与投影轴重合?

8-2　若刚体内有一点被固定,其独立的平衡方程有几个?若刚体内有两点被固定,其独立的平衡方程有几个?

8-3　空间汇交力系的平衡方程是三个投影式,问:

(1) 能否用两投影式、一力矩式?

(2) 能否用一投影式、二力矩式?

(3) 能否用三力矩式?

若可以,有何限制条件?

8-4　输电线跨度 l 相同,电线下垂量 h 越小,电线越易于拉断,为什么?

8-5　图示结构,各杆自重不计,在铰 C 处受力 $\boldsymbol{F}$ 作用,则 A、B 处约束力的方位如何?

8-6　在刚体上A、B、C三点分别作用三个力$\boldsymbol{F}_1$、$\boldsymbol{F}_2$、$\boldsymbol{F}_3$,各力的方向如图所示,大小均相等。问该力系是否平衡?为什么?

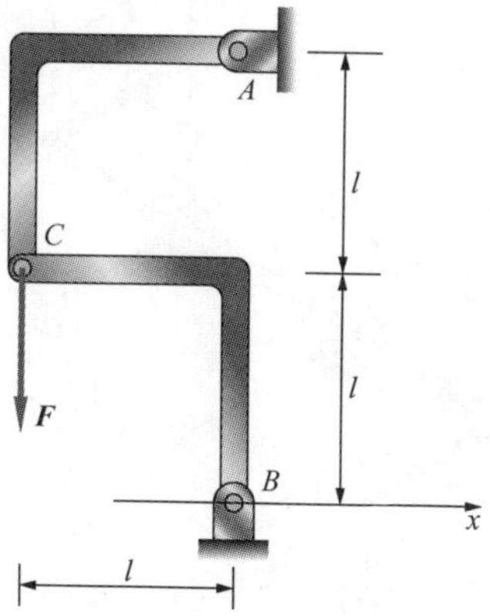

思考题8-5图

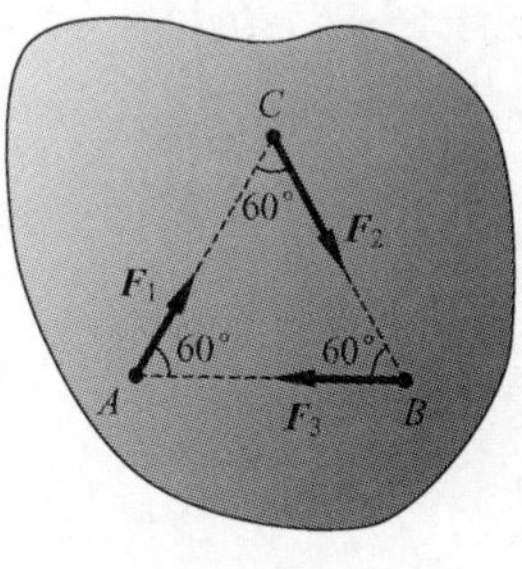

思考题8-6图

习　题

8-1　手摇钻是由支点B、钻头A和一个弯曲的手柄所组成,如图所示。操作者两手分别握住B处和C处,即可带动钻头绕AB轴转动而切削材料,此时支点B不动。若已知手加压力$F_{Bz}=50\text{N}$,$F_C=150\text{N}$。(长度单位:mm)试求:

(1) 切削材料给钻头的阻抗力偶M及约束力;

(2) 手在B处沿x和y方向所施加的力F_{Bx}和F_{By}。

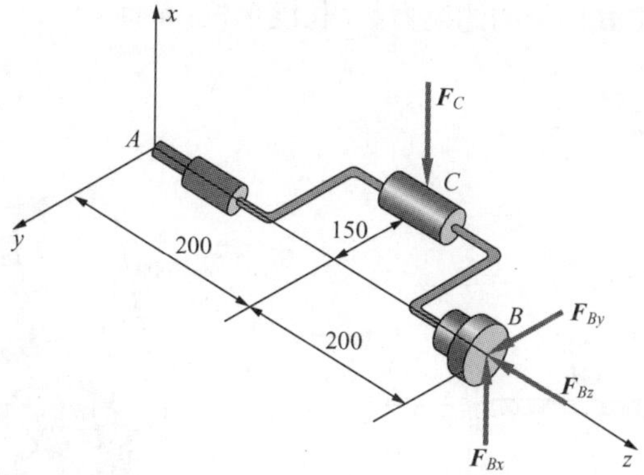

习题8-1图

8-2　重物$P=10\text{kN}$,悬挂在D点,如图所示。A、B、C三点用铰链固定。求撑杆AD与链条BD和CD的内力。(长度单位:mm)

8-3　具有两直角的曲轴水平地放在轴承A和B上,在曲轴的C端用铅垂绳索CE拉住,而在轴的自由端D上作用铅垂载荷$\boldsymbol{F}$,尺寸如图所示。求绳索的张力和轴承的约束力。

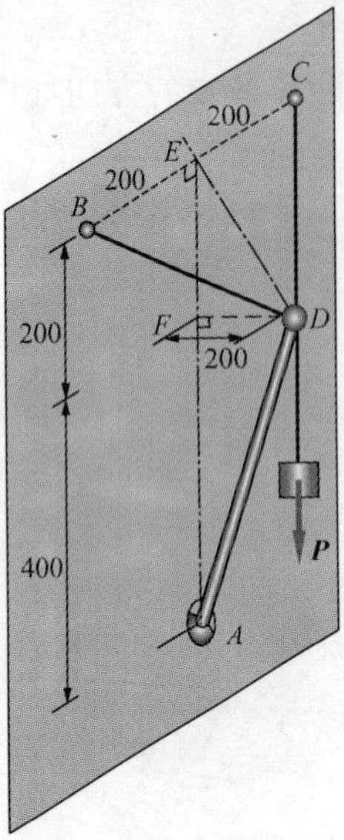

习题 8-2 图

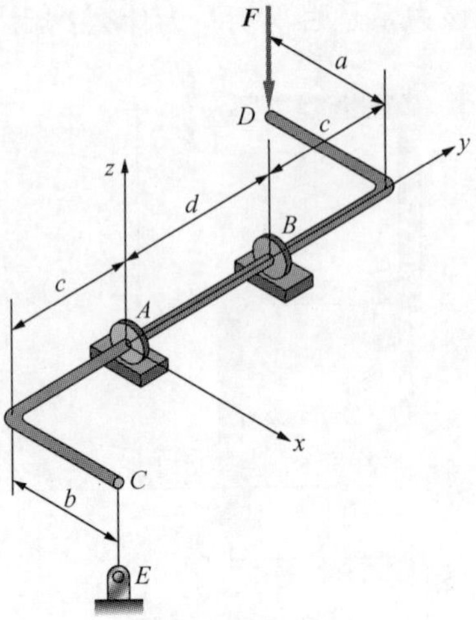

习题 8-3 图

8-4　图示曲柄 $ABCD$ 有两个直角，$\angle ABC = \angle BCD = 90°$，且平面 ABC 与平面 BCD 垂直。杆的 D 端铰支，另一端 A 由轴承支承。在曲柄的 AB、BC 和 CD 上作用三个力偶 $\boldsymbol{M}_1$、$\boldsymbol{M}_2$ 和 $\boldsymbol{M}_3$，力偶所在平面分别垂直于 AB、BC 和 CD 三线段。若 $AB = a$，$BC = b$，$CD = c$，且三力偶的矩分别为 $\boldsymbol{M}_1$、$\boldsymbol{M}_2$ 和 $\boldsymbol{M}_3$，其中 $\boldsymbol{M}_2$ 和 $\boldsymbol{M}_3$ 大小已知。求使曲柄处于平衡的力偶矩 $\boldsymbol{M}_1$ 和 A、D 处的约束力。

8-5　飞机起落架，尺寸如图所示。A、B、C 均为铰链，杆 CA 垂直于 A、B 连线。当飞机等速直线滑行时，地面作用于轮上的竖直正压力 $F_N = 30\text{kN}$，水平摩擦力和各杆自重都比较小，可略去不计。求 A、B 两处的约束力。(长度单位:mm)

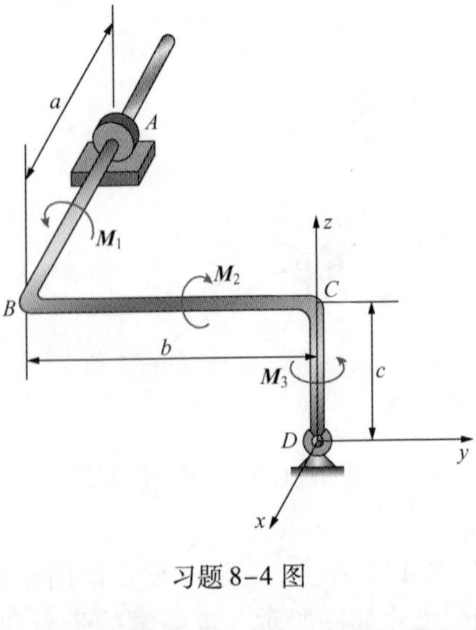

习题 8-4 图

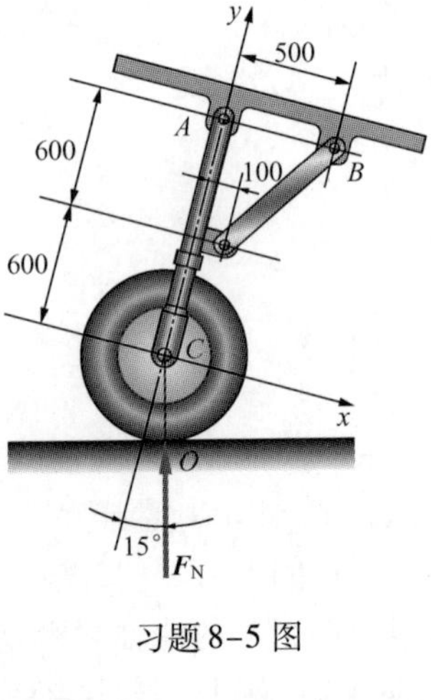

习题 8-5 图

8-6　当飞机做定常飞行时，所有作用在它上面的力必须形成平衡力系。本质上，飞机所受各种力均为分布力，为简化分析，将各类分布力系用集中力等效：飞机重力 $\boldsymbol{P}$、喷气

发动机推力 $\boldsymbol{F}_1$、机翼升力 $\boldsymbol{F}_2$、尾部升力 $\boldsymbol{F}_3$、整机阻力 $\boldsymbol{F}_4$。若已知 $P=30\mathrm{kN}$，$F_1=4\mathrm{kN}$。如图所示，$a=0.2\mathrm{m}$，$b=0.15\mathrm{m}$，$l=5\mathrm{m}$。求 $\boldsymbol{F}_2$、$\boldsymbol{F}_3$、$\boldsymbol{F}_4$ 的大小。

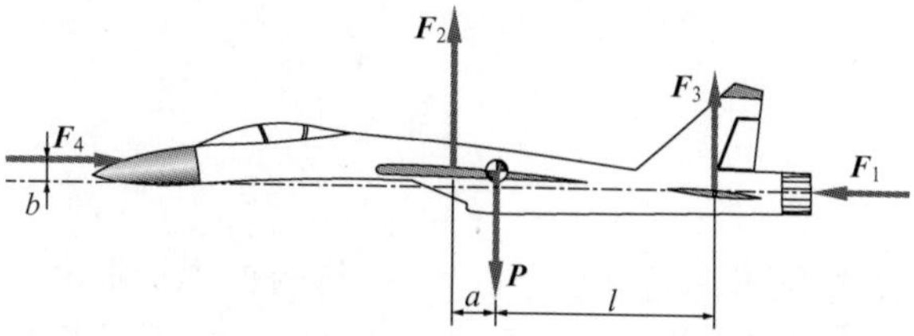

习题 8-6 图

8-7　在图示悬臂梁 AB 中，已知 $F_1=200\mathrm{N}$，$F_2=150\mathrm{N}$，力偶的力偶矩 $M=50\mathrm{N\cdot m}$。不计梁重。求支座 A 的约束力。

8-8　梁 AE 由直杆连接支撑于墙上，受均布载荷作用 $q=10\mathrm{kN/m}$ 作用，结构尺寸如图所示。不计梁重，求支座 A 和 B 的约束力以及 1、2、3 杆的内力。

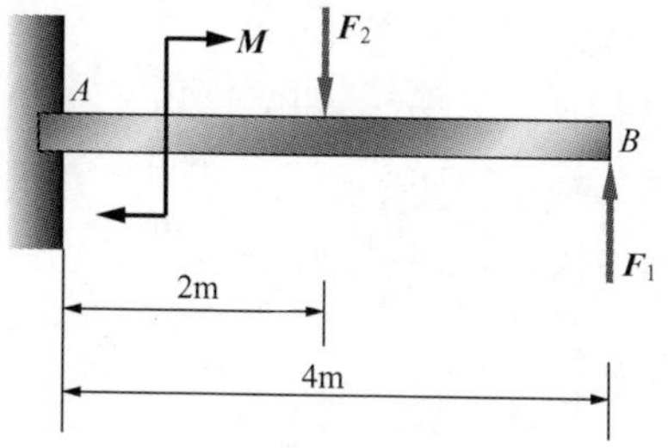

习题 8-7 图

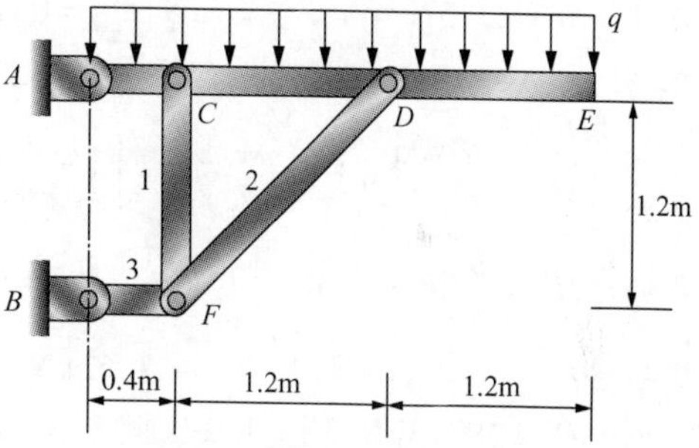

习题 8-8 图

8-9　图示结构由两根弯杆 ABC 和 DE 构成，在弯杆 ABC 的 C 点作用竖直向下的力 $\boldsymbol{F}$，其大小为 $F=200\mathrm{N}$。不计构件质量。求支座 A 和 E 的约束力。（长度单位：mm）

8-10　图示结构由直角弯杆 $ABCD$ 和 BEG 及直杆 CG 构成，各杆自重不计，F、a 为已知。求 B 处的约束力。

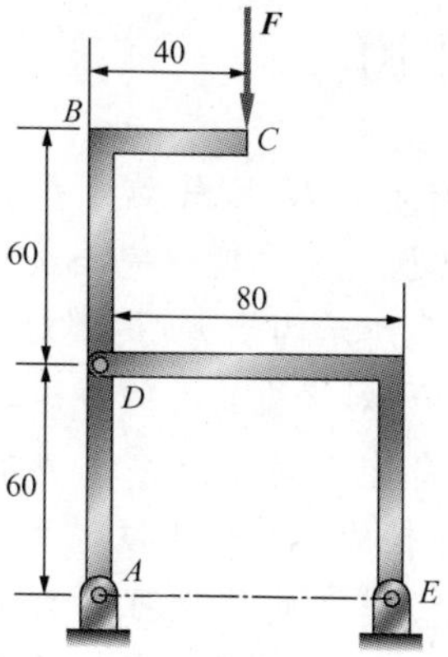

习题 8-9 图

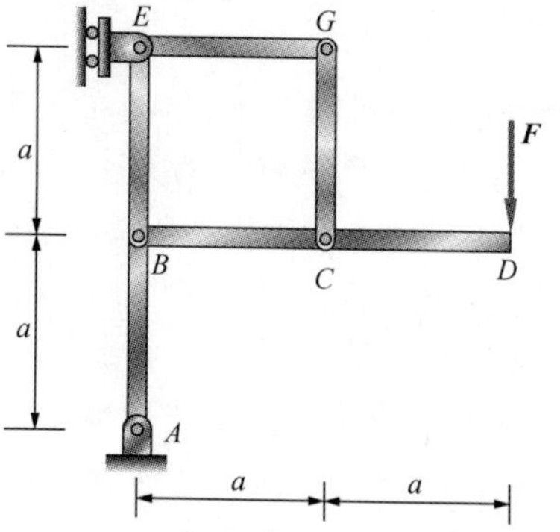

习题 8-10 图

参考答案

思考题

8-1　都不一定。

8-2　均为6个。

8-3　(1)可以;力矩轴不得通过汇交点,不得与两投影轴垂直。(2)可以;两力矩轴不得通过汇交点,不得在过汇交点与投影轴平行的平面内,不得相互平行。(3)可以;力矩轴不得通过汇交点,三轴不得共面。

8-4　根据电线所受力的三角形可得结论。

8-5　与 x 轴正向夹角分别为45°、135°。

8-6　不平衡;主矢为零,主矩不为零。

习题

8-1　$M=22.5\mathrm{N}\cdot\mathrm{m}, F_{Ax}=75\mathrm{N}, F_{Ay}=0, F_{Az}=50\mathrm{N}, F_{Bx}=75\mathrm{N}, F_{By}=0$。

8-2　$F_{AD}=7454\mathrm{N}$,压杆;$F_{BD}=F_{CD}=2887\mathrm{N}$。

8-3　$F_{CE}=\dfrac{a}{b}F, F_{Ax}=0, F_{Az}=\dfrac{a}{b}F\left[1+\dfrac{c}{d}\left(1-\dfrac{b}{a}\right)\right], F_{Bx}=0, F_{Bz}=F\left[1+\dfrac{c}{d}\left(1-\dfrac{a}{b}\right)\right]$。

8-4　$M_1=\dfrac{b}{a}M_2+\dfrac{c}{a}M_3, F_{Ay}=\dfrac{M_3}{a}, F_{Az}=\dfrac{M_2}{a}, F_{Dx}=0, F_{Dy}=-\dfrac{M_3}{a}, F_{Dz}=-\dfrac{M_2}{a}$。

8-5　$F_{Ax}=-4.66\mathrm{kN}, F_{Ay}=-47.62\mathrm{kN}, F_B=22.4\mathrm{kN}$。

8-6　$F_2=28.73\mathrm{kN}, F_3=1.27\mathrm{kN}, F_4=4\mathrm{kN}$。

8-7　$F_{Ax}=0$;$F_{Ay}=50\mathrm{N}$,竖直向上;$M_A=150\mathrm{N}\cdot\mathrm{m}$,顺时针。

8-8　$F_{Ax}=32.7\mathrm{kN}$,水平向左;$F_{Ay}=28\mathrm{kN}$,竖直向上;$F_B=32.7\mathrm{kN}$,水平向右;$F_1=32.7\mathrm{kN}$,拉力;$F_2=46.3\mathrm{kN}$,压力;$F_3=32.7\mathrm{kN}$;压力。

8-9　$F_{Ax}=133\mathrm{N}$,水平向右;$F_{Ay}=100\mathrm{N}$,竖直向上;$F_{ED}=167\mathrm{N}$,DE 杆受压。

8-10　$F_{Bx}=F$,水平向右;$F_{By}=F$,竖直向上。

拓展阅读:飞机的平衡

在飞机的正常飞行过程中,作用在飞机上的外力有重力 $\boldsymbol{G}$、空气动力 $\boldsymbol{R}$ 以及发动机推力(或螺旋桨拉力)$\boldsymbol{P}$,这些力的大小、方向、作用点以及其变化规律完全决定了飞机的运动规律。将飞机受力向飞机质心简化,得到如图8-18所示的受力图:$\boldsymbol{R}'$ 对应移动后的空气动力;$\boldsymbol{P}'$ 对应移动后的发动机推力;$\boldsymbol{M}_C$ 对应所有外力对飞机质心的力矩之和。

根据运动学部分章节的学习可知,固定翼飞机机身在直角坐标系下具有六个自由度,包括三个坐标轴方向的平动自由度以及三个绕坐标轴的转动自由度。飞机的运动微分方程可以采用式(8-1)的形式描述。**第一式**为动量定理(此处也可称为质心运动定理)的表达形式,表征的是飞机质心的动力学规律,标量形式对应飞机质心在直角坐标系内的三个平动自由度;**第二式**为动量矩定理(又称角动量定理)的表达形式,表征的是飞机绕质心转动的动力学规律,标量形式对应飞机在直角坐标系内的三个转动自由度。

因此，针对图 8-18 所示的受力图，飞机的平衡条件为

$$\begin{cases} \sum \boldsymbol{F}_i^{(e)} = \boldsymbol{P}' + \boldsymbol{R}' + \boldsymbol{G} = \boldsymbol{0} \\ \sum \boldsymbol{M}_C(\boldsymbol{F}_i^{(e)}) = \boldsymbol{M}_C = \boldsymbol{0} \end{cases} \tag{8-20}$$

式(8-20)中的第一式决定了飞机质心的加速度为零，飞机质心做等速直线运动；第二式决定了飞机绕质心的角加速度为零，考虑实际飞行，飞机应保持零角速度运动。

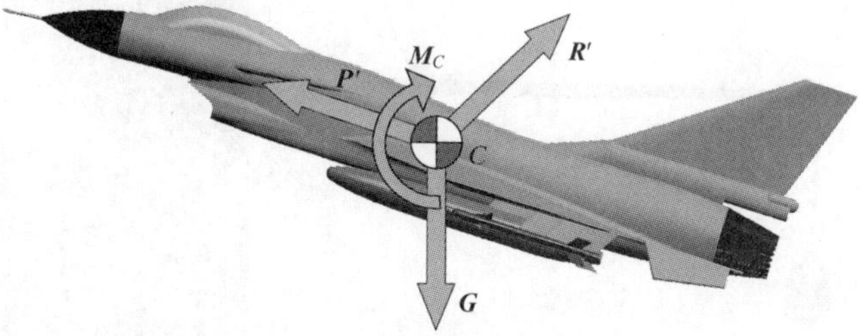

图 8-18　飞机受力分析

飞机在飞行过程中的燃油消耗、投掷炸弹、发射导弹、丢掉副油箱、乘员跳伞等；另外，气流不均匀等干扰因素对气动力的影响都会破坏飞机的平衡状态。除了主动的机动飞行以外，飞机所谓的定常飞行只是近似的平衡状态。当飞机偏离平衡状态时，要通过各种操纵面的操纵使飞机重新配置平衡，这个过程称为飞机的"配平"。

下面重点谈一谈飞机的力矩平衡。飞机的力矩平衡根据其转动自由度可以分为俯仰平衡（又称纵向平衡）、航向平衡（又称方向平衡）、滚转平衡（又称横向平衡）。

俯仰平衡是指作用在飞机上的俯仰力矩的平衡，即作用在飞机上的各俯仰力矩之和为零。对飞机本身表现为迎角保持不变。

作用在飞机上的俯仰力矩由飞机各部件受到的空气动力产生的力矩以及推力（或拉力）对飞机质心产生的力矩组成。鸭翼（或前翼）、主机翼、机身、平尾、升降舵都会对俯仰平衡造成影响。发动机推力（或螺旋桨的拉力）作用线若不通过飞机质心，此推力（或拉力）也会产生俯仰力矩，到底是俯还是仰，要看力作用线与质心的具体相对位置关系。对于具有静稳定性的正常式布局飞机（有机翼和尾翼，如 F-16、F-18、F-22、苏-27 及绝大多数民用飞机等，如图 8-19 所示）来说，飞机的质心位于机翼气动压力中心之前。机翼是飞机升力的主要贡献者，一般情况下，翼身组合体气动力对飞机质心产生下俯力矩。

(a) 初教六　　(b) F-16

图 8-19　具有静稳定性的正常式布局飞机

尾翼承担力矩配平的任务,属于配平翼面,其对飞机质心应产生上仰力矩,即应产生向下的升力。这种力矩配平方式类似于中国的杆秤,如图 8-20 所示。秤钩吊挂的重物的重力对应飞机的重力;提手处的拉力对应飞机的升力;秤砣的重力对应平尾的负升力,秤砣距离提手越远,其所能配平的被称重物体越重。因此,飞机的平尾往往布置在离飞机质心尽可能远的位置上。

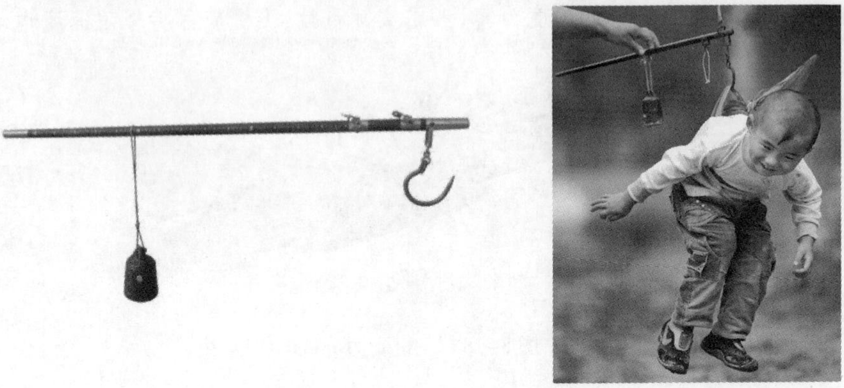

(a) (b)

图 8-20 杆秤

具有静稳定性的正常式布局飞机能大大减轻飞行员的负担。即使在飞机的自动控制系统日益发达的今天,静稳定性对于追求稳定舒适感的商用飞机来说也是必须的,如图 8-21 所示。但尾翼上产生负升力的缺点也是显而易见的。负责产生升力的主翼需要更大的机翼面积才能对抗全机的重力和尾翼的负升力,而增大机翼面积本身就使得飞机的重力进一步增加。

图 8-21 商用客机

鸭式布局的力矩配平方式与前者不同。飞机的重心位于鸭翼与主翼之间,鸭翼与主翼均产生正的升力,共同对抗全机的重力。从力矩平衡的角度看,则是鸭翼升力对质心的力矩、主翼升力对质心的力矩以及重力矩形成力矩平衡。也可以看作鸭翼对质心的力矩与主翼对质心的力矩等值反向。莱特兄弟的“飞行者”(图 8-22(a))、我国的歼 -10 战斗机(图 8-22(b))等为鸭式布局飞机。

飞机的气动布局多种多样,比如三翼面布局(如我国的歼 -15 舰载机,如图 8-23(a)所示)、无尾布局(如美国的 SR -71“黑鸟”,如图 8-23(b)所示)、飞翼布局(又称机身融合体,比如美国的 B -2 战略轰炸机,如图 8-23(c)所示)等。气动布局不同,力矩配平方式也会不同,总之是多姿多彩、各有利弊。

航向平衡、滚转平衡与俯仰平衡在力学本质上相同,均是力矩平衡问题。读者可以根据飞机的不同构型自主分析。

(a) 莱特兄弟的“飞行者”

(b) 我国歼-10飞机

图 8-22 鸭式布局飞机

(a) 我国的歼-15舰载机

(b) 美国的SR-71“黑鸟”

(c) 美国的B-2战略轰炸机

图 8-23 其他气动布局形式

长期以来就有人说过：假使第谷有精确十倍的仪器，那就既不会有开普勒或牛顿，永远也不会有天文学。当观察手段已经变得十分完善时，一门科学反而诞生得太迟是一件不幸的事。

——亨利·庞加莱著，李醒民译．科学与假设．(商务印书馆，2010)

第9章　达朗贝尔原理

关键词

机动飞行(maneuver flight)；跃升(jump)；俯冲(nosedive)；盘旋(turning)；载荷因数(load factor)；过载(over loading)；动静法(method of dynamic equilibrium)；惯性力(inertial force)；达朗贝尔原理(d' Alembert principle)；惯性力系(inertial forces system)；动约束力(dynamic constraint force)

达朗贝尔原理提供了研究动力学问题的一个新的普遍方法，是将动力学问题在形式上转化为静力学的平衡问题来处理的方法，因此又称为动静法。

本章引入惯性力的概念，推出质点和质点系的达朗贝尔原理，给出刚体惯性力系的简化结果，用平衡方程的形式求解一些动力学问题。

引例：飞行器的过载

飞行器在空中的运动参数(速度或角速度、加速度或角加速度、高度、飞行方向)是随时间变化的。飞行器的机动飞行性能是飞行器改变飞行状态(速度、高度、飞行方向)的能力，其可分为**速度机动性能**、**高度机动性能**和**方向机动性能**。飞行器飞行状态可以改变的范围越大、改变飞行状态所需时间越短，飞行器的机动性能就越好。通过动量定理和动量矩定理的学习可知，飞行器飞行状态的改变归根结底是飞行器受力状态的改变引起的。将飞行器受力向飞行器质心简化得到主矢和主矩，主矢决定了飞行器质心的加速度，主矩决定了飞行器绕质心的角加速度。如图9-1所示为F-4战斗机与F-16战斗机在飞行马赫数1.2情况下的转弯机动性能比较。

F-4鬼怪2(Phantom Ⅱ)战斗机是美国海、空军在20世纪60—70年代使用的双座远程主力战斗机。其于1958年首飞；1961年开始装备美国海军；1995年全部退役。

F-16战隼(Fighting Falcon)战斗机是美国通用动力公司研制的低成本、单座轻型战斗机，于1979年1月入役，现今仍在美国等多国服役。

从图中可以看出F-16的转弯机动性能具有明显优势。

飞行器在飞行时，作用在飞行器上的外力有重力、发动机推力、空气动力。作用在飞行器上除重力之外的外力主矢与飞行器所受重力之比称为**过载**[①]。过载是矢量，其方向为发动机推力与空气动力共同主矢的方向。若设过载为 $\boldsymbol{n}$、发动机推力为 $\boldsymbol{P}$、空气动力为

① 也有文献将过载定义为飞机所受所有外力主矢与重力的比值，即飞机质心加速度与重力加速度的比值。因此，分析与过载有关的问题时，首先要确认过载的定义。本教材采用正文中的定义。

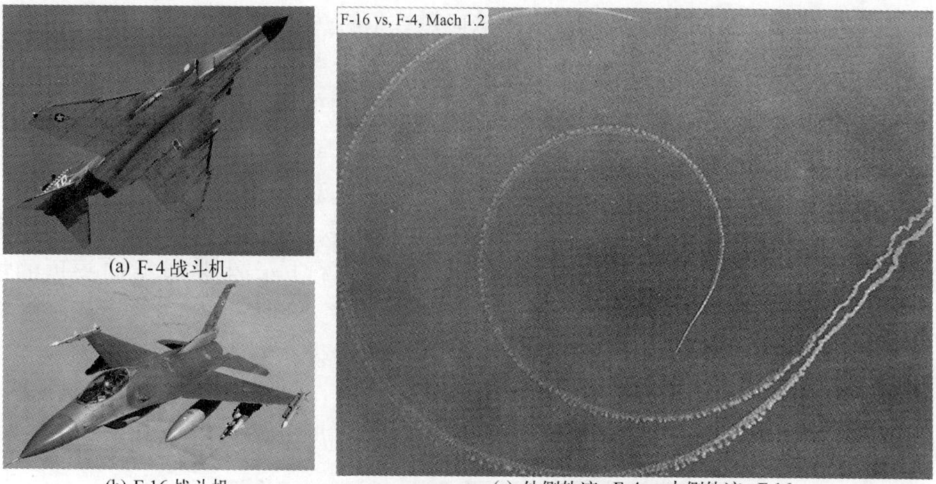

(a) F-4 战斗机

(b) F-16 战斗机

(c) 外侧轨迹：F-4；内侧轨迹：F-16

图 9-1　F－4 与 F－16 战斗机机动性能比较

$\boldsymbol{F}_R$、飞行器重力为 $\boldsymbol{G}$,则有

$$\boldsymbol{n}=\frac{\boldsymbol{P}+\boldsymbol{F}_R}{G} \tag{9-1}$$

过载是表示飞行器机动性能的基本参数,即表示飞行器飞行速度的大小和方向关于时间的变化率。过载是相对于惯性坐标系的力学量,但它可以用各种坐标系坐标轴方向的分量表示。过载可向速度方向以及与速度正交的方向分解,速度方向的分量称为切向过载,另一分量则称为法向过载。切向过载越大,飞行器所能产生的切向加速度就越大,表征飞行器的速度大小改变能力越强,越能更快地接近目标;法向过载越大,飞行器产生的法向加速度就越大,在相同速度的前提下,飞行器改变飞行方向的能力就越大,即转弯能力越强。对于无人飞行器来说(如无人机、导弹等),飞行器能产生的过载越大,机动性能就越好;但对于有人飞行器(如有人驾驶的战斗机等),飞行器的过载许可值还受到人体承受过载能力的限制。另一方面,随着矢量推力发动机的应用,飞行器机动性能也表现出新的特点。飞行器过载的测量可由安装在飞行器上的传感器来完成。

过载还有需用过载、极限过载和可用过载之分。

需用过载是指飞行器按给定的航迹(弹道)飞行时所需要的过载。需用过载必须满足飞行器的战术技术要求。例如,导弹应满足针对所要攻击的目标特性的要求,若攻击机动性能良好的空中目标,则导弹沿给定的导引规律飞行所需的法向过载必然要大。从设计和制造的观点,希望需用过载在满足飞行器战术技术要求的前提下越小越好。因为需用过载越小,飞行中飞行器所承受的载荷就越小,这对飞行器结构、仪器和设备的正常工作等都是有利的。

极限过载是指飞行器在飞行过程中所能产生的最大过载。如果飞行器的极限过载大于或等于需用过载,它就能够沿着要求的理论航迹(弹道)飞行。如果极限过载小于需用过载,飞行器就不可能沿最大曲率航迹(弹道)飞行。

由于某些条件限制,飞行器空气动力舵面的最大偏转角是有限制的,飞行器在实际飞行中一般不能达到临界偏转角。飞行器实际所能产生的最大法向过载小于极限法向过载。由飞行器最大舵偏角所决定的最大法向过载值称为可用过载。

随着科技的进步,飞行器结构所能承受的极限过载与早期飞行器相比已有极大提升。但有人飞行器的极限过载受到人本身承受过载能力的限制。限制战斗机长时间发挥极限飞行性能的最大瓶颈是飞行员对于过载的忍耐能力。当飞行员失去视力或意识,飞机无论还有多少动力和机动性能剩余都已经毫无意义。

在飞机飞行过程中,飞行员会承受多种方向上的过载。大家说的过载通常是指通过升力产生、从机翼下方指向机翼上方的法向过载(使飞行员产生从脚指向头顶的加速度),又称为正过载,通常在飞机进行盘旋等时候出现,大小则取决于飞行动作的急缓程度。相对应的使飞行员产生从头顶指向脚的加速度的过载称为负过载。

承受过载的能力因人而异,图 9-2 所示为某飞行员在过载值为 5.33 时的状态。一般情况下,飞行员坐姿正确并在抗过载服的帮助下才能短时间耐受较高的过载值。

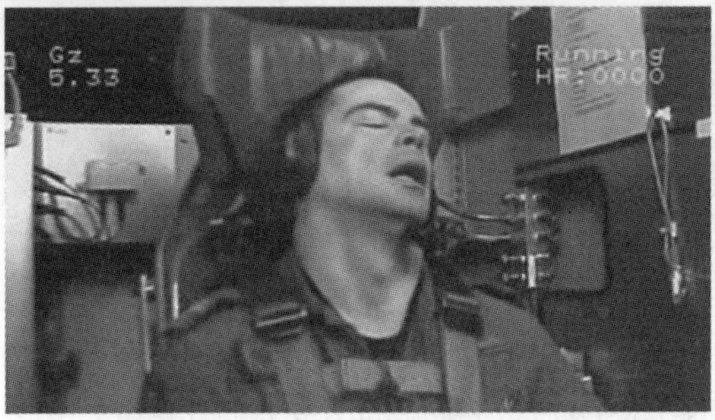

图 9-2　飞行员承受过载时的状态

当飞行员承受过载值过大时,有可能出现黑晕或红视现象。这两种现象均是特别危险的。黑晕能使飞行员失去意识,丧失操纵飞机的能力;严重的红视能给飞行员的眼睛造成永久损伤。飞机在快速爬升时易出现黑晕现象;在高速俯冲时易出现红视现象。

上述两种生理现象均与飞行员体内的血液流动趋势有关,它们可以通过动量定理知识得到解释,也可以从本章动静法的角度进行分析。

9.1　质点的达朗贝尔原理

9.1.1　惯性力和质点的达朗贝尔原理

在惯性坐标系范畴内研究问题,设一质点的质量为 m,加速度为 $\boldsymbol{a}$,作用于质点上的主动力为 $\boldsymbol{F}$,约束力为 $\boldsymbol{F}_N$,如图 9-3 所示。由牛顿第二定律,有

$$\boldsymbol{F}+\boldsymbol{F}_N=m\boldsymbol{a} \tag{9-2}$$

也可改写为

$$\boldsymbol{F}+\boldsymbol{F}_N-m\boldsymbol{a}=\boldsymbol{0} \tag{9-3}$$

将 $-m\boldsymbol{a}$ 用力的符号 $\boldsymbol{F}_I$ 表示,称为质点的**惯性力**,其具有力的量纲,即

$$\boldsymbol{F}_I=-m\boldsymbol{a} \tag{9-4}$$

进而,有

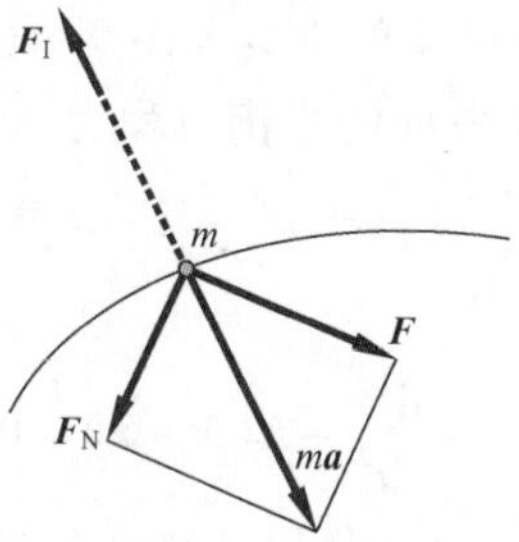

图 9-3　质点的惯性力

$$\boldsymbol{F}+\boldsymbol{F}_{N}+\boldsymbol{F}_{I}=\mathbf{0} \tag{9-5}$$

上述对牛顿定律的新解释是达朗贝尔①在将牛顿力学推广到受约束质点系的过程中于 1743 年提出的，称为**达朗贝尔原理**。可叙述为：作用在质点上的主动力、约束力和虚加的惯性力在形式上组成平衡力系。

利用上述达朗贝尔原理，对于运动规律已知的质点动力学问题可以形式上转换为静力学平衡问题求解，此种求解方法称为**动静法**。

例题 9-1　飞行器惯性导航中线加速度传感器工作原理的动静法解答。

解：在动量定理例题 5-7 中我们给出了惯性导航中线加速度传感器的基本工作原理的动量定理描述。在这里，我们用达朗贝尔原理重新分析此问题。

所有已知条件以及假定参见动量定理部分，此处不再赘述。

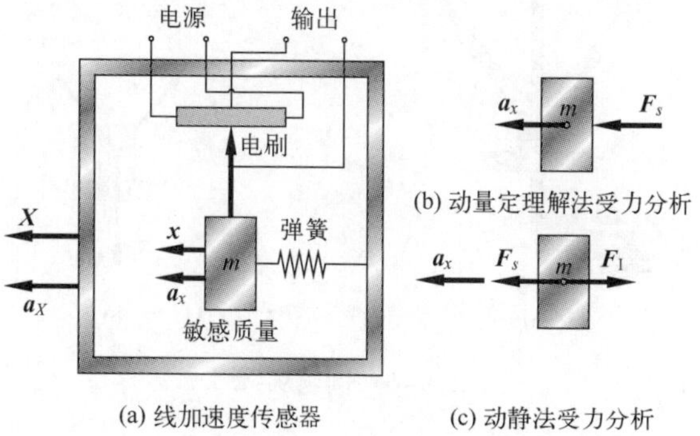

图 9-4　线加速度传感器原理

飞行器质心在惯性坐标系中的水平位移表示为 $\boldsymbol{X}$，相应的线加速度 $\boldsymbol{a}_X=\dfrac{\mathrm{d}^2\boldsymbol{X}}{\mathrm{d}t^2}$；敏感质量块相对于惯性空间的位移为 $\boldsymbol{x}$，相应的线加速度 $\boldsymbol{a}_x=\dfrac{\mathrm{d}^2\boldsymbol{x}}{\mathrm{d}t^2}$，以动静法的观点看，质量块上作用的惯性力为 $\boldsymbol{F}_I=-m\boldsymbol{a}_x=-m\dfrac{\mathrm{d}^2\boldsymbol{x}}{\mathrm{d}t^2}$。弹簧弹性力设为 $\boldsymbol{F}_S=K(\boldsymbol{X}-\boldsymbol{x})$，$K$ 为弹簧刚度；

① 达朗贝尔（Jean le Rond d' Alembert，1717—1783）：法国人，哲学家、数学家、天文学家、力学家；1743 年发表《论动力学》，武际可先生评价此书曰："此书可以说是力学发展史上的一块里程碑，如果牛顿的《自然哲学的数学原理》是讨论自由物体的运动的话，那么这本书则是开讨论约束物体运动的先河。"其在力学上还有许多重要贡献，如 1744 年发表《流体的平衡和运动教程》；1747 年发表《弦的振动的研究》；1749 年研究了任意形状物体的运动，并用以解释地球运动的章动；1752 年讨论了流体的阻力问题等。他第一次将动力学与静力学按统一观点来处理，为后来分析力学的发展奠定了基础。

忽略摩擦以及弹簧的质量,敏感质量块的受力如图 9-4(c)所示。

根据动静法,对质量块列出 $\boldsymbol{X}$ 方向的平衡方程为

$$\sum \boldsymbol{F}_i = \boldsymbol{0}, \boldsymbol{F}_\mathrm{I} + \boldsymbol{F}_S = \boldsymbol{0}$$

即

$$-m\frac{\mathrm{d}^2\boldsymbol{x}}{\mathrm{d}t^2} + K(\boldsymbol{X} - \boldsymbol{x}) = \boldsymbol{0}$$

此式与利用动量定理得到的质量块的运动微分方程

$$m\boldsymbol{a} = \sum \boldsymbol{F}_i, m\boldsymbol{a}_x = m\frac{\mathrm{d}^2\boldsymbol{x}}{\mathrm{d}t^2} = K(\boldsymbol{X} - x)$$

完全相同。此处关于质心运动的动静法只不过是动量定理或质心运动定律的变形形式。

例题 9-2 设飞球调速器绕轴 Oy 以匀角速率 ω 转动,如图 9-5(a)所示。设重锤 C 质量为 M,飞球 A、B 质量均为 m,各根杆长均为 l,不计杆重和摩擦。试求调速器两臂的张角 α。

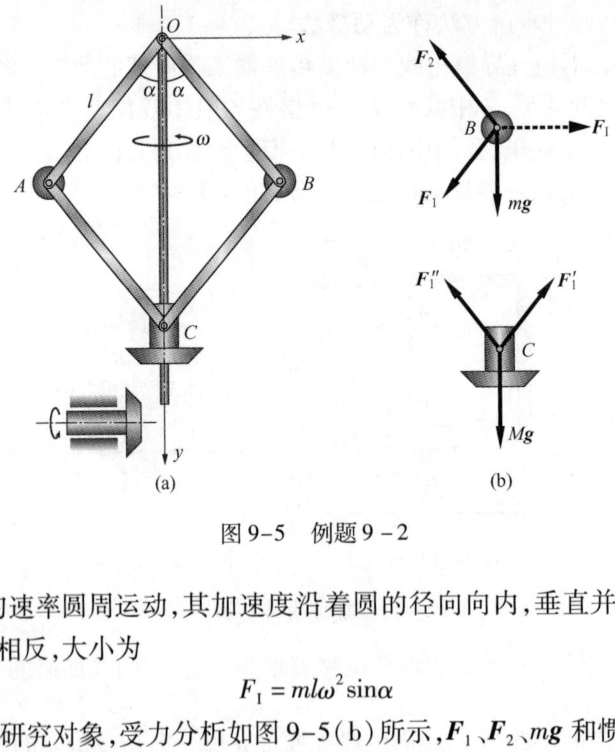

图 9-5 例题 9-2

解:飞球做匀速率圆周运动,其加速度沿着圆的径向向内,垂直并通过转轴,因此其惯性力与其方向相反,大小为

$$F_\mathrm{I} = ml\omega^2\sin\alpha$$

取飞球 B 为研究对象,受力分析如图 9-5(b)所示,$\boldsymbol{F}_1$、$\boldsymbol{F}_2$、$\boldsymbol{mg}$ 和惯性力 $\boldsymbol{F}_\mathrm{I}$ 组成平衡力系。根据质点的达朗贝尔原理,有

$$\sum F_x = 0, ml\omega^2\sin\alpha - (F_1 + F_2)\sin\alpha = 0$$

$$\sum F_y = 0, mg + (F_1 - F_2)\cos\alpha = 0$$

将重锤 C 视为质点,因调速器稳定运转时其没有加速度,因此无惯性力,在杆 AC、BC 的拉力 $\boldsymbol{F}_1''$、$\boldsymbol{F}_1'$ 和重力 $\boldsymbol{Mg}$ 作用下平衡,由平衡条件求出

$$F_1' = \frac{Mg}{2\cos\alpha}$$

将 F_1'代入前两式，可解出

$$\cos\alpha = \frac{m+M}{ml\omega^2}g$$

要点与讨论

调速器两臂的张角 α 与转动角速度 ω 有关。当角速度 ω 过大时，AC、BC 两杆向上的拉力大于重锤重力，两锥齿轮自动分离，传动链自动断开；传动链断开后，随着能量的损耗，角速度 ω 将逐渐减小，张角 α 将较小，重锤会下滑，直到传动链重新连接。如此反复，可实现限制转速上限的目的。

9.1.2 质点在非惯性坐标系中的运动

在第一篇运动学的引言部分我们介绍了惯性坐标系与非惯性坐标系的区别，而且知道牛顿定律只适用于惯性坐标系。在很多工程实际中，可以将地球看作近似的惯性参考系，并利用牛顿定律研究动力学问题。但是在研究洲际弹道导弹、地球卫星或飞机的长时间长航程飞行等动力学问题时，则必须考虑地球的非惯性运动对问题的影响。

与第 3 章中类似，考察质点 P 相对于惯性坐标系 $O_0X_0Y_0Z_0$ 和非惯性坐标系 $Oxyz$ 的运动。设质点 P 所受合力为 $\boldsymbol{F}$，根据牛顿第二定律，有

$$\boldsymbol{F} = m\boldsymbol{a}_a \tag{9-6}$$

其中 $\boldsymbol{a}_a$ 为质点的绝对加速度。由第 3 章点的复合运动理论，可知质点 P 的绝对加速度 $\boldsymbol{a}_a$ 为

$$\boldsymbol{a}_a = \boldsymbol{a}_e + \boldsymbol{a}_r + \boldsymbol{a}_C \tag{9-7}$$

其中 $\boldsymbol{a}_e$、$\boldsymbol{a}_r$ 及 $\boldsymbol{a}_C$ 分别为质点的牵连加速度、相对加速度及科氏加速度。将式(9-7)代入式(9-6)并移项，可得到质点 P 相对于非惯性系的运动规律为

$$m\boldsymbol{a}_r = \boldsymbol{F} - m\boldsymbol{a}_e - m\boldsymbol{a}_C \tag{9-8}$$

上式等号右侧后两项均具有力的量纲。若引入记号

$$\boldsymbol{F}_{Ie} = -m\boldsymbol{a}_e, \boldsymbol{F}_{IC} = -m\boldsymbol{a}_C \tag{9-9}$$

其中 $\boldsymbol{F}_{Ie}$、$\boldsymbol{F}_{IC}$分别称为牵连惯性力和科氏惯性力。式(9-8)可以改写为

$$m\boldsymbol{a}_r = \boldsymbol{F} + \boldsymbol{F}_{Ie} + \boldsymbol{F}_{IC} \tag{9-10}$$

式(9-8)或式(9-10)称为**质点的相对运动微分方程**，它建立了质点相对非惯性坐标系的运动与相关作用力之间的关系。此式在形式上与惯性系中质点的运动微分方程保持一致(即一端是质量与加速度的积，另一端为力的矢量和)。

根据第 5 章例题 5-7(飞行器惯性导航中所用惯性量的测量：加速度传感器)可知，飞行器的线加速度传感器测量的是飞行器相对于惯性系的绝对加速度，而导航需要的却是相对于地球这个非惯性系的运动。若对测得的加速度不加修正，直接积分出的速度和位置信息将是有误差的。又因为采用的是积分运算，因此，时间越长，误差累积越严重。

比较式(9-4)和式(9-7)，可知牵连惯性力和科氏惯性力不同于达朗贝尔惯性力。达朗贝尔惯性力是相对于惯性参考系而言的，取决于绝对加速度。牵连惯性力和科氏惯性力的大小和方向取决于所选择的非惯性系(动系)的运动。若将 $\boldsymbol{F}_{Ir} = -m\boldsymbol{a}_r$ 称为相对

惯性力，则达朗贝尔惯性力可视为相对惯性力、牵连惯性力和科氏惯性力的矢量和。即

$$\boldsymbol{F}_{\mathrm{I}}=\boldsymbol{F}_{\mathrm{I}r}+\boldsymbol{F}_{\mathrm{I}e}+\boldsymbol{F}_{\mathrm{I}C}$$

当质点相对于非惯性系保持静止时，其相对加速度 $\boldsymbol{a}_r$ 和相对速度 $\boldsymbol{v}_r$ 数值均为零，进而 $\boldsymbol{a}_C$ 也为零。此时式(9-7)退化为

$$\boldsymbol{a}_a=\boldsymbol{a}_e \tag{9-11}$$

式(9-10)退化为

$$\boldsymbol{F}+\boldsymbol{F}_{\mathrm{I}e}=\boldsymbol{0} \tag{9-12}$$

即当质点相对于动系保持静止状态时，作用在质点上的真实力与牵连惯性力形成形式上的平衡力系，此时的牵连惯性力与达朗贝尔惯性力相同。

例题 9-3　质量为 m 的小球 D，在水平圆盘内的光滑直槽 AB 内滑动，圆盘以匀角速率 ω 绕通过盘心 C 的铅垂固定轴转动，点 C 到直槽 AB 中心线的垂直距离为 h。小球 D 用刚度系数均为 k 的两个相同的弹簧约束。当小球 D 在槽的中央位置 O 时两弹簧无变形，此时若使小球 D 获得相对速度 $\boldsymbol{v}_{r0}$，如图 9-6(a)所示。设 $2k>m\omega^2$，求球 D 相对于直槽的运动。

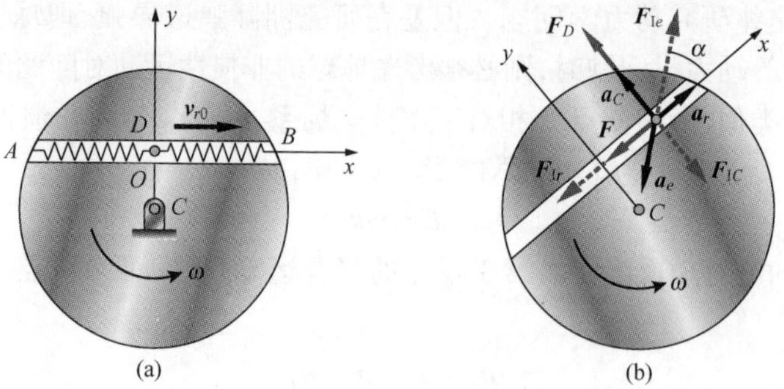

图 9-6　例题 9-3

解：取小球 D 为研究对象，动坐标系 Oxy 固连在圆盘上，动轴 x 沿直槽方向，如图 9-6(b)所示。小球 D 的加速度由三部分组成：牵连加速度的大小 $a_e=\overline{DC}\cdot\omega^2$，方向沿 DC；相对加速度的大小未知，方向沿 x 轴；科氏加速度的大小 $a_C=2\omega v_r$，方向沿 y 轴。

小球 D 受重力 $m\boldsymbol{g}$、弹性力的合力 $\boldsymbol{F}$ 和滑槽对小球 D 的约束力 $\boldsymbol{F}_{\mathrm{N}}$ 作用，重力 $m\boldsymbol{g}$ 垂直于 xy 平面，与约束力 $\boldsymbol{F}_{\mathrm{N}}$ 的铅垂分力相平衡（图中未画出这两力）。力 $\boldsymbol{F}$、约束力 $\boldsymbol{F}_{\mathrm{N}}$ 沿轴 y 的分力 $\boldsymbol{F}_D$ 与惯性力一起组成形式上的平衡力系。由质点的达朗贝尔原理，有

$$\boldsymbol{F}+\boldsymbol{F}_D+\boldsymbol{F}_{\mathrm{I}e}+\boldsymbol{F}_{\mathrm{I}r}+\boldsymbol{F}_{\mathrm{I}C}=0 \tag{1}$$

将式(1)向 x 轴投影，得

$$-F+F_{\mathrm{I}e}\cos\alpha-F_{\mathrm{I}r}=0 \tag{2}$$

其中

$$F=2kx,\ F_{\mathrm{I}e}=ma_e=m\omega^2\,\overline{DC}=m\omega^2\sqrt{x^2+h^2},\ F_{\mathrm{I}r}=m\ddot{x},\ \cos\alpha=x/\sqrt{x^2+h^2}$$

整理式(2)得

$$m\ddot{x}+(2k-m\omega^2)x=0 \tag{3}$$

因 $2k>m\omega^2$，可令

$$\omega_0^2 = \frac{2k - m\omega^2}{m}$$

则式(3)可以改写成

$$\ddot{x} + \omega_0^2 x = 0 \tag{4}$$

式(4)是常系数齐次微分方程,它的通解为

$$x = C_1 \sin\omega_0 t + C_2 \cos\omega_0 t$$

将初始条件 $t=0$ 时,$x_0=0$,$\dot{x}_0 = v_{r0}$ 代入式(4)及其一阶导数表达式,得积分常数

$$C_1 = \frac{v_{r0}}{\omega_0}, C_2 = 0$$

代入通解,最后得小球 D 对于直槽的相对运动方程为

$$x = v_{r0}\sqrt{\frac{m}{2k - m\omega^2}} \sin \sqrt{\frac{2k - m\omega^2}{m}} t$$

要点与讨论

应用达朗贝尔原理求解动力学问题时,加速度分析和受力分析是关键。

例题 9-4　飞行员的黑晕和红视现象。

解析:现在对本章引例中提到的黑晕和红视现象进行分析。黑晕和红视从本质上讲均是因血液的动力学现象而引起的生理学现象,分析这些现象的关键在于飞机的**加速度**。首先分析给飞机带来高加速度的高过载机动。

飞机的高过载机动主要有跃升、俯冲、筋斗、盘旋等。跃升、俯冲、筋斗一般指飞机在垂直平面内机动,机动中飞机会同时改变高度和速度,如图 9-7 所示。跃升是将飞机的动能转化为势能、迅速取得高度优势的机动飞行;俯冲是将飞机势能转化为动能、迅速降低高度和增加速度的机动飞行。跃升、俯冲飞行过程一般可分为进入段、直线段及改出段。筋斗可以看作跃升和俯冲的组合机动。

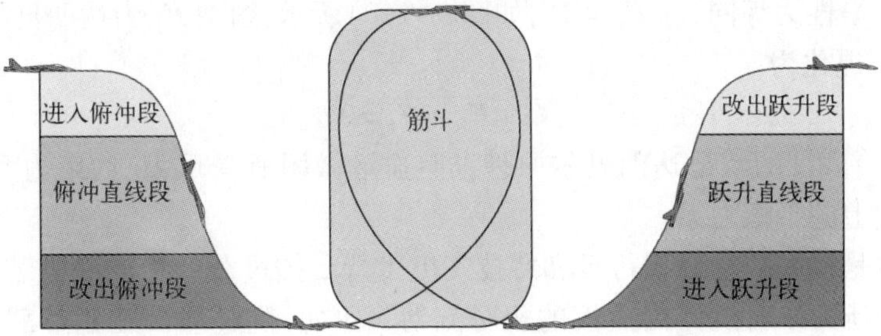

图 9-7　飞机垂直面机动示意

飞机在水平平面内的机动飞行性能着重衡量飞机改变速度方向的能力,即方向机动性能,最常见的水平平面内的机动飞行为转弯(转弯方向小于 360°)和盘旋(转弯方向不小于 360°),如图 9-8 所示。按盘旋的坡度大小,可以把盘旋分为三种。小坡度盘旋:飞机滚转角(坡度)小于 20°;中坡度盘旋:飞机坡度介于 20°和 45°之间;大坡度盘旋:飞机坡度大于 45°。飞机在改出俯冲段、进入跃升段及盘旋时均产生正过载;在进入俯冲段、

改出跃升段均产生负过载(若要避免出现负过载,可以采用加滚转机动形成倒飞的方式)。

图 9-8　飞机水平面盘旋机动示意

下面重点以进入跃升段为研究对象分析,其他机动飞行的分析与此类似。

以某一血液微团为动点,地球为定系(近似的惯性系),以机体为动系(非惯性系),并假定人体相对于机体固定不动。

定常飞行时,假定血液微团处于相对平衡状态,此时微团重力、约束力(周围血液的压力、血管壁作用力等)形成平衡力系。出现过载的瞬间,机体获得了线加速度和角加速度,如图 9-9(a)所示,图中 $\boldsymbol{a}^{\tau}$ 为机体质心的切向加速度、$\boldsymbol{a}^{n}$ 为机体质心的法向加速度、$\boldsymbol{a}$ 为机体质心的全加速度、ω 为机体绕质心的角速度;而血液的运动相对于机体是滞后的。在机体坐标系内研究血液微团的运动时应采用式(9-8)或式(9-10)(质点的相对运动微分方程)。血液微团受重力、约束力、牵连惯性力及科氏惯性力的共同作用产生相对于人体骨骼、皮肤等组织的相对加速度 $\boldsymbol{a}_r$,形成从头部向脚部流动的趋势,如图 9-9(b)所示,图中 $\boldsymbol{G}$、$\boldsymbol{F}_{\mathrm{N}}$、$\boldsymbol{F}_{\mathrm{I}e}$、$\boldsymbol{F}_{\mathrm{I}C}$ 分别为血液微团所受重力、约束力、牵连惯性力、科氏惯性力,$\boldsymbol{a}_e$ 为牵连加速度;其中 $\boldsymbol{F}_{\mathrm{I}e}$ 与 $\boldsymbol{a}_e$ 对应。根据式(9-10),若设血液微团的质量为 m,则血液微团相对于飞机这个非惯性参考系的运动微分方程为

$$m\boldsymbol{a}_r = \boldsymbol{G} + \boldsymbol{F}_{\mathrm{N}} + \boldsymbol{F}_{\mathrm{I}e} + \boldsymbol{F}_{\mathrm{I}C} \tag{9-13}$$

流动趋势直到血液形成新的相对平衡状态为止。新的相对平衡状态必然是腿脚充血、头部缺血的状态。若这种状态持续时间较长就会造成脑部严重缺氧而形成**黑晕**,飞行员进而失去意识。

新的平衡状态下,血液微团相对于机体静止,此时的科氏惯性力 $\boldsymbol{F}_{\mathrm{I}C}$ 为零,牵连惯性力与达朗贝尔惯性力等同,即 $\boldsymbol{F}_{\mathrm{I}e} = \boldsymbol{F}_{\mathrm{I}}$,如图 9-9(c)所示,图中 $\boldsymbol{F}_{\mathrm{I}}$ 为达朗贝尔惯性力。此时,式(9-13)退化为

$$\boldsymbol{G} + \boldsymbol{F}_{\mathrm{N}} + \boldsymbol{F}_{\mathrm{I}} = 0 \tag{9-14}$$

式(9-14)表征的就是达朗贝尔原理,即:血液微团所受重力、约束力及达朗贝尔惯性力形成形式上的平衡力系。

抗过载服是提高战斗机飞行员和特技飞机飞行员抗过载能力的必需装备,其工作原理是增大体外压力来对抗体内血液的相对流动。比如,抗过载裤在正过载时快速充气,增大腿部的外部压力以对抗向腿部涌来的血液,进而达到减缓头部缺血的目的。

红视现象是飞机在负过载机动(比如在进入俯冲段及改出跃升段)时体内血液在惯性力的作用下从下身涌向头部,造成头部、眼部视网膜过度充血而形成的生理现象。

舰载机弹射起飞过程以及阻拦索阻拦过程中飞行员也要承受较大过载,读者可以采用与黑晕现象分析相同的方法对这些过程以及其他过载机动进行分析,此处不再赘述。

例题 9-5　飞机的倾斜转弯。

解:在第 5 章例题 5-13 中我们曾提到过飞机机动飞行中的转弯飞行。飞机的转弯

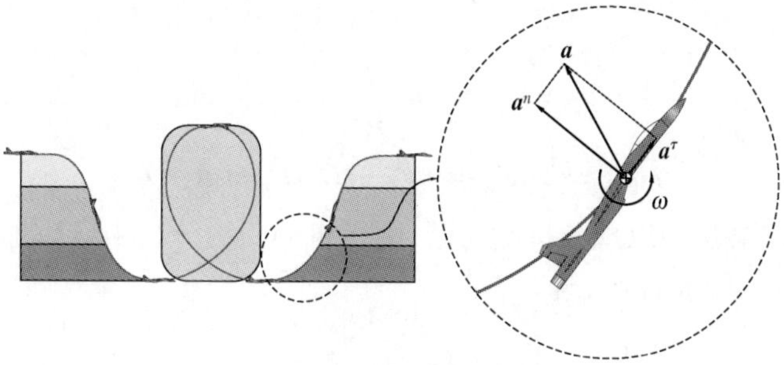

(a) 进入跃升段的飞机状态

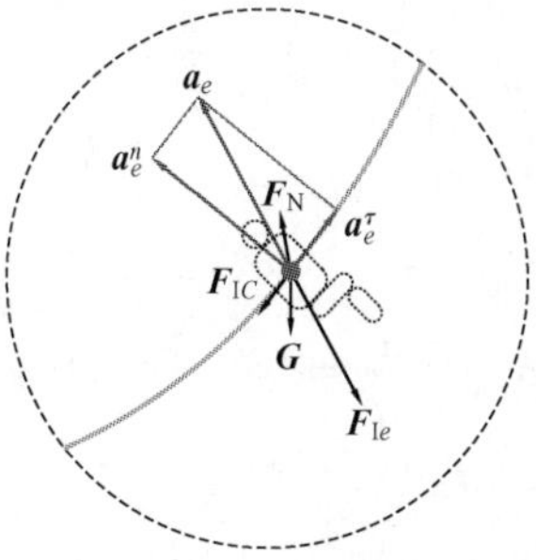

(b) 血液相对流动状态

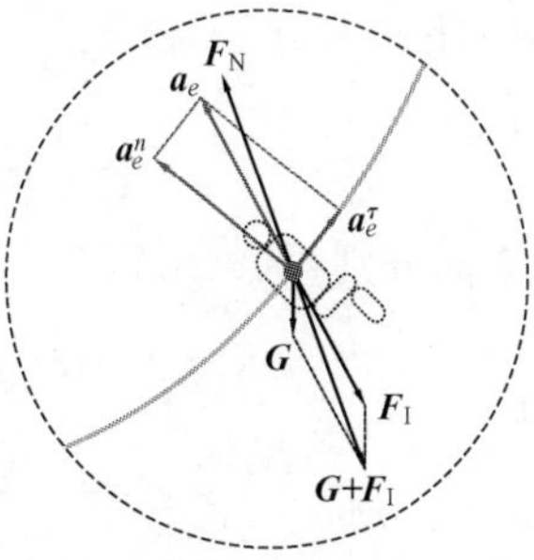

(c) 血液相对静止状态

图 9-9　飞行员黑晕现象成因

是通过机翼向预期转弯方向的滚转并建立相应坡度来实现的。为方便分析，给出飞机转弯示意图如图 9-10(a)所示。这里用动静法重新分析此问题。

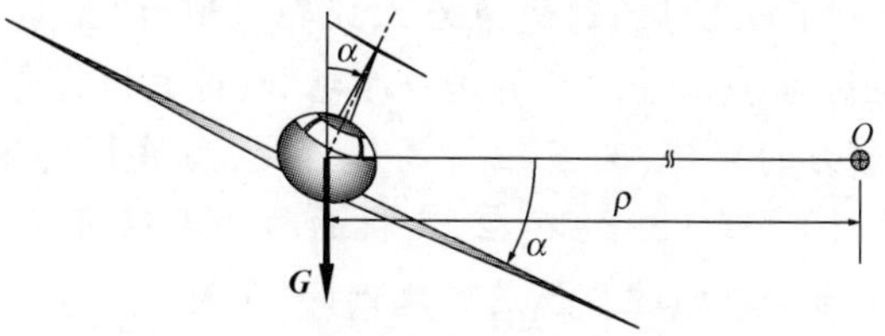

(a)

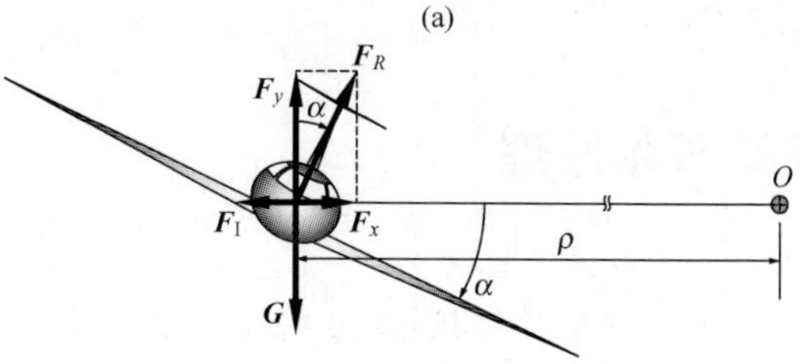

(b)

图 9-10　飞机的倾斜转弯

假设飞机已经形成了稳态的转弯状态，即飞机转弯时机翼坡度为 α，飞行高度、转弯半径 ρ 均保持不变；并且发动机推力与阻力等值、共线，沿 xy 平面的垂线方向。机身的滚转，即坡度的形成导致了飞机升力 $\boldsymbol{F}_R$ 方向的变化。升力 $\boldsymbol{F}_R$ 可以分解为水平方向的分量 $\boldsymbol{F}_x$ 和竖直方向的分量 $\boldsymbol{F}_y$。第 5 章的分析中认为，$\boldsymbol{F}_y$ 对抗飞机重力 $\boldsymbol{G}$，$\boldsymbol{F}_x$ 则扮演向心力的角色，使飞机改变飞行方向。在此状态下，将质心运动定理 $m\boldsymbol{a}_C=\sum \boldsymbol{F}_i$ 向 x、y 方向分

别投影可得

$$ma_{Cx}=\sum F_{ix}:m\frac{v^2}{\rho}=F_x=F_R\sin\alpha \tag{1}$$

$$ma_{Cy}=\sum F_{iy}:0=F_y-G=F_R\cos\alpha-G \tag{2}$$

若运用本章动静法的思想分析此问题,则飞机的受力分析中应添加达朗贝尔惯性力项,如图 9-10(b)中所示的 $\boldsymbol{F}_\mathrm{I}$,且

$$F_\mathrm{I}=m\frac{v^2}{\rho}$$

其方向为沿径向指向外。

依据动静法,有

$$\boldsymbol{G}+\boldsymbol{F}_R+\boldsymbol{F}_\mathrm{I}=\boldsymbol{0}$$

将此矢量式向 x、y 方向分别投影,可得

$$\sum F_{ix}=0:F_R\sin\alpha-m\frac{v^2}{\rho}=0 \tag{3}$$

$$\sum F_{iy}=0:F_R\cos\alpha-G=0 \tag{4}$$

比较两种分析方法可知,式(1)、(2)分别与式(3)、(4)等价。

要点与讨论

(1) 飞机水平面内转弯或盘旋时,由式(2)或式(4)可知:当建立的坡度为 60°时,$F_R=2G$,依据过载的定义可知此时的过载值为 2,此即所谓的“$2g$ 转弯”;当坡度为 70°时,$F_R=3G$,此时的过载值约为 3;随着坡度的进一步增加,过载值将会快速增长。

(2) 若忽略飞机重力的变化,为了维持高度不变,随坡度的增加升力应增大;进而 $F_R\sin\alpha$ 也增大;由于式(1)或式(3)的存在,飞机的转弯半径将变小,转弯效率增大。总的来说飞机的转弯效率与飞机的过载值是成比例的,飞行员想要获得较高的转弯效率必须付出承受高过载值的代价。

9.2 质点系的达朗贝尔原理

设有质点系 $\sum\limits_{i=1}^{n}m_i$,其中质点 m_i 的加速度为 $\boldsymbol{a}_i$,把作用于质点系上的所有力分为主动力的合力 $\boldsymbol{F}_i$ 和约束力的合力 $\boldsymbol{F}_{\mathrm{N}i}$,对质点 m_i 假想地加上它的惯性力 $\boldsymbol{F}_{\mathrm{I}i}=-m\boldsymbol{a}_i$,由质点的达朗贝尔原理,有

$$\boldsymbol{F}_i+\boldsymbol{F}_{\mathrm{N}i}+\boldsymbol{F}_{\mathrm{I}i}=\boldsymbol{0}\quad(i=1,2,\cdots,n) \tag{9-15}$$

设质点 m_i 上的所有力分为外力的合力 $\boldsymbol{F}_i^{(\mathrm{e})}$,内力的合力 $\boldsymbol{F}_i^{(\mathrm{i})}$,则式(9-15)可改写为

$$\boldsymbol{F}_i^{(\mathrm{e})}+\boldsymbol{F}_i^{(\mathrm{i})}+\boldsymbol{F}_{\mathrm{I}i}=\boldsymbol{0}\quad(i=1,2,\cdots,n)$$

这表明,质点系每个质点上作用的外力、内力和它的惯性力在形式上组成平衡力系。由第 8 章知,空间任意力系平衡的充分必要条件是力系向任意点简化所得的主矢和主矩皆为零,即

$$\sum \boldsymbol{F}_i^{(e)} + \sum \boldsymbol{F}_i^{(i)} + \sum \boldsymbol{F}_{Ii} = \mathbf{0}$$

$$\sum \boldsymbol{M}_O(\boldsymbol{F}_i^{(e)}) + \sum \boldsymbol{M}_O(\boldsymbol{F}_i^{(i)}) + \sum \boldsymbol{M}_O(\boldsymbol{F}_{Ii}) = \mathbf{0}$$

由于质点系的内力总是成对出现,且等值、反向、共线,因此有 $\sum \boldsymbol{F}_i^{(i)} = \mathbf{0}$ 和 $\sum \boldsymbol{M}_O(\boldsymbol{F}_i^{(i)}) = \mathbf{0}$,于是有

$$\begin{cases} \sum \boldsymbol{F}_i^{(e)} + \sum \boldsymbol{F}_{Ii} = \mathbf{0} \\ \sum \boldsymbol{M}_O(\boldsymbol{F}_i^{(e)}) + \sum \boldsymbol{M}_O(\boldsymbol{F}_{Ii}) = \mathbf{0} \end{cases} \tag{9-16}$$

式(9-16)表明,**作用在质点系上的所有外力与虚加在每个质点上的惯性力在形式上组成平衡力系**,这就是**质点系的达朗贝尔原理。**

例题9-6　如图9-11(a)所示,定滑轮的半径为 r,质量 m 均匀分布在轮缘上,绕水平轴 O 转动。跨过滑轮的无重绳的两端挂有质量为 m_A 和 m_B 的重物($m_A > m_B$),绳与轮间不打滑,轴承摩擦忽略不计,求重物的加速度。

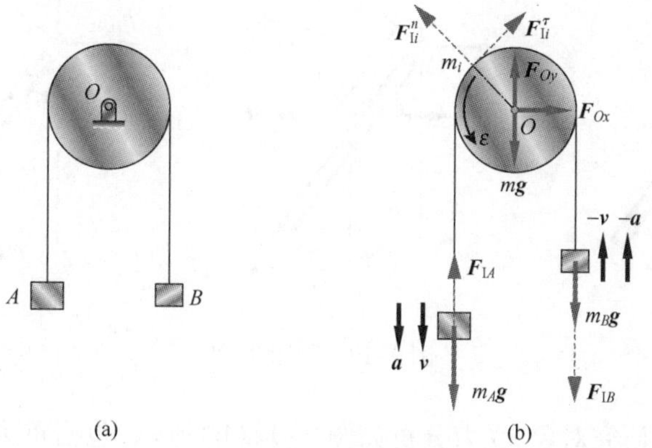

图9-11　例题9-6

解:取滑轮与两重物组成的质点系为研究对象,作用于此质点系的外力有重力 $m_A\boldsymbol{g}$、$m_B\boldsymbol{g}$、$m\boldsymbol{g}$ 和轴承的约束力 $\boldsymbol{F}_{Ox}$、$\boldsymbol{F}_{Oy}$,设重物 A 的速度和加速度分别为 $\boldsymbol{v}$ 和 $\boldsymbol{a}$,重物 B 的速度和加速度则分别为 $-\boldsymbol{v}$ 和 $-\boldsymbol{a}$,物体系统受力如图9-11(b)所示。其中惯性力大小分别为

$$F_{IA} = m_A a, F_{IB} = m_B a$$

对于滑轮边缘任意质点 m_i,加速度有切向、法向之分,其惯性力大小分别为

$$F_{Ii}^\tau = m_i r\varepsilon = m_i a, F_{Ii}^n = m_i \frac{v^2}{r}$$

列平衡方程

$$\sum M_O(\boldsymbol{F}) = 0, (m_A g - F_{IA} - m_B g - F_{IB})r - \sum F_{Ii}^\tau \cdot r = 0$$

即

$$(m_A g - m_A a - m_B g - m_B a)r - \sum m_i a r = 0$$

注意到

$$\sum m_i a r = (\sum m_i) a r = m a r$$

可解得

$$a=\frac{m_A-m_B}{m_A+m_B+m}g$$

要点与讨论

由于绳与轮间不打滑，绳的加速度等于轮边缘上各点的切向加速度，其大小也等于重物的加速度。

例题 9-7 铅垂转轴 Oz 与长为 l、质量为 m 的均质摆杆 OA 用圆柱形铰链连接，不计各处摩擦作用。假定系统以匀角速率 ω 绕铅垂轴 Oz 转动，且摆杆与铅垂轴的夹角 φ 在某些辅助手段下已达到稳定值，如图 9-12(a) 所示。求 φ 的可能稳定取值。

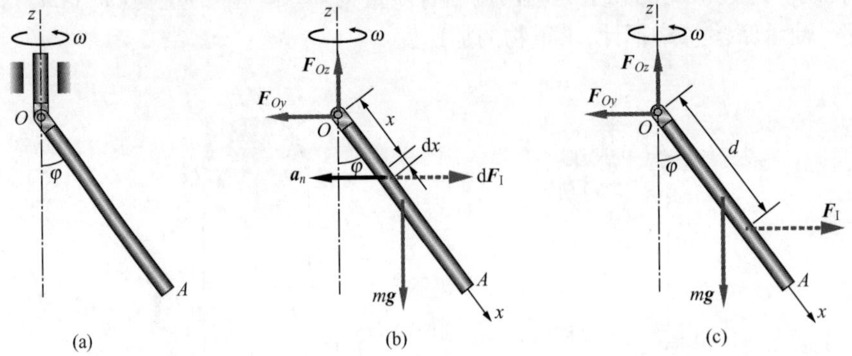

图 9-12　例题 9-7

解： 取 OA 杆为研究对象，受力分析如图 9-12(b) 所示，包括重力 $m\boldsymbol{g}$ 和约束力 $\boldsymbol{F}_{Oy}$、$\boldsymbol{F}_{Oz}$。杆 OA 做匀角速率转动，杆上距 O 点 x 处的微元段 $\mathrm{d}x$ 的加速度的大小为

$$a_n=\omega^2 x\sin\varphi$$

微元段 $\mathrm{d}x$ 惯性力 $\mathrm{d}F_{\mathrm{I}}$ 的大小为

$$\mathrm{d}F_{\mathrm{I}}=a_n\cdot\mathrm{d}m=\frac{m\omega^2}{l}\sin\varphi\cdot x\mathrm{d}x$$

于是整根杆件惯性力的合力 $\boldsymbol{F}_{\mathrm{I}}$ 的大小为

$$F_{\mathrm{I}}=\int_0^l\frac{m\omega^2}{l}\sin\varphi\cdot x\mathrm{d}x=\frac{1}{2}ml\omega^2\sin\varphi$$

设惯性力 $\boldsymbol{F}_{\mathrm{I}}$ 的作用点到点 O 的距离为 d，如图 9-12(c) 所示，由合力矩定理，有

$$F_{\mathrm{I}}d\cos\varphi=\int_0^l(x\cos\varphi)\mathrm{d}F_{\mathrm{I}}$$

由此可得

$$d=\frac{2}{3}l$$

由质点系的达朗贝尔原理，对 O 点取矩

$$\sum M_O(\boldsymbol{F})=0,F_{\mathrm{I}}d\cos\varphi-mg\frac{l}{2}\sin\varphi=0$$

整理得

$$\frac{mgl}{2}\sin\varphi\left(\frac{2l}{3g}\omega^2\cos\varphi-1\right)=0$$

由此解出 φ 的可能取值为

$$\varphi=0°,\varphi=180°,\varphi=\arccos\frac{3g}{2l\omega^2}$$

要点与讨论

（1）若 $\omega<\sqrt{\frac{3g}{2l}}$，有两个解 $\varphi=0°$ 和 $\varphi=180°$。$\varphi=180°$ 对应理想的杆件倒立状态，是一种非稳定状态，稍有扰动，此状态则会转变为 $\varphi=0°$ 的稳定的下垂状态。

（2）若 $\omega\geqslant\sqrt{\frac{3g}{2l}}$，3个解都存在。此时 $\varphi=0°$ 和 $\varphi=180°$ 均为非稳定状态。

（3）$\varphi=\arccos\frac{3g}{2l\omega^2}$ 表明转动角速度越大，φ 角越大。

例题 9-8　纸折螺旋桨的叶片构型保持问题。

解：图 9-13(a)、(b)给出了纸折螺旋桨的两种构型，构型一可以旋转下落，而构型二不能旋转。在例题 3-2 中分析了桨叶的速度分布问题；在例题 7-12 中分析了其相关动力学问题。在前面的分析中提到“旋转起来的两翼与不旋转的两翼有很大不同。旋转状态下，翼面本质上就是一平板机翼，其在旋转过程中会产生**惯性力**和空气动力”。这里就来详细谈一谈旋转翼面的**惯性力**。

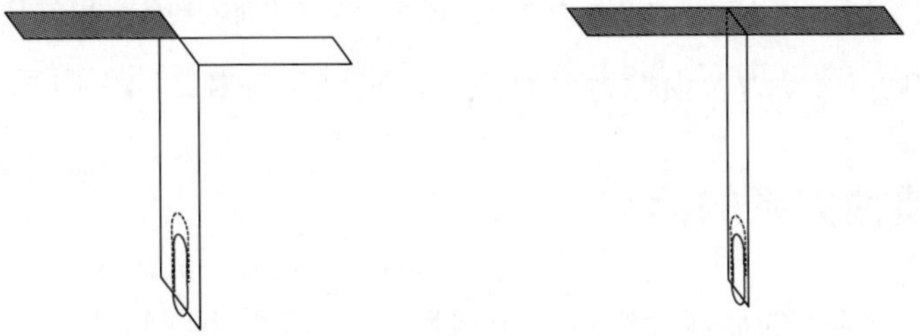

(a) 构型一　　(b) 构型二

图 9-13　纸折螺旋桨的叶片构型保持问题

根据例题 3-2 的分析可知，桨叶的速度分布如图 9-14(a)所示；进而可知，桨叶上的空气动力也是一较复杂的空间分布力系。在不影响问题本质的前提下，做如下简化：

（1）忽略桨叶的弯曲变形，仅考虑整体倾斜，倾斜角度为 α，如图 9-14(b)所示。

（2）仅分析纸折螺旋桨的稳态情形，即转动角速度及下落速度为常数的情况。

（3）稳态旋转时，水平方向上形成自平衡力系（驱动力偶与空气阻力偶相平衡），此处仅考虑竖直平面内的受力；将空气动力用一合力 $\boldsymbol{F}_R$ 表示，且相对于转动中心 O 的力臂为 h，如图 9-14(b)所示。

（4）因对称性，仅绘出一翼受力且翼根处的约束力未画出。

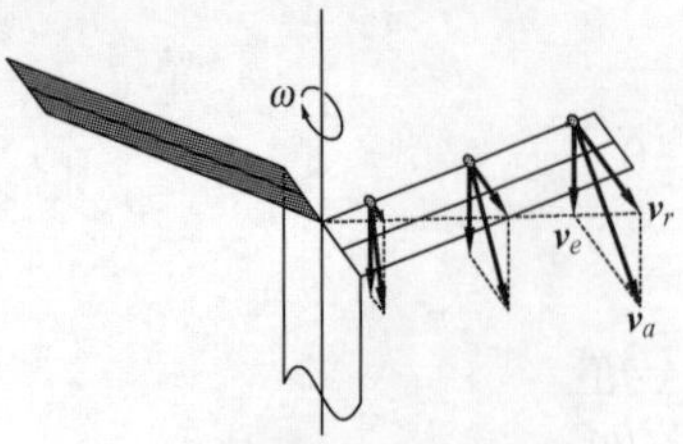

(a) 翼面的速度分布特征

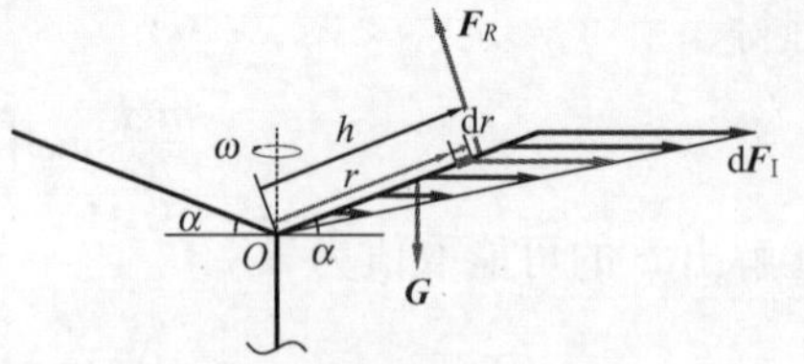

(b) 翼面受力分析

图 9-14　纸折螺旋桨的叶片构型保持问题

旋转的纸折螺旋桨叶片(或翼面)上的空气动力会使叶片弯曲和倾斜,叶片外端部有上翘趋势。另外,旋转的叶片会产生惯性力,在叶片上距离 O 点为 r 的位置取叶片长度增量 $\mathrm{d}r$,此微段质心的切向加速度为零,向心加速度为 $\omega^2 r\cos\alpha$,因此,此微段的惯性力大小为

$$\mathrm{d}F_{\mathrm{I}} = \omega^2 r\cos\alpha \cdot \mathrm{d}m = \omega^2 r\cos\alpha \cdot \rho \mathrm{d}r$$

方向沿外径向。式中:$\mathrm{d}m$ 为微段的质量;ρ 为叶片的线密度。

惯性力矩和重力矩起到对抗空气动力力矩的作用,制约叶片因空气动力引起的上翘趋势。在这个相互对抗的动态过程中,可以将空气动力力矩看作干扰力矩,而惯性力矩和重力矩则是恢复力矩的角色。空气动力力矩使叶片上翘的过程,同时也是惯性力矩增长的过程,但此时重力矩会有所减小,三种力矩中,重力矩的作用相对较小,空气动力力矩和惯性力矩起主导作用。当三种力矩达到平衡时,叶片倾角就能基本保持稳定了。

叶片倾角保持稳定时,运用动静法分析其相对于 O 点的转动自由度,设叶片的长度为 R,有

$$\sum M_O(\boldsymbol{F}) = 0, F_R h - G\frac{R}{2}\cos\alpha - \int_0^R \omega^2 r^2 \cos\alpha\sin\alpha \cdot \rho \mathrm{d}r = 0$$

即叶片所受重力、空气动力及惯性力对 O 点的力矩之和为零。

9.3　刚体惯性力系的简化

质点系中所有质点的惯性力组成一个惯性力系,根据力系简化理论,求出惯性力系的主矢和主矩,将给解题带来方便。下面将惯性力系向质点系的质心 C 简化。

设质点系惯性力系的主矢为 $\boldsymbol{F}_{\mathrm{IR}}$,由式(9-16)中第一式和质心运动定理,有

$$\boldsymbol{F}_{\mathrm{IR}} = -\sum \boldsymbol{F}_i^{(\mathrm{e})} = -m\boldsymbol{a}_C \tag{9-17}$$

即:质点系惯性力系主矢的大小等于质点系的总质量与质心加速度的乘积,方向与质心加速度的方向相反。

式(9-17)可改写为

$$\boldsymbol{F}_{\mathrm{IR}} = -\sum m_i \boldsymbol{a}_i = -\frac{\mathrm{d}}{\mathrm{d}t}\sum m_i \boldsymbol{v}_i = -\frac{\mathrm{d}\boldsymbol{P}}{\mathrm{d}t} \tag{9-18}$$

上式表明,惯性力系的主矢可理解为由于质点系的动量变化所引起的对施力物体的惯性反抗。

设固定点 O 为简化中心,质点系惯性力系的主矩为 $\boldsymbol{M}_{\mathrm{I}O}$,由式(9-16)中第二式和动量矩定理,有

$$\boldsymbol{M}_{IO}=\sum\boldsymbol{M}_O(\boldsymbol{F}_{Ii})=-\frac{d\boldsymbol{L}_O}{dt} \tag{9-19}$$

即:**质点系的惯性力系对固定点 O 的主矩等于质点系对点 O 的动量矩对时间的负导数**。它可理解为由于质点系对点 O 的动量矩变化而引起的对施力物体的惯性反抗。

设质心 C 为简化中心,质点系惯性力系的主矩为 $\boldsymbol{M}_{IC}$,由式(9-16)中第二式和相对于质心的动量矩定理,有

$$\boldsymbol{M}_{IC}=\sum\boldsymbol{M}_C(\boldsymbol{F}_{Ii})=-\frac{d\boldsymbol{L}_C}{dt} \tag{9-20}$$

即:**质点系的惯性力系对质心的主矩等于质点系对质心的动量矩对时间的负导数**。由力系简化理论知,同一惯性力系若向不同的简化中心简化,其主矢的大小和方向保持不变,而主矩则随简化中心的不同而改变。

下面根据刚体运动的类型将惯性力系简化。

1）平移刚体惯性力系的简化

在同一瞬时,平移刚体内各点的加速度相等,设其质心的加速度为 $\boldsymbol{a}_C$,则其惯性力系的主矢为

$$\boldsymbol{F}_{IR}=-\sum m_i\boldsymbol{a}_i=-m\boldsymbol{a}_C \tag{9-21}$$

设 $\boldsymbol{r}'_i$ 为由刚体质心 C 引出的第 i 个质点的矢径,根据质心定义,有$\sum m_i\boldsymbol{r}'_i=\boldsymbol{0}$,因此惯性力系对质心 C 的主矩为

$$\boldsymbol{M}_{IC}=\sum\boldsymbol{M}_C(\boldsymbol{F}_{Ii})=\sum\boldsymbol{r}'_i\times(-m_i\boldsymbol{a}_i)=-\sum(m_i\boldsymbol{r}'_i)\times\boldsymbol{a}_C=\boldsymbol{0} \tag{9-22}$$

由此可知,在任一瞬时,**平移刚体惯性力系向质心简化为一合力,方向与加速度方向相反,大小等于刚体的质量与加速度的乘积。**

2）平面运动刚体惯性力系的简化

假设刚体有质量对称面,并且刚体在此平面内做平面运动。在这种情形下,刚体的惯性力系可简化为在质量对称面内的平面力系。设刚体的角速度 ω、角加速度 $\boldsymbol{\varepsilon}$ 和质心加速度 $\boldsymbol{a}_C$,如图9-15所示。惯性力系的主矢为

$$\boldsymbol{F}_{IR}=-\sum m_i\boldsymbol{a}_i=-m\boldsymbol{a}_C \tag{9-23}$$

根据基点法公式,质点 m_i 的加速度为

$$\boldsymbol{a}_i=\boldsymbol{a}_C+\boldsymbol{a}_{iC}^{\tau}+\boldsymbol{a}_{iC}^{n}$$

考虑到 $\sum m_i\boldsymbol{r}'_i=\boldsymbol{0}$,$\boldsymbol{a}_{iC}^{n}/\!/\boldsymbol{r}'_i$,则惯性力系向质心 C 简化的主矩为

$$\begin{aligned}\boldsymbol{M}_{IC}&=-\sum\boldsymbol{r}'_i\times m_i\boldsymbol{a}_i=-\sum\boldsymbol{r}'_i\times m_i(\boldsymbol{a}_C+\boldsymbol{a}_{iC}^{\tau}+\boldsymbol{a}_{iC}^{n})\\&=-\sum m_i\boldsymbol{r}'_i\times\boldsymbol{a}_C-\sum\boldsymbol{r}'_i\times m_i(\boldsymbol{\varepsilon}\times\boldsymbol{r}'_i)-\sum\boldsymbol{r}'_i\times m_i\boldsymbol{a}_{iC}^{n}\\&=-\sum\boldsymbol{r}'_i\times m_i(\boldsymbol{\varepsilon}\times\boldsymbol{r}'_i)=-\sum m_i(r'_i)^2\boldsymbol{\varepsilon}=-J_C\boldsymbol{\varepsilon}\end{aligned} \tag{9-24}$$

由此可知,**平面运动刚体惯性力系向质心简化为在质量对称面内的一个力和一个力偶。**这个力通过质心,其大小等于刚体的质量与质心加速度的乘积,其方向与质心加速度方向相反;这个力偶的力偶矩的大小等于刚体对通过质心且垂直于质量对称面的轴的转动惯量与角加速度的乘积,其转向与角加速度的转向相反。

3）定轴转动刚体惯性力系的简化

设刚体具有质量对称面,且转轴 O 垂直于质量对称面,如图 9-16 所示。因为刚体定轴转动是刚体平面运动的特殊情形,所以在运动时,其惯性力系向质心 C 简化也可得到式(9-23)和式(9-24)所示的主矢与主矩。如果惯性力系向点 O 简化,由力系简化理论知,主矢与简化点无关,而主矩有形式

$$\boldsymbol{M}_{IO}=\boldsymbol{M}_{IC}+\boldsymbol{r}_C\times\boldsymbol{F}_{IR}=\boldsymbol{M}_{IC}+\boldsymbol{r}_C\times[-m(\boldsymbol{a}_C^\tau+\boldsymbol{a}_C^n)]$$

其中 $\boldsymbol{r}_C$ 为由点 O 向质心 C 引出的矢径,注意到 $\boldsymbol{a}_C^n /\!/ \boldsymbol{r}_C$,上式可表示为

$$\begin{aligned}\boldsymbol{M}_{IO}&=\boldsymbol{M}_{IC}+\boldsymbol{r}_C\times\boldsymbol{F}_{IR}=\boldsymbol{M}_{IC}+\boldsymbol{r}_C\times[-m(\boldsymbol{\varepsilon}\times\boldsymbol{r}_C)]\\&=-J_C\boldsymbol{\varepsilon}-mr_C^2\boldsymbol{\varepsilon}=-J_O\boldsymbol{\varepsilon}\end{aligned}\tag{9-25}$$

由此可知,绕垂直于质量对称面的轴 O 转动的刚体,其惯性力系向点 O 简化为在质量对称面的一个力和一个力偶。这个力通过点 O,其大小等于刚体质量与质心加速度的乘积,其方向与质心加速度的方向相反;这个力偶的力偶矩矢的大小等于刚体对转轴的转动惯量与角加速度的乘积,方向与角加速度的方向相反。

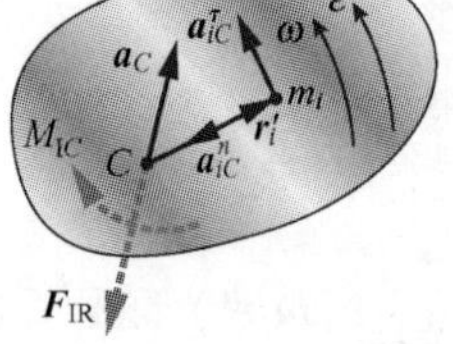

图 9-15 平面运动刚体惯性力系的简化

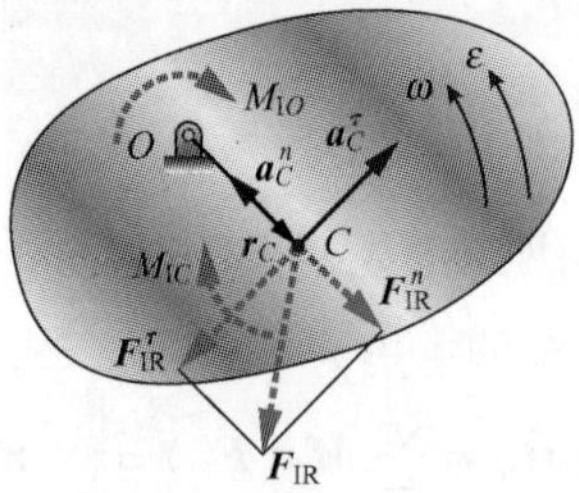

图 9-16 定轴转动刚体惯性力系的简化

例题 9-9 均质杆 AB 的质量为 m,长为 l,在 A 端用铰链连接于小车上,尺寸如图 9-17(a)所示。不计 A、D 处摩擦,当小车以加速度 a 向左平移且杆在 D 点与小车不脱离接触时,求 A、D 处的约束力。

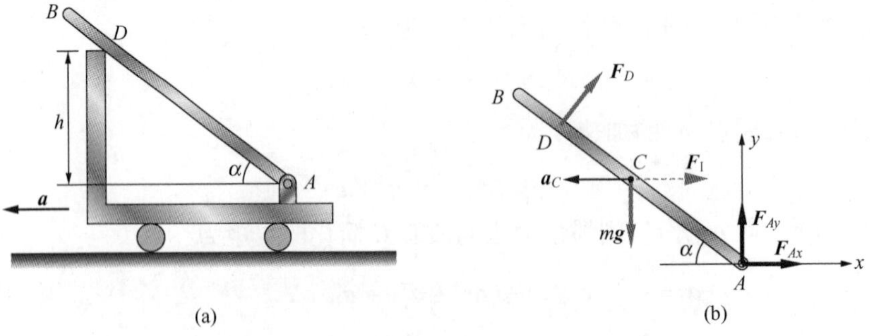

图 9-17 例题 9-9

解: 取 AB 杆为研究对象。杆受到的外力有:重力 $m\boldsymbol{g}$、D 处的约束力 $\boldsymbol{F}_D$ 和铰链 A 的约束力 $\boldsymbol{F}_{Ax}$、$\boldsymbol{F}_{Ay}$。因 AB 杆随小车平移,只需在 AB 杆质心加一惯性力 $\boldsymbol{F}_I$,其大小为 $F_I=ma$,方向如图 9-17(b)。

根据达朗贝尔原理

$$\sum M_A(\boldsymbol{F})=0, mg\cdot\frac{l}{2}\cos\alpha - F_{\mathrm{I}}\cdot\frac{l}{2}\sin\alpha - F_D\cdot\frac{h}{\sin\alpha}=0$$

$$\sum F_x=0, F_{Ax}+F_{\mathrm{I}}+F_D\sin\alpha=0$$

$$\sum F_y=0, F_{Ay}+F_D\cos\alpha - mg=0$$

解得

$$F_D=\frac{ml}{2h}\sin\alpha(g\cos\alpha - a\sin\alpha)$$

$$F_{Ax}=-ma-\frac{ml}{2h}\sin^2\alpha(g\cos\alpha - a\sin\alpha)$$

$$F_{Ay}=mg-\frac{ml}{2h}\sin\alpha\cos\alpha(g\cos\alpha - a\sin\alpha)$$

要点与讨论

应用达朗贝尔原理求解质点系动力学问题时，首先应根据题意选取研究对象，分析其所受的外力，画出受力图；然后再根据刚体的运动方式在受力图上虚加惯性力及惯性力偶；最后根据达朗贝尔原理列平衡方程求解未知量。

例题 9-10　水平圆盘绕铅垂轴 O 转动，$\omega=4\mathrm{rad/s}$，$\varepsilon=8\mathrm{rad/s^2}$，如图 9-18(a)所示。均质细直杆 AB 置于其上，A 端用铰链与圆盘相连，杆长 $l=60\mathrm{cm}$，质量 $m=2\mathrm{kg}$，$OA=d=40\mathrm{cm}$。圆盘在 B 处有一凸台，$\angle OAB=90°$，不计摩擦。试求凸台 B 对杆的约束力。

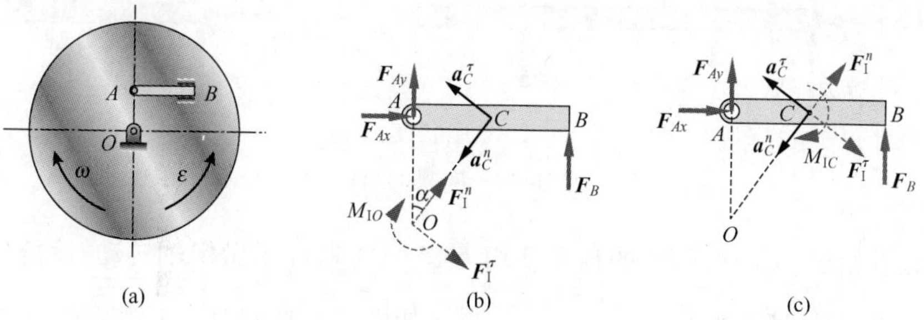

图 9-18　例题 9-10

解：取 AB 杆为研究对象。杆在水平面内受到的外力有：铰链 A 的约束力 $\boldsymbol{F}_{Ax}$、$\boldsymbol{F}_{Ay}$，凸台 B 的约束力 $\boldsymbol{F}_B$。所有铅垂方向的外力自成平衡。AB 杆随圆盘一起绕 O 轴转动，其惯性力系可以简化为作用在转动中心 O 上的力 $\boldsymbol{F}_{\mathrm{I}}^\tau$ 和 $\boldsymbol{F}_{\mathrm{I}}^n$ 以及矩为 $M_{\mathrm{I}O}$ 的力偶。它们的方向如图 9-18(b)，大小为

$$F_{\mathrm{I}}^n=ma_C^n=m\cdot OC\cdot\omega^2=16\mathrm{N}$$

$$F_{\mathrm{I}}^\tau=ma_C^\tau=m\cdot OC\cdot\varepsilon=8\mathrm{N}$$

$$M_{\mathrm{I}O}=J_O\varepsilon=(J_C+m\cdot OC^2)\varepsilon=4.48\mathrm{N\cdot m}$$

注意，虽然简化后的惯性力和惯性力偶加在转动中心 O 上，但必须理解成它们是作用在杆上，而不是作用在圆盘上。

根据达朗贝尔原理

$$\sum M_A(\boldsymbol{F})=0, F_{\mathrm{I}}^{n}\cdot OA\cdot\sin\alpha+F_{\mathrm{I}}^{\tau}\cdot OA\cdot\cos\alpha-M_{\mathrm{I}O}+F_B\cdot AB=0$$

将各已知数据代入,得到

$$F_B=-3.2\mathrm{N}$$

此题也可把惯性力 $\boldsymbol{F}_{\mathrm{I}}^{\tau}$、$\boldsymbol{F}_{\mathrm{I}}^{n}$ 加在质心 C 点,如图 9-18(c)所示,这时惯性力偶的矩应按式(9-24)确定。

要点与讨论

题中涉及的加速度和角加速度一定是相对惯性参考系的绝对加速度和绝对角加速度;虚加惯性力和惯性力偶时一定注意其方向与加速度、角加速度的方向相反。

例题 9-11 两根相同的均质杆 OA 和 AB,以铰链 A 连接,并由铰链 O 固定,如图 9-19(a)所示。两杆的质量均为 m,长 $OA=AB=l$。求从水平位置由静止开始释放的瞬时,两杆的角加速度与铰链 O 的约束力。

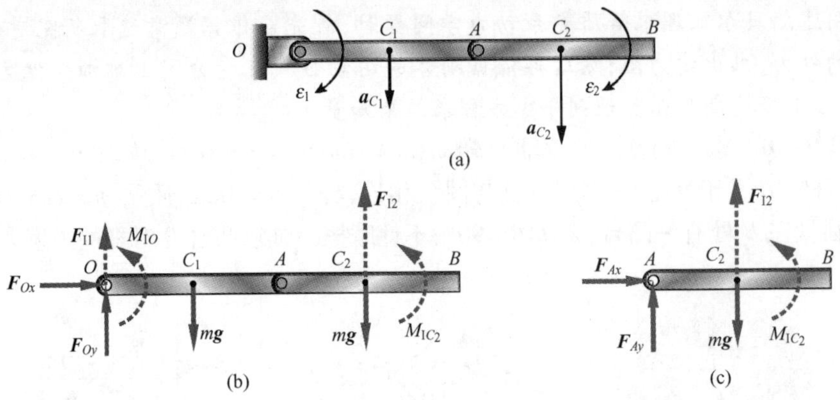

图 9-19 例题 9-11

解:在开始运动瞬时,两杆的角速度均为零。OA 杆开始做定轴转动,设角加速度为 ε_1,则质心 C_1 的加速度大小为 $a_{C_1}=\dfrac{l}{2}\varepsilon_1$,方向如图 9-19(a)所示;$AB$ 杆开始做平面运动,设角加速度为 ε_2,选 A 为基点,则其质心 C_2 的加速度大小为 $a_{C_2}=l\varepsilon_1+\dfrac{l}{2}\varepsilon_2$

OA 杆的惯性力系简化在 O 处,如图 9-19(b)所示,其主矢、主矩大小分别为

$$F_{\mathrm{I1}}=ma_{C_1}=\frac{ml\varepsilon_1}{2}, M_{\mathrm{I}O}=\frac{ml^2\varepsilon_1}{3}$$

AB 杆的惯性力系简化在 C_2 处,其主矢、主矩大小分别为

$$F_{\mathrm{I2}}=ma_{C_2}=ml\left(\varepsilon_1+\frac{\varepsilon_2}{2}\right), M_{\mathrm{I}C_2}=\frac{ml^2\varepsilon_2}{12}$$

取 AB 为研究对象,如图 9-19(c)所示,由质点系的达朗贝尔原理得

$$\sum M_A(\boldsymbol{F})=0, M_{\mathrm{I}C_2}+F_{\mathrm{I2}}\cdot\frac{l}{2}-mg\cdot\frac{l}{2}=0 \quad (1)$$

此式是关于未知量 ε_1、ε_2 的方程,为求解 ε_1、ε_2 还需一个补充方程。为此取整体为研究

对象,有

$$\sum M_O(\boldsymbol{F})=0, M_{IO}+M_{IC_2}+F_{I2}\cdot\frac{3l}{2}-mg\cdot\frac{l}{2}-mg\cdot\frac{3l}{2}=0 \tag{2}$$

联立求解式(1)与式(2),得

$$\varepsilon_1=\frac{9g}{7l}, \varepsilon_2=-\frac{3g}{7l}$$

对整体,有

$$\sum F_x=0, F_{Ox}=0$$

$$\sum F_y=0, F_{Oy}+F_{I1}+F_{I2}-2mg=0$$

解得 O 处的约束力为

$$F_{Ox}=0, F_{Oy}=\frac{2}{7}mg$$

对 OA 杆,惯性力系也可以向质心 C_1 简化。

要点与讨论

采用达朗贝尔原理求解质点系动力学问题时,同处理物体系静平衡问题一样,既可以研究整体,也可以拆开研究分离体(包括部分整体)。

例题 9-12　重物 A、滚轮 C 及滑轮 O 的重量都是 $\boldsymbol{G}$,滑轮半径为 r,滚轮半径为 R,$R=2r$,不可伸长的无重绳与滑轮之间无相对滑动,弹簧刚度为 k,原长为 l_0,地面足够粗糙,保证滚轮在滚动过程中不产生滑动,系统从静止开始运动(此时弹簧无变形),如图 9-20(a)所示。求重物 A 下落一段距离 x 时的加速度 $\boldsymbol{a}$、摩擦力 $\boldsymbol{F}$ 及水平段绳子的拉力 $\boldsymbol{F}_T$。

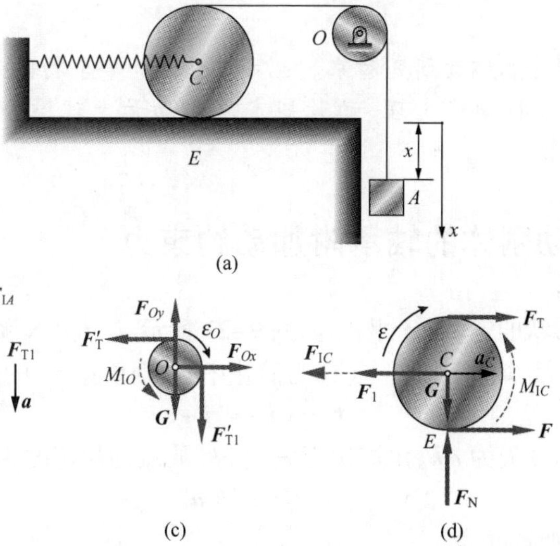

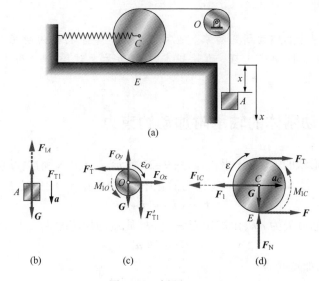

图 9-20　例题 9-12

解:重物 A 以加速度 $\boldsymbol{a}$ 向下做直线平移,受到重力 $\boldsymbol{G}$ 和绳索的拉力 $\boldsymbol{F}_{T1}$。惯性力 $\boldsymbol{F}_{IA}$

大小为 $F_{IA}=\dfrac{G}{g}a$,方向与加速度 $\boldsymbol{a}$ 相反,如图 9-20(b)所示。根据达朗贝尔原理有

$$\sum F_y=0, F_{IA}+F_{T1}-G=0 \tag{1}$$

取轮 O 为研究对象,其做定轴转动,角加速度为 $\varepsilon_O=\dfrac{a}{r}$,受力包括重力 $\boldsymbol{G}$、绳索的拉力 $\boldsymbol{F'}_{T1}$、$\boldsymbol{F'}_T$ 及支座的约束力 $\boldsymbol{F}_{Ox}$、$\boldsymbol{F}_{Oy}$。惯性力系向 O 点简化,惯性力系主矢为零,惯性力系主矩 $\boldsymbol{M}_{IO}$ 的大小为 $M_{IO}=J_O\varepsilon_O=J_O\dfrac{a}{r}$,如图 9-20(c)所示。根据达朗贝尔原理有

$$\sum M_O(\boldsymbol{F})=0, F'_T\cdot r+M_{IO}-F'_{T1}\cdot r=0 \tag{2}$$

取滚轮 C 为研究对象,其做平面运动,质心加速度 $\boldsymbol{a}_C$ 的大小为 $a_C=\dfrac{a}{2}$,方向水平向右。角加速度 $\varepsilon=\dfrac{a}{2R}$。受力包括重力 $\boldsymbol{G}$、绳索的拉力 $\boldsymbol{F}_T$、地面的支撑力 $\boldsymbol{F}_N$、摩擦力 $\boldsymbol{F}$ 及弹簧的作用力 $\boldsymbol{F}_1$,其中 $\boldsymbol{F}_1$ 的大小为 $F_1=\dfrac{1}{2}kx$。惯性力系向 C 点简化,惯性力系主矢 $\boldsymbol{F}_{IC}$ 的大小为 $F_{IC}=\dfrac{Ga}{2g}$,惯性力系主矩 $\boldsymbol{M}_{IC}$ 的大小为 $M_{IC}=J_C\varepsilon=J_C\dfrac{a}{2R}$,如图 9-20(d)所示。根据达朗贝尔原理有

$$\sum M_E(\boldsymbol{F})=0, -F_T\cdot 2R+F_1R+F_{IC}R+M_{IC}=0 \tag{3}$$

$$\sum F_x=0, F_T+F-F_1-F_{IC}=0 \tag{4}$$

式(1)、(2)、(3)、(4)联立解得

$$a=2(4G-kx)g/15G, F_T=(G+kx)/5, F=(2G+7kx)/30$$

要点与讨论

本题分别以单个物体为研究对象。也可以整体加单个物体为研究对象,采用达朗贝尔原理求解,还可以将动能定理、动量矩定理和动量定理综合使用求解此题,请读者尝试。

9.4 定轴转动刚体的轴承附加动约束力

设具有任意形状的定轴转动刚体如图 9-21 所示,$\boldsymbol{i}$、$\boldsymbol{j}$、$\boldsymbol{k}$ 为固连在刚体上的直角坐标轴 x、y、z 的单位矢量,取转轴上一点 O 为简化中心,则质点 m_i 的矢径为

$$\boldsymbol{r}_i=x_i\boldsymbol{i}+y_i\boldsymbol{j}+z_i\boldsymbol{k}$$

设刚体的角速度矢为 $\omega\boldsymbol{k}$,角加速度矢为 $\varepsilon\boldsymbol{k}$,质点的加速度为

$$\boldsymbol{a}_i=\boldsymbol{a}_i^\tau+\boldsymbol{a}_i^n$$

其中,质点的切向加速度为

$$\boldsymbol{a}_i^\tau=\varepsilon\boldsymbol{k}\times\boldsymbol{r}_i=\varepsilon\boldsymbol{k}\times(x_i\boldsymbol{i}+y_i\boldsymbol{j}+z_i\boldsymbol{k})=\varepsilon x_i\boldsymbol{j}-\varepsilon y_i\boldsymbol{i}$$

质点的法向加速度为

$$\boldsymbol{a}_i^n=\omega\boldsymbol{k}\times(\omega\boldsymbol{k}\times\boldsymbol{r}_i)=\omega^2[\boldsymbol{k}\times(\boldsymbol{k}\times\boldsymbol{r}_i)]=\omega^2[(\boldsymbol{k}\cdot\boldsymbol{r}_i)\boldsymbol{k}-(\boldsymbol{k}\cdot\boldsymbol{k})\boldsymbol{r}_i]$$

$$=\omega^2(z_i\boldsymbol{k}-\boldsymbol{r}_i)=-\omega^2(x_i\boldsymbol{i}+y_i\boldsymbol{j})$$

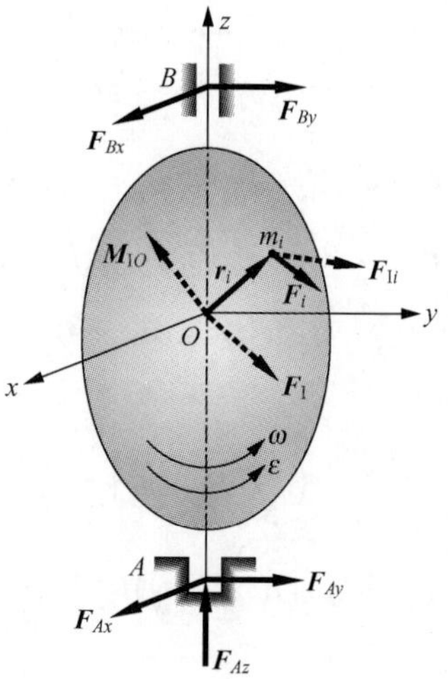

图9-21　定轴转动刚体的全约束力

质点系中质点 m_i 的加速度可表示为

$$\boldsymbol{a}_i=\boldsymbol{a}_i^\tau+\boldsymbol{a}_i^n=-(\varepsilon y_i+\omega^2x_i)\boldsymbol{i}+(\varepsilon x_i-\omega^2y_i)\boldsymbol{j}$$

第 i 个质点的惯性力为

$$\boldsymbol{F}_{\mathrm{I}i}=-m_i\boldsymbol{a}_i=m_i(\varepsilon y_i+\omega^2x_i)\boldsymbol{i}+m_i(-\varepsilon x_i+\omega^2y_i)\boldsymbol{j}$$

该惯性力对点 O 之矩为

$$\boldsymbol{M}_{\mathrm{I}Oi}=\boldsymbol{r}_i\times\boldsymbol{F}_{\mathrm{I}i}=m_i(\varepsilon x_iz_i-\omega^2y_iz_i)\boldsymbol{i}+m_i(\varepsilon y_iz_i+\omega^2x_iz_i)\boldsymbol{j}-m_i(x_i^2+y_i^2)\varepsilon\boldsymbol{k}$$

将定轴转动刚体上所有质点的惯性力组成的力系向点 O 简化，得到主矢 $\boldsymbol{F}_\mathrm{I}$ 和主矩 $\boldsymbol{M}_{\mathrm{I}O}$，注意到 $\sum m_ix_i=mx_C$，$\sum m_iy_i=my_C$，主矢 $\boldsymbol{F}_\mathrm{I}$ 可表示为

$$\begin{aligned}\boldsymbol{F}_\mathrm{I}&=\sum\boldsymbol{F}_{\mathrm{I}i}=\sum m_i(\varepsilon y_i+\omega^2x_i)\boldsymbol{i}+\sum m_i(-\varepsilon x_i+\omega^2y_i)\boldsymbol{j}\\&=m(\varepsilon y_C+\omega^2x_C)\boldsymbol{i}+m(\omega^2y_C-\varepsilon x_C)\boldsymbol{j}\end{aligned}$$

注意到 $\sum m_ix_iz_i=J_{xz}$，$\sum m_iy_iz_i=J_{yz}$，$\sum m_i(x_i^2+y_i^2)=J_z$，则惯性力系向点 O 简化的主矩为

$$\boldsymbol{M}_{\mathrm{I}O}=\sum\boldsymbol{M}_{\mathrm{I}Oi}=(J_{xz}\varepsilon-J_{yz}\omega^2)\boldsymbol{i}+(J_{yz}\varepsilon+J_{xz}\omega^2)\boldsymbol{j}-J_z\varepsilon\boldsymbol{k}$$

将主矢和主矩在三个坐标轴上投影，得到

$$\begin{cases}F_{\mathrm{I}x}=m(x_C\omega^2+y_C\varepsilon)\\F_{\mathrm{I}y}=m(y_C\omega^2-x_C\varepsilon)\\F_{\mathrm{I}z}=0\end{cases}\tag{9-26}$$

$$\begin{cases}M_{\mathrm{I}x}=J_{xz}\varepsilon-J_{yz}\omega^2\\M_{\mathrm{I}y}=J_{yz}\varepsilon+J_{xz}\omega^2\\M_{\mathrm{I}z}=-J_z\varepsilon\end{cases}\tag{9-27}$$

设作用在刚体上的主动力为 $\boldsymbol{F}_i(i=1,2,\cdots,n)$，轴承的约束力为 $\boldsymbol{F}_{Ax}$、$\boldsymbol{F}_{Ay}$、$\boldsymbol{F}_{Az}$、$\boldsymbol{F}_{Bx}$、$\boldsymbol{F}_{By}$，这些力与刚体的惯性力构成空间平衡力系，应用质点系的达朗贝尔原理，有

$$\sum F_{ix}+F_{Ax}+F_{Bx}+F_{Ix}=0$$
$$\sum F_{iy}+F_{Ay}+F_{By}+F_{Iy}=0$$
$$\sum F_{iz}+F_{Az}=0$$
$$\sum M_x(\boldsymbol{F}_i)+F_{Ay}\cdot l_{OA}-F_{By}\cdot l_{OB}+M_{IOx}=0$$
$$\sum M_y(\boldsymbol{F}_i)-F_{Ax}\cdot l_{OA}+F_{Bx}\cdot l_{OB}+M_{IOy}=0$$
$$\sum M_z(\boldsymbol{F}_i)+M_{IOz}=0$$

解得轴承全约束力为

$$\begin{cases} F_{Ax}=\dfrac{1}{l_{AB}}\left[\sum M_y(\boldsymbol{F}_i)-\left(\sum F_{ix}\right)l_{OB}\right]+\dfrac{1}{l_{AB}}(M_{IOy}-F_{Ix}l_{OB}) \\ F_{Ay}=-\dfrac{1}{l_{AB}}\left[\sum M_x(\boldsymbol{F}_i)+\left(\sum F_{iy}\right)l_{OB}\right]-\dfrac{1}{l_{AB}}(M_{IOx}+F_{Iy}l_{OB}) \\ F_{Az}=-\sum F_{iz} \\ F_{Bx}=-\dfrac{1}{l_{AB}}\left[\sum M_y(\boldsymbol{F}_i)+\left(\sum F_{ix}\right)l_{OA}\right]-\dfrac{1}{l_{AB}}(M_{IOy}+F_{Ix}l_{OA}) \\ F_{By}=\dfrac{1}{l_{AB}}\left[\sum M_x(\boldsymbol{F}_i)-\left(\sum F_{iy}\right)l_{OA}\right]+\dfrac{1}{l_{AB}}(M_{IOx}-F_{Iy}l_{OA}) \end{cases} \tag{9-28}$$

由上式可以看出，与轴 Oz 相垂直的轴承约束力 $\boldsymbol{F}_{Ax}$、$\boldsymbol{F}_{Ay}$、$\boldsymbol{F}_{Bx}$、$\boldsymbol{F}_{By}$ 由两部分组成：(1)由主动力引起的约束力，称为静约束力；(2)由惯性力引起的约束力，称为附加动约束力。静约束力是不可避免的，附加动约束力仅当刚体转动时才出现，并且因与 ω^2 成正比而数值是很大的，是破坏构件及引起振动的重要因素，应设法避免。

要使动约束力为零，必须有

$$F_{Ix}=F_{Iy}=0,\ M_{IOx}=M_{IOy}=0$$

即

$$\begin{cases} x_C\omega^2+y_C\varepsilon=0 \\ y_C\omega^2-x_C\varepsilon=0 \end{cases} \tag{9-29}$$

以及

$$\begin{cases} J_{xz}\varepsilon-J_{yz}\omega^2=0 \\ J_{yz}\varepsilon+J_{xz}\omega^2=0 \end{cases} \tag{9-30}$$

对于任意的 ω 和任意的 ε，当且仅当

$$x_C=y_C=0,\ J_{xz}=J_{yz}=0 \tag{9-31}$$

式(9-29)和式(9-30)才成立。式(9-31)第一式表明，质心 C 应在转轴上；第二式表明，刚体的转轴应为惯性主轴①，因此也是中心惯性主轴。

由此得出结论：**刚体定轴转动时，附加动约束力为零的充分必要条件是，刚体的转轴是中心惯性主轴。**

设刚体的转轴通过质心，且刚体除重力外，没有受到其他主动力作用，则刚体可以在任意位置静止不动，称这种现象为**静平衡**。当刚体的转轴通过质心且为**惯性主轴**时，刚

① 见第8章 力系的平衡中8.3节脚注。

体转动时不出现轴承附加动约束力,称这种现象为**动平衡**。

在现代工业高速转动的机械中,如磨床上的砂轮、汽轮机上的叶轮、航空发动机中的涡轮等,由于制造上或安装上的误差,转子对于转轴的位置会产生偏心或偏斜,转轴就不是中心惯性主轴。即使偏心引起的$|x_C|$、$|y_C|$很小,偏斜引起的$|J_{xz}|$、$|J_{yz}|$也不大,但由于$|\omega|$很大,ω^2更大,于是对机械的正常转动影响较大,甚至会酿成严重事故。因此,在高速转子的实际生产中,除了提高加工精度之外,还要进行转子的静平衡调整和动平衡调整。静平衡调整的目的是尽可能地减小转子的偏心距,动平衡调整的目的是尽可能使转轴成为转子的惯性主轴,通过这样的调整使附加动约束力的值控制在允许的范围之内。

例题9-13 如图9-22(a)所示,均质杆DE长度为$2l$,质量为$2m$,以匀角速率ω绕铅垂轴AB转动。若不计转轴质量,且$AB=2l$,试求以下三种情形下,在轴承A、B处的附加动约束力。(1)杆DE垂直于转轴AB,其质心C在转轴上,且$AC=BC$;(2)杆DE垂直于转轴AB,其质心C离转轴的距离$CH=e$,且$AH=BH$;(3)杆DE与转轴AB的夹角为θ,其质心C在转轴上,且$AC=BC$。

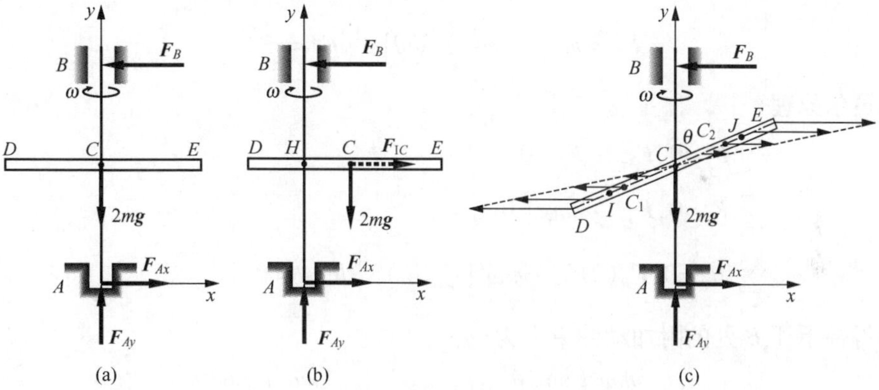

图9-22 例题9-13

解:问题的三种情形分别对应转子无偏心无偏斜、有偏心无偏斜以及有偏斜无偏心三种典型情形。建立与杆DE相固连的动坐标系Axy,杆DE受到轴承A的约束力$\boldsymbol{F}_{Ax}$、$\boldsymbol{F}_{Ay}$和轴承B的约束力$\boldsymbol{F}_B$。

(1) 图9-22(a):惯性力系向C点简化,主矢和主矩均为零,杆DE处于动平衡。根据平衡方程

$$\sum F_x=0, F_{Ax}-F_B=0$$

$$\sum F_y=0, F_{Ay}-2mg=0$$

$$\sum M_A=0, F_B(2L)=0$$

由此解得

$$F_{Ax}=0, F_{Ay}=2mg, F_B=0$$

因此,轴承A、B处的附加动约束力全为零。

(2) 图9-22(b):惯性力系向质心C简化为一个惯性力

$$F_{IC}=2ma_C=2m\omega^2 e$$

由达朗贝尔原理

$$\sum F_x=0, F_{Ax}-F_B+F_{\mathrm{IC}}=0$$

$$\sum F_y=0, F_{Ay}-2mg=0$$

$$\sum M_A=0, F_B(2L)-2mge-F_{\mathrm{IC}}L=0$$

由此解得

$$F_{Ax}=mg\frac{e}{L}-m\omega^2 e, F_{Ay}=2mg, F_B=mg\frac{e}{L}+m\omega^2 e$$

上式中带 ω^2 的项为附加动约束力。

(3) 图 9-22(c):由于杆 DE 匀角速率转动,故杆上各点的惯性力沿杆呈线性分布。设 CD 段与 CE 段的质心分别为 C_1 和 C_2,则 CD 段与 CE 段的惯性力系可分别简化为一个合力 $\boldsymbol{F}_{\mathrm{II}}$和 $\boldsymbol{F}_{\mathrm{IJ}}$,其方向垂直于转轴向外,其大小及作用线经过的点 I 和 J 的位置分别为

$$F_{\mathrm{II}}=ma_{C_1}=m\left(\frac{l}{2}\sin\theta\right)\omega^2, CI=\frac{2}{3}l$$

$$F_{\mathrm{IJ}}=ma_{C_2}=m\left(\frac{l}{2}\sin\theta\right)\omega^2, CJ=\frac{2}{3}l$$

由达朗贝尔原理

$$\sum F_x=0, F_{Ax}-F_B=0$$

$$\sum F_y=0, F_{Ay}-2mg=0$$

$$\sum M_A=0, F_B(2L)-m\omega^2\left(\frac{l}{2}\sin\theta\right)\frac{4}{3}l\cos\theta=0$$

由此解得轴承 A、B 处的附加动约束力为

$$F_{Ax}=\frac{m\omega^2 l^2\sin2\theta}{6L}, F_{Ay}=2mg, F_B=\frac{m\omega^2 l^2\sin2\theta}{6L}$$

例题 9-14 质量为 m、半径为 r 的圆轮可视为一均质薄圆盘转子,由于安装误差致使圆轮的中心对称轴(圆盘法线)与转轴有一偏角 θ,但质心 C 仍在转轴上,轴承 A 与 B 之间的距离为 l,如图 9-23 所示。当圆轮以匀角速率 ω 做定轴转动时,试求轴承 A、B 处附加动约束力。

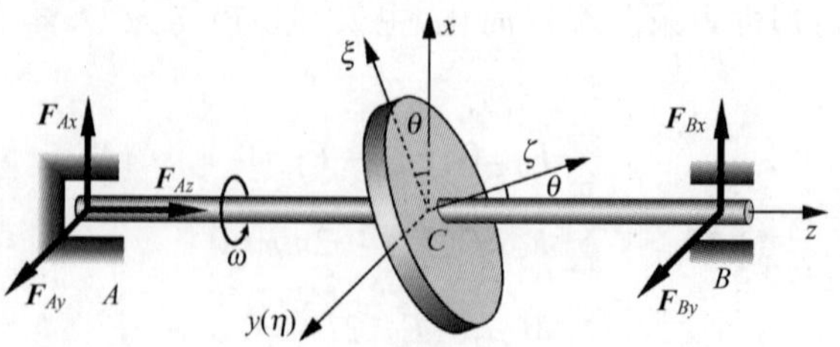

图 9-23 例题 9-14

解:以质心 C 为原点,建立与圆轮固连的直角坐标系 $Cxyz$,使轴 Cz 与转轴重合。轴 Cy 为叶轮的质量对称轴,则轴 Cy 为圆轮的惯性主轴,于是有

$$x_C=z_C=0, J_{xy}=J_{yz}=0$$

为了计算 J_{xz}，可再建立与圆轮固连的另一直角坐标系 $C\xi\eta\zeta$，使轴 $C\eta$ 与轴 Cy 重合，轴 $C\zeta$ 为圆轮的中心对称轴，而轴 $C\xi$ 在圆轮所在平面内，坐标系 $C\xi\eta\zeta$ 即为圆轮的中心惯性主轴坐标系。坐标系 $C\xi\eta\zeta$ 由坐标系 $Cxyz$ 绕轴 Cy 转过图中的角 θ 而得到，于是有

$$x_i=\xi_i\cos\theta+\zeta_i\sin\theta,z_i=-\xi_i\sin\theta+\zeta_i\cos\theta$$

则

$$J_{xz}=\sum m_ix_iz_i=\sum m_i(\xi_i\cos\theta+\zeta_i\sin\theta)(-\xi_i\sin\theta+\zeta_i\cos\theta)$$
$$=\sum[m_i(\zeta_i^2-\xi_i^2)]\sin\theta\cos\theta+\sum(m_i\xi_i\zeta_i)(\cos^2\theta-\sin^2\theta)$$

因为

$$\sum m_i\xi_i\zeta_i=0,\sum m_i(\zeta_i^2-\xi_i^2)=\sum m_i(\zeta_i^2+\eta_i^2)-\sum m_i(\xi_i^2+\eta_i^2)=J_\xi-J_\zeta$$
$$J_\xi=\frac{1}{4}mr^2,J_\zeta=\frac{1}{2}mr^2$$

于是

$$J_{xz}=-\frac{1}{8}mr^2\sin2\theta$$

利用式(9－27)和式(9－28)，注意到

$$M_{\mathrm{I}Cx}=J_{xz}\varepsilon-J_{yz}\omega^2=0$$
$$M_{\mathrm{I}Cy}=J_{yz}\varepsilon+J_{xz}\omega^2=-\frac{1}{8}mr^2\omega^2\sin2\theta$$
$$F_{\mathrm{I}x}=F_{\mathrm{I}y}=0$$

所以，轴承 A、B 处附加动约束力

$$F_{Ax}=\frac{1}{l}(M_{\mathrm{I}Cy}-F_{\mathrm{I}x}l_{CB})=-\frac{1}{8l}mr^2\omega^2\sin2\theta,F_{Ay}=-\frac{1}{l}(M_{\mathrm{I}Cx}+F_{\mathrm{I}y}l_{CB})=0$$
$$F_{Bx}=-\frac{1}{l}(M_{\mathrm{I}Cy}+F_{\mathrm{I}x}l_{CA})=\frac{1}{8l}mr^2\omega^2\sin2\theta,F_{By}=-\frac{1}{l}(M_{\mathrm{I}Cx}-F_{\mathrm{I}y}l_{CA})=0$$

要点与讨论

(1) 此结果也可直接从动量矩定理导出。由于存在惯性积，圆轮的动量矩矢量与转轴方向不一致，沿 Cx 轴方向有动量矩分量存在，因此在转动过程中，动量矩矢量做圆锥运动而不断改变方向，这正是产生附加动约束力的物理原因。

(2) 设 $m=3\mathrm{kg}$，$r=200\mathrm{mm}$，$l=1\mathrm{m}$，$\theta=1°$，转速 $n=3000\mathrm{r/min}$。算出轴承的附加动约束力为51.67N，约为重力载荷引起的静约束力的3.5倍，这对轴承受力是相当不利的，所以应尽量减少安装误差。

本章小结

1. 质点的惯性力 $\boldsymbol{F}_{\mathrm{I}}$ 等于质点的质量 m 与加速度 $\boldsymbol{a}$ 的乘积冠以负号，即

$$\boldsymbol{F}_{\mathrm{I}}=-m\boldsymbol{a}$$

它是假想的力。

2. 质点的达朗贝尔原理为作用在质点上的主动力、约束力和虚加的惯性力在形式上组成平衡力系，即

$$\boldsymbol{F}+\boldsymbol{F}_{\mathrm{N}}+\boldsymbol{F}_{\mathrm{I}}=\mathbf{0}$$

3. 质点系的达朗贝尔原理为作用在质点系上的所有外力与虚加在每个质点上的惯性力在形式上组成平衡力系，即

$$\sum \boldsymbol{F}_i^{(e)}+\sum \boldsymbol{F}_{\mathrm{I}i}=\mathbf{0}$$

$$\sum \boldsymbol{M}_O(\boldsymbol{F}_i^{(e)})+\sum \boldsymbol{M}_O(\boldsymbol{F}_{\mathrm{I}i})=\mathbf{0}$$

4. 刚体上各点的惯性力构成惯性力系，其简化结果为

(1) 刚体平移

$$\boldsymbol{F}_{\mathrm{IR}}=-m\boldsymbol{a}_C$$

作用在质心上。

(2) 刚体做定轴转动（刚体有垂直于转轴的对称面的情形）

向转轴 O 简化

$$\boldsymbol{F}_{\mathrm{IR}}=-m\boldsymbol{a}_C,\boldsymbol{M}_{\mathrm{I}O}=-J_O\boldsymbol{\varepsilon}$$

(3) 刚体做平面运动（刚体有质量对称面，并且刚体在此平面内做平面运动）

向质心 C 简化

$$\boldsymbol{F}_{\mathrm{IR}}=-m\boldsymbol{a}_C,\boldsymbol{M}_{\mathrm{I}C}=-J_C\boldsymbol{\varepsilon}$$

5. 非对称刚体绕定轴转动时，会在轴承处产生较大的附加动约束力，应尽可能地减小。

思　考　题

9-1　只要质点在运动，就必然有惯性力。这种说法对吗？

9-2　质点在重力作用下运动，若不计空气阻力，试确定在下列三种情况下，该质点惯性力的大小和方向：(1) 质点做自由落体运动；(2) 质点被铅垂上抛；(3) 质点被斜上抛。

9-3　火车在启动过程中，哪一节车厢的挂钩受力最大？为什么？

9-4　求图示各圆盘的惯性力系向 O 点的简化结果。图中各圆盘的质量皆为 m，半径皆为 r。(a)、(b)、(c)图所示三圆盘均质，(d)图所示圆盘的偏心距为 e。设速度 v 和角速度 ω 都是常量，(c)、(d)图所示两圆盘皆沿水平直线轨道做纯滚动。

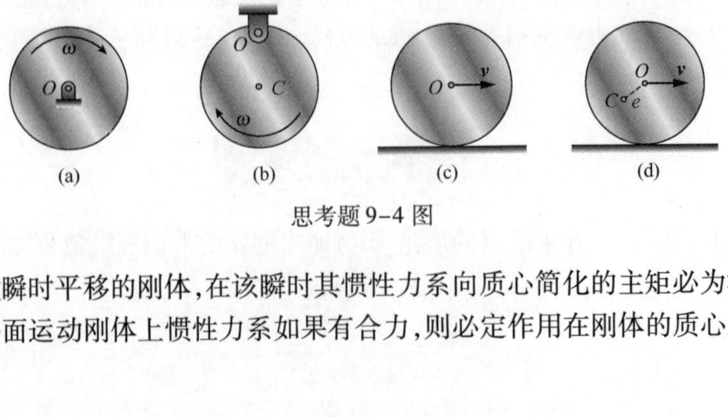

思考题 9-4 图

9-5　做瞬时平移的刚体，在该瞬时其惯性力系向质心简化的主矩必为零，对吗？

9-6　平面运动刚体上惯性力系如果有合力，则必定作用在刚体的质心上，对吗？

9-7　任意形状的均质等厚薄板，垂直于板面的轴都是惯性主轴吗？通过薄板质心，但不与板面垂直的轴为什么不是惯性主轴？

9-8　定轴转动刚体，其质心在轴上，且 $\varepsilon=0$，轴承是否可能有附加动约束力？

习　题

9-1　图示物块 M 的质量 $m=2.5\text{kg}$，其尺寸可忽略不计。物块放在水平圆盘上，到圆盘的铅垂轴线 Oz 的距离 $r=1\text{m}$。圆盘由静止开始以匀角加速度 $\varepsilon=1\text{rad/s}^2$ 绕 Oz 轴转动，物块与圆盘间的静滑动摩擦因数 $f=0.5$。当圆盘的角速度值增大到 ω_1 时，物块与圆盘间开始出现滑动，求 ω_1 的值。并求当圆盘的角速度由零增加到 $\omega_1/2$ 时，物块与盘间摩擦力的大小。

9-2　物体 A 放在水平面上，与平面间的动摩擦因数为 f。另一物体 B 的质量为 m_B，由跨过轮 C 的细绳与物体 A 连接。在重力作用下，物体 B 沿铅垂方向下降。若物体 A 的质量为 m_A，细绳及滑轮 C 的质量不计。求物体 A 的加速度及绳的张力。

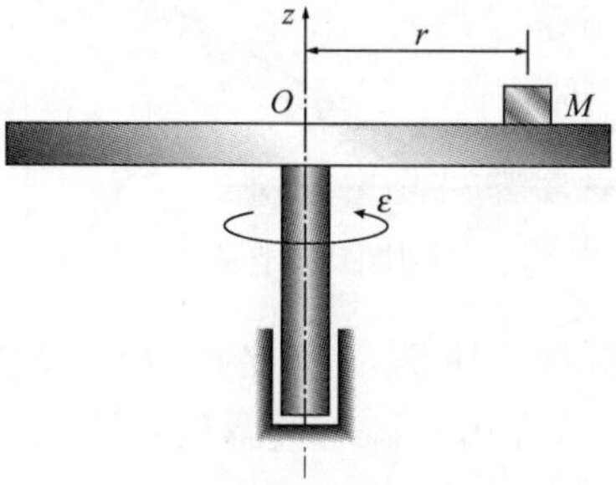

习题 9-1 图

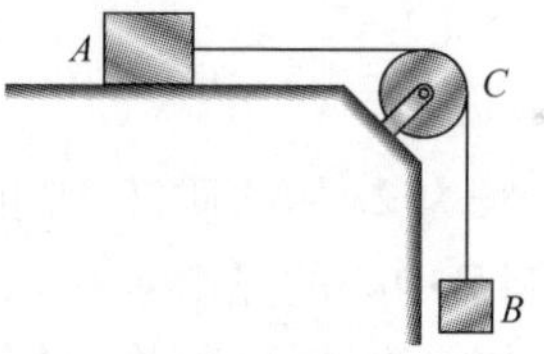

习题 9-2 图

9-3　图示为一转速计（测量角速度的仪表）的简化图。小球 A 的质量为 m，其尺寸可忽略不计，固连在杆 AB 的 A 端。杆 AB 长为 l，可绕轴 BC 转动，在此杆上与 B 点相距为 l_1 的一点 E 联有一弹簧 DE，其自然长度为 l_0，刚度系数为 k。杆与 BC 轴的偏角为 α，弹簧在水平面内。试求在下述两种情况下，稳态运动的角速度：(1) 杆 AB 的质量不计；(2) 杆 AB 为均质，质量为 M。

9-4　铅垂面内曲柄连杆滑块机构中，均质直杆 $OA=r$，$AB=2r$，质量分别为 m 和 $2m$，滑块质量为 m。曲柄 OA 匀角速率转动，角速度为 ω_O。在图示瞬时，滑块运行阻力为 $\boldsymbol{F}$。不计摩擦，求滑道对滑块的约束力及 OA 上的驱动力偶矩 M_O。

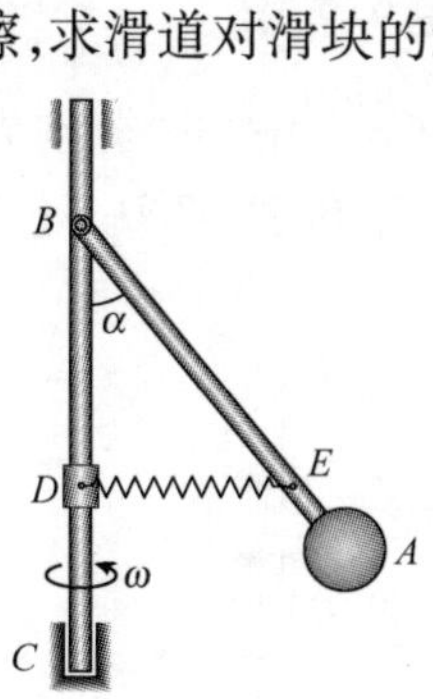

习题 9-3 图

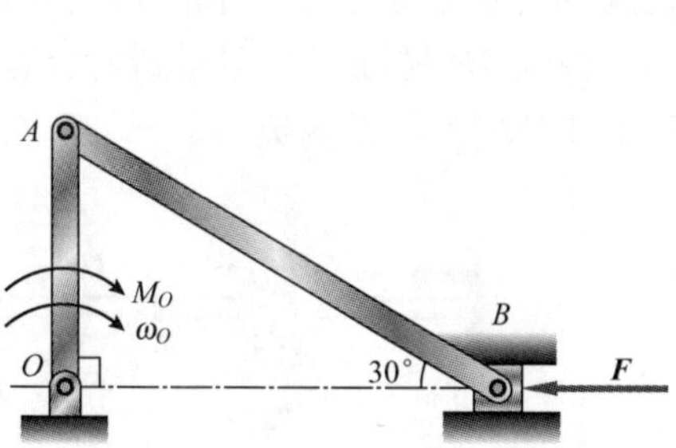

习题 9-4 图

9-5　阶梯轮质心位于 O 处,其质量为 M,对轴 O 的惯性矩为 J_O。在阶梯轮上吊挂两个质量分别为 m_1 和 m_2 的物块。若此阶梯轮以顺时针转向转动,求阶梯轮的角加速度 ε 和 O 处的约束力。

9-6　悬臂梁 AB 的端点 B 安装有质量为 m_B、半径为 R 的均质滑轮。一力偶矩为 M 的主动力偶作用于滑轮以提升质量为 m_C 的物体。设 $AB=l$,梁和绳子的自重略去不计。求 A 处的约束力。

9-7　均质细杆 AB 的质量 $m=45.4\text{kg}$,其 A 端放在光滑水平面上,B 端用不计质量的软绳 DB 悬挂。若杆 $AB=l=3.05\text{m}$,绳长 $h=1.22\text{m}$。当绳铅直时,杆与水平面的夹角 $\theta=30°$,点 A 以匀速 $v_A=2.44\text{m/s}$ 向左运动。求在该瞬时:(1)杆的角加速度;(2)作用在 A 端的水平力 F 的大小;(3)细绳的张力。

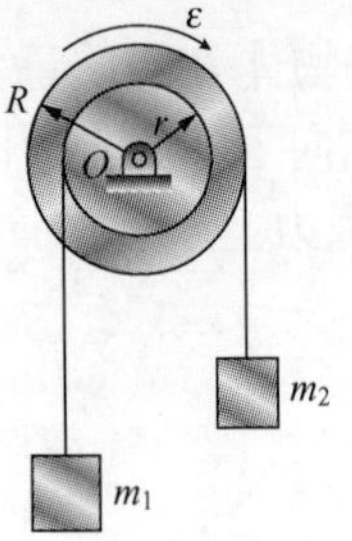

习题 9-5 图

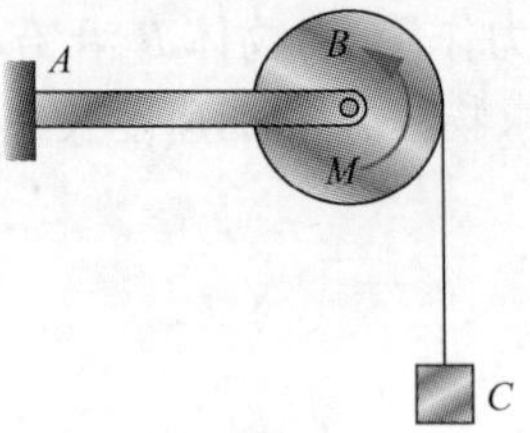

习题 9-6 图

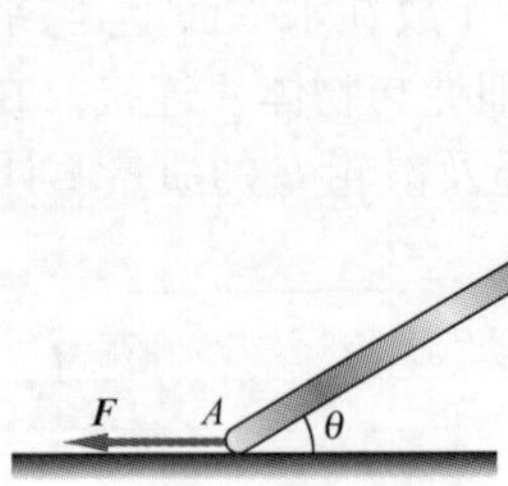

习题 9-7 图

9-8　质量为 m、长为 $2r$ 的均质杆 AB 的一端 A 焊接于质量为 m、半径为 r 的均质圆盘边缘上,圆盘可绕圆盘中心的光滑水平轴 O 转动。若在图示瞬时圆盘的角速度为 ω,试求该瞬时圆盘的角加速度及杆 AB 在焊接处所受到的约束力。

9-9　均质细杆 AB 长为 l,质量为 m,用两根软绳水平悬挂。若不计绳的质量,现将其中一根软绳 BD 剪断。试求杆在软绳被剪断瞬间的角加速度 ε_{AB}。

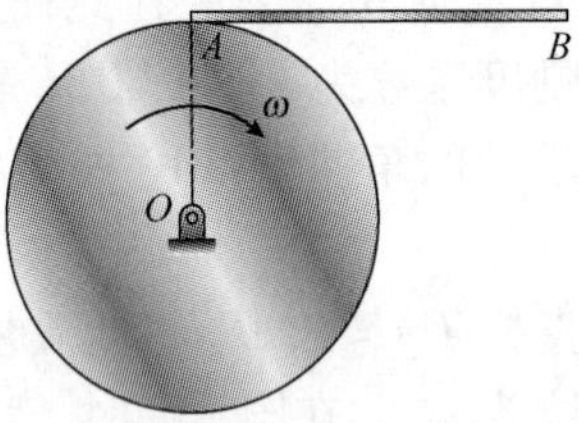

习题 9-8 图

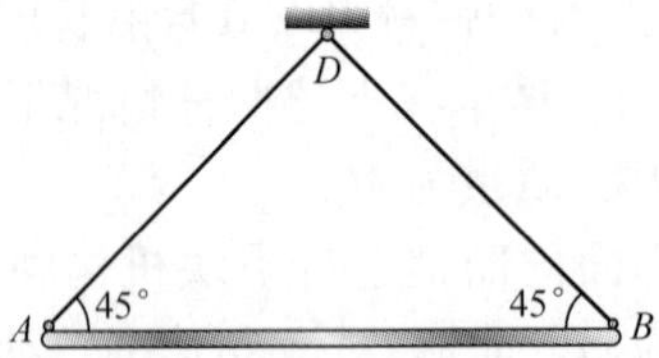

习题 9-9 图

9-10　某传动轴上安装有两个齿轮,质量分别为 m_1 和 m_2,偏心距分别为 e_1 和 e_2,它们以匀角速率 ω 绕轴 AB 转动。在图示瞬时,C_1D_1 处于铅垂位置,C_2D_2 处于水平位置。试求此时轴承 A、B 处的附加动约束力。

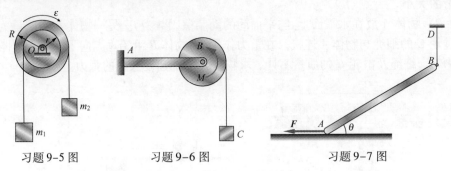

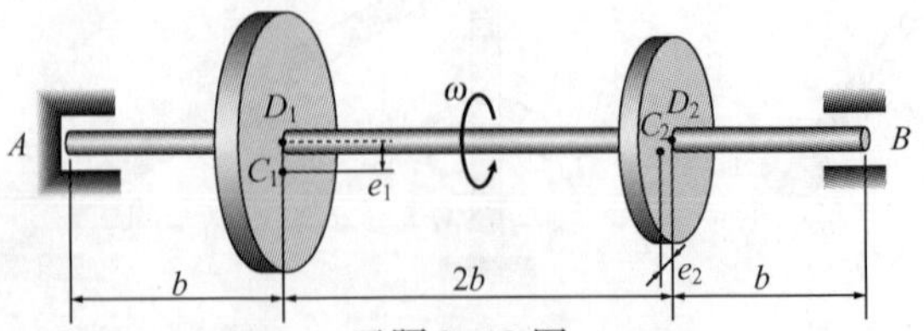

习题 9-10 图

参考答案

思考题

9-1 不对。

9-2 惯性力相同，皆为 $-m\boldsymbol{g}$。

9-3 第一节。

9-4 (a) $F_{IO}=0, M_{IO}=0$；(b) $F_{IO}=m\omega^2 r$，方向由 O 点指向 C 点，$M_{IO}=0$；(c) $F_{IO}=0$，$M_{IO}=0$；(d) $F_{IO}=\dfrac{mv^2 e}{r^2}$，方向由 O 点指向 C 点，$M_{IO}=0$。

9-5 不对。

9-6 不对。

9-7 垂直于板面的轴都是惯性主轴；通过质心但不与板面垂直的轴，不是惯性主轴，因为惯性积不为零(若轴平行于板面，有可能是惯性主轴)。

9-8 可能。

习题

9-1 $\omega_1=2.19\text{rad/s}, F=3.91\text{N}$。

9-2 $a=\dfrac{m_B-fm_A}{m_A+m_B}g, F_T=m_A m_B\dfrac{1+f}{m_A+m_B}$。

9-3 (1) $\omega=\sqrt{(2mgl\sin\alpha+kl_1^2\sin 2\alpha-2kl_0 l_1\cos\alpha)/ml^2\sin 2\alpha}$；

(2) $\omega=\sqrt{3[(M+2m)gl\sin\alpha+kl_1^2\sin 2\alpha-2kl_0 l_1\cos\alpha]/(M+3m)l^2\sin 2\alpha}$。

9-4 $F_{NB}=\dfrac{2}{9}mr\omega_0^2+2mg+\dfrac{\sqrt{3}}{3}F$，竖直向上；$M_O=\dfrac{2\sqrt{3}}{3}mr^2\omega_0^2+Fr$。

9-5 $\varepsilon=\dfrac{m_2R-m_1r}{J_O+m_1r^2+m_2R^2}g, F_{Ox}=0, F_{Oy}=(M+m_1+m_2)g-\dfrac{(m_2R-m_1r)^2}{J_O+m_1r^2+m_2R^2}g$。

9-6 $F_{Ax}=0$；$F_{Ay}=(m_B+m_C)g+\dfrac{2m_C(M-m_CRg)}{(m_B+2m_C)R}$，竖直向上；$M_A=F_{Ay}l$，逆时针。

9-7 $\varepsilon=1.85\text{rad/s}^2$，逆时针；$F=63.94\text{N}$；$F_T=321\text{N}$。

9-8 $\varepsilon=\dfrac{6g}{17r}$，顺时针；$F_{Ax}=\dfrac{6}{17}mg-m\omega^2 r$，水平向右；$F_{Ay}=mg-mr(\omega^2+\varepsilon)$，竖直向上；$M_A=mr^2\omega^2+\dfrac{1}{3}mr^2\varepsilon-mg$，顺时针。

9-9 $\varepsilon_{AB}=\dfrac{6g}{5l}$。

9-10 $F_{Ax}=\dfrac{3}{4}m_1e_1\omega^2, F_{Ay}=\dfrac{1}{4}m_2e_2\omega^2, F_{Az}=0, F_{Bx}=\dfrac{1}{4}m_1e_1\omega^2, F_{By}=\dfrac{3}{4}m_2e_2\omega^2$。

拓展阅读:一般性动量矩定理及一级倒立摆转动方程

火箭、导弹在飞行过程中均可以看作倒立摆,其姿态的控制是能否完成其使命任务的关键,进而倒立摆模型的转动方程的建立就成为了问题的关键所在。教材中常见的质点系相对于固定点的动量矩定理不再适合此问题,需要用到质点系相对于质心的动量矩定理。一般的教材往往只给出上述两种动量矩定理的推证过程,让学员不免疑惑:动量矩定理到底有多少种形式,它们之间的关系如何?为解答这些疑问,现将一般性动量矩定理推证如下。

动量矩定理是动力学理论中的重要定理之一,用于描述刚体的转动自由度动力学特性。但由于此定理形式多样,应用此定理列写刚体的转动自由度对应的动力学方程时,如何正确选择动量矩定理形式就成为解决问题的首要前提。为此,有必要对动量矩定理的各种形式进行详细讨论。

在此,对动量矩定理进行分类。

(1) 质点系绝对运动对动点的动量矩定理;

(2) 质点系绝对运动对定点的动量矩定理;

(3) 质点系相对运动(相对于平动系)对动点的动量矩定理;

(4) 质点系相对运动(相对于平动系)对定点的动量矩定理。

这四类动量矩定理中,(2)可以由(1)退化(动点退化为定点)得到;(4)可以由(3)退化得到。因此,下面将重点推证动量矩定理(1)和(3)。

1. 质点系的绝对运动对一般运动点的动量矩定理

如图9-24,设有一质点系 $\sum_{i=1}^{n} m_i$,其总质量为 m,质心为 C 点,质点 m_i 在定系 $OXYZ$ 中的位置矢量为 $\boldsymbol{r}_i$,速度为 $\boldsymbol{v}_i$;O'为定系中的任意一动点,以 O'为原点建立一平动系 $O'X'Y'Z'$,则 O'点在定系中的位置矢量为 $\boldsymbol{r}_{O'}$;质点 m_i 相对于平动系 $O'X'Y'Z'$原点 O'的位置矢量为 $\boldsymbol{\rho}_i$,质点系的质心的绝对位置矢量为 $\boldsymbol{r}_C$,相对于平动系 $O'X'Y'Z'$原点 O'的位置矢量为 $\boldsymbol{\rho}_C$。

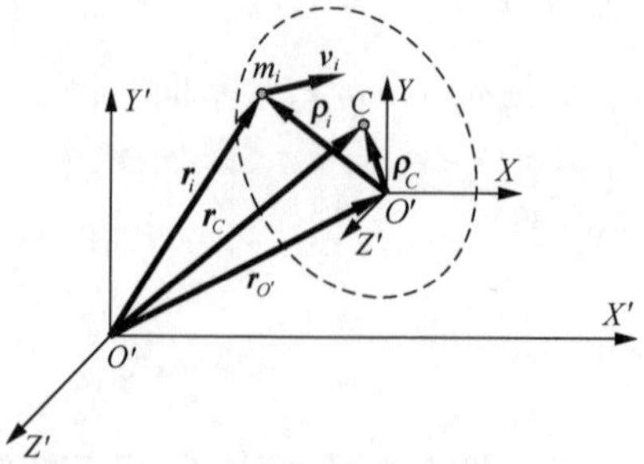

图9-24

质点系对定点 O 的动量矩为 $\boldsymbol{L}_O=\sum_{i=1}^{n}\boldsymbol{r}_i\times m_i\boldsymbol{v}_i$，且 $\boldsymbol{r}_i=\boldsymbol{r}_{O'}+\boldsymbol{\rho}_i$，则有

$$\frac{\mathrm{d}\boldsymbol{r}_i}{\mathrm{d}t}=\frac{\mathrm{d}\boldsymbol{r}_{O'}}{\mathrm{d}t}+\frac{\mathrm{d}\boldsymbol{\rho}_i}{\mathrm{d}t}$$

若定义质点系对动点 O' 的动量矩为 $\sum_{i=1}^{n}\boldsymbol{\rho}_i\times m_i\boldsymbol{v}_i=\boldsymbol{L}_{O'}$，则

$$\boldsymbol{L}_O=\sum_{i=1}^{n}\boldsymbol{r}_i\times m_i\boldsymbol{v}_i=\sum_{i=1}^{n}(\boldsymbol{r}_{O'}+\boldsymbol{\rho}_i)\times m_i\boldsymbol{v}_i=\sum_{i=1}^{n}\boldsymbol{\rho}_i\times m_i\boldsymbol{v}_i+\boldsymbol{r}_{O'}\times\sum_{i=1}^{n}m_i\boldsymbol{v}_i=\boldsymbol{L}_{O'}+\boldsymbol{r}_{O'}\times\boldsymbol{P}$$

将 O' 换做质心点 C，则有

$$\boldsymbol{L}_O=\boldsymbol{L}_C+\boldsymbol{r}_C\times\boldsymbol{P}=\boldsymbol{L}_C+\boldsymbol{r}_C\times m\boldsymbol{v}_C$$

即：**质点系对定点的动量矩等于质点系对质心的动量矩与质点系的总动量对该定点的矩之和。**

$$\frac{\mathrm{d}}{\mathrm{d}t}\boldsymbol{L}_{O'}=\frac{\mathrm{d}}{\mathrm{d}t}\sum_{i=1}^{n}\boldsymbol{\rho}_i\times m_i\boldsymbol{v}_i=\sum_{i=1}^{n}\frac{\mathrm{d}\boldsymbol{\rho}_i}{\mathrm{d}t}\times m_i\boldsymbol{v}_i+\sum_{i=1}^{n}\boldsymbol{\rho}_i\times m_i\boldsymbol{a}_i$$

$$m_i\boldsymbol{a}_i=\boldsymbol{F}_i^{(\mathrm{i})}+\boldsymbol{F}_i^{(\mathrm{e})},\boldsymbol{M}_{O'}^{(\mathrm{i})}=\sum_{i=1}^{n}\boldsymbol{\rho}_i\times\boldsymbol{F}_i^{(\mathrm{i})}=\boldsymbol{0},\frac{\mathrm{d}\boldsymbol{\rho}_i}{\mathrm{d}t}=\boldsymbol{v}_i-\boldsymbol{v}_{O'}$$

$$\begin{aligned}\frac{\mathrm{d}}{\mathrm{d}t}\boldsymbol{L}_{O'}&=\frac{\mathrm{d}}{\mathrm{d}t}\sum_{i=1}^{n}\boldsymbol{\rho}_i\times m_i\boldsymbol{v}_i=\sum_{i=1}^{n}\frac{\mathrm{d}\boldsymbol{\rho}_i}{\mathrm{d}t}\times m_i\boldsymbol{v}_i+\sum_{i=1}^{n}\boldsymbol{\rho}_i\times m_i\boldsymbol{a}_i\\&=\sum_{i=1}^{n}(\boldsymbol{v}_i-\boldsymbol{v}_{O'})\times m_i\boldsymbol{v}_i+\sum_{i=1}^{n}\boldsymbol{\rho}_i\times\boldsymbol{F}_i^{(\mathrm{e})}\\&=-\sum_{i=1}^{n}\boldsymbol{v}_{O'}\times m_i\boldsymbol{v}_i+\boldsymbol{M}_{O'}^{(\mathrm{e})}=-\boldsymbol{v}_{O'}\times\sum_{i=1}^{n}m_i\boldsymbol{v}_i+\boldsymbol{M}_{O'}^{(\mathrm{e})}=m\boldsymbol{v}_C\times\boldsymbol{v}_{O'}+\boldsymbol{M}_{O'}^{(\mathrm{e})}\end{aligned}$$

这便是**质点系绝对运动对动点的动量矩定理**。可以表述为：**质点系对动点的动量矩对时间的导数等于质点系所受外力对该点的矩与质点系动量与动点速度的矢量积之和。**

在下列几种情况下，这种一般的动量矩定理将退化为简洁形式 $\frac{\mathrm{d}}{\mathrm{d}t}\boldsymbol{L}_{O'}=\boldsymbol{M}_{O'}^{(\mathrm{e})}$：

(1) 当动矩心 O' 点退化为固定点时，即 $v_{O'}=0$ 时；

(2) 当动矩心 O' 点为速度瞬心时，即 $v_{O'}=0$ 时；

(3) 当动矩心 O' 点的速度矢与质心的速度矢平行时，即 $\boldsymbol{v}_C/\!/\boldsymbol{v}_{O'}$ 时；

(4) 当质心速度为零时，即 $v_C=0$ 时。

2. 质点系的相对运动(相对于平动系)对一般运动点的动量矩定理

$$\boldsymbol{v}_i=\boldsymbol{v}_{O'}+\boldsymbol{v}_{ir},\boldsymbol{v}_{ir}=\boldsymbol{v}_i-\boldsymbol{v}_{O'},\frac{\mathrm{d}\boldsymbol{\rho}_i}{\mathrm{d}t}=\boldsymbol{v}_i-\boldsymbol{v}_{O'},\boldsymbol{a}_i=\boldsymbol{a}_{O'}+\boldsymbol{a}_{ir}$$

$$\begin{aligned}\frac{\mathrm{d}\boldsymbol{L}_{O'}}{\mathrm{d}t}&=\sum_{i=1}^{n}\frac{\mathrm{d}\boldsymbol{\rho}_i}{\mathrm{d}t}\times m_i\boldsymbol{v}_i+\sum_{i=1}^{n}\boldsymbol{\rho}_i\times m_i\boldsymbol{a}_i=\sum_{i=1}^{n}\frac{\mathrm{d}\boldsymbol{\rho}_i}{\mathrm{d}t}\times m_i(\boldsymbol{v}_{O'}+\boldsymbol{v}_{ir})+\sum_{i=1}^{n}\boldsymbol{\rho}_i\times m_i(\boldsymbol{a}_{O'}+\boldsymbol{a}_{ir})\\&=\sum_{i=1}^{n}(\boldsymbol{v}_i-\boldsymbol{v}_{O'})\times m_i(\boldsymbol{v}_{O'}+\boldsymbol{v}_{ir})+\sum_{i=1}^{n}\boldsymbol{\rho}_i\times m_i(\boldsymbol{a}_{O'}+\boldsymbol{a}_{ir})\\&=\sum_{i=1}^{n}\boldsymbol{v}_i\times m_i(\boldsymbol{v}_{O'}+\boldsymbol{v}_{ir})-\sum_{i=1}^{n}\boldsymbol{v}_{O'}\times m_i(\boldsymbol{v}_{O'}+\boldsymbol{v}_{ir})+\sum_{i=1}^{n}\boldsymbol{\rho}_i\times m_i\boldsymbol{a}_{O'}+\sum_{i=1}^{n}\boldsymbol{\rho}_i\times m_i\boldsymbol{a}_{ir}\\&=\sum_{i=1}^{n}\boldsymbol{v}_i\times m_i\boldsymbol{v}_{O'}+\sum_{i=1}^{n}(\boldsymbol{v}_i-\boldsymbol{v}_{O'})\times m_i\boldsymbol{v}_{ir}+\sum_{i=1}^{n}\boldsymbol{\rho}_i\times m_i\boldsymbol{a}_{O'}+\sum_{i=1}^{n}\boldsymbol{\rho}_i\times m_i\boldsymbol{a}_{ir}\end{aligned}$$

$$=m\boldsymbol{v}_C\times\boldsymbol{v}_{O'}+\sum_{i=1}^{n}\boldsymbol{\rho}_i\times m_i\boldsymbol{a}_{O'}+\sum_{i=1}^{n}\boldsymbol{\rho}_i\times m_i\boldsymbol{a}_{ir}$$

$$=m\boldsymbol{v}_C\times\boldsymbol{v}_{O'}+m\boldsymbol{\rho}_C\times\boldsymbol{a}_{O'}+\sum_{i=1}^{n}\boldsymbol{\rho}_i\times m_i\boldsymbol{a}_{ir}$$

$$\frac{\mathrm{d}\boldsymbol{L}_{O'r}}{\mathrm{d}t}=\frac{\mathrm{d}}{\mathrm{d}t}\left(\sum_{i=1}^{n}\boldsymbol{\rho}_i\times m_i\boldsymbol{v}_{ir}\right)$$

$$=\sum_{i=1}^{n}\frac{\mathrm{d}\boldsymbol{\rho}_i}{\mathrm{d}t}\times m_i\boldsymbol{v}_{ir}+\sum_{i=1}^{n}\boldsymbol{\rho}_i\times m_i\boldsymbol{a}_{ir}$$

$$=\sum_{i=1}^{n}(\boldsymbol{v}_i-\boldsymbol{v}_{O'})\times m_i\boldsymbol{v}_{ir}+\sum_{i=1}^{n}\boldsymbol{\rho}_i\times m_i\boldsymbol{a}_{ir}$$

$$=\sum_{i=1}^{n}\boldsymbol{\rho}_i\times m_i\boldsymbol{a}_{ir}$$

前面推证得到：$\dfrac{\mathrm{d}\boldsymbol{L}_{O'}}{\mathrm{d}t}=m\boldsymbol{v}_C\times\boldsymbol{v}_{O'}+m\boldsymbol{\rho}_C\times\boldsymbol{a}_{O'}+\sum\limits_{i=1}^{n}\boldsymbol{\rho}_i\times m_i\boldsymbol{a}_{ir}$

又因为

$$\frac{\mathrm{d}\boldsymbol{L}_{O'}}{\mathrm{d}t}=m\boldsymbol{v}_C\times\boldsymbol{v}_{O'}+\boldsymbol{M}_{O'}^{(\mathrm{e})}$$

可得 $m\boldsymbol{\rho}_C\times\boldsymbol{a}_{O'}+\sum\limits_{i=1}^{n}\boldsymbol{\rho}_i\times m_i\boldsymbol{a}_{ir}=\boldsymbol{M}_{O'}^{(\mathrm{e})}$

$$\frac{\mathrm{d}\boldsymbol{L}_{O'r}}{\mathrm{d}t}=\sum_{i=1}^{n}\boldsymbol{\rho}_i\times m_i\boldsymbol{a}_{ir}=\boldsymbol{M}_{O'}^{(\mathrm{e})}-m\boldsymbol{\rho}_C\times\boldsymbol{a}_{O'}=\boldsymbol{M}_{O'}^{(\mathrm{e})}+\boldsymbol{\rho}_C\times(-m\boldsymbol{a}_{O'})$$

式中：$-m\boldsymbol{a}_{O'}$的力学意义为放在质心处的质点系牵连惯性力系的主矢；$\boldsymbol{\rho}_C\times(-m\boldsymbol{a}_{O'})$则为上述惯性力系主矢对$O'$点的牵连惯性力矩。

这就是**质点系的相对运动对一般运动点的动量矩定理**。可以表述为：**质点系的相对运动对一般动点的动量矩对时间的导数等于质点系所受外力以及全部质量集中于质心处的质点的牵连惯性力对该动点力矩之和**。

要想退化为简洁形式，则应有$m\boldsymbol{\rho}_C\times\boldsymbol{a}_{O'}=\boldsymbol{0}$，因此，在下列几种情况下，这种一般的动量矩定理将退化为简洁形式$\dfrac{\mathrm{d}}{\mathrm{d}t}\boldsymbol{L}_{O'r}=\boldsymbol{M}_{O'}^{(\mathrm{e})}$：

(1) 当动矩心O'点退化为固定点时，即$a_{O'}=0$时；

(2) 当动矩心O'点的加速度为零时，即$a_{O'}=0$时；

(3) 当动矩心O'点的加速度矢通过质心时，即$\boldsymbol{\rho}_C$与$\boldsymbol{a}_{O'}$共线时；

(4) 当动矩心O'点的加速度矢与质心的相对矢径平行时，即$\boldsymbol{\rho}_C /\!/ \boldsymbol{a}_{O'}$时（与情况(3)等价）；

(5) 当动矩心O'点为质点系质心时，即$\boldsymbol{\rho}_C$的模为零时。

3. 动量矩定理应用：一级倒立摆转动自由度动力学方程的建立

一级倒立摆模型如图9-25所示，设摆杆为匀质等截面细长杆，其杆长为L；总质量为m；摆杆对质心的惯性矩为J_C；摆杆对杆端O'的惯性矩为$J_{O'}$；质点系对动点O'的动量矩为

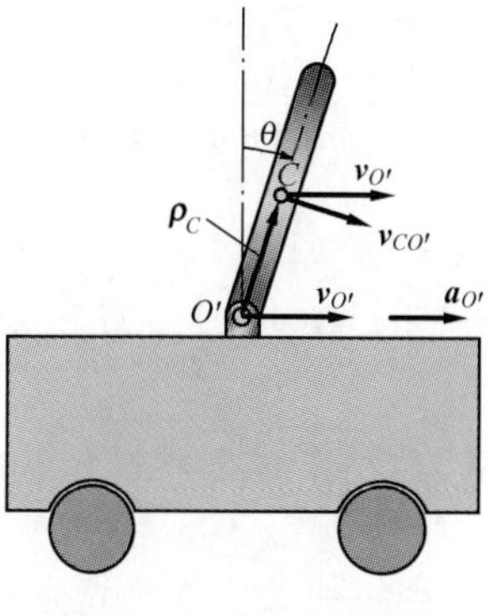

图9-25　一级倒立摆

$$\begin{aligned}\boldsymbol{L}_{O'} &= \sum_{i=1}^{n}\boldsymbol{\rho}_i \times m_i\boldsymbol{v}_i = \int_0^L \boldsymbol{\rho} \times (\boldsymbol{v}_e + \boldsymbol{v}_r)\ \frac{m}{L}\mathrm{d}\rho \\ &= \int_0^L \boldsymbol{\rho} \times (\boldsymbol{v}_{O'} + \boldsymbol{v}_r)\ \frac{m}{L}\mathrm{d}\rho = \int_0^L \boldsymbol{\rho} \times \boldsymbol{v}_{O'}\ \frac{m}{L}\mathrm{d}\rho + \int_0^L \boldsymbol{\rho} \times \boldsymbol{v}_r\ \frac{m}{L}\mathrm{d}\rho \\ &= \int_0^L \boldsymbol{\rho} \times \boldsymbol{v}_{O'}\ \frac{m}{L}\mathrm{d}\rho + \int_0^L \boldsymbol{\rho} \times (\dot{\boldsymbol{\theta}} \times \boldsymbol{\rho})\ \frac{m}{L}\mathrm{d}\rho \\ &= \int_0^L \boldsymbol{\rho} \times \boldsymbol{v}_{O'}\ \frac{m}{L}\mathrm{d}\rho + \dot{\boldsymbol{\theta}}\int_0^L \rho^2\ \frac{m}{L}\mathrm{d}\rho \\ &= \int_0^L \boldsymbol{\rho} \times \left(\boldsymbol{v}_{O'}\ \frac{m}{L}\mathrm{d}\rho\right) + J_{O'}\dot{\boldsymbol{\theta}}\end{aligned}$$

绝对运动对动点 O' 的动量矩的标量式为

$$L_{O'} = J_{O'}\dot{\theta} + \int_0^L \frac{v_{O'}m}{L} l\cos\theta \mathrm{d}l = J_{O'}\dot{\theta} + \frac{1}{2}v_{O'}mL\cos\theta$$

相对运动对动点 O' 的动量矩的标量式为

$$L_{O'r} = J_{O'}\dot{\theta}$$

利用动量矩定理列写摆杆的转动自由度动力学方程可以采用如下几种方法:

(1) 利用 $\dfrac{\mathrm{d}\boldsymbol{L}_{O'}}{\mathrm{d}t} = m\boldsymbol{v}_C \times \boldsymbol{v}_{O'} + \boldsymbol{M}_{O'}^{(e)}$

$$\frac{\mathrm{d}L_{O'}}{\mathrm{d}t} = \frac{\mathrm{d}}{\mathrm{d}t}(J_{O'}\dot{\theta} + \frac{1}{2}v_{O'}mL\cos\theta) = J_{O'}\ddot{\theta} + \frac{1}{2}\ddot{x}\ mL\cos\theta - \frac{1}{2}mL\ \dot{x}\dot{\theta}\sin\theta$$

因为 $(\boldsymbol{a} \times \boldsymbol{b}) \times \boldsymbol{c} = (\boldsymbol{c} \cdot \boldsymbol{a})\boldsymbol{b} - (\boldsymbol{c} \cdot \boldsymbol{b})\boldsymbol{a}$

所以 $(\boldsymbol{\omega} \times \boldsymbol{\rho}_C) \times \boldsymbol{v}_{O'} = (\boldsymbol{v}_{O'} \cdot \boldsymbol{\omega})\boldsymbol{\rho}_C - (\boldsymbol{v}_{O'} \cdot \boldsymbol{\rho}_C)\boldsymbol{\omega}$

$$\begin{aligned}m\boldsymbol{v}_C \times \boldsymbol{v}_{O'} + \boldsymbol{M}_{O'}^{(e)} &= m(\boldsymbol{v}_{O'} + \boldsymbol{v}_{CO'}) \times \boldsymbol{v}_{O'} + \boldsymbol{M}_{O'}^{(e)} \\ &= m\boldsymbol{v}_{CO'} \times \boldsymbol{v}_{O'} + \boldsymbol{M}_{O'}^{(e)} = m(\boldsymbol{\omega} \times \boldsymbol{\rho}_C) \times \boldsymbol{v}_{O'} + \boldsymbol{M}_{O'}^{(e)} \\ &= m[(\boldsymbol{v}_{O'} \cdot \boldsymbol{\omega})\boldsymbol{\rho}_C - (\boldsymbol{v}_{O'} \cdot \boldsymbol{\rho}_C)\boldsymbol{\omega}] + \boldsymbol{M}_{O'}^{(e)}\end{aligned}$$

其标量表达(点 O'(小车)的水平位移设为 x,其速度为 $\dot{x}$,加速度为 $\ddot{x}$)为

$$\begin{aligned}m(v_{O'}\omega\rho_C\cos\frac{\pi}{2} - v_{O'}\rho_C\omega\sin\theta) + M_{O'}^{(e)} &= m(\dot{x}\dot{\theta}\ \frac{L}{2}\cos\frac{\pi}{2} - \dot{x}\frac{L}{2}\dot{\theta}\sin\theta) + M_{O'}^{(e)} \\ &= -\frac{1}{2}mL\ \dot{x}\dot{\theta}\sin\theta + M_{O'}^{(e)}\end{aligned}$$

代入动量矩定理表达式，可得

$$J_{O'}\ddot{\theta}+\frac{1}{2}\ddot{x}mL\cos\theta-\frac{1}{2}mL\dot{x}\dot{\theta}\sin\theta=-\frac{1}{2}mL\dot{x}\dot{\theta}\sin\theta+M_{O'}^{(e)}$$

即

$$J_{O'}\ddot{\theta}=M_{O'}^{(e)}-\frac{1}{2}\ddot{x}mL\cos\theta$$

式中：$-\frac{1}{2}\ddot{x}mL\cos\theta$ 为惯性力矩项，是小车这个非惯性系的平动加速度引起的；$M_{O'}^{(e)}$ 为杆件重力对 O' 点的重力矩，此例中重力矩的具体表达式为 $mg\left(\frac{1}{2}L\right)\sin\theta$。因此，倒立摆的转动方程可进一步写为

$$J_{O'}\ddot{\theta}=mg\left(\frac{1}{2}L\right)\sin\theta-\frac{1}{2}\ddot{x}mL\cos\theta=\frac{1}{2}mL(g\sin\theta-\ddot{x}\cos\theta)$$

运动方程表明：对于几何特性(L)和质量特性(m、$J_{O'}$)确定的倒立摆的转动运动完全由系统的控制输入($\ddot{x}$)决定。

当 $\theta=0$ 时，若要使 $\ddot{\theta}=0$，则 $\ddot{x}=0$；当 $\theta=\frac{\pi}{4}$ 时，若要使 $\ddot{\theta}=0$，则 $\ddot{x}=g$；当 θ 接近于 $\frac{\pi}{2}$ 时，若要使 $\ddot{\theta}=0$，则 $\ddot{x}$ 的数值应非常大。上述的探讨结论与我们平常手托倒立杆件保持平衡的感觉是一致的。

(2) 利用 $\frac{\mathrm{d}\boldsymbol{L}_{O'r}}{\mathrm{d}t}=\boldsymbol{M}_{O'}^{(e)}+\boldsymbol{\rho}_C\times(-m\boldsymbol{a}_{O'})$ 直接建立动力学方程。

此时 $L_{O'r}=J_{O'}\dot{\theta}$；$M_{O'}^{(e)}$ 意义与(1)中相同；$\boldsymbol{\rho}_C\times(-m\boldsymbol{a}_{O'})$ 的标量表达为 $-\frac{1}{2}\ddot{x}mL\cos\theta$，因此，可直接得到摆杆的转动自由度的动力学方程为

$$J_{O'}\ddot{\theta}=M_{O'}^{(e)}-\frac{1}{2}\ddot{x}mL\cos\theta$$

此方程与第一种求解方法得到的方程形式相同。

(3) 利用相对于质心的动量矩定理求解，利用 $\frac{\mathrm{d}}{\mathrm{d}t}\boldsymbol{L}_C=\boldsymbol{M}_C^{(e)}$ 或 $\frac{\mathrm{d}}{\mathrm{d}t}\boldsymbol{L}_{Cr}=\boldsymbol{M}_C^{(e)}$ 均可，可得到的动力学方程形式为

$$J_C\ddot{\theta}=M_C^{(e)},J_{O'}=J_C+m\left(\frac{L}{2}\right)^2,J_C=J_{O'}-m\left(\frac{L}{2}\right)^2$$

此方程形式虽然简单，但应用上并不方便。原因在于：式中的 $M_C^{(e)}$ 为铰链处的约束力对杆件质心的力矩之和，约束力是未知量，需要联立杆件的质心运动微分方程才能求解。

首先，采用基点法分析摆杆质心的加速度。以 O' 为基点，如图 9-26 所示，可得 C 点的绝对加速度为

$$\boldsymbol{a}_C=\boldsymbol{a}_{O'}+\boldsymbol{a}_r^{\tau}+\boldsymbol{a}_r^{n}$$

其中，$a_{O'}=\ddot{x}$，$a_r^{\tau}=\frac{L}{2}\ddot{\theta}$，$a_r^{n}=\frac{L}{2}\dot{\theta}^2$。将上面矢量式向 x 方向、y 方向分别投影，可得

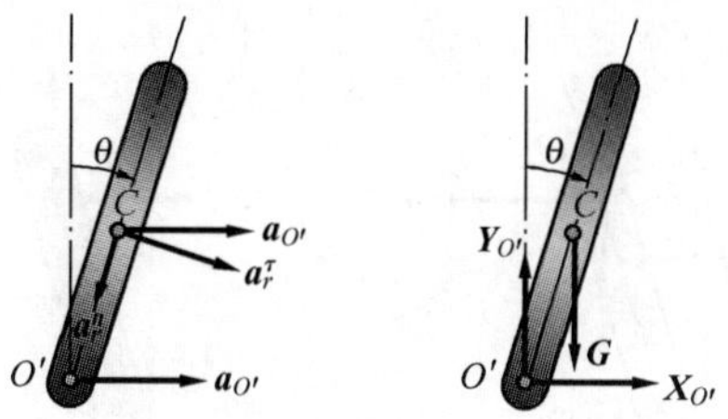

图 9-26

$$a_{Cx} = \ddot{x} + \frac{L}{2}\ddot{\theta}\cos\theta - \frac{L}{2}\dot{\theta}^2\sin\theta$$

$$a_{Cy} = -\frac{L}{2}\ddot{\theta}\sin\theta - \frac{L}{2}\dot{\theta}^2\cos\theta$$

依据图 9-26,列写摆杆质心运动微分方程如下:

$$ma_{Cx} = \sum F_{xi} : m\left(\ddot{x} + \frac{L}{2}\ddot{\theta}\cos\theta - \frac{L}{2}\dot{\theta}^2\sin\theta\right) = X_{O'}$$

$$ma_{Cy} = \sum F_{yi} : m\left(-\frac{L}{2}\ddot{\theta}\sin\theta - \frac{L}{2}\dot{\theta}^2\cos\theta\right) = Y_{O'} - G$$

可得

$$X_{O'} = m\left(\ddot{x} + \frac{L}{2}\ddot{\theta}\cos\theta - \frac{L}{2}\dot{\theta}^2\sin\theta\right)$$

$$Y_{O'} = G - m\left(\frac{L}{2}\ddot{\theta}\sin\theta + \frac{L}{2}\dot{\theta}^2\cos\theta\right)$$

进而,$J_C\ddot{\theta} = M_C^{(e)}$ 中的 $M_C^{(e)}$ 可以表述为

$$M_C^{(e)} = M_C(X_{O'}) + M_C(Y_{O'})$$

$$= -\left[m\left(\ddot{x} + \frac{L}{2}\ddot{\theta}\cos\theta - \frac{L}{2}\dot{\theta}^2\sin\theta\right)\right]\frac{L}{2}\cos\theta + \left[G - m\left(\frac{L}{2}\ddot{\theta}\sin\theta + \frac{L}{2}\dot{\theta}^2\cos\theta\right)\right]\frac{L}{2}\sin\theta$$

$$= -m\ddot{x}\frac{L}{2}\cos\theta - \frac{mL^2}{4}\ddot{\theta} + \frac{mgL}{2}\sin\theta$$

由于 $J_{O'} = J_C + m\left(\frac{L}{2}\right)^2$,进而,$J_C\ddot{\theta} = M_C^{(e)}$ 可以写为

$$\left[J_{O'} - m\left(\frac{L}{2}\right)^2\right]\ddot{\theta} = M_C^{(e)} = -m\ddot{x}\frac{L}{2}\cos\theta - \frac{mL^2}{4}\ddot{\theta} + \frac{mgL}{2}\sin\theta$$

化简后,得

$$J_{O'}\ddot{\theta} = -\frac{1}{2}\ddot{x}mL\cos\theta + \frac{1}{2}mgL\sin\theta$$

此方程与(1)、(2)中所得方程完全一致。

(4) 利用动静法求解

如图 9-27 所示,以 O' 为基点,可得杆件微段中心点的绝对加速度为

$$\boldsymbol{a} = \boldsymbol{a}_{O'} + \boldsymbol{a}_r^\tau + \boldsymbol{a}_r^n$$

其中,$a_{O'} = \ddot{x}$,$a_r^\tau = \rho\ddot{\theta}$,$a_r^n = \rho\dot{\theta}^2$。将上面矢量式向 x 方向、y 方向分别投影,可得

$$a_x = \ddot{x} + \rho\ddot{\theta}\cos\theta - \rho\dot{\theta}^2\sin\theta$$

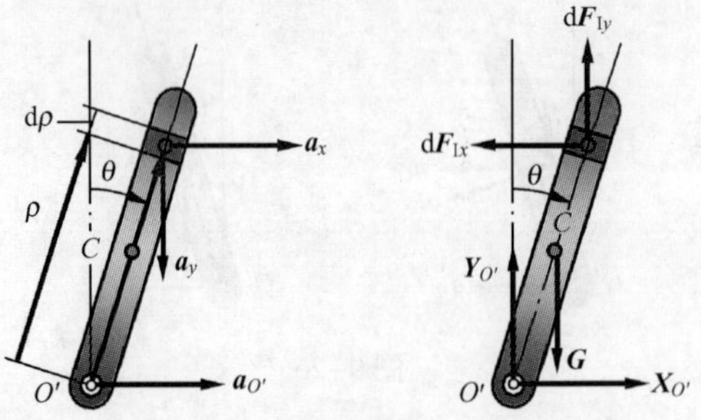

图 9-27

$$a_y = \rho\ddot{\theta}\sin\theta + \rho\dot{\theta}^2\cos\theta$$

$$dF_{Ix} = dm \cdot a_x = \left(\frac{m}{L}d\rho\right)(\ddot{x} + \rho\ddot{\theta}\cos\theta - \rho\dot{\theta}^2\sin\theta)$$

$$dF_{Iy} = dm \cdot a_y = \left(\frac{m}{L}d\rho\right)(\rho\ddot{\theta}\sin\theta + \rho\dot{\theta}^2\cos\theta)$$

据达朗贝尔原理,可得一级倒立摆关于 O' 点的力矩平衡方程为

$$\sum M_{O'i} = 0: \int_0^L \rho\cos\theta dF_{Ix} + \int_0^L \rho\sin\theta dF_{Iy} - G\frac{L}{2}\sin\theta = 0$$

将 dF_{Ix}、dF_{Iy} 的表达式代入上式并积分,可得

$$\frac{1}{3}mL^2\ddot{\theta} + \frac{1}{2}\ddot{x}mL\cos\theta - \frac{1}{2}mgL\sin\theta = 0$$

即

$$J_{O'}\ddot{\theta} = -\frac{1}{2}\ddot{x}mL\cos\theta + \frac{1}{2}mgL\sin\theta, \text{其中 } J_{O'} = \frac{1}{3}mL^2$$

此种方法的结果与前面利用动量矩定理的三种方法得到的转动方程完全相同。

附录　常见均质几何体的质心和惯性矩

物　　体	简　　图	质心(C)位置	惯　性　矩
细直杆	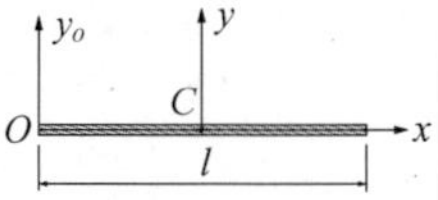	C 为杆的中点	$J_{Cx}=0$ $J_{Cy}=J_{Cz}=\frac{1}{12}ml^2$ $J_{y_O}=\frac{1}{3}ml^2$
三角形薄板	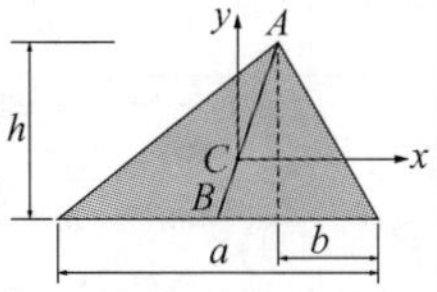	C 在中线 AB 的 $\frac{2}{3}$ 处	$J_{Cx}=\frac{1}{18}mh^2$ $J_{Cy}=\frac{1}{18}m(a^2+b^2-ab)$ $J_{Cz}=\frac{1}{18}m(a^2+b^2+h^2-ab)$
矩形薄板	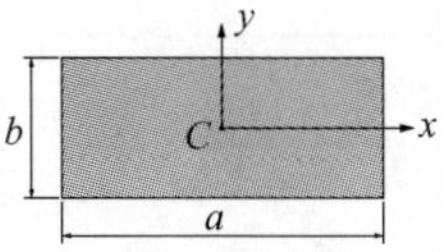	C 为对角线的交点	$J_{Cx}=\frac{1}{12}mb^2$ $J_{Cy}=\frac{1}{12}ma^2$ $J_{Cz}=\frac{1}{12}m(a^2+b^2)$
圆形薄板	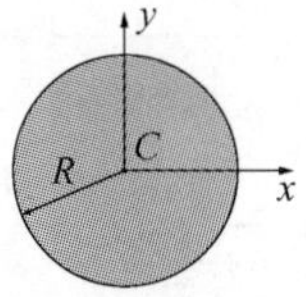	C 为圆心	$J_{Cx}=J_{Cy}=\frac{1}{4}mR^2$ $J_{Cz}=\frac{1}{2}mR^2$
圆形空心薄板	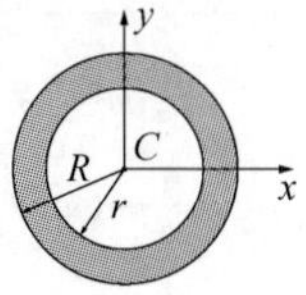	C 为圆心	$J_{Cx}=J_{Cy}=\frac{1}{4}m(R^2+r^2)$ $J_{Cz}=\frac{1}{2}m(R^2+r^2)$
半圆形薄板	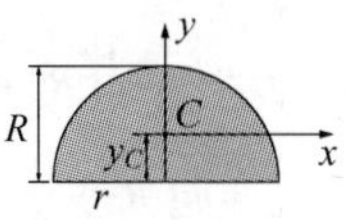	$y_C=\frac{4R}{3\pi}$	$J_{Cx}=\frac{1}{4}mR^2-m\left(\frac{4R}{3\pi}\right)^2$ $J_{Cy}=\frac{1}{4}mR^2$ $J_{Cz}=\frac{1}{2}mR^2-m\left(\frac{4R}{3\pi}\right)^2$
椭圆形薄板	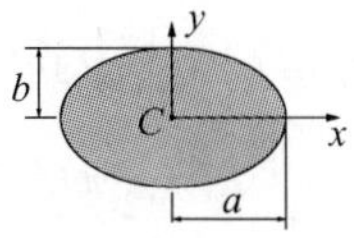	C 为椭圆中心	$J_{Cx}=\frac{1}{4}mb^2$ $J_{Cy}=\frac{1}{4}ma^2$ $J_{Cz}=\frac{1}{4}m(a^2+b^2)$

（续）

物　体	简　图	质心（C）位置	惯 性 矩
长方体	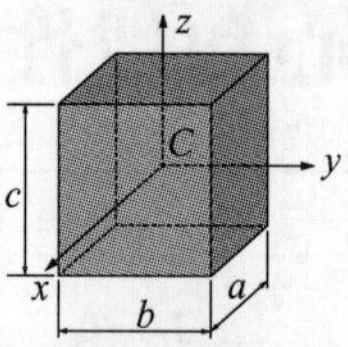	C 为长方体形心	$J_{Cx}=\frac{1}{12}m(b^2+c^2)$ $J_{Cy}=\frac{1}{12}m(a^2+c^2)$ $J_{Cz}=\frac{1}{12}m(a^2+b^2)$
实心球	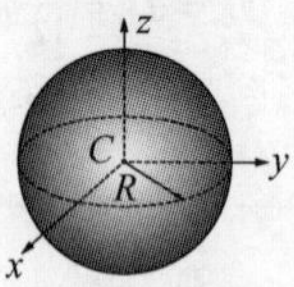	C 为球心	$J_{Cx}=J_{Cy}=J_{Cz}=\frac{2}{5}mR^2$
半球	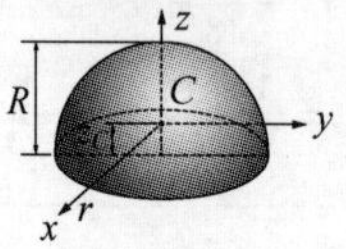	$z_C=\frac{3}{8}R$	$J_{Cx}=J_{Cy}=\frac{2}{5}mR^2-m\left(\frac{3R}{8}\right)^2$ $J_{Cz}=\frac{2}{5}mR^2$
空心球	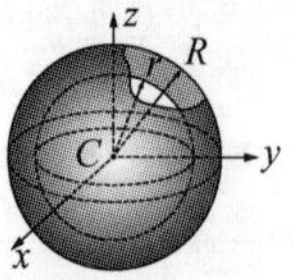	C 为球心	$J_{Cx}=J_{Cy}=J_{Cz}=\frac{2m}{5}\frac{R^5-r^5}{R^3-r^3}$ $=\frac{2m}{5}\frac{R^4+R^3r+R^2r^2+Rr^3+r^4}{R^2+Rr+r^2}$
薄壁空心球	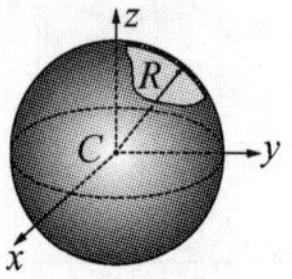	C 为球心	$J_{Cx}=J_{Cy}=J_{Cz}=\frac{2}{3}mR^2$
实心椭球	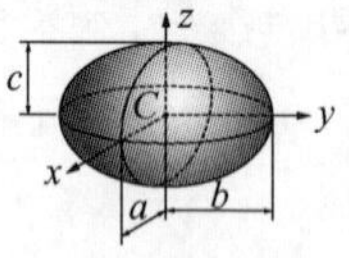	C 为椭球中心	$J_{Cx}=\frac{1}{5}m(b^2+c^2)$ $J_{Cy}=\frac{1}{5}m(a^2+c^2)$ $J_{Cz}=\frac{1}{5}m(a^2+b^2)$
圆环	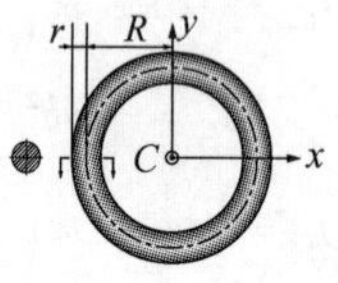	C 为圆环中心线圆心	$J_{Cx}=J_{Cy}=\frac{1}{2}m\left(R^2+\frac{5}{4}r^2\right)$ $J_{Cz}=m\left(R^2+\frac{3}{4}r^2\right)$
圆柱	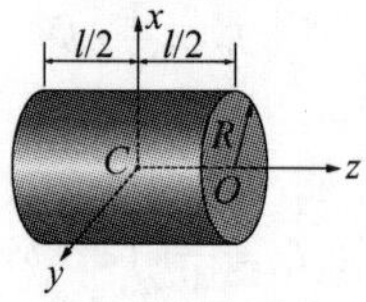	C 为端面圆心连线的中点	$J_{Cx}=J_{Cy}=\frac{1}{12}m(3R^2+l^2)$ $J_{Cz}=\frac{1}{2}mR^2$

（续）

<table>
<tr><th>物　体</th><th>简　图</th><th>质心（C）位置</th><th>惯 性 矩</th></tr>
<tr><td>空心圆柱</td><td>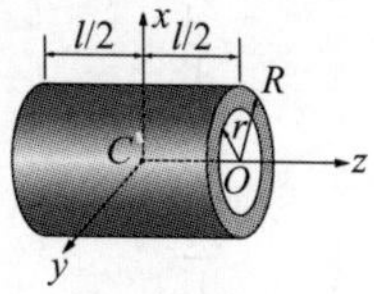
</td><td>C 为端面圆心连线的中点</td><td>$J_{Cx}=J_{Cy}=\frac{1}{12}m(3R^2+3r^2+l^2)$
$J_{Cz}=\frac{1}{2}m(R^2+r^2)$</td></tr>
<tr><td>薄壁圆筒</td><td>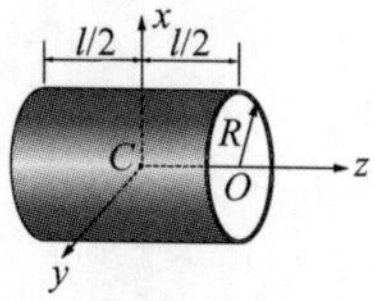
</td><td>C 为端面圆心连线的中点</td><td>$J_{Cx}=J_{Cy}=\frac{1}{12}m(6R^2+l^2)$
$J_{Cz}=mR^2$</td></tr>
<tr><td>圆锥体</td><td>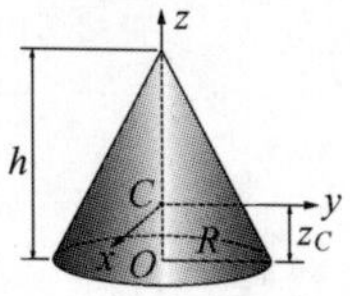
</td><td>$z_C=\frac{1}{4}h$</td><td>$J_{Cx}=J_{Cy}=\frac{3}{80}m(4R^2+h^2)$
$J_{Cz}=\frac{3}{10}mR^2$</td></tr>
</table>

参 考 文 献

[1] 李俊峰,张雄,任革学,等. 理论力学. 北京:清华大学出版社,2001.
[2] 李俊峰,张雄. 理论力学.2 版. 北京:清华大学出版社,2010.
[3] 朱照宣,周起钊,殷金生. 理论力学(上册). 北京:北京大学出版社,1982.
[4] 朱照宣,周起钊,殷金生. 理论力学(下册). 北京:北京大学出版社,1982.
[5] 贾书惠,张怀瑾. 理论力学辅导. 修订版. 北京:清华大学出版社,2003.
[6] 哈尔滨工业大学理论力学教研室. 理论力学(Ⅰ).7 版. 北京:高等教育出版社,2009.
[7] 刘延柱,朱本华,杨海兴. 理论力学.3 版. 北京:高等教育出版社,2009.
[8] 梅凤翔,尚玫. 理论力学Ⅰ. 北京:高等教育出版社,2012.
[9] 王铎,程靳. 理论力学解题指导及习题集.3 版. 北京:高等教育出版社,2005.
[10] 程靳. 理论力学思考题集. 北京:高等教育出版社,2004.
[11] 匡江红,王秉良,吕鸿雁. 飞机飞行力学. 北京:清华大学出版社,2012.
[12] 王秉良,鲁嘉华,匡江红,等. 飞机空气动力学. 北京:清华大学出版社,2013.
[13] 方振平. 飞机飞行动力学. 北京:北京航空航天大学出版社,2005.
[14] 美国联邦航空局. 飞机飞行手册. 陈新河,译. 上海:上海交通大学出版社,2010.
[15] 杨一栋. 直升机飞行控制.3 版. 北京:国防工业出版社,2015.
[16] 吴森堂. 飞行控制系统.2 版. 北京:北京航空航天大学出版社,2013.
[17] 曹义华. 现代直升机旋翼空气动力学. 北京:北京航空航天大学出版社,2015.
[18] John D. Anderson Jr. 空天飞行导论. 张为华,李健,向敏译.7 版. 北京:国防工业出版社,2014.
[19] John D. Anderson Jr. 飞机:技术发展历程. 宋笔锋,裴扬,钟小平,等,译. 北京:航空工业出版社,2012.
[20] David F Anderson, Scott Eberhardt. Understanding Flight. 2nd ed. New York: McGraw - Hill Companies, Inc., 2010.
[21] John Seddon, Simon Newman. Basic Helicopter Aerodynamics. 3rd ed. Chichester: John Wiley & Sons Ltd., 2011.